DES PRINCIPES

QUI SERVENT DE BASE A L'INSTRUCTION ET A LA TACTIQUE

DE LA CAVALERIE.

TOULOUSE, IMPRIMERIE DE J.-B. PAYA.

DES PRINCIPES

QUI SERVENT DE BASE A L'INSTRUCTION ET A LA TACTIQUE

DE LA

CAVALERIE

PRÉCÉDÉS

D'UNE REVUE HISTORIQUE DES DIVERS SYSTÈMES D'INSTRUCTION ET DES ORDONNANCES DE CETTE ARME;

Suivis d'un Mémoire sur les remontes actuelles de la Cavalerie, relativement à l'élève des Chevaux et à l'Agriculture ;

AVEC LETTRES ORNÉES ET ILLUSTRATIONS ;

PAR M. FLAVIEN D'ALDÉGUIER,

Officier supérieur de Cavalerie, Chevalier de plusieurs ordres, ancien Capitaine-Instructeur à l'école de Saumur, attaché à la Commission de Cavalerie de 1825 à 1829, Auteur du livret de commandemens pour l'ordonnance du 6 décembre 1829.

Duxit amor patriæ calamum et decus artis equestris ;
Scriptoris juvenes equites meminisse juvabit.

TOULOUSE,

LIBRAIRIE DE J.-B. PAYA, ÉDITEUR,

HOTEL CASTELLANE.

—

MVCCCXLIII.

A LA MÉMOIRE

Du lieutenant-général, pair de France, comte de la Ferrière, organisateur de l'École
de Cavalerie de Saumur, en 1815.

MON GÉNÉRAL,

E besoin de prendre part aux prodiges militaires qui s'accomplissaient, plus encore que l'ambition, me firent entrer volontairement, dès l'âge de seize ans, dans les rangs de l'armée : mais après les campagnes les plus brillantes et les plus décisives, puisque la Russie était devenue notre frontière, les élémens contraires avaient anéanti notre valeureuse armée, et nous imposèrent une retraite, qui fut pour nous un bien douloureux début. Nous eûmes aussi notre part des dangers et des fatigues de 1814; nous fûmes témoins de la lutte du génie et du dévouement de quelques braves qui se multipliaient, contre des assaillans qui se renouvellaient sans cesse, comme nous le fûmes aussi du vif éclat que jetèrent encore sur nos armes de mémorables journées ; mais nous n'assistions, hélas ! qu'à d'illustres funérailles, et c'étaient des triomphes que nos jeunes imaginations avaient rêvé ! Force fut alors de consacrer à l'étude de ces grandes opérations le temps qui eût été mieux employé à y contribuer ; cependant, comme il faut une base à toute chose, je sollicitai comme une faveur parti-culière mon envoi à l'école de Saumur.

C'est de cette époque, mon Général, que commencent mes grandes obligations envers vous ; exemple, conseils militaires éprouvés, soins paternels affectueux, tout a été par vous largement prodigué. Notre jeunesse, avide de s'instruire, s'enthousiasmait sous le commandement d'un chef couvert de blessures et privé d'un de ses membres, ce qui ne l'empêchait pas de marcher toujours à la tête de l'École. Les fautes et les écarts de notre âge, trouvaient près de vous un juge non moins indulgent qu'éclairé ; et, tout fiers d'être compris par vous, notre dévouement ne connaissait plus de bornes.

Votre généreux et honorable appui, mon Général, ne m'ayant jamais manqué, depuis lors, je m'étais promis de mettre de nou-veau votre bienveillance à l'épreuve, en vous priant de prendre sous votre égide le travail du plus dévoué de vos élèves ; la mort en a ordonné autrement, en vous ravissant à une digne Épouse, qui vous chérissait ; à la Cavalerie, que vous menâtes glorieu-sement sur les champs de bataille ; à l'armée et à la France, qui vous comptait au nombre de ses illustrations ; toutefois, si le fil de votre précieuse vie a été si prématurément tranché, le temps est aussi impuissant à effacer votre mémoire, qu'à diminuer ma gra-titude et mon admiration, pour vos grandes qualités militaires, développées à l'école du capitaine hors ligne, dont vous fûtes le compagnon, et que vous vous étiez proposé pour modèle ; c'est donc sur votre tombe, mon Général, que je déposerai mon

respectueux hommage, et votre ombre protectrice viendra me
soutenir dans l'accomplissement de la tâche que je me suis im—
posée.

FLAVIEN D'ALDÉGUIER,

Officier supérieur de cavalerie.

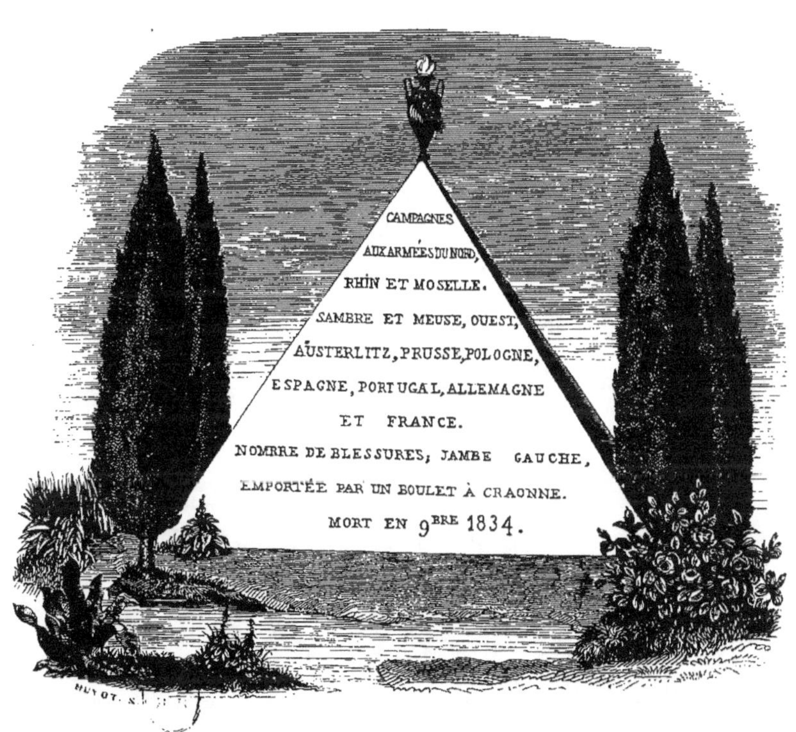

Explications préliminaires.

Aux jeunes Officiers et Instructeurs de Cavalerie.

Il faut bien se fixer, dès le principe, sur l'esprit et la pensée d'un livre élémentaire, pour en saisir l'ensemble et les détails.

Nota. — Au licou d'écurie substituez un bridon d'abreuvoir, aux illustrations du pansage et de l'abreuvoir.

I.

NTREPRIS en 1821, pour présenter à un officier d'état-major studieux, notre intime ami, les généralités de la Cavalerie, cet ouvrage ne saurait être considéré, comme le délassement unique d'une longue inactivité; mais bien comme le fruit d'une pratique constante, quand nous étions chargés de l'instruction, quand nos journées se passaient dans les théories, dans les manéges, dans les carrières, dans les champs de manœuvre, au milieu des cavaliers de recrue, des chevaux de remonte et des escadrons; lorsqu'enfin nous avions pour camarades des militaires distingués par leur instruction et leurs services, qui encourageaient notre zèle et nous aidaient dans nos observations journalières de leur propres aperçus, de leur conseils bienveillans, et de leur discussion aussi loyale qu'éclairée.

La matière se déroula bientôt plus étendue que nous ne l'avions cru d'abord, et notre nomination de Capitaine-Instructeur à l'école de Saumur eut lieu, avant que ce travail méritât d'être communiqué à celui qui nous en fit naître la pensée. Repris durant notre séjour à l'École, mais plus faiblement que nous ne l'eussions désiré, à cause d'un projet d'ordonnance pour l'exercice et les évolutions de la Cavalerie, que nous entreprîmes, encouragés par le *général Gentil Saint-Alphonse*, et que nous achevions à peine à l'époque du licenciement du 20 mars 1822, ce ne fut qu'en 1824, au retour de la campagne d'Espagne, qu'il nous fût permis de nous y livrer avec ardeur ; toutefois, il fut encore interrompu par la révision de l'ordonnance provisoire, à laquelle nous fûmes attachés de 1825 à 1829, sur la présentation du général Gentil Saint-Alphonse, rapporteur de la commission de Cavalerie, laquelle se termina, comme chacun sait, par une refonte et une rédaction nouvelle et complète, portant la date du 6 décembre 1829.

La composition et la publication du *Livret de Commandemens*, absorbèrent ensuite tous nos instans (1), et, après un long intervalle, quand nous nous fûmes habitués aux devoirs de la nouvelle existence qui commençait pour nous, le retour vers nos goûts passés, l'intérêt de nos anciens travaux, vinrent charmer les loisirs de notre retraite, nous rendre à nos impressions premières, et nous donner un simulacre d'activité, qui nous trompe et nous console, de n'avoir pu accepter, à diverses reprises et en temps utile, les offres de service les plus bienveillantes ; toutefois, ce souvenir soutenu, nous a pénétrés de la plus vive reconnaissance : que nos camarades, que nos chefs et qu'un prince d'un avenir brillant, qui nous a fait en 1839 un accueil si bienveillant et si flatteur, à son passage dans notre ville, veuillent bien en agréer l'expression.

Hélas ! depuis que nous écrivions ces lignes, le Prince Royal, l'orgueil de sa famille, l'espoir de la France ; ce Prince ami des arts et des sciences, qui chérissait l'armée et qui eut accueilli, avec quelque bonté, peut-être, le produit de nos faibles efforts et de nos veilles, le DUC D'ORLÉANS n'est plus !!!

Une catastrophe inattendue plonge aujourd'hui la France dans le deuil, en détruisant les justes espérances qui s'appuyaient sur tant de grâces extérieures, tant de lumières acquises, tant de qualités essentielles et entraînantes !

____

(1) Voir l'errata des évolutions de régiment, à la suite de cet ouvrage.

Le duc d'Orléans n'est plus !!!

Mais sa mémoire sera grande, elle ne sera pas au-dessous des éloges et des regrets qui se font entendre de toute part, et qui nous arrivent même de l'étranger qu'il sut charmer dans ses voyages. Qu'est-il besoin aujourd'hui de se contraindre? ce n'est plus la flatterie qui parle, c'est la voix de la postérité qui se fait entendre; les arts qui pleurent un protecteur; l'armée qui redemande, à grands cris, un chef de grand avenir; c'est la France qui fait entendre ses gémissemens, elle qui voyait toutes les annonces d'un beau règne après cinquante ans d'orages, et qui ne possède plus aujourd'hui que la froide dépouille de cet autre prince de la jeunesse, qui semblait avoir été formé pour cicatriser, un jour, les blessures encore saignantes de la Patrie.

Ainsi, après les fameuses secousses qui firent triompher l'empire romain de la république, *Marcellus*, le descendant du vainqueur d'Annibal, qui mérita d'être appelé l'*épée de Rome*; Marcellus, le fils d'Octavie, le propre neveu d'Auguste, le mari de Julie, sa fille; Marcellus, l'héritier du grand empire romain, faisait également les délices de Rome et lui présageait d'heureuses destinées; mais ses jours aussi furent tranchés à la fleur de l'âge.

Alors, comme aujourd'hui, la consternation fut extrême; l'affliction fut générale et profonde, et ce fut une explosion de douleur dans la famille impériale, comme chez tous les Romains, quand Virgile fit entendre le fameux *Tu Marcellus eris...* qui s'adapte si bien à notre situation, dix-huit siècles plus tard (1).

(1) Cette fleur d'une tige en héros si féconde,
    Les destins ne feront que la montrer au monde.
    Dieux, vous auriez été trop jaloux des Romains,
    Si ce don précieux fut resté dans leurs mains !
    Pleure, cité de Mars; pleure, dieu des batailles.
    Oh ! combien de sanglots suivront ses funérailles !
    Et toi, Tibre, combien tu vas rouler de pleurs,
    Quand son bûcher récent t'apprendra nos malheurs !
    Quel romain mieux que lui promettait un grand homme ?
    Il est l'orgueil de Troie, il l'eût été de Rome.
    Quelle antique vertu ! quel respect pour les dieux !
    Nul n'eût osé braver son bras victorieux,
    Soit qu'une légion eût marché sur sa trace,
    Soit que d'un fier coursier il eût guidé l'audace.
    Ah ! jeune infortuné, digne d'un sort plus doux,
    Si tu peux du destin vaincre un jour le courroux.

Rentrés dans la grande famille, sans cesser d'appartenir à l'armée par nos sympathies, c'est dans ces termes que nous exprimions notre affliction, au jour néfaste du 13 juillet 1842; cependant nous n'avions fait qu'entrevoir ce prince accompli : mais l'armée active s'était trouvée dans une position meilleure que la nôtre. Elle avait eu tout le temps de le juger, après l'avoir vu marcher à la tête des troupes, et après l'avoir longtemps suivi dans des situations délicates, sans qu'il se fût jamais démenti; aussi, que de voix se sont élevées de ses rangs, pour déplorer le plus grand malheur, qui pût la frapper, dans ses affections les plus vives. Toutefois, rien ne nous est parvenu de si profondément senti et de si heureusement exprimé, que ces paroles dignes de l'auteur des *Esquisses historiques de l'Armée française*, que nous reproduisons, bien certains que nous sommes d'aller au-devant des sympathies de l'armée, et sans nous arrêter au désavantage, qui pourrait résulter pour nous de la comparaison.

« L'armée est frappée au cœur, disait le *Moniteur de l'Armée*, par la mort de S. A. R. le duc d'Orléans. Il n'est pas un officier, pas un soldat, qui ne ressente une douleur profonde. Tous connaissaient le prince. Elevé parmi nous, sur les bancs du collége, son enfance avait été laborieuse comme la nôtre. Sa première leçon fut une leçon d'égalité. Plus tard, il apprit, au 1er régiment de hussards, les détails du service de la cavalerie; plus tard encore, on le vit à l'armée du Nord, jeune, beau, plein d'espérance et d'avenir.

» Après avoir partagé nos études et nos jeux, il partagea nos privations de guerres et nos dangers de combat. En Afrique, il sut conquérir notre profonde estime, notre amour sincère, notre admiration sans flatterie.

» Après avoir servi dans la cavalerie, après avoir honoré l'épaulette de laine de la garde nationale, il voulut doter la France d'une infanterie légère. Il écrivit comme écrivent peu d'officiers, et ses pages prouvent une connaissance approfondie de l'infanterie, cette reine des batailles.

» Tour à tour dans les camps, aux places fortes, en Afrique, à l'étran-

> Tu seras Marcellus..... Ah ! souffre que j'arrose
> Son tombeau de mes pleurs ; que le lis, que la rose,
> Trop stérile tribut d'un inutile deuil,
> Pleuvent à pleines mains sur son triste cercueil,
> Et qu'il recoive au moins ces offrandes légères,
> Brillantes comme lui, comme lui passagères.
>
> *Enéide*, livre VI, traduction de DELILLE.

ger, à Paris, il se préoccupait de l'armée ; son ame était militaire, et il aimait le soldat par instinct.

» Jeunes et vieux, généraux et sous-lieutenans, grenadiers et cavaliers, nous l'avions tous vu, il nous avait parlé à tous.

» On peut le dire, nous étions fiers de lui, car il portait militairement l'épée. Il y avait en lui du Philippe-Auguste et de l'Henri IV, mais il y avait aussi du prince Eugène..... noble mélange de formes chevaleresques et de moderne patriotisme.

» Lorsqu'un officier de l'armée, quel que fût son grade, arrivait au lieu où se trouvait le prince royal, la première visite de l'officier était pour lui ; non pas visite obligée, visite intéressée, mais visite de cœur, visite d'amour et d'estime militaire. C'est que la conversation du prince était pleine de charme et de digne abandon. Nul mieux que lui ne savait parler à chacun son langage. On le quittait séduit de sa modeste supériorité, et, sans le savoir, on était jugé.

» Certes, si la fortune, au lieu de le placer sur les marches du trône, l'eût fait naître dans les rangs qui donnent le soldat et le simple officier, il eût été prodigieusement remarquable. Son éloquente et facile parole, ses avantages physiques, son esprit orné, ses talens d'artiste et d'écrivain, ses formes élégantes, son instruction profonde et variée, ses voyages sérieux, ses instincts de guerre, son aptitude administrative, et surtout son loyal, son noble caractère, eussent placé celui que nous pleurons à la tête des armées.

» Et quel est donc l'officier français qui, dans ses rêves de gloire, n'ait songé à ces jeunes et belles royautés militaires, qui apparaissent vaguement à travers la fumée des batailles..... Mais Dieu nous l'a enlevé avant le jour où nous eussions fait pour lui un trône de boucliers.

» S'il vivait, jamais, sans doute, son éloge ne fût sorti de notre plume ; mais il est mort, et l'armée peut bien mêler ses louanges et ses larmes aux louanges et aux larmes de la France.

» Pauvre France ! elle aussi doit pleurer, car une noble épée vient de se briser !

» Lorsqu'à nous, simples officiers, il avait développé quelque belle théorie militaire, il parlait de la France. La France était pour lui quelque chose de saint, qu'il fallait adorer. Un jour, il dut adresser en particulier quelques avis à un lieutenant, et comme ces avis désapprouvaient certains actes de l'officier, le prince ajouta avec bonté : « Mais vous aimez votre pays, et ce sentiment-là fait pardonner bien des écarts. Aimez toujours la France et le métier ; le reste viendra vite. »

» Jamais on ne saura tout ce que le prince répandit de bienfaits autour de lui ; jamais on ne saura combien il fut clément, et, nous ne craignons pas de le dire, on ne saura peut-être jamais quels trésors d'avenir renfermaient sa tête et son cœur.

» Nul mieux que lui ne connaissait l'armée, cette élite du peuple français. Il avait mesuré toute la destinée militaire. Il connaissait ce que renferment de bon et d'honnête les armées de France ; il avait détaillé tous les traits pénibles de notre vie, et sa royale main savait relever nos fronts.

» Le prince nous a dit plusieurs fois que la grandeur militaire est autant dans l'obéissance que dans le commandement. Tout ce qu'un beau caractère peut apporter de grand dans l'armée, est moins encore dans la gloire de combattre que dans l'honneur d'obéir avec constance et dignité. Voilà ce qu'il disait. L'armée, vivante image de force, de justice, de grandeur, d'égalité et de discipline, est la meilleure des écoles. Ce fut celle du prince royal.

» Son enfance s'était donc écoulée sur les bancs du collége, et sa jeunesse dans l'armée. Le prince, avant d'être roi, avait voulu être le premier dans la classe et le premier au régiment. Jamais plus belle intelligence n'avait été mieux préparée. Désormais, il ne restait rien à faire, et c'est alors que nous l'avons perdu !

» Une heure avant le fatal événement, il travaillait pour l'armée ! Son dernier labeur fut un labeur militaire, et sa dernière pensée, une pensée de grandeur nationale. Il est mort l'épée au côté, vêtu de l'uniforme de lieutenant-général. Dans sa tombe, lui aussi reposera, une croix d'honneur sur la poitrine et couché sur un manteau de guerre.

» Les soldats, les simples soldats, villageois d'hier, ouvriers de demain, pleuraient en apprenant sa mort. Les officiers n'y voulaient pas croire. Enfin, lorsqu'il ne fut plus permis de douter, chacun courba tristement le front. On voyait partout des officiers s'aborder tristement et se presser la main dans un morne silence. C'était une de ces douleurs cruelles, qui vont droit à l'ame et font méditer. »

Les pages qui suivront démontreront également au lecteur, que l'esprit qui a présidé à ce travail, d'un bout à l'autre, est celui de l'homme de guerre. Éloigné de l'esprit de parti par caractère et par position, le guerrier français mérita qu'en parlant d'une époque douloureuse, ensanglantée par nos discordes civiles, une voix généreuse proclamât que *l'honneur français s'était alors réfugié dans les camps.* L'histoire a ratifié ces belles paroles, et les arts plus encore, qui suffisent à peine à reproduire les hauts faits de nos armées. Dans sa franchise et ses mœurs simples des premiers âges, l'homme de guerre, en effet, ne comprend pas les divisions intestines; il en gémit, il appelle la concorde de tous ses vœux, rapproche, de tout son pouvoir, les membres divisés de la grande famille ; il va plus au fond des choses qu'il ne s'arrête à leur couleur politique, et il est toujours le premier à fondre dans une même nuance, tous ceux qui, aux diverses époques, furent les représentans de l'intérêt et de l'honneur national.

C'est sous les *Masséna*, les *Soult*, les *Suchet*, les NAPOLÉON, et tant d'autres guerriers de marque, qu'il a parcouru successivement les quatre parties du monde, mais il n'est point exclusif; la gloire des temps antérieurs lui est précieuse : il trouve de nouvelles émotions pour les *Duguesclin*, pour l'*héroïne d'Orléans*, pour les *Bayard*, pour les *Villars*, et ses pleurs accompagnent les restes de *Turenne* aux invalides, comme ceux de *Désaix* sur le mont Saint-Bernard.

A ses yeux enfin, tous ces illustres capitaines, qui se présentent de part et d'autre, sont des émules de gloire; ils ont fourni, les uns et les autres, les matériaux de nos fastes militaires; les mêmes lauriers ombragent leurs trophées, et l'histoire impartiale, leur distribuant également ses couronnes, réunira dans une même famille de héros, avec tout ce qui est grand, tout ce qui est vraiment français, ces guerriers fameux de toutes les époques de notre histoire, qui furent toujours les objets de son culte, sans s'arrêter à des nuances politiques, que chaque jour fait et défait dans la vie des sociétés.

Quant à la science, c'est un préliminaire obligé d'un grand nombre d'écrivains, en abordant leur sujet, de faire entendre leurs doléances sur ce qu'il n'a été rien écrit de satisfaisant, sur l'objet de leurs méditations ; à les en croire, on serait dans le cahos, et la matière n'aurait encore revêtu aucune forme, jusqu'au moment où, nouveaux créateurs, ils sont arrivés pour remplacer les ténèbres par la lumière et substituer au désordre des choses un arrangement général (1) ; il est vrai qu'un lecteur, quelque peu au courant, fait prompte et bonne justice de ces nouveaux prophètes, qui datent tout de l'an de grâce de leurs écrits, et n'accordent rien au passé ; à ce passé qui nous a fait ce que nous sommes, et dont le tra-

____

(1) Qui pouvait mieux que Napoléon se poser comme créateur d'une tactique nouvelle ? Quel est le général qui a autant fait, si prodigieusement fait ? Quel est celui qui a fait mouvoir les 500,000 hommes de 1812 comme l'armée d'Italie ? Cependant Napoléon a laissé à la postérité le soin de lui marquer sa place, et, loin de diminuer et de ternir la gloire de ses devanciers, il s'est plu à immortaliser les guerres de Turenne et du grand Frédéric.

vail a été si ingrat et si laborieux, à défaut de renseignemens suffisans ;
tandis que le siècle présent est riche de ce qui a été essayé, pratiqué, expérimenté et écrit dans les temps antérieurs. Quant à nous qui respec-
tons ce passé, qui nous a légué ses traditions, et qui désirons lui rendre
les hommages qui lui sont dus, pour nous avoir applani les voies, sans
cesser de reconnaître hautement les progrès de la grande époque, qui
sont éclatans, et les enseignemens des guerres mémorables de la République et de l'Empire; nous déclarerons que si l'on a beaucoup et bien écrit
sur la tactique, il s'en faut cependant que la matière soit épuisée ; nous
reconnaîtrons que, si les régimens de Cavalerie abondent aujourd'hui en
officiers instruits et expérimentés, il en est cependant de plus jeunes qui
débutent; que c'est surtout pour eux qu'il faut suivre une marche élémentaire, et que c'est encore un service à rendre, que d'entreprendre de
les guider au milieu des opinions, quelquefois contraires, en leur donnant une base sûre qu'ils puissent étendre par la suite.

Parmi ces jeunes aspirans à la gloire des armes, parmi ces jeunes hommes destinés à occuper les premiers rangs de la Cavalerie, et qui arrivent avec toutes les illusions de leur âge, un zèle ardent, l'ambition de
savoir, de bien servir et de se faire remarquer en toute circonstance,
existe plus que partout ailleurs ce feu sacré qui veut tout embrasser, tout
pénétrer, qui se passionne pour le vrai, qui s'enflamme pour la gloire
aux récits des vieux soldats, en lisant nos mémorables campagnes, et qui
ne demande qu'à être mis à l'épreuve ; feu sacré qui, violemment contenu
aux époques stériles, mine et ravage les grands caractères; semblable à
ces feux souterrains qui déchirent les entrailles de la terre en s'y frayant de
violens passages, mais qui n'attend que le moment de l'appel aux armes,
pour reprendre son libre cours et se raviver, pour jeter de vives flammes
au dehors, pour faire enfin éruption comme le volcan, et montrer combien la France possède encore de vertus guerrières.

Conservez ce feu sacré, jeunes hommes, à qui nos paroles s'adressent !
gardez précieusement ce dépôt, gage de l'honneur de nos armes, de la durée et de la grandeur de la France; il ne saurait s'éteindre chez les enfans
de ceux qui faisaient trembler la superbe Rome, et des Francs qui fon-
dèrent, avec les Gaulois, cet empire de plus de quatorze siècles. Des prodiges militaires, encore récens, attestent tout ce que la France de nos
jours conserve encore d'esprit guerrier; que l'occasion se présente, vous
serez ardens à la saisir, et pour nous servir du langage du brave HENRI
DE NAVARRE à ses compagnons : *Vous montrerez, vive Dieu, à la postérité,
que vous êtes dignes de vos aînés !*

II.

IDÉE GÉNÉRALE ET DIVISION DE CE TRAVAIL.

N s'accorde généralement à trouver dans l'art de la guerre deux parties bien distinctes; l'une élémentaire, matérielle, mécanique, et pour ainsi dire mathématique, qui peut se démontrer d'une manière positive et s'apprendre par l'étude, la réflexion et la pratique. L'autre, au contraire, élevée, sublime en quelque sorte, qui, pour triompher des difficultés des grandes opérations de la guerre, doit s'appuyer sur la force de l'âme, le sang-froid, la présence d'esprit, le coup-d'œil, l'appréciation juste et rapide de ce qui convient au milieu du choc des armées, et dans les situations de la guerre les plus difficiles. C'est la réunion indispensable de ces qualités qui constitue le génie du commandement, ce don du ciel, acquis seulement à quelques êtres privilégiés, qui naît avec eux, qui peut bien se développer et s'étendre par l'étude et les exemples des grands capitaines, mais que l'usage et le travail seuls ne sauraient jamais donner.

En dehors de cette partie matérielle et mécanique, se placent les institutions inséparables de toute organisation d'armée, règles variables de leur nature et qui peuvent s'améliorer d'une manière sensible, s'entendre même d'une manière différente; ainsi le recrutement, l'habillement des troupes en général, et le harnachement des chevaux de la Cavalerie, encore trop lourd, sont choses essentiellement perfectibles. L'armement de l'infanterie lui-même, quoique paraissant parfait à des militaires de marque, semble devoir éprouver des modifications essentielles; des essais récens paraissent avoir constaté les avantages des fusils à percussion sur ceux à silex; ceux de Vincennes ont également établi la supériorité des nouvelles armes pour l'infanterie légère; et en voyant ces nouveaux bataillons de chasseurs, si militairement organisés, manier le fusil et la baïonnette à rangs ouverts, dans toutes les directions, à l'exemple de nos exercices du sabre et de la lance, et employer le pas gymnastique pour leurs évolutions, avec autant d'ensemble que de succès, il est évident que l'infanterie n'est point encore arrivée au terme des améliorations possibles, sans qu'il y ait lieu de sacrifier la marche de nos bataillons de ligne, si imposante et si propre à agir sur le moral par sa contenance calme et assurée.

L'organisation ne procède pas non plus d'un principe qui soit absolu et définitif ; des discussions incessantes entre les notabilités militaires nous démontrent que toutes ne se placent au même point de vue, que la carrière du progrès est inépuisable , sinon dans l'ensemble , du moins dans les détails, qu'on a beau être dans le vrai et qu'il reste toujours à faire ; ainsi les changemens opérés déjà et qui se succéderont nécessairement, sont une éclatante preuve de ce que nous avançons.

Nous sommes peut-être dans l'erreur, mais il nous semble , aux ressources chevalines près , malheureusement bien loin d'être suffisantes , quoi qu'on dise, que la Cavalerie est dans une voie plus définitive, et qu'elle n'a qu'à persister dans des institutions perfectibles, sans doute, mais essentiellement bonnes dans leur ensemble. Que l'esprit d'amélioration existe donc et qu'il soit encouragé, rien de mieux, car la pratique éclairée montre toujours quelque chose à rectifier : mais qu'on ne cède pas à l'esprit de changement, qui est tout autre chose et qui, dans ce cas, serait funeste ; car un système nouveau, quelque séduisant qu'il soit en apparence, donne toujours dans son application des difficultés à résoudre, de telle sorte que les bons esprits ne se lancent jamais dans de pareilles voies, sans des nécessités bien reconnues, sans des avantages suffisans , certains , ou du moins probables.

Nous n'avons pas besoin d'insister d'avantage, dans ces préliminaires, sur une vérité dont nous espérons donner une claire démonstration dans le cours de cet ouvrage.

Mais dans une ligne plus positive viennent se placer les exercices des troupes et toutes les motions dont elles sont susceptibles ; ainsi , l'homme, élément premier et indispensable de toute espèce de troupe , envisagé sous le rapport de sa conformation physique, présentera toujours quatre côtés, qui donneront nécessairement à une troupe une forme rectangulaire plus ou moins étendue : la *losange* et le *coin* appartenant à l'enfance de l'art et n'ayant plus de chance probable d'application.

Sous le rapport de ses mouvemens, quant à la marche, comme l'homme ne peut se mouvoir que directement ou circulairement, en avant, à droite, à gauche et en arrière, une troupe ne pourra jamais opérer d'autres mouvemens : et comme l'ensemble d'une troupe formée primitivement d'élémens de conformation différente, avec des mouvemens

plus ou moins rapides, n'est et ne peut être que la somme des mouve-
vemens uniformes et réguliers, obtenus par une bonne instruction élémentaire, il s'ensuivra que le soldat, fantassin, cavalier ou jeune cheval,
n'importe, devront toujours être instruits individuellement avant d'être
réunis; et que, de même qu'on a commencé par l'école individuelle, on
doit suivre dans la Cavalerie la gradation des fronts par 2, par 4, par
pelotons, par demi-escadron (1) et par escadron jusqu'à la ligne déployée;
que ces bases de l'instruction sont tout à fait indestructibles, et que jamais
ordonnance de Cavalerie ne saurait s'en écarter.

Ce sont ces principes, ces bases dont nous entreprenons de donner la
démonstration; nous comptons nous renfermer dans le cercle modeste du
capitaine-instructeur, qui n'est pas si étroit qu'on le suppose, quand on
veut en mesurer l'étendue; nous espérons enfin démontrer, que *Bohan*
était fondé à dire, que, quant aux évolutions : « la tactique est une science
de calcul, d'exactitude et de démonstration, qui ne peut être mesurée
que le compas à la main et dont les problèmes doivent être *résolus sur*
le papier, avant de les résoudre sur le terrain. »

Cette proposition qui pourrait paraître quelque peu absolue, est vraie
cependant, en ce qui concerne l'instruction et la motion des troupes; car
pour exécuter des mouvemens de quelque nature qu'ils soient, il faut
d'abord que ces mouvemens soient possibles, et la tactique en démontre
la possibilité ou l'impossibilité.

Un exemple : Si les colonnes avec distance, ne conservaient pas dans
leurs marches des distances égales à leur front de guide à guide, ou de
pivot à pivot, ce qui revient au même, la formation sur les flancs serait
impossible dans un cas, ou elle serait irrégulière dans l'autre; car si les
distances étaient moindres que le front, les fractions ne pourraient arriver en ligne, en leur entier, faute d'espace suffisant; et, si elles étaient
plus étendues, il y aurait après le quart de conversion des ouvertures
entr'elles, qui affaibliraient l'ordre de bataille.

Quoiqu'on soutienne cette proposition, on ne veut cependant pas prétendre que les mouvemens de la Cavalerie, de cette arme si rapide, doivent être compassés au-delà du possible; mais on veut dire que les évo
lutions de cette arme même, quelle que soit d'ailleurs la vélocité de ses
mouvemens, doivent être basées sur la certitude géométrique; car, s'il
n'en était pas ainsi, ils seraient impossibles ou défectueux, ainsi

(1) Cette désignation, qui prévient toute équivoque, nous paraît préférable au mot
division.

que l'exemple précédent l'a prouvé. C'est justement parce que les mouvemens de la Cavalerie sont rapides, parce que les chevaux sont difficiles à conduire, parce que le désordre est plus facile et peut avoir des suites plus funestes que dans une autre arme, quoique cependant les allures les plus étendues aient aussi leur calme relatif, qu'il faut tout disposer pour le prévenir ; mais qu'est-il besoin de s'arrêter à une vérité dont l'évidence est depuis long-temps reconnue, puisque les planches de notre ordonnance nous présentent l'image de chaque évolution, et qu'elles y joignent même une échelle pour calculer l'étendue que les diverses fractions ont à parcourir, de la place où elles se trouvent avant l'évolution, pour arriver à celle qu'elles doivent occuper (1).

Il n'est pas moins évident que la tactique est une science de démonstration, car si l'on était soigneux de démontrer sur la planche chaque évolution, comme on le fait pour une figure de géométrie, on s'apercevrait bientôt, aux progrès de l'instruction, que cette méthode donnerait les meilleurs résultats.

Notre division générale devant présenter l'ensemble et les détails de notre ouvrage, a été l'objet de tous nos soins ; car il ne faut éviter aucun moyen de bien classer les matières, de simplifier et de se rendre clair, mais surtout quand le sujet est abstrait. Diviser pour éviter la confusion, écrire avec clarté pour être compris et pour convaincre, telle est, ce nous semble, le but que doit se proposer surtout un écrivain militaire, qui doit tenir à épargner, à l'homme de guerre, dont les habitudes en garnison et en campagne sont toutes d'action, une lecture confuse qui, malgré la meilleure volonté, deviendrait fatigante.

Ainsi, chaque sujet à traiter forme une section particulière, qui se subdivise en autant de démonstrations qu'il y a de propositions à expliquer. Le lecteur trouve ainsi des repos, et l'esprit se délasse pour reprendre avec plus d'ardeur, comme le voyageur qui, ayant à faire un long trajet, s'arrête quelquefois pour reprendre haleine, et arriver avec moins de fatigue au terme de sa course.

D'après cela, en suivant la table générale, on trouve l'ensemble des matières traitées, selon leur enchaînement naturel, et on peut suivre la progression en prenant au commencement et suivant jusqu'au bout, ou

____

(1) Voir à la fin de la 4e section le calcul pour évaluer les arcs de cercle et le front des escadrons.

bien, commencer par tel autre principe qui intéresse davantage, quoique cette manière ne soit pas la meilleure.

Nos Explications préliminaires sont suivies d'un Coup-d'œil historique sur l'instruction et les ordonnances de la Cavalerie ; notre pensée, en présentant ce travail d'ensemble, a été de suivre le progrès à chaque époque et de montrer par quelle série de tâtonnemens nous sommes arrivés au point où nous nous trouvons. On remarquera que le fait historique qui ne pouvait être qu'accessoire dans notre cadre, y prend place cependant d'une manière naturelle, pour appuyer nos principes et ajouter à l'intérêt de la lecture.

Puissions-nous cependant, en voulant rappeler des faits mémorables, d'illustres services, et resserrer la chaîne des temps, ne pas abuser de l'attention qu'on voudra bien nous prêter.

Nous n'avons consacré aucune section particulière au recrutement, aux remontes et à l'organisation de la Cavalerie ; ces bases ayant été développées avec talent par des militaires de marque, et nos idées sur ces points essentiels se reproduisant à diverses reprises, quand le sujet nous y mène.

Mais les *dépôts permanens de remonte*, ayant été attaqués dans le sein du Conseil général d'Agriculture, qui n'a pas craint de demander leur suppression, nous avons cru devoir défendre dans la Société d'Agriculture de la Haute-Garonne, dont nous sommes membres, une institution d'avenir qui répond aux besoins du pays et de l'armée, et qui est appelée, avec l'aide du temps, à faire mieux encore ; aussi avons-nous augmenté notre ouvrage de ce travail, pris au point de vue historique, pour faire mieux apprécier les études successives qui ont été faites, la sollicitude incessante du département de la guerre, détruire l'accusation de faire une concurrence funeste à l'agriculture, et démontrer que, quant à l'achat des poulains, on ne saurait, quand il y a une si grande consommation annuelle, retirer au ministre de la guerre la faculté de tenter des essais, pour arriver à la solution de cette question d'existence pour la Cavalerie, quand des propriétaires peu aisés, ne regrettent pas, sur leurs biens, quelques sacrifices pour arriver à des résultats meilleurs.

Espérons aussi qu'on comprendra bientôt, qu'une impulsion unique est indispensable, pour faire tendre vers un but commun toutes les ressources du pays.

Nos jeunes lecteurs nous sauront gré, nous l'espérons, d'avoir consacré une section à leur faire connaître une note précieuse des mouvemens hors de l'ordonnance, pratiqués par le *général Richepance*, ce brillant colonel du 1er de chasseurs, régiment qui devint une pépinière de généraux distingués par l'impulsion qu'il sut lui donner et qui s'y conserva. La Cavalerie française eut trouvé sûrement en lui, un de ces chefs rares dans les annales militaires des peuples, s'il n'eût été dévoré au sein de la victoire, et à trente-deux ans, par le climat des Antilles. Une chose bien remarquable, c'est que ses idées loin d'avoir vieilli, sont précisément au nombre de celles qui marchent aujourd'hui en tête du progrès ; il nous sera facile de le démontrer, sans être injuste, pour qui que ce soit.

Quant à la grande tactique de la Cavalerie et à la manière d'employer cette arme convenablement dans toutes les opérations de la guerre, en reconnaissant tout ce que les articles de *Jacquinot* et de *Rocquancourt* (1) renferment de substantiel sur ce sujet, articles que nous recommandons beaucoup de lire et dont nous citons les auteurs quand l'occasion se présente, nous avons dû préférer à tout autre, la voix de notre ancien et illustre général, le *comte de la Ferrière*, voix guerrière, voix de la grande époque militaire, qui nous est arrivée par l'organe du *lieutenant-général Thiébault*, autre illustration qui, à une longue expérience personnelle, joint, avec de la méthode, un grand talent de rédaction et une rare modestie. « C'est au général de la Ferrière, dit-il, l'un des officiers généraux de Cavalerie les plus distingués, sous le rapport de la guerre et de la science, que je dois les principaux détails relatifs à l'emploi que la Cavalerie doit faire de ses armes. »

En accomplissant ainsi un devoir pieux, pour la mémoire de notre ancien général, nous espérons mettre en relief un article de marque, inconnu de la masse des officiers de Cavalerie, qui n'ont pas le *Manuel général du service des états-majors*, ou il est perdu pour eux. .

Du reste, cet article qui montre le noble but auquel il faut tendre, ne saurait être accusé d'avoir vieilli, puisqu'il fut rédigé en 1813, vers l'issue de nos grandes guerres, dont il est le résumé, quant à la manière d'employer la Cavalerie ; et l'on remarquera qu'il acquiert aujourd'hui un intérêt capital d'actualité, puisqu'on y retrouve le principe de la tactique de la Cavalerie, fondé sur l'attaque imprévue et la surprise , au moyen de la colonne, qui vient d'être développé, avec tant de talent, par le *lieutenant-général comte de Bismark*, sorti de nos rangs.

Quant aux illustrations qu'on trouvera dans notre Revue historique, ainsi qu'en tête et à la fin de nos divisions principales, elles n'étaient

____

(1) Voir le *Cours d'Art Militaire*, de Saumur, pag. 153, et le *Cours d'Art et d'Histoire Militaire*, de Saint Cyr, 4e vol., pag. 87.

pas arrêtées dans le principe; il nous semblait même, quand cette proposition nous fut faite, qu'un livre de la nature du nôtre ne comportait pas ce genre d'ornement, ne pouvant éviter que l'illustration ne fût souvent éloignée du texte qui la motive; notre sentiment dût céder, cependant, devant le noble désir, qui nous fut manifesté par notre éditeur, de soigner une édition qui constatât le progrès de la typographie illustrée dans notre ville, et devant le talent et le zèle de deux artistes aussi distingués que MM. *Bida*, pour le dessin, et *Huyot*, pour la gravure. Qu'ils veuillent bien, l'un et l'autre, agréer ici mes remercîmens publics, pour avoir donné la vie à des impressions que ma plume eut été impuissante à exprimer, et pour avoir doté mon travail d'une illustration si bien appropriée au sujet équestre, que ce genre de mérite, sur lequel il me sera permis d'exprimer ma pensée, puisque ma coopération se réduit à quelques indications générales, suffirait seul pour lui donner des chances de succès.

REVUE HISTORIQUE

DES

SYSTÈMES D'INSTRUCTION ET ORDONNANCES QUI ONT RÉGLÉ LES EXERCICES DE LA CAVALERIE.

Au lieutenant=général, pair de France,

Vicomte de Préval.

« Les principes de l'ordonnance du 6 décembre 1829 sont excellens. » (JOACHIM
AMBERT, capitaine-instructeur du 3me de dragons, *Mémoire sur l'organisation régimentaire*, 1839.

« Le classement des mouvemens de l'ordonnance et leur progression ne laissent
rien à désirer. » (DE CHALENDAR, colonel du 5me régiment de cuirassiers,
Observations sur l'ordonnance du 6 décembre 1829-1838.)

REVUE HISTORIQUE.

AINTES fois il arrive que, suivant les besoins des sciences et des arts qui les emploient, les mots prennent une acception fixe et déterminée, différente du sens général que la langue leur attribue ; ainsi, d'après l'usage consacré dans la Cavalerie, *l'ordonnance* est le code sur l'exercice et les évolutions de cette arme ; et *la théorie* c'est l'ordonnance, c'est l'étude de l'ordonnance, c'est faire un cours sur l'ordonnance.

Les anciens, toujours occupés à se préparer à la guerre et à la reproduire dans tous les exercices du Champ-de-Mars, avaient-ils des traités spéciaux et écrits sur les exercices particuliers et les évolutions de chaque arme, comme chez les modernes ? On pourrait le penser, car ils ont fait un usage assez fréquent de la guerre, pour en avoir déterminé les règles quant à l'ensemble, quant aux détails; mais l'état de guerre étant presque permanent dans les républiques de la Grèce et de Rome, les traditions militaires se transmettaient sans difficultés, et sans qu'il fût besoin de les écrire; toutefois il n'y a rien d'officiel sur ce sujet, on n'a que des probabilités et des conjectures.

Du moins, la même incertitude ne règne pas, quant aux premiers maîtres, en l'art de la guerre, et, dès les temps héroïques, l'histoire enregistre le nom du *centaure Chiron*, qui fut l'instructeur d'hercule, qui fut aussi celui d'Achille et de tous ces héros qui marchèrent à la conquête de la Toison d'or, ou à la suite d'Agamemnon contre la ville de Troie; Chiron fut instructeur, disons-nous, c'est en effet la qualité qui lui convient le mieux; car, dans ces temps reculés et incertains, où il n'y avait qu'une tactique dans l'enfance, c'était surtout les exercices de corps et la lutte qui donnaient un grand avantage dans le combat corps à corps; c'était l'usage des armes, c'était l'exercice du cheval qu'il fallait rendre familier, c'était un char dans la mêlée qu'il fallait apprendre à conduire.

L'équitation, base de l'art équestre, était cultivée à Athènes dans des temps très reculés : un célèbre écuyer nommé *Simon*, dont les écrits ne sont pas parvenus jusqu'à nous, la démontrait, et avait consacré au temple de Cérès éleusienne un cheval de bronze, sur la base duquel il avait gravé le nom de ses ouvrages, et figuré ses propres méthodes. *Xénophon*, de qui nous tenons ces détails, et à qui nous devons le *premier traité d'équitation connu*, se trouve heureux d'être en rapport d'opinion avec cet homme de marque; il espère que ses idées en auront plus d'autorité, il nous tient lieu enfin de ce livre perdu, dont le sien peut être considéré comme l'expression et le perfectionnement.

Les œuvres historiques de Xénophon sont semées de passages qui démontrent le cas tout particulier qu'il faisait de la Cavalerie, dont il comprenait bien les avantages et les propriétés. Son traité sur l'*hipparchique*, ou le commandement de la Cavalerie, mérite aussi d'être consulté, et ces deux ouvrages forment le commencement de la chaîne que nous nous proposons de suivre jusqu'à nos jours.

Ce célèbre commandant et écrivain de la Retraite des dix mille, nous apprend aussi de quelle manière AGÉSILAS s'y prit pour former et instruire sa Cavalerie, quand il passa en Asie; et *Polybe* nous fait connaître les évolutions que *Scipion* croyait les plus utiles, et les soins qu'il se donnait personnellement : « Il allait, raconte-t-il, de troupe en troupe, les inspectant toutes par lui-même, donnant des explications plus détaillées et plus claires à ceux qui semblaient hésiter, corrigeant, dès le principe, tout ce qui n'avait pas été bien fait, et trouvant en effet très rarement à corriger, tant il avait mis de soin et de clarté à donner ses instructions à chacun (1) ». D'après cela, les généraux ne se bornaient pas à s'entretenir dans les exercices, mais ils ne dédaignaient pas d'en être eux-mêmes les démonstrateurs, d'être, en un mot, les instructeurs de leurs soldats.

Arrien est plus explicite que Polybe, et nous lui devons, indépendamment de sa tactique, un détail assez circonstancié sur les exercices équestres des Romains, qu'il composa pour l'EMPEREUR ADRIEN; mais ici même il n'est nullement question de l'instruction graduelle : on voit des cavaliers instruits, formant deux corps distincts, simuler les uns contre les autres, dans le Champ-de-Mars, des escarmouches et des combats, à l'instar des *Jeux Troyens*, qui se pratiquaient à Rome du temps d'Auguste, et dont Virgile, en adroit courtisan, fait remonter l'origine aux Jeux Funèbres, célébrés en Sicile par Énée, en l'honneur de son père Anchise.

Ce qu'il y a de constant encore, c'est que les cavaliers d'alors, privés du secours de la selle et des étriers, qui n'étaient point connus des anciens, furent conduits à s'exercer fréquemment à la voltige, dans laquelle ils excellaient. Déjà, du temps d'*Homère*, l'équitation était devenue hardie et rapide, et elle n'avait pas craint d'aborder les difficultés que surmontent aujourd'hui, à notre grand étonnement, nos artistes équestres. On en trouve la preuve dans le XVme chant de l'Iliade; c'est Ajax qui défend la flotte combinée contre les attaques du vaillant Hector, lequel semant de toutes parts la mort et le carnage, a ramené les Grecs épouvantés jusqu'à leurs vaisseaux. Partout le fils de Télamon se montre; plus prompt que l'éclair, il semble être sur tous les vaisseaux à la fois : « tel aux portes de nos cités, dit le divin Homère, un agile mortel guide de front quatre coursiers qu'a domptés son adresse. Tandis qu'ils volent, il saute sur l'un, il saute sur l'autre, et les monte tour à tour; une foule étonnée le contemple et l'admire : tel, de vaisseau en vaisseau, court l'impétueux Ajax. »

Cette belle comparaison fait remonter haut, comme on en peut juger, les exercices équestres, qu'on retrouve plus tard aux Jeux Olympiques, et qui passent ensuite dans les jeux du Cirque. On y trouve des cavaliers qui montaient des chevaux à poil et en menaient un autre en main, sur lequel ils sautaient tout en courant, et changeaient aussi plusieurs fois de monture;

(1) Polybe, livre X.

on les nommait *desultores*, les chevaux exercés à ce manége *equi desulto-rii*, et l'art de sauter d'un cheval sur un autre *desultura* (1).

Les *Numides* excellaient également dans cet exercice, et s'élançaient aussi dans le combat sur un nouveau cheval avec la plus grande agilité; ces hommes sont encore pour nous l'idéal du cavalier chez les anciens; mais quelqu'habiles qu'on veuille les supposer, la règle la plus sûre sera toujours de se tenir dans les bornes du possible; des passages d'auteurs mal entendus, mal compris, ou hyperboliques, ont pu seuls établir qu'ils ne faisaient usage d'aucun frein, et amener *Montesquieu*, politique plus profond que tacticien, à dire « que les Romains suppléaient à la faiblesse de leur Cavalerie, en ôtant les brides des chevaux, pour que l'impétuosité n'en pût être arrêtée (2). »

Si les Romains ont jamais fait cette fausse manœuvre, elle ne peut avoir eu lieu qu'à une époque reculée, où l'art était incompris; quant aux Numides, s'ils combattaient isolés, ils attaquaient aussi en troupe; les embuscades du *Tésin* et de la *Trébie*, les journées de *Cannes* et de *Zama* l'attestent; dès-lors, un frein, quelqu'informe qu'il fût, leur devenait indispensable; c'était seulement à ce prix qu'ils étaient redoutables, car, sans cela, il leur eut été impossible, en troupe, de gouverner leurs chévaux; et sans le secours de quelque licou, ils n'auraient pu attacher leurs chevaux dans leur camp, et y maintenir l'ordre nécessaire.

« Les Romains, dit *Végèce*, firent toujours exercer avec beaucoup de régularité leurs nouveaux cavaliers, et sauter à cheval, *salitio equorum*; les vieux même n'en étaient pas dispensés, et cet exercice n'est pas encore aboli. On mettait pendant l'hiver, dans un lieu bien couvert, et pendant l'été, dans le Champ-de-Mars, des chevaux de bois, sur lesquels on faisait sauter les jeunes cavaliers. Pour s'y accoûtumer, ils commençaient d'abord sans armes, ensuite tout armés; et, à force de soin et d'habitude, ils parvenaient à sauter à cheval et à terre, également de droite et de gauche, l'épée ou la lance à la main; aussi n'étaient-ils pas embarassés de le faire plus tard dans le tumulte du combat (3). »

C'était le *décurion* qui, dans chaque *turme*, présidait à ces exercices; c'était lui-même qui les enseignait, et ce grade n'était conféré qu'après un examen sévère. « On doit sur toutes choses, dit encore Végèce, chercher de la vigueur et de la légèreté dans un décurion, afin qu'à la tête de sa

____

(1) Art de sauter d'un cheval sur un autre; cavaliers et chevaux dressés à cet exercice.
(2) Montesquieu, *Grandeur et décadence des Romains*, chap. ii.
(3) Végèce, liv. 1, chap. ii.

troupe, il puisse, en cuirasse et avec toutes ses armes, sauter de bonne grâce sur son cheval et le bien manier.

» Il faut qu'il sache se servir adroitement de sa lance, tirer habilement les flèches, et dresser les cavaliers de sa turme à toutes les évolutions de la Cavalerie; il doit aussi les obliger à tenir en bon état leurs cuirasses, leurs casques, leurs lances et toutes leurs armes, parce que l'éclat qu'elles jettent en impose à l'ennemi. D'ailleurs, que peut-on penser du courage d'un soldat qui laisse manger ses armes par la rouille et la saleté? mais il n'est pas moins nécessaire de travailler continuellement les chevaux, pour les façonner, que d'exercer les cavaliers : c'est au décurion à y tenir la main, et en général à veiller à l'entretien et à la sureté de sa troupe (1) ».

Le décurion était donc le chef de sa turme, il en était l'instructeur; il était l'ordonnance personnifiée de son temps, sinon écrite, et il préludait au combat à la tête de sa turme, en enseignant et dirigeant tous les exercices équestres, et en y rompant les cavaliers et les chevaux.

Cependant l'équitation des anciens, quoique hardie, était loin de ressembler à celle des modernes; on suivait des règles, sans doute, et le traité de Xénophon, qui compte quatre siècles avant l'ère chrétienne, en fait foi; mais il s'en fallait qu'elle méritât le nom d'art et de science, que lui ont donné certains auteurs, il y a déjà long-temps. Il s'en fallait que ce fut cette équitation perfectionnée d'aujourd'hui, fondée sur l'anatomie de l'homme et du cheval, et assise, par conséquent, sur des bases, aussi positives qu'assorties à la nature des deux élémens mis en rapport : toutefois nous touchons à une invention qui prépara ces résultats, et qui opéra une révolution complète dans les exercices équestres.

Avant d'aller plus avant, jettons un coup-d'œil rétrospectif sur les premiers âges.

Il est probable que la *têtière* et le *frein* suivirent de très près l'emploi primitif du cheval; quand l'homme se fut hasardé à monter sur ce précieux animal, la première nécessité qui se présenta à lui fut de le conduire, et peut-être employa-t-il d'abord à cet usage, une corde passée dans la bouche, comme nous le voyons faire encore par les valets d'écurie, pour mener les chevaux à l'abreuvoir; de telle manière que le même lien qui attache le cheval à l'écurie, est employé par eux à le conduire.

Mais dans la succession des moyens pratiqués, le frein ne dut pas tarder à l'être : dire que ce frein, quel qu'il fût, avait la forme des *mors* d'aujour-

____
(1) Vegece, liv. 2, chap. III.

d'hui, que, sans avoir précisément la même structure, les mêmes parties s'y rencontraient, serait une assertion aussi peu vraie que probable. Les premiers cavaliers ne tardèrent pas, sans doute, à adopter le billot, supporté par une têtière informe, et à ajuster à ses deux extrémités deux cordons pour faire l'office de *rênes*; c'était probablement une sorte de *bridon* qu'ils employèrent, avec une embouchure en bois, et qui ne fut en fer et brisée dans le milieu, que quand les premiers moyens furent améliorés, et que les arts se perfectionnèrent.

Chez les Grecs, cette invention est attribuée par Virgile aux *lapithes*, ces célèbres rivaux des Centaures, et par Pline à *Bellérophon*, qui en aurait conservé le nom d'*Hypponoüs*. Quoi qu'il en soit, si du temps de Xénophon, les mors en usage n'avaient point encore de branches, du moins l'*embouchure* avait été perfectionnée, car on voit qu'il y en avait alors plusieurs espèces d'admises; et quant à lui, il en veut deux, dont il donne la description; l'un dur, l'autre doux; se servant de l'un et de l'autre, de manière que le cheval qui aura été d'abord mené avec celui qui est dur, regarde le mors doux comme une récompense, et s'y soumette avec plaisir, ce qui, soit dit en passant, est précisément l'inverse des moyens progressifs, tels que nous les entendons aujourd'hui.

Quant à la forme de ces embouchures, elle ne s'écartait pas trop, suivant la traduction de *Courrier*, du mors à olives, brisé dans le milieu, et il ne paraît pas que les Romains aient connu davantage l'usage des mors à branches : car on n'en voit pas la moindre trace sur le marbre de la colonne trajanne, et *Pollux* dit expressément que les rênes tenaient à l'embouchure par des *anneaux*, ce qui est confirmé par deux figures équestres tirées d'Herculanum, dont les têtes sont bien conservées, et où l'on voit clairement que les rênes partent des coins de la bouche, qui sont recouverts par des *bossettes*.

Ce ne fut que vers le milieu du quatrième siècle, en 340, qu'apparut *la selle* proprement dite, si préférable et si commode pour le cavalier, non moins avantageuse pour le cheval, et dont le résultat indispensable, complétée par les étriers, était une équitation plus commode, plus sûre, plus solide et plus perfectionnée. Jusqu'alors l'*arçon* avait été inconnu, et on ne saurait donner le nom de selles à ces siéges d'étoffe rembourrés, ou à ces peaux de bête, en plusieurs doubles, qu'employaient les anciens. Xénophon parle de *housses*, dont le siége doit être entendu de manière à donner au cavalier une assiette plus ferme sans blesser le cheval. Chez les Romains, cette selle informe, ou plutôt ce panneau, qui était assujetti au moyen de trois sangles, au poitrail, à la queue et au ventre du cheval, portait le nom d'*Ephippium*, et l'on en voit la forme sur différentes médailles et d'anciens monumens, notamment sur les colonnes trajane, antonine et sur l'arc de Constantin.

Toutefois, les fiers *Germains*, dont le sang se mêla avec celui des Gaulois, par les Francs de race germanique, pour former la nation française, plus attachés aux habitudes guerrières, que disposés à adopter les inventions dues à l'amour de la commodité, méprisaient les adversaires qui se présentaient à eux de la sorte; ils montaient leurs chevaux à nu, comme on le fit dans l'origine, et CÉSAR nous apprend qu'ils jugeaient l'usage de l'éphippium si mou, si lâche et si honteux, que leur mépris pour les cavaliers qui s'en servaient était tel, qu'ils ne craignaient pas de les attaquer, quelques supérieurs en nombre qu'ils fussent (1).

En rendant justice aux motifs qui dirigeaient nos braves aïeux, nous les trouvons beaucoup plus mâles que raisonnés, et quelqu'informe que fut l'éphippium auprès de la selle, il offrait encore de grands avantages. Si la position était plus commode, évidemment elle était plus sûre, le cavalier étant plus fixe sur le milieu du dos du cheval, et pouvant mieux se servir de ses armes. Quelqu'habiles cavaliers que fussent les Germains, ils ne pouvaient manquer, dans les brusques mouvemens de la guerre, de se déplacer et d'arriver en glissant sur un poil lisse, trop près du garrot, et surtout de la croupe; de plus, le dos du cheval était plus ménagé, ainsi que le cavalier. L'expérience démontre, en effet, que de longues routes meurtrissent la colonne vertébrale du cheval, monté à nu, et que le cavalier lui-même en est blessé, surtout si l'épine dorsale est aiguë et décharnée; ainsi, tout mâles qu'étaient les motifs de ces braves d'Outre-Rhin, ils n'en étaient pas moins erronés, mais admirons cependant un peuple, qui en agissait de la sorte pour de pareils motifs.

L'éphippium en usage ne présentant aucun moyen de suspension solide, il n'est pas étonnant que les anciens ignorassent encore l'usage des étriers; mais si les exercices du Champ-de-Mars leur faisaient trouver les moyens de triompher de cette difficulté, s'ils parvenaient à s'élancer à cheval et à terre, tout armés, avec la plus grande adresse, il n'en était pas de même, quant au manque des étriers pour les marches; aussi *Galien* fait-il remarquer, dans plusieurs endroits de ses ouvrages, que la cavalerie romaine était sujette à plusieurs maladies des hanches et des jambes, faute d'avoir ses pieds soutenus à cheval. Environ six siècles avant, *Hippocrate* avait

(1) Commentaires de César, *Guerre des Gaules*, livre IV.

aussi fait l'observation, que les Scythes qui allaient beaucoup à cheval, étaient
incommodés de fluxions aux jambes pour la même cause, et ces affections
dûrent être communes à tous les peuples cavaliers.

Les *étriers* complétèrent l'invention de la selle, et quoiqu'il ne fût plus
difficile de les placer à un arçon solide, du moins fallait-il en faire la découverte. Il n'en est fait mention dans les écrits de l'EMPEREUR MAURICE
que vers la fin du 6me siècle, deux cents ans environ, après la selle qui
avait été perfectionnée, sous le règne de THÉODOSE. On lit dans le livre sur
l'art de la guerre, qui lui est communément attribué, que le cavalier doit
avoir des deux côtés de la selle des *degrés de fer*, et il faut reconnaître
que cette double invention, qui prit naissance dans le Bas-Empire, au milieu de la décadence des institutions militaires, et qui eut lieu sans doute
dans un but de commodité, fut néanmoins féconde en heureux résultats.

Avec la selle et les étriers on trouva une commodité, une assurance,
une solidité et une fixité dans la tenue, inconnues jusqu'alors. Dès ce moment, plus de cavaliers glissant alternativement de l'avant à l'arrière, sur-
chargeant tour à tour l'avant ou l'arrière main, et fatigant le cheval par
l'oscillation et le malaise des cuisses et des jambes ; plus d'affections comme
autrefois, plus de chevaux meurtris par un poids variable, plus de chevaux blessés à l'épine dorsale, en prenant toutefois les précautions voulues,
et plus de cavaliers entamés par elle. Il y a plus ; sous le rapport du combat, les étriers donnèrent aux cavaliers un nouveau point d'appui, avec les
moyens de conserver leur tenue, au milieu des mouvemens les plus irréguliers, en leur donnant la facilité d'étendre l'usage de leurs armes, et de
porter leurs coups avec plus de vigueur.

Sous le rapport de l'équitation, il y eut aussi plus de justesse ; la selle
maintenait le cavalier dans la position, où en fatigant le moins le cheval,
il se trouvait le plus commodément lui-même pour sa tenue et pour le
gouverner ; et au moyen des étriers, les jambes venant se placer le long
des sangles, se trouvèrent plus voisines du centre de gravité, et purent
opérer avec plus de précision et de finesse.

La selle et les étriers donnent seuls l'explication des lourdes armures
dont se couvrirent nos aïeux ; sa structure dut même à cette époque être
entendue d'après les armes en usage et la manière de combattre qui fut
adoptée ; ainsi elle emboîta les fesses et les cuisses de l'homme d'armes, entre des battes et un trousse-quin très élevé, afin de lui donner les moyens
de résister aux chocs des joûtes et des combats à outrance de la Chevalerie,
chocs tellement violens, que les jarrets des destriers fléchissaient souvent,
à la suite d'une rencontre vigoureuse.

Mais en nous laissant entraîner à approfondir des origines plus curieuses qu'indispensables, nous ne saurions passer silencieux à côté du berceau de notre antique monarchie; et de même que vous auriez sujet de nous blâmer, jeunes hommes de l'armée, si nous n'arrêtions votre attention sur les gloires contemporaines, quand l'occasion s'en présentera, de même nous nous exposerions à vos justes reproches, si nous taisions des grandeurs qui n'en sont pas moins nationales, quoique vieilles de plusieurs siècles.

Vous le savez comme moi, l'éclat des armes remonte, en France, plus haut qu'à quarante ou cinquante ans; il est plus ancien que la brillante époque où Louis XIV, aidé du génie de Condé, de Turenne, de Luxembourg et de Villars, fixait les regards de toute l'Europe; il est même antérieur à Henri IV, ce grand roi, ce grand capitaine. Remontez avec moi le cours de notre histoire, et vous vous assurerez que cette monarchie, qui a eu de terribles épreuves à subir, compte aussi de bien beaux momens, et que, si son étoile a pâli quelquefois, elle a bientôt repris son ancien éclat, et jeté une plus vive lumière.

Quelle nation, en Europe, compte quatorze siècles de vie, et cette existence, à qui la France la doit-elle?

A vos devanciers, à l'homme de guerre, à ces chefs des Francs, élevés sur le pavois par leurs propres guerriers, à ce croisement, s'il m'est permis d'employer cette expression, des braves d'Outre-Rhin avec ces Gaulois, la terreur de Rome, qui nous ont fait ce que nous sommes, en créant notre nationalité,.et la sauvant ensuite de tous les périls qu'elle devait rencontrer sur son passage, dans cette longue suite de siècles.

Jetez les yeux du côté de l'Orient, vers le commencement du septième siècle, et vous verrez, au milieu du désert, les Arabes, jusqu'alors divisés, se grouper autour d'un homme qui s'élève, d'un prétendu Prophète, il est vrai, mais enfin d'un chef religieux, politique et militaire, qui les a fanatisés, et à qui l'on ne peut contester le génie dans toute son étendue. La troupe de MAHOMET, faible d'abord, grossit peu à peu, et bientôt se répand au dehors, armée du glaive et de la prédication, détruisant des empires et en fondant de nouveaux; c'est un torrent impétueux, sorti de son lit, et dont le débordement suit deux grandes pentes, une à l'Orient, et l'autre à l'Occident, rapides toutes les deux, et qui convergent vers l'Europe.

D'une part, les Sarrasins sont arrivés sous les murs de Constantinople, dont ils ont été obligés de lever le siége; de l'autre, leurs succès n'avaient pas été moins éclatans. Maîtres de la Syrie et de l'Egypte, brûlant à Alexandrie cette bibliothèque inestimable des Ptolémées, et avec elle tous les trésors de l'intelligence des temps antérieurs, ils se montrent menaçans sur toute la côte d'Afrique, et ne sont plus séparés de l'Espagne que par le détroit. Profitant avec habileté des divisions qui règnent dans la Péninsule, ils font, avec la plus grande circonspection, une première tentative qu'ils renouvellent bientôt, mais avec des forces plus considérables. Accablés par le poids de leurs armures, qu'ils avaient depuis long-temps perdu l'habitude de porter, les Visigoths balancent cependant par le nombre l'enthousiasme fanatique des disciples de Mahomet; ils sont même sur le point de remporter la victoire, quand elle leur échappe par une vive et chaleureuse allocution qu'un général de cœur n'adresse jamais en vain à de braves guerriers : « Mes frères, s'écrie *Tarik*, dans ce moment extrême, en s'adressant à ses Arabes échappés au carnage, l'ennemi est devant vous, la mer est derrière, où voulez-vous fuir? suivez votre général, je suis résolu à mourir, ou à fouler aux pieds le roi des Visigoths. » A ces mots énergiques, les Arabes se raniment, les Visigoths faiblissent, ils sont défaits, leur monarchie s'écroule, l'Espagne passe sous de nouveaux maîtres; quelques fugitifs seulement trouvent une retraite dans les montagnes des Asturies.

Cependant, les Sarrasins poursuivent leurs avantages, ils franchissent les Pyrénées et pénètrent dans nos provinces méridionales, lorsqu'une bataille sanglante, qui coûta la vie à leur général, sous les murs de Toulouse, dont ils avaient formé le siége, les fait revenir à la charge avec de nouvelles forces et plus d'ardeur, malgré leur grand désastre. Cette fois *Eudes, duc d'Aquitaine*, est impuissant, malgré sa grande valeur, à arrêter ce torrent, qui s'étend partout, de l'est à l'ouest, depuis Autun jusqu'à Poitiers; encore un succès, c'en était fait de la nationalité des Francs, de la cause de la chrétienté et de la civilisation naissante en Europe. Partout, sur le passage des Infidèles, les campagnes sont dévastées ainsi que les villes; ils massacrent les populations, profanent et détruisent les églises; partout le Croissant triomphe, *Abdérame* rêve de nouveaux succès, et compte sur de riches dépouilles. Mais, dans sa marche sur Tours, non loin de Poitiers, il aperçoit dans une forte position des guerriers qui, pour être bien moins nombreux, ne s'en préparent pas moins à lui disputer vivement le passage, et il apprend bientôt que c'est le chef des Francs, accouru à sa rencontre, avec tous les braves qu'il a pu réunir. A leur contenance fière et assurée, Abdérame reconnaît des adversaires qui vendront chèrement leur vie; dès-lors, il observe cette armée avec inquiétude, et plusieurs jours se passent à chercher à l'attirer dans la plaine, afin de l'écraser sous le poids du nombre. Mais CHARLES reste ferme dans le poste qu'il a choisi, non sans lui faire essuyer des pertes considérables, jusqu'à l'arrivée du duc d'Aquitaine, qui s'est jeté dans ses bras, et qui doit tomber comme la foudre, à la tête d'un corps détaché, sur le camp et les derrières des Sarrasins.

Dans ce moment décisif, si impatiemment attendu, Charles s'élance avec furie à la tête de ses soldats; les Arabes reçoivent ce rude choc en gens de cœur; la lutte se prolonge avec acharnement de part et d'autre, et elle est incertaine; mais l'attaque vigoureuse du duc d'Aquitaine, l'incendie de leur camp, les cris de leurs femmes et de leurs enfans, que dévorent les flammes, ou que le fer moissonne, jettent l'effroi dans leur ame. Cependant Charles redouble d'ardeur; il les presse vivement de front, les met en pièces, Abdérame lui-même tombe sous ses coups; et trois cent soixante-quinze mille personnes périssent, suivant les historiens, nombre qui paraît moins invraisemblable, du moment qu'on se rappelle qu'à l'exemple des peuples qui cherchent à former des établissemens, les Sarrasins avaient avec eux, leurs femmes, leurs enfans, leurs familles (1).

(1) Les Helvétiens ayant aussi formé le projet de conquérir dans les Gaules, et du côté de la Saintonge, des provinces plus fertiles et plus vastes, s'étaient mis en mesure de l'exécuter, lorsque CÉSAR courut pour les en empêcher et les refouler dans leurs contrées. On

Quels immenses résultats que ceux de cette mémorable journée de Tours,
qui valut à Charles le surnom glorieux de MARTEL, pour peindre la force
et la pesanteur de ses coups, surtout quand on se reporte à l'occupation de
l'Espagne qui dura près de huit cents ans! Sans cette victoire décisive, qui
peut calculer toute l'étendue du mal? la France périssait à sa naissance,

trouva dans le camp des Helvétiens, disent les commentaires, un état écrit en lettres
grecques, de ceux qui étaient sortis en âge de porter les armes, des femmes, des enfans
et des vieillards. Toute cette troupe, dont César donne le chiffre minutieusement, peuple
par peuple, s'élevait à 368,000, dont 92,000 combattans. César ayant fait faire le dé-
nombrement de ceux qui retournèrent, il ne s'en trouva que 110,000. Ainsi la perte des
Helvétiens se serait élevée à 258,000 personnes. Dès lors les chiffres des Sarrasins, dont
les rangs se grossissaient de tous ceux qui suivent ordinairement le parti d'un vainqueur
qui médite un grand établissement, n'ont rien qui doive surprendre, soit avant, soit
après la bataille, après un camp saccagé, suivi d'un horrible massacre; et n'avons-nous
pas vu, de nos jours, une expédition qui paraîtrait plus fabuleuse encore, si les chiffres
avant et après n'étaient constans, et si beaucoup d'entre nous ne pouvaient dire avec
juste raison du grand désastre de 1812 :

> .... *Quæque ipse miserrima vidi*
> *Et quorum pars magna fui.*

l'Europe changeait de face, l'inondation musulmane eut tout envahi, et la Croix civilisatrice s'effaçait devant le cimeterre des descendans de Mahomet. Charles-Martel fut donc un nouveau fondateur, il fut le sauveur du présent et de l'avenir; fils d'un homme illustre, il se plaçait encore plus haut, et donnait le jour à Pépin, qui fut le père de Charlemagne.

Cette époque mérite encore d'être remarquée, quant à la Cavalerie française, qui, mieux armée que celle des Arabes, qui s'épuisait en vains efforts contre la nôtre, reparut avec éclat dans cette bataille, où il parait qu'elle formait le cinquième de l'armée. On verrait avec étonnement que les rois de la première race aient négligé d'entretenir cette belle *Cavalerie gauloise*, dont la réputation remonte à Annibal, et qui, depuis, avait fait la plus grande force de la cavalerie romaine, si des raisons politiques, inséparables d'un premier établissement, n'expliquaient suffisamment cette anomalie. Il était naturel que les Francs et les Gaulois s'observassent jusqu'à ce que le temps eut consolidé la fusion, ce qui justifie cette préférence exclusive donnée à l'infanterie.

Les mêmes raisons expliquent encore le silence de quelques historiens sur la bataille de Toulouse, sur le duc Eudes, et sur la grande part qu'eut ce prince et ses soldats dans la victoire de Tours. Certes, il devait être un vigoureux batailleur celui qui lutta plus de vingt années, d'une part, contre les Sarrasins, à l'apogée de leurs triomphes; de l'autre, contre Charles-Martel, qui faisait toujours de nouveaux progrès vers les Pyrénées; et la postérité lui devait bien le souvenir, qui a valu, en 1842, une couronne à un jeune poète de nos contrées (1), avec lequel nous nous écrions, surtout après le grand service de Tours :

> Nom sacré, trop long temps oublié par l'histoire,
> Eudon, je viens t'offrir une hymne expiatoire,
> Duc d'Aquitaine, en vain je promène mes yeux
> Dans ce temple immortel, peuplé de nos aïeux (2);
> En vain, pour t'adresser mon poétique hommage,
> A côté de Raymond j'ai cherché ton image,
> Ta gloire, que la France a cessé de bénir,
> De l'Arabe au désert remplit le souvenir.

Nous croyons pouvoir intercaller dans notre travail, des vers en recon-

(1) M. Jaffus.
(2) La salle des Illustres, à Toulouse.

naissance d'un grand service rendu, et qui rappellent aux jeunes guerriers que c'est surtout dans la gloire des armes que la Poésie cherche ses
inspirations, et prend le sujet des plus célèbres épopées.

Sous le règne de PEPIN, au contraire, la Cavalerie, qui commençait à
être nombreuse dans les armées françaises, obligea de fixer au premier de
mai, temps plus commode pour les fourrages, l'assemblée générale de la
nation, qui, jusqu'alors s'était réunie le premier mars.

Sous CHARLEMAGNE, cette arme reçut encore de nouveaux développemens, qu'expliquent suffisamment les conquêtes de ce monarque et l'immensité de son empire. Il serait à désirer qu'on eut sur la formation d'a-
lors des renseignemens aussi précis que sur les armes en usage, qui s'étaient
sensiblemens modifiées. Nous trouvons aussi dans l'*Histoire de la milice française* que Charlemagne et les guerriers qui l'accompagnaient dans les combats étaient armés de pied en cap, mais sans cuissarts, afin de monter plus
facilement à cheval; et un passage de ses capitulaires, où il est dit : «que
le comte ait soin que les armes ne manquent pas aux soldats qu'il doit
conduire à l'armée; c'est-à-dire qu'ils aient une lance, un bouclier, un
arc à deux cordes et douze flèches, qu'ils aient des cuirasses et des casques. »

Or, ces armes défensives étaient d'un usage fort rare au commencement
de la première race, et celui de l'arc et des flèches n'existait pas non plus
parmi les Français.

Reprenons notre sujet. Les modernes eux-mêmes ne nous donnent
quelques renseignemens écrits, que long-temps après la découverte de
l'imprimerie (1), et cependant la chevalerie formait la base des armées,
et les exercices équestres étaient soigneusement pratiqués par elle. La
course des têtes qui a survécu, atteste encore les soins qu'on se donnait
alors; c'était un bien puissant aiguillon que de paraître dans un tournoi, de bien manier son cheval, ses armes, et de montrer sa supériorité
dans ces jeux militaires, ainsi que les exercices chevaleresques de l'Ecole
de Saumur nous en ont donné l'aperçu, depuis qu'ils ont été restaurés
sous le commandement du général Oudinot. Il était beau de se montrer

______

(1) On trouverait sans doute quelques éclaircissemens dans le règlement d'exercice
que fit, en 1473, Charles-le-Téméraire, cet audacieux rival de Louis XI; mais,
dans la situation où nous sommes, n'ayant pu consulter ce curieux document, nous
ne pouvons que le mentionner, ainsi que les règlemens pour la cavalerie de Charles
Quint et de Maximilien II, qui furent sanctionnés dans la diète de l'empire, assemblée à Spire en 1570.

adroit à rompre une lance, de joûter contre un vaillant adversaire, d'en
triomphér et de remporter le prix de l'adresse et de la valeur sur de nombreux et vaillans émules, devant l'élite du pays et surtout en présence
de la dame de ses pensées, suivant de l'œil tous les mouvemens de son
chevalier et livrée tour à tour à la crainte et à l'espérance ; mais cette
instruction équestre se transmettait oralement ; les jeunes gentilshommes
venaient s'y former chez un châtelain ami ou protecteur de leurs familles ;
et quant à la cavalerie formée de bannières inégales, qui se rangeaient
en haie et qui était armée de toutes pièces, ses évolutions se réduisaient,
sans doute, à fondre sur l'ennemi en ligne droite, à la charge individuelle pure et simple, telle que la pouvaient fournir des chevaux écrasés
sous le poids des armes de l'époque ; car nos braves aïeux étaient trop
jaloux de se surpasser les uns les autres, pour songer à un ensemble
qui eut enchaîné leur prouesse.

Quant à se mettre en ordre de marche et à se remettre en ligne, ces
mouvemens indispensables se faisaient individuellement et ne leur étaient
pas difficiles dans une ordonnance à files ouvertes.

Les nombreux servans attachés à l'homme d'armes, ce type distingué
de l'époque du moyen-âge, avaient chacun son office, son emploi ; et les
écuyers, ces nobles aspirans à la chevalerie, formés en seconde ligne
derrière leurs maîtres, se tenaient prêts à les seconder quoi qu'il arrivât;
le combat était-il heureux, ils recueillaient les prisonniers et aidaient à
en compléter les succès; éprouvaient-ils, au contraire, une vive résistance, les écuyers s'avançaient pour les soutenir et les renforcer, les dégager, leur fournir de nouvelles armes, s'il était nécessaire, et leur
donner un cheval frais, s'ils étaient démontés. Telle fut la manière de se
ranger de nos anciens preux, qu'ils transmirent aux compagnies d'ordonnance, cette première cavalerie permanente fondée par Charles VII.
On lit dans *Montgommery :* « Avant l'usage des escadrons, les gendarmes
aussi bien que les chevaux légers, étaient rangés sur des rangs éloignés
les uns des autres de quarante pas, disposition fort bonne ; car si la
première haie manquait d'enfoncer l'ennemi, elle pouvait se retirer
à droite et à gauche, ou par un des deux côtés, pour aller se rallier
et former une nouvelle haie à la queue. La seconde haie marchait ensuite contre les gendarmes ennemis, et cette distance de quarante pas
lui donnait les moyens de prendre carrière, d'où dépendait beaucoup
l'effet des lances (1). »

____

(1) Montgommery, *Histoire de la Milice*, p. 133.

Il est remarquable que, dans cette ordonnance, tout avait été calculé pour mettre en relief la prouesse de l'homme d'armes et qu'on n'avait aucune notion sur la formation de la cavalerie pour le combat; moins encore pour la diviser et la fractionner dans de justes proportions. Ces haies à perte vue, ces bannières effilées, présentaient plus de vide que de plein, et avec les distances d'une haie à l'autre, l'espace occupée était immense; la surveillance, le commandement, la direction devenaient presque impossibles, et ce vice ne pouvait manquer de frapper des yeux tant soit peu clairvoyans.

La lance, qui n'était pas étrangère à cette ordonnance, n'était pas non plus comme celle de nos jours; faite pour la joûte, elle avait le double de longueur et davantage; très forte à la poignée, elle était très effilée vers l'autre extrémité; ainsi ses mouvemens étaient plus restreints, elle n'offrait pas comme celle de nos lanciers des moyens d'attaque et de défense dans tous les sens; elle était plus sujette à se briser, et son maniement, quoique très borné, demandait cependant un grand espace.

La grande profondeur sur laquelle se forma la cavalerie dans le 16ᵉ siècle, doit être envisagée sous deux rapports. S'il est évident qu'elle n'aida pas à la mobilité et à la célérité de cette arme, dans chaque corps, en particulier, et qu'elle produisit le résultat inverse, du moins faut-il reconnaître qu'il y eut progrès, quant à la discipline et à la formation pour le combat, en ce sens qu'il fut plus facile de trouver des terrains qui continssent la cavalerie, et qu'étant plus réunie, elle fut aussi, plus qu'elle ne l'avait été jusqu'alors, dans la main de ses chefs.

Les chevaliers formés en haie et pouvant s'ouvrir plus ou moins, n'avaient pas une bien grande difficulté à se mettre en marche sur tous les points, sans recourir au mouvement de conversion. Mais ces masses de cavalerie, ces gros escadrons sur dix rangs de profondeur, et davantage, de quelle manière pouvaient-ils se mouvoir dans tous les sens? comment changeaient-ils de direction? comment pouvaient-ils faire demi tour? Les planches de Wallhausen, nous démontrent que c'était encore par un mouvement individuel de chaque cavalier, très praticable en effet, puisqu'il y avait plus ou moins d'ouverture dans cette ordonnance. (1).

Toutefois ce changement si brusque fut l'œuvre de L'EMPEREUR CHARLES-

____

(1) C'était aussi par le même moyen que la losange des Grecs, ordonnance profonde, dont nous donnons la figure en tête de la section *de la formation*, faisait face dans tous les sens.

QUINT , qui , pénétré des inconvéniens de l'ordre étendu et décousu d'alors , voulut y rémédier, et céda trop facilement, à l'influence des idées dominantes ; formés en phalange , les Suisses venaient de rappeler à l'Europe , ce que peut une bonne infanterie ; dès lors l'application du principe de la profondeur fut fait à la cavalerie, sans prendre en considération que la conformation du cheval le repousse et que la célerité devient impossible. On eut d'abord des escadrons de lances ; *Maurice de Nassau* , vint ensuite qui eut des escadrons allemands de *reitres* : et la *pistolle* (gros pistolet allongé), dont ils furent les premiers à se servir , étant une arme très meurtrière dans leurs mains , introduisit pour long-temps l'usage du feu , qui eut de l'effet , contre une cavalerie pesante et qui venait lentement s'y exposer.

» C'est une lignée , dit le brave *La Noue*, que les arquebuses ont enfantée et pour en dire ce qui en est , tous ces instrumens sont diaboliques , inventés en quelques méchantes boutiques , pour dépeupler les royaumes et républiques de vivans, et remplir les sépulcres de morts : néanmoins la malice les a rendus si nécessaires qu'on ne s'en saurait passer. » (1).

Si l'empereur Charles-Quint s'éloigna ainsi des véritables propriétés de la cavalerie , si cette arme devint plus pesante et plus lourde , si le feu vint le disputer aux armes de mains , si l'art enfin , au lieu de progresser suivit une marche rétrograde, il faut reconnaître cependant qu'il y a , au fond de ce changement, une pensée d'ordre et de formation. Ce prince, à qui l'on ne peut certes pas reprocher le manque d'adresse et d'habileté, fit beaucoup la guerre ; il eut des armées nombreuses , d'habiles capitaines sous ses ordres, les opérations s'agrandirent ; n'était-il pas naturel qu'il voulut réunir la cavalerie éparpillée suivant l'ancienne ordonnance , et qu'il cherchât à l'avoir mieux dans la main, dans un moment surtout où l'on ne savait point encore fractionner les troupes, pour les mieux employer, et à une époque ou les mots vitesse , impulsion , ensemble et charge étaient à peine pressentis ?

Montluc vient encore fortifier cette opinion : « Une chose vois-je, dit-il, dans ses Commentaires, que nous perdons fort l'usage de nos lances , soit à faute de bons chevaux, dont il semble que la race se perde , ou pour ne pas y être si propres que nos prédécesseurs, et vois bien que nous les laissons pour prendre les pistolles des Allemands ; aussi avec ces armes peut-on mieux combattre *en host* (en escadron) qu'avec les lances : car si

____

(1) La Noue , **18**ᵉ *discours militaire.*

l'on ne combat en haie, les lanciers s'embarrassent plus, et le combat en haie n'est pas si assuré qu'en host. »

Cette opinion doit être d'autant plus appréciée, qu'indépendamment des cinquante-cinq ans de services et d'heureux combats, du brave capitaine gascon, il avait peu de sympathie pour l'arme à feu : « Plût à Dieu, dit-il, que ce malheureux instrument n'eût jamais été inventé, je n'en porterais pas les marques, et tant de braves et vaillans hommes ne fussent morts, le plus souvent de la main des poltrons, qui n'oseraient regarder au visage, celui que, de loin, ils renversaient de leurs balles par terre. » *Bayard* exhalait son indignation en termes non moins amers; « c'est une honte, disait le chevalier sans peur et sans reproche, en parlant des armes à feu, qu'un homme de cœur soit exposé à périr par une misérable *friquenelle*. »

Les échecs éprouvés par la cavalerie française disposée en haie, contre les escadrons de lances ou de reitres, donnèrent beaucoup à penser et nous en avons la preuve officielle dans les discours militaires du brave La Noue, non moins recommandable comme un des premiers écrivains militaires français et par ses aperçus judicieux, que par sa bravoure et son éclatante loyauté devenues proverbiales. Frappé des revers successifs de Saint-Quentin, de Gravelines et de Montcontour, ainsi que de l'embarras de mouvoir une cavalerie occupant une aussi immense étendue de terrain, il consacre son 15e discours à démontrer « que la forme ancienne de ranger la cavalerie en haie est maintenant peu utile, qu'il est nécessaire qu'elle prenne l'usage des escadrons; et dans une proposition suivante, qu'un escadron de reitres doit battre un escadron de lances. »

Nous l'avouerons encore, cette opinion n'a rien de choquant en se reportant à l'époque; l'escadron de lances familier avec le mouvement de charge, comme il le serait aujourd'hui, eut rompu sans doute l'escadron de reitres; mais comme les lanciers d'alors manquaient d'ensemble et d'impulsion, et qu'à cette époque ils se mettaient le plus souvent en désordre en attaquant, le feu des reitres devait être très meurtrier, pour une masse qui venait lentement s'y exposer, et sa défaite devait être facile à compléter, en marchant immédiatement sur elle serrés et en corps, comme combattaient toujours les reitres; les Allemands à cette époque surpassaient les autres nations, et La Noue ajoute que, lorsqu'ils étaient repoussés, ils faisaient retraite, sans se séparer et sans cesser d'être joints ensemble.

Ajoutons cependant que, s'il est arrivé aux Français de se laisser dépasser quelquefois, non en bravoure mais en tactique, il faut l'attribuer beaucoup à cette vaillance, à cette fougue guerrière qui se faisait un jeu d'affronter les plus grands obstacles, sans ensemble et sans discipline, ce qui occasionna les revers de Crécy, de Poitiers et d'Azincourt. Tels les Gaulois, tels les Français : avec de mauvaises armes, des épées qui se faussaient, sans armes défensives et presque nus, les Gaulois ne craignaient pas, avec des désavantages si palpables, d'affronter les armures, l'ordre légionnaire et la discipline des armées romaines : et à l'époque de transition du 16ᵉ siècle, les idées de chevalerie et de prouesse ont encore une si grande influence sur l'esprit des Français, qu'ils sont les derniers à se rallier à une tactique qui substitue la puissance de l'ordre et de l'ensemble à la prouesse individuelle.

On voit ainsi que, si cet usage s'introduisit parmi nous avec tant de peine, c'est qu'il blessait tous les amours propres, et atteignait au vif toutes les susceptibilités françaises. Nos aïeux, plus que leurs voisins beaucoup plus disciplinables, tenaient à se former en haie; ils étaient ainsi à la même hauteur, ils pouvaient, de la sorte, joindre l'ennemi au même instant, il leur était facile, ayant le champ libre devant eux, de donner cours à leur vaillance; au contraire, dans l'ordre profond qui prévalait, le premier rang seul jouissait de ces avantages, et les rangs qui venaient ensuite ne pouvaient que suivre, soutenir et remplacer, au lieu d'être des premiers à attaquer.

Toutefois, les meilleurs esprits, frappés par le mal du moment, furent emportés au-delà des bornes comme il n'arrive que trop souvent; du reste, ce n'étaient pas quelques opinions isolées, quelqu'imposantes qu'elles fussent, qui pouvaient résister à un torrent qui venait de rompre ses digues;

d'ailleurs, les traités de Montgommery et de Wallhausen, le premier de 1617 et le second de 1621, quelqu'influence qu'on voulut leur supposer, à une époque où on écrivait et lisait peu, arrivaient dans un temps où la profondeur avait déjà établi son empire; car ce fut vers la fin du règne de Henri II, qui périt en 1559, qu'on adopta l'ordre nouveau. Cependant on revenait parfois à l'ancien, et le prince de Condé notamment, rangea sa cavalerie en haie à la bataille de Saint-Denys, sous Charles IX (10 novembre 1567); il est vrai que cette ordonnance doit être attribuée, en cette circonstance, à la nécessité où se trouva le prince de se rapprocher du front d'un adversaire qui comptait neuf fois plus de monde.

Ainsi, la révolution du seizième siècle, dans la formation de la cavalerie, rémédia au mal du moment; mais ce fut pour tomber dans des masses lourdes, pesantes, incapables d'agir, de se mouvoir, comme il convient, et réduisant la meilleure partie de la cavalerie à l'impuissance de prendre part au combat. Ce fut pour abandonner la lance, cette reine des armes, qui agit sur le moral et atteint de loin, pour faire le coup de feu comme l'infanterie; ce fut pour ne pouvoir porter deux heures de suite des armures rendues écrasantes, pour échapper à l'action du feu; ce fut enfin pour tâtonner près de deux siècles, avant d'arriver à un système approprié aux exigences spéciales de l'arme équestre, dont les destinées ont été compromises, toutes les fois qu'on s'est laissé aller à des idées d'assimilation à l'infanterie, non moins fausses que funestes. (1)

La fin du seizième et le commencement du dix-septième siècle, furent marqués par l'apparition de quelques ouvrages militaires; l'imprimerie avait fait des progrès, l'instruction s'était répandue, les gentilshommes ne tenaient plus à honneur de ne savoir ni lire, ni signer leur nom, et des guerres continuelles avaient développé leur valeur; de grands capitaines de part et d'autre, au nombre desquels l'*amiral de Coligny* et le premier *maréchal de Biron*, avaient écrit le journal de leurs opérations militaires, bien regrettables pour l'histoire et pour l'art : Blaise de Montluc et le brave La Noue, écrivant pour la postérité, avaient ouvert la marche aux guerriers observateurs. On sortait des guerres d'Italie et de religion; et sur la scène politique et militaire, avaient passé successivement des capitaines renommés, à la tête desquels il faut joindre, aux guerriers que nous venons de citer, *Guise-le-Balafré*, qui défendit Metz contre Charles-Quint et qui reconquit Calais. Dans les armées étrangères : *Antoine de*

---

(1) Voir la 7ᵉ section *sur les évolutions de régiment.* Proposition XII.

Lève, *Pescaire*, *le duc d'Albe*, *le duc de Parme*, *Maurice de Nassau* qui affermit la république des Provinces-Unies fondée par son père, mais surtout notre bon et vaillant HENRI IV, de glorieuse et bien chère mémoire, si bien appréciée par *le duc de Rohan*, l'un des grands capitaines de cette époque, qui exprimait ainsi sa douleur et son estime : « Certes, disait-il souventes fois après la mort de ce prince, quand j'y pense le cœur me fend ! un coup de pique donné en sa présence, m'eut plus contenté que de gagner maintenant une bataille. J'eusse bien plus estimé une louange de lui, en ce métier dont il était le premier maître de son temps, que toutes celles de tous les capitaines qui restent vivans. » (1)

Si, dans la journée d'*Arques*, Henri IV manœuvra comme fit deux siècles plus tard le général Bonaparte, à *Arcole* ; si ce prince forçant Mayenne de combattre sur un terrain coupé, le battit avec beaucoup moins de monde ; s'il fit pressentir ainsi son génie, son tact particulier pour les opérations de la guerre ; s'il trouve les moyens de soutenir une longue lutte et de triompher par l'habileté de ses armes et de sa diplomatie avec de faibles ressources, et s'il est sur le point de venger la France des anciennes injures de l'Autriche ; nous lui devons aussi d'avoir battu en brèche cette monstrueuse profondeur, qui ne pouvait résister à l'épreuve d'une pratique éclairée. Il réduisit le nombre des rangs à huit, puis à six ; à la bataille d'Ivry, l'escadron à la tête duquel il combattit, était sur cinq rangs de hauteur, et il est permis de penser que le progrès ne se serait point arrêté là, si le règne de ce grand homme eût été moins agité, moins laborieux et surtout si le plus monstrueux et le plus lâche assassinat n'en eût rompu la trame.

Après les campagnes mémorables, après les grands hommes de guerre, arrive toujours quelqu'écrivain qui résume leurs méthodes et leurs principes ; c'est ainsi que *Jean-Jacques de Wallhausen*, écrivant sous les impressions de Maurice de Nassau, qui avait tiré grand parti de la cavalerie,

(1) Tel est aussi l'avis du *général Lamarque*, *Encyclopédie moderne*, article *bataille*, page 223. « Interrogé sur les généraux de son temps, on rapporte qu'Henri IV, plaça Maurice de Nassau immédiatement après lui. La postérité, injuste ou mal instruite, l'a mis beaucoup au-dessus. » Mais une appréciation plus juste et basée sur la comparaison des services de guerre de ces deux illustres capitaines, fortifie de plus en plus l'opinion que l'école flamande est sortie de l'école française ; et que Maurice de Nassau, heureux légataire de ses traditions, et qui n'a livré que la seule bataille de Nieuport, est moins le régénérateur de l'art militaire, suivant les heureuses expressions de *Roc quancourt*, que le restaurateur de l'exercice

en mainte circonstance, et à qui nous devons les premiers essais de l'organisation régimentaire, fit paraître son *Art militaire* sur cette arme. On trouve dans son avertissement la trace de la réaction qui se faisait déjà sentir; naguère la cavalerie composait presqu'exclusivement les armées, l'infanterie venait enfin de se relever et de prendre la première place qui lui revient, et que personne ne lui dispute aujourd'hui ; et déjà on mettait en question l'utilité de la cavalerie : aussi Wallhausen répond-il à ces attaques vivement, en termes amers, comme quelqu'un blessé au vif et dans ses goûts les plus intimes.

Cet écrivain se fait remarquer par ses connaissances approfondies dans les détails particuliers et d'ensemble, et son ouvrage, qui renferme nombre de passages piquans, est parfaitement raisonné, divisé, classé, coordonné; en un mot, c'est une véritable ordonnance pour les exercices de la lance, du *pistol*, de l'épée, de l'arquebuse, pour les formations et les évolutions de la cavalerie, moins la manière de monter à cheval et de dresser les chevaux de guerre, que l'honorable auteur ne sous entend, que parce que les procédés en usage à cette époque, rentraient, sans doute, dans le droit commun de l'équitation.

Il faut suivre ce brave officier cherchant à soutenir, de toute la puissance de sa logique, contre *Georges de Basta*, la lance, cette reine des armes, qui tombe successivement, parce que la mort tragique d'Henri II met fin aux joûtes et aux tournois, que la noblesse cesse de se livrer à ces mâles exercices, qu'elle est appauvrie et ruinée par les guerres de religion, qu'elle n'a plus les moyens nécessaires de se procurer ces destriers, qui seuls conviennent au lancier, lesquels sont d'un prix exorbitant, et commencent à manquer, épuisés qu'ils sont par des guerres continuelles. Elles ont aussi moissonné cette belle fleur de chevalerie; dès lors, il faut employer de nouveaux élémens, choisis en dehors de cette classe; il faut utiliser les coursiers qu'on peut encore se procurer ; et c'est ainsi que s'introduit et prévaut la *Corrasse* (cuirasse), qui ne demande pas des élémens aussi parfaits, et qui n'exige pas non plus d'aussi continuels exercices (1).

Toutefois ce fut peut-être un avantage sous le rapport tactique que la suppression de la lance si démesurément longue ; ne les raccourcissant

____

(1) Suivant Wallhausen, la seule différence qu'il y eût entre le lancier et le corrassier ou reitre, c'est que le reitre n'avait pas de lance ; du reste les autres armes et l'armure défensive étaient les mêmes; seulement le lancier, homme d'élite, avait dû se livrer davantage aux exercices préparatoires pour manier la lance avec dextérité, comme aussi son cheval était d'une taille plus élevée et d'un plus grand prix.

pas, force eut été aux lanciers de demeurer ouverts, et dès lors, plus
d'union, plus d'ensemble, plus de choc, et excitation perpétuelle au
lancier vaillant et habile, de faire parade individuellement de sa
prouesse.

Wallhausen initie le lecteur dans tous les mouvemens de la lance usités alors
et restreints à cause de la longueur de l'arme à l'offensive et défensive
de front. Il apprend comment le lancier se doit exercer pour *dextrement*
user de sa lance, en toutes occurrences, et il distingue les divers mouvemens : savoir *en haut* pour ajuster la tête du cavalier ; *au milieu* pour
l'atteindre à la poitrine ; *en bas* pour viser le poitrail de son cheval et
pour l'infanterie. Il enseigne comment il doit s'y prendre pour atteindre
et ramasser avec sa lance des objets à terre ; comment il porte la lance
droite et manifeste ; comment elle est portée *couverte ou cachée* ; comment
il prépare la lance au choc étant au pas ; comment il la baisse au galop ;
comment il la présente en pleine carrière et *à dextre* ; comment il s'en sert
aussi à *senestre.*

Le *pistol* et l'épée sont successivement pour lui l'objet des mêmes soins ;
ne se bornant pas à armer ses cavaliers, il veut qu'ils sachent manier
leurs armes, qu'ils puissent en tirer parti, et c'est ainsi qu'il les exerce

à faire feu en marchant aux diverses allures , et à porter divers coups de pointe à un but déterminé.

Quant à l'arquebusier , il porte son arquebuse de deux manières ; *élevée* c'est-à-dire sur la cuisse ; *pendante* sur le côté, comme on porte aujourd'hui le mousqueton. Il entre aussi dans les plus minutieux détails pour charger son arme et faire feu, l'exerçant ensuite à bien tirer au trot et au galop, en carrière droit devant soi, à dextre, à senestre et en arrière ; toutefois, quoique ses planches nous représentent ses arquebusiers, faisant feu au galop dans toutes ces directions, nous savons d'expérience que ces mouvemens sont plus difficiles sur le terrain que sur le papier ; qu'il est préférable d'être de pied ferme pour tirer, plaçant son cheval de manière à faire feu obliquement à gauche, et que c'est ainsi seulement qu'on peut espérer quelque résultat d'un feu très incertain, surtout avec des cavaliers dont le service militaire se borne à un petit nombre d'années. (1).

Si, sous le rapport de l'organisation et de la profondeur, on était alors fort retardé, certes, il faut le reconnaître, les exercices individuels étaient parfaitement compris, entendus, pratiqués et il n'y a pas bien long-temps encore, que sur ce point, nos ordonnances étaient loin d'être aussi satisfaisantes; à la vérité, l'intelligence et le tact particuliers au Français sup-

---

(1) Dans les *Forces militaires de l'empire russe* , **M.** de *Bismark* raconte des choses merveilleuses sur les Circassiens, qui ne sont encore que très partiellement soumis par la Russie , mais qui ont pris rang cependant dans la cavalerie russe. Toutefois, il faut remarquer que, si ces asiatiques le disputent aux écuyers artistes pour la hardiesse de leur équitation , et que, si nul ne peut leur être comparé pour l'emploi des armes à feu à cheval, c'est que toutes les idées, toutes les habitudes de ces peuples belliqueux et indépendans , sont dirigées vers la guerre, qui est leur état habituel ; c'est que ces exercices sont les jeux de leur tendre jeunesse et l'occupation de toute leur vie.

Cependant, de tels exemples doivent être pris en sérieuse considération ; et sans espérer d'atteindre à des résultats si parfaits, nous trouverions dans ce qui pourrait nous être approprié de nouveaux élémens d'adresse, de confiance, de force et de succès. Nous n'hésitons pas à le dire, c'est vers ce but, c'est vers cette équitation toute martiale que devraient tendre les idées des esprits sagement progressifs. Il n'est pas démontré que, malgré les grands progrès qui ont été réalisés , pour manier les armes à cheval, dans toutes les directions et à toutes les allures, il n'y ait encore beaucoup à acquérir, et tel doit être le but constant des efforts d'une équitation exclusivement militaire.

Voir la 2e section *sur l'équitation militaire* , proposition 1 et suiv.

pléaient à ce silence, à ce défaut d'exercices; et nous pourrions au besoin invoquer les souvenirs de nos dernières guerres et les succès constans de notre cavalerie sur les autres cavaleries de l'Europe, quoique plus exercées et plus soigneusement instruites.

Passant ensuite au gouvernement et exercice de la cavalerie en général, Wallhausen se plaint amèrement du désordre qu'on rencontre dans les compagnies de cavalerie, lesquelles, suivant les fantaisies et caprices du moment, ont été de 100, 200, 300, 400 hommes et souvent davantage, sans autre profit que de rendre ces masses impuissantes et d'augmenter le désordre. Ces vices étaient vivement sentis par les officiers marquans de l'époque, et notamment par Georges de Basta, qui avait conduit la cavalerie avec honneur durant quarante années, et qui avait reconnu « que les lances ne se doivent ordonner en grands, mais en petits escadrons, parce qu'on voit manifestement que les deux premiers rangs seulement peuvent joindre l'ennemi, et encore insuffisamment. »

Toutefois , avant de poser le principe de la formation , Wallhausen ajoute, « que , quant au dressement des compagnies à cheval , on n'a pris garde au fondement sur lequel chacune de ces parties repose : à savoir le commencement , le milieu , et la fin qui doivent être en relation parfaite.

» Quant aux moyens , ils sont de deux sortes , particuliers et communs.

» Les moyens particuliers sont : l'adresse , institution et science de chaque chevalier , ou membre du corps en son particulier.

» Les moyens communs sont : les compagnies bien armées , bien disciplinées bien gouvernées , sous le double rapport de la qualité et de la quantité. »

N'est-ce pas le principe le plus nettement posé de l'instruction individuelle , à laquelle succède naturellement le travail d'ensemble , qui en est le but et le complément ? Certes, en voyant des règles aussi bien établies , et non moins bien suivies , nous ne pouvons que nous étonner, de voir plus d'un livre recommandable sur la cavalerie, se plaindre de ce qu'il n'avait été rien écrit de satisfaisant sur l'arme, quand on trouve dans Wallhausen , qui aurait bien mérité une mention honorable , autant de richesse, autant de substance.

« Quant à la qualité , ajoute-t-il, chaque compagnie , escadron , ou régiment, doit , en commun et en particulier, être tellement conditionné, gouverné et manié, qu'il puisse prêter à suffisance , tout ce qui est de son devoir et qu'on en peut attendre ; quant à la quantité , on n'en doit demander plus de service et d'effet que ce qu'elle peut donner, avec bonne et mûre considération , qu'il n'y ait partie aucune qui soit ou trop chargée , ou trop épargnée , que sa qualité ou quantité demande ou requiert.

Ainsi , sa formation ne sera pas la même pour les *lanciers*, *corrassiers* , *arquebusiers* ou *bandelliers* et *drageons* ; elle variera suivant les armes et les services propres à ces quatre espèces : et quant aux lanciers propres au choc, il se prononce pour des compagnies de 50 ou de 64 lances, pour le plus, assurant qu'on en tirera autant et plus d'effet que des 200, 300 et 400 du passé.

En effet, ces grosses masses de cavalerie , quant à la marche, ne pouvaient être que fort lourdes et fort lentes à se mouvoir; les évolutions étaient décousues, les conversions individuelles : passé le premier rang et le deuxième au plus, tout le reste était dans l'impuissance physique de joindre l'ennemi. En cas de succès, ce nombre n'ajoutait guère aux résultats de la victoire; en cas d'échec, la retraite devenant impossible pour les premiers rangs, ils se jetaient sur les suivans et ainsi de suite, de sorte qu'il en résultait un pêle-mêle effroyable. Il y a mieux, la tête étant chaudement reçue, ces masses se débandaient souvent, faute d'officiers en nombre suffisant pour les contenir en leurs rangs. « D'autant surtout que, dans le grand nombre, il n'y avait, ajoute-t-il, que les deux ou trois premiers rangs de bons soldats et bien montés; les autres n'étant que serviteurs apostés, ou un tas de vile canaille, amassée de toute part pour accomplir ce nombre, à bien moindre solde que leurs maîtres n'en recevaient. » Du reste, était-il possible qu'un capitaine ayant trois ou quatre cents chevaux à sa charge, les pût exercer, dresser et surveiller tous comme il appartient, quand nous voyons ce grand nombre d'officiers, de sous-officiers et de brigadiers nécessaires pour les régimens d'aujourd'hui, quoiqu'ils descendent quelquefois à un effectif qui n'est guère plus fort et moindre encore.

Wallhausen est si peu pour la profondeur, et a tellement senti les propriétés de la cavalerie pour le choc, que, lui aussi, est emporté au-delà des bornes; il conteste les avantages du second rang, que notre formation maintiendra long-temps, sans doute, comme réserve, soutien moral et matériel du premier rang ; et il espace ses rangs à vingt ou trente pas, dirigeant ainsi sur l'ennemi des charges successives, et voulant donner à ceux de la tête les moyens de se retirer, pour éviter tout désordre et recommencer un nouveau choc.

Toutefois, cet estimable auteur est débordé par les fausses théories de l'époque, quant à l'action du feu, et ses arquebusiers ont la prétention de lutter avec l'infanterie en rase campagne; c'est ainsi qu'il nous les représente, planche 20, faisant feu sur de l'infanterie à vingt ou trente pas, se retirant ensuite à droite et à gauche pour démasquer les suivans, en rechargeant leurs armes et se reformant à la queue de leur escadron ! Etrange puissance des aberrations humaines, qui entraînent dans leur torrent ceux-là même qui en sont les plus éloignés; ce qui n'empêche pas son livre d'être fort remarquable, et de démontrer que tous les officiers de cavalerie d'alors, partageaient si peu les mêmes préventions, quant à la profondeur, qu'il s'en trouvait, au contraire, qui avaient pressenti le but et les progrès désirables.

Le GRAND GUSTAVE devait aussi perfectionner l'organisation de son armée, ramener aux vrais principes et améliorer la formation de la cavalerie. Il ne tarda pas, en effet, à diminuer la profondeur, ce qui lui donna plus de combattans en ligne; et il employa les intervalles, qui rendirent la marche plus facile, en augmentant encore l'étendue du front. Sa cavalerie fut réduite successivement à quatre, enfin à trois rangs de hauteur ; et lui appliquant le principe de l'organisation régimentaire, il forma des régimens de trois ou quatre escadrons de 64 hommes chacun. La France fut des premières à adopter cette nouvelle organisation, en 1635, sous Louis XIII ; cependant, l'existence de ces nouveaux régimens, qui prévalurent enfin, fut quelques temps incertaine.

Quant à l'emploi de la cavalerie dans les les batailles, Gustave-Adolphe lançait la sienne contre la cavalerie autrichienne, qui était mieux montée, le sabre à la main, et le succès couronna une méthode aussi rationnelle.

A quelques années de là, le *duc d'Enghien*, âgé seulement de vingt-deux ans, conduisant lui-même sa cavalerie, exécutait dans les plaines de *Rocroy*, contre les vieilles bandes espagnoles qui, sous Charles-Quint et Philippe II, avaient fait trembler l'Europe, le mouvement offensif le plus hardi, le plus brillant et le plus complet qui ait jamais été exécuté peut-être ; mouvement, du reste, devenu impossible aujourd'hui avec nos grandes armées.

Comment, en effet, avec la grande étendue de terrain que nos masses couvrent maintenant, serait-il possible, après avoir renversé l'aile qu'on a devant soi, de s'apercevoir qu'on est battu à l'aile opposée ; de changer, par une illumination soudaine, de direction à gauche, de longer les derrières de l'armée ennemie et tombant comme la foudre sur son aile victorieuse, de lui ravir la victoire, les prisonniers qu'elle a déja faits et de revenir ensuite, avec la même cavalerie, renverser les réserves appuyées par du canon ? c'est cependant ce que fit, à la tête de son aile droite, celui qui devait porter le nom de *grand Condé ;* imitant en cela ALEXANDRE, qui, dans ses grandes journées, et notamment à celle d'*Arbelles*, conduisait l'attaque principale à la tête de la cavalerie de son aile droite, pour se jeter ensuite sur les flancs et les derrières de Darius.

Cette bataille mémorable mérite l'admiration de la postérité. Quant au sujet que nous traitons, elles dut consolider l'organisation régimentaire encore mal affermie, et si l'instruction n'était point arrivée au point où des mouvemens si décisifs et si rapides sembleraient annoncer qu'elle était parvenue, il faut apprécier plus encore le génie chevaleresque du jeune général dont on voyait poindre l'étoile ; il faut reconnaître aussi que la cavalerie française se montra digne d'un tel chef.

C'était aussi le principe de *Turenne*, que la cavalerie chargeât l'épée à la main ; il ne pouvait souffrir qu'elle tirât, et *Folard*, très peu courtisan, qui nous donne ces détails ajoute : « Qu'on ne connaissait guère l'usage

du choc, que dans la maison du roi, qui va droit l'épée à la main et fait
sentir le poids des armes, comme toute la force de ses chevaux. Cela est
rare dans toute autre cavalerie, tout aboutissant, le plus souvent, à mettre en œuvre le mousqueton. » (1)

« Depuis que la maison du roi, dit l'*Histoire de la milice française*, eût
été mise à l'état où elle fut depuis, et que Louis XIV y eût fait diverses
réformes, qu'il eût remboursé et dédommagé plusieurs des officiers et
qu'il les eût remplacés par des gens d'expérience et d'une valeur éprouvée,
ce furent les meilleures troupes et les plus redoutables qu'il y eût dans
le monde : elles se sont signalées dans toutes les batailles et dans toutes les rencontres, où elles ont été employées. Le *combat de Leuze*, entr'autres, fut un prodige qui surprit l'Europe ; vingt-huit escadrons, commandés par le *maréchal de Luxembourg*, la plupart de la maison du roi,
en battirent soixante-quinze des alliés, malgré leur vigoureuse résistance
et leur prirent quarante étendards. Ce haut fait d'armes fut jugé digne
d'être transmis à la postérité par une médaille d'un très bon goût, où cette

défaite est exprimée et expliquée par cette légende : *Virtus equitum præ-
torianorum*, c'est-à-dire, exploit de la valeur des troupes de la maison du roi.

(1) Histoire de Polybe, t. 4, 116.

» La bravoure des mousquetaires dans les fameux siéges qui se sont faits sous ce règne, leur vivacité et leur impétuosité dans les attaques et dans les assauts, où rien ne leur résistait, ont aussi beaucoup contribué à la gloire et à la réputation que la maison du roi s'acquit alors, et qu'elle conserve aujourd'hui. »

Nous ajouterons que, c'est à cette époque de glorieuse mémoire, que Louis xiv, qui a été salué du nom de grand par Napoléon, comme il l'avait été par son siècle, fondait l'ordre militaire de Saint-Louis avec l'exergue *virtutis bellicæ præmium*, cette digne récompense de la bravoure, qui a trouvé, dans toutes les occasions, une si vive sympathie dans les rangs de l'armée, et dont il ne serait pas impossible de mettre l'institution en harmonie avec celles de nos jours.

L'occasion se présente de dire, qu'il est beau pour un corps qui marche le premier, de l'être aussi, par son courage à charger l'ennemi. C'est ainsi que les corps d'élite répondent victorieusement par des services éminens, aux attaques de l'envie, aux phrases des rhéteurs et à ces manies de nivellement, qui voudraient vainement convertir les hommes en unités de même valeur, comme des nombres.

Les souvenirs des grenadiers réunis en 1807 et 1809, sous le *brave Oudinot*, ne sont point effacés ; on ne disputera certes pas à la garde impériale d'avoir été les triaires des grandes armées de l'Empire : et pour être impartial jusqu'au bout, la garde royale qui avait incorporé dans ses rangs nombre de ses débris, n'est jamais restée, durant son existence, au-dessous de sa position distinguée et de ses devoirs. Liée par l'honneur, engagée par le serment militaire, elle dut se résigner avec abnégation, lors même qu'elle voyait le pouvoir prendre une route qu'elle ne comprenait pas ; du reste, sa mission était toute de dévouement, non d'examen, et son devoir était de sceller les principes de son sang.

Il se passa alors des faits d'un désintéressement et d'une abnégation inconnus tout autre part que dans les mœurs militaires. Ils inspirèrent à un de nos anciens frères d'armes, le *comte Alfred de Vigny*, *Servitude et grandeur militaire*, ce livre dont le caractère de l'homme de guerre doit s'honorer, ce livre si dramatique et d'un intérêt si saisissant.

Sans cette noble voix, sans l'épisode de la canne de jonc, votre mort eût passé inaperçue dans ce choc politique, *capitaine Lemotheux*, elle était héroïque cependant ; démissionnaire quand les ordonnances paraissent, vous vous empressez de rentrer quand il y a péril : la généralité de vos camarades partageait vos sentimens, mais dans des circonstances pareilles, une grande illustration militaire, abandonnée par la fortune, avait prononcé ces paroles sacramentelles ; « Le soldat, disait Napoléon en 1814, suit la fortune et l'infortune de son général, son honneur et sa religion. » Dès-lors, le chemin du devoir était tracé; tous nous devions le suivre. C'est aussi parce que l'armée a pris pour devise : *fais ce que dois, advienne que pourra*, que le caractère militaire conserve encore cette grandeur, qui le met en relief au milieu de tant d'autres qui s'effaçent, dominés qu'ils sont uniquement par l'intérêt du moment.

Ces phrases pourront être diversement interprétées, mais on persiste à croire que l'armée doit rester étrangère aux discussions politiques, et que le cahos commencerait au milieu d'elle, du moment que l'homme de guerre, oubliant le serment qu'il a fait au prince et au drapeau, se laisserait aller à des distinctions scolastiques et à des subtilités, qui le rendraient le jouet des intrigans et des agitateurs, et qu'au surplus le véritable honneur militaire réprouve.

Pour terminer cette digression sur les corps d'élite, ajoutons que l'usage constamment suivi dans la composition des armées est complètement en leur faveur; qu'il ne suffit pas de déroger à ce principe dans un moment d'effervescence pour qu'il soit détruit à jamais; et que l'histoire n'en est pas moins là pour témoigner, que composés dans une juste proportion, dans un but militaire et d'émulation, mais non dans un esprit de favoritisme, les corps d'élite ont formé des réserves qui ont ramené maintes fois la victoire prête à s'échapper. (1)

Les grenadiers de la garde consulaire, à *Marengo*, en fournissent une éclatante preuve; car si nous revendiquons, cavaliers que nous sommes, comme un des plus beaux faits d'armes et des plus féconds en résultats, les brillantes charges de *Kellermann* à la tête de ses quatre ou cinq cents chevaux, nous devons rappeler aussi que le brave *Desaix* n'arriva que vers cinq heures du soir, et que jusqu'alors huit cents grenadiers de la garde consulaire, empêchèrent l'armée d'être prise à revers par sa droite, en formant, dit *Jomini*, un carré semblable à une redoute inexpugnable, devant lequel vinrent se briser les efforts réitérés des escadrons autrichiens.

---

(1) Ces réserves sont fortement organisées, à l'heure qu'il est, chez nos voisins ; elles manquent à notre armée; puissions-nous un jour n'en pas déplorer l'absence.

L'exemple des chasseurs d'Orléans montre qu'avec une composition choisie, on peut, même en temps de paix, organiser une troupe d'élite. Nous pensons que l'infanterie peut leur faire des emprunts extrêmement utiles ; mais ne faut-il pas être troupe d'élite, pour évoluer toujours le sac au dos, avec une rapidité qui se rapproche du trot de la cavalerie? Les compagnies du centre pourraient-elles en faire autant?

Plus récemment encore, quand la France fut envahie de toute part, elle n'avait qu'une poignée de braves à opposer à cette formidable coalition; se transportant incessamment sur chacun des points menacés et ramenant la victoire, la vieille garde se soutenait (1), elle faisait face de tous côtés, pendant que d'autres corps fondaient comme neige : telles sont les expressions de Napoléon, à son frère Joseph, après la bataille de Craonne, expressions que nous avons cru devoir mitiger; car nous avons vu, de nos propres yeux, des régimens qui pouvaient rivaliser avec ceux de la garde, et notamment ces braves dragons venus d'Espagne, qui s'illustrèrent en plusieurs rencontres.

Et au moment de ces déchirans et mémorables adieux, qui entourait Napoléon de son admiration, de son dévouement et de son amour, qui se montra le plus courtisan du malheur? qui remplit les cours de Fontainebleau, le cœur brisé, les yeux baignés de larmes? ce fut encore la garde, la vieille garde, elle suivit l'homme prodigieux sur la terre d'exil! mais que sont mes faibles paroles à côté de ces œuvres immortelles du génie, auprès de ces images saisissantes et dramatiques de nos plus grands peintres? elles pénètreront la postérité de la plus vive admiration, bien mieux que quelques lignes isolées et perdues dans un ouvrage spécial.

Si l'on trouvait que notre imagination s'exalte aux grands souvenirs de l'Empire, nous répondrions qu'il est aussi impossible à un militaire de rester froid en présence des merveilles de cette époque, qu'à un peintre, amant de son art, de ne pas s'enthousiasmer devant les chefs-d'œuvre de Raphaël. Du reste, en France, plus que chez les autres nations, on se passionnera toujours pour la véritable gloire des armes; vainement à une époque peu éloignée, voulut-on la tenir sous le boisseau, elle n'en sortit que plus éclatante; et à l'époque de nos revers de la guerre de sept ans, les souvenirs se reportaient vers les Condé, les Turenne, les Luxembourg,

______

(1) « La garde impériale ne fut pas comme la garde des autres souverains, un corps destiné à veiller sur la personne du monarque, mais une armée formidable qui formait la réserve générale de toutes les armées de l'Empire. Recrutée parmi tout ce qu'il y avait de plus brave et de plus irréprochable, elle devint le but de tous les efforts, la récompense des plus nobles travaux. Elle combattit partout, et partout elle fut la terreur de l'ennemi; elle n'est plus, mais son souvenir est immortel : il durera tant que le courage et le dévouement seront estimés chez les hommes. » (Lieutenant-général *Lamarque*, *Encyclopédie militaire*, article *Armée*.

Voir les *Guerres de la Péninsule*, du *général Foy*, t. I, p. 136, ce sujet étant trop capital pour qu'on omette de consulter une pareille autorité.

les Villars et les anciens serviteurs se redisaient les succès du maréchal de Saxe.

Si les grands maîtres que nous avons rappelé avaient entrevu le but, si la guerre de trente ans, si les guerres de Louis XIII et surtout celles plus continues du règne de Louis XIV, développèrent l'instruction de la cavalerie et formèrent de bons officiers pour cette arme, toujours est-il qu'on ignore au juste de quelle manière on s'y prenait, faute d'ordonnance. A en juger par les étranges idées du *chevalier de Folard*, on doit penser que la cavalerie ne s'était pas encore bien guérie des fausses théories qu'elle avait adoptées, en faisant un usage si mal entendu de ses moyens et en renonçant à ceux qui lui étaient propres, pour envahir le domaine de l'infanterie, faire le coup de feu comme elle et ne charger qu'au trot ; il n'est donc pas étonnant que le savant commentateur de Polybe, aveuglé par l'esprit d'arme, soit sorti du vrai et qu'il se soit écarté des principes : toutefois il n'aurait pas dû perdre de vue, lui surtout qui s'était concentré dans l'étude des anciens, qu'*Annibal* et *Scipion* qui employèrent la cavalerie, comme elle devait l'être, aux combats du *Tésin*, de la *Trébie* et aux batailles de *Cannes* et de *Zama*, lui durent des avantages décisifs dans ces journées mémorables.

Le chevalier de Folard, au surplus, n'a guère été plus heureux, en se battant les flancs pour maintenir les quatre rangs de profondeur ; il a prouvé qu'il avait peu pénétré les détails de la cavalerie, qui n'a été véritablement mobile et n'a pu avoir de système de manœuvre, que lorsqu'elle a réformé cette multiplicité de rangs, qui rendait impraticables les évolutions les plus simples, par l'impossibilité de converser par petites fractions.

Mais ne perdons pas de vue le point que nous nous sommes proposé de traiter, et n'entrons pas dans les variations successives qui modifièrent l'organisation et l'emploi de la cavalerie ; lors surtout que cette tâche a été remplie avec autant de soin et de clarté que ces époques le comportent, dans l'excellent ouvrage du *commandant Rocquancourt*, qui prend la cavalerie à son origine et résout tous ces points historiques avec un rare bonheur, les accompagnant d'observations non moins judicieuses, qui assurent à son cours d'art et d'histoire militaire un succès, que nous sommes heureux de reconnaître ; il est impossible de mieux posséder son sujet, que l'honorable directeur des études de Saint-Cyr ; toutefois, c'est avec une modestie non moins remarquable que son talent, qu'il vous conduit et vous sert de guide, au milieu de ce dédale de changemens et d'innovations, ne manquant jamais de rappeler les services rendus, de

mentionner les idées, les passages saillans des auteurs, et les désignant
à l'estime et à la reconnaissance de la postérité, en y marchant lui-même.

» Déjà, dit cet estimable écrivain, il a été facile d'entrevoir qu'il ne
s'était pas opéré de grands perfectionnemens dans la tactique, pendant le
long et glorieux règne de Louis XIV. *Puységur* et les autres écrivains
militaires ne laissent aucun doute à ce sujet : partout dans leurs ouvrages,
on les voit se plaindre du peu de méthode et de régularité que l'on appor-
tait dans l'instruction des troupes.

» On méconnaissait toujours les propriétés caractéristiques de la cavalerie, et les bases de la tactique de cette arme ne se trouvaient établies par
aucun règlement. « Chaque corps y suppléait sans doute par ses traditions, par les théories et les idées particulières de ses chefs, souvent peu
rationnelles ; et lors même qu'elles eussent été fort appropriées à la chose,
autant de régimens, autant de méthodes diverses.

En fait d'ordonnance nous ne trouvons rien d'antérieur aux deux projets, l'un sur le service, l'autre sur les évolutions de la cavalerie, qui
devaient être essayés au camp de la Meuse, en 1733 ; toutefois ce camp
ne fut pas assemblé, à cause de la guerre de Pologne, où la France soutint
l'élection de Stanislas Leczinski, beau-père de Louis XV.

Le projet d'instruction pour les évolutions de la cavalerie, quoique
approuvé par le roi, et consacrant sans doute les progrès et les bonnes
méthodes de l'époque, contient, comme on va le voir, de bien étranges
choses ; ainsi en place de la colonne avec distance actuelle, occupant de
pivot à pivot le même terrain qu'en bataille, et pouvant se former sur le
champ et dans toutes les directions, on trouve l'escadron de quatre compagnies, en colonne par compagnie, occupant soixante-quatre pas dans cet
ordre, tandis qu'il n'en occupait que cinquante-deux en bataille ; et cependant c'était une grande amélioration, car nous apprenons, par le même projet d'ordonnance, que, précédemment, la différence était de quatre vingts
pas au lieu de douze. Il est vrai que les formations à gauche et à droite en
bataille, ne s'exécutaient pas alors par un mouvement simultané, mais
successif, afin de regagner cet espace : « la première compagnie tournait
sur le pivot et s'arrêtait après avoir tourné ; les 2e, 3e et 4e compagnies
marchaient chacune 4 pas en avant, avant que de tourner, joignant
ensuite fort vite ; et les quatre compagnies étant jointes, le commandant
de l'escadron le faisait marcher quelque pas en avant, avant de commander
HALTE. » (1).

(1) Briquet, *Code militaire*, t. 2, p. 144.

Comment cette colonne eut-elle fait demi tour, ainsi formée, pour marcher en arrière ? La formation facé en arrière en bataille sur son dernier peloton, ne lui était pas plus possible, et cependant à l'époque où il y avait tant de terrain inutilement couvert et tant de décousu dans l'ordre de colonne, le même texte est tellement rigide au sujet des ouvertures qu'il prescrit : « d'avoir la plus grande attention de faire serrer les files et de ne pas autoriser la délicatesse des cavaliers là-dessus ; un escadron, ajoute-t-il, n'étant fort qu'autant qu'il est uni et serré, et ne pouvant bien manœuvrer sans cela. »

Une telle profondeur serait incompréhensible, si l'on n'ajoutait que les quatre compagnies formées sur trois rangs, chacune, donnaient douze rangs, lesquels étaient espacés à six pas l'un de l'autre, plus une distance de treize pas d'une compagnie à l'autre ; or le projet d'ordonnance réduisit la distance entre les rangs des compagnies à deux pas, et les officiers conservèrent seulement demi pas devant et demi pas derrière eux, d'une compagnie à l'autre.

Cet exemple suffit pour constater l'organisation de l'escadron et l'enfance de la tactique à cette époque. Difficulté plus grande pour la marche, attention continuelle pour l'observation des distances prescrites, décousu de cette ordonnance, isolement des rangs d'une même compagnie, les empêchant de se soutenir, rendant la surveillance impossible ; et, quant aux opérations de la guerre, étendue de terrain immense occupée dans les marches par une cavalerie numériquement peu considérable, difficulté pour la commander, pour la transporter au point convenable et lenteur de la formation d'une colonne pareille dans une attaque imprévue.

La cavalerie a toujours ressenti une vive impulsion de la guerre, qui mettant en œuvre et à contribution toutes les forces militaires, prouve, par une expérience journalière, ce que l'organisation ou le défaut d'instruction, présentent d'incomplet et de défectueux. Au commencement de ce siècle si fécond en améliorations trop tardives, CHARLES XII perfectionna encore l'institution de Gustave-Adolphe ; sa cavalerie se dépouilla de sa lourde armure et rien ne s'opposant plus à la célérité de ses mouvemens, elle ne se borna pas à charger l'infanterie et les batteries, elle osa même affronter les retranchemens ; grands exemples qui devaient être dépassés par nos escadrons, dans les glaces du *Texel* et aux redoutes de la *Moskowa*, sans cependant qu'ils puissent être cités comme principes.

La guerre de Sept-ans ne fut pas si heureuse pour les armes françaises, qu'on puisse oublier *Maurice de Saxe* et ses succès. Sans être aussi éclatans que ceux des Condé et surtout des Turenne, les batailles de postes (1) du maréchal de Saxe n'en sont pas moins des victoires, qui font regretter qu'il n'ait pas prolongé sa carrière suffisamment, pour pouvoir être opposé à Frédéric II, sur qui il avait produit une vive impression. Aussi ce roi général qui le reçut, en 1749, à Berlin, avec les mêmes honneurs qu'un prince souverain, écrivait-il à Voltaire : « Jai vu ici le héros de la France, ce saxon, ce Turenne du siècle de Louis XV ; je me suis instruit par ses discours dans l'art de la guerre ; ce général paraît être le professeur de tous les généraux de l'Europe. »

Si les jugemens du maréchal de Saxe sur l'infanterie de son temps, n'ont pas été ratifiés dans les dernières guerres, car il pensait qu'elle ne pouvait soutenir une charge dans un lieu où elle pouvait être abordée, il est juste aussi de reconnaître, qu'il écrivait à une époque où la composition des armées étant beaucoup moins vigoureuse, pouvait donner des résultats tout différens de ceux de nos jours.

Pourrait-on, en effet, adresser à nos armées modernes, et du moment que le recrutement devint national, les reproches mérités que ce brave guerrier faisait à regret à celles de son temps, recrutées, le plus souvent, par supercherie, d'assez pauvres sujets, et sans un système d'avancement qui garantit des chances suffisantes à la capacité et aux services militaires. Aussi le maréchal, bien convaincu que les résultats militaires sont en raison des élémens constitutifs commence-t-il par la levée des troupes et demande-t-il « qu'il soit établi une loi qui oblige tout homme *de quelque condition qu'il soit*, à servir son prince et sa patrie durant cinq ans. » Devançant ainsi son époque, de plus d'un demi siècle, et formant un vœu qui ne fut accompli, dans toutes ses parties, que par la loi de 1818.

On ne saurait adresser au maréchal de Saxe le reproche d'avoir voulu dénigrer un pays qui l'avait si librement, si franchement adopté ; cette tendance était aussi éloignée de sa pensée que de son caractère, car il était français de cœur : il l'avait prouvé durant une longue et belle carrière, et tout pénétré qu'il était, il disait encore à ses derniers momens, « la vie n'est qu'un songe ; le mien a été beau, mais il est court : » mettant ainsi au dessus de son duché de Courlande perdu et des chances probables qu'il

____

(1) Ainsi les a désignées le général Lamarque, qui appelle celles de Condé, batailles de choc ; celles de Turenne et de Frédéric, batailles-manœuvres ; et celles de Napoléon, batailles stratégiques.

avait eues de porter la couronne de Russie, l'honneur d'être le successeur
de Turenne dans la place de maréchal général des camps et armées de
France. Mais il devait constater le mal pour en obtenir le remède ; aussi
Rocquancourt, avec le bon esprit qui le distingue, devait-il reproduire
textuellement le passage de son traité des légions, qui démontre le peu de
discipline, le manque d'instruction de nos troupes à cette époque, et la
gêne qui devait en résulter dans l'exercice du commandement.

Que de terrain perdu depuis les beaux jours de Louis XIV et combien
l'esprit militaire s'était énervé, puisque le maréchal de Saxe lui-même,
dans la crainte que l'ennui ne gagnât ses troupes, laissa s'introduire dans
les armées françaises un relâchement blamable et qui devint funeste, plus
tard, sous des chefs sans qualités militaires et désignés uniquement par la
faveur. Convaincu que les Français n'allaient jamais si bien, que lorsqu'on
les menait gaiment, il avait toujours dans ses camps, dit Marmontel, un
opéra comique. C'était à ce spectacle qu'il donnait l'ordre des batailles ;
et ces jours-là, entre les deux pièces, la principale actrice annonçait
ainsi : *Messieurs, demain relâche au théâtre, à cause de la bataille que
donnera M. le maréchal ; après demain le Coq du village, les Amours
grivois, etc.*

Quelqu'éloignés que nous soyons des usages d'une pareille époque, il
n'appartient qu'à une nation éminemment guerrière et qui se joue du
danger, de passer avec cette facilité des plaisirs aux hasards de la guerre ;
le général qui lui tenait un tel langage savait l'apprécier à sa juste valeur :
il se rappelait que c'étaient les mêmes hommes qui, faisant assaut de
générosité chevaleresque à *Fontenoy* avec les Anglais, ne voulurent pas
tirer les premiers, quoiqu'à bout portant, et sans s'inquiéter du feu
meurtrier de leurs adversaires. (1).

Plusieurs attaques sans résultat avaient été dirigées sur les villages fortifiés
d'Antoing et de Fontenoy, qui servaient de point d'appui, le premier à la
droite, et le second au centre des Français, lorsque le *duc de Cumberland*,
commandant de l'armée ennemie, prit la résolution de faire une trouée
entre Fontenoy et le bois de Barri, où venait s'appuyer la gauche de notre
armée. Le maréchal de Saxe, qui avait fait élever à la hâte des redoutes
sur son front, dont deux dans cette direction, avait laissé cependant un
assez long espace sans aucun ouvrage défensif, ne croyant pas que l'en-

____

(1) Baron d'Espagnac, *Histoire du maréchal de Saxe*, in-4°, t. 2., p. 68.
Dictionnaire des Siéges et batailles, 1808, article *Fontenoy*.

nemi osât se risquer entre les feux croisés des retranchemens de Fontenoy,
et les redoutes du bois de Barri : c'est cependant ce qui arriva.

Précédés de six canons et flanqués de six autres, pour répondre à l'artillerie des redoutes de Fontenoy, les Anglais, avec leurs troupes d'élite
en tête, n'étaient plus qu'à cinquante pas de distance, quand leurs officiers saluèrent les Français en ôtant leurs chapeaux. Le comte de Chabannes, le duc de Biron qui s'étaient avancés, et tous les officiers des gardes
françaises qui étaient en première ligne leur rendirent le salut. Alors mi-
lord Charles Hay, capitaine aux gardes anglaises, leur adressa ces paroles : *Messieurs des gardes françaises, tirez.* A quoi le comte d'Auteroche,
alors lieutenant de grenadiers, répondit en élevant la voix : *Messieurs,
nous ne tirons jamais les premiers, tirez vous-même.* Les Anglais firent dans
l'instant un feu roulant, si vif et si soutenu, que les Français firent d'énormes pertes, qui firent plier leur infanterie. Ce succès, et le terrain qui
ne permettait pas un développement suffisant, motivèrent la formation
de cette colonne monstrueuse, unique dans les annales des batailles, et
qui se montra si long-temps menaçante. Aussi, en rappelant cette cour-
toisie, dont on n'a pas d'autre exemple, avec ses graves conséquences, c'est
plus pour reproduire un souvenir national, qui satisfait les idées chevaleresques et qui honore le caractère de l'homme de guerre, que pour encourager à l'imiter jamais.

En effet, cette formidable masse, produit du moment, du terrain, et
peut-être du hasard, qui s'augmenta successivement jusqu'à 15,000 hommes environ, appartenant à l'élite de l'infanterie anglaise et hanôvrienne,
résistait comme un rocher, contre lequel viennent se briser les vagues de
la mer, aux attaques isolées dirigées contre elle ; et toutefois, elle repre-
nait sa marche en s'avançant avec calme, et faisant des décharges meur-
trières, qui décimaient nos rangs, et compromirent long-temps le succès
de la journée.

Toujours ferme, toujours inébranlable, malgré la cruelle maladie dont
il était atteint, le maréchal de Saxe, sans désespérer du succès, songeait
cependant aux dispositions à prendre pour effectuer sa retraite en cas de
revers ; et il insistait pour que Louis XV et le Dauphin s'éloignassent, sans
pouvoir l'obtenir, quand, suivant la version la plus accréditée, le *duc de
Richelieu* revenant de reconnaître l'ennemi de près, et frappé de l'isolement de cette masse, à la fois triomphante et compromise, conseilla d'employer l'artillerie pour battre en brèche ce bastion mouvant, et après
l'avoir entamé, de le faire charger en fourrageurs par la cavalerie de la
maison du roi.

Cet avis est adopté, et quatre pièces d'artillerie sont amenées en toute
hâte ; la canonnade s'engage, et bientôt cette colonne si compacte est entr'ouverte ; elle n'a plus ni la force, ni la solidité nécessaire pour résister
aux charges des compagnies de la maison du roi, qui, convergeant simultanément sur son front et ses deux flancs, achèvent de la rompre et
de la disperser. Dès ce moment la victoire est fixée, elle est complète,
mais après avoir été long-temps disputée, long-temps incertaine et bien
chèrement achetée ; car on peut aisément juger d'après le nombre des officiers-généraux, supérieurs et autres qui succombèrent, ou furent blessés
dans cette journée mémorable, de toutes les pertes que la patrie eut à regretter. Toutefois, celles des Anglais furent triples ; le siége de Tournay
fut repris, et le roi ne tarda pas à faire son entrée dans cette ville, antique berceau de la monarchie française, accompagné de Monsieur le
Dauphin.

On remarquera aussi, que c'est à cette glorieuse campagne que remonte cette chanson de guerre pleine de verve et d'enthousiasme : « Malgré la bataille qu'on donne demain, etc., etc., » si bien appropriée à
l'insouciant courage et à la gaîté particulière au soldat français, dont les

joyeuses inspirations semblent appartenir au maréchal de Saxe, qui avait, comme Henri IV, la devise *de boire, de battre et d'être vert galant*;

et toutefois, en cédant à son penchant pour le beau sexe et à l'attrait du plaisir, il s'éloignait de la femme à intrigue pour ne pas compromettre le commandement.

Qu'on veuille bien m'excuser, si j'ai l'apparence de m'écarter de la dignité de mon sujet, mais ces refrains guerriers, qui se répètent au bivouac, dans les marches et qui étourdissent le soldat sur la fatigue, les privations et le danger; qui le remuent, qui l'émeuvent et le poussent à d'héroïques actions, furent toujours un puissant moyen d'agir sur les Français surtout, que ne négligèrent jamais les habiles. Qu'on me pardonne également de ne pas déguiser des faiblesses, lors surtout qu'elles ne sont pas ignorées et qu'elles marchent de front avec de grandes qualités militaires, car alors elles attachent davantage à son chef le guerrier essentiellement homme de cœur, de passion et de dévouement.

C'est ainsi que tout annonce chez le maréchal de Saxe une connaissance approfondie du cœur humain. Aussi, les écrits qu'il nous a laissés d'un style à la fois si naturel, si empreint d'originalité, de bonhomie et d'une observation presque toujours si juste, lui méritent-ils, ce nous semble, le premier rang que lui assigne Rocquancourt comme écrivain militaire.

Il importe de faire remarquer que la première ébauche des *Rêveries* remonte à 1728; que cet ouvrage, fruit de treize nuits de travail, ou plutôt de distraction, pendant les accès d'une fièvre, impuissante à arrêter l'activité d'un esprit fortement préoccupé d'améliorations militaires, fut retouché en 1738; et ces dates serviront à établir, que les excellentes idées du comte de Saxe, sur la cavalerie en général, lui appartiennent en propre, et sont antérieures à une régénération dont il avait compris toute la nécessité avec les moyens de l'accomplir.

On lit dans le chapitre 3me : « Il faut que la cavalerie soit leste, qu'elle soit montée sur des chevaux rendus propres à la fatigue, qu'elle ait peu d'équipages, et surtout qu'elle ne fasse pas son point capital d'avoir des chevaux gras

» Il faut les faire peu à peu au mal et les endurcir à la fatigue par des courses et des exercices violens, ce qui les conserve plus sains et les fait durer bien davantage.

» Il faut les faire galoper et courir à toutes jambes en escadrons et les mettre peu-à-peu en haleine.

La grosse cavalerie doit aussi galoper et courir pour rompre les hommes et les chevaux : ce n'est que lorsqu'ils sont en campagne qu'il faut les ménager.

» La grosse cavalerie étant très coûteuse, doit être l'objet de soins particuliers. Le principal point est de lui montrer à combattre ensemble et à ne jamais se débander. Elle ne doit jamais faire d'escortes, de détachemens, ni de courses et ne doit servir que dans les combats.

» Lorsque la cavalerie charge l'ennemi, l'on ne saurait assez lui imprimer de rester serrés ensemble, et de ne jamais poursuivre à la débandade.

» Lorsque l'on charge, on doit partir au petit trot de la distance de cent pas, l'augmenter à mesure qu'on approche, et ensuite au galop; on ne doit serrer la botte qu'à vingt ou trente pas de l'ennemi, et cela doit se faire par un officier qui commande, en criant: *A moi.* Il faut y styler la cavalerie et les bien exercer pour leur rendre cette manœuvre familière, laquelle doit être prompte comme un éclair : il faut surtout leur apprendre à galoper un train bien alongé. Tout escadron qui ne peut charger deux mille pas à toutes jambes, sans se rompre, n'est jamais pro-

pre à la guerre. C'est le point fondamental : quand votre cavalerie saura
cela, elle sera bonne, et le reste lui paraîtra facile.

» Les dragons doivent savoir la même chose; les premiers et seconds
rangs doivent être inébranlables et aussi solides que la grosse cavalerie. Mais
leur troisième rang doit sortir à la débandade, voltiger, escarmoucher,
et se rallier à l'escadron par les intervalles. Ils doivent être exercés à tirer
à cheval, etc., etc.

On lit encore au chapitre 2me :

» Il ne faut jamais toucher à la cavalerie : les vieux cavaliers et les vieux
chevaux sont les meilleurs : tout ce qui est recrues n'y vaut absolument
rien. C'est une charge et une dépense à l'état, mais elle est indispensable.

» Quant à l'infanterie, pourvu qu'il y ait de vieilles têtes, on fait des
queues tant que l'on veut. »

Certes, il est impossible de mieux parler de la cavalerie en général, et de
mieux décrire la charge en ligne, sauf le commandement CHARGEZ, bien
plus militaire, bien plus explicatif, bien plus approprié au mécanisme du
mouvement perpendiculaire; si donc la charge en fourrageurs prévalait
dans notre cavalerie, il faut l'attribuer au manque d'instruction, de discipline et surtout au vicieux usage qui s'était introduit d'avoir de nombreuses
compagnies, et des capitaines propriétaires toujours effrayés qu'on ne fît
suer leurs chevaux.

Au surplus, si les idées du maréchal de Saxe sur les armes du cavalier,
le harnachement du cheval, etc., etc., n'étaient pas toujours adoptables et
aujourd'hui moins qu'alors, elles démontrent, du moins, combien cet habile capitaine avait envisagé cet important sujet dans l'ensemble, sous
toutes les faces, et elles établissent que l'intelligence des moyens propres
à reconstituer la cavalerie, ne lui manquait pas, mais le pouvoir de l'entreprendre, ce que put aisément réaliser Frédéric, à la fois général et souverain.

Nous avons également la preuve que le maréchal de Saxe stimulait vivement les officiers de cavalerie qui lui tenaient de près, pour tout ce qui
concernait les exercices de leur arme.

Le *comte de Melfort*, qui parvint plus tard à être inspecteur-général
des troupes légères et lieutenant-général, avait fait une partie de la campagne de Fontenoy, comme son aide-de-camp, et à la paix de 1748, sur
la recommandation expresse du maréchal de Saxe, il se livra complètement à l'instruction du régiment qu'il commandait pour en recueillir,
comme il le raconte avec bonhomie, les fruits à la guerre. Toutefois,
il fut arrêté dans l'accomplissement de son projet, et mis en demeure d'ap

profondir les élémens nécessaires à l'instruction d'un régiment, pour se créer une méthode fixe et uniforme qui n'existait pas. Il fit donc, en 1748, une espèce de code, suivant ses propres expressions, pour l'exercice particulier d'un régiment ; et comme ses principes furent contestés, il employa un dessinateur habile pour faire représenter en action les principaux mouvemens sur lesquels le sentiment des officiers de cavalerie était partagé. Ce travail ne fut pas infructueux, puisqu'il eut pour résultat l'ordonnance du roi qui parut en 1755.

Il ne faut pas omettre cependant, que diverses instructions avaient été données au sujet du nouvel exercice de la cavalerie en 1752, 1753 et 1754, toutes postérieures au travail de M. de Melfort, lesquelles se fondirent dans celle du 22 juin 1755, qui peut être considérée comme la première ordonnance en vigueur, et le premier pas qui fut fait hors des manuels particuliers, des méthodes diverses des régimens et des colonels.

Ce premier essai fut bien imparfait, comme tout ce qui prend naissance, et la lacune qu'on y remarque le plus, c'est un silence absolu sur l'instruction de détail, quant à l'équitation, de telle sorte, que cette partie fondamentale de l'instruction continua d'être entièrement discrétionnaire.

En revanche, le travail de M. de Melfort assignait à l'instruction des cavaliers et des chevaux sa véritable place ; il en faisait la base de son système, et donnait des documens précieux pour l'école individuelle.

Homme de guerre non moins que cavalier, il enseignait le tir du pistolet et du mousqueton, l'exercice du sabre aux diverses allures ; il habituait ses chevaux au bruit du tambour, au flottement des drapeaux, au feu, et généralement à tous les bruits de guerre ; il donne même une méthode pour apprendre aux chevaux à nager, se montrant partout cavalier militaire et digne élève du maréchal de Saxe.

S'il est très soigneux des détails de l'instruction, il ne l'est pas moins des soins de conservation ; aussi se garde-t-il d'omettre les détails de la ferrure, du harnachement et du paquetage.

Toutefois, c'est une chose curieuse de comparer le cavalier d'aujourd'hui, si militairement coiffé, avec un uniforme dégagé et la charge du cheval également répartie devant et derrière, avec le cavalier d'alors au tricorne incommode et spongieux, aux basques énormes, aux bottes à chaudron et sans aucune charge devant ; pendant que l'arrière-main du cheval était surchargée d'une montagne d'effets, comprenant manteau, porte-manteau, partie de la tente et de ses piquets ; plus, en campagne, le pain, le fourrage, l'avoine et une marmite par escouade.

Sous ce rapport, le cavalier de M. de Melfort laissait beaucoup à désirer,
et le type de 1776, que nous offrons d'après lui, ne laisse aucun doute
sur des progrès, qui semblent cependant n'avoir pas atteint le terme
désirable,

Dans sa deuxième partie, dont la majeure portion appartient encore au
travail de 1748, M. de Melfort fait des vœux pour que les régimens soient
portés à 5 escadrons; l'escadron à 160 hommes montés, divisés en quatre
compagnies de 40 hommes chacune, (pour céder sans doute aux exigences de l'époque). Il les forme sur deux rangs, formant ensemble 96 cavaliers,
divisés en quatre fractions, l'excédant formant une petite troupe, commandée par un officier, et placée en arrière de l'un des flancs de l'escadron, pour se porter sur le flanc de l'escadron ennemi, au moment de la
charge; et pour achever de constituer sur de bons principes la cavalerie
française, il insiste beaucoup pour que l'entretien des compagnies soit
retiré aux capitaines, qui n'auraient plus qu'à s'occuper de dresser leurs

troupes, de les administrer sur les bases actuelles, et de les conduire à la guerre.

Passant ensuite aux mouvemens de détail et d'ensemble des escadrons et des régimens, M. de Melfort en explique le mécanisme; il en donne le tracé, et en fait connaître le mérite ou la défectuosité : il écrit enfin une sorte d'ordonnance raisonnée, bien précieuse à une époque où rien de si spécial et de si complet n'avait encore paru. Cependant, on a lieu d'être étonné que, dans la rupture de l'escadron par quatre, le second rang ne suive pas le premier, et qu'il ne rompe que lorsque tout le premier rang à rompu.

C'est en lisant avec attention ce traité, que l'officier laborieux, en se fixant sur l'art de la cavalerie, au moment où il se base sur des principes, apprendra à considérer une œuvre, où l'officier de guerre consommé perce toujours, même dans ce qui ne saurait être adopté de notre temps.

Pour ne pas scinder ces détails sur M. de Melfort, ajoutons que, dans la troisième partie, qui complète le travail de 1776, il pose les principes du service des troupes légères, en les mettant à la portée de tous par de belles planches, ainsi que nombre de manœuvres et d'opérations de guerre, qui font de son livre un traité complet, qui méritera toujours l'attention et la reconnaissance des militaires. Enthousiaste de son métier, M. de Melfort dut bien ébrécher son patrimoine, pour réaliser la pensée de son grand Atlas, à une époque où la gravure sur cuivre était seule en usage; c'est que, chez un homme de cette trempe, toute considération d'intérêt personnel et de fortune cédait à l'amour de son pays et de son état.

M. de Melfort fut des premiers officiers français que ses goûts militaires conduisirent en Prusse, où il ne pouvait manquer de rechercher les occasion de voir *Seydlitz*, qui profita souvent de ses idées, et lui porta bientôt une haute estime; aussi, quand on met en rapport cette connaissance approfondie des détails, avec les idées générales du maréchal de Saxe, de 1728; son voyage à Berlin, de 1749; ses entretiens avec FRÉDÉRIC, et le jugement de ce dernier, on conclura, que la puissance seule manqua à ces deux hommes, pour être les restaurateurs de la cavalerie; et on sera d'autant plus fondé à dire, qu'il s'en faut que nous ayons été étrangers aux grands progrès, que Fréderic, plus puissant et plus heureux, réalisa dans la cavalerie prussienne, secondé par un grand homme de cavalerie, tel que Seydlitz.

A la vérité, les deux guerres qui précédèrent celle de Sept-ans, avaient ouvert une vaste carrière aux applications de ce grand prince, qui ne pouvait manquer de reconnaître les vices de la cavalerie à cette époque, et qui n'eut pas de peine à y porter remède, par des revues annuelles et des camps de manœuvre, (toutes choses qui ne se pratiquaient pas en France), aidés de la pénétration, de la suite et de la volonté qui lui étaient propres.

Si Frédéric trouva la cavalerie prussienne fort négligée, s'il la prit à son avènement au trône entâchée de la pesanteur et de toutes les mauvaises pratiques de l'époque; si cette arme éprouva à Molwitz un échec qui eut été funeste, si l'infanterie n'eût suppléé à son insuffisance, on reconnaîtra la grande habileté de ce prince, qui profita de l'expérience des deux premières guerres pour la mettre sur un pied fort respectable; déjà à Hohen-Friedberg elle avait rendu de grands services : « Sa cavalerie, dit *Guibert*, qu'il a porté à 30,000 chevaux, a besoin d'un grand travail pour égaler son infanterie. Le principe du roi bien opposé à ce qui se pratiquait alors, puisque la cavalerie allemande ne savait charger qu'au pas, en faisant du feu, ou au trot, et la cavalerie française en fourrageurs, c'est à-dire, avec le comble du désordre, était que la cavalerie ne devait jamais tirer; que sa force était dans la vélocité de ses mouvemens et dans la plus grande impétuosité possible de sa charge, combinée avec cet ensemble, qui renverse l'ennemi et qui laisse au vainqueur assez d'ordre pour profiter de son succès. Mais de ce principe, au degré d'instruction et d'habitude qui devait en introduire l'exécution dans toute sa cavalerie, et remuer ainsi, du même mouvement, une ligne de cinq ou six mille chevaux, enfin une aile entière, ainsi qu'il l'a obtenue depuis, il y avait un grand pas à faire. Ce n'était du moins alors que dans la cavalerie prussienne que ce but était aperçu (1), et qu'on commençait à y tendre. Plusieurs régimens y étaient déjà remarquables, déjà s'y formaient de grands officiers, et entr'autres cet habile Seydlitz qui, depuis, acheva cette régénération, et mit la cavalerie de son maître à un point de perfection peut-être plus étonnant que celui de l'infanterie; mais Frédéric avait indiqué la nécessité de la révolution et posé le principe; enfin il déméla le talent de Seydlitz dans les grades subalternes, il l'avança rapi-

____

(1) Nous croyons avoir démontré que le maréchal de Saxe avait fait plus que l'en trevoir, qu'il en avait posé les bases, et qu'il insiste pour qu'on ne charge pas l'ennemi à la débandade ou en fourrageurs. Mais la France eut la douleur de le perdre en 1750, à l'âge de 54 ans. Du reste, quoique le héros de Fontenoy fut, comme le dit *Marmontel* dans ses *Mémoires*, l'idole des armées et de la France entière, l'homme

dement, et les talens que les rois devinent et mettent à leur place, doivent avec justice grossir la masse de leur gloire. »

Si le mérite de l'homme de guerre est souvent contesté par ses égaux, si la faveur dont il jouit le rend un objet d'envie dans plus d'une circonstance, il n'en fut pas ainsi de Seydlitz; jamais choix ne fut plus applaudi, jamais général n'inspira plus d'estime : c'est un concours d'éloges, c'est une admiration pour ce grand homme, c'est un concert de regrets, lorsqu'on est menacé de le perdre, qui prouvent que, s'il se recommandait par les plus grandes qualités militaires, il était tout aussi remarquable par celles du caractère. Il est vrai que Seydlitz possédait tout ce qui électrise, tout ce qui commande l'admiration, tout ce qui met un homme à part et le classe pour commander aux autres, tout ce qui rend l'obéissance honorable et légère.

S'il était habile général de cavalerie et s'il l'a prouvé par son audace, par son impétuosité et aussi par sa prudence, en plus d'une circonstance, il n'y avait pas de cavalier qui pût le lui disputer en hardiesse, en habileté; il n'y avait pas d'officier qui possédât mieux que lui tous ces détails de la cavalerie, détails si précieux, détails qui ont une si grande portée, dans une arme où l'on est dans une dépendance continuelle de sa monture, dans une arme où le meilleur cavalier peut être neutralisé par son cheval et par quelque négligence dans les soins de son entretien, du harnachement et de la ferrure.

Ce fut en 1758, après d'éclatans services et en dernier lieu à Zorndorf, que Seydlitz devint le chef de la cavalerie prussienne à l'âge de 30 ans; nous savons par *Warnery*, son ami, son émule et qui a suivi son système, dans ses *Remarques sur la cavalerie*, qu'il sortait des hussards pour lesquels il inclinait beaucoup; qu'après la paix de Dresde, qui eut lieu en 1745, il s'en était occupé d'une manière particulière; et qu'il avait poussé leur instruction à ce point, qu'indépendamment de leur service comme troupes légères, les hussards combattirent en escadron aussi bien que la meilleure cavalerie du monde.

Grand cavalier qu'il était, Seydlitz devait remettre en honneur l'équi-

devant qui la haute noblesse du royaume était dans le respect, et que le roi lui-même accueillait avec toutes les distinctions qui peuvent flatter un grand homme; enfin, quoique sa correspondance fournisse la preuve qu'il était très consulté par les ministres, il lui manquait cependant d'être à la tête des troupes en temps de paix, avec toutes les lumières qui jaillissent d'une application soutenue.

tation, beaucoup trop négligée depuis l'extinction de la chevalerie et la poser pour base de son système ; il devait lui imprimer cette hardiesse et cette témérité qui lui étaient propres ; c'est ainsi qu'on le vit traverser à cheval les ailes tournantes d'un moulin à vent, et que, dans une autre circonstance, il fit une chose non moins hardie , qui trouve ici sa place.

Il cheminait à cheval , à la suite de Frédéric , et soutenait avec d'autres officiers qui marchaient à ses côtés, que la mort de son cheval pouvait seule excuser un officier de cavalerie d'être fait prisonnier ; c'était du reste ce qu'il lui était arrivé dans sa première campagne. Le roi qui l'avait entendu soutenir chaudement cette opinion , ordonna qu'on levât un pont sur la Sprée , qui se trouvait sur son passage et se tournant vers lui : « Seydlitz , lui dit-il, vous êtes mon prisonnier sans pouvoir l'éviter. » Ces mots étaient à peine prononcés, que Seydlitz avait piqué vivement son cheval et l'avait lancé dans la rivière. On le vit disparaître, revenir, nager tranquillement pour regagner la rive et rejoindre le cortége de Frédéric, qui fut vivement frappé de ce trait d'audace et l'affectionna depuis particulièrement.

Ajoutons aussi que Frédéric avait de la supériorité en équitation. A cheval on le prendrait pour un centaure, dit Guibert, qui le vit plusieurs fois à la tête de ses troupes et notamment aux grandes manœuvres de Silésie, dont il fut le spectateur en 1773. Alors la cavalerie prussienne était parvenue à son apogée ; tout ce que l'expérience de la guerre de Sept-ans avait ajouté au tact particulier et à l'intelligence parfaite qui distinguait Seydlitz, avait été mis en pratique et était devenu la règle commune. Mais ce grand homme de guerre, quoique à la fleur de son âge, était depuis deux ans hors d'état de servir , à la suite d'un accident qui lui était arrivé aux manœuvres de Breslau ; Guibert put constater avec l'admiration générale dont il était l'objet , l'immensité de cette perte redoutée par tout ce qu'il y avait de plus distingué. Les idées de Seydlitz se transmettaient parmi les adeptes avec un religieux empressement ; Guibert eut le bonheur d'en posséder un cahier, il lui fut permis de prendre des extraits, et il put recueillir de nouveaux détails des officiers qui l'approchaient le plus (1).

Seydlitz préférait les escadrons à petit front , jamais au-dessus de soixante par rang ; il ne voulait pas de troisième rang, adoptait le principe

_____

(1) Guibert , *Voyage en Allemagne*, t. II , p. 160.

des intervalles limités entre les escadrons et le guide aux ailes dans la marche en bataille, quoique le grand Frédéric, plus occupé de résultats généraux que des détails, eût conservé l'ordre en muraille par cinq escadrons et qu'il voulût le guide au centre ; en quoi ses généraux lui désobéissaient sans en convenir, comme l'affirme Warnery. Le guide, il est vrai, est à une égale distance des deux extrémités, mais n'est-il pas à craindre en le plaçant ainsi, de faire crever le centre, par la pression convergente des deux ailes ? (1)

Obligés de nous restreindre et de renvoyer aux sources (2), nous terminenerons sur la cavalerie prussienne qui donna l'élan général, par le morceau descriptif et plein de verve, qui fut inspiré à Guibert, par les manœuvres imposantes dont il fut le spectateur ; par ce roi guerrier et philosophe, qui les dirigeait lui-même avec une prodigieuse activité, qui se portait rapidement d'une aile à l'autre, qui faisait plusieurs commandemens lui-même et qui avait le don propre aux grands hommes, d'électriser tout ce qui était admis à l'honneur de l'approcher.

« Dans toutes les armes, dit Guibert, il s'est formé des officiers-généraux consommés et qui vont briguer à la paix tout l'honneur que peut procurer la paix, celui de perfectionner et de faire remarquer par Frédéric les troupes qui leur sont confiées. Le général Seydlitz met la dernière main à la cavalerie, et celle de son inspection devient le modèle de toute celle de l'armée prussienne ; il lui donne cette audace, cette rapidité de mouvement, cette impétuosité de charge qui lui restaient à acquérir, et qui forment le complément des grandes vues de Frédéric sur cette arme. Partout ailleurs, elle se consume dans la poussière des manéges, elle flotte de principe en principe, ou plutôt d'erreur en erreur ; elle multiplie les évolutions, croyant multiplier ses moyens d'agir ; elle ne s'exerce qu'en petits escadrons, en petits régimens, en petits corps, au moyen de quoi, elle n'a aucune habitude ni des grands fronts, ni des grandes distances, ni de ces mouvemens, par lesquels une ligne, ou une aile entière doit renverser, tourner, envelopper l'ennemi, enfin, décider ou rétablir un combat. Ce n'est qu'en Prusse que les cavaliers et leurs officiers ont cette assurance, cette hardiesse à manier leurs chevaux qui, en semblant les

____

(1) Voir la 4ᵐᵉ section *sur l'alignement*, prop. **XV**.

(2) Warnery, *Remarques sur la Cavalerie.*—Bismark, *Tactique de la Cavalerie*, et *Vie de Seydlitz*, non traduite ; dont le général de Brack a rendu compte dans le *Spectateur militaire* du 15 juillet 1838. — La Roche-Aymon, *Dictionnaire de la Conversation*, article *Cavalerie*.

confondre avec eux, rappelle l'idée des Centaures de la fable ; ce n'est que
là que le nombre des évolutions est sagement restreint, à ce qu'on fait,
et à ce qu'on peut faire devant l'ennemi. Ainsi, se mettre en colonnes,
parcourir de grandes distances, à différentes allures, se former en bataille, et aboutir au mouvement de charge qu'elle recommence, et auquel
elle se familiarise sans cesse, voilà à quoi toutes les manœuvres de cette
cavalerie se bornent. Ce n'est que là qu'on voit des rassemblemens de 60
ou 80 escadrons, et d'escadrons de 130 ou 140 chevaux effectifs, ayant
des surnuméraires derrière eux, donner la représentation de ce qu'une
aile de cavalerie peut exécuter à la guerre ; ce n'est que là qu'on voit huit
ou dix mille chevaux faire des charges générales de plusieurs centaines
de pas, s'arrêter en ordre après les avoir faites et quelquefois les recommencer d'un second mouvement, contre une nouvelle ligne ennemie qui
est supposée se présenter. Dans tous les camps, à ses revues, toutes les
fois que Fréderic voit sa cavalerie, c'est à ces charges importantes qu'il
met le plus d'attention et de prix. Il va se placer au-devant d'elles et sur
leur flanc, en faisant figurer par quelques cavaliers la pointe de l'aile
ennemie. Au signal, la lice s'ouvre, tout s'ébranle, le mouvement s'accé-
lère par degrès, la terre retentit au loin, bientôt on ne voit plus qu'un
nuage de poussière, au milieu duquel on entend comme l'approche d'un
torrent ; la ligne va toucher à l'ennemi, elle baisse la main, s'élève sur
les étriers et présente le fer à grands cris ; le but est atteint, tout-à-coup
elle s'arrête, on n'entend plus que la voix des commandans qui raccor-
dent leurs escadrons, et à travers les éclairs de la poussière qui commence à s'élever, on aperçoit la ligne entière dans un parfait alignement.
Quel beau spectacle que de pareilles charges de cavalerie ! on ne les voit
pas sans un frémissement mêlé d'admiration ; on se rappelle cette belle expression de l'Ecriture, quand elle compare les nuages portés par les vents
à un ouragan de cavalerie : *Sicut procellam equestrem* (1). »

Hâtons-nous de revenir à la cavalerie française ; contre une aussi puissante direction, la lutte n'était pas égale, et le génie qui avait préparé ses
moyens long-temps d'avance, devait triompher de notre cavalerie, brave
et généreuse dans ses élémens, mais sans instruction et conduite, moins
par un général que par un courtisan. L'occasion se présente de dire, que
nous avons toujours déploré les effets de la faveur, et que, si nous l'avons

(1) Sans attacher à notre note d'autre importance que celle d'une exactitude absolue,
nous ferons remarquer que le *procella equestris* qui a eu tant de succès depuis, ap
partenait à Tite-Live, et non à l'Écriture, où nous l'avons vainement cherché.

comprise quelquefois dans des positions honorifiques, comme résultat inévitable de grandes existences sociales, au sein d'un état essentiellement monarchique, nous sommes encore à la concevoir à la tête des troupes, mieux que cela à la tête des armées. Comment des princes ont-ils pu remettre les destinées et l'honneur du royaume, comment ont-ils pu confier les enfans de la France à une direction impuissante et inhabile? certes il ne s'agit pas ici de l'inconstance de la fortune; Turenne, après l'échec de Mariendal, se relève plus glorieux et plus intéressant; il s'en faut que, dans sa lutte de sept années, Frédéric soit toujours vainqueur : mais les deux généraux de Rosbach sont les vrais coupables de cette journée néfaste, et non cette brave armée, sur qui les gens de cour rejetèrent tout le blâme, pour ménager l'homme de l'OEil-de-Bœuf, quoiqu'elle comptât dans ses rangs les *Chevert* et les d'*Assas*. A la vérité, pendant que MM. de Soubise et de Hilbourghausen sont impuissans à se remettre en bataille, après l'immense circuit qu'ils ont entrepris et qu'ils compromettent ainsi l'armée combinée, nos troupes montrent un courage qui méritait une meilleure direction (1), et nombre d'officiers firent des prodiges de valeur. On voyait, dit Grimoard, *le marquis de Castries*, originaire du Languedoc, et qui commanda plus tard d'une manière si distinguée à Clostercamp (2), « sans chapeau, la tête ensanglantée par plusieurs coups de sabre, mener les escadrons à la charge, ou tenter de les rallier; et le corps commandé par le *comte de Saint-Germain*, arrêtait les vainqueurs par sa bonne contenance et protégeait la retraite (3). »

On conçoit tout ce qu'une affaire malheureuse, comme celle de Rosbach, doit donner d'indignation à un noble cœur, jaloux de l'honneur des armes françaises, et on ne la trouverait que trop naturelle, si elle s'exhalait contre les intrigues qui rappelèrent encore M. de Soubise à partager le commandement de l'armée française pour la campagne de 1762, pendant qu'elles

---

(1) **M. d'Aldéguier**, grand-père de l'auteur, et deux de ses grands oncles, tous les trois capitaines au régiment de Poitou, infanterie, combattirent à Rosbach; l'un d'eux y fut grièvement blessé, et fut tué, en 1762, à la bataille de Wilhemstal, où le régiment de Poitou, perdit beaucoup de monde, en couvrant la retraite.

(2) Grimoard, *Tableau du règne de Frédéric II.*

(3) Le marquis de Castries fut depuis maréchal de France, ministre de la marine sous Louis XVI, et commandant de la gendarmerie de France, ce corps qui parvint, sous ses ordres, à une si grande instruction militaire. Les mémoires du temps les plus opposés s'accordent à lui reconnaître une grande activité avec une haute capacité et un rare désintéressement.

faisaient renvoyer dans leurs foyers le maréchal de Broglie et son frère, qui méritaient la confiance de l'armée et du pays.

Mais quoique l'inaction du comte de Saint-Germain, mis en observation devant le roi de Prusse, eût été blâmée, et notamment par *Lloyd*, elle ne l'avait jamais été en termes plus véhémens et plus extrêmes (1), que par le spirituel auteur de l'article du *Spectateur militaire*, du 15 juillet 1838, *sur Seydlitz ou la cavalerie prussienne.*

En donnant à ce compte-rendu piquant et animé, semé de charmans détails et dont nous adoptons l'ensemble des idées, les éloges que mérite une œuvre aussi distinguée, où l'esprit français et hussard pétille d'originalité, il nous sera permis d'exprimer notre étonnement sur cette sévérité qui tombe à bras raccourci sur l'homme expérimenté, sur le général distingué qui jouissait de l'estime particulière du maréchal de Saxe et du grand Frédéric, qui lui avait fait de grandes avances pour l'attirer dans son armée, pendant qu'elle insiste moins sur les bévues de généraux en chef tels que MM. les princes de Soubise et de Hilbourghausen.

Personne ne connaît mieux que l'honorable général de Brack, l'influence morale du commandement ; personne ne sait mieux que lui, si Français, si susceptible d'enthousiasme pour la gloire et pour les illustrations guerrières qui en sont les seules dispensatrices, que, si l'on est hardi et aventureux avec les Frédéric et les Napoléon, on est circonspect et qu'on ne saurait ne l'être pas, avec des chefs comme ceux de l'armée combinée. On ne tourne pas aisément quand on n'a ni l'habitude des troupes, ni l'intelligence de la guerre, un général consommé comme le grand Frédéric ; les difficultés du métier doivent être laissées à qui est assez fort pour les résoudre : la médiocrité et l'insuffisance ne peuvent prétendre à suivre la route ouverte au génie, et peut-être ce fut un bien, un très grand bien, que l'inaction du comte de Saint-Germain, dont le corps forma une réserve, qui arrêta ce déplorable échec et qui soutint la retraite.

A MM. de Soubise et de Hilbourghausen, la responsabilité de ce grand circuit ; à M. de Soubise seul la panique et l'évacuation de Gotha du 19 septembre précédent, malgré ses 6,000 hommes d'élite, malgré ses 4,000 chevaux, devant les 1,500 hussards de Seydlitz déployés sur un seul rang. Certes, lorsqu'une campagne commence sous de tels auspices, lorsque la direction première est faible et impuissante à ce point, quand elle s'embarrasse encore d'une suite de valets de chambre, d'officiers de cuisine,

____

(1) *Spectateur militaire*, t. **XXV**, p. 392 et 393.

de comédiens, de coiffeurs et de marchands de nouveautés, sans aucun génie, sans aucune qualité militaire pour compensation ; quand elle se fait suivre de caisses d'Eau-de-Lavande, de sans-pareille, de parasols, de manchettes, de singes et de perroquets, ainsi qu'on le trouve dans Jomini, qui a suivi les historiens du temps ; dans cet état de choses, l'échec de Ros-bach n'a rien qui doive surprendre, il est la conséquence naturelle d'un commandement partagé, aussi mal habile d'un côté que de l'autre, qui glace tout ce qui l'approche et qui répand au loin le découragement.

Au surplus, le comte de Saint-Germain est suffisamment vengé des ju-gemens sévères et souvent injustes de son époque par ceux qu'en a porté la postérité, qui, tout en blâmant sa discipline trop germanique pour des Français, a rendu justice à l'homme probe, au chef paternel, soigneux de ses soldats, et vénéré de ses officiers, qui vinrent à son secours, dans l'ad-versité, d'une manière si touchante ; au général éprouvé et anti-courti-san, au ministre enfin, qui chercha à prévenir de nouveaux revers, en dotant l'armée d'une constitution militaire (1) en rapport avec les connais-sances et les besoins de l'époque, et à qui la cavalerie doit une organisa-tion, qui diffère peu dans l'ensemble de celle d'aujourd'hui.

Aussi, au milieu d'un grand nombre d'honorables souvenirs, et surtout chez les militaires organisateurs et de prévoyance, le nom de M. de Saint-Germain est-il toujours prononcé avec une considération respectueuse ; et naguère le *général Lamarque*, dont nous ne saurions trop recommander les articles *Armée* et *Bataille*, de l'*Encyclopédie moderne*, à nos jeunes lec-teurs, s'exprimait en ces termes : « Louis XVI appela au ministère de la guerre le comte de Saint-Germain, militaire brave et expérimenté, qui, sous les Clermont, les Contades et les Soubise avait trouvé le moyen de se créer une belle réputation ; » et il ajoute à l'article *Combat*, «que *Corbach* immortalisa M. de Saint-Germain, à qui l'envie ne rendit jamais une justice complète. »

Pour bien apprécier enfin le côté moral et matériel de cette intéressante question, ne convient-il pas de s'en rapporter au témoignage écrit du grand capitaine, sous les ordres duquel les Français prirent, un demi-siècle plus tard, une si éclatante revanche, dans les champs d'*Iéna* et d'*Auerstedt*,

---

(1) Pour se faire une idée de la constitution militaire de France, telle que la laissa dégénérer le règne de Louis XV, et de la manière difficile dont devait fonctionner depuis la machine militaire, il suffit de lire dans la *Monarchie prussienne* de Mira-beau, les dernières pages du livre VII, qui traite des affaires militaires : « S'il était un pays, objet de la jalousie, de l'envie de toute l'Europe, etc., etc.

presque sur le même terrain, comme pour montrer à quoi tiennent les destinées des empires?

Alors, sans doute, de même que les Français humiliés de Rosbach évoquaient les souvenirs récens du maréchal de Saxe, de même les Prussiens d'Iéna, coupés de leurs communications, désorganisés au début de la campagne, obligés successivement de mettre bas les armes, et leurs derniers débris, poursuivis à outrance jusqu'à la mer, évoquaient-ils dans leur désastre l'ombre du grand Frédéric! Quel poids dans la balance que celui d'une seule épée? et combien un peuple, quelque grand et quelque généreux qu'il soit éprouve-t-il de revers avec une direction inhabile, ou s'élève-t-il au-dessus de tous quand il est guidé par le génie.

Il ne suffisait pas à Napoléon d'avoir effacé cette tache en renversant par la puissance de sa stratégie, la monarchie du grand Frédéric, il lui appartenait encore d'en prévenir le retour par l'autorité de ses enseignemens. Ce grand maître, en l'art de la guerre, dans ses mémoires qui deviendront classiques (1), devait aller droit au but et battre en brèche l'esprit de cour de cette époque. Quel puissant dissolvant que les mœurs de 1756, que cette cour non plus galante, mais corrompue qui se substitua au *moi* de Louis XIV! du moins les formes absolues d'alors se faisaient-elles pardonner, comme sous l'empire de Napoléon, par l'éclat d'un grand règne, par la gloire des armes et par l'unité d'une direction habile! mais ici, que de désordres avec ces favorites ambitieuses et les protégés à la suite! Que notre armée d'alors était à plaindre, au milieu de ces influences délétères, et que les ames fortement trempées avaient à souffrir de tels abaissemens! toutefois, la démoralisation, à l'ordre du jour, exerçait partout ses ravages, et relâchait tous les ressorts militaires; aussi, Napoléon affirme-t-il, que ce n'est point avec de tels élémens, « aussi misérablement commandés, qu'on pouvait entreprendre une marche de flanc devant une armée bien constituée. »

Elle méritait bien d'être prise en pitié, et elle devait bien ronger son frein, cette armée qui répondait, à quelques temps de là, par un trait de dévouement inconnu dans les annales militaires d'aucun peuple, aux injustes jugemens dont elle fut l'objet, de la part de courtisans empressés à lui imputer tous les torts. C'était en 1760, et nos intérêts, cette fois, étaient dans de meilleures mains. Le *maréchal duc de Broglie*, qui avait remporté des avantages signalés dans le cours de cette guerre, et notamment à *Bergen*, avait été opposé au prince héréditaire des Brunswick. Son plan était

____

(2) *Mémoires de Napoléon*, t. V, p. 214.

de s'emparer de la Hesse et du Hanôvre, mais hormis le combat de Corbach, qui fit grand honneur aux armes françaises et à M. de Saint-Ger
main notamment, comme on vient de le voir, les engagemens, d'après
Jomini, n'avaient eu lieu que sur des points accessoires, et sans amener
d'autre résultat que des pertes de part et d'autre, sans compensations suffisantes, lorsque le *duc de Brunswick* résolut d'emporter *Wesel*, et de
faire une diversion qui forçât les Français de quitter leurs positions.

Quelque hasardeuse que fût cette entreprise, cette place, attaquée à
l'improviste et avec courage, courait les plus grands risques. Sa prise eût
porté la guerre sur le Bas-Rhin et dans le Brabant; il y avait aussi à craindre que les Hollandais ne se déclarassent contre la France. Il ne fallait
donc pas perdre un moment, et le *marquis de Castries* dut rassembler un
corps en toute hâte, pour s'opposer à ce mouvement inattendu. Bien pénétré de sa position et connaissant le prix du temps, il emporte Rheinberg l'épée à la main, jette du secours dans la place menacée, et se prépare à recevoir le duc Ferdinand, qui, de ce côté, laisse seulement
quelques bataillons à la tranchée et marche immédiatement à sa rencontre. Le général français s'était établi, la droite à Rheinberg et la gauche à
Clostercamp, dans une forte position; mais le prince, après l'avoir reconnue, pensa que les Français, se fiant à la bonté de leur poste, se tiendraient moins sur leurs gardes, et résolut de les surprendre par leur gauche, ce qui faillit arriver.

Toutes les dispositions avaient été prises dans ce but, et des forces avaient
été laissées devant la droite de notre armée pour la contenir, pendant que
le prince se portait, à onze heures du soir, sur Clostercamp, à la tête de
son avant-garde. Il avait déjà enlevé le poste avancé, coupé et dispersé le
corps de Fischer, lorsque le bruit de la mousqueterie donna l'éveil à la
brigade d'Auvergne, et lui fit occuper le bois de Clostercamp, ainsi que
toutes les issues de ce bourg.

Cependant, le prince marchait toujours dans le plus grand silence et
poursuivait ses avantages. Il avait passé le canal à Kampen, s'était em-
paré du village de Kumpenbrock, et l'armée française allait être surprise,
quand elle fut sauvée par le dévouement du *chevalier d'Assas*, capitaine
au régiment d'Auvergne. « Cet officier, dit Jomini, qui commandait dans
le taillis, en avant de Kumpenbrock, s'était avancé pour découvrir ce qui
avait occasionné la fusillade qui avait eu lieu; entouré tout à coup par
des grenadiers anglais, qui le menacent de la mort, s'il fait le moindre
bruit, il juge que ce ne peut être qu'une surprise, et rassemblant toutes
ses forces, il s'écrie : *A moi, Auvergne, c'est l'ennemi!* »

Il dit, et tombe percé de coups; le lieutenant-général de Ségur accouru dans le village avec un bataillon d'Auvergne, est blessé et pris; mais l'alarme est donnée, les Français se pressent d'arriver, le régiment d'Auvergne tient en échec l'ennemi jusqu'au jour, et après un combat meurtrier qui dure jusqu'à midi, il est repoussé; il est forcé de repasser le Rhin, et Wesel est débloqué.

Les résultats de cette action si belle furent complets; mais comme il n'arrive que trop souvent, la postérité eut plus d'admiration que les contemporains; cependant une pension de mille livres fut accordée, par Louis XVI, aux aînés de cette famille : toutefois, aucun monument ne consacrait encore le souvenir de ce dévouement héroïque, auquel les anciens eussent décerné des statues, quand Napoléon fit élever une colonne sur le lieu même où d'Assas s'immortalisa, avec les dernières paroles du héros français pour inscription; et naguère, *le Vigan* (Gard), sa ville

natale, a dédié une statue de marbre, qui orne l'une de ses places, à celui
de ses enfans qui recula les bornes de l'héroïsme, et qui mérita d'être
appelé le *Curtius français*. (1)

Les succès soutenus de la cavalerie prussienne, durant la guerre de
Sept-ans, rendirent plus évident encore le manque d'instruction de la cavalerie française. C'était un édifice entier à construire et à prendre à la
base ; aussi, fallait-il un homme non moins habile que courageux, pour
oser combattre avec succès les amours-propres et les intérêts de cour
froissés par la réforme ; cet homme fut le *duc de Choiseul*. Ce ministre
remarquable ne tarda pas à se convaincre, que c'était la constitution de
l'armée qu'il fallait refondre. Quels résultats pouvait-on se promettre,
quant à la cavalerie, avec des capitaines propriétaires de leurs compagnies, naturellement dominés par leurs intérêts privés, et tremblant
de détériorer ou de perdre leurs effets d'habillement, de harnachement et
leurs chevaux, surtout, pour peu qu'on les fît sortir? il est évident que
partout où le cheval ne sera pas fourni par l'état, les régimens compte-
ront moins de cavaliers que de palefreniers, et qu'à chaque sortie on
craindra de les faire suer : ainsi, ce fut l'état qui se chargea désormais de
pourvoir à tout, et les capitaines n'appliquèrent plus que les règles administratives. L'armée, la cavalerie surtout, devinrent ainsi plus mobiles,
complètement à la disposition du pouvoir royal, et il fut facile alors de
suivre un système rationnel d'instruction, que dans l'état précédent on
aurait vainement prescrit.

M. de Choiseul ne s'en tint pas là ; il donna à la cavalerie une organisation plus régulière et qui la préparait à des améliorations nouvelles :
des manéges s'élevèrent dans plusieurs villes de garnison, pour s'occuper
de l'équitation, considérée, avec raison, comme la base de toute instruc
tion militaire ; M. de Choiseul créa également des écoles de cavalerie, en
1764, afin que l'instruction, plus perfectionnée et plus approfondie dans
ces établissemens, se répandît plus sûrement dans les corps : enfin, une
ordonnance provisoire sur l'exercice de la cavalerie, fut donnée à cette

____

(1) Au siége de Dantzick en 1807, et à l'attaque de l'île d'Holm, le trait d'héroïsme
de Clostercamp se renouvela dans notre armée. Le chasseur *Fortunas*, du 12e régiment
d'infanterie légère, s'étant porté en avant, tomba au milieu d'un détachement russe,
dont les officiers surpris eux-mêmes, peu d'instans après, par la compagnie du 12me léger qui les tournait, crièrent : « Ne tirez pas, nous sommes Français. » Menacé d'être tué
s'il parlait, Fortunas s'écria à son tour : « Tirez, tirez, mon capitaine, ce sont des Russes. »
(*Victoires et Conquêtes*, tom. 17, pag. 115.)

arme, le 1ᵉʳ mai 1765, laquelle fut remplacée, le 1ᵉʳ juin 1766, par une ordonnance définitive, basée sur le travail de 1748, de M. de Melfort, qui remit son manuscrit à celui qui fut chargé de la rédiger : nous y reviendrons.

Qu'on ne perde pas de vue, que cette régénération avait lieu vers la fin du règne de Louis XV, et l'on comprendra tout ce qui est dû à M. de Choiseul, pour avoir médité cette réforme générale et pour avoir réussi à l'opérer, malgré des obstacles qui eussent arrêté sûrement un esprit moins élevé, et d'une trempe moins forte que le sien.

On se plaignait, et avec raison, il faut le dire, de ce que la construction de ces manéges n'avait pas toujours été bien entendue; on accusa le plus grand nombre d'être d'une dimension trop petite, pour que le mouvement direct fût suffisamment prolongé, pour que les allures pussent acquérir de l'étendue et de la vitesse. On réclama, avec non moins de raison, contre la pluralité des écoles, et les divers systèmes qui en furent le résultat; l'équitation ne fut point dirigée vers un but exclusivement militaire; les jarrets des chevaux se ressentirent de ces exercices trop académiques; il y eut un grand nombre de chevaux ruinés et en peu de temps; les cavaliers préférèrent entrer écuyers ou piqueurs chez quelque seigneur, à se rengager (1); enfin, comme le dit *M. Turpin de Crissé*, bien à même, par les fonctions d'inspecteur-général de la cavalerie et des dragons, de constater le mal : « Heureusement pour la cavalerie et pour l'état, ces cinq écoles furent supprimées en 1770 (2), et remplacées dans chaque régiment par un manége d'instruction. » Ainsi, il n'y eut plus d'école proprement dite;

(1) Ne serions-nous pas autorisés à redouter les mêmes inconvéniens en 1843, de l'adoption du système d'équitation de M. Baucher, si nous n'avions de justes motifs de nous rassurer par les mesures de prudence prises par le ministre de la guerre; et les modifications à faire à l'ordonnance seront ajournées, nous l'espérons aussi, jusqu'au moment où l'opinion plus refroidie sera plus en mesure de se bien prononcer.

Voir la 2ᵐᵉ section *sur l'équitation militaire*, prop. I et suiv.

Guibert. — *Essai général de tactique*, Ecole du cavalier, chap. V.

(2) Turpin de Crissé. *Commentaires sur Végèce*, in-4ᵒ, tom. 1, pag. 220.

Ce passage, mis en rapport avec les réclamations de M. de Melfort, en 1776, pour qu'il fût établi une école d'équitation, mais unique; celles de Bohan, en 1781, pour qu'il fût créé une école générale de cavalerie dans le bel établissement de Lunéville; et les détails historiques de M. de *Cessac*, sur les carabiniers, qui confirment que telle était leur supériorité dans l'équitation, que depuis 1763, jusqu'en 1771, chaque régiment de cavalerie y détacha des élèves pour y puiser les principes de l'art de monter à cheval; toutes ces autorités contemporaines, et d'autres renseignemens que nous avons recueilli, démontrent que les conjectures

toutefois, les manéges des carabiniers à Saumur, et de la gendarmerie à Lunéville, formèrent à l'est et à l'ouest de la France, deux corps modèles qui rivalisèrent d'émulation et de zèle, et en tinrent lieu jusqu'à un certain point.

C'est qu'il est bien difficile en attaquant un mal de ne pas dépasser le but; mais M. de Choiseul l'avait indiqué, et après s'être égaré dans l'application du principe, on devait y revenir plus sûrement. C'eût été trop prétendre que d'exiger que les méthodes d'instruction fussent bonnes et uniformes avant de les avoir étudiées et pratiquées; chacun sait, qu'en fait d'institution quelconque, on n'arrive au bien désirable que graduellement : honneur donc et reconnaissance à M. de Choiseul !

Depuis 1635, que la cavalerie française avait été enrégimentée, beaucoup de considérations présidèrent aux organisations qui eurent lieu aux diverses époques, autres que des motifs militaires. C'est ainsi que l'on voit des régimens à dix, à six, à quatre, à trois, à deux et même à un seul escadron; on trouve dans l'ouvrage de *M. d'Authville*, à qui nous devons *l'Essai sur la cavalerie, tant ancienne que moderne*, qui parut en 1756, après beaucoup de détails intéressans, l'historique de chaque régiment et l'enregistrement exact des vicissitudes de l'organisation cavaleresque. Quant à la force des compagnies et quant à leur nombre, même incertitude; après en avoir eu avant la création des régimens de quatre cents maîtres et plus, on trouve trois et quatre compagnies par escadron, et le nombre des cavaliers dans chacune d'elles varie de cinquante jusqu'à vingt-cinq. Cet état

de M. le *commandant Jacquemin*, dans ses excellentes recherches historiques sur les écoles de cavalerie de France, sont parfaitement fondées; que l'école de Saumur fut, en effet, un annexe du corps des carabiniers, jusqu'en 1771, époque de la suppression des écoles, et de la création des manéges régimentaires; que néanmoins le manége de Saumur, dirigé comme par le passé, par les officiers distingués, désignés par M. Jacquemin, ne perdit rien de sa renommée; qu'elle s'accrut encore par la création, parfaitement entendue, d'un professeur d'hippiatrique, en 1783, qui répandit dans toute la contrée des connaissances spéciales sur l'anatomie du pied, la ferrure et les notions générales de la science vétérinaire, car ce cours devint public à Saumur, grâce au zèle patriotique des chefs des carabiniers; qu'enfin on ne pouvait attendre moins d'un corps recruté dans l'élite de la cavalerie, qui avait toujours joui d'une grande faveur, dont la solde était plus élevée, ainsi que le prix de la remonte, et qui au 1er août 1784 comptait encore dix escadrons en deux brigades, un corps d'officiers nombreux et distingué, avec un établissement militaire superbe, et le patronage du *comte de Provence* (Louis XVIII), qui depuis 1758 en était le mestre-de-camp propriétaire.

de choses dura jusqu'à M. de Choiseul, qui procéda, d'après un principe plus militaire: l'organisation de 1762 porta les régimens à quatre escadrons ; chaque escadron fut formé de deux compagnies de 51 hommes chacune, effectif insuffisant, cependant, pour la formation des escadrons à 48 files, qui se maintiendra tout autant, sans doute, que la profondeur, qui fut irrévocablement fixée à deux rangs, par l'ordonnance de 1766, qui en fut pour ainsi dire le corollaire.

Cette ordonnance qu'on dut, ainsi que nous l'avons déjà fait remarquer, au zèle éclairé et à l'intelligence de M. de Melfort, ouvrit la carrière du progrès à la cavalerie française. Les principes d'équitation à suivre par les régimens furent posés, et le complément de cette instruction, bien discrétionnaire encore, puisqu'elle ne fut pas divisée en leçons, comme de nos jours, fût la course des têtes. Les officiers et élèves détachés aux écoles générales de cavalerie, furent chargés de cette instruction à leur retour dans les corps.

En formant la cavalerie sur deux rangs, on la rendit plus mobile et plus propre à manœuvrer, en même temps qu'on profitait de tout ce qu'on avait de disponible; jusqu'alors, la profondeur de l'ordonnance avait empêché le mouvement de conversion par peloton, qui est d'un usage si sûr et si fréquent : aussi se rompait-on sur de grands fronts. Maintenant, on arrivait à la colonne par pelotons, si légère dans sa marche, si prompte dans ses divers mouvemens, dans ses formations, dans ses alignemens. Toutefois, il faut en faire la remarque, on n'avait pas encore compris tout le parti qu'on pouvait tirer de la colonne avec distance, pour arriver à un bon système de manœuvre, car la généralité des évolutions se faisait encore par escadrons.

Les planches annexées à l'ordonnance complétèrent, par un tracé parlant aux yeux, les détails déjà donnés dans le texte et servirent à le faire comprendre dans toutes ses parties.

Enfin, les intervalles, consacrés entre les escadrons en bataille, méritent d'être d'autant plus remarqués, qu'en Prusse on se formait encore en muraille par cinq escadrons ; on fera observer cependant, que les opinions de Seydlitz et de Warnery s'inclinaient forcément sur ce point devant la volonté suprême du roi de Prusse : nous avons éprouvé, à ce sujet, une vive satisfaction de voir que notre travail de 1825, qui suit cette introduction, s'est trouvé en harmonie parfaite avec les idées de ces deux grandes autorités (1).

(1) Voir la 5me section, *sur la formation*, prop. VIII.

Terminons cet aperçu sur l'ordonnance du 1er juin 1766, en disant qu'on reconnaît partout l'œuvre de l'officier de cavalerie consommé, sous le double rapport de la science équestre et des mouvemens qui conviennent à cet arme.

Vint enfin le temps de recueillir, et nous trouvons la preuve que l'œuvre des Choiseul et des Melfort eut des résultats si satisfaisans, que les officiers français qui n'avaient que leur zèle, leur bonne volonté et leur amour-propre, auprès de la constitution toute militaire de la Prusse, de ses camps d'instruction et des revues d'automne de Frédéric, rivalisèrent bientôt avec les Prussiens. Guibert, qui constate ce progrès, mérite d'autant plus de créance, que ses reproches à la cavalerie française, quelque patriotiques qu'en fussent les motifs, ne furent pas toujours sans amertumes et sans exagération : « Nous pouvons avoir des régimens aussi bien séparément, dit Guibert, dans son voyage de 1773, encore n'en avons-nous pas qui exécutent aussi bien le mouvement de charge : » or ce mouvement de charge, suivant Guibert lui-même, fut exécuté en France, pour la première fois, par 1,200 chevaux, sur une seule ligne, l'année qui précéda la publication de l'*Essai de tactique*, c'est-à-dire en 1772. Il n'y avait donc qu'une année que la cavalerie française s'y essayait ; en revanche Guibert, témoin de leurs manœuvres, fut aussi à même de constater que, malgré sa lutte de sept années contre Frédéric, la cavalerie autrichienne n'avait rien gagné : « Les cavaliers n'étaient pas maîtres de léurs chevaux même au trot, les distances était mal observées ; enfin, ils en étaient encore à l'usage du feu, et répondaient qu'il était nécessaire contre les Turcs. »

Les officiers français s'étaient piqués d'honneur, ils étaient devenus manœuvriers, et leurs mouvemens l'emportaient quelquefois par les moyens d'exécution sur ceux de leurs habiles voisins. Ainsi, Guibert qui vit déployer sous ses yeux une colonne de vingt escadrons, en trois minutes de temps, par le mouvement successif par file à droite ou à gauche, rapporte que la même évolution fut exécutée avec succès, au moyen des à droite et à gauche par quatre, par 1,500 chevaux rassemblés à Metz, sous les ordres du marquis de Conflans, cette même année 1773. Mais Guibert commet une étrange erreur, en disant que peu importe au fond par quel procédé on exécute le déploiement. Au contraire, il importe beaucoup, et certes le mécanisme qui éloigne les escadrons le moins possible de l'ordre de bataille, qui leur permet de faire front avant même d'être arrivés vis-à-vis de la place qu'ils doivent occuper, qui forme de chaque escadron autant d'échelons distincts et qui fournit des points fixes pour se remettre en bataille, quand il est nécessaire; ce mécanisme, il faut le reconnaître, doit avoir la préférence sur le mouvement décousu et successif par file à droite ou à gauche, quoiqu'on le fit en Prusse, malgré l'imitation à laquelle céda le comte de Melfort lui-même, et malgré le principe de l'ordonnance du 1ᵉʳ mai 1777, qui admit ce mode de se déployer, concurremment avec le déploiement par peloton, comme il se fait aujourd'hui.

On se demande, à ce sujet, s'il y a nécessité d'avoir deux moyens différens pour exécuter précisément la même chose; bien au contraire, cette richesse surabondante est fort condamnable en manœuvres, où l'on doit se borner au moyen qui se distingue au milieu de tous comme le meilleur.

On se demande encore pourquoi les planches furent supprimées; pour quel motif la course des têtes le fut aussi, et comment l'instruction relative à l'équitation fut plutôt réduite qu'étendue? l'ordonnance de 1766 était un progrès sans doute, mais il restait beaucoup à faire, et sans déprécier les traditions des écoles de cavalerie, l'ordonnance aurait dû graduer et diviser les progressions de l'instruction équestre en leçons, ainsi qu'il fut fait plus tard. Au surplus, Bohan qui fait de justes reproches à cette ordonnance, à raison des haltes multipliées dans les évolutions, qui fatiguent et ruinent les chevaux, nous donne le mot de l'énigme qui n'était pas difficile à deviner; c'est qu'au lieu de s'adresser aux Melfort et aux autres officiers de cavalerie de cette trempe, les deux officiers choisis pour être les rédacteurs de l'ordonnance, furent pris parmi les faiseurs de l'époque; c'est qu'ils avaient été dominés par la pensée d'assimiler la cavalerie à l'infanterie, opinion où il y a bien quelque chose de vrai, quant aux résultats généraux, mais souverainement fausse quant aux moyens et aux détails, qui ne peuvent que différer avec des élémens d'une nature essentiellement différente (1).

Ajoutons, qu'il ne faut pas confondre avec les novateurs, qui manquent quelquefois des premiers élémens, ces officiers laborieux, qui, l'œil toujours ouvert sur les détails qui les environnent, les améliorent et les perfectionnent; qui, loin de compliquer les rouages, les simplifient, et en rendent le jeu plus facile, en élaguant tout ce qui est hétérogène, pour le remplacer par tout ce qui est rationnel, préparant ainsi les progrès que les ordonnances rendent ensuite communs à tous.

____

(1) Voir la 8ᵐᵉ section, *sur les évolutions de régiment*, prop. XII.

L'ordonnance du 1ᵉʳ mai 1777 avait été précédée par une organisation constitutive de la cavalerie, en date du 2 mars 1776. *Le comte de Saint-Germain* partant d'une base militaire, porta les régimens à cinq escadrons mobiles, lesquels devaient être alimentés, en temps de guerre, par un *escadron auxiliaire*. Ce fut aussi l'époque de l'importation en France de *l'escadron-compagnie*, dont l'existence se prolongea sous divers ministres, jusqu'à l'organisation de 1788, qu'il disparut pour ne renaître qu'à la réorganisation de 1815 ; nous dirons en arrivant à cette époque, comment l'on revint à ce principe constitutif, qui s'est toujours maintenu depuis.

Si les avis se partagent sur l'escadron auxiliaire, reproduit en 1839, sous le nom d'*escadron de dépôt*, dans un mémoire fort intéressant et très curieux à consulter du *capitaine Joachim Ambert, sur l'Organisation régimentaire de la Cavalerie*, ils sont unanimes, du moins, pour rendre hommage à une organisation la plus militaire, dont la cavalerie française eût été encore dotée, et peu différente dans son ensemble de l'organisation actuelle. Les régimens furent de même force ; cinq escadrons en ligne constituaient un front imposant ; il y avait aussi plus d'unité, dans le commandement de l'escadron sous un seul chef, qu'il ne pouvait y en avoir avec plusieurs compagnies et des capitaines n'ayant entr'eux qu'une simple nuance d'ancienneté : enfin un effectif considérable de 174 hommes, officiers compris, assurait à l'escadron de manœuvre et de guerre le complet de 48 files. Ainsi le comte de Saint-Germain commençait une ère nouvelle ; de même que le maréchal de Saxe, il considérait la cavalerie comme une arme spéciale, qui ne saurait s'improviser aux approches d'une guerre ; et il faisait prévaloir les principes militaires, trop souvent sacrifiés jusqu'au duc de Choiseul et jusqu'à lui, à des considérations qui l'étaient fort peu.

Ce fut vers cette époque que parurent presqu'en même temps, le grand ouvrage de Melfort, sur lequel nous ne reviendrons pas, et les *Élémens de tactique pour la cavalerie* de *Mottin de la Balme* ; cet officier, ancien élève de d'*Auvergne* et de l'école militaire, avait publié déjà, en 1773, un excellent traité sur l'équitation. Il prouva par ce dernier ouvrage, qu'il n'était pas moins habile dans la tactique de la cavalerie. Ses matières sont bien divisées, ses théories fort nettes, parfaitement lucides, ses principes bien déduits et bien démontrés ; aussi ne sommes-nous pas étonnés de l'approbation de Warnery qui le recommande d'une manière toute particulière ; toutefois, malgré son opposition toute corroborée par celle de Melfort, par l'ordonnance de 1766, et surtout par celle du grand

Frédéric , nous nous rangeons à l'opinion journellement pratique de Seydlitz, qui préférait le guide aux ailes, opinion suivie du reste dans l'ordonnance du 6 décembre 1829 (1).

Si l'on se rappelle les plaintes amères de Guibert motivées par l'incertitude et la fluctuation des méthodes d'instruction , par ces exercices académiques exagérés et si éloignés du but militaire (2) , on est tout étonné que ce temps si rapproché, échappe cependant à notre vue, car nous arrivons maintenant à l'époque des officiers de cavalerie, non moins zélés que capables.

Melfort avait déjà ouvert la marche ; Mottin de la Balme l'avait suivi dans la lice et s'y était montré avec distinction ; le *baron de Bohan*, élève aussi de *d'Auvergne* (3), y descend pareillement résumant avec une concision et une clarté remarquables les principes suivis au *manége de l'école militaire* et ceux de ses frères d'armes, qui feront germer ses idées en lui communiquant les leurs. Son Traité sur l'Equitation aura l'honneur de se placer en première ligne, de devenir la règle des régimens, des ordonnances et des écoles qui se succèderont. C'est une équitation soigneuse et conservatrice du cheval, claire dans ses préceptes et facile dans son application. Enfin sa méthode spéciale pour l'homme et le cheval de guerre , appuyée par une longue carrière consacrée à la pratique de

(1) Voir la 4ᵐᵉ section *sur l'alignement* , proposition **XV**.

(2) On trouve des idées d'une éternelle vérité , dans le Traité de Melfort , au chapitre de l'*Équitation*.

(3) « Le célèbre d'Auvergne , lieutenant-colonel de cavalerie , et commandant l'équitation de l'école royale militaire, était élève de **M**. *de Lubersac*, le premier, d'après Bohan, qui ait eu quelqu'idée des principes naturels et mécaniques de cet art. **M**. de Lubersac était élève de **M**. *de Salver*. Il obtint une place de sous-écuyer à la Grande-Ecurie ; il quitta cette place pour prendre une compagnie de cavalerie , et pendant les guerres de Bohème , Louis **XV** le rappela à Versailles ; il rentra à la Grande-Ecurie , d'où il sortit pour reprendre une cornette de chevaux-légers de la garde , où s'éleva , sous son commandement , cette fameuse école de Chevaux-Légers , qui a fourni à la cavalerie les sujets les plus distingués. **M**. de Lubersac est mort maréchal-de-camp. »

Vauban et *Gribauval* forment époque, l'un dans le génie et l'autre dans l'artillerie de France ; les écoles vétérinaires reconnaissent un fondateur dans la personne de *Bourgelat* et entourent son nom et son image de justes hommages. Pourquoi n'en serait-il pas de même de ceux de d'Auvergne et de Bohan à l'école royale de cavalerie ? Et pourquoi les noms de ces deux fondateurs de l'équitation militaire française ne seraient-ils pas inaugurés à Saumur, et placés dans le lieu le plus apparent ? Cette justice méritée préviendrait aussi ces perpétuelles méprises entre les diverses sortes d'équitation.

l'instruction militaire sera, nous l'espérons, le point de ralliement autour duquel viendront se grouper les officiers recommandables appelés aujourd'hui même, par le ministre de la guerre, à se prononcer sur la *méthode Baucher.*

Son *Examen critique du militaire français* renferme encore des passages infiniment utiles à consulter et d'une étonnante actualité, notamment en ce qui concerne les remontes de la cavalerie et les haras, questions à l'ordre du jour, en 1842, sans être encore résolues.

Nous n'y comprendrons cependant pas le privilége exclusif des emplois militaires en faveur de la noblesse, qu'il réclame, ainsi qu'une restriction décourageante des officiers de fortune ; il nous suffira de répondre à ce sujet que, débordé lui-même par l'influence délétère de l'esprit de cour, et des prétentions qui dominent toujours les règnes faibles, Bohan oubliait que Louis XIV, n'avait pas demandé la preuve de quatre quartiers de noblesse à *Fabert* et à *Jean Bart* ; que l'on n'avait pas été plus exigeant à l'égard de *Chevert* dans les premiers temps du règne de Louis XV; que nos grands généraux d'alors ne procédèrent jamais d'après cet esprit exclusif ; et qu'en cédant aux usages de leur temps, les maréchaux de Villars et de Saxe, notamment, furent les défenseurs zélés des officiers de fortune et des pauvres gentilshommes.

Après avoir consacré son premier volume à approfondir la constitution militaire de l'époque, il consacre le deuxième à la tactique et à l'examen des ordonnances d'exercice en vigueur, en conservant toujours la même supériorité. Ses principes généraux sur les manœuvres résument admirablement la tactique de la cavalerie ; et l'esprit de son article sur les *colonnes, le centre en tête,* devait se reproduire dans les inspirations du jeune chef, qui conduisit avec tant de résolution le mouvement décisif d'*Hohenlinden* (1).

On s'étonnerait de voir un si vaste sujet entrepris par un seul officier, si la reconnaissance de Bohan et si nos documens particuliers, ne nous donnaient la clef d'un aussi immense travail. Nous retrouverons ici le nom justement considéré d'un compatriote, non moins supérieur que modeste, qui nous honorait d'une amitié toute particulière, et qui a bien voulu nous donner d'utiles conseils à notre début dans la carrière militaire. « Je connais, dit Bohan, un capitaine de cavalerie occupé de son métier et servant avec une intelligence distinguée, qui fait depuis

____

(1) Voir la 8ᵐᵉ section : *Mouvemens du général Richepance,* nᵒ III.

long-temps des places d'honneur du premier rang de sa compagnie, et voilà comment il s'y prend : tous les cavaliers du second rang, qui commettent quelque faute aux exercices et aux manœuvres, sont punis; et ceux du premier rang qui se mettent pareillement dans le cas de l'être, sont seulement renvoyés au second rang. Je demande à *M. de Parazols*, la permission de le nommer. C'est en travaillant avec lui et avec plusieurs autres officiers très instruits du régiment *Royal-Pologne*, que j'ai commencé il y a douze ans, (en 1769), à rassembler les premiers matériaux de l'ouvrage que je présente aujourd'hui, ouvrage que je n'aurais vraisemblablement jamais entrepris, si j'avais eu pour camarade de mes premières années de service, des officiers moins zélés et moins studieux. »

Imprimé à Genève, en 1781, le livre de Bohan était devenu très cher, très rare, et on se le procurait très difficilement : du reste toutes ses parties n'étaient pas également nécessaires, et si le troisième volume était vivement réclamé, il y avait beaucoup à élaguer dans les deux premiers, les règlemens ayant été changés et la nouvelle constitution militaire étant assise sur des bases complètement différentes. Ce fut donc un service rendu que la réimpression partielle de la partie en usage à l'école, et dans les régimens; aussi, me sera-t-il permis, de rompre aujourd'hui l'anonyme, dont se couvrit alors mon camarade et ami, **M.** *le comte de Rochemur*, officier fort distingué, afin qu'il ait aussi le souvenir qui lui revient, dans cet aide-mémoire pour les officiers de cavalerie.

Au moment où je trace ces lignes, nous possédons encore à Toulouse, un représentant non moins digne de cette époque équestre et manœuvrière si remarquable; c'est moi, cette fois, qui demanderai à M. *le comte du Pac-Bellegarde*, la permission de le nommer; je ne m'entretiens jamais avec ce vénérable octogénaire, sans être frappé de ses idées nettes et lucides en cavalerie, qui justifient en même temps de sa capacité personnelle et des lumières de son temps. On ne vit jamais une plus grande fraîcheur de souvenirs, avec plus de cette franchise cordiale et de cette loyauté chevaleresque, qui témoigne bien en faveur d'une époque pour laquelle il n'y a pas toujours eu grande impartialité.

Mes souvenirs me rappellent aussi *le lieutenant-général baron de La Rochefoucauld*, père de mon ancien camarade de régiment et ami; ce noble vieillard, qui m'honorait de sa bienveillance était encore un témoignage vivant des lumières qui distinguaient les officiers d'alors : il était l'ami des deux personnes que je viens de rappeler et c'était entr'eux une conmunauté de science équestre, de modestie et d'honneur. MM. les généraux de Parazols et de la Rochefoucauld, avaient été *majors*, c'est-à-dire les pivots de l'instruction et du service dans leurs régimens, suivant les usages de cette époque : il suffisait alors, et ces souvenirs sont si peu effacés aujourd'hui, qu'il suffit d'employer cette qualification, pour désigner une classe d'officiers non moins zélés que capables, qui n'est pas sans ressemblance avec les capitaines-instructeurs de nos jours, qui ont hérité de leur mérite et de leurs attributions, du moins en ce qui concerne l'instruction.

Quant à son troisième volume, il est formé presqu'en entier par le traité équestre dont nous avons déjà parlé, et nous aimons à renvoyer au Cours d'équitation militaire de Saumur, 1830, tome 1ᵉʳ, page 206.

Les officiers français désireux de ne point rester en arrière du progrès militaire à la tête duquel s'était placé le grand Frédéric avaient voyagé en Allemagne, et brigué la faveur d'être admis à ses camps d'instruction. La France, à son tour, aura l'honneur d'étonner d'illustres étrangers ; c'est ainsi que le *prince Henri de Prusse*, la seconde réputation militaire de l'époque, étant venu visiter dans son voyage de 1784, la *gendarmerie de France*, dite de Lunéville, si renommée par son instruction individuelle, son manége rival de celui des carabiniers de Saumur, et son aplomb dans les évolutions, fut si satisfait de sa supériorité à manœuvrer, et de sa précision dans les mouvemens les plus difficiles, qu'il ne put s'empêcher de dire : *c'est trop* (1).

Ce beau corps, noble descendance des compagnies d'ordonnance, avait alors pour commandant général le *maréchal marquis de Castries*,

---

(1) Dans son voyage en France, de 1781, qu'il fit sous le titre de comte de Falkenstein, Joseph II vit à Valenciennes les dragons de Lorraine et le mestre-de-camp général cavalerie, dont le marquis *du Chastelier Du Mesnil*, habile manœuvrier, était mestre-de-camp commandant. Cet officier supérieur, s'attendant à cette visite, s'y était préparé en faisant exécuter un programme préparé d'avance. Mais le colonel des dragons de Lorraine qui en eut vent l'ayant exécuté, M. Du Mesnil n'eut d'autre parti à prendre que de se recommander au zèle de ses commandans d'escadron. Sa manœuvre improvisée, l'emporta de beaucoup sur celle de son rival, et tellement, que l'empereur d'Autriche déclara qu'aucun de ses régimens n'atteignait une aussi grande perfection. Il ne se borna pas à complimenter M. Du Mesnil, il lui fit des offres brillantes pour l'engager à son service, mais ce brave officier ne voulut point quitter sa patrie. (Souvenirs du *comte du Pac-Bellegarde*, capitaine audit régiment.)

et pour commandant en second, le *marquis d'Autichamp*, réputé pour l'un des plus habiles officiers de cavalerie de l'époque ; Mottin de la Balme y avait compté comme officier-major, Bohan venait d'y entrer comme aide-major et y acquit bientôt l'influence, qui appartenait à son mérite. Il avait insisté beaucoup, en 1781, pour que la cavalerie française fût remontée en *chevaux entiers*, en appuyant ce grand changement des exemples déjà suivis chez plusieurs peuples : il avait démontré aussi qu'alors la cavalerie montée sur des chevaux pourvus de toute leur vigueur, pourrait durer davantage, entreprendre des marches plus rapides, et qu'une grande distance ne suffirait plus à la sécurité de l'ennemi.

A la suite du *Mémoire sur les haras*, qu'il fit en 1802, Bohan reproduisit cette proposition qui déjà avait reçu un commencement d'exécution et qui se présentait d'une manière tellement favorable, qu'il serait digne de notre époque d'en reprendre l'expérience. « J'ose parler, dit-il, avec d'autant plus de confiance de ce changement, de cette régénération possible dans la cavalerie que des succès avaient déjà couronné l'expérience que l'on commençait à faire dans la gendarmerie de France, lorsque la réforme de ce beau corps se trouva, en 1788, comprise, dans les désastreuses opérations du ministre-archevêque de Brienne. Déjà la gendarmerie prenait tous les chevaux entiers qu'elle pouvait rencontrer dans ses remontes du Limousin et de l'Auvergne ; déjà l'officier qu'elle tenait en Danemarck pour y acheter des chevaux, avait l'ordre de préférer les entiers, autant qu'il pourrait s'en procurer ; déjà enfin elle avait fait passer *de son école* dans ses escadrons un nombre de chevaux entiers qui s'y distinguaient à la vue, par un port, une vigueur, une légèreté qui contrastait avec la mollesse des Hongres. Ce n'est donc point un système que je viens étaler et offrir brusquement pour renouveler notre cavalerie, c'est une simple amélioration graduelle ; l'expérience me permet de la proposer ; je le fais avec l'intime conviction qu'elle réussira. »

Il ajoutait, au sujet de cette douloureuse suppression, une note, qui rentre trop dans notre historique, pour être omise, et qui exprime bien la pénible situation du chef militaire, toujours exposé à perdre par des libérations prochaines, par les fatigues de la guerre et par le feu de l'ennemi, souvent aussi par des réorganisations et des licenciemens inattendus, les élémens précieux qu'il instruisit avec autant de soin que s'il n'avait jamais dû s'en séparer. « Je ne crois pas devoir supprimer dans cet écrit, ajoute-t-il, le souvenir du regret que je manifestai dans le temps, en voyant détruire sans utilité, le corps de cavalerie le plus instruit de l'Europe. Que l'on m'accuse encore , j'y consens , d'avoir regretté cette réforme , qui tenait à mon amour-propre et à mes espé- rances ; eh ! fut-ce donc un crime autrefois, en est-ce un aujourd'hui , d'aimer son métier, d'aimer le corps dans lequel on sert, d'y attacher ses destinées , de se complaire surtout dans des progrès et des espérances auxquelles on a quelque part ? la cavalerie marchait alors à la perfection ; les principes de ses écoles étaient fixés et déterminés, les expériences et les succès avançaient l'art ; des inspecteurs, des colonels de cavalerie, demandaient à envoyer des détachemens de leur inspection , de leur régiment , à cette école ; il y avait déjà un détachement du mestre-de camp, et un du régiment de la Marche. Le plan de cette instruction qui s'était développée lentement, n'en était que plus sûr ; il touchait au moment d'être généralement reconnu et adopté, lorsque le ministre- prêtre, armé de ce grand crédit , qui tenait si souvent lieu de toute connaissance , jugea lui seul et détruisit d'un coup de plume le résultat du travail successif de nos meilleurs officiers de cavalerie. »

Nous terminons sur ce sujet en faisant remarquer qu'au tact particulier qui était propre à ces chefs distingués, venaient en aide une composition d'élite , un établissement militaire superbe , toute espèce de moyens d'instruction , et huit escadrons réunis avec lesquels , on peut faire quelque chose en cavalerie. Les carabiniers qui étaient à cette époque , dans une situation non moins favorable , viennent à l'appui de ces réflexions corroborées par l'organisation toute militaire de Frédéric II. Ses régimens de cuirassiers et de dragons étaient généralement de cinq forts escadrons ; les hussards en avaient dix ; Warnery se prononce hautement pour ce nombre ; et Frédéric rentrant dane ce principe, préludait aux grandes manœuvres d'automne, en réunissant deux régi- mens de cinq escadrons pour les faire manœuvrer ensemble.

On ne saurait trop étudier la constitution militaire de la Prusse , que Frédéric eut tout le loisir de perfectionner, avantage que n'eut pas Napoléon, avec ses plans de monarchie universelle et ses tendances aux opérations gigantesques. D'ailleurs l'attention de l'empereur des Français, étant beaucoup plus divisée, les détails devaient lui échapper davantage, pour présider à ce vaste ensemble , et ses moyens devaient être grands comme ses projets.

Cependant il est probable, et Frédéric semble en convenir, que s'il n'eût pas été protégé par les divisions des coalisés, et s'il ne l'eût pas été par l'hérédité de sa couronne , il eût succombé dans sa lutte de sept années, contre l'Europe. S'il n'en eût pas été ainsi, ses peuples l'eussent abandonné peut-être , malgré toute sa constance, quand le malheur parut l'accabler en 1759 et 1760, et que, semblable au lion, pressé par de nombreux chasseurs , il était traqué de toute part : mais c'est parce qu'il avait l'ame fortement trempée et à l'épreuve de l'adversité , c'était aussi parce que ses droits étaient héréditaires, que Frédéric y trouvait force et confiance, pour tenir tête à l'orage. Sa fermeté dans les revers ne l'abandonna jamais et l'avénement de son admirateur Pierre III, au trône des czars, détacha la Russie de la coalition et prépara une issue plus heureuse.

Dix années s'étaient écoulées déjà , après les premières guerres de Silésie qui ne furent pas perdues pour l'art , et après la paix de 1763, le roi de Prusse eut encore la facilité de combiner sa constitution militaire sur l'étendue, les besoins et les ressources de son royaume, pour obtenir force et sécurité (1). Or les intervalles , entre les guerres de Napoléon

---

(1) Frédéric comptait, d'après la *Monarchie prussienne* de Mirabeau , 233 escadrons, dont 63 de cuirassiers , 70 de dragons et 100 escadrons de hussards, au lieu de 6 qu'il en avait trouvé à son avénement.

$$
\left.
\begin{array}{l}
\text{Cuirassiers : 12 régimens à 5 escadrons} = 60 \\
\quad\quad - \quad\quad \text{1 régiment à 3 escadrons} = \;\;3
\end{array}
\right\} 63 \\[2mm]
\left.
\begin{array}{l}
\text{Dragons : 2}\;\;\text{régimens à 10 escadrons} = 20 \\
\quad - \quad\quad 10 \quad id.\;\; \text{à 5}\;\; id.\;\; = 50
\end{array}
\right\} 70 \\[2mm]
\left.
\begin{array}{l}
\text{Hussards : 10 régimens à 10 escadrons ,} \\
\quad\text{dont un régiment de bosniacks , ar-} \\
\quad\text{més et équipés à la cosaque} \dots\dots = 100
\end{array}
\right\}
$$

233 escadrons.

Ces corps de cavalerie, divisés sur la surface du territoire prussien , formaient sept inspections , ayant chacune son général-inspecteur ; celle de Silésie , qui était la plus considérable, ne comprenait pas moins de 50 escadrons, et la renommée de Seydlitz , qui en était le chef, appelait à *Ohlau* , son quartier général , nombre de visiteurs.

Les escadrons, d'après *Warnery* , habituellement de 150 chevaux , furent portés jusqu'à 200 sur la fin de la guerre de Sept-ans ; et durant la paix il n'y avait pas moins de 740 chevaux à la charge du roi , dans les régimens de 5 escadrons de cuirassiers et dragons ; les hussards et bosniacks en comptaient 1440 toujours entretenus.

Les régimens à 10 escadrons formaient 2 bataillons , ceux à 5 escadrons n'en formaient qu'un seul. D'après cela , le premier bataillon d'un régiment de hussards se formait des 5 escadrons de la droite ; et le deuxième bataillon se composait des 5 escadrons de la gauche. Cette dénomination n'a rien qui doive surprendre , à une épo-

ont été si courts, et ses conquêtes augmentaient si fort l'étendue de l'empire français, qu'il n'a pu songer qu'aux besoins du moment; que nous ignorons qu'elle eut été sa constitution militaire, s'il s'était arrêté dans sa marche victorieuse; qu'enfin cette constitution appropriée, sans aucun doute, à la France d'alors, n'aurait pas convenu, à la France d'aujourd'hui, rentrée dans ses anciennes limites.

On s'étonnerait de voir Bohan oublié dans la composition du *conseil de la guerre*, si l'on ne connaissait ses dissentimens avec Guibert sur certains détails et ses préférences pour l'ordre français; mais du moins la cavalerie y eût-elle un digne représentant dans la personne du maréchal-de-camp, marquis d'Autichamp, du corps de la gendarmerie de France, l'un des meilleurs officiers de cavalerie que l'on connut. MM. de Schomberg, de Coigny, anciens colonels de dragons et d'Esterhazy de hussards, y siégèrent avec lui. L'organisation de la cavalerie fut encore changée, et il est remarquable que, dans un conseil dont Guibert faisait partie avec toute l'influence de son talent, on revint à l'escadron divisé en deux compagnies. Cependant il est probable qu'il n'avait pas été étranger à l'organisation cavaleresque de M. de Saint-Germain, d'ont il était écouté avec beaucoup de faveur; il est vrai que le grade de chef-d'escadron fut créé pour conserver le principe de l'unité. Le nombre des escadrons fut aussi réduit à trois dans la grosse cavalerie et dragons, et à quatre dans les troupes légères; mais les notabilités que nous avons fait connaître, écoutèrent moins le principe militaire dans sa rigueur, que les intérêts, les exigences et les embarras du moment. C'est une chose remarquable, en effet, de voir que, lorsque la sphère de la cavalerie s'est agrandie, et qu'elle est bien comprise, on diminue le nombre des escadrons, on amoindrit le front des régimens, pour augmenter beaucoup celui des officiers, et pour avoir par escadron, un chef-d'escadron, deux capitaines commandans et un capitaine de remplacement!

Mais une œuvre bien saillante, à laquelle ne resta pas étrangère la fraction du conseil qui représentait la cavalerie, une œuvre qui suffirait à elle seule pour constater les progrès de l'époque, une œuvre qui a été le point de départ de tous les règlemens d'instruction qui se sont succédé,

---

que où les Prussiens chargaient en muraille par troupes de 5 escadrons, ne formant qu'une seule ligne continue, avec un petit intervalle de bataillon à bataillon.

Cette organisation se maintint jusqu'en 1808; depuis cette époque, il n'y est plus question de bataillon dans la cavalerie, dont les régimens sont composés de 4 escadrons.

c'est *l'instruction provisoire du 20 mai* 1788, résumé des méthodes éprouvées des meilleurs officiers d'alors.

Les rédacteurs de 1788 adoptèrent une division générale plus régulière; ils posèrent les bases de l'instruction à pied et à cheval, et divisèrent les écoles du cavalier en leçons, celles à pied en quatre, celles à cheval en neuf. On s'occupa dans la neuvième leçon de la progression à suivre pour dresser les jeunes chevaux, progression insuffisante, sans doute, mais qui mettait sur la voie d'obtenir mieux un jour. Cette instruction fit une école particulière pour l'escadron, avant de passer aux évolutions de régiment, qui furent divisées suivant les quatre dispositions principales; elle indiqua les détails particuliers concernant les hussards et les dragons, et termina son travail par un règlement concernant les bases de l'instruction régimentaire. Quelques changemens peu importans furent faits sous le ministère de M. *de Puysegur*; et ce fut sous celui de M. de *Grave*, que parut le livret de commandemens pour les évolutions de trois régimens, qui réintégra les échelons que l'instruction de 1788 n'avait pas conservés, on ne sait trop pourquoi.

Quant aux détails de cette ordonnance, on y trouve des améliorations aussi sensibles, que celles introduites dans la division générale; le cachet de l'officier de cavalerie, qu'on cherche vainement dans celle de 1777, s'y trouve dans toute son étendue; c'est le principe et sa puissance qui succèdent à la théorie vague et indéterminée; c'est enfin tant sous le rapport de l'instruction équestre, que des mouvemens militaires, la preuve irrécusable que la cavalerie avait fait d'immenses progrès, et qu'elle était bien comprise à cette époque : toutefois, il nous sera permis de le dire, cette ordonnance renfermait de grandes imperfections. Mais elle s'élevait à une telle hauteur au dessus des précédentes, qu'elle forme le commencement de l'époque qui s'arrête au 6 décembre 1829, car il est évident que l'ordonnance provisoire du 1er vendémiaire an XIII, n'est autre chose que celle de 1788, avec peu de changemens dans la division générale, et peu d'additions dans les matières : du reste, les officiers généraux qui en furent les rédacteurs, proclament eux-mêmes, dans leur rapport au ministre de la guerre, qu'ils l'ont suivie le plus possible.

On s'étonne qu'une ordonnance aussi remarquable que celle de 1788, ait été remplacée par des instructions particulières faites par de simples individus, sans mission expresse; cependant elles furent suivies dans la cavalerie française et tels furent les motifs.

Le travail de 1788 avait consacré dans ses troisième, quatrième et sixième leçons les mouvemens par trois; c'est ainsi qu'il formait et déployait ses colonnes serrées : or les mouvemens par quatre, prenaient enfin le dessus dans toute la cavalerie. L'organisation intérieure avait éprouvé aussi quelques modifications ; de nouvelles dénominations avaient quelquefois remplacé les anciennes ; dispersés enfin par la tempête révolutionnaire, les rédacteurs de 1788 n'avaient pu défendre leur ouvrage, qui n'était du reste que provisoire, ni le protéger contre les opinions diverses, soulevées toujours par de pareils changemens. Ajoutez à cela les formes du gouvernement d'alors ; guerre ouverte à l'ancien régime renversé ; affectation de s'en éloigner et de refondre toute chose ; certes il n'en fallait pas tant pour que ce règlement de la veille subit la loi commune. C'est au milieu de ces circonstances, que parut *l'Instruction de l'an VII*, avec des planches que les rédacteurs de 1788, n'avaient pas eu le temps de faire graver.

Cette instruction peu différente de la précédente ne s'en éloigna que dans quelques détails. On ne rompit plus par trois, mais par deux et par quatre. Les doublemens par deux et par quatre succédèrent aux doublemens par trois. L'ordre de colonne par quatre, succéda également à l'ordre de colonne par trois. On conserva le titre évolutions ; un numéro fut donné à chacune d'elles, et on en compta quarante-huit ; mais au lieu de leur conserver ce nom, on les appela manœuvres. On rétablit les principes généraux pour les manœuvres ; les colonnes serrées furent formées et déployées par les mouvemens par pelotons. On introduisit la dénomination des parties de la selle, avec une instruction pour l'âge et les signalemens du cheval. On supprima tout à fait l'école du cavalier à pied, ainsi que les détails particuliers concernant les hussards et les dragons. Enfin, la formation de l'escadron fut placée en tête de l'école de l'escadron, et celle du régiment en tête des manœuvres, dans lesquelles on conserva les échelons qu'avait rétabli le livret de 1793.

En l'an X (1801), parut l'instruction connue sous le nom *d'ordonnance magimel* ; elle fut rédigée par M. *Breu*, alors lieutenant d'artillerie à cheval et officier général en retraite, en 1830. C'est encore l'ordonnance de 1788, qui lui servit de base, mais il rétablit l'instruction à pied, qu'il augmenta d'une école d'escadron. Il donna tous les détails particuliers aux diverses espèces de cavalerie, dans des colonnes à côté les unes des autres, soit pour le maniement des armes, soit pour monter à cheval et mettre pied à terre. L'instruction sur le harnachement fut plus détaillée, il en introduisit une pour le mors de bride, pour l'embouchure, pour seller et desseller, pour brider et débrider. Aux mouvemens par pelotons pour la formation et le déploiement des colonnes serrées, furent substitués les mouvemens par quatre, et il intercalla le livret des commandemens pour les évolutions. Toutefois, cette instruction plus complète que les précédentes, n'avait point force de loi; on comptait, sans doute, nombre de dissidens, et ce fut dans l'intention de régulariser ce travail, que fut formée la commission qui rédigea l'ordonnance provisoire du 1er vendémiaire, an XIII (1804), et qui avait rendu son travail et son rapport au ministre de la guerre, le 6 prairial an XII.

En jetant un coup-d'œil sur la composition de cette commission, on y retrouve des noms dont la cavalerie s'honore et devenus justement célèbres par d'éclatans services de guerre (1) ; ainsi les anciennes plaies de la cavalerie se cicatrisaient, et à des officiers capables, mais dispersés par le malheur des temps, en avaient succédé d'autres qui avaient déjà une grande expérience militaire. Quelques années s'étaient à peine écoulées, et nombre d'entr'eux avaient porté l'honneur de nos armes dans les quatre parties du monde; de même au temps de désastres, de massacres et de ruines, qui avait conduit dans nos armées, tout ce qui avait le cœur vraiment grand et généreux, avait succédé l'époque consulaire, si glorieuse et si féconde en mesures réparatrices; cette époque où la France reprend les rênes de la civilisation, où les Français redeviennent frères. Cette époque qui voit s'éteindre les discordes civiles, se cicatriser toutes les plaies de la patrie et dont chaque jour, chaque heure, chaque moment, sont marqués par un nouveau bienfait. Absorbé par ses grands projets et voulant rendre le peuple français, le plus grand du monde et trop grand peut-être, puisque de trop vastes empires rompent cet équilibre, qui semble être une des lois de la Providence divine, le premier consul s'appuie sur tous les talens, sur toutes les capacités, qui se présentent à lui, pour l'aider dans ses vastes desseins. Dans les illustrations militaires de ce temps, il y a des noms qui grandiront encore sous l'Empire, et qui, écrits en caractères ineffaçables dans nos fastes militaires, et sur les monumens de nos triomphes, sont justement revendiqués par la cavalerie, dont ils sont le plus bel ornement. Toutefois les qualités du grand général de cavalerie, sont si éminentes, qu'elles sont bien rarement réunies dans le même sujet ; aussi, disait le *général Foy :*

---

(1) Les signataires sont MM. les généraux de division *Louis Bonaparte*, *Canclaux*, *Nansouty*, le colonel *Maurice*, et l'adjudant-commandant *Curto*. Les officiers généraux *Bourcier*, *d'Hautpoul*, *Klein*, *Kellermann*, *Ordener*, et le colonel *Mars*, membres de la commission, se trouvant absens, ne purent présenter ce travail au ministre.

« les officiers de cavalerie de la trempe des *Ney* (1) et des *Richepance*,
étaient clairsemés dans les armées de la République. Nous avons vu à la
fois à la tête des escadrons impériaux, les *Murat*, les *Lassalle*, les *Kel-*
lermann, les *Montbrun*, et d'autres hommes habiles dans l'art de lancer
et de régulariser les vastes ouragans de la cavalerie, *procella equestris*,
suivant la belle expression de l'Ecriture. Après les qualités nécessaires
au commandant en chef, le talent de la guerre le plus sublime, est celui
du général de la cavalerie. Eussiez-vous un coup d'œil plus rapide et un
éclat de détermination plus soudain que le coursier emporté au galop,
ce n'est rien si vous n'y joignez la vigueur de la jeunesse, de bons yeux,
une voix retentissante, l'adresse d'un athlète et l'agilité d'un centaure.
Avant tout, il faudra que le ciel vous ait départi, avec prodigalité, cette
faculté précieuse, qu'aucune ne remplace et dont il est plus avare (2),
qu'on ne le croit communément, la bravoure. »

Nous n'avons certes pas à craindre le reproche d'injustice pour le siècle
dernier, alors même que nous avons parlé de nations rivales; mais pour
être vrai jusqu'au bout, dans les guerres de la République, du Consulat et
surtout dans celles de l'Empire, les proportions ordinaires sont changées,
l'échelle est immense. La division équivaut à une armée ordinaire; le
corps d'armée a dépassé les grandes armées d'autrefois. Il ne s'agit plus
d'une province à disputer, c'est le grand empire qu'on travaille à construire; ce n'est plus de quelque brillante affaire, à long intervalle l'une
de l'autre qu'il s'agit, ici elles deviennent si fréquentes, que leur grand
nombre nuit à l'effet que produirait chacune d'elles : ce sont de véritables
combats de géant, qui effacent des empires pour en créer de nouveaux.
Ce ne sont plus des armées dans les limites ordinaires, mais des nations
qui se lèvent; et cependant, le génie prodigieux qui préside à cet
étonnant spectacle, n'est arrêté par aucune des difficultés qui accompa-

---

(1) Dès le commencement de la guerre, et avant d'avoir parcouru une carrière plus
vaste, Ney passait pour un des premiers officiers de cavalerie de France. (Note du général Foy. — *Guerres de la Péninsule*, t. I, p. 116.)

(2) Nous sommes très-disposés à convenir qu'il y a des degrés dans la bravoure, et
qu'il n'appartient qu'à un très-petit nombre d'hommes d'élite de la pousser aussi
loin que les d'*Hautpoul*, les *La Ferrière*, les *Excelmans*, et d'autres généraux qu'on
pourrait leur joindre, en faisant le relevé de nos belles campagnes; c'est ainsi, sans
doute, que l'a entendu le général Foy, qui n'a sûrement pas voulu établir que la
bravoure était rare, dans toute l'acception du mot, au moment surtout où les yeux
sont éblouis par l'éclat de la gloire militaire française.

gnent ces grandes masses, pour les faire mouvoir dans les marches, pourvoir à leur entretien, à tous leurs besoins, et les faire manœuvrer sur de vastes champs de bataille.

Quoique les opérations militaires soient devenues immenses, la main qui tient les rênes de l'état en est-elle moins assurée? Non, sans doute. Après Brumaire, il a fallu débrouiller un véritable cahos; il a fallu se créer des ressources, car les caisses étaient vides; assurer les besoins de tous les services, mieux que cela ils ont dû être organisés. Le peuple français a reçu ces codes immortels que les autres nations de l'Europe s'approprient, et l'Empire a été couvert d'établissemens d'utilité publique. Les rivières et les fleuves arrêtaient le commerce et le voyageur, des ponts ont été construits pour les franchir; et les hautes montagnes, ces séparations élevées entre les peuples, dans les arrangemens d'en haut, comme des obstacles insurmontables, ont été sillonnées de routes qui étonnent l'intelligence humaine! Certes, quand on voit toutes ces merveilles, lorsqu'elles s'opèrent dans un petit nombre d'années, lorsque toute une nation y a pris une part plus ou moins grande, on n'est point étonné de l'enthousiasme, qui a accueilli le retour des cendres de l'homme prodigieux, en qui se résument tous les événemens du Consulat et de l'Empire.

Nous reviendrons sur nos pas pour nous occuper des écoles de cavalerie, qui ne méritent certes pas d'être oubliées, et moins encore quand on connaît leur influence sur l'instruction et sur la conservation de l'arme. En effet, si les ordonnances posent les principes, c'est à l'école qu'ils sont mieux appliqués que partout ailleurs ; c'est là que l'attention et toutes les facultés de l'esprit se concentrent, pour arriver aux meilleures méthodes possibles, dans la pratique de l'instruction tant équestre que militaire, comme aussi pour connaître le cheval dans son ensemble, dans toutes ses parties anatomiques et extérieures, dans l'hygiène qui lui est propre et la connaissance du travail qui peut lui être demandé, sans l'énerver et sans dépasser la mesure de ses forces. Si nous avons vu toutes les notabilités de la cavalerie se prononcer contre la pluralité des écoles, nous les avons trouvées souvent faisant des vœux pour qu'il fut formé un établissement normal, ou les régimens de cavalerie viendraient puiser par des délégués, une instruction équestre et militaire uniforme. Plusieurs années s'écoulèrent, sans qu'on accédât à leurs demandes, ce qui s'explique aisément, en voyant les richesses de la cavalerie en officiers capables, durant le règne de Louis XVI ; mais le besoin devait ramener à cette idée, et il ne tarda pas à se faire sentir. Toutefois, l'école de Versailles, qui fut créée en 1793 (1), pour préparer des ressources que l'émigration des officiers de cavalerie et que la désorganisation des corps avait tari, fut conçue sur un plan beaucoup plus restreint et resta sans organisation fixe, jusqu'au 16 fructidor an IV (2 septembre, 1796), qu'elle fut organisée sous le nom d'*École nationale d'équitation*. On lui affecta le manége de Versailles, les cent quatorze chevaux qui s'y trouvaient encore et le bâtiment des grandes écuries : elle fut dirigée par un officier supérieur, secondé pour le travail du manége, par deux instituteurs en chef, et six sous-institu-

(1) N'ayant trouvé que dans la note du colonel Maurice, mention de cette création, nous pensons que cette école n'eut d'autre but que d'utiliser les chevaux de manége qui se trouvaient réunis à Versailles, et à l'aide desquels nombre de citoyens apprirent a monter à cheval.

teurs. Ils'y rendait un officier et un sous-officier ou brigadier par régiment, et il pouvait y être admis trente jeunes citoyens et même un plus grand nombre, pour les leçons d'équitation ; enfin cette école civile et militaire avait son administration réglée, par le ministre de l'intérieur, et sa police par le ministre de la guerre.

Le Directoire-exécutif revint sur cette organisation par arrêt du 23 floréal, an VI (12 mai 1798) ; l'école fut maintenue à Versailles , mais elle passa définitivement dans les attributions du ministère de la guerre. Cette fois, elle fut nommée *École d'instruction des troupes à cheval*, et commandée par un général de brigade ; il y fut attaché deux capitaines-instructeurs , l'un pour la grosse cavalerie , l'autre pour la cavalerie légère ; et dans cette organisation , du moins, on sentit que la leçon d'équitation pure et simple ne suffisait pas, et qu'il fallait y joindre la leçon militaire. Cette école, qu'il est juste de regarder comme le tronc de toutes celles qui se sont succédées depuis, où figurèrent avec distinction parmi les instructeurs militaires les *Salvaing-Lapergue*, les *Sourbier*, et parmi les écuyers du manége, les *Coupé*, les *Jardin* et les *Gervais*, contribua puissamment à la rédaction de *l'ordonnance provisoire* du 1ᵉʳ vendémiaire an XIII (23 septembre 1804); et la commission qui se réunit à Versailles , dans son rapport au ministre de la guerre, paya au *colonel Maurice*, qui a commandé cette école et qui nous a communiqué ces renseignemens , le juste tribut d'éloges que lui méritaient son zèle, ses soins et ses lumières (1). On ne comprend pas comment ce précédent n'a pas été suivi dans le rapport de l'ordonnance définitive du 6 décembre 1829, quant aux officiers dont la coopération fut si zélée, si active, on peut ajouter si désintéressée, puisqu'ils livrèrent à la commission de cavalerie , à laquelle ils avaient été attachés, leurs projets , leurs observations , enfin tous leurs matériaux amassés depuis long-temps : cependant cette mention méritée serait aujourd'hui pour certains d'entr'eux, qui n'appartiennent plus au service actif, leur seule et unique récompense.

La commission qui rédigea l'ordonnance provisoire, arriva riche des matériaux existans, de moyens et d'expérience militaire ; toutefois son travail restera toujours sans couleur suffisante, pour celui qui voudra

---

(1) Ecrit en 1838. Le général Maurice existait encore à cette époque ; il a succombé depuis. Il résidait à Versailles , où il continuait une vie de travail et de services , en s'occupant avec beaucoup de dévouement et d'activité , de l'administration des hospices de cette ville.

suivre les progrès successifs de la cavalerie ; sans doute il eut été au niveau des notabilités qui le préparèrent, si, d'une part, la guerre presque continue, n'eût empêché de suivre rigoureusement l'instruction de détail et d'en faire sa principale occupation, comme en pleine paix, et si les précurseurs d'une guerre prochaine, n'étaient venus hâter l'entière exécution de cette importante besogne, qui renferme cependant de notables améliorations de détail.

Le rapport de cette ordonnance, qui est encore dans les mains des officiers qui remontent au delà de 1829, nous dispense d'entrer dans de longs détails, et rendent un court aperçu suffisant.

Les notions générales sur l'instruction régimentaire furent appelées bases de l'instruction et mises en tête de l'ordonnance ; dans ces bases furent comprises les diverses formations de l'escadron et du régiment, ainsi que les principes généraux des manœuvres, qui nous paraissaient infiniment mieux placés, dans les instructions de l'an VII et de l'an X, en tête de l'école de l'escadron et des évolutions. L'école du cavalier à cheval contenant toujours les mêmes matières fut divisée en six leçons au lieu de neuf ; quelques-unes de ces leçons furent transposées ; les ruptures par trois furent définitivement bannies ; la neuvième leçon transportée aux bases de l'instruction y forma le titre VI ; les commandemens pour le doublement, furent distincts des commandemens pour le dédoublement ; les mouvemens par quatre furent maintenus pour la formation et le déploiement des colonnes serrées ; on passa de la colonne avec distance à la colonne serrée, en doublant l'allure et par la formation successive des escadrons ; et l'on revint à la colonne avec distance en rompant successivement les escadrons en doublant l'allure. Le passage des lignes, la retraite en échiquier et le changement de front sur le centre furent introduits ; la marche en échelons fut maintenue ; le nombre de dix-huit fut consacré pour les manœuvres ; elles furent améliorées dans leurs moyens d'exécution (1) ; les évolutions de ligne ne furent plus données en tableau,

____

(1) M. le général de La Roche-Aymon a reproché aux rédacteurs de l'ordonnance provisoire, d'avoir supprimé la 41ᵐᵉ manœuvre, qui avait pour but de charger l'ennemi en flanc, et d'avoir donné pour raison qu'elle n'était pas praticable à la guerre. M. de La Roche-Aymon dit, à ce sujet, qu'il l'a vue exécuter avec autant de facilité que de succès, et il en donne les principes. Mais nous répondrons à cela que le mouvement de M. de La Roche-Aymon, qui est très praticable, est tout-à-fait différent, puisque ses colonnes, placées en potence derrière les ailes, sont masquées par elles, tandis que

mais en texte, et différens détails furent ajoutés pour les dragons : enfin, on adopta un numérotage pour l'ordonnance, les bases de l'instruction exceptées, ce qui fut un immense avantage pour rendre les recherches et les renvois plus faciles.

Tels furent les principaux changemens qui furent faits dans l'ordonnance de l'an XIII ; ils sont, à les examiner de près, peu importans, quant au système de l'instruction en général, qui n'est autre chose que celui de 1788, avec les améliorations empruntées à l'instruction de l'an X et les changemens que nous avons notés ; ainsi nous pouvons dire avec vérité que, sous l'Empire et sous la Restauration, jusqu'au 6 décembre 1829, la cavalerie française a suivi dans l'ensemble, le système de 1788, qui embrasse ainsi une période d'environ quarante années.

Ce fut une belle époque pour la cavalerie, que cette vaste application qui se fit durant ces guerres, sur presque tous les points de l'Europe. Les officiers d'alors, et nous avons pu en juger, n'avaient pas autant de théorie qu'il y en a eu depuis dans nos rangs, mais ils avaient l'habitude de la guerre, ils avaient la pratique des opérations militaires et du champ de bataille que nous leur avons souvent enviée. Ils avaient surtout l'habitude de l'obéissance, une confiance et une foi illimitée dans le chef qui imprimait le mouvement à ce vaste ensemble. Que leur importait alors de savoir ? de chercher l'art dans les livres ? n'avaient-ils pas le bonheur de le voir à leur tête et d'être employés incessamment par Napoléon à l'accomplissement de ses projets ? aussi, avons-nous vu souvent à cette époque, l'instruction tournée en ridicule et les avantages, de l'éducation mis au dessous de la connaissance des devoirs militaires les plus communs. Et à travers tout cela, il y avait de la grandeur ; les mœurs étaient fortement trempées : on était revenu à cette époque, où nos preux de la chevalerie occupés sans cesse à guerroyer, n'en savaient pas autant que les clercs, tant s'en faut, mais ne laissaient pas d'avoir le pas devant, car tous les jours ils versaient leur sang pour la patrie.

Napoléon ne dédaignait pas non plus de remonter aux anciens usages, car il fut le restaurateur de la cuirasse et de la lance. C'est ainsi que les cuirassiers furent une des créations du Consulat, et l'effet moral que pro-

---

dans le mouvement qui a été supprimé, le premier escadron faisait *complétement à découvert, pelotons à gauche en avant*, de suite *tête de colonne à droite* et *sur la gauche en bataille*, perpendiculairement au flanc de l'ennemi. Le tort des rédacteurs se réduit donc à n'avoir pas substitué à ce moyen défectueux un mécanisme plus applicable.

duisirent ces régimens, joint à la valeur personnelle des élémens qui les composaient, sanctionnèrent, par des avantages fréquens, cette sorte de réintégration de l'homme d'armes du moyen-âge, qui fut imitée par les principales puissances de l'Europe.

Braves dans toutes les rencontres, nos cuirassiers savaient allier l'héroisme de la bravoure à celui du dévouement, quand il y allait du salut de l'armée ; c'est ainsi qu'on les vit à *Eylau* enfoncer plusieurs lignes russes jusqu'aux réserves, et à la *Moskowa* emporter d'assaut la grande redoute (1), tandis qu'à *Esling*, ils se maintinrent impassibles sous le canon de l'ennemi, à défaut d'infanterie. Eylau, Esling et la Moskowa, où trouvèrent une mort glorieuse, à la tête de ces braves, *d'Hautpoul*, *Lannes* et *Montbrun*, noms chers à l'armée, chers à la France, plus chers encore au Midi qui les vit naître.

(1) Ce fut le *général Auguste de Caulaincourt* qui remplaça le général Montbrun, et qui y pénétra le premier à la tête de ses cuirassiers ; frappé d'un projectile qui lui ôta la vie, la redoute dévorante fut sa conquête et son tombeau.

Jamais, à aucune époque de notre histoire, la France n'avait eu une cavalerie plus belle et plus nombreuse qu'en 1812; mais si loin de redouter le péril, elle se plaisait à l'affronter et à dépasser tout ce qui avait été fait jusqu'alors, elle était impuissante à braver les rigueurs inaccoutumées d'une température glaciale, qui, dans cette année néfaste, dépassa toute mesure. Toutefois, nos cavaliers oubliant leurs fatigues, les privations et les dangers d'une longue retraite, ainsi que leurs blessu-res, ne songeaient qu'au grand désastre de l'armée, aux malheurs qui menaçaient la patrie, et à ce noble animal, compagnon de leurs périls et de leur gloire, qu'ils avaient la douleur de laisser sans vie dans les glaces de la Russie.

De même, les *lanciers polonais* remirent en honneur la lance abandonnée depuis Henri IV dans nos armées; et quelque temps avant la campagne de Russie, des régimens de *chevaux-légers-lanciers*, s'organisèrent et se classèrent par de nombreux services de guerre, au nombre des armes les plus nécessaires de la cavalerie. Si l'on armait jamais les cuirassiers de la lance, ainsi que le pensent des notabilités militaires, ce serait encore une question de savoir s'il ne faudrait pas aussi des lanciers, pour les lâcher à la poursuite de l'ennemi vaincu, et le mettre dans l'impossibilité de se rallier, en agissant sur son moral par la double crainte de la vitesse du cheval et de la longueur de l'arme (1).

Privée de cavalerie, notre armée en 1813 sentit l'étendue de ce vide immense; les succès de *Lutzen* et de *Bautzen* ne purent être complétés. « Ces victoires, dit le général La Roche-Aymon, bien à même, par sa position, d'en apprécier l'effet moral, qui assurèrent seulement à Napoléon le stérile honneur du champ de bataille, auraient été décisives avec une cavalerie suffisante, et l'Europe eut été probablement contrainte encore à demander la paix. »

Le besoin d'improviser des cavaliers, non moins peut-être que des raisons politiques, motivèrent la création des *gardes d'honneur*, dont les premiers escadrons arrivèrent assez à temps pour se trouver à la bataille de Dresde; nous ne défendrons certes pas l'organisation de ces quatre régimens, mais bien leur composition et l'esprit dont ils étaient animés: sans aucune autre ressource que celles qu'ils puisaient dans leur zèle,

_____

(1) Cette question est des plus graves, et nous rappellerons à ce sujet d'excellentes observations qui furent faites par un officier général, sur cette proposition de M. le général de La Roche-Aymon, en rendant compte de cette partie de son ouvrage. (Voir les *Annales des faits et des sciences militaires*, janvier 1819, page 57.

sans officiers ayant fait la guerre, sans cadres de vieux sous-officiers, ils trouvèrent le moyen de se rendre utiles ; et le nom des Gardes d'honneur s'associe à ceux d'*Hanau* et de *Rheims*, où ils rendirent de très grands services, sous les ordres de chefs distingués, au nombre desquels ceux du troisième régiment citent, avec un juste orgueil, le *général comte Philippe de Ségur*, auteur de l'histoire de la campagne de Russie.

Bientôt après la chute de l'Empire, reparurent les compagnies de la maison du roi ; non seulement celles qui avaient été supprimées aux approches de la Révolution, mais même celles qui le furent du chef de M. de Saint-Germain. On a beaucoup parlé de ces corps d'antique et honorable origine, toutefois ils s'adaptaient mal à l'époque de 1814, et ces compagnies privilégiées, formées de la veille, prenant le pas sur les régimens formés des débris des grandes armées de l'Empire, ne pouvaient guères sympathiser avec eux. Que les Bourbons eussent créé une garde à leur retour, comme ils le firent plus tard en 1815, qu'ils eussent eu le talent de fondre ensemble les vieux serviteurs, avec de jeunes émules qui brûlaient aussi de servir la patrie, rien de mieux ; ils eussent conservé le principe en le modifiant suivant les exigences du moment : ils n'auraient fait que tout ce que tous les souverains de l'Europe ont opéré avant et depuis. Toutefois ces compagnies reçurent dans leurs rangs nombre de militaires ayant déjà fait plusieurs campagnes, et nous restons dans l'impartialité la plus complète, en disant, que ceux qui obtinrent ainsi l'épaulette, pénétrés de ce qui avait été fait pour eux, se proposèrent dès-lors, pour modèles leurs braves devanciers. Ils furent compris à la réorganisation de 1815 dans la formation des régimens : complètement étrangers au vice de cette organisation, on ne leur doit que des éloges pour le zèle et les lumières dont notre cavalerie profite aujourd'hui.

L'inconvénient d'une revue qui suit la marche des temps et des améliorations successives, c'est de scinder ce qui devrait être réuni, et nous l'éprouvons, quant à *l'école de Versailles*, dont les services ont été trop grands, pour ne pas la suivre dans l'accomplissement de ses destinées. Des motifs plus politiques que militaires, occasionnèrent sa fusion dans *l'école spéciale de cavalerie*, créé à Saint-Germain-en-Laye, par décret impérial du 8 mars 1809 ; l'institution changea complètement de nature, et au lieu d'officiers et de sous-officiers venant des corps, avec une certaine pratique et de l'expérience, pour y revenir après le temps de leur école, avec une instruction normale, ce ne furent plus que des jeunes gens sortant de chez eux, se destinant à l'arme de la cavalerie et payant

2,400 fr. de pension : ajoutons cependant que nombre d'entr'eux sont devenus d'excellens officiers.

Cette école fut supprimée le 30 juillet 1814, mais la pénurie de bons officiers et sous-officiers de cavalerie, après les campagnes mémorables et dévorantes, où nombre d'entr'eux avaient trouvé la mort au champ d'honneur, où dans nos derniers désastres, ne pouvait échapper à l'œil pénétrant et au génie organisateur du *maréchal duc de Dalmatie*, ministre de la guerre. Il ranima l'ancienne institution le 23 décembre 1814 ; cette fois l'école fut établie à Saumur, dans l'ancien quartier des carabiniers, qui réunissait en effet toutes les conditions nécessaires pour cette destination. Elle fut ouverte le 1er mars 1815 ; il y fut envoyé deux officiers et deux sous-officiers par régiment, et le commandement en fut donné au *lieutenant-général comte de la Ferrière*, débris glorieux et mutilé de ces centaures des armées françaises, plus terribles encore que ceux des temps héroïques, aguerris qu'ils étaient, par vingt-cinq ans de grandes guerres et de combats.

C'est à ce brave général, c'est aux officiers instructeurs distingués dont il sut s'entourer, presque tous élèves de l'école de Versailles, parmi les-

quels se faisaient remarquer MM. *Bouchon, Longuet* et M. *Véron* surtout ;
c'est à MM. les écuyers *Ducroc de Chabannes, Rousselet* et *Cordier* ; c'est
aussi à quelques anciens officiers et aux premiers élèves dont ce digne
chef sut stimuler l'émulation , que la cavalerie française dût son instruction après le licenciement douloureux de 1815, et ceux qui les rem-
placèrent à l'école, continuèrent avec zèle l'œuvre de leurs prédécesseurs.

Le choix qui fut fait à cette époque d'une telle notabilité, pour commander une école toute d'avenir et d'espérance, nous a toujours paru
très significatif. Un commandant zélé et de grande capacité, suivant un
programme sanctionné par le ministre de la guerre, n'est-il pas le meilleur
inspecteur qu'il soit possible d'avoir ; et ce moyen n'est-il pas préférable
pour prévenir toutes les incertitudes résultant des inspections annuelles ?
que les régimens soient inspectés tous les ans, rien de mieux pour la
surveillance générale et pour entretenir l'émulation des corps, mais qu'un
établissement normal, fondé sur des principes particuliers, soit sujet,
après avoir été mûrement organisé par des commissions nommées *ad
hoc*, et qui se sont entourées de tous les documens nécessaires à des
appréciations annuelles , qui ne sont souvent que le résultat d'idées
exclusivement personnelles , étrangères aux discussions et documens
constitutifs, c'est ce que notre raison se refuse à comprendre ; c'est
peut-être ce qu'avait pressenti , et ce qu'avait voulu prévenir l'illustre
maréchal qui créa l'école de Saumur , en lui donnant pour commandant,
l'un des chefs les plus distingués et les plus haut placés de la cavalerie
française.

Du reste ne pourrait-on pas concilier les bienfaits de l'inspection avec
ceux de la stabilité, en désignant pour un établissement de cette nature ,
un inspecteur permanent , présentant les mêmes garanties de goût ,
d'aptitude et d'influence militaire ?

L'organisation de 1815 , le système des légions départementales avec
faculté d'y joindre une compagnie de cavaliers éclaireurs et une compagnie d'artillerie par légion, ainsi que les lanciers fondus dans les régimens
de chasseurs, prouvent bien, ainsi que nous l'avons dit plus haut, que
les organisations ne peuvent pas être toujours aussi militaires qu'on le
voudrait et qu'elles se ressentent forcément des circonstances où l'on se
trouve, qui exercent une influence qu'on ne saurait entièrement décliner.
Dans d'autres temps ce seront des embarras financiers qui viendront
exercer leur empire ; d'autres fois il y aura pénurie d'hommes, de chevaux surtout, dont l'espèce est rare et absorbée par l'agriculture , par le
commerce et par le luxe. Qu'on se reporte donc pour se créer une

opinion aux époques militaires, au moment où les ressources abondent ; c'est alors qu'on verra les corps fortement organisés, et non après des guerres longues et des désastres, où se sont épuisées les ressources de la patrie.

Nous ferons remarquer que ce fut à cette époque que reparut *l'escadron-compagnie*, dont le comité de la guerre de 1814, avait déjà adopté le principe ; mais qu'il ajourna cependant, dans sa séance du 28 avril, à une époque plus favorable, afin de ne pas retarder l'organisation générale de l'armée qui était urgente.

Quinze officiers généraux sur seize consultés qui se trouvaient alors à Paris, se prononcèrent *par écrit* en faveur de cette organisation ; et l'on ne doit pas oublier non plus, que depuis l'adoption de ce principe, *par MM. les maréchaux organisateurs Soult et Gouvion Saint-Cyr*, tous les ministres de la guerre, tous les comités de cavalerie qui se sont succédés depuis lors, et notamment la commission qui a refondu l'ordonnance provisoire, ont reconnu ce principe, ainsi que l'ordonnance constitutive du 19 février 1831.

Toutefois, malgré cet accord qui doit être mis en ligne de compte, ce serait aller bien loin que de refuser à l'organisation par compagnie, réclamée par le *général Lhéritier* et chaudement appuyée depuis par le *lieutenant général comte de Girardin*, toute espèce de mérite ; il suffit de dire, qu'elle a été la seule en usage durant nos grandes guerres, pour qu'elle conserve une juste considération. Elle devait même avoir de la faveur, aux yeux d'un conquérant qui la trouva en vigueur et qui, dans ses vastes projets, y voyait la facilité d'incorporer tous les chevaux disponibles des pays conquis, ce qui pouvait, à l'entrée en campagne, doubler le nombre de ses escadrons de guerre, sans que l'ennemi le soupçonnât.

Mais, dans les proportions actuelles de la France, avec les difficultés qu'on trouve à se procurer des chevaux, avec l'incomplet affligeant dont nous sortons à peine, grâces aux efforts du maréchal duc de Dalmatie, et qui nous menace pour l'avenir, si l'on ne persiste à introduire enfin, l'unité, là où il y a divergence, et à donner une extension suffisante à la multiplication et à l'amélioration de l'espèce chevaline ;

Quand la cavalerie n'aura plus pour la remonter et pour envoyer chercher dans l'Orient de vrais producteurs arabes, le zèle et l'autorité du ministre guerrier, qui obtint naguère les fonds nécessaires pour améliorer son casernement, pour que les chevaux pussent respirer l'oxigène nécessaire, et qu'ils eussent enfin assez d'espace, pour n'être plus côte à côte dans les écuries, où ils étaient entassés sans pouvoir se reposer, sans avoir même la possibilité de se remuer ;

Dans cette situation tout à fait différente, « l'escadron-compagnie, suivant les paroles du *capitaine Ambert*, unité favorable à l'administration, à la discipline, à la manœuvre et à la guerre ; l'escadron-compagnie nombreux en cavaliers, source de confiance pour le soldat, stimulant énergique pour l'officier, que décourage toujours un petit commandement. » L'escadron-compagnie enfin, paraît mériter la préférence.

Si cette organisation a été l'objet de controverses militaires qui se sont reproduites à diverses époques, il est reconnu, du moins aujourd'hui, que le *règlement provisoire sur le service intérieur des troupes à cheval*, fut un immense service rendu à la cavalerie, on peut dire même à l'armée, puisque chaque arme eut le sien, bientôt après, basé sur les mêmes principes. Qu'on se reporte en effet à l'époque de 1816 ; d'une part, beaucoup d'élémens de nos anciens corps, mais étrangers, à cause d'un état de guerre permanent, au service régulier et uniforme de la garnison : de l'autre, des jeunes hommes très bien disposés, sans doute, pleins de sève et d'émulation, mais débutant dans la carrière. Ainsi, pour des causes différentes, le même besoin se faisait sentir ; et quand tout se constituait en France, l'armée pouvait-elle ne pas se conformer au mouvement général des esprits ? pouvait-elle demeurer dans les formes discrétionnaires, mal définies et qui désormais, n'étaient plus soutenables ? ce travail qui ne tarda pas à être goûté, reçut une nouvelle sanction de la pratique ; il fut converti en ordonnance, en 1818, et une dernière révision fut faite en 1833. Nous devons encore au *lieutenant-général vicomte de Préval*, d'autres règlemens non moins précieux, et il est bien peu de points de notre organisation, que son expérience militaire consommée n'ait abordé et amélioré.

Nous avons eu maintes fois l'occasion de nous étayer de l'opinion de M. le *lieutenant-général comte de La Roche-Aymon*, et nous touchons à l'époque (1817) où il publia son ouvrage sur les troupes légères, qui a toujours été consulté avec fruit, pour l'escrime du sabre, pour le tir à la cible, et en général pour toutes les branches de la cavalerie, qu'il embrasse et discute en officier de détail et en chef de corps consommé.

Les annales des faits et des sciences militaires donnèrent un excellent compte-rendu de l'ensemble de cet ouvrage, par le *général Thiébault* ; un officier-général de cavalerie, qui ne se nomma pas, se chargea spécialement de la partie relative à la cavalerie, et le fit d'une manière très satisfaisante. Les objections, ou plutôt les doutes qu'il émit au sujet de la lance à donner aux cuirassiers, nous semblent devoir être mûrement pesés. Ce changement est-il nécessaire à introduire contre la cavalerie, quand tous les militaires d'expérience reconnaissent aujourd'hui que les armes blanches font moins réussir les charges que la vitesse réunie à l'ensemble, et qu'il est très rare que les deux partis s'entre-choquent et se confondent. Quant aux charges contre l'infanterie, l'effet de la lance donnée aux cuirassiers ne serait-il pas de les engager avant que l'infanterie eût été suffisamment ébranlée, comme il serait convenable, et par suite de les compromettre? Enfin, en armant les cuirassiers de la lance, n'est-il pas à craindre que, faute d'avoir d'autres lanciers sous la main, on mette les cuirassiers à la poursuite des fuyards, ce qui achèverait de perdre ces réserves de la cavalerie?

En définitive, l'un et l'autre rendirent une justice méritée à l'œuvre distinguée d'un français rendu à sa patrie, avec des sentimens noblement exprimés, avec de vastes connaissances puisées à l'école prussienne, si soigneuse des détails militaires, et du prince Henri, le frère et l'émule du grand Frédéric, près duquel M. de La Roche-Aymon fut employé plusieurs années.

Toutefois, M. le général de La Roche-Aymon, reproduisant plus tard les mêmes idées dans son projet d'ordonnance de 1829, ne semble pas avoir accepté les jugemens de cette critique bienveillante, qui nous paraissent fondés cependant dans la généralité des cas; nous y reviendrons plus tard en temps et lieu, ainsi que sur les opinions qui nous paraîtraient devoir être signalées, autant que notre cadre nous le permettra, comme aussi sur celles que nous ne saurions partager avec cet honorable auteur.

L'organisation régimentaire, attaquée dans ses bases par un illustre général, plus séduit par les grandeurs romaines, que par celles assez éclatantes cependant du Consulat et de l'Empire, fournit à un colonel de cavalerie, en non activité, l'occasion de rappeler ses services, et de prendre place parmi nos écrivains militaires classiques. En faisant triompher l'ordre régimentaire de l'ordre légionnaire, le *colonel Marcellin Marbot* (1) traita avec la même supériorité nombre de questions, et notamment celle du mélange de la cavalerie et de l'infanterie; il démontra que, pour que les vélites pussent sauter en croupe, il fallait que les mouvemens de la cavalerie romaine fussent bien lents, et qu'avec la célérité actuelle de pareilles évolutions étaient impraticables.

____

(1) Aujourd'hui lieutenant-général et aide-de-camp du feu prince royal.

La cavalerie doit encore au même auteur d'excellens articles spéciaux insérés dans l'Encyclopédie moderne et le Spectateur militaire. L'on remarque dans ce recueil plusieurs articles sur le livret des évolutions de ligne essayées à Lunéville, que la commission de cavalerie chargée de réviser l'ordonnance provisoire reçut avec reconnaissance; élève de l'école de cavalerie de Versailles, ancien aide-de-camp du maréchal Lannes, après quinze campagnes des plus actives sous de tels maîtres, après des études spéciales continuées dans le silence du cabinet et à l'étranger; enfin, après le suffrage et le souvenir spontanément exprimé du grand captif de Sainte-Hélène, le colonel Marcellin Marbot arrivait avec un talent modeste et faisant preuve d'un excellent esprit, par la mesure et l'urbanité de sa discussion, qui ne cessa pas pour cela d'être élevée, franche et indépendante; c'est à ces conditions seulement, en France plus qu'ailleurs, et dans la noble profession des armes plus que dans aucune autre, qu'un écrivain persuade, et qu'il évite de choquer des amours-propres justement susceptibles, ce qui n'arrive jamais qu'au détriment de l'art qu'il veut faire progresser, et des opinions qu'il tient à faire prévaloir.

Le colonel Marbot fut aussi l'un des premiers officiers français, depuis Guibert, qui rappelèrent la grande part qu'eut *Seydlitz* à la restauration de la cavalerie, qui de la Prusse s'étendit aux divers états de l'Europe. Ses vœux exprimés hautement, déterminèrent, peut-être, la réimpression des *Remarques sur la cavalerie du général Warnery*, l'ami et l'organe de ce grand homme, qui n'a pas laissé d'écrits, et dont Warnery avait adopté avec enthousiasme toutes les idées. Ce fut en 1828 que parut cette nouvelle édition, due au zèle de M. le *maréchal-de-camp comte de Durfort*, ancien commandant de l'école de Saint-Cyr. Cet officier-général rendit à la librairie et aux officiers laborieux ce précieux traité, après l'avoir enrichi de notes critiques et d'un chapitre sur la cavalerie durant les quinzième et seizième siècles.

On dut aussi, en 1821, à M. le *chef-d'escadron de Schauenburg*, la traduction de la *Tactique de la cavalerie du comte de Bismark*, excellent ouvrage, dont l'officier de cavalerie ne saurait trop se pénétrer, et qui fait suite à celui de Warnery, car M. de Bismark est comme lui officier de guerre, et enthousiaste de Seydlitz, qu'il a bien étudié, et dont il a écrit la vie.

Nous disions au commencement de 1838, époque à laquelle nous écrivions ces lignes, qu'il serait bien à désirer que l'histoire de ce général type, justement célèbre dans les fastes de la cavalerie, fut traduite en français par un militaire capable, versé dans la connaissance de l'allemand; qu'à ce double titre, on aimerait à le devoir à M. de Schauenburg, qui venait de faire ses preuves, et qui connaissait déjà la manière de l'auteur wurtembergeois, qu'il avait eu l'occasion de redresser avec bonheur, pour quelques faits militaires écrits comme exemples, et qui auraient pu être présentés avec plus d'impartialité, par un officier sorti de nos rangs, s'il n'eût été trompé par la rivalité de gloire et l'amour-propre national.

Devancé cette fois par la mort, la moitié de cette année s'était à peine écoulée, que M. de Schauenburg, nommé maréchal-de-camp pour services de guerre, après avoir commandé long-temps d'une manière distinguée le 1er régiment de chasseurs d'Afrique, succombait à une longue maladie contractée en Algérie; mais *Les forces militaires de l'empire russe en* 1835, du lieutenant-général comte de Bismark, trouvèrent un officier-général pour traducteur, et peut-être les officiers de cavalerie seront-ils redevables de ce nouveau service à cet honorable anonyme, avec la traduction des *Idées de tactique de la cavalerie*, du même auteur, qui se lient d'une manière intime à son voyage à Pétersbourg, et où est exposé l'ensemble de son système sur la tactique de la cavalerie fondée sur la colonne et la surprise. Il en sera parlé plus au long dans les évolutions de régiment, 7me section.

Quant à la Tactique de la Cavalerie, elle prend place à côté des meilleurs livres qui aient été écrits sur la matière. Si le talent du tacticien s'y révèle en toute circonstance, celui de l'organisateur s'y démontre également par une constitution régimentaire basée sur de forts escadrons, comprenant un cinquième peloton formé d'éclaireurs tirailleurs au nombre de trente-deux, lequel est composé d'hommes choisis parmi les plus intelligens, les plus sûrs et les plus vigoureux. De cette manière, M. de Bismark réunit sous le même commandement quatre escadrons pour agir en colonne ou en ligne, et un escadron de cavalerie légère, formé des cinquièmes pelotons, pour servir de tirailleurs.

Le général de Bismark, convaincu que les régimens qui dépassent 1000 hommes perdent en célérité ce qu'ils acquièrent de force par le nombre, et que ceux qui sont au-dessous de 700 hommes sont bientôt trop faibles pour produire en ligne un grand effet; persuadé aussi qu'il en est de même des escadrons au-dessus de 250 hommes et au-dessous de 150, constitue 4 forts escadrons de 207 hommes chaque, donnant pour le pied de guerre un effectif, état-major compris, de 860 à 870 chevaux.

Ses escadrons sont formés à soixante-quatre files, se divisant par moitié jusqu'à l'unité, système au moyen duquel le peloton de seize files, se dédoublant en deux sections de huit files chacune, on a l'avantage de pouvoir marcher par huit, quand on suit un chemin qui ne comporte pas un plus grand front, de faire par sections tous les ploiemens et déploiemens de colonne serrée, en gagnant un tiers de temps et de terrain sur tous les arcs de cercle, avec la facilité de remplacer les mouvemens par quatre, et surtout le demi-tour commandé par l'apparition subite de l'ennemi sur ses derrières, par un demi-tour par section, qui empêche que les rangs ne soient intervertis.

L'ordonnance du 6 décembre, elle aussi, a un texte et une planche pour l'escadron de soixante-quatre files, dont un long usage, depuis que ce système est consacré, démontrent bien que rien n'est plus praticable, qu'il ne faut donc pas considérer ce projet comme une utopie; mais, nous le dirons avec douleur, quand nous avons habituellement nos escadrons incomplets, quand il est bien rare que nous puissions réunir nos quarante-huit files, plus les deux guides particuliers, plus les quatre serre-files, qui veulent un chiffre de cent deux hommes montés, officiers non compris, pouvons-nous seulement nous arrêter à un système, quelque bon qu'il soit, qui en demande cent trente-quatre pour former l'escadron de manœuvre seulement ?

Le général de Bismark ne repousse pas les faits militaires aux circonstances piquantes; il est curieux de lire à quoi tint pour les Autrichiens le gain de la bataille de Kollin, ce qui ne l'empêche pas, quand il le faut, de s'élever à la hauteur de l'histoire. La clarté et la précision sont des qualités qu'on ne saurait lui contester, et ses époques principales de l'histoire de la cavalerie, divisées en sept périodes, depuis l'invention des armes à feu, par les guerres elles-mêmes qui signalèrent chacune d'elles, et les intervalles de paix qui les suivirent, forment un cadre historique, qu'on pourra bien étendre plus ou moins, mais dont l'honorable général aura toujours le mérite d'avoir assigné l'ordre et la proportion.

Quant à l'ouvrage du même auteur, sur les forces militaires de la Russie, après son voyage de 1835, nous laissons à juger à qui de droit la partie politique, et nous ne quitterons pas le terrain militaire; nous comprenons très bien tout ce qu'ont de séduisant, pour un ancien guerrier, la réception bienveillante et les paroles toujours gracieuses d'un grand souverain, général de cavalerie lui-même passionné, qui n'en ignore aucun détail, et qui la commande sur le terrain, à la voix, avec une grande supériorité; il est bien facile aussi de pressentir tout ce qu'a d'enivrant, pour l'auteur d'un système, de le voir compris, saisi et exécuté par le chef du plus vaste empire de l'Europe : chacune de ces circonstances, et toutes ensemble ont dû, nous n'en disconvenons pas, enthousiamer le général de Bismarck pour l'EMPEREUR NICOLAS ; mais aucune d'elles non plus n'infirme une appréciation des propriétés de cette arme, qui nous paraît d'une grande justesse, et qui est le germe fécondé d'un principe de l'école française, qui se trouve tout au long, ainsi que la concentration de la cavalerie sous des généraux à elle, dans les idées fournies par le général La Ferrière au général Thiébault, pour son article du commandant de la cavalerie.

Nous avons applaudi plus haut à l'instruction de 1788 ; l'amélioration fut capitale en effet et le pas que fit alors la cavalerie fut immense ; toutefois elle renfermait des lacunes et de nombreuses imperfections dans ses détails et dans ses bases. *L'ordonnance provisoire* de l'an XIII, participa de ses défauts et les travaux journaliers de l'école de cavalerie d'une part, et de l'autre la paix permettant de se livrer aux détails de l'instruction dans les corps avec plus de suite, ils devinrent saillans aux yeux les moins clairvoyans. Nous n'entreprendrons pas d'énumérer tous les reproches, qui lui furent adressés, nous nous bornerons aux plus marquans ; ainsi l'article VI des bases de l'instruction, renfermant la progression pour dresser les jeunes chevaux, était imparfait et insuffisant. Les notions sur l'âge du cheval et ses différens poils, avaient été remplacés par une théorie plus récente, plus claire et plus positive, et celles sur l'embouchure laissaient aussi beaucoup à désirer.

Mais c'était surtout dans l'instruction à cheval qu'on trouvait des fautes majeures ; ainsi l'on ne voyait pas la nécessité d'une 1re leçon en couverte, à côté d'une 2me leçon en selle, qui changeait la base du cavalier. Il était contre les principes d'une progression bien entendue, de débuter par le travail en cercle, plus difficile que celui en ligne droite, qui occupait une place imperceptible. On s'étonnait de voir des doublemens et dédoublemens exécutés sur un rang, quand l'ordonnance de la cavalerie est sur deux rangs ; et de faire faire ces mouvemens en cercle, par des cavaliers qui marchaient ainsi plusieurs de front, ne sachant pas encore marcher seuls. On trouvait étrange de faire tournoyer des cavaliers par rang, alors qu'il ne devait être question que de leur instruction individuelle et qu'ils n'avaient pas même marché droit par rang, chose infiniment plus facile.

Ce mélange de mouvemens individuels et de travail d'ensemble, nuisait à chacun d'eux en particulier, mais surtout à l'école individuelle qui était réduite à rien, et quoiqu'il fut évident que cette instruction était la base, cependant elle était toujours sacrifiée pour arriver en toute hâte à l'escadron.

Il était impossible dans la pratique de l'instruction d'exécuter un maniement d'armes dont on n'avait indiqué que quelques commandemens; nulle part il n'était prescrit de l'exécuter en marchant, même pour les troupes légères ; l'escrime du sabre se réduisait à quelques mouvemens indispensables : enfin point de tir à la cible.

La 6ᵐᵉ leçon ou travail au galop ne devait être donnée qu'aux sous-officiers instructeurs et aux cavaliers destinés à les remplacer; il est vrai que, par une sorte de réminiscence, l'article 318 y admettait les chasseurs et hussards, comme plus susceptibles d'être employés en tirailleurs. Cependant, malgré ce correctif, les autres armes n'étaient point exercées à l'allure des situations délicates et difficiles, à l'allure qui est le principe de la charge, où le cheval est le plus difficile à conduire, et qui livre le cavalier pieds et poings liés aux mains de l'ennemi, s'il ne gouverne pas bien sa monture. Du reste la place de cette leçon individuelle dans la majeure partie, était encore mauvaise, isolée qu'elle était entre le travail d'ensemble de la 5ᵐᵉ leçon et celui de l'école de l'escadron qu'elle scindait contre toutes les règles.

L'article 11 de l'école de l'escadron n'était pas complet dans les détails, ce qui embarrassait beaucoup la pratique; enfin on était entré dans l'école de l'escadron proprement dite, c'est-à-dire, les 4 pelotons réunis et les articles III, IV, V, VI et VII, renfermaient des mouvemens de peloton, de division et d'escadron : on se demandait alors pourquoi les premiers articles réunis aux mouvemens d'ensemble de l'école du cavalier ne composeraient pas une école de peloton, ne comprenant à l'école du cavalier que des mouvemens individuels, et réservant pour l'école de l'escadron tous les mouvemens de l'escadron au complet.

Il serait trop long enfin d'examiner tout ce que la pratique raisonnée de l'instruction, fit découvrir d'incomplet et d'irrégulier dans les bases seulement; l'école de cavalerie et les régimens signalèrent ces fautes capitales, ils éprouvaient de l'embarras dans leur marche et les méthodes particulières s'introduisaient pour les tourner.

C'est ainsi que le besoin de suppléer aux lacunes de l'ordonnance provisoire, donna le jour au maniement d'armes de l'instruction de Versailles, et plus tard à ceux de Lunéville et de Saumur; c'est encore le silence de l'ordonnance, qui mit l'école dans la nécessité, d'adopter pour son propre compte, des rectifications qu'elle envoya dans les corps; mais toutes ces instructions particulières, quelque bonnes qu'elles fussent, n'ayant pas force de loi, suivies par les uns et méconnues par les autres, occasionnèrent une grande fluctuation dans l'instruction de la cavalerie et les inspecteurs signalèrent bientôt cet inconvénient qui demandait un prompt remède.

Quant à l'instruction d'ensemble elle n'était point irréprochable; on avait senti également le besoin de revoir certains commandemens trop longs, de rectifier quelques mouvemens, de fixer les évolutions de ligne de plusieurs régimens et de manœuvrer sur de grands fronts. Le *camp de Lunéville* fut formé en 1824, sous le commandement supérieur du *lieutenant général comte Mermet*, pour atteindre ce but; et une commission de cavalerie fut formée, en décembre 1824, pour reviser l'ordonnance provisoire et entrer dans un système définitif, plus en harmonie avec les besoins et les lumières de l'époque.

C'est au ministère de M. *le lieutenant-général, marquis de Clermont-Tonnerre*, dont *le lieutenant-général, comte du Coëtlosquet,* qui sortait des rangs de la cavalerie, était le directeur-général du personnel, qu'il faut reporter la pensée de cette double institution et la rédaction de l'ordonnance du 6 décembre 1829, quoiqu'un autre ministre de la guerre en soit le signataire.

C'est encore au même ministère que la cavalerie dut la réorganisation de *l'école d'application de cavalerie*, créée à Versailles, le 5 novembre 1823, laquelle avait été transférée à Saumur un an après, et cette fois l'école, entendue sur des bases plus larges et plus complètes que l'ancienne, prit le nom d'*Ecole royale de cavalerie*, par l'ordonnance constitutive du 10 mars 1825, laquelle ne fut rendue que sur le rapport d'une commission d'officiers généraux, nommée *ad hoc*.

Nous nous bornerons à dire que chaque régiment dut y envoyer, pour le premier cours seulement, un capitaine destiné à devenir *instructeur-en-chef* (1) à son retour; à ces capitaines devaient succéder pour chacun des cours subséquens, *un officier d'instruction*, du grade de lieutenant ou de sous-lieutenant. Les élèves de Saint-Cyr, promus dans la cavalerie, vinrent passer deux ans à Saumur comme *officiers élèves de cavalerie*. Un *corps de troupe* formant trois escadrons, et dont les sujets devaient fournir, plus tard, aux régimens d'excellens sous-officiers ou brigadiers instructeurs, fut adjoint à l'école, afin que la théorie fut appliquée immédiatement sur le terrain, et que l'instruction s'étendît jusqu'aux évolutions. Vu l'importance de la ferrure, une *école de maréchalerie* fut annexée à

____

(1) Voir la 1re section, *sur l'instruction en général*, prop. XXI.

l'établissement. *Cent élèves trompettes*, pris parmi les fils d'anciens militaires, formèrent à Saumur une pépinière de trompettes. Un *conseil d'instruction* fut chargé spécialement de l'examen de toutes les questions concernant la cavalerie. Enfin, dans l'intérêt de l'instruction en général, et des *remontes* en particulier, l'officier envoyé à l'école fut initié au croisement et à l'amélioration des races au moyen d'un *haras*, qui fut créé en 1827, et dont les produits devaient réparer les pertes du manége.

Le programme de l'instruction fut également élargi, et les destinées de cet établissement, sur une grande échelle, furent confiées au *maréchal-de-camp, marquis Oudinot*, rapporteur de la commission d'organisation, qui ne tarda pas à faire partager aux divers élémens de l'école l'émulation, le zèle et l'activité qui le distinguent. Homme de cheval consommé, on lui doit les *chevaux de carrière*, de haute taille et à grandes allures, au moyen desquels l'équitation devint plus hardie, plus rapide, plus militaire et plus en rapport avec les mouvemens du Champ-de-Mars. Bientôt les joûtes équestres, dépouillées de ce que les tournois avaient de dangereux, mirent en relief l'adresse du cavalier à manier son cheval, ses armes, à atteindre le but. Elles nous reportèrent aux jours de la chevalerie et l'on accourut de toute part, pour assister à ces jeux guerriers empruntés à nos aïeux ; aussi la renommée de l'école ne tarda-t-elle pas à franchir les limites de la France, et l'amour propre national dût-il être flatté de voir les premières puissances militaires de l'Europe, envoyer à Saumur des officiers chargés d'étudier l'école de cavalerie la plus complète qu'on eut encore vue.

Si le ministre comprit qu'il fallait un homme à la tête de la nouvelle école, il ne sentit pas moins que tous les résultats à espérer de la *commission de cavalerie* dépendaient de son personnel ; et en effet, son choix porta d'abord sur MM. *les lieutenans-généraux, vicomte Mermet*, président, *comte de France, vicomte Cavaignac, vicomte Grouvel* ; et sur MM. *les maréchaux-de-camp, comte Gentil Saint-Alphonse, duc Elie de Périgord* et *baron Dujon*, qui tous avaient été chefs de corps, inspecteurs distingués et versés dans la connaissance des détails de la cavalerie.

Vers la fin de 1825 et au retour du camp de Lunéville, où la commission s'était transportée, de nouvelles adjonctions eurent lieu : M. *le maréchal-de-camp, marquis Oudinot*, qui compléta MM. les officiers-généraux, au nombre de huit. La même décision ministérielle attacha spécialement à ladite commission MM. *Flavien d'Aldéguier, capitaine au* 19ᵐᵉ *régiment de chasseurs*, ancien capitaine-instructeur à l'école de Saumur, et *Itier, lieutenant au* 15ᵐᵉ *régiment de chasseurs* ; ces deux officiers devaient être employés à la rédaction du texte. *Le chef d'escadron d'état-major Fernel* fut chargé du dessin des figures ; *le lieutenant d'état-major Baynaguet de Penautier* des planches au trait, et le *lieutenant d'état-major Lefebure* des procès-verbaux et écritures, sous la direction du général Gentil Saint-Alphonse, nommé rapporteur.

Que de jeunes officiers, occupés des détails journaliers de l'instruction, et flattés d'être admis aux travaux intimes de généraux marquans dans l'arme, se soient efforcés de justifier, par leur activité et leur zèle, un choix aussi flatteur, il n'y a dans ce fait rien qui étonne ; mais que des officiers-généraux, anciens pour la plupart, se soient réconciliés avec les détails de l'instructeur, et qu'ils en aient fait leur affaire capitale pendant plus de quatre années, jusqu'au 12 mai 1829, qu'ils rendirent leur travail au ministre de la guerre, voilà ce qui est rare, ce qui mérite d'être signalé, et ce qui ajoutait tous les jours à l'estime respectueuse de celui qui trace aujourd'hui ces lignes. L'ensemble de ce travail, indépendant sans être frondeur, le met suffisamment, il en a la confiance, à l'abri du reproche de louanger, et d'ailleurs la postérité n'a-t-elle pas commencé pour la moitié d'entr'eux? Les lieutenans-généraux Mermet, de France et Grouvel avaient déjà payé le tribut suprême, lorsqu'en avril 1837, le lieutenant-général Gentil Saint-Alphonse, nommé commandant de la 10me division militaire, vint, quatre mois après son arrivée, rendre le dernier soupir à Toulouse, où il trouva une main amie pour aider son fils à lui fermer les yeux.

Que cet honorable général, dont toute la carrière militaire ne fut qu'un travail continuel et bien désintéressé sur l'ensemble et les détails de notre constitution militaire, qui passa avec tant de distinction et de droiture par les fonctions les plus délicates du ministère de la guerre et de l'armée, et qui s'éteignit sous mes yeux, dans l'exercice de ses devoirs, et en donnant des signatures, reçoive ici le dernier hommage de celui qui a été à même, autant qu'aucun autre membre de la commission, d'apprécier l'immense part qu'il y a prise. Cependant, l'importance de son travail ne l'empêcha pas de cumuler ces fonctions avec celles de *secrétaire du conseil supérieur de la guerre*; et menant de front ces deux grandes tâches, cet honorable général n'en rédigea pas avec moins d'exactitude, d'impartialité et de lucidité les procès-verbaux des séances de la commission, préparant ainsi les documens les plus utiles, à ceux qui seront appelés un jour à revoir l'œuvre du 6 décembre 1829.

Le rapport qui précède l'ordonnance reste dans toute sa force, pour faire connaître l'esprit qui présida à cette rédaction; toutefois, il ne saurait être accusé d'exagération, car il glisse sur des améliorations notables, et ne dit pas un mot sur beaucoup d'autres. Ainsi s'explique le reproche mal fondé qui a été fait à l'ordonnance de n'avoir indiqué aucune règle, pour l'usage du pistolet à cheval, qu'on trouve sous le titre général : *tir à la cible*, dans la table des matières, et à la suite de l'école du cavalier à cheval, sous le n° 433.

Deux fois la commission se rendit au camp de Lunéville ; en 1825, où elle prépara son travail, et en 1827, où les bases étant définitivement adoptées, elle fit faire sous ses yeux les différens essais de tout le projet d'ordonnance. M. d'Aldéguier les commanda sur le terrain, pour l'instruction à cheval, jusqu'à l'école d'escadron inclusivement; et M. Itier commanda pareillement les essais de l'instruction à pied.

Ce fut une chose digne de remarque, que des officiers et des cavaliers qui exécutaient pour la première fois ce système d'instruction, dont ils n'avaient entendu parler que d'une manière vague, ne firent aucune faute dans l'exécution des divers mouvemens; on eut dit qu'ils n'avaient jamais fait autrement : du reste, ce résultat était assuré pour certains. S'attacher moins à faire du neuf qu'à consacrer les bonnes méthodes de l'école et les bonnes pratiques régimentaires, les perfectionner encore, s'il était possible, les régulariser et les coordonner, tel avait été le but de la commission, qui appelait à elle toutes les lumières, toutes les observations, et même les critiques, avec un empressement digne de sa mission et de son patriotisme.

Le travail que le colonel Marbot avait fait spontanément sur le livret des évolutions de ligne, des officiers du camp furent invités à l'entreprendre sur les diverses parties de l'ordonnance, et cette critique éclairée, qui prouva à la commission qu'elle n'avait rien de mieux à faire que de persévérer dans la voie qu'elle s'était frayée, la mit à même d'apprécier les talens et les lumières de M. le *capitaine-instructeur Gaudin de Villaine*, du 17ᵐᵉ de chasseurs, et de MM. les *capitaines Crévaux*, du 10ᵐᵉ de cuirassiers, *Dufour*, du 7ᵐᵉ de dragons, et *Mauchan*, du 18ᵐᵉ de chasseurs.

Cependant, le principe de la progression des fronts, conséquence naturelle et rigoureuse de l'instruction individuelle, reçut une légère atteinte dans le classement des évolutions de régiment. Nous disions alors, et appuyés par une grande autorité, M. le *lieutenant-général comte Dejean*, nous disons plus encore aujourd'hui, qu'en place des quatre dispositions principales, division tout à fait théorique, et que l'exécution rompt à tout moment, il eut été plus rationnel, il eut été plus conforme à la pratique et à la succession des mouvemens, tels qu'ils se présentent sur le terrain, de rester pour les évolutions de régiment dans les voies qu'on avait suivies pour les écoles du peloton et de l'escadron; mais les faits démontrent qu'un principe nouvellement proclamé, quelque fondé qu'il soit, éprouve toujours de vifs obstacles. Souvent il est étouffé à sa naissance; d'autres fois, et c'est ici le cas, il ne parvient pas tout à fait à s'établir, heureux quand l'opinion l'adopte en entier et le proclame.

La progression des fronts, appliquée aux évolutions de régiment, présentait encore l'immense avantage qu'on commençait à évoluer sur de petits fronts, qui permettent mieux de préparer un bon travail, par les facilités qu'ils donnent pour calmer les chevaux; et l'on évitait cette anomalie flagrante de *lèze-progression*, de débuter par la colonne serrée, pour reprendre ensuite la colonne avec distance. Mais l'opinion que nous soutenions est bien facile à suivre dans la pratique, en commençant par la colonne par quatre, dont on épuise les mouvemens, prenant ensuite la colonne avec distance, la colonne par escadrons et passant ensuite à la ligne déployée (1).

L'ordonnance du 6 décembre 1829 compte bientôt treize années révolues depuis sa promulgàtion; nous ignorons quelles destinées lui sont encore réservées, mais nous avons lieu d'espérer qu'elles ne sont pas accomplies, lorsque des notabilités de l'arme, des généraux expérimentés et de marque, étrangers à ce travail, reconnaissent sa supériorité sur tout ce qu'on avait eu jusqu'alors; quand des chefs de corps distingués disent que *le classement des mouvemens de l'ordonnance et leur progression ne laissent rien à désirer;* lorsque les officiers de cavalerie se réunissent pour lui rendre justice, et que les capitaines-instructeurs, ces véritables pivots de l'instruction, qui la dirigent, la pratiquent et la surveillent journellement dans les moindres détails, lui donnent une éclatante adhésion.

« Rien de parfait sans doute, disait M. *le capitaine-instructeur Mussot,* dans la *Sentinelle* du 8 mai 1838, ne peut sortir des mains ni de la tête des hommes; avec cette conviction, je ne puis donc être admirateur exclusif de l'ordonnance actuelle, mais certes je la crois aussi bonne et aussi parfaite qu'il était et qu'il serait possible de la faire dans l'état actuel des choses : ensemble, vitesse et précision dans les manœuvres, cette ordonnance donne tous les moyens d'arriver à ces résultats. Jusqu'à ce qu'on ait donné aux chevaux une allure plus rapide que le galop et la charge, je ne vois pas ce qu'on peut raisonnablement demander de plus.

» Il résulte de ceci que, dans mon opinion, que je sais être partagée par de bons esprits, l'ordonnance, *telle qu'elle est,* suffit aux besoins de l'instruction de la cavalerie, quelque difficile qu'on puisse être sur cette instruction : et que, si des progrès restent à faire, ce que certes je suis loin de contester, ce n'est pas par l'insuffisance de l'ordonnance, qui contient en principe tous les progrès désirables. »

Dans la *Sentinelle* du 24 février 1838, *le capitaine-instructeur Joachim Ambert,* avec la justesse d'aperçu qui lui est propre, applaudissait à la pensée de l'école du peloton et au principe fondamental de la gradation des fronts; naguère encore il disait dans son mémoire sur l'organisation régimentaire de la cavalerie : « *Les principes de l'ordonnance du 6 décembre 1829 sont excellens.* »

Voilà certes des adhésions positives, motivées, compétentes, et comme

(1) Voir le tableau qui rétablit les choses dans leur état normal, à la suite de la table de la 7ᵐᵉ section, *sur les évolutions de régiment.*

les observations critiques que la presse nous a fait connaître ne portent pas sur le système en général de l'instruction, mais sur les évolutions qui pourraient être révisées sans qu'on touchât au reste, les esprits, nous l'espérons, peuvent se rassurer sur l'imminence d'une révision générale, lors surtout qu'il est constant que, loin de lui être favorable, l'opinion lui serait contraire, lorsque les améliorations seraient peu importantes et les dépenses énormes, lorsque les opinions militaires, enfin, sont fixées et qu'elles seraient ébranlées de nouveau dans leurs bases et sans nécessité.

L'ordonnance, disions-nous dans la *Sentinelle* du 24 novembre 1838, n'est pas immuable, sans doute; elle est assujettie, comme toute autre chose, à vieillir et à subir cette loi suprême du temps, mais elle ne doit être changée que pour des motifs graves :

Si les principes avaient vieilli, s'ils avaient besoin d'être rajeunis, quant à l'équitation, quant à la tactique élémentaire ;

S'il y avait lacune dans l'instruction, ce qui conduit au manque d'uniformité, dans l'obligation où seraient les corps d'y suppléer à leur guise, comme avant 1829, quant à l'instruction des jeunes chevaux, au maniement des armes et au travail au galop ;

Quand l'organisation constitutive a subi de graves changemens dans ses divisions principales et ses subdivisions, quant à la dénomination, quant au nombre, et quant à leur formation ;

Enfin, quand la pratique du Champ-de-Mars ou de la guerre viennent signaler des modifications pressantes aux évolutions.

Or, les principes d'équitation sont si bien fixés aujourd'hui pour l'homme de guerre et pour l'équitation en général, que les notabilités modernes causent plutôt et écrivent sur l'équitation avec plus ou moins de bonheur, ou font des choses extraordinaires sur quelque cheval prodigieux qui ne sauraient être qu'admirées, qu'elles n'improvisent de nouvelles méthodes applicables par les masses (1); et s'il y avait quelque chose à faire pour nos manéges régimentaires, ce serait d'y enseigner les élémens de voltige les plus nécessaires; mais un tel travail ne sera jamais assujetti à l'ensemble; il devra être mesuré sur l'adresse et l'agilité propre à chaque cavalier; du reste, on trouve des indications suffisantes dans le Cours d'équitation militaire de Saumur (2).

(1) Voir la 2ᵐᵉ section *sur l'équitation militaire*, prop. 1 et suiv.

(2) Ce vœu, que nous avions déjà formé en 1838, dans la discussion des évolutions sans inversions, vient d'être réalisé aujourd'hui par l'instruction pour la voltige militaire à l'usage des corps des troupes à cheval du 26 juin 1842.

Pour des lacunes, il n'y en a plus d'essentielles, comme il s'en trouvait dans l'ordonnance provisoire.

Quant à l'organisation , c'est toujours l'escadron-compagnie qui est l'unité ; sa formation intérieure est restée et restera long-temps, sans doute, la même ; il y a seulement diminution d'un escadron par régiment.

Quant aux évolutions, qui ont été bien améliorées cependant, c'est là qu'il resterait quelque chose à faire, pour mettre l'ordonnance en harmonie avec les idées de ceux qui marchent à la tête du progrès. C'est une chose à voir, à mûrir, à confier à des esprits sagement progressifs, point novateurs et non systématiques. Nous émettons quelques observations à ce sujet à la section des évolutions; mais, encore une fois, aucune publication, que nous sachions, excepté la *méthode Baucher*, qui ait porté atteinte au système général de l'instruction, et même aux principes des diverses écoles. C'est là ce qu'il est important de reconnaître et de constater, aujourd'hui surtout qu'on a remis notre système d'équitation militaire en discussion : mais nous avons foi en la prudence du chef illustre de l'armée, nous avons foi en l'indépendance éclairée de l'officier-général chargé de présider aux essais de la méthode Baucher, nous avons foi enfin en l'expérience journellement pratique de MM. les capitaines-instructeurs, appelés par le maréchal-ministre, duc de Dalmatie, à apprécier dans son ensemble et ses détails cette méthode, qui, n'émanant pas d'un militaire, doit être soumise à un plus rigoureux examen.

Ce fut, en effet, une œuvre de probité et de conscience éclairée que cette ordonnance ; si elle fut si chèrement et si long-temps élaborée, comme on l'a dit, c'est qu'il ne pouvait en être autrement. Ne fallait-il pas étudier son sujet avec maturité, poser des bases, les discuter, préparer les nouveaux projets, les imprimer et les discuter ensuite, avant de passer à l'impression définitive ? pouvait-on procéder d'une autre manière ? pouvait-on s'écarter d'un mode dont nos grands corps politiques, dont nos chambres sont les premières à donner l'exemple ? C'est aussi à cause de ces frais, c'est à cause de ces lenteurs inévitables, que nous disons aujourd'hui : *ne révisons pas sans compensations suffisantes.* Et quant à la manière dont procéda la commission de cavalerie, nous sommes de l'avis que cette lenteur a été vitesse, puisque le travail a été plus soigné, puisqu'il s'est trouvé en harmonie avec les lumières et les besoins de l'époque, et qu'on est entré dans une voie définitive avec de l'avenir devant soi.

Toutefois si nous reconnaissons que les détails de l'ordonnance sont susceptibles de modifications et de changemens avec le temps, nous le proclamons hautement, le système général en est invariable.

Les bases devront rester les mêmes,

Quant à l'instruction individuelle et à la progression des fronts par deux, par quatre, par peloton, par division, par escadron jusqu'à la ligne déployée ;

Quant à la difficulté des mouvemens qui doit toujours être progressive ;

Quant au nombre des hommes à instruire, le prenant d'abord seul, pour arriver graduellement à les faire tous entrer en ligne;

Quant au mouvement direct qui est le mouvement habituel, le mou-mouvement circulaire ou de conversion devant toujours lui être subordonné ;

Quant aux allures, les lentes devant toujours être les premières, pour les porter successivement au dernier degré de vitesse;

Quant au galop qui devra toujours être pratiqué, mais sans jamais dépasser la mesure des forces du cheval de troupe ;

Enfin, quant aux terrains, car si ceux de l'école doivent être plains et sans obstacles, ce sera pour arriver successivement à évoluer sur des terrains inégaux, accidentés et difficiles.

Nous nous arrêtons à l'ordonnance du 6 décembre 1829, qui commence une ère nouvelle, mais il sera facile de poursuivre les progrès réalisables pour les évolutions, en passant aux 7me et 8me sections qui comprennent les mouvemens du général Richepance, et un aperçu sur les systèmes des généraux Bismark, La Roche-Aymon, Dejean et Schauenburg; du colonel de Chalendar et du major Itier.

Qu'on me permette encore un mot pour terminer cette Revue historique, déjà trop étendue; c'est que, lorsqu'on sera réduit à la nécessité d'une révision, s'il est essentiel, s'il est indispensable d'avoir une commission composée des notabilités de l'arme, sous le rapport du grade et de la capacité, il est non moins indispensable d'y appeler des officiers sortis des écoles, et employés à l'instruction quotidienne des régimens. Le privilége de la position de ces instructeurs estimables, c'est la grande habitude, la connaissance approfondie des détails. Nous en avons connu certains qui tenaient un journal raisonné, qui prenaient note des moindres observations, et nous sommes assurés que la cavalerie en compte plusieurs aujourd'hui qui n'ont pas moins de zèle. C'est ainsi que les vues d'ensemble et générales, venant se combiner avec la connaissance approfondie des détails de l'école régimentaire, il en résulte un tout harmonieux et durable. Combien de mesures analogues ont été manquées, ou frappées de mort à leur naissance, combien de dépenses, soit de temps, soit de deniers publics, n'ont-elles pas été perdues, pour n'avoir pas réuni ces deux élémens indispensables !

PREMIÈRE SECTION.

SUR L'INSTRUCTION EN GÉNÉRAL.

Au lieutenant=général, pair de France,

Vicomte Cavaignac.

Tout système d'instruction doit être applicable par les masses, et basé sur la
nature, la connaissance parfaite des élémens militaires constitutifs , et le temps
que les cavaliers passent sous les drapeaux. Vient ensuite l'instruction individuelle pour la recrue et le jeune cheval, et successivement par deux , par
quatre , par pelotons , divisions et escadrons , jusqu'à la ligne déployée.

I.

Instruire des troupes, c'est leur donner la connaissance et l'habitude des mou-
vemens qu'elles doivent exécuter par la suite ; ce sont donc les mouvemens
qu'on fait à la guerre, qui doivent servir de base aux exercices en temps de
paix.

L est des vérités tellement reconnues, tellement établies, qu'on pourrait se dispenser de s'y arrêter ;
toutefois ce n'est pas chose inutile
que d'insister sur une base fondamentale, quelque reçue qu'elle
soit, surtout quand on s'adresse à de jeunes officiers
et instructeurs de cavalerie, qui doivent connaître
dans tous leurs détails, les fondemens de l'édifice militaire.

Si l'instruction des troupes était considérée comme une
chose isolée, si l'on négligeait de la faire cadrer dans ses
détails et dans son ensemble avec ce qui se pratique dans la
suite, le résultat d'une telle marche serait aisé à prévoir ;

comme dans cette hypothèse on opèrerait à la guerre d'une toute autre manière que dans les exercices de paix, il y aurait au moment du danger, ignorance, surprise, embarras extrême, et l'ennemi n'aurait aucune peine à triompher de troupes prises au dépourvu, et ne sachant exécuter ce qu'il conviendrait qu'elles fissent.

Que si, au contraire, il y a analogie parfaite entre la préparation et le but, que si l'on n'admet que les mouvemens utiles et praticables devant l'ennemi, la guerre étant venue, ce ne sera plus qu'un exercice et une répétition de ce qui aura été fait dans les garnisons et dans les camps d'instruction : il faut donc élaguer tout ce qui n'aurait pas ce caractère, tout ce qui ne parlerait qu'aux yeux, tout ce qui diviserait l'attention, sans utilité, se rappelant toujours le précepte de Montécuculli : *que c'est en retranchant des exercices le superflu, qu'on apprend mieux le nécessaire.*

II.

La marche de l'instruction doit être aussi prompte que possible, en temps de guerre ; mais en temps de paix, elle doit être plus lente, et plus perfectionnée, sans cesser cependant de cadrer avec le peu de temps que le cavalier français est tenu de passer au service.

EN temps de guerre, ce sont les besoins des armées, qui décident du temps qu'on peut donner à l'instruction des recrues et des jeunes chevaux, il faut de la cavalerie avant tout, et comme le plus grand inconvénient serait d'en manquer, nous comprenons qu'on procède sous l'empire de cette nécessité ; mais, en temps de paix, nous ne sommes plus aussi pressés, nous pouvons nous attacher à l'instruction, lui donner de la suite, former de bons cavaliers et dresser avec le plus grand soin nos remontes ; toutefois il ne faut pas traîner l'instruction en longueur, laisser, plus de temps qu'il ne faut, l'homme et le cheval à l'école, et ajourner, par cela même, les services qu'ils peuvent rendre l'un et l'autre.

L'expérience apprend, dans les régimens, que les instructeurs voulant obtenir des résultats trop parfaits, seraient sujets à cet inconvénient ; en revanche, les chefs de corps et les officiers supérieurs, plus préoccupés du travail d'ensemble que des détails de l'école, tomberaient dans l'excès contraire ; c'est pour concilier tous les intérêts, que l'ordonnance a prescrit 180 journées de travail à cheval, représentant six mois pleins, avant d'être admis dans les escadrons (1) : y employer moins de temps, c'était compromettre l'instruction individuelle du cavalier, qui est et sera toujours la base; en employer davantage, c'eût été sortir des limites imposées par la loi du recrutement : depuis lors même, le temps à passer sous les drapeaux a été borné à sept années, et les appels ayant lieu postérieurement, viennent encore réduire ce terme, déjà bien court pour les armes spéciales.

La règle est donc tracée pour l'état de paix, il n'y a plus qu'à s'y conformer; et quant au temps de guerre, ne pourrait-on pas la suivre encore et rester dans l'esprit de l'ordonnance, en diminuant proportionnellement sur les journées de travail à consacrer à chaque leçon, ou article en particulier ?

Nous pensons que c'est très praticable, que c'est même une chose d'obligation qui rentre tout-à-fait dans ses prescriptions, et si l'on n'a que trois mois au lieu de six, qu'on doit diminuer de moitié le nombre des journées de travail prescrit dans l'état habituel.

III.

L'instruction des troupes doit avoir une marche et des principes aussi simples que possible, afin qu'elle soit bien entendue par ceux qui doivent l'enseigner, et surtout par ceux qui doivent l'exécuter.

ES régimens de cavalerie devront toujours être le point de mire de ceux qui seront appelés, par la confiance du souverain, à revoir les ordonnances de cette arme; c'est toujours sur la généralité qu'il faudra asseoir son plan, son système, ses détails, et non sur des exceptions qui prouvent le principe plutôt que de l'affaiblir.

Les élémens régimentaires provenant du recrutement, ainsi que nous l'avons vu, sont réunis pour sept ans au plus, et pour bien moins de temps encore quand l'appel des classes est retardé; des causes, qu'il n'est pas de

---

(1) M. Baucher demande moins de 3 mois pour l'éducation complète des chevaux d'une conformation très ordinaire; mais il n'est pas démontré qu'un instructeur de régiment puisse faire dans le même temps, ce que pourra réaliser lui-même cet habile écuyer, en donnant 2 leçons par jour; du reste, nous préférerions encore un temps plus long, comme laissant une trace plus profonde chez le cheval, en l'amenant plus graduellement à une sujétion qui n'est pas toujours sans fatigue.

notre sujet de traiter, ont donné une grande extension au remplacement, qui est si peu dispendieux qu'il n'est pas besoin d'être riche pour y atteindre ; nos régimens d'aujourd'hui sont donc bien éloignés pour la composition, de l'époque où *chacun partait pour son sort*, suivant l'expression reçue, époque unique, où l'armée était véritablement l'élite de la nation ; aussi que de talens, que de vertus militaires en ont jailli !

Toutefois, lors même que nous aurions encore ces élémens d'élite, ce ne serait pas un motif suffisant pour sortir de la simplicité, quant à la théorie et quant à la pratique, en ce qui concerne les méthodes d'instruction applicables à la cavalerie ; c'est ainsi qu'étant à la portée de tous les instructeurs et de tous les cavaliers, elles seront mieux démontrées par les uns et mieux exécutées par les autres.

Les chevaux eux-mêmes s'en trouveront infiniment mieux et dureront bien davantage, si l'on éloigne tout ce que l'équitation a d'académique, pour se renfermer dans tout ce qui est militaire ; au surplus, nous ne sommes plus au temps où M. *Turpin de Crissé* faisait entendre ses justes doléances ; nous avons bien marché aussi depuis la réorganisation de 1815, époque où l'on soutenait encore d'étranges systèmes ; aujourd'hui l'équitation est bien comprise ; on s'attache à placer les cavaliers commodément à cheval, à leur donner la facilité de conduire leurs chevaux par les moyens les plus simples, et en les fatigant le moins possible, à les assouplir, à leur donner de la hardiesse, bien nécessaire, sans doute, à un homme de guerre ; à régulariser les allures, à leur donner de l'étendue, à établir enfin l'union intime de l'homme et du cheval à toutes les allures.

Mais personne ne songe aujourd'hui à transformer en manége d'académie un manége militaire ; à établir de l'analogie entre la position de l'écuyer, qui pourrait être plus étudiée, sans dommage pour sa personne et celle du combattant à cheval, qui doit être familier à former toutes espèces d'attaques, comme à employer toute espèce de défenses ; personne n'imagine exhumer de l'oubli qui devait en faire justice à jamais, ces tours de force sans résultats (1), ces éternels pas de côté, qui n'ont d'autre but pour le cheval d'escadron que de le rendre inquiet, de l'empêcher de souffrir la pression du rang et de marcher droit.

Enfin, quiconque a entrevu le but, préférerait consolider ses cavaliers dans les exercices du sabre et de la lance, en marchant, et dans le tir à la cible, du mousqueton et du pistolet, et insister sur la voltige militaire qui vient d'être adoptée, leçons dont on ne saurait contester les avantages, pour les cavaliers de toute arme, mais bien plus encore pour

______

(1) Voir la 2ᵐᵉ section , *sur l'Équitation militaire* , prop. 1 et suiv.

les troupes légères, dont l'adresse et la force individuelle ne saurait jamais être trop développée.

IV.

L'instruction doit toujours aller du simple au composé, de manière que le premier principe et le premier mouvement étant les plus faciles, le cavalier arrive, en suivant toujours la même marche, au dernier principe et au dernier mouvement, qui seront les plus difficiles.

EPUIS long-temps l'expérience a démontré la bonté de cette méthode, et toutes les personnes qui se sont occupées d'instruction militaire, gymnastique ou autre, l'ont adopté et ont pu en apprécier les bons effets par les progrès de leurs élèves.

Si les commencemens sont difficiles en toute chose, même pour celui dont l'éducation a été soignée, ils le sont bien plus encore pour le paysan qui arrive au corps; en effet, si l'esprit n'est point préparé aux idées nouvelles qu'on lui présente, s'il ne les comprend pas d'abord, s'il n'en saisit pas le but, ni le corps, ni les membres ne le sont davantage à prendre une position, à exécuter des mouvemens qui leur sont, bien des fois, totalement étrangers, et qui s'écartent de leur manière d'agir ordinaire; il faut donc se pénétrer de ces doubles difficultés, comprendre qu'elles doivent être plus grandes chez le sujet où il y a moins d'éducation, qu'il faut semer avant de recueillir, et que la semence reste long-temps cachée sous terre avant de se montrer au dehors et de se développer.

Il faut être très intelligible dans ses explications, les faire courtes, et commencer par les mouvemens les plus simples, les plus aisés, les plus doux et les moins fatigans; successivement les idées germeront dans la tête de l'homme; il se familiarisera avec le langage militaire et s'habituera au mouvement du cheval; aussi pourra-t-on exiger davantage, et on avancera dans l'instruction en raison de ses progrès, passant successivement d'une partie à une autre, afin que son attention se concentre sur le même objet, et pour éviter toute espèce de confusion.

C'est cette marche sage et successive que nous appelons *progression*; réaliser ce système dans toute son étendue, telle a été la pensée constante de l'œuvre du 6 décembre : les avantages qu'on en retirera seront de conduire le cavalier au terme de l'instruction, sans qu'il sans aperçoive, sans qu'il éprouve de difficulté à concevoir et à exécuter; chaque principe qu'on lui explique, et chaque mouvement qu'on lui fait faire, étant un acheminement à celui qui suit, et en préparant l'intelligence et l'exécution.

Il est à remarquer aussi que cette marche est la plus prompte; car si l'enchaînement naturel des difficultés n'était pas suivi, ni l'esprit ni le corps n'étant suffisamment préparés, on serait arrêté fréquemment pour vaincre les difficultés qui se présenteraient; tandis qu'en suivant la méthode de la progression, elles sont résolues d'avance par leur conséquence même (1).

V.

Le principe général de l'instruction de la cavalerie, c'est la progression; c'est suivant cette règle suprême que toutes les parties doivent être entendues, classées et coordonnées; s'en écarter, ce serait se jeter dans des lenteurs, dans des répétitions inutiles, dans des contradictions, dans l'arbitraire et l'incertitude.

 ES inconvéniens sont précisément ceux dans lesquels était tombée l'ordonnance provisoire; toutefois, il est juste de dire que le progrès procède d'une manière successive, et que, malgré ceux de 1788, il en restait beaucoup à faire; ce n'est donc pas dans un but de dénigrement, qui ne saurait nous être reproché, que nous poursuivrons notre démonstration, mais pour établir nos principes sur des faits.

Si l'ordonnance provisoire était difficile à saisir, si dans un cas elle avançait une chose pour dire le contraire dans un cas semblable; s'il s'élevait souvent des contestations qu'elle était loin de pouvoir résoudre; si elle était difficile à apprendre, facile à oublier, c'est qu'elle ne prouvait pas d'après un plan et un principe raisonné; c'est que la progression, il faut le dire, était alors plus entrevue que comprise : elle existait pour certaines parties; pour d'autres, on marchait au hasard, sans principe et sans boussole : aussi, loin de présenter un ensemble rationnel et harmonieux, beaucoup de mouvemens bons, pris individuellement, criaient de se trouver les uns à côté des autres; les frottemens étaient rudes, les ressorts n'a-

---

(1) Ceci s'applique plus à ceux qui seraient chargés de réviser nos ordonnances ultérieurement, qu'aux instructeurs des régimens, qui sont dispensés de faire de l'éclectisme en instruction militaire, du moins quant à la progression générale, conçue dans cet esprit par l'ordonnance, et qui doit être suivie à la lettre.

vaient pas été assemblés les uns pour les autres; on y sentait aussi l'absence d'une douce et onctueuse synovie; cet écueil était trop saillant pour que, dans la rédaction du 6 décembre, on ne cherchât pas à s'en garantir.

Maintenir la progression où elle existait, la créer partout où elle n'était pas, telle fut la règle qu'on dût se prescrire. En indiquant le but qu'on se propose, la route n'est pas difficile à tenir, et le principe de la progression, posé pour base fondamentale, il ne reste plus qu'à agir conformément à ce principe, que chacun a devant les yeux, comme un point de direction, sur lequel il faut se porter, en suivant la ligne la plus courte.

Il résulte de ce qui vient d'être dit, que la progression est une marche graduelle et insensible, au moyen de laquelle on arrive du point de départ au but, par une série de points intermédiaires, progressifs, sans difficulté, sans choc et sans perte de temps; parce qu'on a toujours été du simple au composé, du connu à l'inconnu, et de la chose la plus aisée à la chose la plus difficile.

Mais il reste encore à faire l'anatomie de la progression, sur le principe de laquelle on est plus d'accord que sur les détails; toutefois, il ne peut y en avoir qu'une bonne, c'est celle qui est basée sur des vérités physiques, matérielles et incontestables.

La progression consiste à suivre plusieurs gradations, sans la stricte observation desquelles on commet des violations continuelles. Ces gradations sont :

1° Instruire les cavaliers, pelotons, divisions et escadrons individuellement, avant d'en réunir plusieurs pour les faire travailler ensemble.

2° Suivre la gradation des allures, en commençant de pied ferme, puis au pas, au trot, et enfin au galop.

3° Suivre la gradation des directions, le mouvement direct devant, dans tous les cas, précéder les mouvemens circulaires.

4° Suivre la gradation des mouvemens par ordre de difficulté, et comme ils se présentent sur le terrain, afin de rendre la pratique de l'instruction facile et suivie.

5° Suivre la gradation pour le nombre; car ce serait violer la progression, que de réunir beaucoup de cavaliers, avant d'avoir obtenu ensemble et régularité d'un nombre plus petit.

6° Enfin, et c'est la gradation de toute l'ordonnance, suivre invariablement la progression des fronts, en commençant par 1, par 2, par 4, par pelotons, divisions, escadrons, et enfin en ligne déployée.

Toutefois, il faut ajouter que, lorsque chaque partie de l'instruction aura été bien comprise et bien exécutée, en suivant l'ordre prescrit, non seulement il sera loisible, mais ce sera même un devoir pour l'instructeur de l'intervertir, dans le but de prévenir la routine, de faire travailler le cavalier et d'augmenter son assurance en cherchant à le prendre au dépourvu.

Comme aussi après avoir usé des manéges et des terrains unis et sans obstacles pour les diverses écoles, on devra exercer sur des terrains inégaux, accidentés et même difficiles, car les circonstances de la guerre doivent être reproduites autant que possible dans les exercices du Champ-de-Mars.

VI.

Il faut rompre, marcher, changer de direction, arrêter, se porter en avant, obliquer, faire à droite, à gauche, demi tour à droite et à gauche, s'aligner, trotter, galoper, charger et se former par un, avant de répéter les mêmes mouvemens par deux, par quatre et successivement par pelotons, divisions escadrons et par tout le régiment enfin.

UAND un principe est aussi capital, il faut l'approfondir, le creuser, dût-on même tomber dans quelques répétitions, qui dépareraient un ouvrage prétentieux, mais non celui-ci qui n'a pour but que l'utilité.

On ne peut nier en effet que l'homme seul ne se meuve dans tous les sens avec bien plus d'aisance que deux; que deux hommes ne se meuvent avec bien plus de facilité qu'une fraction de quatre, de telle manière qu'abstraction faite des difficultés premières du commençant, et en supposant même son instruction individuelle completée, les mouvemens de tout genre n'en restent pas moins plus difficiles, à mesure que le front s'accroît, ce qui fait un travail particulier de tous les fronts intermédiaires à partir du plus petit front, qui est l'homme seul, jusqu'au plus grand qui se puisse réunir, qui est la ligne déployée.

En effet, si tous les cavaliers montaient bien à cheval, s'ils savaient se porter aussitôt sur toutes les directions, s'ils étaient adroits à manier leurs armes, et si, de leur côté, les chevaux étaient maniables, dociles et avaient des allures réglées, alors ces précautions pourraient être inutiles et ralentiraient l'instruction en pure perte.

Mais il s'en faut qu'il en soit ainsi : les cavaliers bien souvent n'ont pas

approché un cheval et les chevaux de remonte n'ayant pas été convenablement montés, il faut songer à l'instruction séparée de chacun de ces élémens.
Moins on aura d'hommes et de chevaux à former dans le principe, plus
la surveillance sera active, mieux on apercevra les fautes, mieux elles
seront rectifiées, et plus on rendra les mouvemens faciles, puisqu'ils se
compliquent en raison de l'accroissement du nombre et du front.

Plus tard, quand les cavaliers seront formés et les jeunes chevaux
dressés, quand les uns et les autres auront été ramenés à l'unité, on
pourra en réunir un plus grand nombre et les faire marcher sur un plus
grand front, ne perdant jamais de vue, qu'une troupe n'est autre chose
qu'un grand corps, auquel il serait impossible de se mouvoir d'une manière
uniforme, si les mouvemens n'étaient pas les mêmes en étendue et en
vitesse, et si tous les individus, hommes et chevaux, dont elle se compose,
n'avaient été formés préalablement les uns pour les autres.

Peut-on concevoir la progression d'une autre manière? le travail individuel n'est-il pas la base de l'édifice et ne conduit-il pas évidemment
au travail par deux, celui-ci au travail par quatre, celui-ci au travail
par peloton, celui-ci à marcher par division, ce nouvel ordre à marcher
par escadron, et le travail par escadron enfin à la ligne déployée.

Les avantages de cette méthode sont incontestables sous le rapport de
la simplicité, de la théorie, de la facilité de l'exécution, et sous quelque
point de vue qu'on veuille l'envisager.

La théorie est évidemment plus facile, puisqu'il suffit de connaître la
nomenclature d'une partie pour connaître celle des autres.

Elle est plus aisée encore sous le rapport des principes, parce que le
principe de l'instruction individuelle formant la base, on exécute les
marches et mouvemens sur les différens fronts, sans jamais s'en
écarter, et ajoutant seulement les détails que l'augmentation du front
nécessite.

Elle est infiniment mieux comprise, parce que la confusion cesse et que
tous les principes et mouvemens viennent se grouper autour de leur
source naturelle ; semblable en cela à la botanique, qui a admis des
familles parmi les plantes, afin de les classer avec méthode suivant leurs
rapports ; à la chimie, qui date ses progrès du moment que les mêmes
nomenclatures lui ont été appliquées, et au corps de lois qui régit la
France, (les cinq codes), lequel a substitué un classement régulier et
méthodique, à une confusion augmentée encore, par la différence des lois
et institutions des provinces.

Mais cet ordre porte avec lui trois caractères, qui doivent par la nature des choses le faire adopter un jour (1) ; il est *physique*, *méthodique* et *pratique*.

Il est *physique* : cette vérité n'est-elle pas évidente après les démonstrations qui précèdent ? la gradation des allures en commençant par la plus lente et arrivant successivement à la plus vive ; la gradation des mouvemens commençant toujours par les directs et terminant par les circulaires ; la gradation des fronts commençant par le plus petit et arrivant successivement au plus étendu.

Il est *méthodique*, parce que le même ordre est observé dans chaque division, les mouvemens se représentant toujours dans la même série progressive ; parce qu'enfin tous les mouvemens isolés jusqu'à présent viennent se grouper et former un même corps avec le principe d'où ils dérivent, c'est-à-dire avec l'instruction individuelle, les divers ordres de colonne, et les fronts progressifs jusqu'à l'ordre de bataille.

Il est *pratique*, parce que les mouvemens à quelques exceptions près, se représentent à l'instructeur comme il doit les faire sur le terrain, en suivant toujours l'ordre des difficultés.

Il est *plus sur*, parce que les différens fronts ayant été assimilés au cavalier seul, les mêmes mouvemens se reproduisent dans la même série sur des fronts plus étendus, ce qui fait qu'on n'en néglige aucun, tandis qu'à présent le meilleur instructeur n'est pas à l'abri de plus d'un oubli : mais comment la même crainte pourrait-elle avoir lieu dans ce système, alors qu'ils ont un rang assigné et qu'ils se représentent à la même place, dans toutes les divisions, ce qui fait qu'en avançant dans l'instruction, on se confirme tous les jours davantage dans ce qui a été vu auparavant.

Cette gradation meilleure pour l'homme de recrue, pour l'instructeur et pour l'officier en général, est aussi la meilleure pour le jeune cheval, qui se façonne peu à peu, s'assouplit, devient maniable, se rompt à toutes les volontés du cavalier et s'habitue par une gradation insensible à la pression du rang.

Bien mieux encore elle évite au cheval deux leçons de l'instruction présente qui le fatiguent, l'éreintent et le mettent sur les dents ; on veut parler de la sixième leçon et de l'article V de l'ordonnance provisoire

____

(1) L'introduction de ce travail date de 1838, mais le corps de cet ouvrage, commencé en 1821, fut terminé en 1824 et 1825 ; on y a moins ajouté depuis, qu'on ne s'est attaché à le revoir, à le coordonner, et à le mettre en rapport avec les progrès subséquens.

de 1804. Comme cette sixième leçon avait pour titre *travail au galop* et l'article V *de la marche circulaire ou de conversion*, on a vu des officiers soutenir qu'il était interdit de faire autre chose que de galoper dans le premier cas, de converser dans le second, et qui en usaient exclusivement invoquant la lettre de l'ordonnance même ; il est vrai de dire aussi qu'après de pareilles monstruosités les chevaux étaient abîmés, haletans, baignés de sueur, rendus en un mot, et exposés de plus aux affections, que la transition d'un tel exercice, et la rentrée dans des écuries vastes et froides devait naturellement développer..

Dans notre gradation, au contraire, le galop reparait par intervalles sur chaque nouveau front ; dans chaque division, il est recommandé d'y exercer le cheval avec modération ; dans l'école du cavalier même, le nombre de tours a été prescrit, aussi ne verra-t-on plus des chevaux fatigués, mais en haleine, rompus à une allure qu'ils pratiquent de temps en temps, et qui ne suent pas au premier tour de galop, comme les chevaux qui n'y sont exercés que de loin en loin.

Quant aux conversions, rien ne détraque autant les allures des chevaux, rien ne les fatigue autant, rien n'occasionne de si nombreux accidens que les conversions long-temps prolongées ; les cavaliers s'ennuient de tournoyer long-temps de suite et sur place ; ils conversent avec négligence ; tour à tour ils s'ouvrent et se resserrent ; les chevaux ruent et donnent des coups de pied quand la pression devient trop forte ; obligés de tourner sur place du côté du pivot, leur mouvement, qui est insensible, se réduit à piaffer (1) exclusivement, ce qui nécessite, de la part du cavalier, un travail continuel de la main et des jambes.

Il est facile de concevoir qu'après une pareille gêne, pour peu qu'elle soit prolongée, les chevaux deviennent quinteux, ruailleurs et dangereux pour leurs voisins. Forcé de faire converser comme les autres pour me conformer aux ordres donnés, j'ai vu des fractures, des contusions horribles, des chevaux se jeter sur leurs voisins, d'autres s'élancer hors des rangs pour se soustraire à une pression devenue insupportable ; trop heureux quand il n'y avait que du désordre et aucun accident à déplorer !

Dans cette gradation, au contraire, on n'aura point ces inconvéniens à craindre, les conversions se représentant sur chaque front, étant précé-

(1) Malgré cette ressemblance, nous ne croyons pas que le piaffer doive prendre rang dans les exercices de la cavalerie, sous peine de fatiguer et de ruiner beaucoup de chevaux, et de les rendre très inquiets dans le rang.

dées et suivies de marches directes, et l'une acheminant directement vers celle qui a lieu sur un front plus étendu dans la partie suivante (1).

C'est cette périodicité de tous les mouvemens qui formera des cavaliers, des officiers et des instructeurs choisis; on voudrait négliger un mouvement, que ce ne serait plus possible; et en les répétant tous de cette manière et à de courts intervalles, on est sûr, tout en avançant dans l'instruction, de revoir et de se confirmer dans tout ce qui aura été déjà fait.

Nous passerons maintenant au but tactique qui n'est pas moins incontestable, et qui complètera les bases d'un bon système d'instruction; aussi bien comme il est de toute impossibilité qu'une ordonnance puisse prévoir tous les cas, la fin qu'on se propose devient bien essentielle à connaître, afin de pouvoir se diriger, dans la suite, d'après cette base générale, très simple et très facile à saisir.

VII.

Le but de tous les exercices prescrits par l'ordonnance est de mettre tout cavalier seul, colonne, ou ligne de bataille quelconque, dans la possibilité de se mettre en marche sur tous les points et de faire front sur tous les points; ce qu'ils peuvent faire au moyen de la marche directe et de la conversion.

ous nos exercices de paix ont pour but de nous mesurer avec l'ennemi, de la manière la plus avantageuse.

Les diverses positions où l'on se trouve à la guerre réclament, d'une troupe grande ou petite, la facilité de se mettre en marche sur tous les points, et de faire face sur tous les points.

En effet, elle peut, d'un moment à l'autre, recevoir l'ordre de se porter ou d'aller occuper un point quelconque; et l'ennemi pouvant se présenter à elle sur toutes les directions, elle doit aussi pouvoir s'opposer à lui sur toutes les directions.

(1) L'ordonnance du 6 décembre, comme on le voit, a réalisé ces vœux qui étaient ceux de tous les bons officiers de cavalerie.

Ainsi se mettre en marche, faire front, ou se former sur tous les points d'une circonférence, est le résultat général auquel on vise dans l'instruction des troupes.

Quel est le meilleur tirailleur, si ce n'est celui qui, adroit à manier son cheval et ses armes dans toutes les directions, dans tous les degrés de vitesse, et qui, atteignant le mieux le but, est assez leste et assez agile pour présenter toujours son front au côté le plus faible de son adversaire ?

Quelle est la troupe la plus manœuvrière, si ce n'est celle qui, se ployant, se déployant et changeant de front avec le plus de promptitude, parvient à prendre un ordre de bataille sur les flancs ou les derrières de son ennemi ?

Connaissant le but, les moyens pour y parvenir se déduisent facilement ; autrement il n'y aurait point d'analogie.

Comment aborde-t-on l'ennemi ? comment arrive-t-on le plus promptement à un point déterminé, si ce n'est en se portant directement sur l'un ou sur l'autre ? comment peut-on suivre les mouvemens de l'ennemi, comment pourrait-on le tourner et se porter sur toutes les directions, si ce n'est en tournant sur soi-même ? *Les deux bases de l'instruction sont donc la marche directe et la conversion.*

Il résulte des axiomes précédens, que les troupes de toute arme et celles de cavalerie particulièrement, absolument impropres aux combats de pied ferme, excepté dans quelques cas très rares, ne se rendent utiles que par leurs mouvemens ;

Que le mécanisme du mouvement des troupes, soit qu'elles agissent ensemble, ou individuellement comme les troupes légères, s'effectue et ne peut s'effectuer que par la marche directe et la conversion ;

Que la marche directe et la conversion, combinées ensemble, conduisent à toute espèce de marche, de mouvement, de changement de direction et de front, de formation et de manœuvre ;

Que notre instruction, qui n'a pour but que de former des troupes pour la guerre, réside dans deux mouvemens, le direct et le circulaire, qu'il faut leur faire connaître ;

Qu'il faut examiner ces deux mouvemens, afin de commencer par le plus aisé et le plus naturel :

Et qu'enfin le résultat de cet examen est que la marche directe est le mouvement le plus simple, le plus facile et le plus habituel, tandis que la conversion, sans cesser d'être indispensable, est plus difficile, plus compliquée, en troupe surtout, plus rare, et ne consiste qu'à parcourir le demi-quart, le quart, et la moitié du cercle dans les évolutions, pour conduire toujours à une marche directe.

Ces derniers alinéas formeront autant de propositions qui seront démontrées dans la suite de cet ouvrage.

La démonstration suivante rendra palpables les vérités qui viennent d'être avancées, et qui sont communes au cavalier seul, à une colonne et à une ligne de bataille quelconque.

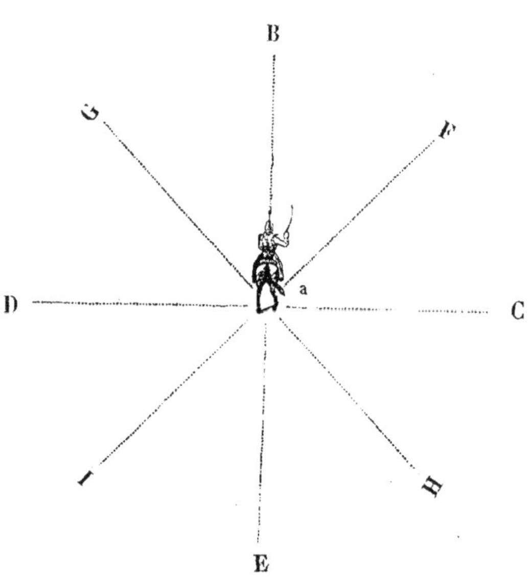

Tous les points sur lesquels le cavalier peut se mettre en marche et faire front, comme aussi tous les points qu'on peut suivre pour arriver sur lui, sont évidemment compris dans une circonférence supposée inscrite, autour de lui, et dont il forme le centre.

Ses mouvemens sont toujours excentriques, c'est-à-dire qu'ils ont lieu du centre à toutes les parties de la circonférence; les mouvemens de l'ennemi sur lui sont toujours concentriques, et ils ont lieu de toutes les parties de la circonférence au centre qu'il représente.

S'il doit se mettre en marche dans la direction où il se trouve, il se porte directement sur la direction B; si c'est sur la droite, il fait à droite et prend la direction C; si c'est sur la gauche, il fait à gauche et prend la direction D; enfin, s'il tourne le dos au point sur lequel il doit se porter, il fait demi-tour à droite ou à gauche, et prend la direction E (1).

Le voilà mis en marche au moyen de la marche directe et de la conversion sur les quatre points principaux du cercle; toutefois, il pourrait se placer, par le même moyen, sur tous les autres points; ce serait à lui de tourner sur lui-même et de cesser son mouvement de conversion, lorsqu'il se trouverait vis-à-vis du point où il devrait aller; d'après cela, s'il devait aller en F, il aurait à faire un demi à droite; en G, un demi à gauche; en H, un à droite et demi; et en I, un à gauche et demi, se portant ensuite bien droit devant lui après chacun de ces mouvemens.

Si l'on a prouvé qu'il peut, avec l'aide des moyens précédens, se mettre en marche sur tous les points, il s'en suit qu'il peut également faire front sur tous les points, l'un est la suite inévitable de l'autre; ainsi donc le cavalier est à même de se porter sur tous les points de la circonférence, et il peut également opposer son front à l'ennemi, de quelque côté qu'il se présente à lui.

Cette démonstration est d'autant plus essentielle à saisir, qu'elle nous indique clairement ce que le cavalier, une colonne, et une troupe en bataille ont à faire par la suite, et ce que nous devons, par conséquent, leur démontrer dans notre instruction.

Une chose qui doit frapper, c'est que la marche directe est habituelle; qu'elle est de longue durée, et qu'elle succède toujours à la conversion, mouvement bref, on peut même dire de circonstance; il ne peut en être autrement: la marche directe menant au but par le mouvement le plus naturel, par la ligne la plus courte, et étant la seule propre à l'ordre de bataille et à la charge, a dû prévaloir sur la conversion, mouvement compliqué, en troupe surtout, et qui n'a été admis que parce qu'on ne pouvait changer de direction et de front, et se former dans les différens ordres d'une manière différente.

Il serait absurde d'après cela de traiter à l'égal ces deux mouvemens et de tournoyer sur des cercles comme l'on parcourt des lignes droites; cependant il faut admettre quelques restrictions dans l'arme de la cavalerie, et la marche circulaire, ou travail à la longe, donné à propos et avec discernement, est un moyen utile à employer pour l'instruction de nos cavaliers et de nos chevaux.

(1) On comprend que, dans une démonstration de cette généralité, nous avons cru pouvoir nous dispenser de reproduire dans notre figure les arcs de cercle de l'ordonnance, planche 52.

Il est donc reconnu, par suite de cette démonstration, que la marche directe et la conversion forment le fond de l'instruction des troupes, non qu'il faille les traiter à l'égal, puisque l'une est une marche qui sert à chaque instant et dans toutes les circonstances, tandis que l'autre n'est pas positivement une marche, mais un mouvement purement accessoire, ce qui doit amener une différence dans la manière dont chacune de ces instructions doit être donnée; mais parce qu'elles sont indispensables l'une à l'autre.

Notre démonstration a été faite pour un cavalier seul, afin de la rendre plus saillante, car nous aurions pu tout aussi bien prendre une colonne, ou une troupe en bataille pour point de comparaison, la tactique n'ayant admis ces deux ordres principaux, que pour substituer la force d'ensemble à la force individuelle, en s'approchant toutefois, le plus possible, de la précision et de la promptitude des mouvemens d'un seul.

Essayons d'appliquer le même raisonnement à une colonne; si un corps de troupes formé dans cet ordre doit se porter devant lui, il se met en marche du point A sur le point B; à droite de sa position primitive, la tête et successivement les autres fractions changent de direction et quittent celle B pour prendre celle C; à gauche de sa première position, cette colonne prend la direction D de la même manière; enfin si elle tourne le dos au point où elle doit aboutir, chaque fraction ayant fait demi-tour à droite ou à gauche, au commandement qui a été fait, marche droit devant elle dans l'ordre renversé et prend ainsi la direction E; la même colonne eut pris la direction F, en faisant tête de colonne demi à droite; la direction G, en faisant tête de colonne demi à gauche; la direction H, en faisant à droite et demi, et la direction I, en faisant à gauche et demi.

Si le problème de la marche dans tous les sens est ainsi résolu, celui de la formation dans toutes les directions ne l'est pas moins; en effet, s'il faut prendre un ordre de bataille pour faire face à l'ennemi qui se présente en B, *en avant en bataille*; en C, *à droite en bataille*; en D, *à gauche en bataille*; en E, *pelotons demi tour à gauche* (ou *à droite*) = *et en avant en bataille*.

L'ennemi se présentant en F, *tête de colonne demi à droite et en avant en bataille*; en G, *tête de colonne demi à gauche et en avant en bataille*; en H ou en I, *pelotons demi-tour à droite* (ou *à gauche*), et quand la dernière fraction se trouverait après un à droite et demi, ou un à gauche et demi, dans la direction diagonale où l'on veut se former, *en avant en bataille*, ou *en avant ordre inverse en bataille*.

Nous prions le lecteur de ne pas oublier que nous généralisons beaucoup la chose, que nous ne prescrivons pas de donner la préférence aux formations en bataille en arrêtant, sur les mêmes formations en continuant de marcher ; que, parce que l'ennemi se présente sur un point, nous ne faisons pas un principe de se former exactement en face de lui, parce que ce serait le combattre de la manière la moins avantageuse, étant toujours préférable de diriger ses attaques sur les parties les plus faibles de son ordre ; mais que ces diverses suppositions ont pour objet de prouver, qu'une colonne pour avoir *mobilité*, *ensemble* et *force*, doit pouvoir se mettre en marche et se former sur tous les points, et qu'elle peut le faire, ainsi qu'on vient de le démontrer.

Il en est de même de la colonne serrée qui, de même que celle avec distance, doit pouvoir se mettre en marche sur tous les points, faire front ou se déployer sur tous les points. (1)

Les démonstrations précédentes ne s'appliquent pas moins à une ligne de bataille : soit le point A représentant une troupe formée dans cet ordre, si l'ennemi se présente en B, elle conserve son ordre ; en C, elle change de front à droite ; en D, elle change de front à gauche ; en E, elle fait demi-tour.

Les mêmes changemens de front se répèteraient sur les directions F, G, H, I, en donnant à la fraction de la ligne qui servirait de base à cette formation, celle de ces directions qui conviendrait le mieux à la circonstance, et les autres fractions viendraient s'aligner sur elle.

Si une ligne de bataille peut changer de front sur les directions précitées, elle peut donc se mettre en marche sur ces directions, et elle peut, ayant fait front sur tous les points, charger et attaquer sur tous ces points ; car, pour exécuter une marche d'une certaine durée, on sait que l'ordre de colonne qui fractionne les troupes, et qui leur permet de se mouvoir avec plus de liberté, de promptitude et d'aisance, est préférable à l'ordre de bataille.

La démonstration précédente a donc rendu évidente la vérité de notre proposition, et a établi d'une manière incontestable, que *tout cavalier, colonne, ou ligne de bataille doivent pouvoir se mettre en marche sur tous les points et faire front sur tous les points, et qu'ils le peuvent au moyen de la marche directe et de la conversion.*

____

(1) Voir la 6ᵉ section, *sur l'ordre en colonne*, prop. XI.

VIII.

Conséquences à tirer de la démonstration précédente.

O N peut déduire des principes précédens des conséquences non moins justes ; c'est que tout se réduit à faire mouvoir des cavaliers individuellement, des colonnes, ou des lignes de bataille.

Nos cavaliers agiront individuellement, quand besoin sera, pour éclairer les marches, flanquer les colonnes, reconnaître un pays, le fouiller, faire le service des avant-postes dans les cantonnemens et tirailler à l'approche de l'ennemi.

Nos cavaliers seront formés en colonne, pour marcher et se mouvoir avec plus d'aisance ; pour se frayer un passage par toute espèce de défilé ; pour transporter rapidement des masses d'un endroit à l'autre ; pour surprendre l'ennemi, en lui masquant ses forces ; pour diriger contre ses colonnes, ou ses carrés des charges successives.

Nos cavaliers seront formés en bataille, pour prendre un ordre de force et de combat ; pour se mettre en mesure d'attaquer et de se défendre ; pour faire entrer en ligne toutes les forces disponibles, et charger l'ennemi de toute la pesanteur de leur choc.

De ces vérités nous pouvons déduire encore les suivantes :

C'est que l'action de pied ferme, excepté dans quelques cas très rares, est pour ainsi dire nulle pour la cavalerie, dont le propre est de se porter en avant, et de prévenir les charges qui seraient dirigées contre elle, pour se donner, au contraire, les avantages de l'attaque et du choc (1).

---

(1) Dans la campagne de 1823, la cavalerie espagnole ayant attendu nos charges de pied ferme, en plusieurs rencontres, sut ce qui lui en coûta, et notamment au combat de *Guada-hortuna*, à quelques lieues de Grenade, le 25 juillet : 1100 à 1200 chevaux frais furent culbutés, vers 5 heures du soir, par le brave général *Bonnemains*, à la tête de 450 chevaux environ, des 10me et 19me de chasseurs, quoique épuisés par une marche presque continue, depuis deux heures de la nuit, et dans un pays difficile.

Les bons officiers de cavalerie, au contraire, sont si convaincus du désavantage

C'est que cette arme étant éloignée par sa nature même de pouvoir défendre une position, les mouvemens de position sont tout au plus accessoires pour elles, s'ils ne sont point inutiles.

Tandis que, dans le cours de notre instruction, afin de nous mettre en harmonie avec ce qui deviendra usuel, il faut nous attacher à former de bons flanqueurs et tirailleurs; il nous faut faire marcher nos colonnes dans tous les sens, les former dans tous les sens, diminuer leur front jusqu'à l'homme seul et l'augmenter successivement jusqu'à la ligne déployée, qu'on doit également faire changer de front dans tous les sens, marcher et charger dans tous les sens; il ne peut s'élever sur ce sujet aucune contestation.

Il résulte encore de ces mêmes principes, que les colonnes ou lignes de bataille étant considérées comme un seul corps, qui doit se rapprocher autant que possible de la précision d'un cavalier seul, dans ses marches et mouvemens, il faut que tous les cavaliers, pour atteindre ce but, soient instruits avec soin, d'une manière uniforme, et qu'ils suivent, pour ne pas se désunir, une même direction et une allure parfaitement égale :

Que l'ennemi, pouvant se présenter sur l'une des quatre faces d'une colonne, la met dans la nécessité de prendre un ordre de bataille sur le point menacé, ce qui rend l'inversion inévitable, dans certains cas (1); car cette colonne n'exécutera pas des mouvemens différens de ceux du cavalier seul, qui, attaqué sur ses flancs et ses derrières, cherchera instinctivement et le plus promptement possible, à soustraire le côté menacé pour présenter le côté le plus fort.

Ainsi se trouve résolu ce grand problème de la tactique, et une troupe, quelque petite ou quelque nombreuse qu'elle soit, agissant seule ou faisant partie d'un corps considérable, peut se mettre en marche sur tous les points, se former, se défendre, charger, attaquer sur tous les points, que peut-on demander de plus, et ne trouve-t-on pas ainsi *célérité*, *mobilité* *ensemble* et *force?*

---

qu'il y aurait à soutenir un choc de pied ferme, que nous avons plus d'un exemple, dans nos campagnes de vingt-cinq ans, de charges entreprises sans compter l'ennemi, sans s'embarrasser de l'ordre dans lequel on se trouvait; et le succès a presque toujours couronné ces à-propos d'une détermination soudaine.

(1) Voir la 6ᵐᵉ section, *sur l'ordre en colonne*, prop. **XX**.

IX.

Analogie du cavalier avec la colonne et la ligne de bataille, sous le rapport de la forme, des mouvemens qui leur sont communs, et de la force.

'IL peut être dangereux de pousser trop loin les conséquences des principes, parce qu'une fois hors de la route de la vérité, on s'égare et on tombe d'erreur en erreur, nous pensons qu'en instruction il ne faut pas négliger un aussi puissant moyen d'analyse et de démonstration ; du reste, nous n'avons pas quitté les généralités, qui, nous en avons la conviction, conviennent, à tous égards, au sujet que nous traitons ; car c'est ainsi que les principes se plient aux cas, aux circonstances et aux terrains qui sont variables à l'infini.

X.

L'homme étant l'élément premier de quelque troupe que ce puisse être, il faut bien le connaître physiquement et moralement pour bien juger d'une troupe, qui, étant la réunion de plusieurs hommes, qui doivent se mouvoir et combattre ensemble, ne peut avoir des impressions, ni opérer des mouvemens différens en principe et en exécution, de ceux d'un homme seul.

'HOMME est l'élément premier. Dans l'infanterie, où il est l'élément unique, on ne saurait nier ce principe : dans la cavalerie, où il forme un élément composé avec son cheval, on est forcé de l'admettre pareillement, ainsi que dans l'artillerie, où il conduit, sert et pointe ses pièces.

L'homme est donc l'élément premier qui utilise, qui met en jeu, et qui donne la force aux élémens secondaires qu'il emploie, soit animés ou inanimés, force qu'ils n'auraient sûrement pas, s'il ne leur imprimait pas le mouvement et la direction. Toutefois, c'est en stimulant son moral et en l'exaltant, qu'on décuplera son énergie, qu'on lui fera supporter les privations et les fatigues les plus grandes, qu'on fermera ses yeux aux dangers qui l'environnent à la guerre, et qu'on le poussera aux actions héroïques; car ce serait une étrange erreur de vouloir le convertir en machine militaire, erreur bien plus grande encore vis-à-vis du soldat français, si impressionnable, si susceptible de dévouement et d'enthousiasme.

Mais laissons nos jeunes lecteurs se convaincre des vérités que nous avançons, par la lecture attentive de nos mémorables campagnes, et revenons à cette connaissance physique que nous recommandons. Ne voyons-nous pas, en effet, toutes les troupes emprunter leurs formes et leurs mouvemens à l'homme seul? et de même qu'un homme a quatre côtés, son front ou devant, son flanc droit, son flanc gauche et sa face postérieure, de même une troupe en bataille ou en colonne, sur quelque front et sur quelque profondeur qu'elle soit, a également son front, son flanc droit, son flanc gauche et ses derrières; et de même que l'homme se met en marche dans tous les degrés de vitesse dont il est susceptible en avant, à droite, à gauche et en arrière, de même une troupe exécute, et ne peut opérer que ces mêmes mouvemens.

XI.

Ainsi les colonnes et les lignes de bataille, quel que soit leur front, ne sont autre chose que de grands corps, qui, dans leurs marches et mouvemens, doivent se rapprocher, autant que possible, de la précision et de la rapidité des mouvemens d'un seul homme.

N effet, l'homme seul offre le modèle de la perfection, sous ce rapport; sa tête conçoit-elle un projet, ses mains et ses jambes agissent pour l'exécuter, et tous ses efforts sont tendus vers le but qu'il se propose; mais une colonne est la réunion de plusieurs hommes sur une profondeur plus ou moins grande; dans une ligne de bataille, les hommes sont rangés sur un front plus ou moins étendu; toutefois, ces colonnes et ces lignes de bataille doivent, comme lui, et dans le rapport purement militaire, se mettre en marche sur tous les points et faire front sur tous les points, en observant que, s'il leur est impossible de le faire avec la même promptitude et la même précision, en raison de leur nombre, elles doivent cependant s'en rapprocher autant que faire se peut.

XII.

Pour arriver à cette unité de mouvemens et à un même but, la troupe étant préalablement bien instruite, tout doit plier sous le commandement du chef qui en est proprement dit la tête ; tandis que ceux qui la composent, sont les bras et les jambes qui suivent la direction qu'il imprime.

NE troupe, a-t-on dit, est la réunion de plusieurs hommes et ces hommes ont chacun leur manière de penser, de juger, de sentir et de se mouvoir; car on ne rencontre pas plus deux hommes qui aient un caractère absolument le même, qu'on ne les trouve qui se ressemblent parfaitement pour la figure et pour les formes physiques en général; si avec des différences aussi majeures, aussi incontestables et aussi variées, on prétendait obtenir unité de mouvement d'une troupe non instruite, elle serait, quelque soin, du reste, qu'on eut mis à la former, bientôt désunie et divisée, l'ensemble ne pouvant s'établir, qu'autant que chacun des individus qui là composent est ramené à un seul et même mouvement.

Si même ayant été formée et instruite avec toutes les précautions et les soins usités en instruction, chacun voulait agir pour son compte, il y aurait autant de mouvemens divers que d'individus; mais si, au contraire, ces hommes renoncent de bonne grâce, ou par la puissance de la discipline à leur volonté, pour obéir à celle du chef qui leur est donné, alors celui-ci, s'il est capable, s'il sent l'honneur de commander à des hommes, à des français surtout, les conduira tous à une même exécution. Ainsi, dans le corps humain, la tête est le siége de la pensée, elle enfante les projets, et les mains et les jambes concourent à les exécuter; ainsi, dans une troupe bien conduite, le chef pense, il raisonne, il calcule ce qui est convenable à la circonstance; les besoins et les intérêts de ses soldats sont les siens propres; il est identifié d'avance avec eux, ce digne chef enfin joue le rôle de tête; tandis que ses compagnons de fatigue, de guerre, de danger et de gloire, soumis entièrement à son commandement et y concourant de tout leur pouvoir, jouent le rôle de mains et de jambes. C'est par cette abnégation et cette confiance illimitée dans Napoléon, surtout, que se sont accomplies les grandes choses qui nous enorgueillissent, qui nous étonnent nous-même, quoique nous en ayons été plus ou moins les acteurs et les témoins; et la postérité aurait peine à les concevoir, sans les monumens grandioses qui viendront les lui rappeler, et les lui remettre incessamment sous les yeux, dans les temps les plus éloignés.

XIII.

Pour arriver à l'unité de mouvemens, il faut encore que chaque troupe ait un guide pour la conduire, et que tous ces guides soient subordonnés, suivant l'ordre dans lequel on marche, au guide de colonne, ou au guide de la marche en bataille.

'EST parce qu'une troupe est la réunion de plusieurs hommes qui suivraient une direction divergente, si l'on s'en rapportait à chacun d'eux, qu'on a imaginé de les ramener à l'unité, en les astreignant à suivre et à se conformer aux mouvemens d'un seul; non que ce guide, quelque bon qu'il soit, non plus que le chef qu'on leur a donné ne soit sujet à commettre quelques fautes et à quelques aberrations; mais c'est qu'il est infiniment préférable de s'en rapporter à un seul homme, quoiqu'il soit sujet à se tromper, que de ne point avoir de directeur commun, et de marcher sans union et sans but, ce qui arriverait infailliblement, si on laissait toute latitude aux cavaliers qui composent une troupe.

D'un autre côté, la pluralité des guides, tout comme celle des chefs, serait une chose infiniment vicieuse, s'il fallait également s'en rapporter aux uns et aux autres. On aurait bien rémédié à une partie du mal, mais on ne l'aurait pas extirpé en entier; car avec le principe de chefs égaux en pouvoir, et la latitude admise de se régler indistinctement sur les guides, sans donner de préférence à aucun, il y aurait choc et désunion, chacun d'eux agissant d'après sa propre impulsion et n'en ayant pas une commune. On a donc admis, et on a été dans l'obligation d'admettre, la pluralité des chefs, comme on a admis celle des guides; mais les premiers ne sont point égaux en pouvoir, et ils suivent de proche en proche la direction du premier, tout comme les guides subalternes, suivent dans l'ordre de colonne la direction du guide qui marche à la tête, et tout comme ils se conforment dans l'ordre de bataille aux mouvemens du guide général, qui est à l'escadron de direction.

XIV.

Le guide d'une troupe doit prendre un guide lui-même pour mesurer sa mar-che, c'est-à-dire un point de direction fixe et des points intermédiaires.

U moment qu'une troupe est en marche, ce n'est jamais sans avoir un but qu'elle doive atteindre. Si son objet est seulement de se porter en avant, elle prend des points de direction perpendiculaires à son front, par le moyen du guide; et si son but est d'attaquer, elle prend l'ennemi lui-même, pour point de mire et pour but.

Les points de direction sont indispensables pour la marche, car quelque exercé que soit le guide à suivre sans varier des lignes droites, son cheval peut, par un mouvement imperceptible, se jeter à droite ou à gauche de sa direction première, ce dont il ne s'apercevrait pas, s'il n'avait pas pris un point de direction avant de partir; il persévèrerait ainsi dans la faute commise et serait exposé à en faire fréquemment, toujours au détriment de la troupe obligée de se régler sur lui.

Mais si, au contraire, il a des points de direction, il ne s'écartera jamais de la direction prise, soit que ce soit par sa faute, par celle de son cheval, ou même des cavaliers qui l'auraient poussé hors de la direction sans s'en apercevoir; car avant de marcher, il était vis-à-vis de ce point, et la faute commise il cesse de s'y trouver, dès lors il est averti et cherche aussitôt à s'y replacer : ainsi le point de direction est une base pour lui et un moyen sûr de marcher dans le même sens, de suivre la même droite et de la reprendre quand il s'en est écarté.

Il y a deux sortes de points de direction : les uns fixes, les autres intermédiaires, c'est-à-dire placés entre le point fixe et le guide qui les a choisis.

Il est nécessaire d'avoir un point fixe et de le prendre à une certaine distance, afin de n'être pas obligé de le renouveler continuellement et que, du reste, on le choisit bien mieux étant de pied ferme qu'en mouvement; le point fixe ne doit cependant pas être pris à une distance trop grande, parce que le coup-d'œil les mesure plus difficilement, et qu'il est plus facile de se tromper ; c'est même parce qu'on l'a senti, qu'on fait prendre des points intermédiaires qui sont plus rapprochés : étant plus près de la troupe, ils sont jugés plus facilement par le guide, qui a soin de les prendre toujours dans la direction du point fixe ; et en les renouvelant successivement, il se donne les moyens d'arriver insensiblément sur ce point, tandis que, s'il n'avait eu qu'un point fixe, l'éloignement aurait pu l'induire en erreur.

On sent que cette théorie indispensable en manœuvre et quand on est en rase campagne, cesse d'être suivie lorsqu'on est en route, où l'on passe alors indistinctement par toutes les sinuosités du chemin qu'on doit tenir, en s'occupant exclusivement de la commodité de la marche, et choisissant le chemin le plus facile pour les chevaux.

XV.

Les mouvemens d'un cavalier seul, d'une colonne et d'une ligne de bataille, ont le même principe et le même but ; toutefois, la colonne et la ligne de bataille se composant de plusieurs hommes, ne peuvent agir avec la même précision et la même promptitude qu'un seul, mais elles ont en compensation une force d'ensemble bien précieuse à la guerre.

L nous arrive souvent de vanter l'homme seul, la facilité et la promptitude de ses mouvemens, et l'on pourrait nous répondre : Pourquoi ne le laissez-vous pas dans son individualité, puisque vous en avez une si grande idée ? Nous répondrons à cette objection par la démonstration suivante :

Il est bien vrai que l'homme seul se meut avec une facilité étonnante, qu'il tourne sur lui-même dans un clin-d'œil, qu'il se porte avec la plus grande rapidité sur tous les points possibles, que l'usage de ses armes n'est pas limité, que ses bras et ses jambes ont toute liberté d'agir, et qu'il est impossible d'obtenir de plusieurs la même précision et la même promptitude ; mais aussi l'homme seul est réduit à ses seules et uniques forces, il n'a que celles que la nature lui a départies, et quand elles sont épuisées, ou bien, lorsqu'il est attaqué par une force supérieure, il est obligé de céder.

Cette position, ainsi qu'on le verra plus au long dans la formation, est justement celle où les hommes se sont trouvés dans les premiers âges; ils combattaient dispersés, chacun cherchait son adversaire, se mesurait avec lui, et la force et l'adresse individuelle en décidaient : mais bientôt les vain‑ queurs, dans ces sortes de combats singuliers, pour se maintenir dans leurs avantages, et les vaincus, pour échapper à l'oppression, devinrent industrieux. Ils ne combattirent plus isolés, mais ils se rangèrent les uns à côté des autres pour combattre ensemble et se prêter un mutuel secours; ce moyen leur ayant réussi, ils le perfectionnèrent, et il l'a été successi‑ vement par leurs descendans, au point que cent mille volontés diverses, et plus encore, se meuvent aujourd'hui au commandement d'un seul, pour arriver au même but.

Revenons à notre principe : en soumettant les mouvemens des troupes à une analyse rigoureuse, on ne trouve que deux ordres principaux : l'ordre de colonne et l'ordre de bataille. Le premier, propre à la marche, quelquefois au combat dans la cavalerie, plus habituellement dans l'in‑ fanterie; le second, propre au combat. Ces colonnes se portent sur tous les points, se forment et se déploient sur tous les points; nous voyons également les troupes formées en bataille présenter leur front sur tous les points et charger sur tous les points; mais l'homme seul se met en marche sur tous les points, fait front sur tous les points, comme les co‑ lonnes, comme les lignes de bataille, et physiquement ne peut faire da‑ vantage : l'énoncé de notre proposition est donc rigoureusement vrai, et nous pouvons poursuivre nos généralités.

XVI.

Ainsi il ne faut pas considérer les diverses fractions de troupes comme plu‑ sieurs parties absolument distinctes, mais bien comme les membres d'un même corps, considéré comme individu en tactique, et à qui il faut donner autant de précision dans sa marche et ses mouvemens qu'à l'homme seul, ou, puisque c'est impossible, s'en rapprocher autant qu'on le pourra.

ous venons de voir que l'homme seul était susceptible de la plus grande promptitude et de la plus grande préci‑ sion dans ses mouvemens, car il tourne sur lui-même avec la plus grande célérité, et ses membres sont les agens passifs de sa volonté; la même chose serait sans doute à désirer d'une troupe, mais la plus simple inspection en démontre l'impossibilité : son front étant étendu plus ou moins, sa marche est plus pesante et ses conversions plus alongées, en raison de l'étendue du front et de l'arc de cercle à décrire; car il ne s'agit point ici de laisser tourner les plus lestes et les plus agiles, mais il faut que tous marchent ensemble dans le mouvement direct, et que, dans la conversion, ils tournent ensemble, ne formant qu'un seul et même corps dans chaque fraction (1).

C'est qu'ensuite une troupe étant la réunion de plusieurs hommes, ils ont beau être passifs et obéir au commandement, il ne peut jamais y avoir le même accord, la même précision dans un corps composé de diverses parties, que dans les mouvemens du corps de l'homme qui répondent immédiatement à sa volonté.

C'est qu'une troupe a toujours un certain front, qui ne lui permet pas d'effectuer sa marche dans des chemins un peu étroits, sans se diviser ; alors elle diminue son front et le dédouble pour se frayer un passage : mais le terrain s'ouvre-t-il, s'agit-il de combattre, les cavaliers divisés pour effectuer la marche se rapprochent, ils se lient les uns aux autres, ils ne font plus qu'un même corps par escadron, la troupe en question revient au rôle d'individu, et ses mouvemens modifiés par rapport au front, ont le même principe et le même résultat que ceux de l'homme seul.

Il est facile de sentir que la troupe qui marchera le mieux, qui conservera le mieux son alignement, sera celle qui s'approchera le plus de la précision de l'homme seul, qui en imposera le plus à l'ennemi par son ensemble, et dont le choc sera le plus difficile à soutenir, à cause de la concentration des efforts; tandis qu'au contraire, la troupe qui marchera mal et n'observera pas d'alignement, s'en éloignera d'autant plus, se fatiguera davantage, montrera à l'ennemi une faiblesse qu'elle ne saurait lui déguiser, et dont il sera très empressé de profiter par l'appas d'un succès presque certain.

---

(1) Pour rendre la chose plus sensible, **M. de Melfort**, planche **VIII**, de son grand Atlas, à côté des escadrons qu'il fait converser à des allures alongées, qui les désunissent plus ou moins, représente un pont de bateaux fortement assemblé, qu'on replie sur une rive en le faisant pivoter sur l'une de ces extrémités, afin de démontrer que, quoique composé de diverses parties, le résultat de l'ensemble des diverses troupes qui conversent devrait être le même.

XVII.

Si la comparaison de la colonne ou de la ligne de bataille avec un seul homme est exacte pour le résultat, elle ne l'est pas toujours pour les moyens d'y parvenir; car si les mouvemens sont absolument les mêmes lorsqu'il faut marcher droit, et si l'on s'ébranle alors d'un même mouvement et sans se désunir, il n'en est pas de même quand il s'agit de converser : l'homme seul faisant à gauche ou à droite de toutes ses parties, tandis que la colonne et la ligne de bataille le font par petites fractions pour l'ordre et la rapidité de la manœuvre.

BIEN que cette proposition se démontre par elle-même, et qu'elle soit exacte pour un escadron ou un régiment, elle le devient plus encore pour des corps considérables ; en effet, les divisions, les corps d'armée et les armées encore plus, occupant une immense étendue de terrain, les corps qui les composent doivent avoir la double faculté d'agir simultanément, mais aussi indépendamment les uns des autres pour deux raisons principales : la première, c'est qu'il y a impossibilité absolue à ce que les corps se meuvent et tournent sur eux-mêmes sans se désunir, la trop grande étendue du front, les accidens du terrain, la lenteur et le désordre de tels mouvemens y apportant dès obstacles insurmontables ; la seconde, parce qu'une armée, un corps moins considérable même, peut attaquer lui-même avec avantage sur différens points. Notre organisation actuelle par corps d'armée, divisions et brigades, permet que, suivant les circonstances, les corps agissent ensemble ou indépendamment de ceux qui les avoisinent : toutefois, ces corps qui paraissent agir séparément, ne font rien d'excentrique, bien au contraire ; ils agissent bien suivant leur position particulière et les circonstances du moment, mais alors même ils concourent au même but, et ne cessent pas un seul instant d'agir suivant le plan du général en chef, par l'intermédiaire des généraux qui les commandent.

Ainsi une armée n'est autre chose qu'un grand corps divisé et subdivisé en un grand nombre d'autres ; mais elle ne cesse pas, malgré son énormité et les circonstances incidentes qui se présentent, sur le vaste espace qu'elle couvre, d'être dans la main du général en chef qui la commande, et de concourir, de toute sa force et de tout son pouvoir, à l'exécution de sa volonté ; et dès que cet ensemble, cet accord de volontés et cette unité de mouvemens et d'exécution, pour concourir au plan général , sont détruits, elle rentre dans la catégorie de ces réunions d'hommes tumultueuses, que leur nombre, en augmentant la division, la confusion et le désordre, rend encore plus incapable d'agir et de se mouvoir.

XVIII.

Il est démontré, d'après les propositions précédentes, qu'une troupe en bataille ou en colonne, n'importe, sous le commandement d'un seul et même chef, ne doit être considérée que comme un grand individu; et de même que le front de l'homme seul est son côté le plus fort , que ses flancs et sa face postérieure sont ses côtés les plus faibles, de même le front d'une colonne ou d'une ligne de bataille est son côté le plus fort , et ses flancs et ses derrières surtout sont ses côtés les plus faibles: ainsi celui qui connaît bien le fort et le faible de l'homme seul, connaît également par analogie le fort et le faible d'une troupe, quelque nombreuse qu'elle soit.

QUOIQU'IL soit incontestable que le front de l'homme soit son côté le plus fort, pour plus de certitude, procédons à son examen physique.

De front, l'homme a le libre usage de toutes ses forces ; il marche à l'ennemi où il le voit venir ; il le charge de toute sa pesanteur, ou il l'attend avec fermeté ; il observe ses mouvemens, n'en perd pas un seul, et peut l'attaquer ou lui résister en conséquence : il a enfin le libre et entier usage de ses bras et de ses armes.

De flanc, l'homme est bien éloigné d'avoir la même force; il ne peut se porter sur l'ennemi qu'il n'ait fait front auparavant, et il ne peut l'attaquer sans un grand désavantage, n'ayant ni force de choc, ni force de résistance, ni le libre usage de ses bras et de ses armes par conséquent. S'il y a dans la cavalerie une exception pour le flanc droit, parce que c'est le bras du sabre, le principe est dans toute sa force pour le flanc gauche, à cause de la main de la bride; et par cette opposition physique, si le cavalier doit avoir, autant qu'il dépend de lui, son ennemi à sa droite, le fantassin, gêné pour se servir du fusil, dans cette direction, doit l'avoir toujours vers sa gauche, où l'usage de sa baïonnette est dans toute sa force et son feu plus assuré.

Enfin, le derrière est évidemment le côté le plus faible; l'homme ne voit pas son ennemi; il n'a pas connaissance de ses mouvemens; ses forces sont nulles dans cette direction; il lui est pour ainsi dire livré, et cette position est si désavantageuse, même pour le moral, qu'il doit chercher à faire volte-face le plus promptement possible.

S'il restait encore quelques doutes sur cette théorie de fait, qu'on voie deux hommes lutter l'un contre l'autre; on les verra se regarder, ne pas se perdre de vue, chercher chacun dans les yeux de son adversaire le mouvement qu'il médite, se joindre d'abord front à front, s'étreindre, opposer la force à la force, l'adresse à l'adresse, chercher et gagner le faible de son ennemi, par conséquent son flanc ou ses derrières, souvent aussi lui faire perdre terre et le terrasser tout à fait, si l'autre n'a pas su s'y opposer.

Si l'on reconnaît que les tirailleurs ne se collètent pas, qu'ils ne peuvent s'étreindre, qu'ils sont dans l'impossibilité de se renverser l'un l'autre, et que leurs armes remplacent les bras et les poings, armes uniques et naturelles des lutteurs que nous avons supposés, ce sera à peu près la même chose.

Mais réunissons maintenant plusieurs hommes et plaçons-les de front et à la même hauteur, leur front sera incontestablement leur côté le plus fort; ils attaqueront et se défendront de toutes leurs forces réunies; les flancs qui sont les extrémités de la ligne seront des côtés plus attaquables et plus difficiles à défendre à cause de leur faiblesse : enfin, qu'on les joigne par derrière et ils seront bientôt rompus et dispersés.

Qu'on ne nous reproche pas de trop généraliser, nous répondrions que cette faiblesse physique est encore plus grande dans les grands corps que dans les petits, car ces derniers peuvent sortir de cette position désavantageuse par la rapidité avec laquelle ils peuvent faire front dans toutes les directions; mais qu'on suppose un corps de troupes considérable, qu'on prenne pour exemple une division, un corps d'armée et une armée surtout, c'est alors que l'étendue du front rendra les attaques sur les ailes, sur les flancs et sur les derrières plus décisives, quand elles auront été bien conduites. Aussi appelle-t-on en aide toutes les ressources, tous le obstacles, tous les accidens du terrain, pour couvrir ses flancs et ses communications; car quel est le but de celui qui attaque, si ce n'est en donnant le change, de gagner les flancs et de couper la ligne d'opérations de l'ennemi, qui, de son côté, fait des contre-manœuvres pour s'y opposer de toutes ses forces ; mais trop tard s'il s'est laissé surprendre. Si cette théorie est au-dessus des forces des généraux médiocres, comme l'échec de Rosbach semble l'établir, l'histoire démontre que c'est ainsi qu'opèrent les grands capitaines, et que le succès reste toujours à celui qui la met en pratique avec le plus d'habileté.

XIX.

Effets produits par le choc sur les troupes, par suite de leur formation.

 NE troupe attaquée de front est-elle culbutée par l'ennemi? elle fuit en désordre dans la direction opposée.

Si cette troupe est formée en colonne et qu'on l'ait battue sans qu'elle ait pu se former, la première troupe battue se refoule sur la seconde, celle-ci sur la troisième, et il y a d'autant plus de désordre et de confusion, qu'il y avait moins de distance entre les fractions, les premières réagissant davantage sur celles qui sont derrière elles, lesquelles portent la perturbation de l'une à l'autre jusqu'à la dernière.

Qu'une troupe soit battue sur l'un de ses flancs : même résultat pour le reste de la ligne, qui est culbuté de proche en proche par le renversement des premières troupes, et sans avoir pu prendre part au combat.

On voit d'après cela que, dans la formation contigue, en front ou en flanc, l'effet est immédiat, soit quand on est culbuté en avant sur ceux qui sont derrière, ou lorsqu'on est culbuté par ses flancs sur ceux qui se trouvent sur le même prolongement.

Le désordre, bien à craindre dans une telle formation, n'avait pas été prévu, cependant, par les Grecs, ce peuple si éclairé, si ingénieux ; leur grande phalange formée des oplites, présentait en effet dans ses 4 fractions, ou phalanges simples, des files de 16 hommes chacune, sur un front de 1024 hommes, interrompu seulement par 3 intervalles.

Les Romains en fractionnant leurs troupes, avec leurs vélites en enfans perdus et en formant leur triple ligne d'hastaires, de princes et de triaires, obvièrent au désordre et eurent une ordonnance infiniment supérieure. C'est avec la légion ainsi formée et avec l'ensemble de leurs institutions politiques et militaires, qui tendaient toutes à l'exaltation des vertus guerrières, qu'ils subjuguèrent le monde connu des anciens.

Enfin les modernes s'emparant des mêmes principes et les appropriant à leur formation, ont eu dans les batailles, première ligne, seconde ligne et réserve, espacées entr'elles, de manière que le feu de l'artillerie et que le désordre de la première ne s'étendissent pas à la seconde, et que la réserve, plus éloignée encore, pût se porter partout où besoin serait.

De même, dans les attaques en colonne, qu'aurait à faire de la cavalerie dans un pays coupé et qui ne comporterait pas un grand front? comme le succès est incertain et qu'il faut prendre ses précautions pour le revers aussi bien que pour la victoire, il est avantageux d'augmenter les distances, de manière que les fractions soient assez voisines pour se soutenir, en cas de succès, et qu'elles soient assez éloignées, cependant, pour ne pas mettre le désordre dans celles qui sont derrière elles, en cas de .revers.

C'est dans cet esprit que l'ordonnance du 6 décembre a entendu les attaques successives contre l'infanterie ; c'est ainsi qu'il faut l'entendre encore dans les cas où la résistance est probable. Ainsi quelque satisfaits que nous ayons été des réflexions du *général marquis de Caraman*, sur l'emploi de la cavalerie dans les batailles, (18ᵉ volume du *Spectateur militaire*, page 585) et quelque recommandable que soit cet article, qui atteste le mérite personnel du descendant de *Riquet* (1) bien cher à nos contrées, ses connaissanssances spéciales, et le vide qu'a laissé sa mort, sous les murs de Constantine, dans les rangs de l'armée, nous partageons complètement l'opinion du *commandant Rocquancourt*, quant aux attaques

---

(1) **M.** le maréchal-de-camp marquis de Caraman, ancien officier d'ordonnance de Napoléon, et 5ᵐᵉ descendant en ligne directe de l'auteur du Canal du Midi, qui a répandu l'abondance et la prospérité dans nos provinces méridionales. et qui a changé la face de cette partie du Languedoc, était le fils aîné du *duc de Caraman*, que notre armée vit avec admiration et reconnaissance partager ses fatigues et ses périls, en 1836, dans la première expédition de Constantine. Venu en compagnie du *duc de Mortemart* pour visiter nos posessions dans le nord de l'Afrique, ce noble vieillard ne balança pas à accompagner l'expédition projetée. Dans cette pénible retraite, on le vit prodiguer les soins les plus empressés à nos blessés, et résister malgré ses 74 ans aux fatigues d'une marche vivement harcelée, qui en avait éprouvé de bien plus jeunes. Plus heureux que son fils, le duc de Caraman, dont le moral et la santé résistèrent à cette épreuve, vers le déclin de la vie, revit la France, entouré de l'estime de l'armée et du pays, qui applaudirent à la médaille d'or qui lui fut décernée par le roi, pour en consacrer le souvenir.

de la cavalerie en colonne serrée, lesquelles ne sauraient être admises,
malgré les grands exemples *d'Eylau* (1) et de la *Moskowa*, et malgré ce qui
se pratique aujourd'hui en Prusse, *que comme une exception à la règle,
amenée par une surprise, ou par un pressant danger.*

Que cet ouragan vînt à être vigoureusement reçu, que l'artillerie
réussît à battre en brèche dans cette colonne, que cette masse rencontrât
quelqu'obstacle inattendu qui suspendît sa marche, quel désordre effroyable, quelle confusion, quel pêle-mêle!!!

Quant aux intervalles dont il sera question plus tard et plus au long, s'ils
isolent les grandes unités de l'infanterie et de la cavalerie, si les bataillons
et escadrons ont ainsi une marche plus facile, plus légère et plus indépendante, ils rompent aussi la contiguïté d'une ligne longuement prolongée, et ils deviennent plus ou moins grands, au-delà de la limite
règlementaire, suivant le terrain à occuper et les points qu'on veut
couvrir.

(1). Voir la *Revue historique*, page 105.

« On n'a rien vu, dit le *général de la Roche-Aymon (des troupes légères*, page 227)
dans les annales militaires de tous les peuples du monde, de plus étonnant qu'une charge
telle que celle de la cavalerie française à *Eylau*: on peut appliquer aux braves des trois ou
quatre régimens qui vinrent trouver la mort dans les rangs de la réserve russe, après
avoir traversé les lignes de l'ennemi, cette pensée de Xénophon : *Non victi, sed victo-
ria fessi obdormierunt.* » Invaincus, mais épuisés par leurs propres succès, leur vie
s'éteignit au sein de la victoire.

Le général de division *d'Hautpoul-Salette*, ancien officier aux chasseurs du Languedoc,
où il avait passé par tous les grades, avec la réputation d'un officier de la plus haute distinction, fut précisément de ce nombre. Il semblait réservé aux plus grandes destinées
militaires. *Hoche, Moreau, Murat* et *Soult*, sous les ordres duquel il commandait la
cavalerie du Camp de Boulogne, l'avaient successivement regardé comme le général
le plus intrépide. A *Iéna*, à *Austerlitz* surtout, et partout, il avait fait preuve de la
plus haute vaillance. Au célèbre combat de *Hoff*, dit le *général Marbot*, témoin oculaire, il détruisit par les dispositions les plus habiles 8 bataillons d'élite russes habilement postés, qui n'avaient pu être entamés jusqu'alors, et présenta les 8 drapeaux
à Napoléon, qui l'embrassa à la tête de ses troupes, en disant que c'était la plus belle
charge de cavalerie qu'il eût vue de sa vie. En recevant ce témoignage éclatant de la satisfaction de l'empereur, notre brave compatriote s'écria : *Voilà une bien belle récompense, mais elle sera cause que je me ferai tuer !* En effet, deux jours après il fut mor-
tellement blessé à Eylau, où ses cuirassiers et lui se couvrirent d'une nouvelle gloire.
Pénétré de douleur d'avoir perdu un de ses plus fermes soutiens, Napoléon ordonna que
les canons pris à Eylau, fussent employés à la fonte d'une statue, représentant le général d'Hautpoul dans ses habits de cuirassier, et tel qu'il avait paru dans cette sanglante journée.

XX.

Les troupes sont les forces agissantes dont les généraux se servent pour par-
venir à l'exécution du plan qu'ils se sont créé ; mais quoiqu'il soit très
essentiel d'en considérer le moral , la qualité, la formation et les évolutions ,
de bien proportionner les différentes armes entr'elles , d'assurer les divers
services et de pourvoir aux besoins de l'armée , il n'est pas moins essentiel et
l'histoire démontre qu'il l'est peut-être plus , de bien choisir le chef qui doit
leur imprimer le mouvement et la direction.

EUILLETONS les pages de l'histoire, et nous trouvons que
de braves généraux ont rendu des armées médiocres et
dénuées de tout, braves, infatigables, héroïques, qu'elles
ont dépassé sous leurs ordres la limite des forces
humaines ; tandis que les mauvais généraux ne savent
pas tirer parti de leurs troupes, les compromettent, et se font battre avec
les élémens militaires les plus parfaits.

Nous sommes bien éloignés, cependant, de prétendre qu'on peut prendre
indistinctement pour former les armées des hommes forts ou faibles, des
braves gens ou des gens tarés, une bonne formation ou une mauvaise,
des évolutions simples et rapides, ou des mouvemens lents et compliqués,
des troupes aguerries ou des corps de nouvelle levée ; loin de là toutes ces
précautions de composition, de formation, d'armement et d'exercice de
troupes, sont autant d'élémens de succès, qui germeront dans les mains
d'un habile général, qui augmenteront son moral, sa confiance en ses
troupes, qui lui feront croire enfin que rien ne lui est impossible et qu'il
peut tout tenter avec elles ; mais toutes ces chances seront nulles dans les
mains d'un général médiocre, avec des Français plus encore peut-être,
où les chefs sont bientôt mesurés à leur taille, où ils ne tardent pas à
commander la confiance ou à communiquer l'hésitation ; telles sont les
lois auxquelles sont assujettis les grands rassemblemens d'hommes qu'on
nomme armées : rien de si propre à impressionner, à émouvoir, à exalter
jusqu'à l'héroïsme ; rien aussi qui perde la confiance, qui se décourage et
se démoralise aussi rapidement, et pendant que le chef habile réussira à
se tirer des situations les plus délicates où il se trouvera engagé , comme

le *général Bonaparte à Lonato*, le général médiocre ne réussira pas à obtenir la confiance dans les positions les plus communes, et il achèvera de se perdre pour peu qu'il se présente un cas difficile.

Laissant de côté les souvenirs de *Crécy*, de *Poitiers* et *d'Azincourt*, où les Français furent évidemment victimes de leur prouesse, de leur répugnance à se soumettre au commandement et à suivre une direction générale, comment furent-ils victorieux dans les plaines de *Rocroy*, de *Lens*, de *Nordlingue*, des *Dunes*, de *Fleurus*, de *Steinkerque*, de la *Marsaille*, de *Denain* et de *Fontenoy* ? C'est que les *Condé*, les *Turenne*, les *Luxembourg*, les *Catinat*, les *Villars* et les *Saxe* marchaient à leur tête. Comment la couronne d'Espagne compromise, s'affermit-elle sur la tête de Philippe V ? C'est que *Vendôme* vint prendre le commandement de son armée.

Et comment, dans les dernières guerres, a-t-on remporté des victoires si complètes ? Comment a-t-on mené à terme et à succès des expéditions si lointaines, si gigantesques ? Comment le drapeau français fut-il victorieux, en Asie jusqu'au Mont-Thabor, en Afrique jusqu'aux Cataractes du Nil, et en Europe, d'une part, jusqu'à Moskou, et de l'autre, jusqu'aux colonnes d'Hercule ? Pourquoi la présence du capitaine prodigieux, qui accomplit en si peu de temps tous ces hauts faits, valait-elle une armée au dire de l'ennemi lui-même ? C'est que l'art de la guerre s'était personnifié dans NAPOLÉON.

C'est qu'il avait le coup d'œil rapide comme le vol de l'aigle, c'est qu'il s'était préparé à ses grandes destinées par le travail, dont il adopta aussi l'emblème dans l'abeille laborieuse.

Et ces mêmes Français qui fixèrent les regards de l'Europe et du monde entier sous de tels chefs, furent battus à Ramillies et à Hochtedt, ils échouèrent contre les lignes de Turin et ils ne purent se former en bataille à Rosbach !!! C'est qu'ils n'avaient plus pour les commander ces grands hommes, dignes de la confiance de tous les Français; c'est que les intrigues avaient éloigné les généraux proprement dits, pour leur préférer des courtisans; toutefois ils donnèrent par leur défaite une grande leçon à leur souverain et à ceux à venir; ils prouvèrent en compromettant la sûreté de l'état et en faisant répandre le sang français, que, dans le choix des généraux, les rois doivent résister aux influences qui les environnent, sacrifier leurs affections particulières, céder à l'utilité générale, et donner la préférence au plus habile, lorsqu'il y joint la fidélité.

Qu'on ne nous reproche pas d'avoir considéré les troupes trop matériellement et de les avoir réduites au rôle de machines, telle n'est pas, telle n'a jamais été notre intention; nous savons tout ce qu'on peut obtenir du moral, des passions, de l'intelligence et de l'esprit guerrier du soldat français; nous n'ignorons pas que si, dans les belles campagnes d'Allemagne, sauf des exceptions cependant, tout s'absorbait dans la direction générale et dans l'emploi des masses, dans la Péninsule, au contraire, il arrivait maintes fois que chaque corps, qu'un faible détachement, que des soldats placés dans les diverses positions de cette guerre eussent échoué, s'ils n'eussent trouvé dans leur propre fonds les moyens de se suffire à eux-mêmes; que c'est ainsi qu'il est sorti d'Espagne des troupes aguerries et d'excellens officiers; mais cela accordé, de bonne foi et en résultat général, que sont les troupes sans unité d'action et de mouvement? Sont-elles réellement des troupes, ou ne sont-elles pas plutôt des masses confuses et désordonnées? Que sont-elles, au contraire, soumises à une discipline nécessaire, sinon comme nous l'avons dit dans notre énoncé des forces agissantes, placées dans les mains des généraux qui s'en servent avec plus ou moins d'habileté, et qui obtiennent d'autant plus de résultats qu'elles sont bien composées dans leurs élémens, bien formées, bien instruites, qu'elles sont manœuvrières et qu'elles ont des chefs éprouvés à leur tête?

Sans doute, ainsi que nous l'avons dit, un corps aussi immense qu'une armée ne peut être dirigé dans ses mouvemens généraux et particuliers par un homme seul; sans doute, il est nécessaire que ceux à qui est confiée une partie de cette direction suprême, que ceux enfin qui partagent avec lui le poids et la responsabilité du commandement en soient dignes, et qu'ils se conduisent d'après son plan, suivant les circonstances du moment, chacun au poste qui lui est assigné;

Sans doute, il est essentiel que les généraux soient bien secondés à leur tour par de bons chefs de corps, et que ceux-ci le soient également par leurs officiers supérieurs et autres jusqu'au soldat ; qu'ainsi le succès est le résultat du concours de tous ; que, si le général en chef y est pour le plan, les troupes y sont pour l'exécution ; que, si l'un mérite bien de la patrie pour avoir bien conseillé et dirigé, les autres en méritent bien aussi pour avoir bien agi ;

Mais il n'en est pas moins vrai que les résultats tactiques le cèdent aux résultats stratégiques ; qu'une division, qu'un corps d'armée a beau être bien engagé conformément à l'art, au terrain et aux circonstances du moment, cela n'empêchera pas l'armée d'être battue, si la direction donnée aux masses est mauvaise ; tandis qu'on verra les mouvemens stratégiques bien combinés, réparer les fautes de tactique et remplir l'objet principal, qui est de multiplier les forces sur le point le plus faible et le plus vulnérable de la position de l'ennemi.

XXI.

Sur la constitution de l'instruction de la cavalerie en France.

 la fin de cette section se placent naturellement quelques réflexions motivées par les considérations de M. le *général de La Roche-Aymon*, sur la manière dont l'instruction est constituée en France ; et sans vouloir trop nous étendre, nous rappellerons qu'à l'époque de la réorganisation de l'instruction de la cavalerie, sous M. le *duc de Choiseul*, les moyens employés furent : 1° la fondation des écoles de cavalerie ; 2° la révision de l'ordonnance de cette arme ; 3° la mission des élèves de l'école et celle des officiers majors pour la propager dans les corps, sous la direction du major, « qui répondra lui-même, est-il dit dans l'ordonnance de 1766, des exercices de tout le régiment au mestre-de-camp, et, en son absence, au lieutenant-colonel. »

Telle fut l'institution à son origine, et quoique nous ayons fait de grands progrès depuis lors, quoique chefs de corps et officiers résident aujourd'hui dans les régimens, ce qu'ils ne faisaient pas autrefois, et quoique l'instruction soit aussi plus généralement répandue, nous pensons que le vœu de M. de La Roche-Aymon, tout dicté qu'il est par une pensée militaire, ne saurait encore être réalisé dans notre pays.

L'honorable général ne cède-t-il pas, dans cette question, à la puissance de ses souvenirs, et n'est-il pas amené, sans s'en douter, à s'écarter de ce qu'il a constaté lui-même dans le cours de son ouvrage ? Il est constant, en effet, qu'on est plus généralement cavalier dans le Nord que dans notre patrie ; que les mœurs y sont plus militaires, et que les possessions en bande longitudinale de la Prusse, par exemple, qui touche, d'une part, à la France, et de l'autre, à la Russie, ajoutent encore à la prépondérance de l'élément militaire, qui peut seul conserver intact un territoire aussi vulnérable par son excentricité ; que, dans ce pays où le cheval est plus généralement répandu, bien soigné et bien monté ; que, dans ce pays, dont le gouvernement est prudent et sage, tout tende au maintien de l'esprit militaire : que l'instruction équestre soit générale dans l'armée ; qu'elle ait lieu et qu'elle soit plus convenablement organisée par escadron, nous le comprenons et nous n'élevons à ce sujet aucune difficulté ; mais que ce système soit applicable en France, nous croyons, pour long-temps encore, la chose plus désirable que praticable.

S'il est vrai, en effet, que c'est avec des bœufs que se cultive la plus grande partie de notre sol, et que, soit par la rareté des chevaux qui en résulte, soit aussi par la mobilité des imaginations françaises, nous sommes moins cavaliers, quant aux soins conservateurs, que sur le champ de bataille ; s'il est encore établi que nous sommes plus guerriers que militaires, n'y a-t-il pas plus de sûreté à confier l'instruction des recrues et celle des jeunes chevaux, surtout, à des instructeurs, qui joignent aux études spéciales un goût et une aptitude particuliers, que de la livrer indistinctement aux hommes gradés dans chaque escadron ? Ceux-ci comprendront-ils aussi bien les délicatesses du véritable instructeur, qui s'est créé à la longue une méthode sûre et raisonnée par la réunion du goût, du travail et de la pratique ? Nous ne le pensons pas, et nous croyons que, dans un tel état de choses, l'instruction par escadron doit se borner à reprendre annuellement le travail des cavaliers instruits et des chevaux dressés ; nous croyons aussi que ces exercices annuels suffiront pour entretenir les officiers et les sous-officiers des escadrons.

Du reste, avec les capitaines instructeurs, comme leurs fonctions sont entendues aujourd'hui, et comme la dénomination de leur grade l'indique suffisamment, les attributions ne sont plus incertaines, et l'instruction régimentaire a toutes les garanties possibles, non moins que la discipline générale, et la responsabilité des chefs de corps; car nous sommes aussi de l'opinion qu'il ne peut y avoir d'autre instructeur en chef dans un régiment que le colonel; et nous savons, d'expérience, que plus les capitaines instructeurs seront modestes dans leur savoir, et attentifs à se maintenir dans les devoirs hiérarchiques, plus ils auront de chances de réussir, soit auprès de leurs supérieurs, soit auprès de leurs camarades.

Le général de La Roche-Aymon insiste beaucoup sur le service de campagne, et tout ce qu'il sera possible de faire à ce sujet sera réalisé sûrement par un chef qui ne peut méconnaître l'importance de ces notions préparatoires; mais en France encore où la population est si agglomérée, où la terre à l'entour des villes est si divisée et si généralement bien cultivée, il est bien à craindre qu'on n'éprouve de plus grandes difficultés; et dans plus d'une garnison, on est peut-être gêné aujourd'hui, pour un terrain qui suffise à la fois pour exercer les classes, et pour faire évoluer le régiment. Dans cette hypothèse, qui n'est que trop réelle, les camps donnent la facilité de faire, pour les corps qui y sont réunis, ce qu'ils se trouvent trop souvent dans l'impossibilité de faire en particulier dans leurs garnisons; nous ne saurions qu'applaudir à de tels rassemblemens, surtout en leur conservant le caractère de la guerre autant qu'il se pourra.

Nous ne saurions partager non plus le sentiment du général de La Roche-Aymon sur *l'école de Saumur*, dont la création se rattache à tout ce que nous connaissons de recommandable. L'école de Saumur c'est cette école d'équitation unique, en France, c'est cette école générale de cavalerie, dont l'établissement, réclamé maintes fois dans les œuvres des Melfort et des Bohan, et par la nécessité des temps en 1814, a eu lieu enfin, tardivement peut-être, mais aussi par l'influence d'une illustration militaire et organisatrice, qui vient encore à l'appui de cette précieuse institution. Nous concevons que, dans une monarchie toute militaire, et qui ne peut avoir oublié encore que c'est à ses armes qu'elle doit sa prépondérance récente, on puisse se passer d'école, parce que tout pousse au principe militaire qui domine toute chose; mais nous oublions trop souvent, en France, que nous tenons notre existence, comme nation, de la fusion des Francs et des Gaulois, et cette antique origine de quatorze siècles, ainsi que ce pavois guerrier, fondateur de la plus ancienne monarchie de l'Europe, se perdant dans le lointain, échappe à notre vue, surtout au milieu des intérêts et des besoins d'une civilisation impatiente de jouir et d'avancer. Aussi la France a-t-elle besoin d'institutions spéciales pour ramener à l'esprit militaire, dont la décroissance a été plus d'une fois constatée. Il y a déjà long-temps qu'on a dit que, si le Français était guerrier, il n'était pas militaire, en ce sens que, dans notre nation, on répugne à la discipline, à l'ordre, à la règle ; ayons donc des établissemens où cet esprit se conserve et se perpétue ; ayons-en surtout dans la cavalerie, afin d'inoculer, dans les mœurs du cavalier, cet amour du cheval, cette douceur et ces soins conservateurs, qui ne lui sont pas aussi naturels que la bravoure sur les champs de bataille, bravoure qui serait sans résultat si le cheval, ce moteur principal, manquait, au moment du danger, de la vigueur nécessaire.

Trompé par quelques abus de mot à mot, qui sont saillans, nous n'en disconvenons pas, du moment qu'on cesse de parler à de simples cavaliers, c'est-à-dire après l'école du peloton, et qu'on s'adresse à des intelligences plus élevées, M. de La Roche-Aymon en a conclu qu'à Saumur on ne s'attachait qu'à la lettre. Qu'il veuille bien se dissuader ; s'il eût connu le personnel et les usages de cet établissement, il aurait su qu'il y eut, à l'école, des capitaines-instructeurs qui appelèrent la pensée et le raisonnement au secours de la mémoire, et qui avaient l'habitude de faire des théories raisonnées, dans lesquelles ils excellaient. Tous ceux qui ont fait partie de l'ancienne école ont nommé M. *Véron*, que j'ai déjà eu l'occasion d'appeler le modèle des capitaines-instructeurs, sans crainte d'être contredit par aucun de ceux qui l'ont connu (1). Ce n'était pas non plus des instructeurs exclusivement dans le mot-à-mot, que les *Gripiere*, les *Fajac*, les *Clere*, les *Tartas*, les *Jacquemin*, et d'autres officiers qu'on pourrait désigner encore dans l'école actuelle ; mais ces dignes officiers, en s'adressant à l'intelligence de leurs élèves, non moins qu'à leur mémoire, prenaient pour point de départ l'ordonnance en vigueur, et professaient pour

(1) En 1821, l'école de Saumur fit une perte irréparable dans la personne de M. *le capitaine-instructeur Véron*, qui succomba après une longue maladie du larynx, affection assez commune à ceux qui ont exercé long-temps et avec zèle les pénibles fonctions d'instructeurs. M. Véron, ancien capitaine au 5me régiment de chasseurs, avait été l'un des élèves les plus distingués de l'école de Versailles. A Saumur, personne ne l'égalait pour l'instruction ni pour le zèle. Il est l'auteur d'observations, inédites il est vrai, sur les leçons de l'école du cavalier à cheval, sur les conversions, sur l'instruction des jeunes chevaux, etc., etc.; mais comme les élèves mettaient un prix tout particulier à se les procurer, et qu'ils les transcrivaient en toute hâte, elles passèrent de l'école dans les régimens, et y répandirent de saines doctrines. Cependant son respect pour l'ordonnance provisoire était tel, qu'après l'avoir critiquée et rectifiée en nombre d'endroits, il n'avait pas osé l'attaquer dans son ensemble. M. Véron organisa encore deux espèces de répétitions pour les officiers et les sous-officiers. Son choix avait naturellement porté sur les sujets qui annonçaient le plus d'aptitude et de goût. Dans ces réunions

elle un respect, apparent du moins, tandis que nous nous rappelons des officiers haut placés qui affectaient de ne pas la suivre dans des positions où c'était pour eux un devoir, et qui la blâmant à tout propos, prouvaient qu'ils l'avaient jugée avec prévention, sans avoir toujours cherché à la comprendre.

Ce n'est point après avoir abusé de la bienveillance de notre lecteur que nous pourrons discuter le système que propose le général de La Roche-Aymon, dans son chapitre de l'instruction ; du reste il écrivait ces paroles en 1828 et 29, ses impressions d'alors se sont peut-être modifiées depuis : l'école de Saumur a vécu environ 14 années depuis les attaques répétées dont elle fut alors l'objet, et le choix du général qui vient d'être mis à sa tête, ainsi que des améliorations récentes, prouvent la bienveillance soutenue du chef de l'armée, qui fut jadis son créateur. Nous ajouterons seulement, en faveur de l'école de détail, qu'il suffit de quelques années de la vie régimentaire pour savoir qu'elle se concilie mal avec une instruction suivie et toujours progressive. Dans un moment où l'on manquera de chevaux, l'instruction à cheval pourra être très restreinte et même suspendue ; dans l'état ordinaire, les exigences du service intérieur, de la discipline et de l'administration venant s'y joindre, coupent la journée, qui est trop courte, à un point tel que l'ensemble ne peut marcher qu'au dépens de chaque chose en particulier. Dans une époque d'agitations, l'attention des chefs devra se porter sur le maintien de la tranquillité ; toutes les dispositions seront prises en conséquence ; l'instruction militaire en souffrira, sans doute, mais le maintien de l'ordre n'est-il pas le premier devoir de la force armée ? Dans l'état de guerre, l'instruction gagne sûrement, sous le rapport militaire, quand elle est assise sur de bonnes bases ; mais nous sommes encore trop pénétrés de ce qui arriva à nos corps de cavalerie improvisés, en 1813, pour avoir oublié que ce n'est point dans une guerre active, que l'officier de cavalerie apprend ces soins conservateurs du cheval, s'il les ignore.

particulières, il provoquait les élèves à étudier le sens de l'ordonnance, à le bien pénétrer ; il les aidait, les mettait sur la voie, et à la prochaine réunion chacun portait son travail écrit, qui était lu et rectifié dans ce qu'il avait d'incorrect. Nous avons vu les cahiers de M. Véron à la commission de cavalerie, ils n'y furent certes pas inutiles, et nous pouvons témoigner que feu le général comte Gentil-Saint-Alphonse, ancien commandant de l'école, et digne appréciateur des talens et des services de M. Véron, fit bien des démarches, qui malheureusement n'eurent pas de succès, pour obtenir à sa veuve et à ses enfans une pension qui ne fut jamais mieux méritée.

Nous disons que c'est dans ces situations diverses, qui se représentent tour à tour, que l'école est utile et très utile; à l'école point d'à-coup, point de service saccadé, toute l'attention se concentre sur les diverses branches de l'instruction, qui se déroulent successivement sans interruption aucune et laissent ainsi des impressions durables. Si c'est dans les régimens et à la guerre qu'on apprend le véritable emploi de la cavalerie, c'est à l'école qu'on apprend à connaître le cheval dans sa structure anatomique et extérieure, dans ses besoins, dans ses mœurs, dans ses habitudes; c'est à l'école surtout qu'on apprend à mesurer le travail à ses forces, et qu'on y puise la connaissance de ses soins conservateurs, qui nous valent plus tard des chevaux en meilleur état, de plus nombreux escadrons, et c'est ainsi que la dépense de l'école se compense par un plus grand nombre de cavaliers dans les rangs, des chevaux qui durent davantage et plus d'économie pour le trésor.

Nous terminerons en disant que, si jamais établissement a répondu aux justes espérances qu'on pouvait former, c'est l'école de Saumur. N'a-t-elle pas au début contribué puissamment à remplacer les pertes des dernières campagnes, à conserver les saines doctrines équestres et à rétablir l'instruction dans la cavalerie?

N'a-t-elle pas fourni aux troupes à cheval une pépinière d'excellens officiers qui ont propagé dans les corps les bonnes méthodes, la connaissance et l'amour du cheval?

N'est-ce pas elle qui a préparé le travail du 6 décembre 1829, qui compte de nombreux et d'honorables suffrages?

N'est-ce pas encore à elle qu'on doit les Cours d'art militaire de Jacquinot, le Cours d'équitation militaire, les Esquisses historiques d'Ambert, les litographies si originales et si piquantes d'Aubry, avec son histoire pittoresque de l'équitation?

N'est-ce pas encore à l'école qu'on trouve cet amour du cheval et de la science pour le cheval et la science même? De telle sorte que vous voyez de jeunes hommes se vouer à l'étude, au milieu des passions de leur âge, avec non moins de zèle, et quelquefois autant de succès, que les vénérables bénédictins de Saint-Maur, poussés par l'amour de la retraite et l'esprit religieux.

N'est-ce pas en majeure partie de son sein que sont sortis les officiers employés aujourd'hui si utilement à la remonte générale?

Tous ces faits qui sont constans, nous autorisent à dire que l'école de Saumur est la base de l'instruction, du progrès, de la conservation et de la reproduction équestre, et beaucoup d'officiers supérieurs qui en sortent et qui sont aujourd'hui à la tête de nos régimens, prouvent jusqu'à l'évidence, qu'avec une base aussi solide que l'instruction qu'ils y ont puisée, il est facile ensuite au moyen des camps d'instruction et d'étude spéciales dirigées vers la guerre, de donner à l'instruction d'ensemble toute l'extension désirable.

Mais de ce que quelques erreurs se seront glissées dans les commandemens du général de La Roche-Aymon, au milieu de justes critiques ; de ce que quelques reproches trop légèrement faits à nos usages n'auront pas été mérités ; de ce que le camp de Lunéville et l'école de Saumur auront été attaqués successivement par lui, avec une persévérance plus propre à mettre en garde qu'à persuader, s'en suivra-t-il que ses œuvres sur la cavalerie devront être négligées par l'officier désireux de reculer l'horizon de ses connaissances militaires ? non sans doute. Elles sont au contraire du petit nombre de celles qu'il devra toujours avoir ; seulement comme M. de La Roche-Aymon a puisé ses principes à une source étrangère, l'officier français ne devra pas perdre de vue cette cause involontaire, mais non moins réelle, cependant, de dissidence ; toutefois il comprendra cette puissance des anciens souvenirs, avec cette ambition de faire par soi-même, qui appartient à l'homme éminemment zélé et capable ; enfin il ne mettra que plus de soin et d'attention à méditer des œuvres étendues, qui sentent la pratique de la guerre, et qui renferment le germe de nombreux progrès pour la cavalerie.

DEUXIÈME SECTION.

SUR L'ÉQUITATION MILITAIRE.

Au lieutenant-général

Baron Marcellin de Marbot.

L'équitation militaire des Seydlitz, des Melfort, des d'Auvergne et des Bohan,
perfectionnée de nos jours par les chefs de la cavalerie française, est la base
de l'instruction équestre, appliquée aux divers besoins de l'armée.

Quelques mots sur cette section.

i les rapports des inspecteurs généraux et leurs récens écrits établissent avec vérité, que jamais
l'instruction individuelle n'a été portée dans nos régimens au degré de
perfection qu'elle a atteint aujourd'hui, grâce à l'ordonnance du 6 décembre, grâce à l'école de cavalerie de Saumur, grâce aussi aux efforts et au zèle
des chefs de corps, des officiers et instructeurs qui les ont
secondés dans cette tâche laborieuse ; il devient évident que
le but que s'est proposé le ministre de la guerre, en prescrivant tout récemment les essais de la *méthode Baucher*, pour
les manéges militaires, a été que la cavalerie française ne fût
en arrière d'aucun progrès : cette mesure a eu sûrement pour

12

objet de raviver le zèle de l'instruction équestre dans nos corps, et sous ce rapport on ne saurait trop y applaudir, car l'habitude entraîne trop souvent la monotonie, l'indifférence, et par suite la négligence sur quelque point essentiel :

Mais nous le déclarerons, avec la franchise dont nous ne nous sommes jamais départis dans cet ouvrage, du moment que la méthode d'équitation de M. Baucher 1842, nous est tombée dans les mains, nous aurions été justement effrayés, non pas des assouplissemens et des flexions qu'elle prescrit, en restant toutefois dans une juste mesure, comme il convient pour des chevaux qui doivent travailler dans le rang, endurer ses à-coups, et qu'il faut diriger vers les exercices individuels, sans doute, mais aussi vers la marche directe et vers la charge, ce qui demande encore une limite dans la souplesse de l'encolure et dans la finesse des aides ;

Mais nous l'eussions été, non sans motif, du néologisme dont son livre menace, des traités antérieurs, utiles à consulter ; de son langage bien moins simple que celui de nos ordonnances ; enfin de son équitation du cirque, des 16 airs de manége de son invention, dont il nous donne l'explication, au nombre desquels figurent le *reculer au trot et au galop*, et autres tours de force de cette nature, qui démontrent incontestablement l'habileté de M. Baucher, les ressources de ses chevaux de tête, et expliquent la juste admiration des spectateurs du cirque, sans que cela établisse, le moins du monde, que l'application en soit prudente et opportune pour nos manéges militaires.

Nous aurions donc été justement effrayés, disons-nous, de l'influence de ces prodiges, de tout ce qu'ils ont de prestigieux sur l'opinion, et de cette équitation tendant à l'extraordinaire ; nous aurions même conçu de vives alarmes pour ces pauvres chevaux, soumis à leur tour aux épreuves de cavaliers durs, improvisés et inhabiles à bien saisir les nuances d'un système difficile dans l'application ; nous n'aurions pas été plus tranquilles, quant aux résultats de cette méthode sur les évolutions, qui demandent des chevaux calmes, de moyenne sensibilité, et non des chevaux trop travaillés, qui seraient inévitablement inquiets dans les rangs, si nous n'avions été pleinement rassurés par le choix du *général Oudinot*, chargé de présider aux premiers essais et d'en constater les résultats.

Poussant encore la prudence plus avant, M. le *maréchal-ministre duc de Dalmatie*, au moment même ou nous mettons sous presse, vient d'envoyer à Saumur MM. les capitaines-instructeurs, pour soumettre à de nouveaux essais cette méthode, sur laquelle sont appelés à faire connaître leur sentiment, ces hommes pratiques de la cavalerie, réunis sous les ordres du *lieutenant-général comte de Sparre*, connu par son expérience des hommes et des choses.

Avec des juges si compétens, si capables, si supérieurs dans l'art équestre, et si bien fixés sur les besoins de la cavalerie, nous sommes bien assurés qu'il ne sera rien pris en considération, en théorie et en pratique, qui ne soit réellement concevable et praticable pour des hommes de recrue, d'une intelligence restreinte, trop souvent étrangers au cheval, qu'on garde 7 ans au plus et moins encore, l'appel des classes ayant souffert jusqu'à ce jour des retards plus ou moins longs, non comprises les non-valeurs qui réduisent encore ce temps bien minime (1) ; on ne hasardera rien non plus pour des chevaux de remonte, qui ne sont pas toujours le type de l'élégance et de la finesse, dont la destination, comme nous l'avons déjà dit, vers les exercices individuels et le travail du rang, est à deux fins, et qui doivent être conduits de manière à se conserver sains et vigoureux le plus long-temps possible. Enfin, l'on ne perdra pas de vue qu'un système d'instruction, pour la cavalerie, doit être d'autant plus facile dans son application, que c'est presque toujours en masse que nous arrivent hommes et chevaux, et non par sixième ou par septième, ce qui serait si désirable ; toutefois, les pertes de la guerre, ou d'autres causes tenant à nos institutions, viendraient détruire encore ces excellentes dispositions d'une organisation prévoyante.

(1) Un nouveau projet de loi sur le recrutement de l'armée a été présenté à la chambre des pairs, le 10 janvier dernier, par M. le maréchal duc de Dalmatie, ministre de la guerre. Ce projet, dont l'exposé des motifs nous fait espérer de notables améliorations, quant au remplacement, porte aussi la durée du service à huit ans, à partir du 1er juillet, et c'est tout ce que l'illustre maréchal, à qui l'armée et la cavalerie doivent de si excellentes institutions, croit pouvoir demander. Mais avec une méthode d'équitation comme celle qui est aujourd'hui à l'essai, ce n'est plus 8 ans pleins qui suffisent ; il faudrait doubler et plus encore, car encore une fois, ce n'est pas l'habileté de M. Baucher qui est en question. C'est pour nous un fait constant et établi ; mais ce qui est très contestable, c'est que cette équitation ménage autant les chevaux que la nôtre ; c'est qu'elle s'adapte aussi bien au travail du rang, c'est surtout qu'elle puisse être appliquée par les recrues que la loi nous donne, pour un temps qui suffit à peine à la méthode actuelle, quoique beaucoup plus simple. Ainsi donc M. Baucher sortirait triomphant de ses essais de Saumur, que la difficulté ne serait résolue ni quant à la possibilité de l'application à la cavalerie, puisque ce sont les capitaines-instructeurs qui exécutent aujourd'hui sous sa direction, ni quant à l'effet que cette méthode peut avoir sur les chevaux, car il faut que les simples cavaliers la mettent en pratique, et que le temps en fasse connaître les résultats.

Cette confiance que nous témoignons pour les juges auxquels le ministre de la guerre s'en réfère, ne saurait être considérée comme une affaire de complaisance, lors surtout que nous trouvons dans les numéros du *Spectateur militaire*, des 15 octobre et 15 novembre 1842, une critique à la fois si juste et si mesurée de cette méthode, par M. A. D., capitaine-instructeur, qui déclare avoir eu l'honneur de recevoir et de suivre les leçons de M. Baucher. Nous adoptons pour notre compte ces conclusions, qui nous paraissent infiniment sages, et nous sommes bien convaincus que MM. les capitaines-instructeurs appelés à l'école, pénétrés qu'ils exercent une sorte de magistrature, n'écouteront que les véritables intérêts de la cavalerie.

Sans se prévenir ni pour ni contre, ils procèderont d'une manière consciencieuse; ils se rappelleront les essais d'équitation qui se succédèrent en France après la guerre de Sept-ans, et que nous avons eu soin de constater dans notre Revue historique; ils ne perdront pas de vue les réclamations générales qui s'élevèrent, contre une équitation dirigée davantage vers un but académique que vers un but militaire, et la réaction qui en fut la suite; ce fut à tel point que *Bohan*, l'un des élèves les plus distingués du célèbre d'Auvergne, mais qui ne perdait cependant pas de vue les nécessités militaires, dont il avait eu le loisir de se pénétrer, pendant plusieurs années, consacrées à la pratique de l'instruction régimentaire, se plaignait avec amertume que partout la nature était forcée et contredite. Il s'écriait : « Que de milliers de chevaux estropiés et usés avant d'en trouver un capable d'exécuter les singeries que nous ont fait dessiner MM. de Newcastle, de la Guérinière, etc., etc., sous les noms baroques de *passades*, *terre-à-terre*, *pesades*, *mezair*, *balotades*, *pas et le saut*, *falcades*, *repolon*, etc., etc. C'est de ce jargon minutieux dont je prétends surtout me préserver dans mon école; les chevaux ne connaîtront pas d'allures artificielles, et j'appliquerai toutes les ressources de l'art à perfectionner celles que la nature leur a données. » Page 69, 3ᵐᵉ vol.

Il ajoutait plus bas, page 167, « quoique je recommande d'être un peu plus exigeant dans les derniers temps, on se gardera de chipotter les chevaux des mains et des jambes, défaut commun de presque tous les élèves qui n'ont passé que peu de temps dans les écoles de cavalerie, et qui n'ayant ni assez raisonné sur la justesse des allures du cheval, ni assez de pratique de l'équitation, regardent ordinairement comme le chef-d'œuvre de l'art, de rejeter tout le poids du corps de l'animal sur ses jambes de derrière.

« On ne parlera jamais de *rassembler ses chevaux*, mauvais précepte

dont on a abusé dans la cavalerie. » Cependant Bohan consacrait à leur
instruction un temps beaucoup plus long ; et s'il blâmait le rassembler
académique pour concentrer les forces, quel sentiment eût-il porté sur
les *attaques* ? Car enfin elles sentent plus la provocation que la répression
des fautes, et se concilient mal , du moins quant au nom qui leur est donné,
avec les aides progressives.

« Enfin, si l'on s'est plaint, avec tant de raison, de l'équitation dans la
cavalerie, ajoutait le fondateur de l'équitation militaire française, c'est
lorsque les maîtres s'occupaient à faire passager, rassembler et piaffer
leurs chevaux , sans s'inquiéter s'ils étaient droits, d'aplomb et assouplis.
Les écoliers de Saumur et de Cambrai qui avaient pris des voltes sur deux
pistes voulaient en faire prendre aux cavaliers. »

D'après cela il est impossible de ne pas reconnaître : 1° qu'il y a contradiction manifeste entre le système Baucher et celui de Bohan, qu'ont
adopté successivement nos ordonnances ; 2° qu'il y a entre la situation
d'alors et celle d'aujourd'hui une grande analogie, et que, si quelque chose
doit être pris en considération, c'est l'expérience passée, ce sont les enseignemens de l'histoire ; 3° qu'enfin il devient indispensable pour faire
cesser toute équivoque, qui pourrait prolonger l'incertitude, de poser des
limites entre les diverses sortes d'équitation, ce que nous essayerons de
faire en traitant de l'équitation militaire, prop. III.

Et si Bohan assignait à l'équitation militaire de sages limites, s'il se pro-
nonçait hautement pour que les manéges militaires n'empiétassent pas sur
les manéges d'académie, que n'eût-il pas dit de l'équitation du cirque,
encore plus ruineuse pour les chevaux, encore plus difficile quant à
l'exécution ?

Cependant, rien n'est stationnaire ici-bas, et l'équitation suit aussi la loi
invariable du progrès ; ainsi des améliorations sensibles pourraient être
adoptées dans certains détails ; mais nous répugnons à croire que la méthode en vigueur aujourd'hui soit essentiellement changée dans son ensemble, dans son esprit, dans son langage ; et nous dirons toujours, avec
Bohan, jusqu'à ce qu'on fasse mieux, ce qui est difficile :

« *L'art de monter à cheval*, est celui qui nous donne et démontre la position que nous devons prendre sur un cheval, pour y être avec le plus de
sûreté et d'aisance ; qui nous fournit en même temps les moyens de mener
et conduire le cheval avec la plus grande facilité, et obtenir de lui, par
les moyens les plus simples et en le fatiguant le moins possible, l'obéissance
la plus exacte et la plus parfaite, en tout ce que sa construction et ses
forces peuvent lui permettre.

» *L'homme de cheval* est donc celui, qui, solide et aisé sur l'animal, a acquis la connaissance de ce qu'il peut lui demander, et la pratique des meilleurs moyens pour le soumettre à l'obéissance.

» *Le cheval dressé*, ou mis, est celui qui connaît les intentions du cavalier au moindre mouvement, et y répond aussitôt avec justesse, légèreté et force (1).

Ainsi, nous suivrons la méthode actuelle, qui n'est autre chose que l'application constante de ces excellentes définitions du guide des officiers et instructeurs de cavalerie, sans renoncer, ainsi que nous l'avons dit, aux améliorations successives d'une pratique sage et éclairée, uniquement appropriée à l'homme et au cheval de guerre.

Les circonstances dans lesquelles nous nous trouvons, sont telles aussi, que nous laissons subsister telle qu'elle notre section sur l'équitation militaire, quoique l'ordonnance du 6 décembre, ait généralement fait droit à ces principes, ainsi que le Cours d'équitation militaire de Saumur, qui parut l'année d'après, et traita plus au long de la matière.

Du reste, sans avoir la prétention d'innover, on peut donner cependant quelques aperçus nouveaux ; on peut rappeler l'attention sur quelque partie négligée ; on peut revenir sur l'amour du cheval, qui n'est pas commun ; sur la douceur qu'il serait si utile d'inoculer au cavalier français, et sur les soins qui peuvent seuls assurer la conservation de ce précieux et bien rare animal.

On peut se demander s'il n'y aurait pas quelque moyen, quelqu'encougement, quelque récompense pour stimuler l'émulation de nos cavaliers, précisément à l'endroit où ils laissent à désirer. Nos chevaux n'en seraient que plus ménagés, nos rangs plus nombreux et le budget moins surchargé.

Enfin nous avons pensé que des généralités avaient chance de satisfaire des officiers d'état-major et des autres armes, qui auraient quelque curiosité de les connaître ; aussi présentons-nous aux uns et aux autres les aperçus généraux sur l'équitation militaire, comme nous avons procédé pour les autres sections, faisant ainsi l'anatomie et donnant l'explication des principes épars dans les leçons de l'école du cavalier à cheval, et la méthode pour dresser les jeunes chevaux.

---

(1) Cette définition, qui indique que notre système se contente de l'obéissance passive, en laissant au cheval toutes ses forces, toute son énergie, se concilie mal avec l'annihilation des forces instinctives. M. Baucher a voulu dire, sans doute, l'annihilation des résistances, et nous sommes tout-à-fait de son avis. Quant aux forces transmi-

II.

Sur la renaissance de l'équitation.

ı, par premiers principes d'équitation, on entend parler des préceptes écrits sur cette matière, nons admettons qu'ils viennent d'Italie, ou mieux encore, qu'ils s'y réfugièrent après la prise de Constantinople', où l'art équestre paraît avoir été poussé fort loin, puisque le Bas-Empire nous donne d'abord dans le quatrième siècle, l'invention des arçons; bientôt après celle de la selle, et deux siècles plus tard l'usage des étriers, comme nous avons eu soin de le constater déjà, d ans notre Revue historique.

Mais, si nous voulons parler de la pratique de l'équitation, nous sommes autorisés à dire qu'elle dût avoir une grande supériorité dans notre France, où les mœurs chevaleresques prirent naissance, et où elles s'enracinèrent si profondément, qu'elles s'y maintinrent long-temps après s'être effacées chez nos voisins. Toutefois, il faut ajouter, que, si les nobles châtelains, avaient dans leurs manoirs école équestre et de prouesse, et que, s'ils préparaient les jeunes gentils hommes qu'ils recevaient en bas âge, dans leurs castels, suivant les usages du temps, à paraître avec honneur dans les tournois; il faut convenir aussi qu'ils se piquaient si peu de science, qu'ils dédaignaient de savoir lire et écrire, que leurs mains n'étaient habiles qu'à manier la lance ou l'épée dans les joûtes et les combats, et qu'ils étaient dans l'impuissance de transmettre leurs méthodes.

Sans cette cause, quel est l'écuyer napolitain, romain, ou de Ferrare, qui l'eut disputé au simple gentilhomme qui eut l'honneur de conférer à

ses, il faut recourir encore à l'interprétation; les diverses directions se transmettent, en effet, par les aides du cavalier, et le cheval y répond avec plus ou moins d'énergie, suivant qu'il est plus ou moins recherché, et proportionnément à la vigueur dont il est doué; mais quant aux forces proprement dites, elles appartiennent à l'animal et ne sauraient être communiquées par le cavalier, si le cheval est faible de sa nature, ou s'il les a perdues par des exercices forcés. En définitive, le langage adressé à l'homme de guerre doit être clair et précis, comme les définitions que nous venons de rappeler.

FRANÇOIS Ier l'ordre de chevalerie, à notre *Bayard*, au chevalier sans
peur et sans reproche, dont le premier pas dans la carrière des armes fut
un immense succès équestre, devant le duc de Savoie, devant Charles VIII
et toute sa suite, qui, dès ce moment, l'attacha à sa personne comme page
et l'emmena pour son expédition de Naples.

Il y a mieux, nous sommes autorisés à croire, que si Bayard nous eût
transmis ses pratiques et ses principes, ils n'eussent pas été entâchés de ces
moyens violens et barbares, que cette équitation venue des académies de
Naples et de Rome importa en France. Il suffit en effet de jeter un coup
d'œil sur les embouchures en usage alors, sur les branches monstrueuses
destinées à les faire agir, et qui annonceraient une espèce de chevaux
voisine, pour la taille, des éléphans; il suffit aussi de rappeler les moyens
extrêmes, indiqués par *la Broue*, notre premier écrivain équestre, afin
de triompher des résistances du cheval, pour ne pas déplorer encore cette
lacune; hâtons-nous cependant de dire que *Pluvinel*, élève aussi de l'école
italienne, et qui eut l'honneur d'apprendre à Louis XIII à monter à cheval,
radoucit et perfectionna les moyens de son devancier, sans avoir, comme
la Broue, cependant, l'honneur d'inspirer les poètes, qui l'avaient célébré

dans nombre de sonnets, en le présentant comme le maître souverain dans l'art de dresser et de soumettre les chevaux.

Il est vrai que *l'équitation pittoresque d'Aubry*, qui représente d'une manière très heureuse les phases diverses de l'équitation, a réparé récemment cette injustice ; mais en rendant à cet ouvrage, qui est une histoire complète de l'art, et qui rivalise avec les dessins de Vernet, la justice qui lui est due, en reconnaissant que ce grand travail ne pouvait être mené à bien que par un artiste aussi distingué qu'Aubry, et membre d'une école qui en est la source première, on s'étonne au milieu de la prodigalité des dessins qui appartiennent à la dernière époque, d'y voir figurer d'une manière si imperceptible, les noms de *d'Auvergne* et de *Bohan*, qui peuvent être regardés comme les fondateurs de l'équitation militaire en France. Ainsi les considère, le cours de Saumur, avec lequel nous sommes heureux de nous trouver en rapport, et auquel nous nous en référons pour les trois époques si bien définies de l'art équestre, depuis sa renaissance, et pour tous les précieux détails dont il les a accompagnés.

Nous nous bornerons à dire qu'il suffit de s'arrêter un instant aux anciens traités d'équitation, pour acquérir bientôt la preuve qu'ils sont une émanation des traditions chevaleresques, où tout avait été calculé pour donner au chevalier les moyens de bien fournir sa carrière, et de se présenter avec grâce dans les joûtes et les tournois.

L'action de la cavalerie n'était pas non plus ce qu'elle est aujourd'hui, la charge, dont la rapidité ne connaît de mesure que celle qui est nécessaire pour conserver de l'ensemble dans les escadrons ; dans les combats d'alors, c'étaient des joûtes individuelles plus encore que des chocs en ligne, dans lesquelles la pirouette, la demi-volte et la volte, avec une ordonnance ouverte, devaient donner de véritables avantages.

Ces moyens, rapides pour suivre les mouvemens de son ennemi, et l'attaquer par son côté le plus faible, sont de tous les temps, et ne doivent pas être confondus avec les éternels pas de côté des académies, ni avec ces véritables tours de force stigmatisés par Bohan, dont aucune nécessité militaire ne justifierait aujourd'hui l'emploi, dont l'usage serait fort dangereux avec les élémens improvisés qui proviennent du recrutement, et les produits trop souvent défectueux de nos remontes militaires.

Si l'équitation n'avait pas le caractère de rapidité qui lui est propre aujourd'hui, à la sortie de l'époque chevaleresque, il faut reconnaître au moins qu'elle n'était pas négligée, et qu'elle tenait le premier rang parmi les exercices des jeunes hommes, qui se destinaient à la noble profession des armes. C'est ainsi que *Turenne* fit dans cet art des progrès très rapides. Il est vrai que la passion de la guerre se démontrait chez lui de toute manière ; on l'avait trouvé à l'âge de dix ans endormi sur l'affût d'un canon au rempart de Sedan où il avait passé la nuit, cherchant déjà à s'endurcir aux fatigues ; et il avait à peine treize ans, qu'il montait les chevaux les plus difficiles. L'un de ses parens ayant amené un cheval ombrageux, que personne n'osait approcher, le jeune vicomte, au contraire, stimulé par le souvenir D'ALEXANDRE qui avait dompté *Bucéphale*, n'étant guère plus âgé, n'hésite pas un instant : malgré les représentations de ses parens et les craintes de ses domestiques effrayés du péril auquel il s'exposait, il s'obstine à monter ce cheval insoumis, et nonobstant ses jeunes années, il le gouverne, il le domine, il triomphe de sa fougue.

Ce sont de tels hommes que doivent suivre, dans leurs commencemens, dans leurs moindres actions et dans leurs campagnes, les jeunes officiers. Dans une vie militaire si belle et si bien remplie, on ne sait ce qu'on doit admirer le plus ; du noble caractère de Turenne, de sa vertu modeste, de son amour pour ses soldats, de sa libéralité envers eux qui va jusqu'à ne rien garder, ou de ses grands talens militaires. Aussi criait-on de toute part, dans son armée qui venait de le perdre, au milieu des irrésolutions et de l'étourdissement qui suivirent cette grande mort : « *lâchez la Pie*, c'était son cheval de bataille, *elle saura bien nous conduire.* »

Mais les grands regrets qui furent donnés à Turenne par toutes les classes des citoyens, les lettres si touchantes de Mme *de Sévigné* sur ses derniers momens, les honneurs qui furent rendus à ses restes par Louis XIV, et sa sépulture dans la chapelle royale de Saint-Denis, devaient être dépassés. Cent ans après, *Guibert* avait invité la nation française, à consacrer par un monument l'année séculaire de sa mort, et à quelques années de là son tombeau était profané. Cependant le corps embaumé du vicomte, réclamé par le professeur *Desfontaines*, pour son admirable conservation et déposé par lui au Jardin-des-Plantes, parmi les collections d'histoire naturelle, entre un éléphant et un rhinocéros, avait été conservé intact, grâce à ce subterfuge, quand les accens d'une noble indignation se firent entendre à la tribune des Cinq-cents. Le député *Dumolard* de l'Isère, dont le nom mérite d'être conservé, dénonça cette profanation monstrueuse ; ses sentimens furent partagés par l'assemblée, ses conclusions admises d'une voix unanime, et le Directoire fit transférer les restes du grand Turenne au musée des Petits-Augustins, asile qu'avait ouvert aux monumens français, le patriotisme éclairé du citoyen *Alexandre Lenoir*.

Réparateur de tous les malheurs passés et restaurateur de toutes les gloires nationales, LE PREMIER CONSUL BONAPARTE, appartenait trop à l'histoire pour méconnaître le mérite du plus grand homme de guerre du dix-septième siècle. Qui lui eut dit alors, qu'en plaçant Turenne et plus tard *Vauban* aux Invalides, il se préparait, quand l'heure du retour de ses cendres sur les bords de la Seine serait venu, le plus illustre entourage ?

Cette translation se fit avec grande pompe et solennité.

Le catafalque, suivant la relation officielle du temps, était placé sur un char de triomphe, décoré avec beaucoup de soin, de goût et de magnificence, traîné par quatre chevaux blancs. Un cheval pie, semblable à celui que montait Turenne et que connaissait si bien son armée, couvert de harnais semblables, marchait derrière le char, conduit par un nègre vêtu de la même manière que celui qu'il avait jadis. De vieux guerriers portaient ses armes, et entouraient son char ; les ministres suivaient. On avait posé sur un brancard couvert de riches draperies, l'épée qu'il portait le jour de sa mort et le boulet qui l'avait frappé, précieuses reliques appartenant à l'un de ses petits neveux, qui les avait prêtées pour cette cérémonie. Le corps fut placé dans une des parties latérales du dôme, où on le voit encore aujourd'hui.

Le ministre de la guerre plaça sur le cercueil une couronne de lauriers. On vit des larmes couler des yeux de nos vieux soldats à cette auguste cérémonie. Étrangers à l'esprit de parti, ils ne voyaient qu'une gloire nationale plus ancienne que celle de leur jeune chef.

NAPOLÉON fit plus encore pour la mémoire de Turenne que d'honorer ses cendres; il se plût à immortaliser ses campagnes par une nouvelle apothéose. Sur le rocher de Sainte-Hélène, où il mit le dernier cachet à sa grandeur historique, par son impassible dignité dans l'adversité, il employait ses loisirs à écrire ses grands souvenirs et ses guerres; il se faisait envoyer de France, entr'autres livres, les meilleurs ouvrages militaires et autres qui paraissaient, et les annotait, ajoutant ainsi à cette renommée de guerre, qui plane sur toutes les autres, celle de grand écrivain. Les dictées de Sainte-Hélène à ses compagnons de captivité, et le Mémorial de Las Cases, non moins officiel que les mémoires de Philippe de Commines sur Louis XI, ou de Sully sur Henri IV, sont là pour l'attester. Mais ce qu'il est bon de rappeler, c'est qu'ayant voulu donner, pour l'enseignement de la postérité militaire, le précis raisonné et critique des campagnes modernes les plus mémorables, il fit choix des guerres de Turenne.

Napoléon les analyse, il les discute, il se complaît à mettre en relief et à classer en première ligne, les opérations militaires de ce général vénéré de tous, chéri de ses soldats, pleuré par eux, regretté de ses ennemis eux-mêmes, *qui faisait honneur à l'homme*, suivant les belles expressions de *Montecuculli*, son adversaire, et qui, en étendant l'horizon des combinaisons militaires, avait préparé Frédéric II, vaincu le grand Condé aux Dunes, et porté la gloire des armes françaises, malgré le mauvais vouloir de Louvois, en Prusse jusqu'à Berlin, et en Bavière jusqu'à l'Inn, plus avant dans la Germanie qu'aucun autre général français depuis Charlemagne.

III.

De l'Équitation militaire.

'ÉQUITATION est toujours pour nous l'art de monter à cheval par les moyens les plus doux, les plus simples, les plus assortis à la structure de l'homme et du cheval; et, si nous employons le mot équitation militaire, consacré aussi dans le cours de Saumur, avec lequel nous

nous félicitons d'être en relation parfaite, c'est pour marquer les différences graves qui doivent exister, non dans les principes, mais dans la
direction à leur donner pour arriver aux fins qu'on se propose; nous
distinguerons donc *l'équitation instinctive*, *l'équitation académique* (1), et
l'équitation militaire.

L'équitation instinctive est la base de toutes les autres. C'est l'équitation
des premiers âges, celle aussi de nos jours, que nous voyons pratiquer à
chaque instant, quand un homme de la campagne, quand un enfant en-
fourchent un cheval à poil et le conduisent avec le bridon, sans autre
principe que de lui sauter sur le dos, de s'y asseoir, de s'y maintenir, et
de le diriger par de grands mouvemens des rênes et des jambes.

Dans cette équitation, qui est celle de tous ceux qui montent à cheval,
sans être montrés, et qui n'ont d'autre guide que la nature, le corps est
en arrière, la tête s'avance, le dos est voûté, l'homme est extrêmement
assis, et ses cuisses, sans être dans la direction horizontale, s'en rapprochent beaucoup. C'est ainsi qu'on voit les casse-cous dans nos foires, essayer toute espèce de chevaux avec une hardiesse qui ne s'étonne d'aucune
difficulté; c'est encore de cette manière qu'on nous représente le cavalier
de l'Orient, extrêmement assis dans la selle où il s'emboîte, et les pieds
entièrement soutenus par des étriers qui embrassent toute leur surface.

Avant d'être *académique*, c'est-à-dire avant d'aborder les difficultés et
les finesses de l'art, l'équitation commença par établir des règles pour la
position d'abord, et successivement pour la manière de conduire aux différentes allures; celle des anciens, privée du secours des étriers, s'attacha,
comme on l'a vu, à former les cavaliers à sauter à cheval et à terre avec
leurs armes; elle dût enfin les préparer aux éventualités de la guerre, par
des exercices en rapport avec cet état fréquent parmi eux. C'est aussi
parce que la préparation est forcément en rapport avec le but, qu'à l'époque de la chevalerie, l'équitation devient chevaleresque; elle nous est
ainsi transmise quand elle nous arrive d'Italie, et dans une époque où la
rapidité de la cavalerie, et le parti qu'on en pouvait tirer était incompris

(1) Peut être aurait-on pu joindre à ces distinctions *l'équitation du cirque*, qui a été
poussée si avant par **MM.** *Franconi* et ses élèves, mais qui nous paraît toute excep-
tionnelle et hors ligne, quant à la difficulté de l'exécution, quant aux méthodes toutes
particulières qu'elle comporte, quant aux élémens qui sont très rares dans l'une et
l'autre espèce, et quant au spectacle et à l'industrie dont le stimulant devient indispensable, pour en assurer le succès.

et impossible, du reste, avec les lourdes armures du temps, il ne faut pas s'étonner qu'elle ait donné dans les airs relevés, qu'elle soit devenue académique, habituée qu'elle était à évoluer dans de petits espaces, et que l'écuyer en soignant beaucoup sa pose, en perfectionnant beaucoup ses moyens et en les rendant imperceptibles, se soit attaché, avant tout, à rassembler son cheval, à rester long-temps sous les yeux du spectateur, et à obtenir cette perfection équestre qui le faisait briller dans les manéges et dans les carrousels.

Cependant, soit que les peuples de l'ancienne Germanie n'aient point autant cédé à l'empire des idées chevaleresques, soit qu'ils aient renoncé avant nous aux luttes équestres et aux tournois, soit encore que leur voisinage des Turcs, et leurs démêlés fréquens avec ces cavaliers redoutables, aient établi des rapports entre l'équitation orientale et la leur, toujours est-il que l'équitation germanique, intermédiaire entre celle de l'Orient et celle de France et d'Italie, se rapprochait le plus de l'équitation militaire, telle qu'elle est entendue aujourd'hui.

Si l'équitation militaire part de la même pose, des mêmes moyens et des mêmes principes que l'équitation académique, c'est pour arriver à des résultats complètement différens; car si toutes les fois qu'on est en troupe, la position doit être uniforme et la même pour tous, si le corps est placé suivant une ligne verticale, la seule où se puisse trouver équilibre et commodité, en est-il de même pour le tirailleur et le flanqueur? Que ferait, dans cette situation, un cavalier habitué à la pose étudiée, aux mouvemens compassés et méthodiques? quel parti retirerait-on d'un cheval trop fin, trop sensible aux aides, aux allures relevées et raccourcies, quand il faudrait faire usage de ses armes, se défendre ou attaquer dans toutes les directions, lutter d'adresse, d'agilité, d'intelligence? certes, quelqu'avantageusement que sortît ce cavalier d'une pareille lutte, au moyen de son adresse académique, on ne peut douter qu'il ne s'en tirât bien mieux encore, si ses exercices équestres eussent été dirigés vers ce but; si l'escrime du sabre lui eût été enseignée avec soin à toutes les allures, s'il en eût été de même de l'exercice de la lance, si le tir à la cible du mousqueton et du pistolet lui eût été rendu familier par de fréquens exercices; enfin, si, préparé, comme le dit *Bohan* lui-même, aux mouvemens les plus rapides, les plus durs et les plus irréguliers, on se fût assuré de l'avenir par une équitation dirigée vers un but militaire. C'est ainsi que faisaient les grands maîtres; *Melfort* ne l'entendait pas autrement, son traité et les planches de son atlas le démontrent assez; *Seydlitz* ne craignait pas, entr'autres exercices qui nous paraissent impossibles, de traverser les ailes tournantes d'un moulin à vent, et ses hussards et ses cuirassiers, car tout était commun entr'eux, étaient formés suivant les principes d'une équitation poussée jusqu'à la témérité.

Tel est le caractère de l'équitation militaire, et nous faisons des vœux pour que les diverses nuances de l'art de monter à cheval, qui toutes partent du même tronc, restent chacune dans le cercle de leurs besoins. Nous sommes dans la conviction, que, sans sortir de leur spécialité, elles ont un champ assez vaste pour bien employer leurs leçons. L'équitation militaire est surtout la plus surchargée ; car, indépendamment de l'art de monter à cheval, elle embrasse encore l'exercice du sabre et de la lance, l'emploi du mousqueton et du pistolet aux diverses allures, ainsi que la voltige. Pourquoi sortirait-elle alors de ce cercle militaire déja bien étendu, pour se lancer dans des reprises académiques et rivaliser avec des écuyers non militaires, qui, de leur côté, n'ont que faire de ces divers maniemens d'armes, qu'ils n'auraient aucune chance d'appliquer. Nous préfèrerions donc pour les pelotons modèles, qu'au lieu d'être incessamment à fuir les talons, à faire enfin ce qu'on appelle la reprise de la haute école, on se concentrât dans les exercices individuels dont les bons effets ne sauraient être contestés. La question ainsi posée, toute confusion cesse, chacun reste sur son terrain et l'on s'estime réciproquement.

On n'irait pas alors pour repousser une méthode, qui nous paraît dangereuse à nous aussi, dépasser toute mesure dans la discussion, et se jeter dans une exagération qui se réfute elle-même.

Un officier de cavalerie, qui prouverait, sans doute, en relevant sa visière qu'il n'a jamais porté l'uniforme, n'avancerait pas que la cavalerie française est sans système depuis dix ans (1) ; quand il est reconnu, au

____

(1) Voir la *Revue de Paris*, n⁰ du 15 janvier 1843, *de l'Équitation en France*.

Au nombre des brochures qui ont été publiées à l'occasion de la méthode Baucher, il est impossible de ne pas distinguer celle de M. *Lecornué*, ancien élève de l'école de cavalerie de Saint-Germain et de celle de Saumur, maintenant directeur du manége du Luxembourg, dont l'excellent résumé frappera l'attention de tout officier de cavalerie, comme il a fixé la nôtre. Nous ferons remarquer cependant quant à la 10ᵐᵉ observation, que la mission de l'école de Saumur était moins de créer des écuyers, que des hommes de cheval et de guerre, aptes à en former d'autres, et que cette mission elle l'a accomplie autant que l'époque actuelle l'a permis. Témoin ce combat que notre illustration en tête de cette section ne rend que très-imparfaitement, où le *colonel Tartas*, sorti des élèves et des rangs de l'état-major de l'école, tua l'un après l'autre, avec une merveilleuse adresse, deux chefs arabes qui l'avaient vigoureusement assailli, donnant ainsi, dès la première rencontre, la mesure de ce qu'on devait attendre de son habileté équestre et de sa bravoure.

contraire, ainsi que nous l'avons déja démontré, par les jugemens des hommes les plus compétens, que des progrès incontestables ont été réalisés, et que l'équitation de l'ordonnance du 6 décembre, n'est que le perfectionnement du système déja suivi, et garanti par une longue expérience.

Il ne viendrait pas nous dire que, pour quiconque a vu les cavaleries hanovriennes et hongroises, il est constant que, si la lutte s'engageait, la cavalerie française aurait le dessous; des exemples tirés de nos guerres modernes prouveraient, au contraire, que la cavalerie française a compensé par son courage la supériorité des remontes de la cavalerie d'Outre-Rhin, et l'habileté de ces cavaliers dans les exercices individuels.

Il ne prétendrait pas que les allures franches et étendues ne datent que de l'époque de nos relations intimes avec l'Angleterre, lorsqu'il est de notoriété que, du moment que la cavalerie quitta les lourdes armures, elle n'attendit de choc et de succès que de la célérité réunie à l'ensemble. C'est de cette époque, et depuis la guerre de Sept-ans surtout, qu'exista de fait l'équitation militaire, qui a toujours devancé, quant à la franchise et à la hardiesse des allures, l'équitation des manéges civils, qui ont été forcés à leur tour d'entrer dans le progrès, ce que nous sommes heureux de reconnaître.

On ne viendrait pas enfin quand les cavaliers en France ne passent au service que sept années bien écornées et bien réduites de toute manière, les accuser de se placer, comme chacun l'entend, car la position est une. Seulement elle peut varier en raison de la selle qui sert de base, et elle est aussi régulière que le comporte un temps aussi minime.

De tout cela il résulte que, chacun restant dans sa spécialité et toute rivalité cessant, cet échaffaudage de reproches immérités et de prétentions extrêmes tomberait; car, encore une fois, messieurs les écuyers civils, quelle que soit notre estime pour vos talens équestres, trouvez bon que nous restions militaires, et que nous ne cessions pas d'avoir un but militaire.

Trouvez bon aussi que les manéges de Saumur, sans que ceux qui les dirigent soient gênés dans l'enseignement des principes, restent sous la haute direction des chefs de l'école ; car il faut de l'unité en toute chose, et nous nous rappelons d'avoir vu, non loin de l'époque de sa fondation, un talent succeptible, qui ne fut jamais contesté, prétendre à une émancipation, qui se conciliait mal avec les exigences militaires, et qui était inadmissible.

Car c'est en suivant cette ligne seulement que nous serons dans le vrai.

Si donc nous sommes en possession de ces avantages si long-temps désirés, les perfectionnemens, comme nous l'avons déjà dit, paraissent devoir se porter davantage, aujourd'hui, sur l'amour du cheval qu'il faudrait inspirer, sur les soins de conservation pour lesquels il y a beaucoup à faire, et sur quelques détails essentiellement perfectibles de l'école individuelle, que sur l'ensemble d'un système d'instruction garanti par l'expérience, qui répond à tous les besoins, et à toutes les exigences de la guerre.

Après avoir exprimé nos inquiétudes sur la méthode Baucher, nous croyons aussi avoir répondu à ceux qui voudraient nous faire rétrograder également, en nous entraînant hors du cercle militaire ; mais en demeurant fermes dans notre spécialité, nous sommes non moins éloignés de ceux qui n'accorderaient pas à l'équitation l'importance qu'elle mérite, et qui tendraient à remplacer une méthode basée sur des règles positives et la douceur, par une sorte d'équitation instinctive, qui nous ferait remonter à l'enfance de l'art. Du reste, ceci est encore de l'histoire ; et de même que lorsqu'on croyait les tours de force de l'ancienne école des Newcastle et des la Guérinière bien et dûment enterrés, on les voit reparaître de nouveau sous une autre forme, et dépassés peut être, de même aussi la situation propre au licenciement et à la réorganisation de 1815 pourrait se reproduire.

Dans ces temps difficiles, l'armée et la cavalerie surtout se reconstituaient péniblement ; les traditions militaires avaient été interrompues, et avant que l'opinion se reformât telle qu'elle devait être, c'est-à-dire rationnelle et basée sur les nécessités de la guerre, il s'écoula bien du temps, et d'étranges systèmes furent soutenus, surtout dans les corps privés d'anciens officiers. Il y eut alors dans les opinions militaires un mouvement rétrograde assez prononcé quant à l'instruction ; sous prétexte qu'il fallait des cavaliers et non des écuyers, on sapait toute espèce de principe, quant à la position du cavalier à cheval, et quant à la manière de conduire. Les propositions suivantes qui restèrent inédites, furent conçues alors pour combattre ces tendances irréfléchies, qui ne prévalurent pas, grâce aux officiers expérimentés, à l'école de cavalerie qui ne dévia jamais, et à ses versemens successifs d'officiers d'instruction dans les régimens, ce qui n'empêcha pas l'équitation de se militariser, et de prendre la physionomie du Champ-de-Mars et du champ de bataille.

IV.

« La posture de l'homme sur le cheval doit être puisée dans la nature, afin que chaque partie du corps soit dans une position aisée et qu'aucune ne fatigue. Le cavalier sera par conséquent en état d'être long-temps à cheval, sans se lasser, point bien essentiel pour un homme de guerre. L'homme doit être aussi placé d'une manière solide, et sa position la moins gênante pour lui, doit être aussi la moins gênante pour le cheval, afin de lui laisser le libre usage de ses forces. »

INSI s'exprimait Bohan en 1781, sur la position de l'homme en général, et depuis lors, ses paroles ont été commentées avec plus ou moins de bonheur, sans qu'il soit venu à notre connaissance des définitions plus claires et plus exactes qui les siennes; nous y renvoyons le lecteur, ainsi qu'à son traité, nous bornant à présenter les généralités de l'équitation militaire, comme nous l'avons déjà fait, et comme nous continuerons de le faire, pour les autres parties de notre travail.

Si le cavalier s'assied bien à cheval, s'il se met en contact avec lui, par le plus de points qu'il le pourra de ses fesses et de ses cuisses, s'il a le corps parfaitement droit sur sa base, si semblable à la ligne verticale, il n'est incliné d'aucun côté, si toutes les parties de son corps sont abandonnées à leur propre poids, il est évident qu'il conservera cette position par cela même que, toutes les parties du corps se tiendront en équilibre; il est non moins évident encore que, plus il aura de souplesse et de moelleux et que moins il aura de raideur, plus ses mouvemens seront aisés et faciles, moins sa position sera fatigante, plus toutes les parties de son corps seront pesantes, plus elles seront adhérentes au cheval et s'affermiront sur lui.

Tel est le principe fixe et invariable de la position, mais il faudrait n'avoir jamais démontré pour ne pas convenir qu'un très petit nombre de cavaliers arriveront à cette perfection; celui-ci, sans être difforme, n'est cependant pas assez bien conformé, pour pousser jusqu'à la perfection désirable l'exercice du cheval; le buste est trop long, les cuisses rondes et courtes; un autre a de la raideur et les articulations gênées; quelques sujets bien proportionnés seulement, pourront faire l'application complète du principe qui vient d'être posé : mais la majeure partie des cavaliers militaires, on peut même dire la généralité, emploieront de la force et auront de grandes difficultés à mettre en pratique une théorie saine, positive, mais peu en harmonie avec leur structure et leurs habitudes précédentes.

Cependant parce qu'il y a peu de sujets qui atteignent entièrement le but, faut-il abandonner la route qui y conduit? Faut-il prendre une direction différente? Faut-il se jeter dans le vague et l'indéfini? Faut-il abandonner le principe de la douceur, conséquence de la position régulière, pour se jeter dans les mouvemens irréguliers, conséquence inévitable de la position irrégulière? Nous sommes loin de le penser. Quoiqu'on ne puisse arriver à la perfection, sans doute, on peut en approcher plus ou moins, et ce sera beaucoup d'avoir vaincu au moyen d'une théorie sûre et bien raisonnée, une partie des difficultés qu'oppose la nature, s'il est impossible de les résoudre en totalité.

Cette théorie abandonnée, il en faudrait une nouvelle ; mais où nous conduirait le principe de la force? Ce principe est-il seulement posé? Peut-on le définir? Jusqu'où doit-il s'étendre? Quelles ressources fournit-il à l'instructeur? Mieux vaut sans doute une théorie qui oppose une digue aux mauvaises habitudes, que d'en adopter une qui ne ferait que les enraciner.

On aurait beau citer les Turcs, les Mamelucks, les Tartares, les Cosaques et tous les peuples cavaliers de l'exemple desquels on s'appuie pour soutenir le principe de la force, que cela ne nous convaincrait pas davantage (1) ; nous demanderons d'abord, si l'on croit que les chevaux des peuples que nous venons de citer se trouveraient plus mal d'une

(1) On reproduit ici les allégations accumulées de cette époque, en faveur des moyens de force, sans en garantir l'exactitude; mais ce que l'on n'ignore pas, c'est que les peuples cavaliers, s'ils n'ont pas toujours des mouvemens mesurés, comme ceux de notre ordonnance, ont, pour les soins à donner à leurs chevaux, un dévouement sans bornes, que nous ne saurions trop rappeler ; car nos régimens n'en présentent, hélas ! que de trop rares imitations. C'est que MAHOMET, ce grand législateur des Orientaux, fit de l'amour des chevaux, et de la douceur à les conduire, un précepte de religion. Lorsque Dieu, dit le Prophète, voulut créer le cheval, il appela le vent du Sud, et lui parla ainsi : « Je veux faire de toi un nouvel être; cesse d'être impalpable, prends un corps solide, et le vent obéit. » Alors Dieu prit une poignée de cette matière devenue solide, l'anima de son souffle, et ainsi fut produit le cheval; et le Seigneur dit : « Tu seras pour l'homme une source de plaisirs et

manière plus douce et mieux réglée ; et s'ils ont une espèce de chevaux assez vigoureusement constituée, pour résister à des moyens si durs , si excessifs, pense-t-on que les nôtres le pussent ? Pense-t-on enfin que les bons traitemens nuisent à la santé et à l'état moral du cheval, qu'ils développent des vices, qu'ils occasionnent des résistances, des accidens funestes, des tares, qu'ils abrègent enfin la durée de ses services et qu'ils hâtent la fin de ses jours ? Nous serions plutôt portés à croire que ce sont les mauvais.

Que ces peuples aient conduit leurs chevaux de cette manière, ils l'ont pu tant que leur cavalerie a été irrégulière ; mais nous qui combattons en escadrons, et qui avons ainsi substitué la force d'ensemble à la force individuelle, pourrions-nous adopter leur méthode ? Du reste, nous avons toujours vu les chevaux menés par à-coup désunir, plus ou moins, la troupe dont ils faisaient partie ; on n'a qu'à observer encore la chose sur le terrain, et on verra si ce n'est pas la vérité.

de richesses ; il montera sur ton dos , et il t'élèvera au-dessus de tous les autres animaux. »

Le prophète dit encore : « Tu gagneras autant d'ablutions que tu donneras de grains d'orge à ton cheval » ; et ailleurs il ajoute : « Je vous recommande particulièrement le soin des jumens : leur dos est une place d'honneur, et leur ventre est un trésor inépuisable.

Mahomet était grand amateur de chevaux , il en possédait de magnifiques ; il avait surtout cinq jumens favorites dont les Arabes prétendent que descendent les cinq familles de chevaux les plus estimés chez eux. (Grognier, *Cours de Multiplication*, page 21.)

Mais vainement rappellera-t-on cette législation vraiment équestre, si le cavalier français qui ne passe que 7 années dans les rangs et moins encore , n'est pas choisi parmi les hommes accoutumés, dès le bas-âge, aux soins des chevaux ; s'il n'est pas pris parmi les hommes vigoureux et de bonne conduite, car il faut l'un et l'autre pour soigner un animal qui doit être l'objet d'une sollicitude constante , et à la ration duquel il vaudrait mieux ajouter que soustraire ; enfin si le cavalier n'est pas maître de son cheval , ce qui arrive fréquemment , quand l'effectif des chevaux présens est au-dessous de l'effectif constitutif ; dès-lors son cheval ne lui appartient plus que sur les contrôles , et comment le regarderait-il comme sien , quand il est monté cinq fois par semaine par un homme de recrue, qui le prend bien pansé et le ramène crotté et suant, qui rend sale le harnachement qui était propre , qui gâte sa bouche et ses allures quand il est bien dressé. Nous disons que, dans cet état de choses , le cheval perd aux yeux de son maître tout son mérite, que dès ce moment il cesse de lui appartenir, qu'il devient une propriété commune , et que dès-lors il ne peut ressentir pour lui que de l'indifférence.

Un cheval est mené par à-coup, quand on ne fait pas usage des aides progressives, quand on le mène par saccades et à coups d'éperon sans nécessité. Ainsi, Bohan était très fondé à repousser la définition du cavalier, tel que le comprenait Guibert, quelque brillantes qu'en fussent les expressions, quelque séduisant que soit le type équestre oriental, et à préférer un homme placé solidement à cheval, et le gouvernant avec la facilité la plus grande, par les moyens les plus simples, à celui qui n'agirait que par violence et châtiment (1).

Que l'homme de guerre accompagne du haut du corps les coups qu'il porte à l'ennemi dans les différentes directions, qu'il ait les rênes courtes et la main ferme dans l'escadron et le combat, qu'il étrive plus court que l'écuyer, et qu'il chausse davantage l'étrier, afin de ne pas le perdre, et d'y trouver un nouveau point d'appui pour s'élever, au besoin, et porter ses coups avec plus de raideur; que, dans les momens difficiles, il se lie au cheval des cuisses, des jarrets et des gras de jambes, en tournant la pointe des pieds un peu en dehors, afin d'être prêt à tout événement; il n'y a rien de choquant dans ces observances, rien qui ne soit en harmonie avec les nécessités de la guerre; ce sont choses que le cavalier fait instinctivement dans un but de conservation: mais cette équitation, encore qu'elle soit plus puissante, ne repousse pas le secours de l'adresse, et n'est pas exclusivement celle de la force, de la rudesse, du poignet, de l'éperon et du châtiment à tout propos, que les Seydlitz et les Melfort n'ont jamais conseillée, et qui ne pouvait être mise en avant que par un écrivain étranger aux détails de la cavalerie.

<h2 style="text-align:center">V.</h2>

Il est à remarquer que les exemples allégués pour accréditer les moyens de force, sont pris chez les peuples dont la cavalerie est irrégulière, et étrangère aux mouvemens d'ensemble.

ES hommes qui conduisent leurs chevaux isolément, qui combattent dispersés, qui n'ont point à se régler entr'eux, et qui se meuvent pour leur compte, peuvent, à la rigueur, conduire leurs chevaux de la sorte, et encore ceux-ci doivent-ils se ressentir de ces manières dures,

____

(1) Voir l'*Examen critique du militaire français*, tome 3, page 4, et l'*Essai général de tactique*, école du cavalier, chap. V, tome 1,

et se trouveraient-ils mieux de moyens plus doux, quelque nerveux qu'ils soient; mais ne nous occupons, dans ce moment, que des résultats tactiques et de l'admissibilité de ce système. L'équitation du poignet et de l'éperon ne saurait être applicable à notre cavalerie légère, appelée au besoin à combattre en escadron, et moins encore à la cavalerie de ligne, dont la force réside dans l'union et l'ensemble de ses escadrons: car les mouvemens étant réguliers, il est indispensable que les moyens pour y parvenir le soient aussi, autrement les effets répondraient aux causes, et ce ne seraient plus des escadrons présentant un seul et même corps, mais des groupes désordonnés, et peu susceptibles de se conformer aux mouvemens imposés par les circonstances.

Si les Tartares, si les Turcs, si les Cosaques adoptaient notre tactique, ils seraient sûrement obligés d'adopter une position régulière et des mouvemens réguliers; cela est si vrai, que les Cosaques réguliers ne conduisent pas leurs chevaux de la même manière que les Cosaques irréguliers. Cessons donc de nous étayer de tels exemples; n'invoquons pas une méthode essentiellement contraire au but qu'on se propose, et soyons bien convaincus que, si la cavalerie irrégulière peut, à la rigueur, avoir des mouvemens irréguliers, la cavalerie régulière, au contraire, doit avoir des mouvemens réguliers, et, pour qu'ils le soient, il faut que la position commence par l'être.

VI.

Le principe de la force doit occasionner beaucoup d'à-coups, que nous devons éviter avec le plus grand soin; car, indépendamment de l'impression fâcheuse qui reste au cheval, ils désunissent plus ou moins une troupe, qui ne doit former qu'un seul et même corps.

AINTES fois les à-coups sont inévitables, malgré notre manière d'être placés à cheval et de conduire, et ils deviendraient habituels par l'adoption du principe opposé : voyons cependant à quel résultat ils mènent.

On ne peut contester que le cheval ne conserve une impression fâcheuse d'avoir été rudoyé sans motifs, et que les mauvais traitemens n'influent sur son moral et son physique; mais il y a d'autres raisons encore pour les éviter.

En effet, le bon ordre et l'ensemble des marches et mouvemens ne peuvent avoir lieu qu'autant que les mouvemens de chaque portion du tout sont les mêmes, et qu'ils sont bien réguliers, ce qui n'arriverait certes pas, si les chevaux étaient menés par à-coup ; car si les jambes se fermaient avec force, ils s'élanceraient hors des rangs ; si l'une d'elles se faisait sentir brusquement, ils se jetteraient du côté opposé, et si la main s'élevait avec force, ils s'acculeraient sur les chevaux qui seraient derrière.

Ainsi, ces mouvemens brusques se communiquant de proche en proche aux autres parties du front, si l'on était en bataille, ou bien à la colonne, si l'on était ainsi formé, désuniraient plus ou moins la troupe où ils auraient lieu, quelle que fût sa formation. Dans un cas, c'est la juxta-position des cavaliers, les uns à côté des autres, qui empêche que rien ne se perde ; dans l'autre, c'est la disposition des cavaliers les uns derrière les autres.

VII.

Conséquences des propositions précédentes.

 OTRE manière d'être placé à cheval et de le conduire, est assortie à la structure de l'homme, à celle du cheval, à l'espèce que nous avons et qu'il faut beaucoup ménager, parce qu'elle est rare, insuffisante même, et nous ne saurions en avoir d'autre avec notre tactique. Notre instruction est sûre, elle est basée sur des principes positifs, mais qui se prêtent aux circonstances : elle peut enfin être considérée comme une digue opposée à l'influence des mauvaises habitudes.

Au surplus, notre équitation n'est plus celle du temps de Guibert, qui s'établissait comme toute chose, non sans tâtonner, et qui n'avait point fait ses preuves ; la nôtre les a faites grandes, éclatantes durant vingt-cinq années de guerres, de combats, de batailles mémorables, non qu'il faille s'endormir sur des souvenirs si glorieux, non qu'il faille renoncer aux améliorations graduelles ; mais, s'il y a toujours à acquérir, il ne faut cependant pas perdre de vue, que l'équitation française a été assez long-temps celle de la victoire.

On vit alors nos cavaliers dans de fréquentes rencontres, sur de nombreux champs de bataille ; ils avaient suivi cette instruction méthodique, moins perfectionnée encore que celle qu'on pratique aujourd'hui ; étaient-ils moins adroits ? étaient-ils plus embarrassés de tourner leurs chevaux dans tous les sens ? le faisaient-ils avec cette sorte d'affectation et de mesure dont on accuse le travail du manége ? non sans doute. Le génie de l'attaque, d'accord avec l'intérêt de leur conservation, se faisait puissamment sentir chez eux ; ils mettaient dans leurs mouvemens toute la vivacité nécessaire, et comme leurs chevaux étaient habitués à une certaine douceur, il restait, pour les faire obéir, quand ils étaient harassés de fatigue, les moyens énergiques, qui n'auraient plus fait d'effet, du moment que le cheval en aurait contracté l'habitude.

Ah ! si le cavalier français était pour les soins conservateurs, et pour l'amour du cheval, au niveau de sa bravoure et de son adresse équestre, ce serait peut-être trop exiger ; ce serait une de ces harmonies parfaites, si difficiles à rencontrer, s'il arrive même qu'on en trouve jamais : mais il faut le reconnaître ; c'est ici le côté faible pour le jeune cavalier surtout, je veux dire pour celui qui n'arrive que trop souvent, par une négligence qu'on ne s'aurait assez déplorer, dans la répartition du recrutement, étranger au cheval, contrairement aux intérêts de la cavalerie, dont les rangs se dégarnissent, et contrairement aussi à ceux du budget, qui supporte une plus grande perte de chevaux.

Pendant que, chez des recrues sorties de populations équestres, il n'y aurait, sous le rapport de l'équitation, qu'à rectifier quelques mauvaises habitudes, ainsi que sous le rapport des soins ; dans les autres, au contraire, tout est à créer, heureux encore quand on n'a pas à combattre une crainte, qui n'est que trop prononcée et trop fréquente.

Que, malgré toutes les précautions de notre instruction, on suive ce cavalier de la veille, le cheval sera mal conduit, il sera négligé, sitôt que la surveillance cessera ; bien différent, en cela, du vieux cavalier, qui, loin de regarder son cheval comme son ennemi, ce qui arrive quelquefois au jeune, l'affectionne, le soigne, diminue sa ration de pain pour lui en donner quelque peu, prend sur son repos en campagne pour qu'il ne lui manque rien, le monte sans le brusquer, et traite ce noble animal comme le moyen et le compagnon de tous ses travaux.

C'est en cela qu'il faudrait ressembler à l'arabe ; c'est l'amour du cheval qu'il faudrait développer et inculquer à nos cavaliers. Chez ces peuples errans, le coursier est de la famille ; il partage la tente du maître ; il vit avec lui dans une sorte de familiarité, et, loin d'être traité en sujet opprimé, il est, suivant les expressions heureuses de Millevoye, le noble ami de l'arabe, qui ne connaît rien de plus douloureux que sa perte ; et le cheval lui-même est tellement susceptible d'impressions morales et de dévouement au cavalier, qui sait l'aimer et le comprendre, que l'histoire ancienne et moderne ne manque pas de traits qui démontrent, que lui aussi sait sentir la perte d'un tel maître.

Ajoutons que, sans exiger des cavaliers une manière de conduire trop recherchée, il faut que la douceur en soit la base; qu'il sont suffisamment ramenés à faire usage des moyens de force, pour qu'on se dispense, de les leur prescrire et même de les y autoriser; que notre instruction laisse toujours un germe et diminue le mal au lieu de l'augmenter; que la douceur que nous prescrivons habituellement nous laisse une dernière ressource dans les circonstances urgentes; que, par ce moyen, on conserve l'ensemble dans les escadrons; qu'elle est absolument indispensable avec le genre de tactique que nous avons adopté; qu'elle prévient bien des désordres, des accidens; qu'elle produit un excellent effet sur le moral du cheval; qu'enfin elle le conserve plus long-temps en bon état, et prolonge la durée de ses services.

VIII.

Le cheval doit être conduit suivant son caractère, et les effets des rênes et des jambes seront toujours progressifs et proportionnés à sa sensibilité (1).

APPELONS - NOUS que c'est l'homme de guerre qui est notre *objectif*, et que c'est uniquement à lui que nous rapportons tous nos principes; son origine et les habitudes de professions, souvent pénibles, le provoquent incessamment à agir avec une force et une rudesse qui se concilient mal avec l'usage des moyens progressifs; il lui arrive parfois d'agir machinalement, et distinguer le caractère du cheval, saisir toutes ses nuances et le mener en conséquence, sont choses qui paraissent d'abord au-dessus de ses forces.

Mais si les nuances imperceptibles sont si difficiles à distinguer, il y en a qui sont plus faciles à saisir; ainsi les cavaliers qui ont l'habitude de monter les mêmes chevaux, savent s'ils sont vifs; s'ils sont froids; s'ils sont vigoureux ou faibles; s'ils sont ardens ou paresseux; s'ils sont francs ou ombrageux; s'ils obéissent bien à la main et aux jambes, ou s'ils y répondent mal; mais nous n'exigeons pas davantage : et puisque le cavalier peut apprécier aisément ces différences, nous lui répéterons fréquemment, dans l'occasion, que le cheval vigoureux et franc, qui ne demande qu'à travailler, doit être ménagé, comme le méritent de si précieuses qualités; tandis que celui qui est froid, lent et paresseux, doit être recherché davantage, n'employant cependant que les moyens strictement nécessaires, pour éviter d'épuiser ses ressources vis-à-vis d'une nature ingrate, privée de ressort, et très sujette à se blaser.

---

(1) Quoique les termes de notre proposition, d'après l'ordonnance, ne soient pas en rapport avec les conclusions récentes de M. *Baucher*, à savoir : « égalité de sensibilité de bouche chez tous les chevaux, égalité de sensibilité des flancs, » nous espérons qu'on voudra bien les maintenir, et que les gens judicieux ne verront, dans le langage de M. Baucher, qu'une excitation à ne pas désespérer de chevaux dont on peut tirer parti avec du travail, mais non un principe qui doive être pris au pied de la lettre.

IX.

Comparaison de la position de l'homme à pied avec celle de l'homme à cheval,
pour faire ressortir la difficulté de l'instruction de la cavalerie.

N ne voit qu'une difficulté dans la position du fantassin ;
c'est de quitter les habitudes déjà contractées, pour
prendre une position régulière et immobile, ce qui
n'est difficile que dans les commencemens, puisqu'elle est
puisée dans la nature.

Mais dans la position de l'homme à cheval, c'est bien autre chose ; le
cavalier qui n'a jamais monté est huché sur un animal qu'il ne connaît
pas et qui lui inspire de la crainte ; il a quitté sa base naturelle, la terre,
pour s'établir sur le dos du cheval ; la première était immobile et plane,
celle-ci est mobile et arrondie ; l'appui de son corps se faisait précédemment sur ses pieds, à cheval c'est sur ses fesses. De plus, ses mains ont
des fonctions à remplir, ses jambes de même, et il faut accorder leurs
effets ; car il ne suffit pas de se tenir sur le cheval, il faut encore le conduire, avoir su discerner son caractère, le mener suivant sa sensibilité,
pour ne pas le rebuter, et le conserver en bon état le plus long-temps
possible. Il faut même acquérir une telle habitude et une telle adresse,
qu'on puisse en même temps, faire usage de ses armes, marcher dans
tous les degrés de vitesse, et se lier aux mouvemens du cheval, quelque
rapides et irréguliers qu'ils soient.

Ce sont toutes ces difficultés qui rendent les cavaliers si lents à former,
et encore n'avons-nous pas parlé des soins conservateurs, dont la connaissance ne s'improvise pas non plus, et qui ne s'apprend que par un long
usage.

Aussi le *comte de Saint-Germain* s'en exprime-t-il dans ses mémoires
d'une manière non moins positive que le *maréchal de Saxe*, page 66. « Je
ne désirerais rien tant pour la cavalerie, que de la voir toujours composée
du même nombre d'hommes et de chevaux, en temps de paix, comme
en temps de guerre ; c'est le seul moyen de l'avoir excellente. Je préfère-
rais même d'avoir 30,000 hommes d'infanterie de moins, pour procurer
à l'armée du roi cet avantage sur toutes les armées de l'Europe. Il faut
trois ou quatre ans pour former un cavalier, il ne faut que trois mois
pour former un fantassin. »

X.

La première chose à faire dans l'instruction des recrues, c'est de combattre la raideur et la force qui n'est que trop habituelle à ceux qui commencent à monter à cheval; c'est de leur donner de l'aisance, du liant à leurs articulations; c'est enfin de les assouplir.

N pratiquant journellement l'instruction, on remarque que, suivant l'origine de l'homme de recrue, suivant l'endroit d'où il vient, de la ville ou de la campagne, suivant la profession qu'il a exercée et suivant aussi sa conformation et son degré d'intelligence, il se présente aux premières leçons avec plus ou moins d'embarras, de force et de raideur : c'est donc cette disposition qu'il faudra s'attacher d'abord à combattre, sans cela, on avancerait peu en instruction, et le commençant, loin d'y porter du goût, s'y présenterait bientôt avec peine et répugnance.

Pour prévenir les effets désastreux de cette raideur, ainsi que la contraction et la fatigue qui en sont la conséquence, la première chose à faire, au lieu d'épouvanter les recrues, sera d'obtenir leur confiance; quelques questions bienveillantes sur leurs contrées, sur leurs familles, sur leur ancienne profession ne tarderont pas à atteindre ce résultat, et le nouveau cavalier se mettra parfaitement à l'aise, surtout si l'instructeur est attentif à le questionner, comme l'ordonnance le prescrit, pour s'assurer que ses instructions sont comprises.

C'est aussi, dans le même but, que l'ordonnance fait faire des repos fréquens, afin de mesurer le travail aux forces, et pour accoutumer graduellement le jeune cavalier, à un exercice qui le fatigue dans le principe.

Ainsi l'instructeur enfreindrait complètement la lettre et l'esprit de l'ordonnance, s'il tombait dans l'inconvénient d'une immobilité prolongée; impossible, du reste, avec les exigences de l'équitation et de la cavalerie.

Praticable dans l'infanterie, mais avec mesure, l'immobilité ne l'est pas dans la cavalerie, où le cavalier doit toujours être en rapport avec sa monture. C'est de la régularité et de l'aisance dans sa position et ses mouvemens qu'il faut au cavalier ; c'est du silence et de l'attention qu'il faut lui demander, et non une immobilité qui engendrerait raideur, malaise, fatigue et embarras pour gouverner le cheval.

Mais, si nous reconnaissons les rapports que les différens exercices de corps ont entr'eux, si nous pensons qu'avant toute chose il faut assouplir les recrues, s'en suivra-t-il qu'au système de l'ordonnance, nous préfèrerons une leçon complètement discrétionnaire et entendue comme celle du *général de La Roche-Aymon*, tome 2, page 19 ? Non sans doute, nous sommes loin de contester l'essai qu'il en fit sur deux recrues arrivées le même jour et du même pays ; nous comprenons que celui qu'il dressa d'après les principes gymnastiques, dépassa l'autre d'une manière surprenante : mais de ce que M. le général de La Roche-Aymon, avec toutes les connaissances équestres qui le distinguent, aura obtenu un pareil résultat, de ce que quelques sujets distingués dans un corps, pourraient y atteindre pareillement, faudra-t-il en conclure, que cette méthode pourra être généralement suivie ? Nous ne le pensons pas. Où trouver le nombre d'instructeurs suffisamment capables, pour cette instruction, beaucoup plus difficile à donner, quoi qu'on dise, que les leçons de l'ordonnance, qui sont parfaitement graduées et qui suivent l'instructeur pas à pas, pour l'éclairer dans sa marche, comme il suit à son tour l'homme de recrue ? Il est vrai que M. le général de La Roche-Aymon, propose l'instruction par escadron ; mais sans revenir sur cette proposition en dehors de nos usages et plus désirable que faisable, dont nous avons dit quelques mots dans notre première section, ce moyen serait encore insuffisant ; car, pour trente-deux recrues par escadron, à raison d'un instructeur par quatre recrues, il en faudrait huit, et nous ne pensons pas qu'il y ait par escadron huit sujets à qui l'on puisse donner une pareille latitude. Que sera-ce donc quand, au lieu d'un recrutement par cinquième ou sixième, les recrues, comme il arrive plus fréquemment, nous viendront en masse ? Où trouver ensuite des terrains suffisans pour ces nombreuses classes émancipées, se gênant, les unes les autres, et échappant à toute espèce de surveillance générale ? (1)

---

(1) Ces considérations ne s'appliquent-elles pas également à la méthode Baucher, dans son ensemble, et généralement à tout système d'instruction basé sur de rares exceptions chez le cavalier et le cheval, au lieu d'être entendu pour la généralité des uns et des autres.

XI.

On fait prendre la position, le cheval étant de pied ferme, puis au pas, au trot et au galop.

E cheval sert de base au cavalier, avons-nous dit; l'homme et le cheval sont donc deux corps distincts et naturellement la position de celui qui est au-dessus, deviendra d'autant plus difficile à conserver, que celui qui est au-dessous et qui lui sert de base, sera mis en mouvement, et qu'on augmentera son degré de vitesse. Ce ne sera qu'à la longue et après de nombreux exercices qu'on arrivera à l'union intime, à l'élément composé de deux individus, si bien en harmonie l'un avec l'autre, qu'ils n'en forment, pour ainsi dire qu'un seul, comme le Centaure de la Fable.

Notre proposition est donc mathématiquement vraie, et il est d'autant plus urgent de s'y conformer, que le cavalier ne doit pas se tenir uniquement sur sa nouvelle base, mais la conduire et lui imprimer différentes directions.

De pied ferme, on aura toute facilité de lui donner le premier principe de la position et de la manière de conduire, aucun mouvement ne venant l'ébranler ni le distraire de cette première leçon.

Quand il sera suffisamment fixé sur les instructions fondamentales, et qu'il aura pris une certaine confiance à cheval, on le mettra au pas : il éprouvera un léger ébranlement dans la partie supérieure du corps, mais sans qu'il coure aucun risque.

Successivement, quand l'aplomb sera venu, ainsi que l'assurance, on le mettra au trot, qui sera modéré suivant les principes de l'ordonnance, dont on ne fait ici que l'anatomie; la réaction particulière à cette allure le déplacera davantage, car elle se fera sentir surtout dans son assiette, mais sans lui faire courir aucun danger, en effet on lui a donné un cheval sage, on ne le perd pas de vue, et l'on reprend le pas, ou l'on arrête immédiatement, s'il est nécessaire. On revient à la charge, on arrive au trot ordinaire, et successivement au grand trot, qui consolide de plus en plus la position; mais ces divers progrès ne s'acquièrent qu'après nombre de leçons suivies avec attention et bien dirigées.

Vient enfin l'allure du galop qui est portée progressivement jusqu'à la charge ; ainsi le cavalier est conduit depuis le premier échelon jusqu'au dernier sans à-coup, sans accident, et par une marche aussi simple qu'elle est sûre.

XII.

Il ne suffit pas de commencer par le mouvement le plus lent, le plus facile et le plus doux, il faut encore faire suivre au cavalier la direction la plus aisée, afin d'ébranler toujours le moins possible sa position.

ETTE direction la plus aisée, la plus simple, et la plus facile à suivre, c'est la ligne droite ; comme le cheval va toujours droit devant lui et dans le même sens, comme son seul et unique mouvement consiste à déplacer ses extrémités, pour les porter en avant, et pour opérer la marche, le cavalier reste carrément, il conserve sa position naturelle, il n'a qu'à se laisser aller et à céder au mouvement du cheval ; il est toujours en harmonie avec lui, il acquiert de l'aplomb, de l'assiette, de l'aisance et de la confiance ; n'ayant pour lui aucune crainte, il songe à sa position, à la manière de conduire le cheval, que l'instructeur lui explique incessamment, et ses progrès augmentent de jour en jour et sans aucun effort.

On ne peut cependant le faire marcher sur des lignes droites prolongées à l'infini, mais on le fait travailler sur des carrés longs, ce qui revient au même, et ce qui vaut mieux encore. Il suit des lignes droites d'un petit côté à l'autre, mais arrivé à l'extrémité, il faut qu'il tourne pour se placer sur la nouvelle ligne, ce qui le met dans la nécessité de se servir des rênes et des jambes ; obligé d'en faire usage, toutes les fois qu'il y a un coin à passer, ce qui arrive souvent, il apprend à les connaître et il s'habitue en même temps à la marche directe et à changer de direction, ce qui forme la base de l'instruction.

Dans l'ordonnance provisoire, au contraire, le travail rectiligne occupait une place imperceptible, et l'on se hâtait d'arriver au travail à la longe, qui n'en était pas moins prématuré, encore qu'il fut prescrit de décrire de très grands cercles, et d'abord au pas.

XIII.

On ne fera travailler le recrue sur les cercles, que lorsqu'il sera familier avec le mouvement direct, et qu'il saura se servir de ses mains et de ses jambes.

L serait sans objet aujourd'hui, de traiter après *Bohan*, une question où il s'est montré si supérieur, et à laquelle on a fait droit, mais d'une manière si tardive, que depuis 1781 jusqu'en 1829, près de cinquante années se sont écoulées, et durant ce demi-siècle, toutes les ordonnances et instructions qui ont régi la cavalerie française, ont successivement conservé le travail en cercle de 1788 pour les premières leçons, ne faisant guère autre chose que de se copier les unes les autres.

L'adoption générale du travail à la longe s'explique d'une manière fort naturelle. Quand on songea sérieusement à s'occuper d'instruction dans les régimens français, à défaut d'ordonnance les traités d'équitation furent nécessairement consultés ; on y trouva que, pour donner force et souplesse au jeûne cheval, on le faisait travailler à la longe et l'on voyait, en effet, qu'après quelques leçons bien données, il y prenait un nerf et un liant qu'on ne lui connaissait pas avant ; de là, on conclut sans plus de réflexion, que les mêmes moyens produiraient les mêmes effets sur le jeune cavalier ; mais ce fut ici qu'on commit une grave erreur, qui ne devait pas échapper à l'esprit d'examen et d'analyse particulier à Bohan.

Loin de croire ses devanciers sur parole, il se livra à l'anatomie du travail sur les cercles, à l'étude profonde de ses effets sur le cavalier qui commence, et il démontra qu'un travail qui change la position de l'homme, qui le dérange incessamment dans son assiette et dans son équilibre, dont l'effet est de laisser en arrière la partie du dehors, et qui le met en proie aux forces contraires, *centrifuges* et *centripètes*, qui tendent à l'éloigner et à le rapprocher du centre, ne saurait convenir aucunement à un cavalier qui débute, et à qui l'on doit donner avant toute chose un à plomb, qui ne peut s'acquérir que par la pratique du travail rectiligne.

Il est facile de démontrer de plus que les difficultés relatives à la manière de conduire le cheval sur les cercles, sont telles que le recrue ne saurait les résoudre ; qu'ainsi il ne fait en réalité que suivre machinalement et avec malaise : car de quelle manière celui qui sait à peine se servir des deux rênes, et des deux jambes également, dans le travail sur le droit, pourrait-il faire prendre à son cheval la position exigée sur les cercles, qui veut que chaque rêne et chaque jambe aient un effet distinct et séparé, lesquels doivent cependant s'accorder entr'eux ? et néanmoins ces difficultés ne sont pas les seules, car il résulte du travail continuel des rênes pour placer le cheval sur le cercle et l'y maintenir, un ralentissement d'allure, une gêne de position , et par suite une négligence que les jambes doivent prévenir, en le stimulant sans cesse, complications nouvelles, qui doivent faire ajourner ce travail, au moment où une certaine habitude du cheval l'aura rendu régulièrement praticable.

Cependant M. le général de La Roche-Aymon a maintenu ce travail dans son projet d'ordonnance de 1829 , mais sans détruire, sans attaquer même aucune des objections que nous avons résumées, et qui subsistent ainsi dans toute leur force, notamment aux yeux des instructeurs qui se rappellent le malaise habituel des recrues, leurs contorsions pour retrouver à chaque instant l'équilibre perdu et avancer le côté du dehors toujours en arrière. D'après ces faits évidens dans la pratique , on peut conclure que cet honorable auteur a cédé à la pensée de mieux surveiller l'homme qu'on a toujours sous les yeux, et, comme il le dit lui-même, à l'idée de lui donner de la confiance, dans la crainte que le travail au large ne l'intimidât, et de prévenir aussi au moyen de la longe, les difficultés du cheval occasionnées par les faux mouvemens, qu'il pourrait faire avec le bridon ou la bride.

A ces objections qui militeraient en faveur du travail en cercle, on peut répondre, que l'instructeur en accompagnant le recrue, dans sa marche, peut le surveiller tout aussi bien qu'en se tenant au centre d'un cercle ; que c'est moins étourdissant pour lui ; et que le travail au large ne saurait l'intimider, si l'instructeur est attentif à ne pas s'éloigner, à ne pas le perdre de vue ; si, d'après les principes de l'ordonnance, l'on a eu soin de lui désigner un cheval sage , ce qui ne veut pas dire un cheval de réforme, avec des extrémités usées, qui compromettrait sa sûreté d'une autre manière ; et si des brigadiers ou des cavaliers instruits sont désignés pour conducteurs.

« L'usage de la bride et du bridon s'apprendra mieux avec la longe, dit M. le général de La Roche-Aymon. » Nous ne pouvons adopter cette opinion, et il nous paraît de la dernière évidence, que l'homme qui exécute

14

de fréquens à droite et à gauche, soit au passage des coins, soit sur les autres points du manége, ainsi que des demi-tours à droite et à gauche sur une circonférence de 12 pas, mesure de l'ordonnance, dont le demi-tour est 6, et le quart 3 pas, comprendra bien mieux ce qu'il faut faire, dans les divers mouvemens, que celui qui exécute un travail circulaire uniforme, sur une circonférence de 72 mètres, par exemple, dont le rayon est de 12 mètres, où l'effet des rênes et des jambes ne s'apprend jamais aussi bien parce qu'il est plus insensible (1).

En réformant la leçon du cercle pour les premières leçons, l'ordonnance du 6 décembre, a fait droit aux réclamations générales, et elle a facilité l'instruction ; il arrive fréquemment que les régimens se renouvellent en grande partie, et qu'ils reçoivent au même instant un grand nombre de recrues, dont il faut commencer l'instruction sur le champ. L'inconvénient des cercles était encore de trop multiplier les leçons en raison du nombre des instructeurs, et de rendre la surveillance de ces longes multipliées fort difficile. Sur des carrés, au contraire, on peut augmenter le nombre des cavaliers puisque le terrain le permet ; les classes sont moins nombreuses, les instructeurs manquent moins, la surveillance générale est plus facile.

XIV.

Si le travail sur les cercles est prématuré pour les commençans, et s'il rompt une sage progression, il est d'un très bon effet sur les cavaliers un peu débourrés, et il leur fait faire de nouveaux progrès.

O N s'exposerait à aller trop loin, ce serait même une véritable erreur, de penser que le travail sur les cercles doit être banni de l'instruction ; mais il faut y arriver en temps utile, quand le recrue a l'habitude du mouvement du cheval, et qu'il commence à savoir le conduire. Cette leçon lui sera alors extrêmement profitable ; elle le mettra dans la nécessité d'accorder sa position avec celle du cheval, de le placer sur le

---

(1) Cette étendue n'est pas exagérée, car le principe de l'ordonnance provisoire, que conserve ici M. de La Roche-Aymon, est de donner cette instruction sur de *très grands* cercles.

cercle, et de le conduire en toute vérité; enfin elle disposera merveilleusement l'homme et le cheval à l'exécution des mouvemens circulaires et de conversion. C'est, du reste, dans cet esprit qu'a procédé l'ordonnance, et qu'elle a réalisé cette double amélioration.

XV.

On s'adresse à l'intelligence du cheval par les aides des mains et des jambes.

ÉMOINS des merveilleux résultats obtenus par MM. *Franconi* et les écuyers qu'ils ont formé, nous sommes loin de vouloir les contester, bien au contraire, nous les rappelons comme devant être pris en considération par l'instructeur; toutefois, nous ne pouvons les admettre que comme des exceptions, qui prouvent leur inconcevable habileté, les grandes ressources qu'ils savent discerner, et développer chez quelques sujets d'élite de l'espèce chevaline, mais que nous ne saurions imiter dans la cavalerie, tout en les admirant.

Ainsi donc, le cheval de troupe, quoique doué de beaucoup d'instinct, n'a cependant pas une intelligence telle qu'on puisse le conduire au moyen de la voix; l'homme seul est assez favorisé de la nature pour comprendre les ordres qu'on lui donne, et pour s'y conformer immédiatement.

Mais le cheval a de la mémoire, il est susceptible de certaines impressions, et il obéit lorsqu'elles se font sentir; ainsi, les sensations remplacent chez lui ce qui lui manque du côté de l'intellect: il suffit de les connaître assez bien, pour en saisir les nuances, et parvenir au résultat qu'on désire.

Ainsi, le chef d'une troupe de cavalerie imprime sa direction aux hommes sous ses ordres par le moyen de la voix, et ceux-ci la transmettent à leurs chevaux, et concourent à une même exécution, par les aides des mains et des jambes.

Les Melfort, les La Balme, les Bohan, ces chefs distingués de l'école française, et tant d'autres officiers de cavalerie de distinction dans nos armées, en ont reconnu la puissance; comment se fait-il qu'il y en ait eu, qui, séduits par un brillant langage, mais *anti-équestre*, aient repoussé les aides de l'équitation, pour donner la préférence à l'action brusque de la main et de l'éperon? car il n'y a pas de milieu; ou l'on suivra

l'effet progressif des mains et des jambes, et alors, ni saccades, ni coups
d'éperon ne seront nécessaires; ou l'on agira brusquement à tout propos,
et ce sera l'à-coup devenu principe, par pure brutalité.

Si les mains et les jambes sont les aides principales, si même l'on ne
peut en reconnaître d'autres, quand on est en troupe, bien des moyens
restent encore, quant au cheval isolé, qui peuvent être considérés comme
des aides secondaires. Sans arriver à la cravache , à la chambrière ou au
caveçon, et sans sortir des moyens personnels du cavalier, on trouve les
appels de langue, les divers tons de la voix sévère, ferme, douce, cares-
sante, et ces interjections sonores, employées pour réprimer les désordres du cheval, ou pour le décider à franchir un obstacle qui paraissait
insurmontable.

Enfin, ceux qui ont suivi le Bédouin du désert dans sa vie nomade,
nous disent qu'il accoutume sa bien-aimée cavale à un signe, qui lui fait
déployer toute sa vitesse, dont il ne se sert que dans un besoin pressant,
et dont il ne confierait pas le secret même à son fils. Nous rapporterons,
à ce sujet, l'anecdote suivante, extraite du *Voyage en Orient*, de M. *de
Lamartine*, qui peint bien l'attachement extrême que les Arabes ont pour
leurs chevaux, et l'amour-propre qu'ils montrent pour leurs qualités.

« Giabal, de la tribu de Would ali, dont les chevaux ont le plus de réputation parmi les Bédouins, avait une jument très renommée. Hassad-
pacha, alors visir de Damas, lui en fit faire, à plusieurs reprises, toutes
les offres imaginables, mais inutilement, car un bédouin aime autant son
cheval que sa femme. Alors un autre bédouin, nommé Giafar, étant venu
le trouver, lui demanda ce qu'il lui donnerait s'il lui emmenait la jument
de Giabal. — Je remplirai d'or ton sac à orge, répondit Hassad, qui regardait comme un affront de n'avoir pas réussi. La chose avait fait du
bruit; Giabal attachait sa jument, la nuit, par le pied, avec un anneau
de fer, dont la chaîne passait dans sa tente, étant arrêtée par un piquet
fiché en terre, sous le feutre qui servait de lit à lui et à sa femme. A
minuit, Giafar pénètre dans la tente en rampant, et, se glissant entre
Giabal et sa femme, il pousse doucement, tantôt l'un, tantôt l'autre; le
mari se croyait poussé par sa femme, la femme par le mari, et chacun
faisait place. — Alors Giaffar, avec un couteau bien affilé, fait un trou
au feutre, retire le piquet, détache la jument, monte dessus, et, prenant
la lance de Giabal, l'en pique légèrement, en disant : — C'est moi, Giafar,
qui ai pris ta belle jument, je t'avertis à temps; et il part : — Giabal
s'élance hors de sa tente, appelle des cavaliers, prend la jument de son
frère, et ils poursuivent Giafar pendant quatre heures. La jument du frère

de Giabal était du même sang que la sienne, quoique moins bonne. — Devançant tous les autres cavaliers, il était au moment d'atteindre Giafar, lorsqu'il lui crie : *Pince-lui l'oreille droite, et donne un coup d'étrier.* — Giafar obéit et part comme la foudre. La poursuite devient alors inutile ; trop de distance les sépare. Les autres bédouins reprochent à Giabal d'être lui-même la cause de la perte de sa jument. — J'aime mieux, répondit-il, la perdre, que de ternir sa réputation. Voulez-vous que je laisse dire dans la tribu Would ali, qu'une autre jument a pu dépasser la mienne ? il me reste au moins la satisfaction de dire qu'aucune autre n'a pu l'atteindre. »

XVI.

Le cheval cède à l'attraction de la rêne.

E même, qu'un corps immobile cède à la puissance qui l'attire, et chemine dans la direction de cette même force, de même, le cheval cède à l'attraction de la rêne, et se porte dans le sens où s'opère cette attraction. Si elle se fait sentir à droite, il tourne à droite ; si elle se fait sentir à gauche, il tourne à gauche ; si elle a lieu des deux côtés à la fois, il ralentit son allure ; et si l'effet est plus prononcé, il arrête et il recule.

Les effets ne sont plus aussi distincts quand les rênes de la bride sont réunies dans la main gauche ; toutefois, comme dit l'ordonnance, en portant la main en avant et à droite, on détermine son cheval à tourner à droite ; et en la portant en avant et à gauche, on détermine son cheval à tourner à gauche.

Les rênes ont donc d'après cela deux effets bien distincts ; elles préviennent le cheval (1), lui indiquent la direction qu'il doit suivre, et lui impriment cette même direction : de plus, elles ralentissent son mouvement, le suspendent tout à fait, et le font même reculer.

---

(1) D'après le langage adopté par l'ordonnance, il est clair que rassembler le cheval, c'est le prévenir, c'est le préparer au mouvement qu'on veut lui faire exécuter, ce qui est tout autre chose que le rassembler pour concentrer les forces, pour raccourcir les allures. Nous ne voyons donc aucun inconvénient, à ce que l'expression propre *préparer le cheval*, fût consacrée dans une révision du texte, dès le n° 288.

C'est à cause de ce dernier effet, qu'on recommande avec raison, toutes les fois qu'on doit se servir des rênes, pour faire changer de direction au cheval, de faire agir les jambes en proportion, pour que l'allure se maintienne au même degré de vitesse.

Il résulte de ce second effet des rênes, que pour passer du galop de charge au galop ordinaire, du grand trot au trot, du trop au pas et du pas à l'arrêt, ce seront les rênes qui agiront toujours, et qui feront le principal effet, puisque les changemens d'allure sont autant de ralentissemens et de diminutions.

XVII.

Le cheval fuit la pression de la jambe.

N effet, fermez les deux jambes, le cheval se met en mouvement, s'il est de pied ferme, et il prend successivement le trot et le galop, si elles augmentent leur effet; fermez la jambe gauche seulement, le cheval appuie à droite, et fermez la jambe droite, il appuie à gauche.

Le cheval fuit la pression de la jambe, parce qu'elle est le précurseur de l'éperon, sans doute, dont il veut éviter l'atteinte douloureuse, mais aussi parce qu'elle a lieu sur une partie pourvue d'une sensibilité, qui, chez certains sujets est poussée à l'extrême. Les côtes en effet, sont simplement recouvertes de la peau, et il n'y a pas de corps intermédiaire qui intercepte l'effet de la jambe; la pression se fait sentir en entier, et comme elle excite la sensibilité du cheval, il s'y soustrait par l'obéissance, et en se portant dans le sens opposé à celui où cette pression se fait sentir, excepté lorsqu'elle a lieu des deux côtés en même temps, ce qui met le cheval dans la nécessité de se porter droit devant lui.

Cette sensibilité existe chez tous les chevaux, à un degré différent, sans doute, mais cela ne suffit pas; il faut la diriger, il faut la développer, et on n'y réussit que par une bonne méthode et l'habitude. En prescrivant l'usage des gaules, pour les jeunes chevaux, l'ordonnance a eu pour but d'employer les moyens les plus faciles, et de rester fidèle à ce principe, qui sera toujours la boussole des bons instructeurs, qui est de faire connaître l'aide la plus difficile, en suivant la série progressive de celles qui le sont moins.

Si la même sensibilité n'existe pas dans toutes les autres parties du corps, c'est qu'elles sont plus charnues ; en effet, frappez le cheval avec le creux de la main sur la croupe et sur l'encolure, le choc, s'il n'est pas trop violent, produira peu d'effet sur lui ; cependant, le même animal fuit un simple attouchement de la jambe : toutefois l'explication n'est pas difficile, quand on considère que la croupe est très charnue, et que les chairs ont amorti et intercepté l'action de la main. Tandis que les impressions qui ont lieu sur les barres, la barbe, les jambes, la tête, enfin sur toutes les parties plus osseuses que charnues, se ressentent en entier, et affectent même douloureusement, si elles sont trop prononcées, la sensibilité du cheval.

Les jambes portant le cheval en avant, font le principal effet dans toutes les augmentations d'allure, et ramènent à l'unité les principes, pour passer du repos au mouvement, du pas au trot, du trot au galop, et du galop à la charge.

Elles ont donc sous ce rapport un effet opposé à celui des rênes qui ralentissent, mais elles ont dans les changemens de direction, un rapport direct avec elles ; elles agissent de concert, soutiennent le cheval, et l'aident à tourner à droite ou à gauche.

XVIII.

Le cheval doit être exercé à marcher droit à toutes les allures.

UOIQUE le mouvement direct soit plus naturel au cheval que le circulaire, il n'en est pas moins vrai, que le cheval ne suit pas imperturbablement cette direction, et que le cavalier ne peut acquérir que par un grand usage, cet accord des mains et des jambes, qui conduit à ce résultat ; cependant nos marches directes ne peuvent réussir qu'autant que cette condition est remplie : il faut donc y revenir fréquemment, et en faire contracter l'habitude.

Le principe de la marche directe par un, au pas, au trot et au galop, est le même par deux, par quatre, par pelotons, divisions, escadrons et régiment aux mêmes allures, toutefois avec les modifications que le nombre nécessite ; mais le premier principe n'en subsiste pas moins, et il faut, quel que soit le front, que les rênes et les jambes opèrent avec l'égalité la plus parfaite.

XIX.

Le cheval doit être exercé à tourner à droite et à gauche, à toutes les allures.

E cavalier est sujet, suivant les circonstances, à mettre son cheval au pas, au trot et au galop ; mais comment ferait-il face à l'ennemi, comment se porterait-il sur toutes les directions, s'il ne pouvait le faire tourner dans tous les sens ?

Quant aux moyens d'exécution, le principe de la conversion par un, est le même par deux, par quatre, par peloton, division et escadron, toutefois en ayant un degré de vitesse, relatif à l'arc de cercle qu'il faut parcourir, et faisant les modifications que l'étendue du front nécessite ; mais le premier principe n'en subsiste pas moins. C'est la rêne du dedans sur tous ces différens fronts, qui ploie le cheval vers le centre, la rêne du dehors qui le soutient de concert avec la jambe du dedans qui l'arrondit ; et la jambe du dehors, qui contient les hanches sur la ligne qu'elles doivent suivre, en accélérant le bipède extérieur, qui parcourt une plus grande circonférence.

XX.

Les extrémités du dedans fatiguent davantage que celles du dehors, ce qui doit faire une loi aux instructeurs, dans le double but de les rendre maniables, et de les fatiguer le moins possible, de travailler également leurs chevaux aux deux mains.

E n'est pas uniquement pour rendre le cheval maniable, et l'habituer à tourner indifféremment des deux côtés, qu'on doit le faire travailler également aux deux mains ; c'est aussi pour le fatiguer le moins possible, et pour le conserver sain et sans tares.

En effet, dans tous les mouvemens circulaires, le cheval, en raison du travail auquel il est soumis, est plus ou moins incliné vers le centre du cercle, au point que les jambes du dedans l'étayant tout à fait, le soutiennent, ainsi que celle du cavalier, et sont bien plus chargées que celles du dehors ; cette inclinaison insensible sur les cercles étendus et au pas, en raison de la lenteur de l'allure, se distingue plus aisément sur les petits cercles au trot ; elle est plus sensible encore au galop, et le devient davantage encore à mesure que cette allure est plus alongée, et que le cercle est plus restreint.

Dans les mouvemens circulaires, sont compris, bien entendu, les à droite, à gauche, demi-tour à droite et à gauche, où l'arc de cercle étant infiniment plus raccourci, l'inclinaison vers le centre se remarque bien plus encore, surtout si les chevaux sont tournés trop court ; car souvent il arrive, que les extrémités du dedans ont tant de peine à se dégager, pour arriver au soutien de la masse, que les chevaux s'abattent, et toujours en dedans, preuve bien évidente de la vérité que nous avançons.

Ainsi donc, dans le double but d'avoir des chevaux maniables, tournant indistinctement des deux côtés, à quelqu'allure que ce soit, pour ménager leurs extrémités, et ne pas conserver les unes au détriment des autres, il ne faut jamais se départir, dans la pratique de l'instruction, du principe *qu'il faut travailler les chevaux également aux deux mains.*

XXI.

Ce n'est pas tant au passage des coins que la jambe du dehors doit faire son effet, que dans l'exécution des à droite, à gauche, demi-tour à droite et à gauche, pris sur les autres points du manége.

u passage des coins, la jambe du dehors doit agir, sans doute, pour contenir les hanches, et les empêcher de sortir de la ligne circulaire ; mais comme la piste est tracée, et que les murs sont là, le cheval tourne. Aussi bien des gens on dit, et disent encore, en équitation, que la jambe du dehors, au passage du coin, est remplacée par le mur ; cependant le bipède extérieur ayant un plus grand cercle à parcourir, son action devient encore indispensable sous ce rapport.

Mais il n'en est point ainsi, et elle est absolument indispensable, quand on prend des à droite, à gauche, demi-tour à droite et à gauche sur les autres points du manége ; ici il n'y a pas de murs, rien ne peut suppléer la jambe du dehors, et c'est alors qu'elle doit agir d'autant plus, que l'allure est plus alongée.

Pour sentir le besoin urgent de cette aide, on n'a qu'à comparer le passage des coins, à l'exécution des mouvemens que nous citons; dans le premier cas, le cheval tourne assez bien sur son arc de cercle, et encore l'agrandit-il aux allures vives : mais, dans le second, il le double presque toujours, parce que la jambe du dehors fait peu d'effet, et que le mur n'est plus là pour la suppléer, comme dans le mouvement précédent.

Nous avons dit que, plus l'allure était alongée, et plus la jambe du dehors devait agir; en effet, les à droite, à gauche, demi-tours à droite et à gauche, sont des mouvemens difficiles sur une si petite circonférence, auxquels le cheval ne se présente pas de lui-même, mais auxquels il faut le forcer.

Au surplus, c'est dans cet esprit qu'a été conçu et rédigé le n° 345, pour passer successivement de la tête à la queue de la colonne; l'ordonnance dit expressément, « de tenir la jambe du dehors près, pour ne pas décrire un demi-cercle de plus de six pas, » principe qui s'applique évidemment à tous les cas semblables.

Ajoutons que, puisqu'il est démontré que les coins se passent machinalement, il faut faire prendre fréquemment des à droite et des à gauche, des demi-tours à droite et des demi-tours à gauche, sur les divers points du manége, pour y obvier, et mettre les cavaliers dans la nécessité de se servir des rênes et des jambes.

XXII.

Il faut développer les allures du cheval autant que possible, toutefois sans le mettre hors de ses aplombs, ni le forcer; mais évitant aussi, par dessus tout, de les ralentir.

ENDANT le cours d'une campagne, la cavalerie se rend utile, par la célérité de ses mouvemens; elle éclaire l'armée dans ses marches, veille à sa sûreté dans ses cantonnemens, fait le service des avant-postes, prévient à la hâte de la présence de l'ennemi, et soutient ses premiers efforts, pour donner à la troupe qu'elle couvre, le temps de se former et de prendre un ordre de force; c'est elle qui fait les patrouilles, les reconnaissances, qui fait correspondre entr'eux les divers corps d'une armée, pour les prévenir à temps, et les faire concourir au même but; c'est elle enfin qui attaque les convois, qui les escorte, et qui s'empare à la hâte de tous les points importans, sa célérité lui réservant le premier rôle dans toutes ces opérations.

Dans les batailles, elle joue un rôle non moins actif; son choc, produit de sa vitesse et de son ensemble, achève de renverser les masses déjà ébranlées; elle poursuit l'ennemi vaincu, et l'empêche de se rallier, achevant ainsi de décider la victoire, et en complétant les résultats.

Ce tableau, qui n'est sans doute qu'ébauché, suffira cependant pour prouver que la célérité est l'attribution principale de la cavalerie, et qu'il ne faut rien négliger dans sa composition première, et dans son instruction, pour parvenir à se la procurer.

Nous y arriverons, en prenant une route qui tende directement au but que nous nous proposons; ainsi les allures seront franches et décidées, afin de gagner du terrain en avant, et on cherchera à les développer autant que possible, prenant cependant un juste milieu qui est indispensable, comme la démonstration suivante le prouvera.

La conséquence naturelle de cette marche sera donc d'éviter les allures ralenties; les effets de l'habitude se font sentir chez les chevaux comme dans toutes les espèces; ils finissent par céder à son influence, et nous aurions, à la longue, des chevaux tout différens de ceux que nous devons avoir.

Ce qui doit encore nous décider à suivre cette marche, c'est la nature de nos chevaux. Un cheval de race, pour qui la nature a beaucoup fait, a, dès le principe, des allures étendues et des mouvemens en rapport avec l'intensité de son moral; le cheval de troupe, au contraire, moins nerveux, moins énergique et plus étoffé, les a généralement bornées; mais un exercice bien entendu les développe successivement, et s'il n'acquiert pas cette ardeur, et ce feu qui distinguent le cheval de sang, du moins ses forces s'accroissent, ses allures se développent par l'exercice, et nous finissons par avoir un bon cheval d'escadron.

Du reste, le temps et la fatigue ne restreindront que trop les allures du cheval; que sera-ce, si, dans l'instruction, on l'a laissé pour ainsi dire s'endormir? il faut ajouter que les ralentissemens d'allure, nécessaires quelquefois, doivent être aussi rares que faire se peut; nos cavaliers, généralement, ont la main si dure, qu'il faut les mettre le moins possible dans la nécessité d'en faire usage : nous éviterons, par ce moyen, bien des tracasseries et des mauvais traitemens. Quel est celui, par exemple, qui a pratiqué l'instruction de la cavalerie, et qui n'a pas vu dans les dédoublemens à l'allure du pas, surtout, ainsi qu'ils s'exécutaient jadis par le ralentissement de l'allure, les chevaux recevoir à-coups sur à-coups et saccades sur saccades, principalement dans les colonnes profondes ? quel est celui qui n'a pas remarqué les mêmes choses dans les conversions à files ouvertes de l'ordonnance provisoire, et dans celles dont le rayon est trop étendu, surtout si elles se prolongent long-temps ? L'ordonnance du 6 décembre a fait droit à ces justes réclamations, nous y reviendrons plus tard ; les cavaliers ont été moins punis, la bouche et les jarrets des chevaux plus ménagés.

XXIII.

Cependant les allures moyennes seront toujours préférées dans la pratique de l'instruction, parce que tous les chevaux pourront les prendre ; tandis que, si l'on se décidait pour une allure lente ou vive, les chevaux qui tomberaient dans l'excès contraire, ne le pourraient pas sans que l'alignement en souffrît.

ous pourrions étendre ce juste milieu, qu'on recommande d'observer, à bien autre chose qu'à des allures, car l'on peut bien parvenir, quand il s'agit de masses, à obtenir quelques concessions réciproques, mais on ne réussira jamais, du moins pour un laps de temps considérable, à forcer les goûts, les affections, les habitudes et les intérêts, pour leur faire suivre un cours diamétralement opposé ; toutefois, ne nous élevant pas à des considérations de la plus haute importance, qui ne sont pas de notre sujet, occupons-nous de rendre sensible la vérité de notre proposition, laissant à la sagacité du lecteur, la liberté de choisir entre un parti moyen, ou un parti extrême, et d'étendre ce raisonnement autant qu'il le jugera convenable (1).

Si l'on prenait, par exemple, pour allures de manœuvre, celles des chevaux vifs, les chevaux lents ne pourraient pas suivre ; si l'on prenait, au contraire, celle des chevaux lents, la cavalerie n'aurait plus cette vélocité qui est son principal attribut, et l'on n'arriverait pas à l'ensemble, les chevaux vifs étant toujours les plus avancés ; mais en prenant les allures intermédiaires, l'espèce moyenne qui est la plus nombreuse marchera avec ensemble sans aucun doute : les chevaux vifs pourront diminuer un

(1) Écrit en 1825.

peu de leur train, et les chevaux lents pourront augmenter un peu le
leur.

Nous croyons pouvoir étendre le même raisonnement à ce qui est
applicable à un grand nombre ; ainsi l'ordonnance de la cavalerie ne doit
pas être seulement à la portée d'un petit nombre d'individus privilégiés,
mais elle doit être si simple dans ses principes et dans son énoncé, dans
son langage et dans ses pratiques, qu'elle soit à la portée générale ; et
toutes les théories, méthodes, mouvemens et évolutions qu'elle prescrit,
doivent être appropriés à l'ensemble de ceux qui doivent les pratiquer,
comme à ceux qui doivent en diriger l'exécution.

XXIV.

La nature n'a pas donné davantage aux chevaux des allures exactement égales,
qu'elle ne leur a donné des formes et des caractères absolument semblables ;
c'est donc à l'instruction à les leur donner.

ous nos régimens se composent de chevaux appartenant
aux différentes parties de la France : les uns viennent de
la Normandie et de la Bretagne ; les autres, des Ardennes
et de la Lorraine ; ceux-ci, du Limousin et de l'Auvergne ; ceux-là, des contrées méridionales et de la lisière
des Pyrénées ; de là nombre de différences sensibles entre ces chevaux,
qui arrivent chacun avec la conformation de sa province (1).

La construction des uns est massive, leur moral est peu énergique et
partant leurs mouvemens peu vites et peu alongés ; les autres, plus sveltes,
ont aussi plus de moral, des mouvemens plus vifs, et des allures plus
alongées ; d'autres enfin sont entre les deux : mais indépendamment des
différences qui se remarquent entre les chevaux des divers pays, il y en
a de non moins sensibles chez ceux qui viennent de la même localité, car
la nature n'a pas créé deux êtres absolument semblables ; voilà des élémens

(1) Il serait sans doute préférable que les régimens fussent montés avec des chevaux
du même pays, mais n'est-ce pas plus désirable que praticable ? et en admettant même
qu'on y réussit, combien de temps se maintiendrait cette harmonie, avec les maladies
qui affectent certains corps, et les pertes de la guerre pour ceux qui auraient fait campagne ?

bien différens, sans doute, et qui doivent cependant former un tout. Si nous leur laissions leurs allures primitives, il est évident qu'ils ne marcheraient point ensemble, et que nous devrions renoncer à l'alignement, *qui ne saurait avoir lieu dans les marches, si les mouvemens n'étaient point égaux et les directions parallèles;* proposition qui sera démontrée plus tard, à la section qui traitera de l'alignement.

Mais comment parvenir à une telle régularité, ou en approcher, du moins, dans la cavalerie surtout? La démonstration suivante va l'indiquer.

XXV.

Pour habituer les cavaliers et les chevaux à faire les pas, les temps de trot et de galop, environ de la même longueur, et à se prolonger sans varier sur la même direction, il faut les faire marcher en colonne, ayant à leur tête des conducteurs de reprise, dont les chevaux aient les allures bien réglées, et sachent se prolonger sur la ligne droite; cette précaution prise, il faut les astreindre à suivre exactement à leurs distances et à leurs directions, et la grande habitude de cet exercice, les amènera ou les rapprochera, tout au moins, de ce résultat, qui, au premier abord, semblerait chimérique.

ı vous placez plusieurs cavaliers en file, derrière un conducteur, si vous les obligez à conserver leurs quatre pieds de distances et leurs directions, vous les obligez, par cela même, de marcher au même degré de vitesse que lui, et de marcher droit comme lui; les mouvemens sont donc les mêmes, et pour le conducteur et pour les cavaliers; il ne s'agit donc que d'en employer un bon, puisque les cavaliers placés derrière, ne sauraient rester étrangers au mouvement, et à la direction imprimée par la tête.

En marchant long-temps de cette manière, comme les mouvemens et les directions se prolongent les mêmes, les chevaux contractent l'habitude de marcher droit à la même allure, et l'on parvient au but, ou du moins l'on s'en rapproche, faisant pour la cavalerie ce qu'on a senti, et ce qu'on pratique avec soin dans l'infanterie. On habitue les soldats dans cette dernière arme, à faire le pas de deux pieds, et à marcher bien droit pour ramener tous les mouvemens à l'unité, pour faire disparaître les inégalités, suite des habitudes premières, des diverses conformations, des différens caractères : et ces premières instructions données, on fait marcher un soldat bien dressé, en avant de la droite ou de la gauche de plusieurs soldats disposés en rang, en les astreignant à faire les pas de la même longueur, et à se prolonger sans varier dans la même direction. Ce résultat obtenu individuellement, les mêmes hommes placés en plus grand nombre les uns à côté des autres, marchent ensemble, et se tiennent à la même hauteur machinalement, et quelques fois sans aucune attention, par la grande habitude qu'ils en ont contracté.

XXVI.

Ce n'est que dans un mouvement suivi et un peu prolongé, que les allures de la cavalerie peuvent se régler ; il faut donc marcher droit et long-temps de suite au pas, un certain temps au trot, et quelque temps seulement au galop.

APPELONS cette vérité quoique reconnue depuis long-temps en cavalerie, car son importance est trop grande, pour que nous n'essayions pas de la démontrer.

Dans quel instant les allures se dérangent-elles ? quand les chevaux augmentent-ils ou diminuent-ils leur degré, de vitesse ? Les instructeurs qui ont commandé et observé beaucoup, répondront que ce n'est pas lorsque les chevaux sont toujours dans la même direction, qu'on remarque ces contre-temps, mais bien quand ils en changent ; ce sera une raison pour marcher droit long-temps de suite, et pour éloigner les changemens de direction, afin que l'intervalle ménagé entr'eux, serve au moins à réparer les fautes, et les variations qu'ils auront occasionné.

La même observation est applicable aux changemens d'allure, qu'il faut bien se garder de trop rapprocher ; en effet, c'est encore dans ce moment que vous apercevez le moins d'ensemble, soit que les cavaliers n'agissent pas avec la douceur désirable, que leur position soit ébranlée dans ce moment, soit que les chevaux n'aient pas encore de train réglé, qu'ils ne se meuvent point alors avec la même uniformité, et qu'ils soient plus difficiles à contenir ; ou enfin que ce soit inhérent aux augmentations d'allure pour toutes ces causes combinées, toujours est-il que ce moment est celui où il y a le moins d'union : mais si la reprise se prolonge, les cavaliers se replacent, ils se lient au mouvement du cheval, les chevaux se calment, ils se remettent ensemble, ils suivent à leurs distances dans toute la colonne, ils finissent par marcher à la même hauteur, si l'on marche plusieurs de front ; ils prennent du nerf et de l'haleine, ils parcourent enfin la même direction, et s'unissent de vitesse, but auquel on doit s'efforcer de parvenir.

Nous ferons donc, pour les changemens d'allure, la même observation que pour les changemens de direction, ayant soin, après chacun d'eux, de marcher un certain temps à la même allure ; faisant, toutefois, une exception pour le travail au galop, qui, étant fatigant pour le cheval de l'espèce commune, par les efforts qu'il le met dans la nécessité de faire, ne peut être continué au-delà de quelque temps. C'est pour qu'on travaille au galop, mais sans en abuser, que l'ordonnance n° 380, prescrit de ne laisser les cavaliers au galop, qu'un tour, ou deux au plus, à chaque main, ce qui est moins vague qu'il ne paraît ; car, d'après la planche 52, nos manéges de l'école du cavalier ayant 90 mètres sur 30, ce sera une distance de 240 ou de 480 mètres à parcourir.

Par la même raison aussi, on donnera, pour l'instruction de la cavalerie, la préférence aux terrains vastes et étendus ; on pourra prolonger les marches directes, donner aux allures l'unité et l'extension désirables, et l'on évitera pour le même motif, ces endroits resserrés, ces manéges où l'on est obligé de tourner à chaque instant, où les chevaux peuvent à peine marcher droit, où le mouvement enfin est bien éloigné d'être suivi et prolongé ainsi qu'il devrait l'être.

XXVII.

Le pas, à cause de sa lenteur, est l'allure ordinaire pour commencer l'instruction des recrues et des jeunes chevaux.

L faut en instruction surtout procéder avec ordre ; ainsi la première chose que nous ayons à donner aux hommes de recrue, c'est un peu d'aplomb et de tenue à cheval ; ne perdons pas de vue qu'il s'agit d'abord de se tenir, et que conduire ne peut venir qu'en second lieu : d'ailleurs nous ne suivrions pas cet ordre, que guidé par l'instinct de sa conservation, l'homme de recrue s'occuperait d'abord de ne pas tomber, et ne conduirait son cheval que lorsque ses craintes sur ce sujet seraient complètement dissipées.

Le pas, à cause de sa lenteur, est absolument ce qui lui convient ; l'ébranlement qu'il éprouve, si, toutefois, on peut donner ce nom au balancement qui se communique à la partie supérieure de son corps, et à la variation insensible de ses fesses, est imperceptible ; il s'habitue au mouvement du cheval, apprend les moyens de le conduire, fait connaissance avec lui, et il commence enfin, ainsi que le prescrit Bohan, aux excellens principes duquel il faut toujours revenir, par le mouvement le plus lent, le plus doux, le plus régulier et le plus uni, qui lui convient sous tant de rapports.

Le pas s'emploie tout aussi bien avec les jeunes chevaux ; comme cette allure est très douce, et qu'elle ne demande aucun effort, la marche est plus facile ; la pesanteur du cavalier lui est moins pénible ; il s'y habitue peu à peu, se met d'aplomb, et fait connaissance avec les rênes et les jambes, que le cavalier a toute facilité de lui faire sentir et connaître, la lenteur de l'allure lui permettant de compasser ses mouvemens autant qu'il est possible.

XXVIII.

Le trot affermit la position des cavaliers, développe les forces des jeunes chevaux, et donne aux uns et aux autres du liant et de la souplesse.

L est indispensable, sans doute, de commencer par le pas, mais il ne faut pas s'en tenir à cette allure, et lorsque les cavaliers sont un peu habitués au mouvement du cheval, et qu'ils ont de l'assurance et de l'aplomb, il faut les faire passer au trot ; leur position, malgré la précaution de ne la porter qu'à un degré très modéré dans le principe, sera sans doute ébranlée, mais ce sera l'affaire du moment ; insensiblement ils s'y habitueront, alors on pourra porter cette allure à son degré ordinaire : plus tard encore la leur faire alonger, leur faisant même monter des chevaux durs, lorsqu'ils travailleront avec aisance et liberté de mouvemens, sur ceux qui ont les allures douces.

Quelque précision qu'on obtienne à cette allure, on ne pourra jamais si elle est bien décidée, si elle est telle que nous la prenons, dans nos marches et nos manœuvres, retrouver jamais une régularité de position, une précision pour conduire, ni autant d'ensemble et de régularité qu'à l'allure du pas ; mais cela tient à la réaction, qui bien autrement forte qu'au pas, ébranle plus ou moins la position de l'homme, et a la vivacité du mouvement, qui rend le cheval plus difficile à conduire. D'un autre côté, les bras et les jambes participant au déplacement du corps, leurs mouvemens ne peuvent plus être aussi justes, ni aussi compassés qu'ils l'étaient au pas; nous parlons toujours, qu'on veuille bien ne pas le perdre de vue, des cavaliers militaires.

Le trot développe les forces des jeunes chevaux, par les mouvemens qu'il les oblige de faire; il assouplit leurs membres, augmente le jeu de leurs articulations, et leur donne de l'haleine et de la vigueur; toutefois si l'on suit les gradations indiquées par la nature et la raison, dans le degré de vitesse de cette allure, qui doit être peu alongée dans le principe, et qu'on ne doit augmenter que successivement, à mesure qu'on voit le cheval prendre du nerf, de la vigueur, et s'y présenter de lui-même.

Il serait très dangereux de suivre la marche opposée, et de faire trotter les jeunes chevaux à une allure trop vive en débutant; ce serait le plus sur moyen de les fatiguer, de ruiner leurs aplombs, et de les rendre rétifs, parce qu'en exigeant au-delà de ce qu'ils peuvent faire, il arrive maintes-fois qu'ils se défendent.

XXIX.

Le galop complète l'instruction de l'homme et du cheval. Cette allure servant dans les circonstances les plus urgentes, et le cheval étant plus difficile à diriger, il est indispensable d'y exercer fréquemment, mais avec mesure, dans l'intérêt de l'un et de l'autre.

Nous terminons par le galop parce que cette allure est la plus difficile de toutes, sinon pour se tenir sur le cheval, du moins pour le conduire. Elle doit être connue du cavalier, elle doit même lui être familière, puisqu'elle fait partie des allures naturelles du cheval, qu'elle est fort en usage par la suite, et notamment dans des circonstances urgentes, où les chevaux lancés à toute bride sont très difficiles à conduire, lorsqu'on a l'habitude et l'usage des moyens à employer, et deviendraient complètement ingouvernables, si les cavaliers ne les connaissaient pas, et si les chevaux ne les connaissaient pas eux-mêmes.

Il faut que les cavaliers travaillent au galop dans l'école de cavalier, ou il faut supprimer les tirailleurs, la charge, le ralliement et toutes les circonstances où cette allure est indispensable; car il ne serait pas conséquent d'exiger par la suite, et lorsqu'il s'agirait de résultats, de la régularité dans une allure, que l'instruction préliminaire n'aurait pas eu soin de démontrer, et de pratiquer suffisamment.

Nous disons que le galop complète l'instruction de l'homme et du cheval, parce qu'après cette leçon, le cavalier connaît toutes les allures, et que le cheval achève de se familiariser avec les mouvemens qu'il peut faire; parce que cette allure enfin est le complément de l'instruction de l'un et de l'autre, ne pouvant exiger rien autre chose du cavalier, que de conduire son cheval à toutes les allures, sans armes d'abord, puis avec ses armes; et du cheval, que de se montrer passif à la volonté du cavalier, également à toutes les allures.

L'instruction serait donc incomplète, si l'on ne s'occuppait pas du galop, puisqu'il resterait quelque chose à démontrer, puisque le cheval prenant cette allure ne s'y maintiendrait pas régulièrement, et que le cavalier ne saurait pas le conduire, ce qui produirait dans la circonstance un double embarras.

C'est particulièrement pour les troupes légères, appelées par leur institution à combattre isolément, que cette omission se fait sentir; elles doivent avoir l'habitude des mouvemens les plus célères et les plus rapides, soit pour attaquer, soit pour se défendre; et la grosse cavalerie elle-même ne doit pas y rester étrangère, car est-il possible que des escadrons chargent avec ensemble, si les hommes et les chevaux n'ont pas l'habitude du galop? On nous reprochera l'inutilité de signaler une lacune qui a été généralement reconnue puisque dans les régimens on exerce au galop, nous en convenons; mais cela ne suffit pas encore : il faut que l'ordonnance règle ce travail et le consacre.

Ces réflexions étaient écrites avant l'ordonnance du 6 décembre, qui a répondu aux vœux généralement exprimés; le danger n'est donc plus aujourd'hui dans l'ignorance de cette allure indispensable et capitale, mais bien dans son abus; l'ordonnance a fait tout ce qu'il lui a été moralement possible de faire pour prévenir un semblable résultat; elle a été jusqu'à prescrire, ainsi qu'on l'a vu dans une démonstration précédente, un tour ou deux tours au plus, ce qui équivaut à deux cent quarante ou à quatre cent quatre-vingts mètres; c'est aux instructeurs et aux officiers en général à y mettre la même discrétion; c'est aux capitaines instructeurs et aux officiers supérieurs des régimens à y veiller, d'autant plus

que cette allure est vive, entraînante, qu'elle sent la guerre et le champ
de bataille, et que l'abus qu'on en ferait, en énervant les chevaux et les
ruinant avant le temps, imposerait de grandes dépenses à l'état, en privant
les charges de l'impulsion désirable.

XXX.

Plus l'allure est vive, plus la position est difficile à garder, et plus le cheval est
difficile à conduire.

 'EXPLICATION de ce principe est facile : placez deux corps
l'un sur l'autre, celui qui est dessus se tiendra avec d'autant
plus de difficulté sur celui qui est dessous, et qui lui sert
de base, que le mouvement imprimé à ce dernier, sera
plus alongé et plus rapide.

Il en est absolument de même de la position de l'homme sur le cheval.
Celui-ci lui sert de base, et la position du cavalier devient d'autant plus
difficile que le mouvement est plus prompt ; cependant cette thèse qu'il
serait très facile de soutenir en théorie, et d'appuyer par de nombreux
exemples, n'est pas juste en tout point dans l'application ; car si la position
est ébranlée au pas, et si elle l'est davantage au trot, il est de fait qu'elle
est moins dérangée au galop.

Tous les chevaux sont bien loin d'avoir le galop aussi doux et aussi régulier ; mais, pour ce qui est de se tenir seulement, les cavaliers résistent,
lors même qu'ils sont emportés par eux, et qu'ils ne savent les conduire :
le branle toujours régulier de cette allure les invite à se lier au mouvement du cheval, tandis qu'on voit des cavaliers ne pouvoir pas rester sur
des chevaux qui ont le trot dur, ils perdent leur équilibre, et ils sont déplacés à chaque instant.

S'il est plus difficile de se tenir sur le cheval, le galop seul excepté, il
est aussi plus difficile de le conduire à mesure que l'allure augmente de
vitesse ; comme il est déterminé en avant par une impulsion plus grande,
il est aussi plus difficile de lui faire changer de direction.

Supposons que le cheval ait au pas, un degré de vitesse, qu'il en ait deux
au trot et trois au galop ; si nous le faisons tourner à cette dernière allure,
nous aurons trois degrés de vitesse à vaincre, mais au trot, nous n'en aurions eu que deux, et au pas, qu'un seul ; si vous joignez à cela qu'à me-

sure que les allures augmentent de vitesse, les opérations des mains et des jambes sont moins justes, moins compassées et moins libres, parce que ces parties se ressentent du déplacement du corps, il ne restera plus rien à ajouter.

Faisant abstraction du cheval, et faisant cette comparaison à un corps déterminé en avant, le principe est tout aussi incontestable, et plus sa vitesse sera grande, plus il sera difficile de le détourner de sa direction première; mais il est non moins juste pour le cheval, et, pour en être convaincu, faites travailler aux trois allures, et comparez les arcs de cercle que le cheval a parcourus dans les divers changemens de direction ; vous verrez que ceux qui ont été décrits au pas sont plus petits, que ceux qui ont été parcourus au trot sont plus étendus, et que ceux qui l'ont été au galop le sont encore davantage. A quoi faut-il attribuer cela, sinon à la difficulté de faire changer de direction au cheval, difficulté qui augmente d'autant plus, que l'allure est plus alongée et l'impulsion plus grande.

Nous avons fait ces remarques cent fois sur le terrain, et nous prions le lecteur de se souvenir, que nous avons toujours le cavalier de nos régimens en vue, que c'est lui que nous peignons dans nos principes, que nous rapportons tout à l'homme de guerre, et que nous n'avons jamais pris pour point de comparaison les manéges d'académie, qui ne sont pas de notre ressort, et qui nous induiraient en erreur, parce que les élémens en sont plus choisis et plus soignés; en effet, si l'écuyer formé par plusieurs années d'étude et de pratique, conduit son cheval avec habileté aux diverses allures, et si les variations de sa pose sont imperceptibles, combien de gens ne voit-on pas, qui, après de longues années, sont bien placés au pas, mais dont la position est toute changée, et n'est plus reconnaissable aux autres allures ; ce changement sera bien plus sensible encore chez l'homme que le recrutement, et le remplacement appellent dans nos régimens pour un temps limité, quelquefois sans avoir jamais approché un cheval, lequel n'est pas non plus un animal de race, mais bien un cheval de remonte et de troupe, dans toute l'acception du mot.

XXXI.

De l'Embouchure.

OUR bien emboucher un cheval, dit l'ordonnance, il faut connaître :

1° Les effets du mors ;

2° La bouche du cheval ;

3° L'ensemble de la conformation du cheval.

Nous ajouterons qu'il faut aussi connaître le caractère du cheval, et le voir surtout dans l'exercice.

C'est dans l'exercice que le cheval se montre réellement ce qu'il est ; l'examen de sa bouche n'est définitivement que celui d'une partie essentielle à connaître, sans doute, mais enfin d'une partie isolée, dont la nature ne saurait, à quelques très rares exceptions près, être autrement que ne l'est l'ensemble ; et l'examen du cheval, dans l'ensemble de sa conformation et de pied ferme, ne suffit pas encore ; la véritable pierre de touche, qui donne la mesure de sa bonté, de son mérite, c'est le travail, c'est l'exercice.

C'est alors que le cheval fait réellement connaître, et ce qu'il est, et ce qu'il vaut ; c'est alors qu'on voit des chevaux faire ce qu'on n'aurait jamais cru, et d'autres, au contraire, rester en arrière de la bonne idée qu'avait fait concevoir leur belle conformation.

Aussi pensons-nous qu'on pourrait se dispenser, à la rigueur, de cet examen si minutieux, qui palpe toutes les parties essentielles et environnantes de la bouche, pour bien emboucher un cheval ; toutefois, en y procédant, ces renseignemens, qui peuvent être utiles, ne sauraient être regardés que comme secondaires.

La bouche, excepté dans des cas très rares, est bonne chez les chevaux bien conformés, ardens et vigoureux ; et elle est généralement dure chez les chevaux mal conformés, massifs et paresseux.

Cependant on trouve des chevaux qui, avec une conformation défectueuse dans certaines parties, ont de la finesse et une bouche qui n'est pas dure ; tellement il est vrai, dans la généralité des cas, que la bouche n'est pas le contraire de l'ensemble du cheval, mais qu'elle en est la conséquence.

D'après cela, il devient évident que les chevaux doivent être embouchés par ceux qui les dressent, par ceux qui connaissent toutes leurs facultés, par ceux qui connaissent tous leurs moyens.

Ainsi, le cheval bien conformé, et qui ne demande qu'à bien faire, n'ayant besoin que d'être averti, doit avoir une embouchure douce; le cheval pesant et paresseux, dénué, au contraire, de sensibilité, doit avoir un mors plus dur, afin que ses avertissemens soient plus énergiques: mais le cavalier devra éviter d'en abuser, sous peine de blaser sa monture.

Le mors est si bien subordonné à l'habileté équestre, qu'on voit incessamment dans la pratique, un bon cavalier tirer parti d'un cheval commun, et lui faire une bonne bouche, tandis qu'un mauvais cavalier perdra celle du cheval le plus distingué, s'il ne se fait casser le cou.

Avec un pareil cavalier, le mors sera toujours impuissant à modérer, et arrêter la marche de l'animal, car il sera incertain dans sa pose, et pour peu qu'il soit effrayé, il se cramponnera de tous les côtés, au moyen des cuisses, des jambes, et en s'attachant aux rênes, provoquant ainsi le cheval à toute espèce de désordres.

Ainsi donc, pour conduire le cheval, comme il convient, il faut de l'assiette et de la solidité avant tout; il en faut surtout pour des militaires qui ont encore à se servir de leurs armes, pour attaquer et se défendre. Le mors enfin ne sera considéré qu'en seconde ligne, jamais comme aidant à la tenue, mais seulement comme l'intermédiaire destiné à faire connaître au cheval la volonté du cavalier.

Maintes fois ceux qui sont chargés de l'instruction pratique, ont pu constater que nos cavaliers avaient la main plus qu'indiscrète, qu'ils l'ont trop souvent dure et même cruelle, car ils ensanglantent bien des fois la bouche de leurs chevaux. Pour combattre de si funestes effets, nous nous sommes souvent servis du moyen suivant, pour démontrer au cavalier que l'action combinée de l'embouchure et de la gourmette, au moyen des rênes et des branches, produisent une compression semblable à celle qu'un corps quelconque ressentirait dans un étau.

Pour cet effet, on engage la main du cavalier entre l'embouchure et la gourmette, de manière que les canons fassent leur effet sur le dessus de la main, qui en est la partie osseuse, et la gourmette s'appuyant sur la paume de la main. Cela fait, on agit sur le milieu de la traverse, et bientôt on éprouve une pression douloureuse, de la part de l'embouchure sur la partie osseuse de la main, et de la gourmette, sur le dedans de la main quoique charnu. Toutefois, en augmentant encore l'effet des branches, on éprouvera une douleur insupportable, qui forcera bientôt de terminer l'épreuve.

On fera sentir alors au cavalier, que le mors n'agit pas différemment sur la bouche du cheval, et qu'il fait même un plus grand effet, en raison du tranchant des barres et de la finesse de la membrane qui les recouvre, ainsi que sur la barbe, partie d'autant plus sensible, qu'elle est plus saillante et moins charnue. De cette manière, sa main sera plus circonspecte et plus douce, à cause de la grande douleur qu'il aura ressenti lui-même, et pour ne pas en occasionner une toute semblable au cheval.

Voir l'ordonnance et le cours d'équitation militaire, quant aux détails sur les mors en usage, et pour les approprier au cheval ; car pour adopter un mors uniforme, pour tous les chevaux, c'est encore plus possible pour un habile écuyer, qui se fait un jeu de surmonter de graves difficultés, que pour des élémens tels que le recrutement nous les donne.

XXXII.

Rapports intimes entre l'instruction de l'homme de recrue et celle du jeune cheval.

'APRÈS les démonstrations qui précèdent, on voit qu'il existe des rapports intimes, entre l'instruction de l'homme de recrue et celle du jeune cheval, et, par suite, on commence ces deux instructions de la même manière, on les poursuit de la même manière, on les achève de la même manière.

Assouplir le recrue, assouplir le jeune cheval avec intelligence et mesure, donnent de grandes facilités pour l'instruction de l'un et de l'autre, et peut-être devrons-nous aux essais de la méthode Baucher, quelqu'amélioration sur ce point essentiel, négligé par nombre d'instructeurs.

Peut-être aussi lui devrons-nous quelques nouveaux moyens pour triompher des résistances des chevaux difficiles, qui étant, fort heureusement, en petit nombre dans les régimens, peuvent être confiés aux mains les plus habiles.

Le cavalier ne connaissant pas le cheval, et n'ayant par suite aucune solidité, après lui avoir appris de pied ferme les principes de la position qu'il doit avoir, et les moyens qu'il doit employer pour conduire le cheval, on passe au mouvement direct au pas ; le jeune cheval éprouvant de la gêne par la pesanteur du cavalier, ne connaissant ni rênes ni jambes et n'ayant pas de mouvemens réglés, on commence de la même manière.

Le cavalier ayant pris un peu plus d'assurance, et s'étant habitué au mouvement du cheval, on passe au trot ; le jeune cheval connaissant un peu les rênes et les jambes, s'étant habitué à la pesanteur du cavalier, et ayant pris de l'aisance et de la liberté dans ses mouvemens, on le fait également passer au trot.

Le trot ayant augmenté l'assurance et la solidité du cavalier, on le fait passer au galop ; le jeune cheval ayant acquis par l'usage du trot un moelleux, une aisance, une souplesse et une élasticité qui lui manquait, on l'exerce aussi au galop.

Et pour mettre fin à notre comparaison, quand ils sont familiers l'un et l'autre avec le mouvement direct, on les fait passer au mouvement circulaire (1) ; commençant par de simples à droite ou à gauche, passant ensuite aux demi-tours des deux côtés, décrivant enfin des cercles entiers, étendus dans le principe, successivement plus restreints, et prolongeant le travail sur la ligne circulaire, pour achever de les rompre l'un et l'autre à ce genre d'exercice, sans s'écarter de la gradation des allures, pour instruire l'homme et le cheval insensiblement, et éviter de dépasser leurs moyens dans aucun cas.

XXXIII.

Les chevaux tendent à se réunir, ils ont de la répugnance à se séparer ; ce sera donc une raison pour leur faire quitter fréquemment la place qu'ils occupent, soit en colonne, soit en bataille, pour les maintenir dans cette habitude.

ETTE remarque se fait mieux sentir encore chez d'autres animaux livrés à eux-mêmes, que chez le cheval réduit dans notre intérêt à l'état de domesticité ; on les voit marcher par compagnies, par bandes, se suivre les uns les autres, et se réunir au gros de la troupe, quand ils se

(1) Nous avons suivi en cela l'opinion de Bohan, qui ajourne le travail sur les cercles, en faisant observer que, quant au travail à la longe, il serait désirable de pouvoir y exercer chaque jeune cheval en particulier ; mais l'ordonnance, dans l'embarras de trouver

sont écartés; on ne saurait attribuer cela qu'à la force de l'exemple, et mieux encore à un esprit de société, à un instinct naturel qui portent les animaux d'une même espèce, et qui ont des besoins communs à se réunir, pour les satisfaire.

Cette habitude chez le cheval peut être d'un bon ou d'un mauvais effet; par exemple si, dans l'instruction des chevaux de remonte, nous en remarquons qui soient inquiets, peu confians, que tous les objets intimident, qui retiennent leurs forces, qui ne veulent pas marcher en tête, etc., etc., nous les plaçons à la queue d'une colonne, et ils suivent presque toujours ceux qui les précèdent; mais si nous n'avions pas la précaution de les séparer fréquemment en leur faisant abandonner la place qu'ils occupent, soit en colonne, soit en bataille, ils ne voudraient plus se quitter; nous ne pourrions plus en jouir, et il deviendrait impossible de faire sortir un seul homme des rangs pour l'envoyer où besoin serait. C'est sous ce rapport que cette habitude peut être d'un mauvais effet; mais on voit qu'en usant de cette précaution, il est facile de la prévenir.

Il est si vrai que les chevaux tendent à se réunir, et qu'ils répugnent à se séparer, que lorsqu'un peloton dédouble par deux ou par quatre, les cavaliers ont toutes les peines possibles à les contenir, jusqu'à ce que leur tour de rompre soit venu; et une fois rompus, au lieu de marcher droit devant eux le nombre de pas prescrits, ils se jettent du côté des premières files: au contraire, la même colonne se reforme-t-elle en bataille sans arrêter, les chevaux ne doublent pas l'allure, ils se précipitent, forcent la main de leurs cavaliers, et dépassent presque toujours l'alignement: avec des cavaliers faits, la chose n'est pas aussi sensible, parce qu'ils conduisent leurs chevaux, mais avec des hommes de recrue qui se laissent conduire par eux, elle est inévitable.

---

le nombre de bons instructeurs suffisant, le temps et le terrain nécessaire pour un grand nombre de longes, a dû le considérer comme travail d'exception, et pour se réserver, vis-à-vis des chevaux difficiles, les moyens de triompher de leurs résistances.

XXXIV.

La peur ne se guérit point par les mauvais traitemens , mais par la douceur et par le secours de l'exemple.

UELQUE admirateurs que nous soyons du cheval, soit pour l'élégance des formes , la beauté de ses mouvemens, les plaisirs qu'il nous procure et les services qu'il nous rend, à nous militaires particulièrement, puisqu'il est l'ame de nos travaux, que c'est lui qui nous conduit au milieu du danger, qu'il nous aide à le surmonter, ou nous en retire, et que c'est encore avec son secours, que nous entreprenons des opérations aussi rapides que hardies, qui seraient impraticables sans sa coopération ; ce n'est point aux brillantes descriptions de l'*Ecriture*, quelque belles qu'elles soient, ce n'est point aux livres des anciens patriarches, que nous renverrons notre jeune lecteur, pour bien connaître le caractère de ce précieux et noble quadrupède; ce n'est même pas aux pages éloquentes de *Buffon* qu'il devra s'en rapporter, car pour en tirer tout le parti possible, il faut bien le connaître, et mieux vaut encore le voir dans le travail, que dans des écrits à effet, qui ne feraient que l'égarer.

Eh bien, cet animal inaccessible à la crainte, non moins intrépide que son maître, qui voit le péril , et l'affronte ; qui aime et recherche le bruit des armes, et s'anime de la même ardeur, selon *Job*, selon Buffon, le cheval est, au contraire, très ombrageux : du reste, la crainte est d'autant plus naturelle chez les chevaux , que, n'ayant pas le privilége de vaguer comme les autres espèces domestiques, ils sont enfermés presque toute la journée, souvent dans des écuries qui ne sont pas suffisamment éclairées, et sont surpris conséquemment par la lumière du jour et les objets extérieurs.

C'était la suite de Philippe, c'était l'ombre de *Bucéphale* projetée par le soleil, qui le rendirent indomptable, jusqu'à ce que Alexandre s'en fût aperçu, et qu'il eût mis ce noble coursier en face du jour, pour lui dérober la vue du fantôme, qui semblait le poursuivre. L'expérience journalière démontre que des résistances très grandes n'ont pas la plupart du temps de cause plus sérieuse (1).

(1) Sujet de la dernière illustration de cette section.

On remarque que les chevaux habitués au mouvement des grandes villes, et ceux de Paris surtout, sont rarement ombrageux, accoutumés qu'ils sont à voir, et à approcher de toutes sortes d'objets ; les mène-t-on à la campagne pour quelques mois, les fait-on sortir rarement, cette franchise qui ne s'étonne de rien, fait successivement place à de l'hésitation, et la première chose qui se présente à l'improviste, un objet inanimé, un arbre abattu, un oiseau même qui s'envolera de la haie prochaine, suffira pour les épouvanter ; d'où il résulte que ce n'est point assez de familiariser le cheval avec le mouvement extérieur, mais qu'il faut l'entretenir dans cette habitude.

Connaissons bien les causes de la peur, et il nous sera facile d'indiquer les moyens de la guérir. La peur est produite par l'amour de la conservation ; si la surprise causée par un objet inattendu ou inconnu épouvante le cheval, l'homme lui-même, c'est qu'au premier aspect, ils ont peur que cet objet ne leur nuise, c'est qu'ils craignent à cause de cela, de s'en approcher.

La peur est donc commandée par le sentiment le plus impérieux, et qui agit le plus puissamment sur tous les êtres vivans, celui de la conservation ; ce ne sont donc pas les mauvais traitemens qui peuvent la guérir, mais une attention continuelle à faire entendre à l'être qui craint, que les objets qui l'épouvantent au premier aspect, ne sont nullement dans le cas de lui nuire.

C'est donc en faisant sortir fréquemment le cheval, pour le familiariser avec le mouvement extérieur ; c'est en le menant avec douceur et lentement vers les objets qu'il redoute, non pas tout de suite, mais en le faisant approcher pas à pas ; c'est en les lui faisant sentir et toucher, et en répétant fréquemment ces leçons, qu'on peut espérer avec le temps de l'en guérir tout à fait, si elle n'est point excessive, et si elle ne provient pas d'une mauvaise vue.

Que si, au contraire, on maltraitait le cheval, on n'obtiendrait qu'un triste résultat ; vivement attaqué et hors de lui par les mauvais traitemens qui lui seraient prodigués, peut être finirait-il par passer ; mais le principe de la peur subsisterait toujours, et à la première rencontre même hésitation, même crainte, mêmes résistances. Bien mieux encore, se ressouvenant de la leçon plus que sévère, qu'il aurait reçue, l'approche de l'objet lui donnerait une double épouvante ; il ne passerait pas tranquillement près de lui, mais il s'échapperait le plus promptement possible, et se déroberait, surtout si le cavalier n'avait pas la main ferme dans ce moment, et les jambes près pour le contenir.

Lorsqu'on maltraite un cheval peureux, lorsqu'on le frappe, qu'on lui donne de violens coups d'éperon, et qu'on l'accule sur les jarrêts, il se défend souvent davantage, et de plus il est probable qu'il sera bientôt ruiné, car pour peu que les craintes se renouvellent, les mauvais traitemens arrivant bien vite, des membres de fer n'y résisteraient même pas.

Un bon instructeur se sert de tous les moyens que son génie lui suggère avant d'avoir recours au châtiment; un des moyens les plus certains c'est l'exemple : ce torrent irrésistible qui entraîne l'homme et le maîtrise, a le même pouvoir sur le cheval. Voyez un cheval peureux, dans une file de cavaliers; si un objet, un bruit, un son, etc. etc., l'effarouchent et qu'il se jette de côté, il est imité par le plus grand nombre : mais si l'exemple est d'un mauvais effet dans cette circonstance, il peut être utile dans une autre. Qu'un cheval refuse de passer, qu'il ne veuille point franchir la barrière, sauter le fossé, qu'il refuse de sortir du rang, qu'il fasse enfin des difficultés provenant de crainte ou d'ignorance, faites exécuter à un cheval sûr et placé devant lui, pour qu'il le voie bien la chose qu'il refuse ; exigez-la de lui, presqu'immédiatement de manière qu'il le suive, et vous arriverez presque toujours au but.

XXXV.

Pour que le cheval se maintienne en santé, qu'il acquière des forces, et qu'il résiste aux fatigues de la guerre, il faut lui faire faire en temps de paix un exercice actif, ou pour le moins modéré.

EL était le texte d'une démonstration, où nous nous attachions à prouver, qu'il était inconcevable, que sur sept jours de la semaine, le cheval de guerre ne fût souvent monté que trois jours et pour très peu de temps encore ; les leçons étant d'une heure et demie à deux heures, qu'ainsi le travail avait été de six heures seulement, au bout de la semaine, le dimanche déduit, en supposant encore que le mauvais temps n'y eut jamais mis obstacle ; que le reste du temps le cheval l'avait passé à l'écurie, dans l'inaction, livré à l'oisiveté, prenant des tics, se raidissant les membres, respirant une odeur de renfermé toujours malsaine, et privé enfin du grand air qui renferme les principes de la vie.

Mais comme il est juste aussi de convenir qu'on est sorti de cette fausse voie, qu'aujourd'hui le principe s'est établi, que le cheval devait autant que possible, être sorti tous les jours, et que cette question capitale est traitée sous toutes ces faces avec une supériorité remarquable, dans le Cours d'équitation de Saumur, qui n'est pas étranger sans doute à cette grande amélioration, dès-lors nous y renvoyons notre jeune lecteur, faisant le sacrifice de nos raisonnemens et de nos conclusions, qui, pour être exprimés en termes différens, n'en étaient pas moins analogues ; et nous nous bornerons à dire, que, si les exigences des autres branches du service, ne permettent pas de faire faire au cheval de guerre le travail qui conviendrait, pour le préparer aux fatigues auxquelles il est destiné, il faut du moins lui faire faire un *exercice journalier* et soutenu qui lui est indispensable.

Que, si l'exercice doit être considéré sous le rapport de la santé, sous le rapport de la conservation et du développement des forces physiques, il est non moins indispensable, quant à la soumission du cheval aux volontés de l'homme, et quant à l'étendue de ses allures ; que ce n'est qu'ainsi qu'un cheval bien dressé, peut se maintenir tel, en haleine et préparé à faire route.

Que l'exercice doit être aussi considéré sous le rapport du caractère ; que c'est ainsi qu'il y aura moins d'accidens, moins de coups de pied et moins de chevaux vicieux, le cheval, qui est monté tous les jours, satisfaisant à ce besoin d'agir, et faisant une plus grande dépense de force, ce qui lui en laisse moins pour sauter et résister, en même temps que les cavaliers deviennent meilleurs au moyen de ces leçons journalières, qui augmentent singulièrement leur habitude du cheval.

Que nos chevaux, sortant souvent, y gagneront encore de n'être plus aussi mornes, d'être plus familiers avec les objets extérieurs, et, par suite, moins ombrageux, ce qui mérite encore considération.

Qu'enfin, si l'insuffisance de l'exercice a de graves inconvéniens, comme on vient de le voir, ceux de l'abus du travail ne sont pas moindres, puisqu'ils occasionnent l'épuisement des forces, la perturbation dans les fonctions, et déterminent des accidens et une usure qui abrègent les services et la vie du cheval.

XXXVI.

*Sur les moyens de répandre dans la cavalerie l'amour du cheval, la douceur
dans la manière de le conduire, et les soins à lui donner pour le conserver
sain et sans tares.*

N ne reviendra pas sur les considérations générales
qui se représentent plus d'une fois sur ce point essentiel,
dans le cours de cet ouvrage; on se bornera à dire
que, sur ce point, l'école de Saumur a aidé singulièrement à la propagation des idées conservatrices de
l'espèce chevaline, et qu'on doit attendre beaucoup de son concours
éclairé et toujours empressé, surtout si son zèle est encouragé par la bienveillance puissante, que mérite une aussi excellente institution.

Pourquoi n'y aurait-il pas à Saumur des mentions honorables, des encouragemens, des récompenses pour la supériorité équestre, accompagnée
de l'amour du cheval, de la douceur, de l'intelligence, et de la pratique des
moyens pour le conserver en santé ?

Ces mêmes avantages seraient établis aussi dans les corps de cavalerie,
de manière qu'il y eût un prix principal par escadron, et un prix inférieur
dans chacun des pelotons qui le composent; ces distinctions seraient décernées, avec solennité, vers l'époque des inspections générales, et seraient
un titre suffisant pour figurer sur le tableau d'avancement, obtenir des
permissions de faveur, être mis à l'ordre du régiment, etc., etc.

Les mêmes mentions honorables auraient lieu également, dans chaque
régiment, pour les escadrons dont les chevaux seraient dans l'état le plus
satisfaisant, qui auraient eu le moins de chevaux à l'infirmerie, et qui
auraient fait le moins de pertes dans l'année.

Le même concours pourrait être établi entre les divers corps de cavalerie, et les régimens qui auraient obtenu les résultats les plus satisfaisans
prendraient rang entr'eux, et seraient mis à l'ordre de l'armée.

Enfin tout serait mis en œuvre dans l'intérieur des corps, pour faire
cesser, autant qu'il se pourrait, la communauté des chevaux, dont nous
nous sommes déjà plaint, et qui éloigne toute amélioration; ainsi, chaque
cavalier étant maître de son cheval, s'y affectionnerait davantage, serait
intéressé à le soigner d'autant mieux, et s'il est impossible de le placer dans

les mêmes conditions que le gendarme, qui aime sa monture, qui la soigne, qui en use avec ménagement, et qui est toujours certain de la trouver forte et vigoureuse au moment du besoin, du moins on ferait ce qu'il serait possible pour s'en rapprocher, et une haute paie pourrait être donnée au cavalier soigneux, qui représenterait son cheval en bon état, après une possession dont la durée serait fixée à quatre années, par exemple.

TROISIÈME SECTION.

SUR

L'INSTRUCTION ÉQUESTRO-TACTIQUE,

———o╞◉╡o———

Au fils du lieutenant-général

*Comte Gentil Saint-Alphonse, capitaine comm*ᵗ

au 2ᵐᵉ régiment de hussards.

16

L'instruction de la cavalerie, équestre et tactique en même temps, est basée sur
la connaissance parfaite des exercices individuels, sans les armes d'abord,
puis avec les armes, dirigés vers le travail d'ensemble des escadrons.

I.

INSI, l'instruction de détail doit être considérée, par les instructeurs, sous deux points de vue également essentiels, puisqu'on arrive de la sorte aux résultats vers lesquels doivent tendre tous les efforts : leurs points de direction seront, d'une part, l'équitation militaire, et de l'autre, la tactique; car, dans l'instruction individuelle même, on ne saurait la perdre de vue.

L'équitation apprend au cavalier la position qu'il doit avoir sur le cheval, et les moyens qu'il doit employer pour le diriger dans tous les sens, et dans tous les degrés de vitesse, moyens basés sur la structure de l'homme et celle du cheval, modifiés sur le caractère et la sensibilité de ce dernier. L'équitation, qui est la pierre angulaire de l'édifice, peut seule, en dernier résultat, former des cavaliers; ainsi l'entendirent les Melfort, les Seydlitz, et tous ceux qui, avant et depuis, ont voulu, comme ces grands maîtres, avoir une cavalerie bonne et solide dans chacun de ses élémens.

En même temps que l'équitation forme des cavaliers, la tactique prescrit de marcher droit, et à sa distance; elle recommande d'être en file, et de se conformer aux mouvemens de la tête; elle prescrit surtout l'égalité de l'allure, qui est la leçon du pas réglé et mesuré de l'infanterie: ainsi, bien que les cavaliers soient instruits individuellement, bien qu'on s'occupe beaucoup de leur position et de leur manière de conduire, on ne perd pas de vue l'escadron; on le voit toujours devant soi, on forme enfin les cavaliers qui doivent le composer par la suite, d'après les mouvemens que l'escadron doit faire, et les moyens qu'il doit employer pour se mouvoir.

Si l'on ne considérait que l'équitation, sans faire attention que ces cavaliers doivent être formés, par la suite, en escadrons, et qu'il faut les y préparer, on pourrait avoir des cavaliers placés avec grâce, et conduisant bien leurs chevaux individuellement, mais il resterait toujours à fondre en une toutes ces nuances diverses, et c'est ce que notre instruction toute d'avenir prépare, encore qu'elle soit individuelle.

D'un autre côté, si l'on ne considérait que la tactique, si l'on ne soignait que les mouvemens, quels cavaliers aurait-on? ils parviendraient peut-être à se suivre et à se pelotonner; mais, hors du rang, que deviendraient ces cavaliers? seraient-ils aptes à faire le service de tirailleurs? ne seraient-ils pas lourds, pesans, maladroits et fort embarrassés de se mouvoir eux-mêmes? quel usage pourraient-ils faire de leurs armes? seraient-ils capables d'exécuter seulement un mouvement avec ensemble? Non, sans doute; car nous avons vu que l'ensemble était la somme de toutes les régularités et précisions individuelles.

C'est donc en divisant également leur attention sur ces deux points principaux, que les instructeurs formeront des cavaliers bien placés, solides à cheval, et sachant bien les conduire; c'est ainsi qu'ils formeront de bons tirailleurs, et qu'en réunissant ces mêmes cavaliers, on aura des escadrons redoutables par leur ensemble et par leur force, ce qui en est la conséquence immédiate.

Ajoutons que les militaires seuls peuvent concevoir ce double but, et qu'il sera toujours dangereux, quant aux systèmes de l'instruction équestre, de s'en rapporter exclusivement à des écuyers civils, quelqu'habiles qu'ils soient, car ils ne sauraient préparer des résultats qu'ils ignorent.

II.

Les troupes de toute arme, et celles de cavalerie surtout, étrangères aux com-
bats de pied ferme, ne se rendent utiles que par leurs mouvemens.

U moyen de sa constitution, de sa nature et de ses armes, l'infanterie peut défendre un poste de pied ferme et s'y maintenir; son feu lui donne la facilité d'atteindre de loin les rangs ennemis, et sa triple haie de baïonnettes, ainsi que ses carrés, lui permettent de défendre une position et de la conserver, en présentant une barrière formidable aux efforts des assaillans.

Mais il n'en est pas de même de la cavalerie.

Si le fantassin, quoique de pied ferme, est susceptible de résistance, s'il est à craindre par son feu et sa baïonnette, qui ne permet pas de le joindre, le cavalier l'est-il dans cette même position? son feu a peu d'effet, et ses armes ne sont pas de nature à lui permettre d'attendre l'infanterie sans bouger; les cavaliers, du reste, présentent une grande surface, ils sont élevés sur leurs chevaux et dépassés par l'avant-main du cheval, qui resterait exposé sans défense aux baïonnettes de l'infanterie. (1)

Cavalerie contre cavalerie, rester de pied ferme, ne vaut rien encore; car, indépendamment de l'ardeur et de l'élan que la charge donne à la troupe qui attaque, il est physique que la cavalerie qui attend patiemment la charge, ne pourra soutenir le choc de celle dont la masse est multipliée par la vitesse; ainsi, malgré quelques exemples qui font exception, notre proposition est vraie; et de même que l'infanterie, quoique sans changer de place, se meut pour exécuter son maniement d'armes et ses feux, de même l'artillerie, après avoir pris position, se meut aussi pour servir ses pièces, et porter la destruction dans les masses ennemies.

(1) **A** front égal l'infanterie présente un nombre d'hommes presque triple. La cavalerie n'a donc qu'un seul moyen de défense, *celui de se lancer sur son ennemi, et de toujours le prévenir dans ses mouvemens hostiles.* (Jacquinot, *Cours d'art Militaire*, page 153).

III.

*Le mécanisme du mouvement des troupes, soit qu'elles agissent ensemble, frac-
tionnées, ou individuellement, s'effectue par la marche directe et la conversion.*

ous les corps animés, ceux même qui ne le sont pas, et
qu'on fait mouvoir par une force étrangère, ne sont
susceptibles que de deux mouvemens, le direct et le
circulaire. Ces mouvemens, quant à la motion des corps,
sont les seuls possibles, et tous les autres, quelque but,
quelque moyen d'exécution, quelque mélangés et combinés qu'ils soient,
rentrent toujours dans le domaine de ceux-ci ; en effet, les marches obliques, diagonales, de flanc et rétrogrades, ne sont ainsi nommées que par
rapport au front d'où l'on est parti ; car elles n'ont d'autres moyens d'exécution que la conversion, et d'autre résultat que la marche directe, plus
ou moins prolongée, sur le point le plus convenable à la circonstance.

IV.

*La marche directe et la conversion, combinées à propos, conduisent à toute
espèce de marche, de mouvement, de changement de direction et de front,
de formation et de manœuvre.*

oumettez les mouvemens et les évolutions quels qu'ils
soient, individuels, successifs ou généraux à l'analyse la
plus rigoureuse, vous ne trouverez jamais que des directions obliques, diagonales, des à droite, des à gauche,
des demi-tours à droite et des demi-tours à gauche, sur
différens fronts, dont le point de départ a été une position ou marche perpendiculaire, en colonne ou en bataille, n'importe, et dont le résultat est
aussi une direction ou formation différente, suivie d'une marche directe.
Voir la VIIme proposition de la 1re section.

V.

Notre instruction qui a pour but de former les troupes pour la guerre, réside dans deux mouvemens, la marche directe et la conversion, qu'il faut leur faire connaître.

E principe est la conséquence évidente des premiers, et n'a pas besoin de démonstration nouvelle; car il est bien clair qu'après avoir soumis les mouvemens de la cavalerie à une rigoureuse anatomie et n'avoir trouvé que la marche directe et la conversion sur différens fronts, il nous reste à les faire connaître avec le plus grand soin l'une et l'autre, puisque ces mouvemens sont les seuls, et qu'ils s'étendent à toutes les circonstances.

Voir la VIIme proposition de la Ire section.

VI.

La marche directe (ou le mouvement direct), est la plus habituelle et la plus facile.

A VIIme démonstration a prouvé que la marche directe avait lieu dans tous les sens, qu'on avait la possibilité de l'abréger et de la prolonger le plus possible, et que cette ligne était la plus courte pour arriver d'un point à un autre; on l'a vu enfin être le point de départ, succéder et être le résultat obligé de tous les mouvemens de conversion : il est donc suffisamment prouvé qu'elle est habituelle, et qu'elle est la seule marche des troupes.

La marche directe est encore la seule propre à l'attaque et à la charge; la direction des troupes entr'elles et des cavaliers dans ces mêmes troupes étant parallèles, au moyen de l'instruction, les escadrons marchent sans se jeter les uns sur les autres, sans se désunir; ils profitent de toute l'impulsion que leur donne la vitesse de l'allure à laquelle ils sont lancés, et ils opèrent un effort combiné de toutes leurs forces réunies.

La marche directe est aussi la plus facile, comme on l'a vu, parce que le cheval est droit, parce qu'il conserve sa position naturelle, parce qu'il va toujours dans le même sens, et parce qu'il est parfaitement d'aplomb : cette direction la plus facile à suivre pour le cheval, l'est également pour le cavalier, qui n'a rien autre chose à faire que de se lier aux mouvemens du cheval, ce qui lui est d'autant plus facile qu'ils se répètent toujours sans secousse, de la même manière et dans la même direction : il y a donc double raison et double avantage, à commencer par la marche directe et à insister sur elle, parce qu'étant la plus aisée, elle doit toujours précéder dans l'instruction élémentaire, parce qu'elle est de tous les momens et qu'elle seule remplit le but de marcher, d'attaquer et de charger.

VII.

La conversion n'est pas une marche ; c'est un mouvement de circonstance, qui est cependant indispensable, et qui est plus compliqué que le mouvement direct.

QUE doit-on entendre par marche, si ce n'est un mouvement suivi et continu, qui porte incessamment sur le point où l'on doit aller ? Quel est, ou quel doit être le but d'une marche, si ce n'est d'arriver le plus promptement possible ? Mais la conversion nous donne-t-elle ces moyens ? Non sans doute. Il n'est pas en tactique de circonstance où il faille faire tournoyer les troupes autour d'un centre ; ce serait perdre du temps et fatiguer hommes et chevaux en pure perte. Nous nous gardons bien cependant de blâmer le travail en cercle, pour les jeunes cavaliers et les jeunes chevaux en temps utile ; mais si l'on veut soutenir que cette marche est circulaire, parce qu'elle se répète long-temps dans le même sens, nous pouvons dire qu'elle ne l'est pas comme nous l'entendons ; qu'elle se fait complètement dans l'intérêt de l'instruction de l'homme et du cheval, et qu'elle est entièrement étrangère à la tactique dont nous nous occupons maintenant.

La conversion, a-t-on dit, est un mouvement de circonstance ; il est facile de le prouver. On marche dans une direction, mais de nouveaux ordres, de nouvelles circonstances, des accidens du terrain, des obstacles, ou telle autre raison impérieuse obligent de marcher sur un autre point. On est en colonne, l'ennemi se présente sur l'un de vos flancs. On est en bataille, l'ennemi menace vos flancs et vos derrières. Dans toutes ces circonstances, les troupes sont obligées de tourner sur elles-mêmes : dans le premier cas, pour changer la direction de la marche ; dans le second, pour former la colonne sur le point menacé, et dans le troisième pour changer de front ; mais cet objet rempli, la conversion cesse immédiatement pour faire place au mouvement direct, et ces circonstances quelques probables et inévitables même qu'elles soient, ne se présentent pas à chaque instant ; et si elles ne s'offraient pas, ou toute autre raison impérative semblable, ce serait perdre du temps à se fatiguer en pure perte que de converser.

La conversion est donc indispensable, ce qui vient d'être dit l'a suffisamment démontré ; mais pour achever de convaincre le lecteur, on peut ajouter cette dernière observation qui tranche la question : si les troupes ne savaient que marcher droit devant elles, pourraient-elles se porter sur tous les points et faire front sur tous les points ? Pourraient-elles changer la direction de la marche et de la ligne de bataille ? Non, sans doute. Elles ne le pourraient pas, réduites qu'elles seraient au seul mouvement direct ; il est donc évidemment prouvé que, sans être continue, et aussi habituelle que la marche directe, la conversion n'est point une chose de luxe dans leur instruction, et que, bien au contraire, il est indispensable qu'elles y soient rompues, pour pouvoir opérer des mouvemens directs dans tous les sens.

La conversion est plus compliquée que le mouvement direct, soit qu'on l'examine individuellement, ou exécutée sur un front quelconque ; quant à la démonstration de cette vérité, en ce qui concerne la conversion individuelle, cette question rentre tout à fait dans ce qui a été dit sur le travail sur les cercles, d'autant plus que toute la circonférence pour les mouvemens individuels a été calculée par l'ordonnance à douze pas.

La conversion par troupe est également plus difficile que la marche directe, parce qu'à toutes les difficultés inhérentes au mouvement circulaire, et qui se présentent en ce cas, chaque cavalier a un arc de cercle particulier, et conséquemment une allure particulière, pour l'observation de l'alignement, et afin que la troupe converse carrément et sans se désunir ; tandis que, dans le mouvement direct, les allures sont égales et tous les chevaux au même degré de vitesse ; parce que le mouvement des chevaux qui sont au pivot, sur un front étendu surtout, se réduit presque à piaffer ; parce que ces mêmes chevaux se fatiguent d'être constamment retenus par leurs cavaliers ; parce que la pression est fréquente, et pour peu qu'un seul cavalier cesse de parcourir le cercle qui lui est propre ; parce que le conducteur de l'aile marchante, venant à mal juger son arc de cercle et le prenant trop petit, comprime la troupe dans toute l'étendue dans son front ; alors les cavaliers sont à la torture, ils ont leurs genoux meurtris, et ils recherchent de l'aisance, ainsi que leurs chevaux, ce qui ne peut avoir lieu qu'en forçant le pivot, ou en rompant les rangs.

C'est pour conserver les allures, pour prévenir des accidens inévitables, pour éviter le désordre, c'est aussi pour se mettre en harmonie avec les besoins et le but de l'instruction, et ne point fatiguer et étourdir hommes et chevaux en pure perte, que l'ordonnance bien pénétrée des difficultés du mouvement de conversion, n'a pas voulu qu'il fut trop prolongé, et a expressément prescrit n° 528, de l'entre-couper de marches directes, qui reposent hommes et chevaux, et rétablissent l'ordre et les allures.

VIII

Indépendamment de la surveillance continuelle qu'exigent les hommes de recrue, ce qui oblige de les instruire individuellement, ou en aussi petit nombre que possible, et de n'en augmenter qu'insensiblement le nombre, c'est que les petites troupes se meuvent avec plus d'aisance que les grandes.

L est évident que les cavaliers qui arrivent dans les corps, dont l'intelligence n'est pas toujours très développée, qui sortent de la charrue, ou d'autres travaux non moins pénibles, et qui souvent n'ont jamais monté à cheval, ont besoin d'être dirigés et repris à chaque instant ; qu'il y a toujours à rectifier chez eux, et qu'il est impossible de les perdre de vue.

Si donc on réunit plusieurs cavaliers pour les premières leçons, l'attention de l'instructeur, au lieu de se porter en entier sur un seul homme ou sur le maximum de quatre, qu'elle autorise, sera divisée sur tous les cavaliers qui lui auront été confiés ; il est certain que bien des fautes lui échapperont, et qu'ils ne seront tous instruits qu'au détriment de chacun d'eux en particulier.

Il est facile de prouver aussi que les petites troupes se meuvent avec plus d'aisance que les grandes ; et, pour prendre les choses au principe, n'est-il pas vrai qu'un homme seul est tout ce que l'on peut atteindre de plus mobile ? lui-même conçoit ses projets et les exécute ; ses mouvemens ne sauraient être plus libres, il n'est pas gêné par des voisins, il va comme il l'entend, et il se meut toujours avec aisance, puisqu'il est seul ; mais que plusieurs cavaliers se meuvent à la fois, pour concourir et arriver au même but, ils doivent renoncer à leurs volontés particulières, pour suivre celles du chef qui les commande ; ils doivent former un seul et même corps, parcourir une même direction, et marcher à une même allure. Et voilà justement ce qui rend évidente la vérité de notre proposition ; car, plus il y aura de volontés à fondre en une seule, plus il y aura de mouvemens à ramener à l'unité, et plus il y aura de difficultés à vaincre.

Supposons, en effet, qu'un cavalier, soit volontairement, soit involontairement, se meuve différemment des autres ; dès ce moment, il ne tendra plus au même but, et il s'opposera à l'ensemble général ; on sait, par expérience, que cette dernière espèce d'hommes est très commune chez les recrues, plutôt par négligence, manque d'attention et maladresse, que par mauvaise volonté : supposons qu'il n'y ait point de la faute du cavalier, mais du cheval qui sera difficile à conduire, peu importe, le résultat sera toujours le même. Il est donc prouvé qu'en augmentant le nombre d'une troupe, on rend ses mouvemens plus compliqués, qu'on multiplie les fautes volontaires ou involontaires, et qu'elle est plus difficile à conduire moralement et physiquement. L'énoncé de notre proposition est donc vrai, et en reculant notre horizon, les petites armées, comme l'histoire de tous les temps nous le rapporte, plus mobiles, plus manœuvrières, plus disciplinées, et mieux dans la main des généraux que les grandes, viennent encore appuyer ce principe.

IX.

L'ordre de bataille n'étant pas un ordre aussi facile pour la marche que l'ordre de colonne, ne convient donc pas pour commencer l'instruction des recrues et des jeunes chevaux.

N ordre de bataille contigu, les cavaliers sont dans la dépendance les uns des autres, et de même que, dans l'ordre de colonne, tous les mouvemens de la colonne dépendent de ceux de la tête, de même dans l'ordre de bataille, sans intervalles, tous les cavaliers qui composent le front, sont dans la dépendance de leurs voisins. Supposons, en effet, plusieurs cavaliers en bataille, par conséquent les uns à côté des autres, et se sentant légèrement la botte; si l'un d'eux s'écarte de la perpendiculaire dont il est la base, et qu'il doit suivre, il se jette sur l'un de ses voisins, quitte l'autre, occasionne de la pression et des poussées dans les files sur lesquelles il s'est jeté, ce qui est ressenti sur tout le reste du front; et en même temps qu'on se presse d'un côté, comme le cavalier qui a commis la faute a quitté son autre voisin, il se forme un vide du côté opposé, et il y a ouverture dans la troupe.

Ces fautes se représentent souvent dans l'ordre de bataille, par suite de l'inattention des hommes, par les à-coups qu'ils donnent à leurs chevaux, et souvent aussi par l'inquiétude de ces derniers.

Dans l'ordre de colonne, tous les cavaliers reçoivent immanquablement les impressions qui leur sont communiquées par la tête; et comment en serait-il autrement? des cavaliers formés les uns derrière les autres, ne peuvent manquer d'être dans la dépendance de ceux qui les précèdent; cela est si vrai, que si les premiers allongent l'allure, les derniers perdent leurs distances en suivant la leur; et que si, au contraire, les premiers la ralentissent, les derniers la perdent également, et courent, cette fois, le risque de donner des atteintes.

Les départs brusques des têtes de colonne, sont ressentis par tout ce qui est derrière elles; les chevaux s'emportent, excités par l'exemple de ceux qui les précèdent, et pour ne point rester en arrière. Les arrêts brusques sont ressentis pareillement, et comme ils sont imprévus, les cavaliers viennent se presser les uns contre les autres, et tout vestige de distance finit par disparaître, indépendamment des atteintes, des désordres causés par les chevaux difficiles et châtouilleux, qui n'aiment pas à être approchés de si près.

Voilà donc les cavaliers à deux de jeu, dans les deux ordres de colonne et de bataille, pour ce qui est de la dépendance où ils se trouvent les uns des autres; mais ce qui fera pencher la balance pour exercer d'abord les jeunes cavaliers en file, en augmentant les distances habituelles, c'est qu'ils travaillent individuellement, qu'ils marchent avec aisance, qu'ils ne sont gênés, ni à leur droite, ni à leur gauche, puisqu'on les fait marcher seuls, qu'ils peuvent s'occuper de leur position, se relâcher, étendre les cuisses pour les mettre sur leur plat, et qu'ils présentent à l'instructeur au moins tout le côté du dedans, ce qui lui donne la facilité de les bien voir, et de rectifier les positions vicieuses qu'ils pourraient prendre.

Dans l'ordre de bataille, on ne retrouve pas ces avantages; les cavaliers marchent plus difficilement; ils n'ont plus la même facilité pour se placer, se relâcher, se servir de leurs mains et de leurs jambes, pour bien conduire leurs chevaux; l'instructeur ne peut pas voir les fautes qu'ils commettent, ils se pressent, ils s'ouvrent alternativement, et ne marchent pas droit, ni au même degré de vitesse : ceci, qui est un tableau forcé pour des cavaliers instruits, est une peinture très adoucie de ce qui arriverait à des hommes de recrue, dont on voudrait commencer l'instruction de cette manière; en effet, nous avons vu, en 1813, nos régimens de gardes d'honneur, formés sous l'empire de la nécessité, et voici comme on s'y prenait. Les détachemens arrivaient-ils dans les dépôts, on se pressait de former des escadrons de guerre, qui rejoignaient l'armée le plus promptement possible. Dans le court intervalle qui s'écoulait, on se rendait sur le terrain de manœuvre, on se hâtait de former les pelotons, et l'on marchait en colonne avec distance, au pas et au trot, comme on pouvait. Mais changeait-on de direction, à l'extrémité du terrain, les ailes marchantes s'emportaient, et les distances étaient perdues. Essayait-t-on un emboîtement, les pivots étaient culbutés par elles, et l'escadron était rompu. Faisait-on un déboîtement, les ailes marchantes entraînaient les pivots, le désordre et des accidens s'ensuivaient fréquemment. Cependant ces jeunes hommes, qui avaient tous, plus ou moins, l'usage du cheval, ne manquaient ni d'intelligence ni de bonne volonté; seulement ils arrivaient au travail d'ensemble, ainsi que leur chevaux, sans y avoir été préparés.

Tandis qu'en marchant en file, aux inconvéniens près de la dépendance où sont les cavaliers de la tête, dépendance qu'on peut faire tourner à bien, en n'y plaçant que des sous-officiers ou des cavaliers sûrs, le cavalier travaille comme s'il était seul, ses mouvemens sont tout à fait libres, il a toute facilité pour se bien placer et conduire; il n'a même qu'à songer à cela, puisque la direction et l'allure sont du ressort des conducteurs seuls, et qu'il doit suivre simplement à sa distance.

L'ordre de colonne convient autant au jeune cheval qu'à l'homme de recrue; il facilite les moyens de le plier insensiblement à l'obéissance, de remédier à ses premiers écarts, de former ses allures, de le rendre maniable, et de l'habituer à souffrir la pression du rang : c'est de plus l'ordre le plus convenable pour régler les allures de la cavalerie, et lui apprendre à marcher droit, toujours par suite de cette dépendance, dans laquelle tout ce qui est derrière la tête se trouve relativement à elle. Et en effet, moyennant qu'on choisisse des conducteurs qui sachent aller droit devant eux, et au même degré de vitesse, on n'a d'autre chose à dire aux cavaliers placés derrière, que de se tenir exactement dans la même direction que la tête, et les chevaux seront droits; de conserver leurs distances, et les chevaux seront ainsi au même degré de vitesse.

On reviendra, plus tard, sur ces deux ordres, les deux principaux que nous ayons dans notre tactique, et à l'aide desquels nous passons alternativement de l'ordre de marche à l'ordre de combat.

X.

La pression du rang est désagréable au jeune cheval; mais en suivant la progression des fronts des divers ordres de colonne, il s'y habituera insensiblement.

Un simple attouchement des jambes aux côtes du cheval suffit pour lui faire augmenter son allure, s'il se fait sentir des deux côtés en même temps, et du côté opposé, s'il ne se fait sentir que d'un seul; que serait-ce donc si l'on incorporait les chevaux dans les escadrons immédiatement après leur instruction individuelle, s'ils sentaient la pression du rang et les poussées, souvent inévitables, dans les marches en ligne et dans les conversions? Certainement les chevaux, formés si prématurément en escadrons, seraient inquiets, ne marcheraient pas droit, se jetteraient sur leurs voisins, et s'élanceraient en avant lorsque la pression deviendrait plus forte; bien heureux encore s'ils n'estropiaient pas leurs voisins.

Mais si, au lieu de les réunir en si grand nombre, on fait suivre leur instruction individuelle du travail par deux, par quatre, etc., etc., ainsi que la progression actuelle de l'ordonnance le prescrit; si, de plus, on a soin de recommander aux cavaliers de marcher d'abord à files aisées, ou presque ouvertes, et de ne se rapprocher qu'insensiblement, alors ils s'y habitueront peu à peu, supporteront leurs voisins; et, si leur inquiétude n'est pas complètement passée, au moyen des sages gradations que l'ordonnance prescrit, lorsqu'on les formera en pelotons et escadrons, elle sera diminuée autant que possible par la précaution minutieuse qui aura été prise, de ne les faire passer que progressivement de la liberté individuelle au travail le plus gênant.

XI.

*La marche directe dans la cavalerie, abstraction faite de la pression du rang,
et de plusieurs causes semblables qui la détruisent, est le résultat d'un effet
égal des deux rênes et des deux jambes.*

ous avons prouvé, en effet, que le cheval cédait à l'attraction de la rêne, et qu'il fuyait la pression de la jambe;
si cette attraction est plus forte d'un côté que de l'autre,
le cheval y cèdera, et si la pression est également plus
forte d'un côté, le cheval la fuira en se jetant du côté
opposé : mais si, au contraire, l'attraction est la même, ainsi que la pression, alors ces forces égales et opposées se balanceront, le cheval sera
maintenu également des deux côtés, il sera déterminé à se porter en avant,
et la marche directe en sera le résultat.

XII.

*La conversion est le résultat d'une tension inégale des deux rênes, et d'une pression inégale des deux jambes; c'est du côté du centre du cercle que la tension
et la pression doivent être plus prononcées.*

ANS le mouvement de conversion, il ne s'agit plus, de
contenir le cheval droit, il faut le tenir ployé, il faut
qu'il soit placé sur la ligne qu'il parcourt, que son corps,
placé sur le cercle, en prenne la direction, et qu'il forme
une courbe par conséquent, ce qui ne peut s'obtenir
que par un travail continuel et mesuré de chaque rêne et de chaque
jambe, ainsi qu'il a été démontré, proposition XIII de la 2me section, au
sujet du travail sur les cercles.

XIII.

Dans tout le cours de l'instruction, c'est la marche de chaque fraction aux différentes allures qu'on s'efforcera le plus de perfectionner, les divers mouvemens étant une combinaison de marches, et s'exécutant toujours par elle.

UIBERT s'exprimait en ces termes au commencement de son chapitre sur la marche de l'infanterie : « La marche est la partie essentielle et fondamentale de l'instruction, car ce n'est que par le moyen de la marche qu'une troupe est susceptible d'action et de mouvement. »

Si cette assertion est vraie, pour cette dernière arme, combien, à plus forte raison, n'est-elle pas vraie pour la nôtre, où il y a deux élémens à fondre, étrangère aussi qu'elle est aux combats de pied ferme, n'étant employée qu'accidentellement à conserver des positions ; mais, en revanche, toujours en mouvement pour faire le service des avant-postes, les courses de tout genre et le service de l'armée, protéger ses communications, organiser ses correspondances, couvrir ses convois, attaquer ceux de l'ennemi, éclairer ses mouvemens dans les marches, tirailler, engager le combat avec lui, et le charger.

Comment règle-t-on les allures ? Comment parvient-on à bien marcher sur tous les fronts ? Comment arrive-t-on enfin à marcher en ligne déployée ? C'est en s'occupant beaucoup de la marche, c'est en consacrant ses leçons à obtenir ensemble et régularité, dans les divers ordres de colonne, qu'on arrive à ce grand résultat qui doit être préparé de loin, et qui est si difficile à obtenir. Y sera-t-on parvenu, on aura atteint le but ; car, ainsi que le porte l'énoncé de cette démonstration, les divers mouvemens sont le résultat de la marche et s'exécutent par elle. Ce sont des lignes droites ou courbes à décrire, à partir du point d'où l'on part jusqu'au but qu'on se propose. Alors, quand la marche est régulière, il n'est besoin que de démontrer de quelle manière les lignes se combinent et de prendre ses précautions pour éviter toute erreur ; mais encore est-ce par le moyen de la marche qu'on décrira ces différentes lignes et elles seraient fort mal décrites, si la marche simple au préalable n'était point régulière. Nous disons marche simple, parce qu'en effet une manœuvre ou évolution, n'est autre chose qu'une marche composée, du moment qu'elle se forme de marches directes et de conversions.

XIV.

Il faut que le degré d'allure, et la direction des têtes de colonne, soit aussi inva-riable que possible, pour éviter les départs brusques, les arrêts subits, les à-coups, les contre-temps de tout genre, et les déviations dans la marche. Le même principe s'applique aussi aux officiers, qui marchent en avant du front des escadrons.

 N voit d'après notre titre, que nous faisons dépendre l'ordre ou le désordre, de ceux qui sont placés à la tête des colonnes ; c'est en effet une vérité basée sur les observations pratiques les plus incontestables, et l'on ne verra jamais en tactique bien marcher, de quelque manière qu'on soit formé, en colonne ou en bataille, n'importe, si celui ou ceux qui marchent en tête des colonnes, ou en avant des escadrons marchent mal ; et toujours les troupes qui sont derrière seront forcées, surtout marchant ensemble, de se conformer aux mouvemens de la tête, ou de ceux qui marchent en avant du front, qui conduisent tout, qui dirigent tout, et qui impriment leur mouvement, et leur direction à tout ce qui est derrière.

Mais revenons au point de départ, et nous verrons l'influence des têtes de colonne sur les marches, les directions et les formations, comme dans les marches en ligne, nous verrons l'influence de la ligne des officiers sur les escadrons qui les suivent et sur leur alignement, soit en marche, soit de pied ferme.

Les conducteurs des colonnes jouent un bien grand rôle dans les marches régulières ; ils sont aux colonnes qui les suivent, et dont ils forment la tête, dans les mêmes rapports que ces soldats instruits, qu'on a le soin de placer dans l'infanterie en avant des hommes de recrue, pour leur apprendre à faire le pas de la même longueur, et à se prolonger sans varier dans la même direction.

C'est un principe admis et reconnu dans l'infanterie, que l'ensemble des bataillons, dans la marche, provient du soin qu'on a mis à apprendre, à chaque soldat individuellement, à faire le pas de la même longueur, à marcher droit ; et l'on trouve avec raison, que la régularité de la marche des bataillons, est le résultat de ces régularités individuelles. Il ne saurait en être autrement dans la cavalerie, et les différentes classes d'instruction doivent avoir, autant que possible, le même degré de vitesse à toutes les allures ; car il est bien évident que, si le même degré d'allure n'est pas commun à tous les chevaux d'un escadron, il est impossible qu'ils puissent s'unir de vitesse ; que, s'ils ne s'unissent pas de vitesse, ils ne sauraient être à la même hauteur ; que, s'ils ne sont pas à la même hauteur, ils ne seront pas liés les uns aux autres, ne présenteront pas un tout homogène, ne se soutiendront pas réciproquement ; et qu'enfin il n'y aura plus en chargeant l'ennemi cet ensemble, qui lui en impose, et cette unanimité d'efforts qui prépare et complète sa défaite. Oui, les instructeurs des classes doivent bien se persuader, que leurs principes influent beaucoup sur l'ensemble des mouvemens généraux, ou, pour être plus littéralement vrai, qu'ils en sont les causes premières.

Si le choix des conducteurs des colonnes a été bon, s'ils sentent bien leurs chevaux, et s'ils connaissent l'importance de l'égalité de l'allure, le résultat dont il a été parlé sera facile à obtenir, en recommandant aux cavaliers de se tenir exactement à leurs distances, et en tenant la main à ce qu'ils le fassent. Si ces mêmes conducteurs joignent à cela, de se prolonger sans varier dans la même direction, il n'y aura qu'à recommander aux cavaliers de se tenir exactement en file, parce que chacun d'eux ayant cette attention, il en résulte qu'ils seront si bien dans la direction de la tête de la colonne, qu'une ligne droite menée de la tête à la queue, rencontrerait toutes les fractions intermédiaires au même point.

Mais si les conducteurs n'ont pas une allure soutenue, dès lors le mouvement est incertain ; au lieu d'être égal, uniforme et régulier, les contre-temps dans la marche se représentent à chaque instant, les cavaliers s'éloignent plus qu'il n'est prescrit, ou ils se rapprochent à l'extrême, et tout cela au détriment de la marche. Si, à cette première faute, ils joignent celle de ne point se prolonger, sans varier, sur une ligne droite et perpendiculaire au front de la colonne, dès lors, elle serpente, il y a une fluctuation continuelle, on ne tient plus de route certaine ; et quels sont les auteurs de ces mauvaises marches ? les conducteurs des colonnes.

Si les conducteurs des colonnes agissent avec modération dans les changemens d'allure, le mouvement sera égal, uniforme et régulier ; si, au contraire, ils s'élancent en avant, les cavaliers et chevaux qui les suivent, cédant à l'impulsion se précipiteront comme eux : s'il s'agit de passer à une allure plus lente, et que les conducteurs diminuent brusquement le mouvement de leurs chevaux, tout ce qui est derrière, sera obligé de partager la même faute, il y aura même un instant où la marche sera comme suspendue, les cavaliers venant se ruer inévitablement les uns sur les autres.

Marchant par un, le conducteur est en même temps guide de la colonne. Sur un front de plusieurs cavaliers, le conducteur est au centre de la fraction tête de colonne et le guide est au flanc gauche, si la droite est en tête, et au flanc droit si la gauche est en tête. Ils sont alors subordonnés l'un à l'autre, le conducteur se maintenant toujours au centre de la première fraction, et réciproquement, le guide réglant son allure sur la sienne, de manière que le premier rang qui s'aligne sur lui, soit toujours à un pas de distance de la croupe de son cheval; ainsi la responsabilité est divisée, et ce qui a été dit précédemment relativement à l'allure, concerne l'officier ou sous-officier qui marche à la tête, comme ce qui a été dit relativement aux directions concerne le guide, c'est-à-dire l'homme de gauche du premier rang, ou l'homme de droite, en marchant la gauche en tête.

On voit ainsi que la marche en colonne n'est pas sans difficultés, car ce qui vient d'être dit pour la tête, s'applique à chacun des cavaliers qui la composent, relativement à ceux qui sont derrière lui. En effet, voyez un cavalier qui occupe une place quelconque perdre sa distance, dites-lui de la regagner, et vous verrez tous ceux qui sont derrière lui n'avoir plus la leur, non par leur faute, mais par celle du premier qui l'a commise; ils la regagnent à leur tour par le même procédé, et elle se transmet successivement jusqu'à la queue; la même chose arrive également pour les directions.

Passons aux formations : à l'exception de celles de pied ferme sur les flancs, ce sont des mouvemens exécutés sur les têtes de colonne; elles s'effectuent en effet par l'arrivée successive de toutes les fractions de la colonne à la hauteur de la première. Mais que l'une des fractions voisines de la tête, ait gagné sur le côté plus de terrain qu'il ne faut, pour se placer vis-à-vis du terrain qu'elle doit occuper, dès-lors elle sera obligée d'appuyer, ainsi que toutes les autres fractions qui suivent, pour se rapprocher de la base; que cette même fraction au contraire n'en ait point gagné assez, dès-lors elle sera obligée d'appuyer du côté opposé, et les suivantes par la même raison, afin de pouvoir toutes entrer en ligne.

Maintenant qu'une fraction ait arrêté en avant ou en arrière de l'alignement, ou qu'elle ne soit pas arrivée carrément, dès-lors à partir de cette fraction l'alignement s'en ressentira; il aura été forcé dans le premier cas, il sera rentrant dans le second, et il prendra une direction oblique dans le troisième, à partir de l'endroit où la faute aura été commise, parce que chaque fraction est base relativement à celles qui suivent.

Ce serait encore bien pis si la tête de la colonne eût arrêté de travers, car dans notre supposition, il n'y a qu'une partie du front qui soit mal, tandis que, dans celle-ci, ce serait la totalité.

Tel est le rapport intime qui existe entre les formations en avant des colonnes par un, par deux, par quatre, par pelotons et même dans le déploiement, que les fautes qui se commettent, prennent leur source dans la même cause.

Arrivons à l'ordre de bataille : les officiers formant la première ligne qu'on peut à si juste titre appeler *ligne d'alignement*, rentrent dans les cas précédens ; ils sont aux escadrons en bataille ce que les têtes de colonne sont aux fractions qui les suivent. S'ils marchent à la même allure, si les droites qu'ils décrivent sont perpendiculaires au front et parallèles entre elles, ils exercent la plus heureuse influence ; comme si leur allure est incertaine et leur direction mal assurée, ils produisent les plus tristes résultats (1).

Dans les marches en ligne et dans les alignemens de pied ferme, si les officiers sont à la même hauteur, ils régleront le coup d'œil de la troupe, et formeront autant de points sur lesquels il sera facile à cette dernière de s'aligner ; mais que ceux du centre dépassent ceux des ailes et qu'ils forment un convexe, comme l'escadron marche toujours à un pas derrière eux, le centre aura devant lui des points régulateurs qui l'induiront en erreur ; et si, commettant la faute contraire, les officiers du centre restent en arrière de ceux des ailes, pour avoir ralenti leur allure, ou parce que ceux des ailes auront augmenté la leur, n'importe, ce même centre astreint à ne pas dépasser ses officiers, sera indispensablement en arrière, et formera un concave ou demi-cercle, plus ou moins prononcé, suivant l'étendue de la faute.

On reviendra au surplus sur cet article important, dans la section suivante qui traitera de l'alignement.

---

(1) Si les officiers étaient mis dans les rangs, comme le général de Schanenburg en a exprimé récemment le désir, leurs chevaux plus fins et plus sensibles aux aides, en supporteraient-ils la pression patiemment, et les marches directes seraient-elles plus régulières ?

XV.

*Les distances facilitent à plusieurs cavaliers, ou troupes, formés les uns der-
rière les autres, le moyen de se mouvoir avec aisance.*

L n'est point ici question de la distance de quatre pieds, admise seulement par l'ordonnance dans l'intérêt de l'instruction individuelle, mais bien de la distance habituelle de deux pieds.

Une troupe n'étant pas un corps solide et compact, sans interstices, mais la réunion de plusieurs individus distincts, il faut qu'ils aient chacun la liberté nécessaire pour opérer leurs mouvemens, et ce sont les distances de tête à croupe qui donnent cette facilité. Si, au contraire, les chevaux qui sont derrière avaient la tête sur la croupe de ceux qui sont devant, la marche serait impossible; ce serait des poussées et des atteintes continuelles, les chevaux broncheraient les uns sur les autres, et la marche, si toutefois on pouvait donner ce nom à des mouvemens aussi gênés et aussi entrecoupés, deviendraient très lente, très fatigante et dangereuse : mais au moyen des distances, on évite tous ces inconvéniens, et la marche est aisée, suivie et prompte, sans aucun risque.

Toutefois les deux pieds de tête à croupe, qui suffisent à la rigueur anx allures lentes, sont insuffisans aux allures vives; aussi, sans que cela ait été commandé, sans même que le cas ait été prévu, voit-on les chevaux s'éloigner davantage, et occuper plus d'espace au trot allongé et au galop surtout (1).

Les distances sont les mêmes par un, par deux, par quatre, par huit, et pour les seconds rangs des escadrons; quant à celles des colonnes avec distance, et des colonnes par escadron, elles rentrent dans les nécessités particulières à ces ordres de colonne.

---

(1) Nous doutons même que la distance portée à un mètre par **M**. le colonel de Chalendar, et appuyée par **M**. le général Dejean, fût suffisante dans les mouvemens au galop; alors pourquoi sortir d'une règle générale, qui ne serait pas sans inconvéniens pour les colonnes par quatre, par deux et par un, déjà trop profondes.

XVI.

*L'observation des distances annonce que , dans toute l'étendue de la colonne,
le mouvement est égal , uniforme et régulier.*

ı plusieurs chevaux en file, les uns derrière les autres,
ne parcouraient pas le même espace dans le même temps,
ils ne seraient pas à leurs distances, rien de plus évident ;
car si celui qui est derrière ne gagne que deux pieds en
avant, au pas de son cheval, dans le même temps que
celui qui précède en gagnera deux et demi, sa distance s'augmentera
de toute l'étendue que le premier aura parcouru en plus ; si, au contraire,
celui qui précède ne gagne que deux pieds en avant, tandis que celui qui
suit en gagnera deux et demi , la distance du dernier diminuera dans la
même proportion.

Mais si tous les deux gagnent en avant deux pieds six pouces de terrain
dans ce même temps, ils se maintiendront à leurs distances, s'ils les
avaient au moment du départ ; et faisant à une colonne l'application de ce
qui vient d'être dit, l'observation des distances n'aura et ne pourra avoir
lieu, qu'autant que toutes les fractions dont est composée ladite colonne,
parcourront en temps égaux des espaces égaux.

Si le mouvement est égal, il ne peut manquer d'être uniforme, puisqu'il
est le même en longueur et en vitesse ; et s'il a ces deux qualités, il ne
peut manquer d'avoir la troisième, puisque la plus grande régularité
possible, provient particulièrement de l'égalité, et de l'uniformité du
mouvement.

Ces observances seront suffisantes pendant les marches pour maintenir
les distances, mais des précautions particulières devront être prises dans
les changemens d'allure ; ainsi la première troupe d'une colonne, quelle
que soit l'allure qu'elle prenne, modèrera toujours son mouvement, afin
de donner le temps à la colonne de prendre de l'ensemble, et d'avoir de
la tête à la queue un mouvement égal, uniforme et régulier.

VII.

*D'où il arrive que, dans la marche en colonne de route, le mouvement va tou-
jours en augmentant de la tête à la queue.*

UE chaque fraction de la colonne de route fût attentive à
conserver toujours la distance qui lui est prescrite, le
mouvement ne serait ni plus vif ni plus lent à la queue
des colonnes, parce que chaque fraction de ces mêmes
colonnes gagnerait le même espace en avant dans le
même temps.

Mais il faudrait n'avoir jamais servi dans la cavalerie, pour ignorer
que la marche en colonne long-temps prolongée, celle de route surtout,
endort les hommes et les chevaux, ou du moins devient si monotone, que
même les cavaliers attentifs s'écartent de ces principes, bien loin d'avoir
l'esprit toujours tendu à observer leurs distances et à s'y maintenir ;
comme ils suivent machinalement, les chevaux augmentent l'allure, plus
souvent encore ils la ralentissent, les distances s'allongent, ils s'en aper-
çoivent, veulent alors la regagner et, au lieu d'allonger insensiblement leur
allure, ils la doublent ; alors ceux qui les suivent perdent leurs distances
à leur tour : entraînés par eux, ils font de la même manière, et le mouvement s'étend ainsi jusqu'à la queue de la colonne.

C'est cette perte des distances et cette envie de les regagner, si fréquente
dans les marches en colonne, et qui le sont d'autant plus que les colonnes
sont plus profondes, qui rend le mouvement toujours plus vif et plus
fatigant à la queue des colonnes, lors surtout que la surveillance est
difficile à exercer, comme lorsqu'on traverse une ville ou qu'on est
engagé dans un défilé : ainsi pour remédier à ces inconvéniens, dans les
marches ordinaires, le mouvement de la tête doit toujours être très
modéré, et calculé suivant la profondeur des colonnes, afin de ne pas
harasser de fatigue les gauches qui ferment habituellement la marche ;
et les officiers et sous-officiers, espacés sur les flancs de ces mêmes colonnes, doivent exercer la plus grande surveillance, afin de rendre la marche
plus régulière et moins fatigante.

C'est aussi pour prévenir la fatigue qui résulte de ces contre-temps, qu'en route, les escadrons forment chacun leur colonne partielle, sauf à regagner leurs distances aux diverses haltes qui sont faites.

Si les variations d'allure des fractions intermédiaires produisent un tel effet, quel ne doit pas être celui des inégalités de la tête, qui, quelque bien conduite qu'elle soit, est sujette à commettre des fautes plus ou moins.

XVIII.

Pour diminuer la fatigue des marches en colonne, il restait à rectifier le dédoublement à la même allure, qui doit se faire par les moyens inverses du dédoublement, en doublant l'allure ; c'est-à-dire que, si la colonne est au galop, les files qui dédoublent passent au trot ; si elle est au trot, elles passent au pas, et si elle est au pas, elles arrêtent.

ARMI les améliorations introduites dans l'ordonnance du 6 décembre, celle-ci est une des plus capitales, qui démontre visiblement, ainsi que les conversions entre-coupées de marches directes, qu'en cherchant à résoudre le mieux possible le problème des mouvemens nécessaires, elle n'a négligé aucune circonstance de diminuer la fatigue de l'homme et celle du cheval, lors surtout qu'elle n'était pas indispensable.

Par le ralentissement de l'allure dans les dédoublemens, ces mouvemens devenaient d'une lenteur extrême, d'une difficulté très grande, la main du cavalier avait un effet trop continu sur la bouche du cheval, et dans les colonnes profondes, c'était à n'en pas finir.

Il est évident que le système actuel est bien plus prompt puisqu'il y a une bien plus grande différence entre le trot de manœuvre et le pas, comme cela se pratique aujourd'hui, qu'entre le trot de manœuvre et le trot ralenti, suivant l'ancien système ; encore pouvait-on tricher quand ces mouvemens se pratiquaient au trot, parce qu'on pouvait diminuer jusqu'au pas, ce qui arrivait fréquemment : mais la difficulté se présentait insurmontable quand on était au pas. C'était alors des recommandations perpétuelles pour ne pas arrêter, des punitions même pour qui arrêtait au lieu de ralentir ; mais quelques soins qu'on se donnât pour obtenir un résultat si difficile, c'était un continuel travail de la main qui tracassait beaucoup le cheval, sans pouvoir prévenir cependant, dans les colonnes profondes surtout, des arrêts et des départs répétés. Ainsi le dédoublement était plus longuement exécuté, plus mal exécuté, et surtout plus péniblement exécuté, tandis qu'aujourd'hui on se borne à changer d'allure, on ne sort pas des allures de manœuvre ou de l'arrêt, et l'on ne demande rien qu'on ne puisse très bien et très facilement exécuter.

Toutefois, s'il faut mesurer le degré de vitesse à la circonstance, un bon officier de cavalerie le proportionnera toujours aux forces du cheval et ne lui demandera rien qui puisse l'énerver, ce qui arriverait certainement, si, au lieu de considérer les dédoublemens au galop comme des exemples rares à suivre, dans l'instruction et dans la pratique, on en faisait un usage trop habituel et trop fréquent. L'occasion se présente ici de rappeler qu'on doit user du galop, sans doute, mais avec une grande discrétion, suffisamment motivée par la fatigue qui accompagne cette allure en troupe, la rudesse de la main des cavaliers, et l'espèce peu svelte de nos chevaux de troupe.

Les doublemens à la même allure, en complétant le système de ces mouvemens nécessaires, nous ont donné pour l'école un mécanisme bien simple, et bien propre à les graver promptement dans la mémoire de nos cavaliers ; car dans l'état habituel, ils doivent toujours s'exécuter en doublant l'allure, dans l'intérêt de la formation, qui doit toujours être hâtée plutôt que ralentie.

XIX.

De même que la position a été donnée de pied ferme, puis au pas, au trot et ua galop, de même, tous les mouvemens auront lieu, autant que possible, de pied ferme, puis au pas, au trot et au galop.

Ans quelle intention donne-t-on d'abord la position de pied ferme ? C'est sans doute parce que le cheval étant arrêté, on a tout le loisir de la bien expliquer au cavalier ; c'est parce qu'aucun mouvement ne s'opposant aux instructions qu'on lui donne, on a toute l'aisance nécessaire pour lui en faire sentir les principes ; c'est aussi parce qu'il ne pourrait conserver sa position à des allures vives, qu'on observe avec soin

cette gradation qui l'y conduit insensiblement ; ici le principe est le même et l'on part toujours de cette base fondamentale, qu'il faut commencer par la chose la plus aisée. L'on conçoit aisément qu'un mouvement exécuté de la sorte, qui se fait le plus lentement possible, que le désordre ne peut troubler, et qui donne à chacun l'idée la plus nette de ce qu'il doit faire plus tard, est infiniment plus aisé et mieux entendu, que s'il eut été fait avec plus de promptitude, ce qui eût entraîné le désordre, et n'eut pas laissé à chacun les moyens ni le temps de se bien pénétrer de son mécanisme.

Mais les mouvemens ayant eu lieu dans le principe aussi lentement que possible, il faut les faire avec plus de célérité, arrivant enfin à les exécuter avec toute la vélocité dont l'arme de la cavalerie est susceptible et qu'ils le comportent. L'instruction des cavaliers s'étendra par ce moyen, et la cavalerie se rapprochera du véritable but de son institution ; toutefois il y a des mouvemens qui ne sauraient être faits au galop sans désordre, les mouvemens par quatre, par exemple, et l'on mettrait certainement plus de temps à réparer le désordre qu'ils auraient occasionné, qu'on n'en mettrait à les faire à une allure plus lente, au trot, par exemple. C'est du reste ainsi qu'en avait décidé l'ordonnance provisoire et que l'a maintenu celle du 6 décembre, n° 571 ; et c'est sans doute par une erreur d'impression, que M. le général de La Roche-Aymon parle des mouvemens par quatre au trot ou *au galop*, page 256.

<h1 style="text-align:center">XX.</h1>

Toutes les fois que l'exécution successive d'un mouvement rendra possible de le décomposer, on ne manquera pas de le faire, afin que chaque fraction se pénètre bien du mouvement qui lui est propre ; après quoi on le fera exécuter à toutes les fractions réunies.

VANT tout il importe de faire connaître le mécanisme des mouvemens ; rien de mieux pour y parvenir que de les décomposer, d'en faire une espèce d'analyse et, pour ainsi dire, l'anatomie ; si cette méthode paraît lente au premier moment, l'expérience démontrera que ce temps a été parfaitement employé, puisqu'on sera définitivement dispensé de revenir sur ses pas. Par ce moyen les cavaliers se rendront compte de ce qu'ils ont à faire, suivant la place qu'ils occupent, et ils n'exécuteront pas machinalement, se laissant conduire par leurs chevaux, plutôt qu'ils ne les conduisent eux-mêmes ; du reste en faisant exécuter à toutes les fractions au même instant, elles peuvent se déranger les unes les autres, incertaines de ce qu'elles ont à faire : tandis qu'en ayant bien expliqué à chacune d'elles en particulier les mouvemens qui lui sont propres, il n'est plus aussi à craindre, quand on les réunira, de les voir se tromper dans l'exécution et se déranger les unes les autres.

Pour mettre ce principe en pratique, on se conformera à ce qui a été prescrit pour l'alignement successif des pelotons dans l'escadron n° 593, chaque peloton exécutant successivement, au commandement de son chef, la série de mouvemens qui lui est prescrite pour chaque formation. Chaque commandant d'escadron opèrera de la même manière pour les évolutions de régiment.

XXI.

Les mouvemens doivent être en petit, dès le principe, ce que les mouvemens des pelotons, escadrons, ou régimens doivent être dans une proportion plus étendue.

 ous trouvons un avantage réel à adopter ce principe à la lettre dans l'intérêt de l'instruction théorique et pratique. Par ce moyen la marche sera toujours la même, elle formera une chaîne, dont les anneaux réunis les uns aux autres, formeront un tout indissoluble. Ainsi les mouvemens de l'ordonnance ne seront plus isolés, mais tous ceux qui auront des rapports entr'eux seront entendus, compris, expliqués et démontrés d'après les mêmes principes : ainsi le dernier détail appuiera le premier, il sera le même avec quelques modifications, il servira à tous les mouvemens qui n'ont de différence que celle de l'étendue du front. Et si l'ordonnance est mieux entendue de ceux qui doivent la démontrer, la pratique sera aussi plus sûre et plus facile, les moyens ne se croisant pas dans la tête des cavaliers, qui exécutant toujours d'après les mêmes principes, dans toutes les divisions de l'ordonnance, se fortifieront de plus en plus dans une exécution, toujours régulière, toujours conséquente.

XXII.

L'ensemble dans l'exécution des marches et des divers mouvemens, provient de la stricte observation des principes, par tous les cavaliers qui composent une troupe.

N effet, si les mouvemens sont les mêmes en vitesse et en étendue, et si les cavaliers obéissent au même instant, et d'une manière passive au commandement, l'ensemble ne pourra manquer d'avoir lieu, et il sera la preuve de la bonne exécution individuelle; mais si, au contraire, il se trouve un cheval neuf ou rétif, il détruira l'ensemble et désordonnera la troupe, parce qu'il cessera de se mouvoir comme les autres, et que ses mouvemens seront déréglés. D'un autre côté, si les cavaliers ne connaissent pas les mouvemens, s'ils travaillent mal, sans attention et avec dégoût, ou s'ils veulent en faire à leur tête, l'ensemble cessera encore d'exister parce qu'ils travailleront, comme on dit, pour leur propre compte.

Ainsi donc l'ensemble est la preuve, comme nous l'avons dit plus haut, d'une bonne instruction individuelle; et c'est seulement quand elle n'a pas lieu, ou qu'on cesse de se conformer aux mêmes principes, qu'il n'existe pas; il faut donc, pour l'obtenir, instruction suffisante, et attention soutenue, de chaque cavalier en particulier.

XXIII.

Il ne suffit pas de donner des armes aux troupes; il faut encore leur apprendre à s'en servir; il faut que, devant attaquer et se défendre en tout sens, les maniemens d'armes donnent des moyens d'attaque et de défense dans tous les sens.

E principe, qui n'a pas besoin d'une longue démonstration, s'applique indistinctement à toutes les armes dont on a jugé à propos d'armer les troupes; en effet, parmi les différentes manières de s'en servir, il y en a sûrement une qui est la meilleure pour la facilité, la promptitude et l'effet des mouvemens : croit-on maintenant qu'un cavalier, eût-il de la perspicacité comme les intelligences, pût trouver de lui-même, et du premier moment, cette manière plus prompte et plus sûre dont nous avons parlé? non sans doute, et si ses armes ne l'embarrassaient pas un jour d'action, ce qui pourrait fort bien arriver, elles n'auraient certainement pas, dans ses mains, tout l'effet qu'on peut en attendre ; c'est donc aux maniemens d'armes adoptés, à lui démontrer cette manière, et à lui en faire contracter tellement l'habitude, qu'elle lui devienne, pour ainsi dire, naturelle.

Les ouvrages bien remarquables des Wallhausen et des Melfort, prouvent toute l'importance que ces hommes habiles en cavalerie attachaient à ces exercices, qu'ils consacrèrent dans un texte précis, et démontrèrent dans des planches, pour les rendre plus palpables ; toutefois, de nouveaux progrès avaient été faits depuis, et l'ordonnance provisoire se bornait à enseigner à mettre le sabre à la main et le remettre dans le fourreau, à en passer l'inspection, à la position du premier et du second rang, et à quelques mouvemens indiqués dans la course des têtes. Il y avait loin de ces élémens de première nécessité, à une escrime qui embrassât l'offensive et la défensive en pointant, sabrant et se couvrant dans les quatre directions principales. Des théories faites dans cet esprit, et notamment celle du général de La Roche-Aymon, qui avaient l'autorité de la pratique de la guerre, furent publiées et essayées à l'école de cavalerie, sous les yeux du lieutenant-général comte de la Ferrière, et bientôt ces exercices furent exportés dans nos régimens, et nos camps d'instruction, qui eurent des méthodes diverses, car aucune d'elles n'avait été revêtue de la sanction ministérielle.

L'ordonnance du 6 décembre était appelée à fermer cette lacune, et à ramener l'uniformité sur ce point essentiel ; elle ne se borna pas non plus à prescrire le maniement du mousqueton et du pistolet, elle fit plus, elle fit droit aux excellentes observations de nombre d'officiers recommandables, et notamment à l'instruction, parfaitement graduée, du lieutenant-général comte de La Roche-Aymon, qu'elle réduisit et adopta sous le titre de tir à la cible, n° 433.

Ce fut aussi dans le but de multiplier la force individuelle par l'adresse, et de former de bons flanqueurs et tirailleurs, qu'elle prescrivit, n° 420, de n'employer à l'exercice du sabre et de la lance, de pied ferme, que le temps strictement nécessaire pour en bien faire comprendre tout le détail aux cavaliers ; la deuxième partie de la leçon devant être employée à l'exécuter en marchant, et successivement à toutes les allures.

Puisque notre travail est également destiné à constater le progrès, il nous sera permis de dire que nous avons vu une époque où ces principes étaient loin d'être suivis, l'ordonnance provisoire ne prescrivant rien à ce sujet. Dans la majeure partie des corps, on se bornait au maniement d'armes de pied ferme, on en faisait même une chose d'ensemble; on exigeait que les bassinets s'ouvrissent et se fermassent ensemble. Le maniement de la lance même était rarement exécuté en marchant; il n'y avait enfin que quelques régimens où le but avait été aperçu, qui procédassent en vue de la guerre, tellement il est essentiel que les ordonnances s'expliquent, et prescrivent les choses les plus simples.

XXIV.

Quelques principes sur la manière de donner la leçon à cheval, extraits du travail communiqué à la commission de cavalerie.

'INSTRUCTEUR se pénétrera bien des principes suivans, qui lui serviront de base pour donner la leçon pendant toute la durée de l'instruction.

Il assistera toujours au rassemblement, veillant à ce qu'il se fasse *promptement* et en ordre.

On se rassemblera toujours dans l'ordre de bataille, et on terminera toujours en se reformant en bataille, mettant alternativement pied à terre par temps, à volonté, et en faisant sortir les cavaliers à cheval, pour entretenir les chevaux dans cette habitude.

Dans ce dernier cas, les cavaliers mettront pied à terre individuellement et avec ordre, avant de rentrer leurs chevaux à l'écurie.

Comme les chevaux, à la sortie des écuries, et principalement dans les temps froids, sont gais, ardens, et ne demandent qu'à sauter, il commencera le travail par l'allure du pas, afin de les calmer.

Pour les mêmes raisons, on commencera aussi le travail sur un front peu étendu, s'il s'agit de l'exécution de l'école de l'escadron ou des évolutions; parce que ce n'est que lorsque les chevaux sont calmes, qu'ils endurent la pression du rang, et qu'ils réussissent dans le travail d'ensemble.

L'instructeur distribuera sa leçon d'après le temps qu'il devra passer à chaque partie de l'instruction, de manière à examiner chaque mouvement bien en détail, se réservant quelques leçons avant de passer à une autre partie, pour revenir sur le tout, et s'assurer que les cavaliers sont bien affermis dans ces principes.

D'après cela, il considèrera chaque mouvement commé une leçon particulière, qui doit avoir été parfaitement comprise avant de passer à un mouvement plus avancé.

Il se gardera bien, dès le principe, de faire exécuter dans un seul jour tout le contenu d'une leçon, ce qui ne ferait qu'embrouiller les idées des cavaliers, et les empêcherait de distinguer un mouvement d'un autre.

Il fera au commencement les explications nécessaires pour faire concevoir chaque principe; mais lorsqu'il aura été bien compris et bien retenu, il ne perdra plus son temps à faire l'explication entière, et se contentera d'en répéter le fond, ce qui suffira pour rappeler les cavaliers aux principes qu'ils doivent appliquer.

L'équitation militaire, comme il a été dit, sera le point objectif des leçons de l'école du cavalier; toutefois il s'attachera beaucoup à la régularité de la marche uniforme sur les grands et les petits côtés, si l'on travaille dans les manéges; aux marches directes en colonne et aux changemens de direction, si l'on travaille sur un front plus étendu et en plein champ, toutes les évolutions possibles étant le résultat de la marche directe et de la conversion, et ne s'opérant que par elles.

Il ne fera les mouvemens et changemens de direction au pas, que lorsque le travail au pas uniforme aura réussi.

Il ne fera passer au trot, que lorsque la marche sera bien régulière au pas.

Il ne fera les divers mouvemens au trot, que lorsque le travail au trot uniforme aura réussi.

Il ne fera passer au galop, que lorsqu'il y aura ensemble et précision dans le travail au trot.

Il ne fera de mouvemens à cette allure, que lorsque le travail au galop uniforme aura réussi.

Toutefois il ne faut jamais perdre de vue, dans le travail au galop, que l'abus est bien près de l'usage, et que, s'il est essentiel que le cheval soit entretenu dans cette allure, il ne l'est pas moins de l'employer avec modération, pour éviter de l'énerver.

En définitive dans le principe et dans chaque allure, beaucoup de travail uniforme, et peu de mouvemens; mais quand les cavaliers réussissent dans le travail uniforme, il faut les multiplier.

De même on ne fera travailler sur un front plus étendu, qu'autant qu'on aura bien travaillé sur un front plus petit, de manière à ne faire exécuter dans ce cas, comme dans ceux qui précèdent, la chose la plus difficile, que lorsque la plus facile a été bien exécutée.

Nécessité n'a point de loi : mais dans l'usage ordinaire, il est expressément recommandé aux instructeurs de ne point intervertir l'ordre des allures, c'est-à-dire de mettre la troupe en mouvement, et de la faire passer successivement au trot, au galop et à la charge ; et de suivre la progression inverse avant de la faire arrêter.

Les numéros 346 et 347 n'infirment pas ce principe, ils servent seulement à préparer les cavaliers, à ce qu'on sera obligé de leur faire faire, dans les cas exceptionnels et impératifs.

En passant à une partie plus avancée de l'instruction, et jusqu'à ce qu'elle ait été absolument démontrée, l'instructeur doit suivre la série des mouvemens, comme l'indique l'ordonnance ; mais ensuite il n'est plus astreint à cet ordre, et il doit même l'intervertir, pour juger de l'attention et de l'assurance des cavaliers, ayant l'attention toutefois de revenir également sur chacun d'eux.

On aura aussi le soin de faire répéter aux cavaliers, les mouvemens déjà exécutés dans les parties précédentes, afin qu'ils ne les perdent pas de vue, et pour qu'ils se fortifient de plus en plus dans leur exécution.

Dans tous les cas l'instructeur terminera la leçon et même les reprises par le pas, mais bien plus encore quand le travail aura été vif, et quand les chevaux seront suans, afin de les calmer entièrement, avant de les faire reposer, ou rentrer à l'écurie, et d'éviter les maladies qui surviendraient, sans doute, si tout haletans, on les faisait brusquement passer à une inaction complète, au milieu d'une atmosphère froide et humide (1).

Pour prévenir ces transitions toujours funestes, les repos pourront se faire en marchant, les cavaliers rendant la main à leurs chevaux, et se bornant à ne pas les abandonner, sans cesser cependant de marcher à leurs distances.

Pour remplir ce but, le travail se terminera aussi sur un front peu étendu, si l'on est au travail d'ensemble, parce que les chevaux seront

---

(1) Voir la 7ᵐᵉ section, *Sur les évolutions de régiment*, prop. XIV, XV, XVI.

moins gênés, et qu'il sera plus facile de les calmer en leur donnant toute l'aisance nécessaire.

C'est ainsi que l'instruction parfaitement graduée dans l'ensemble, et toujours proportionnée aux forces du cheval, dans chaque jour de travail, augmentera ses forces au lieu de l'énerver, en le rendant plus maniable.

Les principes précédens, qui n'excluent pas les exigences impérieuses de la nécessité, s'appliquent à la démonstration de toutes les parties de l'instruction, quelqu'avancées qu'elles soient, et les soins conservateurs ne doivent jamais être perdus de vue, dans quelque situation que l'on se trouve.

QUATRIÈME SECTION.

___

SUR

L'ALIGNEMENT.

Au maréchal-de-camp, pair de France,

Duc de Périgord (Élie).

L'alignement dans les marches, quelques rapides qu'elles soient, est le résu
tat d'une bonne instruction individuelle, et de l'habitude soutenue d'allures bi
réglées.

I.

N alignement parfait serait celui de cavaliers disposés si bien à côté les uns des autres, et à la même hauteur, qu'une ligne droite partie de l'extrême droite, arrivât à l'extrême gauche dans les deux rangs, en rencontrant les deux épaules de chaque cavalier au même point; si de plus les deux rangs sont espacés à 2 pieds de distance, et les cavaliers parfaitement en file, ils formeront ainsi deux lignes parallèles entr'elles, perpendiculaires à la ligne du front, et à un même intervalle, pourvu que les files n'aient pas d'ouvertures entr'elles, et que les cavaliers se sentent légèrement la botte.

Toutefois, si cette perfection est impossible à atteindre, en marchant surtout, on peut en approcher plus ou moins,

moins, et tel doit être le but d'une instruction bien comprise et bien dirigée.

L'alignement le plus parfait est une chose d'autant plus essentielle à assurer, qu'il est le principe de tout ordre, ensemble et force.

L'alignement est le principe de l'ordre, il n'y a aucun doute à ce sujet ; quand les cavaliers sont placés, comme nous venons de le dire, ils occupent le moins d'espace possible, ils sont tous liés entr'eux, il n'y a nulle part pression ou lacune, et la troupe où il existe forme un même corps, qui se meut avec aisance et facilité. Si, au contraire, l'alignement n'était pas observé, les cavaliers n'étant pas alignés avant de se mouvoir, seraient désunis dès le commencement de la marche, qui ne serait, ni aussi régulière, ni aussi facile, et cette influence s'étendrait aux évolutions qu'on exécuterait dans cet état.

L'alignement est le principe de toute force, parce que, plus une troupe est en ordre, plus elle a d'ensemble et plus elle a de force; plus elle en impose à l'ennemi, et plus son choc sera terrible à soutenir, s'il a assez de résolution pour l'attendre, puisqu'il sera la somme de toutes les forces individuelles.

II.

L'alignement étant observé, une troupe de cavalerie qui chargera l'ennemi lui en imposera par l'ensemble qu'il verra dans sa ligne, qui l'abordera en même temps de toutes les parties de son front, s'il est assez résolu pour l'attendre (1) ; au contraire, s'il n'existe pas, l'effet moral ne sera plus le même, et le choc, au lieu d'être général, ne sera plus que partiel.

UAND on parle d'alignement dans une charge, on n'entend pas dire un alignement parfait et compassé, comme il le serait de pied ferme, ou à un train modéré ; il n'est guère possible, en effet, dans un mouvement aussi vif et aussi rapide, d'obtenir que les cavaliers soient aussi exac-

---

(1) Quoiqu'il soit rare que deux troupes de cavalerie s'abordent, le cas s'est présenté cependant dans nos dernières guerres, et c'est ce qui arrive quand il y a des deux côtés égalité d'honneur militaire et de bravoure. (Voir le général de La Roche-Aymon, tome II, page 428 ; et le cours de Jacquinot, page 205 et suivantes.

tement à la même hauteur et liés les uns aux autres : les chevaux s'animent par le bruit et le mouvement, ils partagent l'ardeur des cavaliers qui les montent, ils sont difficiles à contenir, et comment ne le seraient-ils pas? les cavaliers s'exaltent et se résignent péniblement au rôle passif à leurs yeux, et cependant décisif, de marcher ensemble et en ordre.

Mais si cette extrême régularité est impossible à atteindre, on peut en approcher cependant, et la troupe qui en sera le plus près, sera celle qui ébranlera le plus le moral de l'ennemi, et qui le chargera le plus vigoureusement; si, au contraire, les cavaliers s'ouvrent, s'ils se divisent, ou bien s'ils se serrent trop et s'ils crèvent, si les chevaux les plus vites s'élancent hors des rangs, si les plus lents restent en arrière, les escadrons seront bientôt rompus; loin d'en être intimidé, l'ennemi profitera bientôt de ce désordre, ou, s'il n'en profite pas, le choc ne sera plus, à beaucoup près, aussi terrible à soutenir, parce qu'au lieu de l'aborder en même temps sur tout son front, ou à peu près, on ne le chargera que sur quelques-unes de ses parties.

III.

Il y a deux sortes d'alignement : l'alignement de pied ferme et l'alignement en marchant.
L'alignement de pied ferme est et ne peut être que général ou successif.

UISQUE nous n'avons que deux ordres principaux, l'ordre de colonne et l'ordre de bataille, nous ne pouvons donc, généralement parlant, avoir que deux sortes d'alignement. Le premier plus particulièrement propre aux formations successives, parce que les fractions dont se compose la colonne, quel que soit son front, arrivent les unes après les autres, et s'alignent immédiatement sur la première qui leur sert de base; le second, particulier à la troupe en bataille déjà formée, et qui est général, parce que tous les individus dont se compose le front, quel qu'il soit, s'alignent tous ensemble dans le même moment, au commandement *à droite* ou *à gauche* = ALIGNEMENT.

Les alignemens qui succèdent aux formations à gauche et à droite, ordre naturel et ordre inverse en bataille, rentrent dans l'alignement général, car toutes les fractions s'alignent simultanément sur leurs pivots.

Au contraire, les alignemens que prescrit l'ordonnance par file, par deux, par quatre, par peloton et par escadron à droite et à gauche, quoiqu'ayant lieu en bataille, rentrent ainsi que tous les alignemens directs ou obliques de ce genre dans l'alignement successif, parce que quoiqu'en bataille, l'alignement a lieu non en même temps, mais successivement; non sur tout le front à la fois, mais sur une fraction de ce même front.

L'ordonnance actuelle reconnaît deux sortes d'alignemens : l'alignement individuel et l'alignement par troupe. L'ordonnance provisoire avait appelé le dernier : alignement d'une troupe sur une autre.

Pour ce dernier alignement, s'il n'est peut-être pas assez explicitement désigné, il se comprend cependant, c'est l'alignement successif, et rien que l'alignement successif; mais est-il aussi aisé de s'entendre sur l'alignement appelé individuel ? si c'est de l'alignement par file, en tête de l'école du peloton, n° 438, qu'on a voulu parler, parce qu'effectivement les cavaliers s'alignent file par file, c'est une distinction qui n'est pas nécessaire, car cet alignement n'est encore que successif : et dans quelle classe rentre celui d'un escadron déjà formé, qui s'aligne au même instant au commandement de son chef ? cet alignement n'est certes pas successif, puisque l'escadron entier s'aligne au même instant, et il n'est pas individuel non plus, puisqu'il a lieu à la fois sur toutes les parties du front ; il est donc général et ne peut être autre chose.

D'après cela, si l'on répugnait à classer dans l'alignement général, celui d'un peloton ou d'un escadron, qui s'alignerait sur lui-même, parce qu'on trouverait le front trop petit, on pourrait distinguer trois sortes d'alignemens, et on dirait :

On distingue trois sortes d'alignemens : *l'alignement successif, l'alignement par troupe, et l'alignement général.*

L'alignement successif est celui dont on se sert pour démontrer à chaque file, chaque fraction de deux, de quatre, à chaque peloton ou escadron, qu'ils doivent s'aligner immédiatement après leur arrivée sur la ligne, sans attendre les fractions qui suivent.

L'alignement par troupe est celui d'un peloton, ou escadron qui s'aligne sur lui-même et au même instant, au commandement de son chef *à droite* ou *à gauche* = ALIGNEMENT. Il rentre dans la classe de l'alignement général.

L'alignement général est celui d'un régiment en bataille, ou d'une ligne de cavalerie qui s'aligne sur elle-même, et il ne diffère de celui qui précède que par l'étendue du front.

IV.

L'alignement général ayant lieu sur tout le front, et par conséquent par tous les cavaliers au même instant, est le plus difficile; au contraire, l'alignement successif n'ayant lieu que sur des portions plus ou moins étendues du front, qui s'alignent à mesure qu'elles arrivent, est plus prompt et plus facile.

IENT-ON en effet à commander à une troupe déjà formée *à droite* ou *à gauche* = ALIGNEMENT. A ce commandement tous les cavaliers chercheront à s'aligner, mais leur alignement sera d'autant plus difficile, que le front aura plus d'étendue, et qu'ils seront plus éloignés du point sur lequel ils s'alignent, parce qu'ils pourront se trouver en défaut par manque de coup d'œil; si l'on joint à cela que les chevaux sont de pied ferme, que les cavaliers ont pour l'ordinaire la main haute et les jambes près, que les chevaux sont souvent attaqués, et presque toujours trop long-temps rassemblés, ce qui les inquiète, les porte à se traverser, à se jeter sur leurs voisins, et à déranger enfin ceux qui étaient bien, on ne sera pas surpris de voir un flottement, un trépignement général sur toute la ligne, et les alignemens être si longs et ne pas réussir toujours.

Deux choses contribuent encore à les rendre plus difficiles : 1° le peu d'attention des cavaliers; 2° la lenteur à les prendre des officiers qui les commandent. D'une part, c'est à peine si les cavaliers se mettent en devoir de s'aligner au commandement qui leur est fait, ils sont incertains et regardent souvent du côté opposé; d'autre part, on ne saurait les électriser par un commandement mou; on les laisse dormir sur leurs chevaux, pour ainsi dire; on ne se rend pas maître de leur attention; on néglige de leur faire sentir que les alignemens doivent être pris pour ainsi dire au vol, et qu'il faut éviter de tenir les chevaux long-temps rassemblés : ainsi les chevaux ne bougent pas, ou ils s'impatientent d'être recherchés avec force et trop long-temps; ils s'inquiètent, se traversent, un flottement s'établit sur toute la ligne, et les cavaliers les tracassent beaucoup pour arriver à un fort maigre résultat. On verra plus tard qu'en utilisant la ligne des officiers, qu'on peut appeler ligne d'alignement, parce qu'elle est en effet la base, on obtiendra de meilleurs alignemens avec plus de promptitude et de facilité.

Mais, au contraire, qu'une colonne quel que soit son front, que ce soit une colonne avec distance, ou une colonne serrée, se forme en bataille par un mouvement successif, l'alignement aura lieu fraction par fraction ; ces fractions s'aligneront aussitôt qu'elles seront arrivées ; elles s'aligneront en marchant et non de pied ferme ; la troupe déjà formée et alignée, servira de base à celle qui ne l'est pas ; les cavaliers après avoir pris leur alignement seront soigneux de baisser la main et de relâcher les jambes ; l'alignement enfin n'aura lieu que sur une portion du front, et l'on sait que, si une petite troupe marche, et converse plus facilement, qu'une autre d'un front plus étendu, elle s'aligne aussi avec plus de rapidité, et qu'ainsi les alignemens qui succèdent à la formation des colonnes avec distances, sont sensiblement plus rapides et plus faciles, que ceux qui succèdent aux déploiemens des colonnes serrées.

Il y a donc un avantage immense à aligner les colonnes qui se forment ou se déploient d'après ces principes. L'alignement est plus facile, on vient de le démontrer ; il est plus prompt, puisqu'il ne dure que le temps de la formation, et que la dernière fraction arrivant sur la ligne, on peut après l'avoir alignée, commander FIXE.

V.

Il ne faut pas qu'un alignement successif dégénère en alignement général, car il serait moins prompt et plus difficile.

ALGRÉ le principe qui a été donné de s'aligner successivement, si les fractions, à mesure qu'elles arrivent, manquent de le faire, si l'on néglige d'y veiller, et qu'elles jugent mal de leur alignement, il en résultera que la dernière fraction arrivée, l'alignement sera encore incorrect ; que ce ne sera plus un alignement successif, si l'on continue à rectifier, la formation ou le déploiement étant consommés, mais bien un alignement général ; qu'il sera plus difficile pour les raisons énoncées plus haut, et qu'il sera évidemment plus lent ; car si les fractions eussent été exactes à s'aligner immédiatement après leur arrivée, le commandement FIXE eût été prononcé aussitôt après l'arrivée et l'alignement de la dernière, ce qui n'a plus lieu dans cette hypothèse.

VI.

Il ne faut pas non plus qu'un alignement général dégénère en alignement successif.

ÉANMOINS c'est ce qui arrive fréquemment, et par la faute des officiers qui sont en avant du front et des encadremens. Au lieu de voir ces officiers prendre l'alignement général, chacun d'eux attend, si l'on n'y prend garde, que son voisin du côté de l'alignement soit déjà aligné, pour s'aligner à son tour : quant aux encadremens des pelotons qui devraient toujours s'aligner sur les officiers et entr'eux, ils négligent de le faire, s'alignent successivement comme les officiers, alors un alignement général de six escadrons dure un temps infini, et il n'y a même pas de raison pour qu'il finisse. Ce qui caractérise l'instruction d'une troupe dans les alignemens, c'est de voir les officiers en avant du front s'aligner entr'eux sans tâtonner; c'est de voir les files d'encadrement se détacher pour ainsi dire de leurs places, pour s'aligner sur les officiers et entr'elles, sans hésitation aucune; et avec de telles bases les cavaliers ne tardent pas à l'être.

VII.

Pour faire sentir aux cavaliers les principes et le mécanisme de l'alignement successif, il faut les exercer à s'aligner par un, par deux, par quatre, par peloton, division et escadron.

'ORDONNANCE reconnaît les ordres de colonne par un, par deux, par quatre, par pelotons, par divisions et par escadrons; ces colonnes ne se forment en avant, en arrière et même sur leurs flancs, dans plusieurs circonstances, que par l'arrivée successive des files, des rangs de deux, de quatre, des pelotons, des divisions et des escadrons; ces lignes de bataille ne sont promptement et correctement alignées, comme on vient de le démontrer, qu'autant que chaque fraction, quel que soit son front, s'est alignée aussitôt après son arrivée, puisqu'en observant ce principe, l'alignement se prend en même temps que la formation, et qu'on évite ainsi les longueurs d'un alignement général, toujours plus lent et plus difficile; mais si l'alignement successif dépend de cette attention, il ne faut pas manquer de le faire ressortir aux yeux des cavaliers, et il n'y a pas de meilleur moyen pour y parvenir, que de les exercer aux alignemens qu'on vient d'indiquer; ils se pénètreront ainsi de ce qu'ils auront à faire, lorsqu'étant formés en colonne et en marche, ils devront prendre un ordre de bataille successif.

Au reste, il n'y a rien de nouveau dans cette proposition; c'est le principe de l'ordonnance provisoire étendu et rendu propre à toutes les fractions reconnues; car si elle enseigne à s'aligner successivement par cavalier, par file et par peloton, et si l'on admet que ces alignemens préparent les cavaliers à ce qu'ils auront à faire, lorsqu'ils se formeront sur chacun de ces fronts, pourquoi ne reconnaîtrait-on pas les autres alignemens, qui leur démontreraient pareillement ce qu'ils ont à faire dans les formations correspondantes? car l'on ne saurait disconvenir que les alignemens successifs que nous réclamons, ne sont autre chose que ces mêmes formations décomposées.

Tel était le texte de notre proposition dans notre travail de 1821, dont l'ordonnance du 6 décembre a adopté le principe.

VIII.

L'alignement est d'autant plus difficile, que le front est plus étendu.

ETTE question rentre encore dans celle de l'alignement successif et de l'alignement général. Qu'est-ce qui fait que l'un est plus aisé que l'autre, si ce n'est que l'un se prend sur une portion plus ou moins grande du front, et l'autre sur tout le front à la fois? Plus le front est petit, plus il y a d'aisance, de facilité et de régularité dans l'alignement; plus les cavaliers le jugent rapidement, moins il y a de flottement et d'incertitude. Au contraire, plus le front est étendu, plus l'alignement devient compliqué, plus il est difficile à juger, plus il est mal aisé à prendre, et plus le flottement, s'il s'établit, est sensible, parce qu'il augmente toujours en raison des cavaliers, qui transmettent leurs mouvemens à leurs voisins, qui, de leur côté, le communiquent aux leurs jusqu'aux extrémités de la ligne.

D'après cette proposition, il reste évident que l'alignement successif par un est plus facile que par deux ; l'alignement successif par deux, que par quatre ; celui par quatre, que l'alignement par peloton ; ce dernier que l'alignement par division ; que l'alignement par division est plus aisé que l'alignement par escadron ; et finalement que l'alignement par escadron est plus facile, que celui qui a lieu sur la totalité du régiment.

IX.

Les officiers placés en avant du front, servent de base à l'alignement d'une troupe en bataille, et le facilitent (1).

I, comme on croit l'avoir démontré, l'alignement est d'autant plus difficile que le front est plus étendu, il faut alors prendre toutes les précautions, et tous les moyens possibles pour le rendre plus prompt, plus facile, et c'est dans ce cas qu'on peut retirer un grand avantage de la ligne des officiers.

Et en effet, quand il y a plusieurs lignes les unes derrière les autres, quelle est celle dont l'alignement est le plus essentiel ? C'est celui de la première, sans aucun doute, car il tombe sous le sens que celles qui sont derrière prennent toujours sa direction ; et à bien dire, la première ligne seule a besoin de s'aligner, les autres n'ont qu'à prendre leurs distances.

(1) Dans son *Emploi de la Cavalerie à la guerre* (page VII de l'avant-propos), M. le général de Schauenburg reproduit sa proposition de 1821, de placer les commandans de peloton dans le rang, dans l'espoir d'obtenir de meilleurs alignemens ; nous sommes étonnés que cet auteur ne se soit pas rendu aux raisons si puissantes de Bismark, qui soutient le principe contraire (page 108 et suiv.) Du reste, les chevaux des commandans de peloton, ainsi que nous l'avons déjà dit, seraient-ils plus calmes avec la pression du rang, qu'ils ne le sont en avant du front, suivant M. de Schauenburg lui-même ? Et quant aux 2 pieds de tête à croupe recommandés au 1er rang, il y a erreur même d'après l'ordonnance provisoire, qui compte le pas, servant à mesurer les distances ou intervalles, à raison d'un mètre ou de 3 pieds.

Supposons, en effet, que les officiers soient alignés de manière que celui du premier peloton cache tous ceux qui sont au-delà ; le premier rang aura-t-il besoin de s'aligner ? non sans doute. Il lui suffira de prendre sa distance, qui doit être d'un pas ou d'un mètre, de la tête de ses chevaux à la croupe des chevaux des officiers ; le second rang prendra aussi ses deux pieds de distance ; et les serre-files, enfin, formeront une quatrième ligne qui sera alignée, moyennant qu'ils aient la tête de leurs chevaux à un mètre de distance du second rang.

Que sera-ce encore si les sous-officiers et brigadiers placés aux ailes des pelotons, à l'instant ou l'alignement est commandé, serrent de leur personne, et sans attendre les cavaliers, à un mètre de distance de la ligne des officiers ? Alors l'encadrement de l'escadron sera aussi bien établi que possible ; les cavaliers, au lieu de s'aligner sur tout le front, n'auront qu'à s'emboîter dans leurs encadremens respectifs, et il y aura pour chaque peloton trois points pour s'aligner : la droite et la gauche, déterminés par les sous-officiers et brigadiers placés aux ailes, et le centre qui l'est pareillement par le commandant de peloton, à un pas ou un mètre duquel il faut se placer.

Le principe est le même de pied ferme ou en marche ; et pour se résumer, on peut dire que l'alignement de la première ligne doit être le premier déterminé ; que celui de celles qui suivent, puisqu'elles ont une base devant elles, se borne à prendre la distance prescrite ; et que les officiers et les files d'encadrement étant alignés entr'eux, il y aura dans un escadron autant de points dans l'alignement, qu'il y a d'officiers placés en avant du front, et de sous-officiers placés aux ailes des pelotons ; qu'enfin l'alignement sera d'autant plus facile pour les cavaliers, que les points sur lesquels ils le prendront, seront en plus grand nombre et plus rapprochés d'eux.

X.

Si les officiers placés en avant du front ne sont point alignés, ils font manquer l'alignement.

N vient de voir que les officiers lorsqu'ils sont alignés, servent de base à l'alignement de toute troupe en bataille et qu'ils le facilitent ; on va voir maintenant que, s'ils ne le sont pas, ils le feront manquer.

En effet, si comme on croit l'avoir démontré, tout

dépend de la première ligne, et si cette première ligne bien établie donne une bonne direction à celles qui sont derrière, par la même raison, si elle l'est mal, elle en donnera une mauvaise ; et il est impossible de le contester, ceci n'étant pas une théorie spéculative, mais une chose physique, basée sur la position respective des individus entr'eux, et les effets qu'ils ont les uns sur les autres.

L'expérience des terrains de manœuvre démontre que l'alignement des officiers peut pécher de plusieurs manières : il est convexe, concave, en notes de musique, oblique, et dans une direction différente de celle que doit avoir la troupe.

Si l'alignement est convexe, ce qui a lieu quand le centre déborde les deux ailes, l'escadron qui doit se régler sur les officiers, et qui même en ne le faisant pas, prend machinalement leur direction parce qu'il la suit, aura bientôt la même forme, et le centre dépassera sensiblement les ailes.

S'il est concave, ce qui arrive lorsqu'au lieu de pointer le centre refuse, l'escadron prendra également cette forme, et le centre rentrera en arrière des ailes.

S'il est en notes de musique, c'est-à-dire si les officiers sont alternativement en avant et en arrière, l'escadron aura la même direction, et il y aura comme des petits festons sur l'étendue du front.

Enfin s'il est oblique, ce qui est le plus fréquent, l'escadron le sera forcément par suite de l'alignement de ses officiers.

On voit donc que l'escadron prend toujours la direction qui lui est imprimée par ses officiers ; ou si l'on veut que l'escadron soit bien aligné les officiers l'étant mal, il faut nier que les chevaux suivent toujours ceux qui les précèdent ; et en mettant de côté ce fait, que l'expérience journalière remet tous les jours sous les yeux, il faudrait que l'escadron ne se conformât pas au mouvement de ses officiers, ce qui aurait en thèse générale, les plus graves inconvéniens.

On est si pénétré de ces vérités, prouvées par la théorie la plus positive, et plus encore par l'expérience, qu'on désirerait, tellement on est convaincu, que l'alignement des officiers exerce une bonne influence, sur la troupe qui marche derrière eux, qu'ils fussent réunis suffisamment pour régler les allures de leurs chevaux, et moyennant cette précaution, ils seraient d'aussi bons guides pour leurs escadrons, que ceux qui auraient négligé de le faire, seraient sujets à les faire mal marcher. Dans un alignement de pied ferme, cette influence, quoique moins sensible, n'est pas d'une aussi grande importance que dans les marches ; mais en se disposant à entamer la charge et à joindre l'ennemi, c'est une autre affaire, et il est bien difficile qu'une mauvaise marche en ligne, soit suivie d'une charge exécutée avec ensemble et avec vigueur.

XI.

L'alignement ne saurait avoir lieu dans les marches, si les mouvemens des cavaliers n'étaient point égaux et leurs directions parallèles.

IEN que formant une seule troupe, un escadron n'en est pas moins l'assemblage et la réunion de plusieurs cavaliers, et cet escadron ainsi que toute autre troupe, plus ou moins nombreuse, ne peut marcher ensemble et alignée, qu'autant que les cavaliers qui la composent ont chacun des mouvemens égaux et des directions parallèles.

Supposons, en effet, une troupe bien alignée avant de se mettre en marche, les chevaux bien droits, à la même hauteur, et les cavaliers se sentant légèrement la botte sans se presser; si cette troupe se met en mouvement et qu'elle gagne à chaque pas deux pieds huit pouces en avant, par un mouvement de chacune de ses parties, il est certain que tous les cavaliers dans les deux rangs seront à la même hauteur, et qu'ils s'y maintiendront tout le temps que cette troupe marchera le même pas : que cette troupe passe au trot et qu'à chaque temps de trot les cavaliers gagnent en avant trois pieds huit pouces, que la même troupe passe au galop, et qu'ils fassent chaque temps de galop de dix pieds, toutes mesures de l'ordonnance provisoire, il est certain que, gagnant en avant la même étendue de terrain, les cavaliers devront être alignés par cela même, pourvu cependant qu'aucun d'eux ne s'écarte de la perpendiculaire.

Et en effet, l'égalité de l'allure est un grand moyen pour arriver au but, mais il ne suffit pas encore, et les directions des cavaliers doivent être parallèles, ce qui, tenant chacun d'eux, sur le prolongement de la ligne dont il formait la base au moment du départ, les empêchera de se presser et de s'ouvrir; car si chaque cavalier suit la perpendiculaire, il arrivera du point de départ à celui de l'arrivée par le chemin le plus court; de plus, il ne se jettera pas sur ses voisins, et ne s'éloignera pas d'eux ; que si, au contraire, il quitte cette ligne, il prendra un chemin plus long puisqu'il se sera écarté de la ligne droite ; il décrira une ligne oblique au front de l'escadron et à la direction qu'il devait suivre ; enfin il fera un angle avec les autres lignes, les rencontrera, pressera ses voisins, les repoussera de leur direction première, leur fera commettre la même faute, et quittera en même temps ses voisins du côté opposé, ce qui occasionnera une ouverture dans le front.

Le principe qu'on vient de démontrer est bien rigoureux, sans doute, mais s'il est presqu'impossible, que les mouvemens des chevaux soient aussi compassés, la troupe qui s'en rapprochera le plus, sera celle qui marchera le mieux. Il est donc vrai de dire, qu'on ne peut espérer d'alignement dans les marches, qu'autant que les troupes d'infanterie ou de cavalerie, n'importe, ont été habituées à faire des mouvemens égaux, et à se prolonger sans varier dans la même direction ; il est encore vrai que la chose est plus facile pour l'infanterie que pour la cavalerie, et on le conçoit aisément ; toutefois elle n'est pas impossible, car les marches en colonne, individuelles d'abord, puis sur les différents fronts, avec des têtes de colonne bien conduites, et des cavaliers marchant invariablement à leurs distances, mènent infailliblement à ce résultat, et condamnent ceux qui ne font aucun cas de l'instruction individuelle ; tandis qu'elle est la base indispensable, et la préparation obligée des mouvemens d'ensemble, de telle sorte que dans une instruction bien conduite, il ne doit point exister pour la marche directe et les allures, la moindre différence de principe, depuis le commencement jusqu'à la fin de l'instruction.

XII.

L'alignement est régulier, lorsque se plaçant sur les flancs d'une troupe, le cavalier qui ferme l'extrême droite ou l'extrême gauche, cache tous ceux qui sont au-delà.

OTRE proposition est exacte pour les deux cas, que la troupe soit de pied ferme, ou en marche.

Qu'est-ce en effet qu'un alignement, sinon une suite de points et nous pouvons dire ici une suite de cavaliers dans la même direction, se cachant les uns les autres, vus de flanc, et formant conséquemment une ligne droite.

Maintenant si ces cavaliers sont à la même hauteur, et qu'aucun d'eux ne dépasse, soit en avant, soit en arrière, il est bien certain qu'avec les mêmes dimensions, le cheval de l'extrême droite, ou de l'extrême gauche, doit cacher tous ceux qui sont au-delà.

Que si, au contraire, il ne les cachait pas et qu'on les aperçut, il serait bien évident encore qu'ils ne seraient point à la même hauteur, et point alignés par conséquent; ainsi donc ce renseignement est positif dans toutes les circonstances.

Il y a ensuite des renseignemens secondaires; les têtes des chevaux à la même hauteur, leurs croupes, les pieds de devant ou de derrière, mais ces indications rentrent encore dans le principe qui précède, car si ces parties sont à la même hauteur, elles doivent être cachées par celles de l'extrême droite ou gauche.

On peut encore juger que l'alignement est régulier, sans avoir besoin de se porter aux flancs, lorsqu'étant placé vis-à-vis et en avant du front, on voit que les cavaliers ont leurs chevaux bien droits, et qu'ils se sentent légèrement la botte; mais il faut pour cela que le front ne dépasse guères celui d'un peloton, de manière qu'on puisse embrasser ces détails d'un coup d'œil : toutefois cette règle est insuffisante encore pour l'alignement du second rang, qu'on ne peut apercevoir.

XIII.

Pourquoi, dans les conversions, l'alignement se prend du côté de l'aile marchante.

'EST un principe invariable, que l'alignement dans les conversions, et les conversions terminées, se prend sur les ailes marchantes, excepté cependant lorsqu'on est en colonne, où il est toujours à gauche la droite en tête, et à droite lorsque la gauche est en tête, lors même que la conversion aurait eu lieu du même côté.

L'alignement, ou ce qui revient au même, le guide dans les conversions doit être du côté de l'aile marchante, parce que les conversions commencent ensemble, se font ensemble et se terminent ensemble; ceci a besoin d'explication.

Supposons, par exemple, une colonne avec distance par pelotons, se formant en bataille par un quart de conversion à droite ou à gauche, ou rétrogradant par une demi-conversion : comme le principe des conversions à pivot fixe, est que l'aile marchante doit toujours converser à la même allure, les quatre pelotons supposés commenceront leur quart de conversion ensemble, ils le suivront ensemble, enfin ils l'achèveront et emboîteront ensemble, et l'escadron sera formé en bataille au même instant. S'il s'agit du demi-tour, le mouvement de conversion n'est pas interrompu ; les pelotons qui ont emboîté en même temps déboîtent ensemble, ils parviennent aux mêmes points de leurs demi-conversions ensemble, et ils se trouvent la gauche en tête ensemble, parce que les arcs de cercle étant les mêmes, et l'allure à laquelle ils ont été parcourus la même, il doit y avoir uniformité de mouvemens dans les quatre pelotons supposés, et dans tous les pelotons qu'il y aurait, s'ils suivaient le même principe.

Le même ensemble aura lieu, l'escadron étant en bataille pour le former en colonne avec distance, ou pour lui faire faire demi-tour ; toujours la même garantie en se réglant sur les ailes marchantes.

Qu'arriverait-il, au contraire, en se réglant sur les pivots ? comme ils peuvent ranger les hanches de leurs chevaux plus ou moins vite, et que leur mouvement ne saurait être jamais, quelque bien compassé qu'il fût, ni aussi précis, ni aussi déterminé que de conserver le pas, le trot ou le galop de manœuvre, ce que font les ailes marchantes, il n'y aurait jamais le même ensemble ; disons vrai, il y aurait la plus grande incertitude. En effet, les ailes marchantes seraient obligées d'allonger, ou de ralentir leur allure, et même d'en changer suivant que les pivots iraient vite ou lentement : enfin ces ailes marchantes, par suite de cela, ne seraient jamais au pas, au trot ou au galop, nous voulons dire bien entendu qu'elles seraient hors de l'allure de manœuvre, et comme il n'y aurait pas uniformité de mouvement dans tous les pelotons, l'emboîtement ne se ferait pas en même temps, au premier quart de conversion, non plus que le déboîtement au commencement du deuxième, et l'on n'arriverait pas ensemble dans le sens opposé.

Au contraire, c'est immanquable en se réglant sur les ailes marchantes ; elles ne doivent jamais quitter l'allure à laquelle la troupe marchait précédemment, elles doivent donc commencer leur conversion ensemble, parvenir aux différens points du cercle ensemble, et achever de converser ensemble, puisque les arcs de cercle parcourus par elles sont les mêmes en étendue, et qu'ils le sont au même degré de vitesse. Et quel avantage pour l'ordre, la régularité des marches et mouvemens, que cette certitude d'arriver ensemble, soit en colonne, soit en bataille.

Autre raison : si l'on suppose un escadron en bataille conversant à pivot fixe, et se réglant sur le pivot, comme le mouvement de celui-ci peut être trop vif, ce qui peut lui arriver avec d'autant plus de facilité, qu'un mouvement si lent fatigue le cheval, et le porte toujours à l'augmenter, indépendamment encore de ce qu'il n'a pas une base sûre pour l'exécuter, il en résultera que les arcs de cercle allant en augmentant du pivot à l'aile marchante, celle-ci sera à des allures très allongées, et qu'il lui arrivera même de ne pouvoir suivre au galop le plus étendu, pour peu que le pivot mette trop de précipitation. Qu'on se règle, au contraire, sur l'aile marchante, et qu'on la suppose au dernier degré de vitesse, les autres cavaliers suivront à plus forte raison, puisque leurs arcs de cercle sont moins étendus, et qu'ils diminuent progressivement en se rapprochant du pivot (1).

Ceci démontre évidemment qu'on doit se régler sur les ailes marchantes dans les conversions; mais après les avoir terminées, il faut aussi se régler sur elles, puisqu'elles n'ont pas quitté l'allure à laquelle on marchait précédemment. Les pivots, au contraire, se sont arrêtés, ils reprennent après la conversion leur ancienne allure; mais cette allure, qui vient d'être entamée, ne peut jamais être aussi régulière dans les premiers instans de la marche, que celle de l'aile marchante qui n'a pas cessé de la conserver ; toutefois dans l'ordre de colonne le guide revient toujours à gauche lorsque la droite est en tête, et à droite lorsque la gauche est en tête, comme il a été dit, lors même qu'on aurait conversé de ce côté.

____

(1) C'est par cette raison péremptoire, que **M.** *de Melfort*, tranchait le nœud de la discussion qui s'était élevée, à ce sujet, entre les officiers de cavalerie de son temps ; et c'est par sa planche n° 8, qu'il rendait son argumentation plus sensible. En se reportant à son traité, pag. 134 et suivantes, on verra aussi que, dès 1748, M. de Melfort avait cherché les moyens de remédier à la perte des distances, qui accompagnaient les changemens de direction des colonnes par des conversions successives, quand on ne reconnaissait encore que le pivot fixe; et qu'ainsi il fut loin d'être étranger à l'adoption du pivot mouvant, qui remédia à tous ces inconvéniens en maintenant l'ordre et les distances dans la colonne : ce principe fut consacré dans l'ordonnance du 1er juin 1766.

XIV.

Après les conversions, les alignemens sont pris sur les pivots, mais ils sont commandés du côté des ailes marchantes; toutefois, après les avoir établies, sur l'alignement des pivots, et avoir arrêté la troupe un peu en arrière de l'alignement qu'on se propose de prendre. On a, par ce moyen, deux points au lieu d'un seul, dans l'alignement; et la droite et la gauche de la ligne étant déterminées, les cavaliers n'ont qu'à venir s'emboîter entr'elles.

N prend les alignemens sur les pivots, parce qu'ils sont considérés en manœuvre comme des points immobiles, ou s'ils ne le sont pas absolument, comme leur mouvement est très borné, ils peuvent être considérés comme tels, devant tourner sur eux-mêmes, c'est-à-dire sans gagner de terrain en avant, en arrière, ni sur les côtés (1).

Les pivots qui marquent le front des troupes, conservent entr'eux les espaces nécessaires pour leurs emboîtemens, et s'ils sont exacts à tourner sur eux-mêmes, ils forment autant de jalons d'alignement, et de points de raccord, pour les ailes marchantes des fractions qui ont conversé; ainsi, dans les formations de la colonne avec distance, *à gauche* et *à droite en bataille*, les pivots étant bien en file, et tournant bien sur eux-mêmes, conservent la distance du front des pelotons, et se retrouvent en bataille à la même hauteur après le mouvement; de telle manière que l'aile marchante du quatrième peloton s'aligne sur le pivot du troisième; celle du troisième peloton, sur le pivot du deuxième; celle du deuxième peloton, sur le pivot du premier, et enfin celle du premier, sur le guide qui s'est placé dans la direction des pivots avant le mouvement.

Supposons encore un escadron en bataille, de pied ferme ou en marche,

(1) C'est dans ce sens que **M.** *le général de La Roche-Aymon* a écrit, page 244 : « Il eut été plus naturel de maintenir les yeux du côté du pivot, puisque c'est sur lui que l'on doit s'aligner, etc., etc.; » mais on voit que sa rédaction manque d'exactitude, et qu'il est bien plus naturel, au contraire, de se régler sur l'aile qui décrit la plus grande circonférence, qui conserve l'allure de manœuvre, et dont le mouvement est on ne peut mieux réglé par cette même allure, toutes garanties qui disparaîtraient en se réglant sur le pivot.

il n'importe; qu'on fasse rétrograder cet escadron par un demi-tour par
peloton, et qu'on le remette face en tête par le même mouvement, il y
aura la même facilité à s'aligner. En effet, que l'escadron soit aligné au
moment où commence le mouvement, les pivots le seront aussi; et si ces
mêmes pivots tournent exactement sur eux-mêmes, ils seront à la même
hauteur; le mouvement exécuté, il y aura ainsi autant de points dans
l'alignement sur lesquels on pourra se régler, que dans le cas qui précède;
et il y a un avantage réel à aligner les ailes marchantes sur les pivots des
pelotons voisins, auxquels elles se réunissent, que sur les leurs propres,
dont elles sont séparées par tout le front du peloton, ce qui n'est jamais
si sûr que de s'aligner sur les pivots immédiatement à leurs côtés.

Pour une troupe qui converse à pivot fixe, par un même mouvement,
serait-il mieux de commander l'alignement sur le pivot lui-même? nous
ne le pensons pas; on n'aurait ainsi qu'un seul point de raccord au lieu
de deux, et un seul point ne suffit pas pour déterminer une droite, tandis que deux, tout en donnant plus de facilité, suffisent à peine surtout
pour le front d'un escadron, à cause de son étendue. Au surplus, quoique
commandé du côté de l'aile marchante, c'est réellement sur le pivot que
l'alignement se prend, puisque l'aile marchante, suivant le principe du
n° 524, de l'école du peloton à cheval, qui a enfin prévalu, doit arriver
à la hauteur du pivot, qui ne doit jamais bouger.

XV.

*Dans l'ordre en colonne, le guide est placé aux ailes, à cause des distances et
des directions, qui facilitent la marche de la colonne, et sa formation ou
déploiement; mais dans une ligne de plusieurs escadrons, le guide doit-il
être au centre, pour être également aperçu des deux extrémités, ou doit-il
être placé à l'extrême droite ou gauche?*

GALEMENT applicable à l'ordre de colonne et de bataille,
cette proposition trouve ici sa place, puisqu'il s'agit de
déterminer le point qui convient le mieux, pour déterminer la direction dans l'un et dans l'autre cas.

Lorsqu'on est formé en ordre de colonne avec dis-
tance, les guides, pour la rectitude de la marche et la facilité de la formation, doivent être à l'un des flancs des pelotons, parce que, suivant la

même perpendiculaire de la tête de la colonne à la queue, ils servent dans les formations sur les flancs de jalons d'alignement, en même temps qu'ils conservent les distances, sans lesquelles la formation ne saurait avoir lieu d'une manière régulière ; et bien qu'ils soient placés de la sorte à l'une des extrémités des pelotons, ceux-ci n'ont pas le front assez étendu pour que l'extrémité opposée ne puisse pas se régler sur eux.

Dans l'ordre de colonne serrée, ils doivent encore être aux ailes, parce que le front, bien qu'il soit quatre fois plus étendu, ne s'y oppose point encore, que chaque escadron peut marcher exactement derrière l'escadron qui est devant lui et qui lui sert de guide, parce qu'enfin le déploiement ayant toujours lieu par les flancs, on peut considérer ces points comme régulateurs, et les tenir exactement dans la même direction, et à la même distance les uns des autres.

Mais dans l'ordre de bataille, et dans une ligne de plusieurs escadrons, le guide doit-il être placé aux ailes, ainsi que les ordonnances de 1788, du 1er vendémiaire, et celle du 6 décembre 1829 l'ont prescrit, et toutes les notabilités de la cavalerie, anciennes et modernes, sont-elles d'accord sur ce principe ?

On trouve qu'elles ne le sont pas ; et c'est à cause de cela que nous avons employé le langage du doute. Du reste, nous devions nous en servir encore dans cette question, notre position ne nous ayant pas mis suffisamment à même, de faire des épreuves répétées, avec des lignes de plusieurs escadrons.

Séduits par les raisonnemens et les connaissances en cavalerie des Mottin de la Balme, des Melfort et des Bohan, nous avons long-temps pensé, non que le guide dût être au centre de l'escadron, comme ils le proposent, mais bien à l'une des ailes de l'un ou l'autre escadron du centre, c'est-à-dire à l'aile gauche du troisième escadron, ou à l'aile droite du quatrième, quand nous avions six escadrons ; ainsi nous nous conformions à la formation reconnue qui n'éprouvait aucun changement, le commandant d'escadron n'avait plus l'air d'être subordonné au capitaine de serre-file, chargé de le redresser, celui-ci avait plus de facilité pour apercevoir le point de direction et y maintenir le guide, et nous raisonnions de la sorte : en plaçant ainsi le guide au centre de la ligne, les deux ailes le verront également, et ne seront éloignées de lui que de la moitié du front ; il sera mieux aperçu, surtout s'il est muni d'un fanion ; enfin la direction en sera plus certaine, le point régulateur étant plus rapproché et plus en évidence ; et les fautes inséparables de la marche plus faciles à réparer, car au lieu de s'étendre à tout le front, ce ne sera plus que dans la moitié ; et au lieu de se réparer dans la totalité du front, elles se rectifieront dans la moitié de ce même front.

Ces raisonnemens prenaient plus de puissance encore, par l'opinion imposante du roi de Prusse, par le vouloir bien positif du grand Frédéric, qui certes ne manquait ni d'usage, ni d'habileté.

Mais nous savons aussi de source certaine, que la volonté de ce grand homme était enfreinte sur ce point; et par qui l'était-elle? c'était par *Seydlitz*, qui, dans les détails de la cavalerie avait cette supériorité incontestée, que le roi de Prusse avait pour conduire ses armées : or Warnery, l'ami et l'admirateur de Seydlitz, dont il nous a transmis les principes, et qui était lui-même un officier de cavalerie de marque, dit expressément : « Avant la dernière guerre, le roi de Prusse voulait qu'on regardât au centre de l'escadron, mais il en résultait de grands désordres; aussi quand on manœuvrait dans une revue, c'était en regardant à droite pour ne pas s'embrouiller; et quand le roi demandait à ses généraux s'ils s'alignaient sur le centre, ils répondaient que oui, quoique cela fût faux. » Guibert vient encore confirmer ce témoignage, lui qui recueillit religieusement sur les lieux, en 1773, les principes de ce grand général de cavalerie, si habile pour la former, si rapide pour l'employer, et qui joignait à ce tact particulier, à ce goût, qui lui était propre, l'expérience soutenue de son inspection, sur les cinquante escadrons répandus dans la Silésie; « le principe de M. de Seydlitz, dit Guibert, est de s'aligner sur les ailes, et il préfère cette manière à celle sur le centre. » Ainsi l'ordonnance du 6 décembre 1829 est d'accord sur ce point avec cette immense réputation *cavaleresque*, devant laquelle nous nous inclinons avec une respectueuse admiration.

XVI.

L'alignement est porté de pied ferme à sa plus grande perfection possible, et la troupe s'en éloigne d'autant plus, qu'elle se met en mouvement, qu'elle passe au trot, au galop et au train de charge.

NE troupe de pied ferme a l'apparence d'un corps solide, les cavaliers d'un même rang sont placés exactement à la hauteur les uns des autres, ils se tiennent et se touchent de telle sorte que l'union, dans ce moment, est plus grande et plus intime qu'elle ne peut l'être jamais; mais que cette troupe, qui a l'air de ne former qu'un seul et même corps, se mette en marche, elle ne pourra le faire que par un mouvement particulier à chaque individu qui la compose, et quelque uniformité qu'on soit parvenu, à l'aide de l'instruction, à mettre dans les élémens divers dont elle se forme, il y aura toujours quelque différence. Ne faut-il pas d'ailleurs que chaque cheval ait assez d'aisance pour se mouvoir, et les escadrons peuvent-ils se soustraire aux flottemens qui dérivent de pressions plus ou moins fréquentes?

On peut donc inférer de ce qui vient d'être dit, que les alignemens de pied ferme peuvent être portés à une régularité dont ils ne sauraient approcher en marchant ; que la troupe se portant en avant tend toujours plus ou moins à se désunir ; que cette désunion augmente par l'accélération de l'allure, car plus elle est vive plus les chevaux s'animent ; plus l'aisance leur est nécessaire pour opérer leurs mouvemens ; plus ils sont sujets à s'ouvrir, et moins les cavaliers en sont maîtres. Ceci nous portera à conclure, que l'union doit être d'autant plus parfaite au moment du départ, qu'il est évident qu'elle diminue successivement, et que ce défaut serait bien plus sensible encore, si l'on n'avait pas la précaution de lier les individus les uns aux autres, avant de les mettre en mouvement ; si ceux-ci, au lieu d'avoir de l'aisance étaient serrés, et s'ils menaient leurs chevaux brusquement, au lieu de n'employer que les moyens nécessaires.

On voit des officiers de cavalerie, qui les yeux blessés de ne pas trouver dans les allures vives, la même uniformité dans la marche et les mouvemens qu'à l'allure du pas, restent habituellement à cette allure, ou y reviennent immédiatement peu satisfaits de l'espèce d'entreprise qu'ils viennent de faire ; ces officiers ou instructeurs ne feraient point ainsi, sans aucun doute, s'ils s'étaient rendu compte de ce que nous venons d'avancer, s'ils avaient plus d'habitude, et s'ils savaient se contenter aux allures vives, d'un ordre et d'un ensemble relatifs et en rapport avec l'accélération du mouvement ; car, ainsi que l'ont très bien observé les officiers de cavalerie qui ont la pratique des troupes, les allures allongées et rapides, ont aussi leur calme, pourvu qu'elles soient mesurées relativement à leur vitesse.

XVII.

Calcul sur les conversions, pour évaluer les arcs de cercle, par feu M. le capi-
taine-instructeur Véron.

OUR simplifier les détails, autant que possible, on se borne aux rapports de la circonférence avec le diamètre et le rayon, qu'il est nécessaire de connaître pour concevoir ce qui suivra.

« Nº 1. Le diamètre est le tiers de la circonférence, plus 1/7 », *dont il ne sera pas tenu compte ; 1° pour éviter les fractions ; 2° parce*

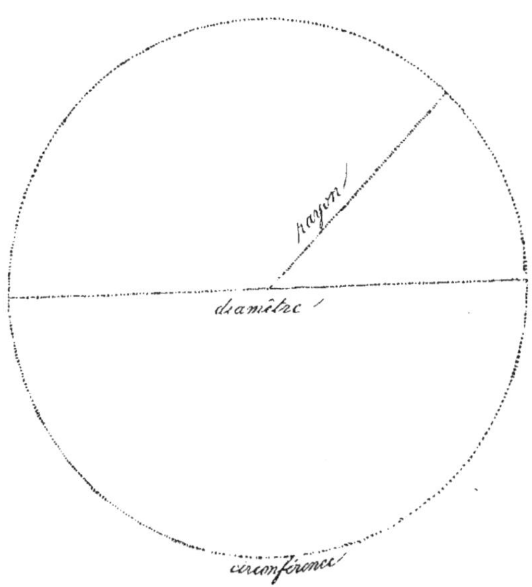

que le septième du diamètre se réduit à rien pour le front du peloton ;
3° parce qu'il est encore très peu de chose pour le front d'un escadron ;

4° parce qu'enfin il faut éviter les complications, pour un calcul qui doit être appliqué à l'instant, sur le terrain et de mémoire.

Ainsi le diamètre sera considéré comme le tiers juste de la circonférence, quelle que soit l'étendue du front ou du rayon, ce qui revient au même.

» N° 2. La circonférence est donc trois fois le diamètre.

» N° 3. Le rayon est la moitié du diamètre, et par conséquent la sixième partie de la circonférence.

» N° 4. Dans les détails des évolutions, on trouve toujours ou l'indication du rayon par le front de la troupe, ou la proportion des arcs de cercle. Une de ces lignes connue, on trouve facilement les autres, car si l'on connaît le rayon, on connaît la circonférence ; si l'on connaît l'étendue du demi-cercle, du quart de cercle, on connaît la circonférence; et si on connaît la circonférence, on connaît aussi le diamètre et le rayon.

» N° 5. L'étendue du front d'une troupe, qui converse à pivot fixe, est la longueur du rayon du cercle, que décrit l'aile marchante de cette troupe.

» N° 6. Le rayon pour une troupe à cheval, est supposé passer par le centre de gravité des chevaux du premier rang, en les supposant tous de la même taille.

Observations.

» Si bien instruite que puisse être l'aile marchante d'une troupe qui converse, elle ne marche pas comme la pointe d'un compas; il ne faut donc pas dans l'exécution, s'attacher à une exactitude trop rigoureuse, mais on doit s'attendre, au contraire, à des irrégularités, tantôt en plus, tantôt en moins, pour les espaces de temps et de terrain.

Nota. Les numéros placés entre parenthèses, sont des renvois aux principes détaillés sous les numéros en marge.

» N° 7. Un peloton de douze files, qui converse à pivot fixe, est considéré comme un rayon de 10 pas ou mètres.

» N° 8. Le diamètre sera de 20   *id.*   *id.* (*Voir le* n° 3).

» N° 9. La circonférence de 60   *id.*   *id.*   *id.*

» N° 10. Exécuter un à droite ou un à gauche, soit à pivot fixe, soit à pivot mouvant, c'est parcourir le quart de la circonférence.

» N° 11. L'aile marchante d'un peloton de douze files, ayant fait un à gauche à pivot fixe, a décrit un arc de cercle de 15 mètres.

» N° 12. Exécuter un demi-tour à droite, ou un-demi tour à gauche à pivot fixe, c'est parcourir la moitié de la circonférence.

» N° 13. L'aile marchante d'un peloton de douze files , ayant exécuté un demi-tour à gauche à pivot fixe, a décrit un demi-cercle de 30 mètres.

Comparaison de la conversion à pivot fixe avec la conversion à pivot mouvant (1).

» N° 14. Un peloton ayant exécuté un quart de conversion à pivot fixe, son aile marchante a décrit un arc de cercle de 15 mètres;

» N° 15. Mais si , au lieu d'exécuter son quart de conversion à pivot fixe, il l'exécute à pivot mouvant, son aile marchante décrira un arc de cercle plus étendu, parce que le centre du cercle que doit décrire l'aile marchante ne doit pas être au pivot , puisque ce pivot marche.

» N° 16. C'est au centre du cercle de 20 mètres , dont le pivot décrit un arc de cercle de 5 mètres, qu'est le centre du cercle de l'aile marchante ; et pour trouver l'étendue de ce centre , il faut compter ainsi :

» N° 17. Le quart de cercle du pivot est de 5 mètres, la circonférence de 20 mètres et le rayon de 3 mètres 1/3 (voir le n° 3.)

» N° 18. Il faut ajouter ce petit rayon à celui que donne le front de la troupe, qui est de 10 mètres. Total 13 mètres 1/3 (2), qui donnent une circonférence de 80 mètres (voir le n° 3), dont le quart est de 20 mètres.

---

(1) M. *le général de La Roche-Aymon*, qui donne par fois une surabondance de moyens , puisqu'il compte pour un escadron six manières de marcher par le flanc , compris il est vrai, les mouvemens par trois, dont nous ne faisons pas usage, veut d'autrefois se restreindre jusqu'à se priver de l'indispensable. C'est ainsi qu'on lit, page 247 : « Ne pourrait-on pas réduire les pivots de conversion à un seul , et déterminer une fois pour toutes que, dans quelqu'espèce de conversion que ce soit , les pivots seraient toujours fixes ou toujours mouvans? » Il est vrai que M. de La Roche-Aymon , en inclinant avec raison pour le pivot fixe, conserve cependant le pivot mouvant pour le changement de direction des colonnes, ce qui fait qu'il ne résout pas la question qu'il avait posée, et qu'il ne change rien à l'usage reçu , contrairement à ce qu'on devait naturellement présumer d'après ses propres paroles. Nous avons dû faire cette remarque , un tel doute dans la bouche d'un homme de cette importance, ne pouvant qu'ébranler un principe indispensable , et dont l'adoption fut un véritable progrès et une nécessité , pour la conservation de l'ordre , dans le changement de direction en marchant des colonnes.

Voir la note de la page 292.

(2) D'après cela, un peloton de 12 files , qui converse a pivot mouvant, a un rayon égal au front d'un peloton de 16 files qui converse à pivot fixe; ainsi le milieu du rayon de la conversion est entre la quatrième et la cinquième file *du côté du pivot* , qui doivent marcher à l'allure à laquelle on marchait précédemment.

» N° 19. Par conséquent l'aile marchante d'un peloton de douze files, qui a fait un quart de conversion à pivot mouvant, a décrit un quart de cercle de 20 mètres.

» N° 20. Il y a donc 5 mètres de différence avec l'arc de cercle de l'aile marchante du même peloton, s'il eut fait son à gauche à pivot fixe, bien entendu que cette différence ne serait plus la même, si l'on supposait plus ou moins de front aux pelotons.

Comparaison des conversions à pivot fixe avec la marche directe.

» N° 21. On suppose qu'un peloton de douze files marche en cercle à pivot fixe, et qu'un autre peloton exécute la marche directe à la même allure.

» Lorsque le peloton qui converse aura fait un à droite ou un à gauche, l'autre peloton aura fait 15 mètres de marche directe. (voir le n° 11).

» N° 22. Lorsque le peloton qui converse aura fait une demi-conversion, c'est-à-dire un demi-tour à droite ou à gauche, l'autre peloton aura fait 30 mètres de marche directe (voir le n° 13), ainsi de suite.

Comparaison des conversions à pivot mouvant avec la marche directe.

» N° 23. L'aile marchante d'un peloton de douze files, exécutant un quart de conversion à pivot mouvant, décrit un arc de cercle de 20 mètres, (voir le n° 19) ; mais comme elle double l'allure, ces 20 mètres répondent à peu près à 10 mètres de marche directe d'un peloton, qui aurait marché à l'allure à laquelle marchait l'autre peloton avant de converser.

Conséquences des principes précédens.

» En se pénétrant bien des principes généraux qui ont été donnés, on pourra faire de semblables comparaisons pour toutes sortes d'étendue de front ; il ne faut que mettre de l'ordre dans ses idées. » (*Fin de M. Véron.*)

Ainsi, quant aux mouvemens par quatre, les arcs de cercle de l'à droite ou à gauche par quatre et du demi-tour, seront le tiers des arcs de cercle qui précèdent ; le rayon de 3 mètres 1/3 appartient à une circonférence de 20 mètres, dont la moitié est 10 mètres et le quart 5 mètres.

Au contraire, les arcs de cercle de l'escadron entier seront quatre fois plus considérables que ceux du peloton, et l'on dira : le front de l'escadron ou rayon étant de 40 mètres, appartient à une circonférence de 240 mètres, dont la moitié est 120 mètres et le quart 60 mètres, plus les guides porticuliers, qu'on n'a pas compris dans ce calcul pour éviter les fractions, et qu'on comptera dans celui qui suit, la fraction étant inévitable.

Si l'on veut savoir l'arc de cercle que décrit l'aile marchante d'un escadron, qui exécute un à droite ou un à gauche à pivot mouvant, on comptera : l'arc de cercle prescrit de 20 mètres, appartient à une circonférence de 80 mètres, dont le sixième est 13 mètres 1/3, qui, ajoutés aux 42 mètres du front de l'escadron, donnent 55 mètres 1/3 de rayon, qui portent la circonférence entière à 332 mètres, dont le quart est l'espace parcouru, c'est-à-dire 83 mètres.

D'après cela, un escadron de 48 files, qui converse à pivot mouvant, a un rayon égal au front d'un escadron de 64 files, qui converse à pivot fixe ; ainsi le milieu du rayon de la conversion correspond, entre la quatrième et la cinquième file de droite du deuxième peloton, si l'on converse à droite ; et entre la quatrième et la cinquième file de gauche du troisième peloton, si l'on converse à gauche, lesquelles doivent marcher à l'allure à laquelle on marchait précédemment.

XVIII.

Calcul pour évaluer le front des escadrons.

ATONS-NOUS d'expliquer, comme il convient, la cause des différences qu'auront remarquées, sans doute, les anciens élèves de M. Véron.

1° M. Véron aurait désiré que, sur le front d'un escadron, on eût tenu compte du septième du diamètre ; nous avons intercallé dans son texte pour être plus bref, et en italiques, les motifs pour lesquels nous pensons qu'on peut s'en dispenser.

2° M. Véron, poussant à l'excès son respect pour l'ordonnance provisoire, compte le front de l'escadron à 37 mètres, suivant les principes généraux de l'ordonnance provisoire, après avoir posé en principe que le front d'un peloton de douze files, *ce qui s'approche le plus de la vérité,* est de 10 mètres ; que résulte-t-il de là ? qu'un calcul détruit l'autre, qu'il en faut savoir deux, ce qui fatigue la mémoire, et qu'on ne sait de quelle manière s'expliquer cette contradiction.

Au contraire, nous avons adopté le chiffre de 40 mètres pour le front de l'escadron, plus 2 mètres pour les guides particuliers : 1° parce qu'il est la conséquence du chiffre de 10 mètres pour le peloton; 2° parce que nous n'avons ainsi qu'un seul calcul facile à retenir; 3° parce que nous évitons les nombres fractionnaires qui empêchent de faire un calcul de mémoire comme on doit pouvoir faire celui-ci; 4° parce qu'enfin ce chiffre si commode pour les évaluations des arcs de cercles et des espaces comparés, est aussi, comme nous l'avons dit, celui qui s'approche le plus de la vérité.

Je suis très fâché, j'en conviens, de n'être pas du même sentiment que l'ordonnance du 6 décembre, sur ce point, surtout après les améliorations notables qui ont été introduites dans les planches, et après avoir été le témoin des soins intelligens, et du zèle qu'a porté à leur exécution mon collègue à la commission, et mon ami, M. le capitaine d'état-major, *Baynaguet de Penautier*, qui a dû procéder, d'après les bases qui lui ont été prescrites. Mais, quelque peiné que je sois d'exprimer une opinion contraire, c'est un devoir, quand on a une forte conviction, lors surtout que, dans une révision, il serait si facile de rentrer dans le calcul qui approche le plus de la réalité, véritable calcul pour la manœuvre, dont on a pu apprécier déjà la simplicité dans ce qui précède.

Sans doute l'ordonnance provisoire avait eu le tort d'avoir deux calculs, l'un conventionnel pour la confection de ses planches, l'autre pour évaluer les fronts et les espaces en réalité; mais il est facile de voir que, voyant deux difficultés à résoudre, elle avait adopté le double calcul pour satisfaire à cette double nécessité.

Car si elle avait compris qu'afin d'éviter les fractions, le mètre par cheval monté donnait plus de simplicité pour la confection de ses planches, elle avait tout aussi bien entendu qu'il fallait donner un autre calcul plus pratique, pour évaluer sur le terrain les fronts et les espaces, et elle était si pénétrée de cette vérité, qu'elle prescrivait même aux chefs de corps de faire mesurer le front de leurs escadrons, page 103, et qu'elle veut qu'on sache combien le front d'un escadron, et celui d'un régiment occupent de toises en bataille, en proportion du nombre de files dont ils sont composés, page 254.

Qu'avons-nous autre chose dans le système qui a été suivi en 1829, qu'un calcul conventionnel? et de quel secours ce calcul nous est-il pour le champ de manœuvre? il nous sera permis de répondre qu'au lieu de nous aider, l'erreur sur l'étendue du front en entraîne successivement une autre sur l'étendue des arcs de cercles et sur les distances. En effet, sur la foi du calcul conventionnel adopté, un officier comptera pour un régiment en bataille :

Cinq escadrons à 50 mètres l'un, compris les guides particuliers, ci. 250 mètres.
Quatre intervalles à 12 mètres l'un, ci. . . . . . . 48 *id.*

Total. . . 298 mètres.

Un autre, au contraire, viendra qui comptera, d'après nos principes :
Cinq escadrons, à 40 mètres l'un. . . . . 200 mètres.
Dix guides particuliers, à 1 mètre l'un, pour éviter les fractions. . . . . 10 *id.*
Quatre intervalles, à 12 mètres l'un. . . . . 48 *id.*

Total. . . 258 mètres.

Lesquels, retranchés du nombre conventionnel, donnent une différence énorme de 40 mètres en moins.

S'il fallait évaluer le front d'un régiment de six escadrons, notre calcul serait plus facile encore, et nous dirions :
Six escadrons, à 40 mètres l'un. . . . . 240 mètres.
Douze guides particuliers équivalant au front d'un peloton de douze files. . . . . 10 *id.*
Cinq intervalles, à 12 mètres l'un. . . . . 60 *id.*

Total. . . 310 mètres.

Tandis que, d'après le calcul conventionnel, on compterait 360 mètres.

Des erreurs analogues se reproduisent, soit dans les arcs de cercle, soit dans les distances, au moyen du calcul conventionnel, qui sont prévenus par le calcul du front du peloton à 10 mètres, le seul admissible.

La seule objection qu'on pourrait faire serait celle-ci : Mais comment, dans la colonne avec distance, les deux rangs pourront-ils être comptés à 6 mètres, et les distances également à 6 mètres, si l'on n'admet que 10 mètres pour le front d'un peloton, car enfin on ne peut compter douze quand on n'a que dix en réalité ?

Cela s'explique, parce qu'après le mouvement *pelotons à droite et* HALTE, on peut s'en assurer, il n'y a guère que cinq en profondeur et cinq en distance, que l'on portera à 6 mètres en gagnant du terrain en avant, sans qu'il y ait d'intervalle sensible pour se remettre en bataille, et ce qui donnera beaucoup d'aisance pour la marche en colonne.

Du reste, avant de reproduire tous ces chiffres, nous avions, jadis, mesuré le front des escadrons sur le terrain, de pied ferme et après des marches, et nous avions trouvé les calculs de l'ordonnance provisoire suffisamment exacts.

Nous avons voulu depuis, mesurer encore l'épaisseur d'un cheval monté, et nous avons trouvé, d'un genou à l'autre, 2 pieds 4 pouces, c'est-à-dire 76 centimètres, en observant que la taille dudit cheval était de 1 mètre 79 centimètres (5 pieds) au garot, qu'il était suffisamment étoffé, avec la côte ronde, et le cavalier également d'une bonne taille de dragon.

Or, le douzième du front de 10 mètres donne 83 centimètres et 3 millimètres, ce qui rend cette mesure suffisamment avantageuse, puisqu'il y a une différence en plus, de 7 centimètres 3 millimètres, pour obvier aux proportions plus considérables, et n'être point serré dans le rang.

D'après cela, nous nous arrêterons aux conclusions suivantes, et nous dirons :

Que, parce que l'ordonnance provisoire avait pris le cavalier monté pour point de départ, à raison d'un mètre pour éviter les fractions, on n'était pas du tout dans l'obligation de partir de cette base évidemment fausse;

Que peu importe, au fond, le cavalier monté et isolé, l'œil le moins exercé connaissant à peu près son épaisseur, et l'espace qui lui est nécessaire pour passer;

Que ce qui importe, c'est d'apprécier de la manière la plus vraie et la plus simple possible le front des pelotons, divisions et escadrons, pour évaluer le front des colonnes, celui des lignes de bataille, et les mesurer aux terrains sur lesquels on doit opérer;

Qu'ainsi c'est le front du peloton de douze files, compté à 10 mètres, qui est le véritable point de départ, soit pour la confection des planches, soit pour l'évaluation des fronts et espaces sur les champs de manœuvre;

Que le cavalier monté sera compté comme la douzième partie du front du peloton, c'est-à-dire 83 centimètres (2 pieds 6 pouces), laissant de côté les 3 millimètres d'excédant, pour éviter des fractions trop petites;

Qu'enfin le front de l'escadron à 40 mètres, plus 2 pour les guides particuliers, est un terme moyen entre les 50 mètres du calcul conventionnel, et les 35 à 38 du calcul de l'ordonnance provisoire, qui donnent la facilité, de conserver dans le rang toute l'aisance désirable, pour les cavaliers et les chevaux, sans laquelle on ne parviendrait jamais à l'ordre et à la précision dans les évolutions.

XIX.

Calcul pour évaluer la profondeur des colonnes.

os calculs précédens mènent tout naturellement à poser des bases pour évaluer la profondeur des colonnes.

Rappelons, avant d'entrer en matière, que les fronts des colonnes sont naturellement déterminés par les principes qui précèdent :

40 mètres pour la colonne par escadron, plus les sous-officiers des ailes.

20 mètres pour la colonne par division, plus le guide particulier.

10 mètres pour la colonne par peloton plus ce même guide.

6 mètres 2/3 pour la colonne par 8.

3 mètres 1/3 pour la colonne par 4.

1 mètre 62 environ (5 pieds) pour la colonne par 2.

83 centimètres (2 pieds 6 pouces) pour la colonne par 1.

Pour évaluer la profondeur des colonnes, nous prendrons pour point de départ la profondeur des deux rangs, évaluée à 6 mètres, quoiqu'elle n'y arrive pas tout-à-fait, pour éviter les fractions et faciliter le calcul; et quant aux colonnes par 8, par 4, par 2 et par 1, nous nous baserons sur les rapports desdites colonnes, avec l'escadron en bataille de 40 mètres.

En mesurant de nouveau la longueur d'un cheval de dragon étoffé, ayant l'encolure dans de bonnes proportions, sans élever ni tendre le cou, et de la taille d'un mètre 79 cent. (5 pieds), nous avons trouvé 2 mètres 27 cent. (7 pieds), qui sont, à un centimètre près, trois fois l'épaisseur du cheval monté, qui nous avait donné, comme on l'a vu dans le calcul précédent, 76 cent. (2 pieds 4 pouces).

Si nous nous en tenions à ces proportions, nous dirions :

Deux longueurs de chevaux, à 2 mèt. 27 cent. . . 4 mèt. 54 cent.

Distance entre les deux rangs, deux tiers de

mètre. . . . . 66 cent. 3 mil.

Total. . . 5 mèt. 20 cent. 3 mil.

Laissant les 3 millimètres de côté, il s'en faudrait donc de 80 centimètres que nous n'atteignissions les 6 mètres adoptés; mais les chevaux de carabiniers et cuirassiers ont de plus grandes proportions, et la distance de 2 pieds entre les rangs doit être plutôt augmentée que réduite, pour prévenir les atteintes, et dans l'intérêt de la marche; ainsi, nous nous en tiendrons au calcul existant, et nous compterons la longueur du cheval 2 mètres 67 cent. (environ 8 pieds).

Deux longueurs de chevaux à 2 mèt. 67 cent. . . 5 mèt. 34 cent.
Distance entre les deux rangs, deux tiers de mètre. . . 66 *id.*

Total. . . 6 mèt. 00 cent.

Ajoutons que, comme la longueur du cheval de carabinier ou cuirassier, n'arrive pas tout-à-fait à 8 pieds, c'est autant de gagné pour la distance, qui s'approche bien des 3 pieds demandés par le colonel de Chalendar, et appuyés par le général Dejean, si elle n'y arrive pas tout-à-fait.

Comme nous n'entrons dans ces détails que dans la vue de simplifier, nous ne nous arrêterons pas à la petite différence qui existe entre le régiment en bataille, et la colonne avec distance par peloton, qui se réduit au petit espace, que le dernier peloton de la colonne, abandonne dans son mouvement de conversion, pour quitter l'ordre de bataille, et se former en colonne avec distance.

Quant à la colonne avec distance par escadron, si elle était définitivement adoptée pour le défiler, ainsi que l'a proposée le général Dejean, la différence mériterait d'être prise en considération, puisqu'elle serait de 32 mètres, et l'on compterait pour un régiment de cinq escadrons, d'après nos principes :

Quatre fronts d'escadron de pivot à pivot à 42 mèt. . . . 168 mèt.
Quatre intervalles qui se retrouvent en colonne à 12 mèt. . 48 *id.*
Profondeur des deux rangs pour le dernier escadron. . . . 6 *id.*

Total de la profondeur. . . 222 mèt.

Non compris, il est vrai, les officiers marchant devant le front de l'escadron tête de colonne, et les serre-files qui marchent derrière le dernier, qu'il est facile d'ajouter.

Pour la colonne serrée, on comptera toujours pour un régiment de cinq escadrons.

Cinq profondeurs à 6 mètres l'une. . . . . 30 mètres.
Quatre distances à 15 (1) mètres l'une. . . . . . . 60 *id.*

Total de la profondeur. . . 90 mètres.

___

(1) Nous proposons d'hors et déjà d'adopter 15 mètres de distance dans la colonne par escadron, Voir pour les motifs la 6ᵐᵉ section, *Sur l'ordre en colonne*, prop. XI.

Plus les officiers marchant devant l'escadron tête de colonne, et les serre-files qui marchent derrière le dernier.

Pour les colonnes qui succèdent, la différence est plus grande encore avec le front de la troupe en bataille, que ne l'avait évalué M. *Jacquinot* (*Cours d'art et d'histoire militaire*, page 186), pour les colonnes par deux et par quatre, et nous allons le démontrer d'une manière évidente (1).

Soit un escadron en bataille : s'il a fait à droite par quatre, il est fractionné en 12 rangs de huit, qui occupent en profondeur le *même terrain* que précédemment, car les fractions de quatre ont tourné sur elles-mêmes.

D'après cela l'escadron en colonne par quatre, qui compte 24 fractions de quatre, occupera *deux fois plus* de terrain que l'escadron en bataille, c'est-à-dire 80 mètres, plus une distance de deux pieds.

L'escadron en colonne par deux, qui compte 48 fractions de deux, occupera *quatre fois plus* de terrain que l'escadron en bataille, c'est-à-dire 160 mètres, plus une distance.

Enfin l'escadron en colonne par un, qui compte 96 cavaliers, occupera *huit fois plus* de terrain que l'escadron en bataille, c'est-à-dire 320 mètres, plus une distance.

---

(1) Il nous est arrivé maintes fois, dans le cours de cet ouvrage, de faire des remarques critiques, qui ne seront point accusées, nous l'espérons, d'avoir été écrites dans un esprit de dénigrement. Bien au contraire, nous croyons en cela donner à des écrivains recommandables des preuves non équivoques d'estime, notre tâche étant trop étendue pour nous arrêter, si nous ne professions pour leurs œuvres une considération particulière. Tels sont nos véritables sentimens, surtout pour ces officiers honorables des écoles, qui suivent la modeste et si importante carrière de l'instruction. Car c'est à ces hommes éminemment utiles, qu'on doit bien des fois ces germes fécondés, qui se développent dans la suite. Ces services sont plus recommandables encore, quand ils marchent de front avec un noble caractère, et tel est le cas de M. Jacquinot de Presle. Ecrivain indépendant, consciencieux, austère, il entend ses devoirs comme une sorte de magistrature. Faut-il s'étonner alors, si son travail porte partout, l'empreinte de la bonne foi et de la droiture, qui commandent la confiance et l'estime? Aussi doit-on regretter vivement l'histoire de la cavalerie française, que se proposait de publier cet estimable auteur, rendu à ses foyers prématurément, au moment où il venait de publier son ouvrage. Toutefois s'il n'a pu recueillir les fruits, qu'un pareil travail semblait lui promettre, tout ne mourra pas avec lui. Son cours subsistera pour le rappeler, et son nom vivra dans les souvenirs des officiers de cavalerie studieux, à côté des Mottin de la Balme, des Bohan et des Véron, noms qui ne sont pas moins célèbres dans nos écoles, quoique ces écrivains recommandables n'aient pas atteint le poste élevé, où semblaient devoir les appeler leurs talens et leurs services.

Cette étendue s'augmentera encore de la profondeur des officiers et des serre-files, qui marchent à la tête et à la queue des pelotons, lesquels peuvent être forcés dans les passages de défilés, de prendre rang dans la colonne, et compris les guides particuliers sont au nombre de douze, qui portent ainsi la colonne par un, à 108 hommes en file, qui donnent une étendue *neuf fois plus* considérable que celle de l'escadron en bataille, c'est-à-dire 360 mètres.

C'est en raison de ces immenses profondeurs, que nous reculons devant la proposition qui a été faite, de porter la distance de marche, dans tous les cas, à 1 mètre au lieu de 2 pieds de tête à croupe; mais si nous pensons qu'il y a inconvénient dans la colonne par huit et au dessous, nous pensons qu'il y a avantage pour les colonnes d'un plus grand front, et nous avons 1 mètre de distance environ, ainsi que nous l'avons dit, en calculant la profondeur des deux rangs à 6 mètres.

CINQUIÈME SECTION.

SUR

LA FORMATION.

Au lieutenant = général

Marquis Oudinot.

La formation, c'est l'art de diviser et subdiviser les troupes dans de justes proportions, de manière à arriver, quel que soit le nombre des diverses fractions, à la surveillance, à la force, et à la mobilité la plus parfaite.

I.

ous devons commencer par préciser le sens de ce mot qui a deux acceptions bien différentes.

S'agit-il de former une colonne en bataille, par un mouvement général, ou par un mouvement successif, c'est une formation; c'est le retour à l'ordre de bataille, c'est l'inverse de la rupture.

Veut-on, au contraire, déterminer l'ordre fondamental et primitif d'une troupe, qui est à la fois point de départ et point de retour; la question est toute différente, et tel est l'objet de notre cinquième section.

La formation ainsi entendue, prend les élémens militaires dans chaque arme; elle les place et les coordonne suivant leur nature, lenr propriétés, l'espèce et l'emploi de leurs armes, et s'arrête au nombre suffisant, pour en faire à la fois un tout redoutable, compact et mobile.

Ainsi pour arriver à la formation déterminée par nos ordonnances, il ne suffit pas que l'organisation constitutive en ait préparé les moyens, en arrêtant les effectifs convenables en hommes et chevaux, mais il faut donner aux régimens ces mêmes effectifs, condition sans laquelle le principe de la formation ne saurait être ni suivi ni appliqué. Toutefois, la direction ministérielle est encore impuissante dans notre monarchie représentative, si les chambres n'accordent pas les allocations suffisantes, et si un bon système de reproduction, proportionné aux besoins et aux ressources de la France, ne vient assurer le complet des remontes de sa cavalerie.

II.

La formation, dans l'origine, a été la ressource de la faiblesse intelligente contre la force ; et son objet a été de substituer la force d'ensemble à la force individuelle.

N général, les inventions humaines sont un effet de la nécessité ; ainsi les hommes ne se réunirent pas dans les premiers âges pour combattre ; ils étaient dispersés, et épuisèrent de la sorte les ressources de leurs forces individuelles ; mais les plus faibles s'étant trouvés nécessairement à la merci des plus vigoureux, l'idée vint à ceux-ci, de suppléer à l'insuffisance de leurs forces, par l'adresse et l'intelligence ; et c'est ainsi qu'ils se réunirent pour se défendre, et pour attaquer avec plus d'avantage.

Telle est l'origine la plus probable et la plus naturelle de la formation ; et quoique ces premiers essais de l'art fussent extrêmement informes, et de tels rassemblemens fort tumultueux et désordonnés, on présume bien de quel côté se rangea la victoire. Dès lors, la formation, ou la réunion de plusieurs contre un seul, prévalut, et les avantages retirés de cette méthode, stimulèrent à la perfectionner.

On ne tarda pas à voir aussi, qu'il ne suffisait pas de se réunir, et qu'une masse d'hommes livrés à eux-mêmes, et conduits par des impressions différentes, n'était encore qu'une multitude confuse, incapable d'agir et de se mouvoir avec ensemble ; dès-lors, on sentit le besoin d'un chef, et celui non moins impérieux de se soumettre à sa direction : toutefois, si ces troupes commandées par un seul, agirent avec moins de précision et de vitesse que l'homme seul, elles eurent incomparablement plus de force.

Cet ordre primitif fut successivement amélioré, les anciens y mirent tous leurs soins, et l'on s'étonne de trouver dans l'ordonnance grecque et romaine (la phalange et la légion) autant de perfection pour des époques aussi reculées.

III.

Plusieurs hommes rangés les uns à côté des autres, et obligés de se régler sur l'un d'eux, perdent en vitesse, précision et liberté de mouvemens, tandis qu'ils acquièrent de la force par la réunion de leurs efforts.

L est bien évident que les mouvemens d'une troupe quelque petite qu'elle soit, ne peuvent jamais être aussi précis, aussi célères, ni aussi faciles à exécuter que ceux d'un homme seul ; celui-ci n'étant gêné par rien, marche et converse avec la plus grande vitesse, tandis que la marche de plusieurs est plus lente et la conversion surtout, en raison de l'étendue du rayon qu'il faut décrire. Il y a enfin entre l'homme seul et la troupe, toute la différence qui doit exister entre un seul corps, mu par sa volonté propre, et plusieurs corps réunis, qui occupant plus d'étendue dans l'espace, sont obligés de se régler entr'eux et qui sont mus par un commandement étranger : toutefois, il est non moins évident, qu'ils acquièrent du côté de la force, qui n'est plus individuelle, comme s'il n'y en avait qu'un seul, mais qui est la somme de toutes les forces diverses dont elle se compose, agissant ensemble et de concert.

Il est donc vrai de dire, que l'homme seul a des mouvemens bien plus faciles et bien plus prompts que la troupe la plus petite, mais que la formation supplée à l'insuffisance de la force individuelle, par la puissance de celle d'ensemble.

IV.

L'idée de diviser et de subdiviser les troupes, s'est offerte d'elle-même, et devait nécessairement se présenter, tellement on trouve de facilité, par ce moyen, à mener et à conduire les troupes, quelque nombreuses qu'elles soient.

UAND les peuplades s'étendirent, quand l'une d'elles en eut envahi plusieurs autres, lorsqu'enfin par des accroissemens successifs de territoire, elle eut pris le nom de nation, dès-lors il fut impossible à un chef, de diriger seul une masse de combattans trop considérable ; et de même qu'on avait vu dans le principe, qu'une petite troupe obéissait à un seul avec facilité, on fut par cela même conduit à diviser en plusieurs fractions une troupe considérable ; et les chefs de toutes ces troupes, obéissant à leur tour à des commandans intermédiaires, relevant eux-mêmes d'un chef suprême, dès-lors tous agirent ensemble et de concert.

Le premier pas fait, on poussa dans l'ordonnance grecque la recherche et la symétrie à un point dont il est difficile de se créer une idée ; et pour en juger, on n'a qu'à examiner la phalange, où à partir de l'homme seul, on forma le *lochos* ou file de seize hommes de hauteur, qu'on doubla successivement par deux, quatre, huit, seize, trente-deux, soixante quatre, cent-vingt-huit de front etc., etc., et toujours seize de profondeur, jusqu'au nombre de mille vingt-quatre files ou lochos, complet de la phalange perfectionnée d'Alexandre ; toutefois, en donnant à chacune de ces fractions un nom différent, avec un chef ayant le commandement de toute sa troupe, et l'astreignant à son tour à obéir lui-même à son chef direct, en remontant ainsi successivement jusqu'à celui qui commandait le tout.

Ainsi dans la formation actuelle une armée est composée de différentes armes, chargées chacune d'un service spécial, et elle se divise en corps d'armée ; les corps d'armée en divisions, les divisions en brigades, les brigades en régimens, les régimens en bataillons ou escadrons, et ceux-ci en pelotons, sections et escouades ; et par cette sage division, le commandement des troupes, non moins que leur administration, devient une chose aisée ; elles se meuvent avec facilité dans tous les ordres imagina-

bles, et le généralissime parvient à faire exécuter ses ordres suprêmes,
jusqu'au dernier soldat.

V.

*Au moyen de ces divisions et subdivisions, un régiment et un corps de troupe,
quelque considérable qu'on veuille le supposer, une armée même, est semblable à une vaste machine, dont la roue motrice, qui ne peut communiquer immédiatement son mouvement qu'à un petit nombre de roues,
en fait cependant mouvoir un très grand nombre par des rouages intermédiaires.*

OMME notre travail s'adresse surtout à de jeunes intelligences, non moins avides de savoir que de preuves,
nous ne sommes nullement arrêtés par le reproche qui
pourrait nous être adressé, de présenter la même
question sous un autre aspect; aussi bien elle est trop
importante pour ne point chercher à la rendre aussi palpable que
possible.

Pour réunir les volontés diverses d'un grand nombre d'hommes et les
faire concourir à une même exécution, il faut une direction unique à
laquelle toutes les autres soient soumises; mais ce qui semble très facile
à obtenir d'un petit nombre d'hommes, semble plus difficile, pour ne
pas dire impossible à réaliser, d'un rassemblement considérable : cependant l'art a triomphé de cette difficulté, et dans l'ordonnance régimentaire
des modernes, un très grand nombre, comme il a été dit dans la proposition précédente, se meut à la volonté d'un seul, aussi bien qu'un très
petit.

Prenons pour point de comparaison un régiment, et il sera facile d'en
faire l'application à un corps de troupes plus considérable, et même à une
armée entière ; car on peut aussi bien dire d'une armée, que c'est un
grand régiment, que Montécuculli disait avec justesse, qu'une armée
n'était autre chose qu'une grande compagnie.

Donc un régiment a un chef ou colonel qui l'emploie à la guerre, et le
fait mouvoir suivant les ordres qu'il reçoit de son général; mais comme
un pareil corps est trop nombreux pour qu'il puisse seul le commander,
le conduire, le faire mouvoir, le surveiller et l'administrer dans ses plus

petits détails, on lui a donné des agens intermédiaires pour être les organes de sa volonté, pour veiller à son exécution, et être les dépositaires d'une partie de ses pouvoirs ; ces agens sont les officiers supérieurs et les capitaines.

Comme le régiment a été divisé en grandes fractions nommées escadrons, chaque capitaine commandant, a le commandement direct sur chacune d'elles, et peut exercer une bien plus grande surveillance sur une portion du tout, que le colonel sur la totalité.

L'escadron étant encore trop nombreux, pour qu'un seul homme, soit à la manœuvre, soit dans son administration intérieure, pût le commander seul, il a été fractionné, d'après le même principe que le régiment, en quatre fractions nommées pelotons.

Ces pelotons sont surveillés dans leur administration intérieure, et commandés à la manœuvre, chacun par un officier, reponsable envers son commandant d'escadron des détails de son peloton, de même, que ce dernier est responsable de son escadron envers le colonel.

Pour ne négliger encore aucun détail, les pelotons ont été subdivisés en deux fractions nommées sections, commandées chacune par un maréchal-des-logis, responsables tous les deux envers le chef de peloton ; et ces sections ont été subdivisées encore en deux fractions nommées escouades, commandées chacune par un brigadier, responsables tous les deux envers leur maréchal-des-logis et les grades au-dessus.

Ainsi une armée se subdivise, comme on l'a déjà dit, au temps où nous vivons, en corps d'armée, le corps d'armée en divisions, les divisions en brigades, les brigades en régimens, etc., etc., et c'est toujours dans le même but.

Ces sages divisions et subdivisions se rencontrent partout, et elles existent dans le gouvernement des nations, comme elles se trouvent dans l'organisation militaire, ancienne et moderne. Ce n'est qu'en divisant et subdivisant le territoire des états, les pouvoirs administratifs, judiciaires et autres, qu'on peut résoudre le problème, qui paraît insoluble au premier aspect, de gouverner de vastes empires, et de faire parvenir les bienfaits d'une sage administration, jusques dans le hameau le plus pauvre, et le plus éloigné du centre.

VI.

La division des troupes en différens corps nommés régimens, est la plus convenable pour les administrer, les instruire, les faire mouvoir, maintenir la tranquillité de l'état, diviser la consommation dans l'intérieur, et pour la composition des armées.

 A formation des troupes, leur division et subdivision, suivirent dans tous les temps diverses variations. Dans les premiers âges de la monarchie française, et quand la légion s'était promenée triomphalement chez tous les peuples connus, il est présumable que nos premiers aïeux, long-temps auxiliaires et voisins de l'Italie, eurent une imitation plus ou moins fidèle de cette ordonnance dégénérée, telle qu'elle était alors.

Charles-Martel et Charlemagne, ces grandes figures historiques, n'accomplirent pas les merveilles militaires de leur époque avec des multitudes confuses et désordonnées : ils appelèrent sûrement la puissance de la formation à leur secours, ils la soignèrent et la perfectionnèrent sans aucun doute. Comment eut fait sans cela l'empereur Charlemagne, pour se transporter successivement sur les points de son vaste empire, soumettre l'Espagne jusqu'à l'Ebre, renverser l'empire des Lombards, jeter les fondemens de la puissance temporelle des papes, ceindre la couronne impériale à Rome, soumettre ensuite ces fiers Saxons, et tomber sur eux comme la foudre pour les châtier de leurs révoltes réitérées? toutefois, nous sommes reduits à des conjectures, à des probabilités, et de tels renseignemens sont bien regrettables pour l'art.

La féodalité s'élevant bientôt sur les débris de ce vaste empire, tous les rapports furent dénaturés, et à la direction d'un seul succéda pour long-temps une confusion générale, qu'on appelle, avec raison, l'anarchie féodale; du moins donna-t-elle naissance à la chevalerie, qui ne fut peut-être pas toujours fidèle à sa mission, qui était toute de protection, mais qui, malgré quelques abus, reprochables seulement à quelques membres indignes d'être chevaliers, n'en est pas moins, ainsi que l'a dit Guibert, une institution généreuse et protectrice, que la France moderne, toute éclairée et civilisée qu'elle est, mais chevaleresque jusque dans les entrailles, envie encore à ces temps d'ignorance.

Néanmoins, l'esprit de la chevalerie qui poussait incessamment le chevalier à faire montre de sa prouesse, sans autre moyen que son adresse et sa force individuelle, et sans compter ses ennemis, se conciliait mal avec la discipline, qui substitue des masses agissant ensemble et de concert à des combattans isolés; aussi le progrès tactique fut-il ajourné. On eut des chevaliers armés de toutes pièces, ainsi que leurs chevaux, se rangeant en haie, à rangs ouverts, pour se charger et s'entre-choquer comme dans un tournois. L'infanterie, cette nation des camps, devint méprisable, et ne consista plus qu'en bandes plus ou moins nombreuses de serfs organisés, on ne sait trop comment, on serait fort embarrassé de dire sur quels principes. Mais comme on ne saurait toujours rester dans un cercle vicieux, qu'il est dans la nature des choses de se perfectionner, et que l'expérience journalière stimule les plus indolens à remplacer par de bonnes pratiques les mauvaises, après bien des variations dans la formation, après avoir quitté la haie pour les escadrons profonds, on essaya des légions sous François Ier, et on arriva sous Louis XIII à l'ordre régimentaire, qui divise les troupes d'une même arme en corps séparés nommés régimens. Cette formation d'origine allemande, qui remonte à la lutte des Provinces-Unies sous Philippe II, prévalut en France et subsiste encore de nos jours, après avoir éprouvé aussi de nombreuses variations dans la force, et dans le nombre de ses divisions intérieures; toutefois elle nous paraît l'emporter beaucoup sur la phalange, et même sur la légion

Notre administration, en effet, est infiniment plus compliquée que celle des anciens; elle est minutieuse, il est vrai; il serait même à désirer qu'on en élaguât tout ce qui n'est pas rigoureusement nécessaire : mais après toutes les réclamations à ce sujet, et toutes les garanties qui sont demandées d'un autre côté, il est permis de croire qu'il n'y a pas à retrancher autant qu'on le pense; et l'on parvient à bien administrer, au moyen d'une grande surveillance et d'un contrôle bien entendu, qui permet de saisir tous les détails et de mettre le plus grand ordre, dans une partie qui serait entièrement désordonnée sans ces sages précautions (1).

---

(1) En tenant ce langage, nous entendons nous concentrer toujours dans les écritures nécessaires, et seulement dans celles-là ; ainsi, nous ne pouvons approuver, en aucune manière, le luxe des écritures dont les conséquences motivent les doléances de M. le baron de Schauenburg. (*Emploi de la cavalerie à la guerre*, avant-propos . page xiij.)

Nous disons que l'administration est plus simple; et en effet, comme les régimens et les divers corps en général, sont composés de la même arme, qu'ils ont droit à la même solde, aux mêmes accessoires, qu'ils sont habillés et armés de la même manière, qu'ils sont dans la même position enfin, il est infiniment plus facile de les administrer, que s'ils se composaient de différentes armes, car il y aurait alors des règles différentes pour chacune. Notre administration est aussi plus facile, quant au nombre qui est borné; tandis que s'il était aussi considérable que celui de la légion, par exemple, ce deviendrait une petite armée, et ce serait sortir du but de la formation, qui est aussi de diviser dans les proportions nécessaires, pour assurer la plus grande surveillance.

Notre formation convient mieux aussi pour l'instruction des troupes; appartenant toutes à la même arme, elles sont instruites d'après les mêmes principes, et cette instruction est aussi très soignée, et poussée aussi loin qu'il est nécessaire, parce que n'ayant qu'une seule instruction, on s'en occupe exclusivement. Les évolutions sont aussi plus simples, puisque les élémens étant les mêmes, chacun se meut de la même manière, et pour arriver au même but.

L'organisation régimentaire se prête aussi merveilleusement à l'instruction des armes spéciales, par la réunion sur le même point des objets nécessaires, pour pousser cette instruction autant que possible; ainsi notre artillerie, inconnue des anciens, a des écoles, où les régimens de cette arme sont formés et entretenus dans le service qui leur est propre, ce qui ne pourrait avoir lieu, si l'artillerie était divisée sur tous les points de la France.

Notre formation est préférable pour la sûreté de l'état; les régimens, en effet, quelques nombreux qu'ils soient, ne le sont jamais assez pour qu'un chef ambitieux cherche à gagner ses troupes et à s'emparer du pouvoir. Elle l'est aussi sous un autre rapport : c'est que les troupes divisées sur toute la surface du royaume, au lieu d'être groupées sur quelques points seulement, présentent une force assez imposante pour prévenir les troubles intérieurs, déjouer les complots des factieux, étouffer la révolte et rétablir la tranquillité.

Notre formation est préférable pour les établissemens militaires du royaume, les plus grands pouvant à peine contenir les régimens au complet; elle l'est aussi sous le rapport de l'économie publique, parce que les troupes disséminées sur toute la surface de la France, consomment les denrées du pays où elles se trouvent, qu'elles font subsister au moins la classe la moins aisée, et qu'on a la facilité, quant à la cavalerie, de la placer dans les lieux où les fourrages sont les meilleurs et les plus abondans.

L'organisation régimentaire, enfin, est préférable pour la composition des armées; en effet, cette composition doit être en rapport avec le pays où la guerre doit se faire. S'il est découvert, si les plaines y sont vastes, on réunit une plus grande quantité d'infanterie de ligne et de cavalerie. S'il est coupé, au contraire, s'il est montueux, ou prend moins de cavalerie de ligne et juste ce qu'il en faut, mais on se renforce en infanterie et cavalerie légère dans des proportions convenables. Du reste, cette ordonnance des modernes a une telle supériorité sur celle des anciens, qu'en se donnant tous les avantages de la légion par la juste proportion des différentes armes, et par le soutien qu'elles peuvent se prêter mutuellement, ces différens corps réunis autant de temps qu'il est nécessaire, sont conduits et administrés, ainsi que nous l'avons vu dans les divisions modernes, par leurs chefs directs et naturels, sous la direction de généraux qui se bornent à les employer comme élémens de guerre et de combat.

Donc, si la phalange eut l'honneur de former le vaste empire d'Alexandre, si la légion romaine sut triompher de sa rivale, et soumettre le monde connu des anciens, l'organisation régimentaire perfectionnée compte aussi de glorieux services; c'est avec son assistance que FRÉDÉRIC tint tête aux principales puissances de l'Europe, liguées contre lui; c'est encore avec cette formation que NAPOLÉON entreprit son plan de monarchie universelle, qu'il réalisa presque contre l'Europe civilisée : et si les trophées de *Zama* et de *Pharsale* ont un juste retentissement, la postérité plus impartiale dans la distribution de ses couronnes, ne mettra certes pas au-dessous, les journées mémorables de la guerre de Sept-ans, et surtout les grands chocs de *Rivoli*, de *Marengo*, d'*Austerlitz*, de *Wagram*, avec tant d'autres encore, de la même époque, qui ajoutent au lustre de l'organisation régimentaire (1).

____

(1) Voir la critique du système légionnaire du *général Rogniat*, par le *général Marcellin Marbot*, et le cours d'art et d'histoire militaire du *commandant Rocquancourt*, tom. IV, page 632.

VII.

La formation de la cavalerie, après avoir beaucoup varié pour son front, et plus encore pour sa profondeur, s'est arrêtée maintenant au carré long par escadron, sur deux rangs de hauteur; le premier rang aborde seul l'ennemi, mais le second formant, pour ainsi dire, une troupe de soutien et de réserve, sert à rehausser son moral, et à réparer les pertes qu'il peut faire.

 A cavalerie fut formée par les anciens en losange (1); on lui fit prendre aussi la forme d'un coin ou d'un triangle, qui était la moitié de la losange; d'autres, et c'est le plus grand nombre, donnèrent à leur cavalerie une forme rectangulaire, et la formèrent sur trois, sur huit, sur dix, sur douze, et même sur seize de profondeur.

Quelqu'estime que nous professions pour Mottin de la Balme, nous ne savons à quelle source il a puisé, qu'à Soissons et à Tolbiac, nos aïeux, conduits par Clovis, combattirent formés sur un rang. Il est plus probable que ce fut plus tard, et quand à l'unité monarchique d'alors, succéda l'anarchie féodale, que ces fiers vassaux voulurent être tous en première ligne; la bravoure leur faisait désirer de se mesurer tout d'abord avec l'ennemi, l'amour-propre ne leur permettait pas de marcher derrière un égal, ou réputé tel par eux; aussi les hommes d'armes, bardés de fer, furent-ils long-temps formés sur un seul rang.

Leur cavalerie, formée en haie de cette manière, ayant éprouvé des échecs en combattant contre les reîtres de Charles-Quint, qui étaient disposés sur plusieurs rangs de hauteur, ils furent attribués à son peu de profondeur; toutefois, on tomba dans l'excès opposé, et l'on se forma sur huit, sur dix de hauteur, et plus encore; cette profondeur, qui paralysait tout ce qui dépassait le deuxième rang, en masquant tout ce qui était derrière et l'empêchant d'agir, fut diminuée graduellement et réduite à huit, à six à cinq, à quatre, à trois, enfin à deux rangs, ainsi qu'elle est formée aujourd'hui, et comme on l'a vu dans notre Revue historique.

---

(1) Sujet de l'illustration qui est à la fin de cette section; les cavaliers y sont armés, suivant le système de Xénophon, avec deux javelots, dont l'un est en réserve dans la main gauche, et l'autre prêt à être lancé de la main droite.

C'est par l'autorité du succès, c'est parce que l'ordre profond montra ce que pouvait une infanterie résolue ainsi formée, qu'on en fit l'application à la cavalerie, sans tenir compte des graves différences résultant de la conformation de l'homme et du cheval, lesquelles ne permettent pas aux cavaliers de faire, ce qu'à la rigueur pourraient faire des fantassins.

Qu'on range en effet l'infanterie sur plusieurs rangs de hauteur, qu'on la forme sur dix rangs, ainsi que nos aïeux formèrent leur cavalerie; quoique le fait ait été bien contesté dans la discussion sur l'ordre profond entre *Guibert* et *Ménil-Durand*, il est possible, à la rigueur, que les derniers rangs poussent les premiers; du moins, s'ils ne le font pas pour prévenir le désordre, la conformation de l'homme rend la chose rigoureusement possible.

Mais les chevaux peuvent-ils faire de même? peuvent-ils se pousser? peuvent-ils se presser sur ceux qui les précèdent? c'est absolument impraticable, sans qu'un désordre général s'ensuive. En effet, les chevaux placés aux premiers rangs, pressés, talonnés, recevant des atteintes, et gênés dans leur marche par ceux des derniers rangs, feraient des efforts pour se soustraire à une suite si pénible; ils s'inquiéteraient, se mettraient à ruer, donneraient des coups de pied pour éloigner des voisins si désagréables, et rompraient bientôt leurs rangs. Que, si ce n'était pas dans l'intention d'augmenter l'impulsion qu'on la formait ainsi, dans quel but le faisait-on? il est impossible de trouver d'autre motif, car cette méthode réduisait beaucoup le nombre des combattans; passé le deuxième rang, le reste devenait inutile, et se trouvait dans l'impuissance de prendre part au combat.

Cette formation surtout était bien vicieuse en cas d'échec, car de quelle manière cette cavalerie agglomérée et formée en masse, sans autre distance que celle de tête à croupe, pouvait-elle rester étrangère au désordre des premiers rangs? elle ne devait servir qu'à augmenter la confusion, la déroute, et qu'à rendre plus difficile encore le ralliement et la retraite.

Dans ce moment, notre cavalerie est formée par escadrons, ou grandes troupes rectangulaires de quarante-huit cavaliers de front sur deux de hauteur, et c'est la formation généralement reconnue la meilleure. Le premier rang seul aborde l'ennemi, et le choque de toute la pesanteur de son front, ce qui est étranger, il est vrai, au second rang, et pourrait faire croire au premier instant qu'il est inutile; mais le premier rang peut être reçu avec vigueur, il peut perdre du monde et présenter des vides en différens endroits; alors les cavaliers du deuxième rang s'avancent, ils les remplissent, maintiennent toujours le même front, et recrutent, si l'on

peut se servir de cette expression, le premier rang, devenu incomplet.
Indépendamment de cela, les cavaliers du premier rang, se sentant soutenus par ceux du second, agissent avec plus de confiance et de détermination, de telle manière que cette formation est encore avantageuse,
relativement à l'effet moral qu'elle produit sur eux.

Dans la formation en ordre profond, ou avait beaucoup de cavalerie
pour n'en utiliser que le cinquième, quand elle était sur dix rangs; maintenant on a la facilité de faire entrer en ligne, d'engager et de faire combattre toute celle qu'on a. Le désordre ne peut aller au-delà du second
rang; la seconde ligne, suffisamment éloignée, n'y prend aucune part;
elle reste bien ordonnée, bien solide; et, au moyen de ses intervalles,
qu'elle agrandit en se ployant en colonne dans chaque escadron, elle
donne à la ligne qui a souffert la facilité de se rallier derrière elle.

Enfin la formation sur deux rangs, donnant à la cavalerie les moyens
d'exécuter aisément les mouvemens de conversion, qui étaient fort difficiles
avec trois, et impraticables pour les petites fractions avec un plus grand
nombre, on a pu doter cette arme d'un système de manœuvres complet et
approprié à sa nature, ce qu'on eut vainement tenté sans cette réduction
préalable.

<h1 style="text-align:center">VIII.</h1>

*Les escadrons d'un même régiment ne forment pas une seule et même troupe
contigue; mais ils sont séparés par des espaces déterminés, désignés sous le
nom d'intervalles.*

Ne ligne pleine ou en muraille a de grands inconvéniens,
que n'a pas la ligne à intervalles actuelle.

La ligne pleine demande une instruction bien plus parfaite que la ligne à intervalles, et quelque complète que
soit cette instruction, le désordre et la confusion sont
toujours à craindre dans cette formation, parce qu'ils lui sont inhérens.

En effet, si, dans l'ordre de bataille, les fautes commises sur les différentes parties du front, se transmettent de proche en proche à toutes les
parties qui le composent; si elles établissent un flottement général sur toute
la ligne, et si ces fautes premières en occasionnent de nouvelles, il est
bien évident que, plus la ligne sera étendue, plus ces fautes deviendront

fréquentes; plus elles seront difficiles à réparer, et plus la ligne perdra de son ordre primitif; on ne peut pas avoir la moindre incertitude à cet égard, et nous l'avons suffisamment démontré en parlant des alignemens.

S'il est vrai, d'un autre côté, que plus l'allure est vive, et plus les chevaux ont besoin de liberté, pour opérer leurs mouvemens, plus ils sont sujets à s'ouvrir et difficiles à conduire, et plus le désordre est à craindre; on peut juger de celui qui surviendra par l'une de ces causes, à la suite d'un accident imprévu, par un léger obstacle dans une ligne de bataille pleine aussi considérable, où le moindre mouvement se communique nécessairement. Nous avons également démontré ces différens effets, ces divers inconvéniens de l'ordre de bataille, tous inévitables, parce qu'ils tiennent essentiellement à sa nature. Comment ne pas reconnaître la dépendance, où l'on est ainsi les uns des autres, dans un corps composé de nombreux individus, en contact immédiat?

Cependant, malgré tous ces inconvéniens, cet ordre plein, cet ordre en muraille, comme on le nommait, était en usage dans la cavalerie de FRÉDÉRIC; mais il faut reconnaître aussi que, sa vie durant, ce grand prince fut toujours sur le qui-vive, que ses troupes organisées pour la guerre, étaient visitées à l'improviste par leurs généraux inspecteurs, et qu'enfin venaient annuellement les manœuvres d'automne, où, sous les yeux du roi, et menés par d'habiles chefs, les régimens prussiens arrivaient consommés dans l'exercice et les évolutions de la cavalerie. Cet ordre était donc une grande difficulté à vaincre, mais non insurmontable avec des élémens aussi parfaits. Les idées de Seydlitz toutefois, ne cadraient pas sur ce point, non plus que pour le guide au centre, avec celle de son illustre souverain; et ce général de cavalerie type donnait la préférence, ainsi que son ami Warnery à la ligne à intervalles; les remarques de ce dernier, sur la cavalerie, nous apprennent « que les intervalles qui avaient toujours existé entre les escadrons (1), avaient été abolis fort à propos, mais contre les Turcs seulement (2), par le

---

(1) Sous Montecuculli, ces intervalles étaient de dix-huit pas.

(2) Cette disposition particulière contre les Turcs, prouve combien il était essentiel de se précautionner contre l'audace entreprenante de leur cavalerie. « Ils n'ont pas de cuirasses qui les couvre par devant ou par derrière, ni à pied, ni à cheval, de sorte que n'étant pas chargés d'armes, ils sont d'une merveilleuse agilité, tant par eux-mêmes, que par la vitesse de leurs chevaux, par la légèreté des harnais, des selles et des fers dont ils sont ferrés, qui sont fort minces et fort unis : c'est ce qui les rend si prompts à courir devant et derrière, à caracoler aux flancs et à la queue, à harceler, à investir, à se retirer

prince Louis de Bade ; le grand avantage à cette époque, étant de rester serré en carré, en avançant lentement, la cavalerie entre-mêlée avec de l'infanterie. » Warnery ajoute que cet ordre est blâmable dans toute autre circonstance, et il désapprouve avec force le principe de la phalange appliquée à la cavalerie par *Puységur*, très estimable auteur militaire, ajoute-t-il, pour son époque, mais peu versé dans les détails de la cavalerie, ce qui n'avait pas empêché Frédéric d'adopter ses maximes sur ce point et à son propre dommage.

Toutefois, la ligne à intervalles fut conservée en France ; seulement on diminua peu à peu ces espaces, qui étaient tant pleins que vides, autre formation défectueuse ainsi qu'on va le démontrer.

Il y avait dans cet ordre autant de vide que de plein, c'est-à-dire, que les escadrons étaient disposés sur la même ligne, et séparés les uns des autres par des intervalles égaux à leur front, comme l'indique la définition de cet ordre, qui existait encore dans les principes généraux de l'ordonnance provisoire, quoiqu'il y eût long-temps qu'on y eut renoncé, et que ni texte ni planches n'en présentassent plus un seul exemple.

Cette disposition était défectueuse, sous le rapport de la marche en bataille, qui devenait plus difficile, en raison de l'étendue du front, et sous le rapport du commandement, qui devait se faire entendre aux extrémités de la ligne, bien plus éloignées que dans l'ordre actuel.

Cette disposition avait l'inconvénient de tenir les escadrons trop éloignés les uns des autres, de laisser leurs flancs à découvert, en butte aux

et à faire tomber l'ennemi dans des embuscades ; mais ils ne peuvent soutenir de pied ferme, et sans s'ouvrir, le choc d'un escadron bien proportionné, bien serré et armé pesamment. »

Telle est la manière dont *Montecuculli*, qui les connaissait bien, dépeint dans ses mémoires, la manière de faire la guerre de ces fiers Osmanlis, si différens des Turcs dégénérés de nos jours, et qui seraient sûrement entrés à Vienne, en 1683, sans les remparts de cette capitale, malgré quelques assertions contraires mises en avant au sujet des fortifications de Paris ; car Vienne était déjà investie le 7 juillet, et SOBIESKI, pressé de la secourir, ne la dégagea par sa victoire mémorable que le 12 septembre suivant ; certes si cette capitale n'eut point été fortifiée, le grand-visir, quelqu'inexplicables qu'aient été ses retards, ne serait pas resté plus de deux mois sous les murs d'une ville ouverte ; il n'aurait pas donné au héros de la Pologne le temps d'arriver, et la puissance des Turcs, au lieu d'aller en déclinant, comme elle fit depuis, aurait acquis sans doute, par ce grand succès, autant d'influence qu'elle en perdit par le revers qui s'ensuivit.

Quant au prince Louis de Bade, qui guerroyait contr'eux en 1686, il se rendit célèbre par plusieurs exploits, qui lui ont conservé de l'illustration dans les armées allemandes.

attaques d'une cavalerie audacieuse et bien montée, comme l'était alors celle des Turcs, et la ligne de bataille était bien loin d'être compacte, et d'avoir la même force que celle de nos jours.

Ainsi formée, sans aucun motif de terrain, ou de raison qui justifiât cet éloignement des escadrons, la cavalerie formait une faible ligne brisée sur les flancs de l'armée, et il n'eut pas été difficile à un ennemi tant soit peu entreprenant, de remporter de grands avantages, en concentrant davantage ses escadrons et la chargeant avec vigueur.

D'un autre côté, sa formation était moins bonne pour l'attaque, comme aussi pour envoyer où besoin était des escadrons de secours, ou pour compléter un succès; car étant plus éloignés, les escadrons se protégeaient moins les uns les autres, où ils avaient plus de chemin à parcourir pour se porter sur le point nécessaire.

Qu'on se soit formé en muraille ou ligne pleine, c'est, comme nous le dit Warnery, la nécessité de se tenir sur ses gardes contre les Turcs qui y a conduit, et par habitude on s'y est tenu dans quelques armées; du reste, au premier examen, moins il y a de vides dans une ligne, plus on croit obtenir de force : tandis qu'on concevrait difficilement, que des escadrons appartenant à un même régiment, se soient éloignés à plaisir, et à tel point, que quatre escadrons dans cet ordre occupaient environ autant de terrain que six d'aujourd'hui, si l'on ne savait qu'à cette époque peu manœuvrière, le passage des lignes, ainsi que la bataille de *Lens*, gagnée par le *grand Condé*, en 1648, nous en fournit un exemple, s'opérait sans que les deux lignes qui se traversaient quittassent l'ordre de bataille.

Donc la ligne à intervalles d'aujourd'hui a un immense avantage sur les deux formations précédentes. On a senti qu'il fallait se concentrer pour la force, et se diviser pour rendre la marche plus facile et plus rapide; or l'intervalle de douze mètres, plus avantageux encore que celui de neuf pas, réclamés par Bismark, et que celui de l'ordonnance provisoire, paraît résoudre ce double problème, surtout en faisant passer en serre-file, pendant le ploiement des colonnes par escadron, les guides particuliers de l'escadron qui sert de base, ce qui ajoute encore à l'aisance de l'escadron, qui tourne immédiatement en arrière.

Ainsi les escadrons sont plus concentrés qu'ils n'étaient jadis, leurs flancs plus garantis, leur protection réciproque plus immédiate; l'étendue de la ligne diminuée sensiblement rend la surveillance, le commandement et la marche plus faciles, les secours sont plus prompts à partir et à arriver; et quant à la marche, ces espaces sont suffisans, pour que les irrégularités qui en sont inséparables, s'isolent dans les escadrons, se réparent dans les escadrons même, et ne s'étendent pas aux escadrons voisins.

Quand les allures augmentent de vitesse, les chevaux prennent dans chaque escadron l'aisance qui leur est nécessaire ; la marche devient ainsi plus aisée, plus franche, et moins fatigante, parce qu'il y a plus de liberté, et qu'elle est moins sujette au flottement.

Enfin les intervalles qui rendent le ralliement plus prompt et plus sûr, en isolant chaque escadron, qui devient ainsi plus saillant, et plus facile à retrouver, font aussi que la sortie et la rentrée des tirailleurs sont plus faciles, qu'il en faut moins ; que les chevaux qui cessent de marcher droit, qui sont incommodés par la pression du rang, qui s'épouvantent, que les accidens du terrain et les passages d'obstacles n'influent pas dans les marches en bataille, sur l'ensemble d'une ligne comme dans une ligne pleine ; ils offrent aussi une ressource pour quelques évolutions, notamment pour le passage des lignes et l'écoulement des colonnes en retraite.

Toutefois, si l'ordonnance a dû fixer un intervalle, elle n'a interdit nulle part de le modifier, et elle n'est nullement en contradiction avec les nécessités de la guerre, qui se résument admirablement bien dans ces paroles de Bismark : « Cependant il ne faut pas s'assujettir trop strictement à l'intervalle prescrit ; les intervalles doivent se mesurer d'après le terrain qu'on occupe, la ligne de bataille de l'ennemi, et en général d'après les circonstances particulières à chaque combat. »

C'est dans cet estimable auteur, c'est dans les remarques de Warnery que notre jeune lecteur approfondira cette question : « Je ne veux pas de la ligne, tant pleine que vide, dit Warnery, parce qu'un escadron est trop éloigné de l'autre, etc., etc. » ; et Bismark, se ralliant aux idées de l'ami de Seydlitz, ajoute : « La mobilité paraît gagner aux intervalles ; mais ils ne doivent pas être trop grands, si l'on ne veut pas que la cavalerie perde sa force essentielle, qui est dans le choc » ; et le choc ne saurait avoir lieu dans les parties où règnent de trop grands vides.

Disciple de l'école prussienne, *M. le général de La Roche-Aymon*, répudiant cependant l'ordre en muraille que préférait Frédéric, reproduit, à plusieurs reprises, ses propositions en faveur de l'ordre tant plein que vide, lorsqu'on est formé sur deux lignes, et les dispose en échiquier, de manière que le plein de la première étant en face du vide de la deuxième, elles puissent se traverser l'une l'autre, sans quitter l'ordre de bataille. A ce sujet, il maltraite beaucoup nos passages de ligne en avant ou en arrière,

par colonnes d'escadron, malgré leur analogie avec sa ligne manœuvre,
dont il fait des applications répétées, en exceptant toutefois le cas reconnu
par notre ordonnance, quoique les colonnes d'escadron soient espacées de
43 mètres, qui sont bien quelque chose pour l'écoulement des colonnes
en retraite, et que la formation de chaque escadron, le passage effectué,
soit aussi rapide que possible.

Toutefois, M. de La Roche-Aymon, après avoir laissé son lecteur dans
la pensée qu'il ne reconnaît plus que l'intervalle, tant plein que vide, déclare, plus tard, qu'il considère l'intervalle d'un demi-escadron comme
fondamental pour toute cavalerie manœuvrant sur une ligne, ce qui le
porte, d'après notre calcul sur les fronts, à 21 mètres, qui nous paraissent encore trop considérables.

Après avoir traité la question des intervalles en général, et avoir maintenu notre dire, en nous voyant appuyés par Warnery et Bismark, notre
devoir nous imposait de signaler ce grave dissentiment, et nous ajouterons
que les passages des lignes, tels que nous les entendons, comptent en leur
faveur avec les suffrages des *Melfort* et ceux de nos ordonnances, ceux
du cours de *Jacquinot*, et tout récemment encore, du *général baron de
Schauenburg* (1).

Résumé historique pour les intervalles.

(1) 1648. Bataille de Lens. Intervalles tant pleins que vides.

1675. Montecuculli. Intervalle de 18 pas d'un escadron à l'autre.

1686. Époque du prince Louis de Bade, qui adopte l'ordre en muraille contre les Turcs.

1740. Frédéric donne la préférence à l'ordre en muraille.

Seydlitz préfère la ligne à intervalles, ainsi que Warnery, qui les veut de 20 à 25 pas
au plus.

1766. Ordonnance du 1er juin. L'intervalle est toujours du front d'un demi-escadron.
Les deuxième et troisième lignes ont des intervalles au moins égaux à leur front, et la
formation en muraille est prévue, mais comme exception seulement.

1777. Ordonnance du 1er mai. L'intervalle est toujours du front d'un demi-escadron
dans l'ordre de bataille ordinaire. Dans l'ordre en muraille, il est fixé à 6 pas. L'ordre de
bataille tant plein que vide continue d'être rappelé.

1781. Bohan. Intervalle égal au quart du front d'un escadron, avec la faculté de le
prendre du front d'un escadron.

1788. Instruction du 20 mai. L'intervalle est de 9 pas, et celui d'un régiment à un
autre de même, avec la faculté d'agrandir ledit intervalle donnée au commandant en
chef.

1793. Livret de commandemens pour les évolutions des troupes à cheval. Suppression
de l'intervalle entre les escadrons dans l'ordre de bataille habituel. Intervalle de 6 pas

IX.

*Les grandes fractions du régiment sont les escadrons, et leur front doit être
assez étendu, pour qu'ils aient une force suffisante ; mais ils ne doivent pas
l'être au-delà des bornes convenables, parce qu'ils cesseraient ainsi d'avoir
la mobilité et la célérité nécessaires.*

Ans une ligne de bataille, les escadrons sont les unités,
c'est-à-dire qu'ils forment un seul et même corps qui
s'administre seul, susceptible de marcher seul, d'agir
seul et de combattre seul ; il faut donc qu'ils puissent le
faire avec avantages.

En considérant la force de l'escadron sous le point de vue de la marche
seulement, il est évident que les escadrons à petit front marcheront avec
infiniment plus d'aisance que ceux d'un front étendu ; mais, d'un autre
côté, ils n'auront plus la même force, pouvant être débordés facilement à
leurs ailes, et comme ils vont toujours se réduisant, ils ne seraient bientôt
plus que de forts pelotons.

D'autre part, une grande étendue ne serait pas sans inconvéniens, parce
qu'au-delà de certaines proportions, l'ordre est difficile à conserver, et que
la force est toujours en raison de celui qu'il y a. Du reste, ces escadrons
à grand front, loin de fournir une charge vigoureuse, seraient les pre-

d'un régiment à un autre, avec la faculté au commandant en chef d'en établir entre les
escadrons, et d'augmenter les intervalles des régimens suivant les circonstances.

1801. Instruction Magimel. Intervalle ordinaire entre les escadrons, 9 pas.

1804. Ordonnance provisoire. Intervalle entre les escadrons 10 mètres, et d'un régiment à un autre, 15 mètres.

1821. Général de Bismark. L'intervalle du front d'un demi-peloton ou section, 9 pas.

1829. Ordonnance du 6 décembre. Intervalle entre les escadrons, 12 mètres ; d'un
régiment à un autre, 24 mètres.

1829. Général de La Roche-Aymon. Sur une ligne, l'intervalle sera du front d'un
demi-escadron. Sur deux lignes, il sera tant plein que vide et en échiquier.

1838. Colonel de Chalendar. 15 mètres d'un escadron à l'autre.

Nous insistons pour le maintien des 12 mètres de l'ordonnance, qui suffisent pour la
marche en bataille, et qui s'élèvent à 14 mètres environ, en faisant passer momentanément en serre-file les guides particuliers de l'escadron qui sert de base, pour se ployer
plus facilement en colonne par escadron.

miers à se rompre et à se désunir : c'est donc le terme moyen qu'il faut prendre, et l'escadron actuel, formé sur deux rangs et au complet de quarante-huit files, nous paraît réunir les avantages indispensables : mobilité, célérité, ordre et force (1).

Et en effet, il est on ne peut plus mobile, la formation intérieure lui permettant de rompre, marcher, changer de direction, et se former dans tous les sens, de diminuer graduellement son front jusqu'à l'homme seul, afin de pouvoir passer par tous les défilés, et de l'augmenter successivement jusqu'à ce qu'il soit entièrement formé.

L'ordre s'y maintient bien, parce que son front n'étant pas trop étendu, il y a moins de cavaliers en ligne susceptibles de se déranger les uns les autres, que les fautes se réparent plus vite, que la pression y est moins vive, et conséquemment la fatigue moins grande.

Il a de la célérité, son front lui permettant d'en avoir pour les raisons qui viennent d'être déduites ; et il a de la force enfin, parce que la force est la résultante de l'ordre, et que son front n'étant pas assez étendu pour qu'il se désunisse, il peut aborder et charger l'ennemi, au même instant, de toutes les parties de son front.

Le front de l'escadron pourrait être porté à soixante-quatre files, mais au maximum ; encore ce ne pourrait être qu'à l'entrée en campagne, et avec l'effectif du pied de guerre (2) ; toutefois, quoique le front de cet escadron se dédouble toujours par moitié jusqu'à l'homme seul, comme dans la phalange, d'abord en deux divisions de trente-deux files chacune, les divisions en deux pelotons de seize files chacun, ceux-ci en deux sections de huit files chacune, et finalement par quatre, par deux et par un, nous donnons encore la préférence à l'escadron de quarante-huit files, plus facile à tenir au complet, et à diriger, soit pour l'administration, la manœuvre et le combat.

(1) Quelque considération que nous ayions pour Bohan, il s'en faut que son organisation vaille celle du comte de Saint-Germain. On le trouve sur cette importante question en défaut ; car peu lui importe, dit-il, le nombre d'escadrons dont les régimens sont composés, ce qui, au contraire, importe beaucoup, sous bien des rapports ; quant à la force des escadrons, on conçoit qu'il les veuille de 200 chevaux, mais il s'éloignait par trop de l'unité du commandement, en revenant aux 4 compagnies par escadron.

(2) L'escadron à 64 files est celui auquel le lieutenant-général, comte de Bismark, donne la préférence. Nous avons donné à ce sujet quelques aperçus dans notre Revue historique, pages 114 et 115.

X.

L'escadron de quarante-huit files étant trouvé préférable pour la manœuvre,
son effectif doit être combiné de manière que ce front se maintienne tou-
jours au complet.

os escadrons de manœuvre sont de quarante-huit files,
plus les deux guides particuliers des ailes, plus aussi qua-
tre serre-files, officiers non compris (1) ; mais dans nos
garnisons même, où la cavalerie est bien loin de faire
les mêmes pertes qu'en campagne, il est bien rare que
leur effectif sur le pied de paix, permette d'atteindre ce complet. En supposant même que cet effectif le soit, ce qui paraît fort douteux aux nombreuses réclamations qui s'élèvent de toutes parts (2), les hommes en permission, en congé, en détention, à l'hôpital, etc., etc.; et, d'un autre

(1) Commandant d'escadron.   1
Capitaine de serre-file.   1
Chef de peloton.   4
48 files.   96
Guides particuliers.   2
Serre-files.   4
                       Total. 108

Cependant le même front pourrait être conservé, sans avoir ce nombre, en laissant
des files creuses au second rang, ce qui n'aurait aucun inconvénient, si l'on se bornait à
évoluer par pelotons, renvoyant à d'autres jours d'exercices, les doublemens et dédoublemens, ainsi que les mouvemens par quatre.

Officiers.   6
Premier rang. . . . .   48 h.
Encadremens du deuxième rang.   8
Guides particuliers.   2
Serre-files.   4
                       Total.   68

(2) Ceci était écrit avant le 30 octobre 1840, et nous désirerions bien que nos effectifs
se maintinssent au chiffre, que leur a donné récemment M. le maréchal-ministre duc
de Dalmatie.

côté, les chevaux de remonte et à l'infirmerie réduisent singulièrement l'effectif des présens et disponibles.

Que sera-ce en campagne, où les maladies seront plus fréquentes, à raison des fatigues de la guerre, où il y aura des hommes et des chevaux perdus dans le combat, où, quelque soin qu'on ait, on comptera des chevaux blessés plus ou moins, où les détachemens, les différens services de l'armée exigeront de la cavalerie sur plusieurs points, et réduiront d'autant le nombre des hommes en ligne.

On a un immense avantage à avoir de gros escadrons constitutifs, et dans la cavalerie légère surtout ; l'effectif de l'escadron de manœuvre se maintient mieux ; quoiqu'on soit obligé de fournir aux différens services, il reste encore assez d'hommes en ligne pour la charge et le choc. Les pertes de la guerre affaiblissent l'escadron, sans doute, mais enfin il y a plus de chances pour qu'il ne cesse pas d'être escadron ; tandis que nos faibles escadrons, sans détachemens aucuns, ne nous ont souvent donné, vers la fin de la campagne d'Espagne, en 1823, que deux pelotons, et moins encore ; enfin il vaut mieux avoir de l'excédant, que de ne pas en avoir assez, et dans les occasions bien rares où l'on en aurait, on en forme une petite troupe par escadron (1), qu'on emploie à tout le service extérieur, afin de maintenir toujours l'escadron de manœuvre audit complet.

Nous nous félicitons que ceci, qui fait partie de notre ancien travail, et auquel nous avons bien peu retouché, soit en rapport avec l'ordonnance qui règle l'organisation de la cavalerie du 19 février 1831 ; mais, hâtons-nous de le dire, quelque rationnelle que soit cette ordonnance, quelque bien conçue qu'elle soit dans l'ensemble et dans les détails, quelqu'avantageuse qu'elle soit pour l'Etat et pour former de bons officiers, quelque justifiée qu'elle soit encore par l'organisation des cavaleries qui ont eu et ont encore de la supériorité en Europe, on ne recueillera pas les bienfaits de cette organisation, si l'on ne complète pas avec soin les effectifs tels qu'ils sont déterminés ; et si l'incomplet affligeant, que tous les bons esprits signalent, se reproduit, si l'on ne prépare de loin la reproduction suffisante du cheval de guerre indigène, non-seulement cette organisation n'est pas possible, mais telle autre encore qu'on voudrait lui substituer.

----

(1) Dans cette hypothèse, ces excédans d'escadron seraient formés en arrière de leurs escadrons respectifs dans l'ordre de bataille, et ils pourraient être réunis utilement avant la charge, chaque moitié placée en potence derrière chacune des ailes, à l'effet de n'être pas tourné, et de se donner au contraire les moyens de tourner l'ennemi ; ajoutons cependant que nos moyens en cavalerie doivent devenir plus puissans pour arriver à de tels résultats.

XI.

*Les cavaliers doivent être formés dans l'escadron, de manière que les plus an-
ciens et les plus braves soient au premier rang, et que les cavaliers qui logent,
mangent et vivent ensemble, fassent partie des mêmes pelotons, et sôient
placés les uns à côté des autres.*

omme le premier rang est le plus avancé, et celui, par
conséquent, qui aborde l'ennemi, il doit être considéré
comme la place d'honneur de l'escadron, qui appartient de
droit aux cavaliers les plus anciens et les plus braves, qui
électriseront, par leur exemple, leurs camarades moins
anciens qui les suivent, et leur communiqueront cette ardeur avec cet
élan qu'il est plus facile de sentir que d'exprimer : ainsi l'avait établi, dans
l'escadron qu'il commandait, notre vénérable compatriote, et je puis
ajouter aussi mon guide bienveillant, le *général de Parazols*, camarade de
régiment, ami et collaborateur de *Bohan*, ainsi que je l'ai dit dans ma
Revue historique.

Les hommes qui vivent ensemble, qui se retrouvent à chaque instant
dans le service et hors du service, ont bientôt mis en commun peines et
plaisirs ; ils sentent le besoin de s'entr'aider, de se soutenir réciproquement,
et ne tardent pas à vivre comme frères ; si de plus ils ont fait la guerre ,
s'ils ont partagé les mêmes dangers, ils auront été à même d'apprécier leur
bravoure , auront été sujets aux mêmes privations, ils auront partagé le
dernier morceau de pain , et il n'est pas possible de supposer que de tels
hommes combattant ensemble, ne fassent les plus grands efforts, amis
qu'ils sont de leurs voisins et bien assurés d'être soutenus par eux. C'est
ce qui faisait la force des anciens corps ; ils étaient riches et glorieux de
leurs souvenirs ; c'est ce qui a fait encore qu'ils ont été renouvellés plusieurs fois, et que les recrues incorporées ne tardaient pas, entendant
parler les anciens et servant avec eux , à devenir eux aussi des *vieilles
guerres.*

Mais si, au lieu de former les hommes de cette manière, on les rangeait
au hasard , si on les plaçait indistinctement à côté d'autres hommes qu'ils
ne connaîtraient pas , dès lors plus de confiance, plus d'élan, plus d'ar-

deur, plus d'impulsion; mais en revanche froideur, hésitation, défiance, inquiétude.

Ainsi dans le bataillon sacré de Thèbes, chaque thébain avait son ami qui était plus occupé de ses périls que des siens propres, et qui cherchait à lui servir de bouclier en toute circonstance (1); de même les vieux corps, qui ont partagé les fatigues, les dangers et toutes les chances de la guerre, ont-ils cette union que nous nommons esprit de corps, qui fait que tous font cause commune, ce qui est une arme bien puissante dans les mains d'un chef habile et qui décuple leur force; tandis que les nouveaux régimens, privés de ce mobile, ne peuvent souffrir le parallèle.

D'après cela, il ne suffit pas, que les régimens se composent des mêmes hommes, mais nos règlemens ont sagement fait de prescrire que toujours dans les mêmes escadrons, pelotons, sections et escouades, ils vivent, servent et combattent ensemble, de manière qu'un ordre si sage et dont les résultats sont si frappans, soit suivi dans la fraction la plus grande comme dans la plus petite; enfin pour trancher le mot, l'escadron dans les chambres, aux appels, à la manœuvre, dans les cantonnemens et en présence de l'ennemi surtout, doit toujours être formé de la même manière.

Toutefois, l'organisateur, éclairé sur les conséquences de la guerre, et toutes les pertes qui se rattachent aux situations diverses dans lesquelles les troupes sont placées, déplore que ces causes destructives viennent incessamment, et dans la cavalerie plus qu'ailleurs, jeter la perturbation dans des dispositions aussi rationnelles; mais sera-ce une raison pour ne pas les prendre, pourra-t-on arguer de là, pour attaquer cette organisation? Non sans doute, cet ordre sera maintenu tant qu'on le pourra; du reste, les rangs se dégarniraient sensiblement, et il resterait à peine le cadre, que ces pertes reparées, le vieil esprit reprendrait sur les nouveaux appelés toute son influence.

___

(1) Cette troupe délite composée de 300 jeunes gens étroitement unis entr'eux, et renommés par leur valeur fut placée par *Épaminondas*, dans la célèbre journée de *Leuctres* à son aile gauche, pour faire la première application que l'on connaisse de l'ordre oblique, qui devait ouvrir une nouvelle carrière aux conceptions des généraux. Et en effet, pendant que l'aile droite des Lacédémoniens était enfoncée par le choc de cette profonde phalange, que *Xénophon* compare à celui d'une galère, *Pélopidas*, à la tête des Amis, les prenait en flanc et à revers, ajoutant à leur réputation et à la sienne propre un nouveau lustre.

XII.

Les officiers doivent aussi commander les mêmes hommes, dans toutes les situations possibles.

vec des officiers sans commandement fixe, employés indistinctement de côté et d'autre, et qui ne seraient pas attachés exclusivement à la même troupe, on éprouverait les plus graves inconvéniens pour l'administration intérieure; et lorsqu'ils seraient en présence de l'ennemi, ils ne connaîtraient pas leurs hommes, ne sauraient pas ce qu'est l'un, ce qu'est l'autre, de quelle manière sert celui-ci, comment sert celui-là; s'ils peuvent compter sur tel, s'ils ne peuvent compter sur tel autre; ils ne pourraient enfin les employer suivant leur caractère; et l'on sait combien ces nuances sont importantes à saisir.

Les soldats à leur tour, ne les connaissant pas, ne sauraient avoir ni confiance, ni attachement, ni plaisir à servir sous leurs ordres; mais si, au contraire, les officiers sont toujours avec leur troupe, ils la connaîtront bientôt dans ses plus petits détails; rien ne leur sera étranger; ils seront au fait et au courant de tout; et s'ils marchent à l'ennemi, il s'établira une confiance mutuelle des officiers en leurs soldats et des soldats en leurs officiers, résultat inévitable de leur connaissance réciproque, et du fond qu'ils peuvent faire sur chacun d'eux : ainsi une troupe qui a de la confiance, et qui marche avec plaisir sous les ordres de ses chefs, est une troupe invincible, tandis que celle qui n'a pas de confiance en eux, est glacée à leur aspect, et privée de toute force morale.

XIII.

L'escadron-compagnie doit-il être maintenu, ou doit-on revenir aux deux compagnies, comme avant la réorganisation de 1815?

XIV.

Faut-il faire subir quelque modification nouvelle aux cinq escadrons, dont se composent aujourd'hui les régimens français ?

EL était le texte de deux propositions, qui trouvaient naturellement place dans cette section, sous le double rapport historique, et pour discuter aussi l'organisation la plus convenable. Il était peut être téméraire d'entrer en lice, sur une question aussi générale, après tant de notabilités, après plusieurs ministres et maréchaux organisateurs, placés au premier rang dans l'opinion de l'armée, après nombre de commissions et de comités, qui tous, ont consolidé le principe de l'escadron-compagnie ; mais enfin nous ne pouvions décliner une double question, qui se présentait naturellement, et nous l'avions traitée, dans son ensemble et ses détails, quand parut le travail du *lieutenant-général marquis Oudinot*, sur le casernement et l'organisation des troupes à cheval.

Les chambres ont reconnu naguère par un vote imposant, combien ces observations sur le casernement, appuyées par le *maréchal Soult*, étaient fondées ; et elles se sont associées à ces deux puissantes voix, pour assurer la conservation de notre cavalerie.

Nous avons aussi la pensée, que quant à l'organisation, question toute spéciale, les personnes compétentes ont été d'avis que ce point n'avait pas été traité avec moins de bonheur ; alors nous avons dû faire le sacrifice de vues complètement analogues, quant à l'esprit, à un écrit appuyé sur des documens officiels, non moins que par l'autorité du grade, de l'expérience raisonnée, de talens spéciaux, et nous nous faisons un devoir de le recommander à l'attention de notre jeune lecteur.

Ce n'est pas que le général Oudinot, qui rend complètement justice à l'organisation constitutive du 19 février 1831, en soit le partisan exclusif ; il y fait même des modifications : mais celles qu'il cherche à y introduire, tendent toutes à consolider l'escadron unitaire, par une application que des effectifs trop réduits jusqu'à ce jour, n'ont permis de faire, que lorsqu'après les événemens de 1830, la cavalerie fut mise au complet, et dans le moment où nous écrivons. Aujourd'hui, nul doute, que la même quantité de chevaux, versée dans les temps ordinaires, dans les cinq escadrons, qui composent le régiment, ne les maintienne sur un pied plus respectable, que si le versement avait lieu dans les six escadrons de 1831.

Nul doute aussi, que la formation à six escadrons, ne fût plus convenable qu'à cinq, sous plus d'un rapport ; c'est ainsi que les régimens de hussards de Frédéric, étaient à dix escadrons, que Warnery les préfère de beaucoup à ceux de cinq, et que l'élément des remontes est tellement répandu en Russie, que les régimens russes sont forts de huit escadrons mobiles, de cent soixante chevaux, en temps de paix, et de cent quatre-vingts en temps de guerre, moyennant un neuvième escadron de dépôt destiné à les alimenter.

Mais ce qu'il est possible de réaliser en Russie, avec les richesses en chevaux de ces contrées, pouvons-nous l'imiter dans notre indigence chevaline, il faut le dire, et pouvons-nous ne pas faire entrer cette considération capitale, dans l'ordonnance constitutive ? le principe militaire ne doit-il pas céder ici, à cette raison *sine quâ non,* et ne convient-il pas d'ajourner la formation du sixième escadron, jusqu'au moment où l'espèce sera devenue moins rare ?

C'est aussi pour maintenir le principe unitaire, autant que possible, que le général Oudinot veut des effectifs plus forts encore que ceux de l'ordonnance constitutive de 1831 ; on peut se demander après cela si la divergence d'opinion est bien sérieuse : quant à nous, elle ne nous apparaît que pour certains détails, non quant au principe, et nous nous réjouissons de ce rapprochement d'idées.

Lorsqu'une question si long-temps controversée, arrive à ce point entre deux organisateurs pratiques, tels que MM. les lieutenans-généraux Préval et Oudinot, on a tout lieu d'espérer que l'opinion est complètement formée, et que le terme des incertitudes et des changemens essentiels dans l'organisation constitutive est arrivé.

Nous n'avons pas laissé passer inaperçues et sans reconnaissance, ces paroles non moins sagaces que paternelles : « Je sais tout ce qu'a de funeste l'instabilité dans les institutions ; aussi loin de moi la pensée d'une réforme radicale ! j'accepte les principes sur lesquels repose l'organisation actuelle ; seulement j'en veux les réalités et non la fiction. »

Rien de plus propre en effet, pour semer l'inquiétude et la désaffection que les organisations nouvelles si controversées, qui portent, chacune dans son sein, des inconvéniens que son créateur ne peut pressentir quelle que soit sa perspicacité, que l'expérience fait bientôt connaître, et dont une circonstance inattendue vient rompre incessamment l'harmonie ; il appartenait et la chose mérite d'être notée, à un jeune général plein d'avenir, et animé d'une même sympathie pour l'art et les personnes, de se prononcer pour le principe de l'amélioration graduelle, et de montrer sa répugnance pour des réformes radicales, dont les résultats certains sont ceux que nous venons de signaler.

Toutefois, malgré son désir bien prononcé d'ouvrir de nouvelles sources à l'émulation, le général Oudinot qui voulait rentrer tout à fait, dans l'esprit et l'application réelle de l'escadron unitaire, éloignait toute pensée d'augmentation de cadres, en insistant, au contraire, pour que les effectifs des cadres existans fussent plus complétés.

On obtenait ainsi les bienfaits de cette organisation, encore ajournée par une marche contraire ; et cette manière d'entendre l'augmentation de la cavalerie, eut été plus réelle que celle qui a été suivie, le 29 septembre 1840.

Nous nous félicitons dans nos faibles efforts , de nous trouver en harmonie parfaite avec le général Oudinot, quant à la manière dont l'institution équestre doit être comprise en France. Dans des rapports fréquens avec notre cavalerie, l'honorable général a été à même de constater, « qu'à une bravoure incontestée , nos soldats joignent de l'adresse, de l'agilité et beaucoup d'aptitude aux exercices équestres ;

» Que les officiers leur donnent l'exemple du dévouement à tous les devoirs ;

» Que jamais l'instruction individuelle n'a été portée dans nos régimens, au degré de perfection qu'elle a atteint aujourd'hui ;

» Que le système actuel de remonte, suivi depuis plusieurs années avec persévérance, a sensiblement amélioré les chevaux de troupe ;

» Qu'ainsi notre cavalerie possède tous les élémens de succès. »

Et, d'après ces améliorations constantes, le général Oudinot en demande le complément, c'est-à-dire un recrutement plus équestre ; « la cavalerie ne devant recevoir que des hommes forts, robustes et familiarisés dès leur enfance avec les chevaux , surtout avec le peu de temps que le soldat reste en France sous les drapeaux ;

» Un bon système de casernement, qui réunira à des écuries bien disposées, des manéges et des terrains d'exercice à proximité des quartiers, qui concourra aussi beaucoup à former plus promptement des cavaliers, et dont il donne le plan d'ensemble ;

» Une augmentation d'effectif avec les garanties nécessaires pour qu'il soit toujours proportionné à celui des autres armes ;

» Enfin l'institution d'un camp permanent et spécial pour la cavalerie, afin de former le coup-d'œil des officiers, pour qu'ils apprennent à manœuvrer en grand, et où toutes les améliorations puissent être tentées avec suite et persévérance. »

Ce dernier vœu, avec l'école de cavalerie pour base, était celui des Melfort et des Bohan, qui l'ont consigné dans leurs écrits, comme nous l'avons déjà dit; c'était aussi celui du général de la Ferrière, La modestie du réorganisateur de l'école, en 1825, l'avait empêché de la rappeler comme la pierre angulaire de l'édifice; mais d'autres avaient réparé comme nous cette omission, imposée par une réserve pleine de délicatesse, en confondant ces divers restaurateurs de l'instruction équestre en France, dans un même sentiment de gratitude et de reconnaissance, qu'augmente encore l'ordonnance contre-signée du maréchal Soult, du 8 septembre 1841 :

En maintenant les cadres actuels de la cavalerie et la déclarant arme spéciale;

En portant les régimens à six escadrons au pied de guerre;

Et formant pour le service des états-majors des armées deux régimens de chasseurs à cheval guides, qui préviendront l'appauvrissement de nos escadrons.

SIXIÈME SECTION.

SUR L'ORDRE EN COLONNE.

Au lieutenant = général

Vicomte Walhiez.

Au moyen de ses différens fronts, la colonne est un véritable passe-partout quant à la marche ; elle donne aussi les moyens de tromper l'ennemi, de le surprendre, et de se former rapidement en bataille quand et comme il convient.

I.

OLONNE, dit l'ordonnance, aux définitions et principes généraux , est
la disposition d'une troupe qui a
rompu , et dont les fractions sont
placées les unes derrière les autres.

Nous ajouterons que dans cette
situation, ces fractions diverses observant les distances
prescrites, doivent être alignées par leurs flancs du
côté des guides, et sur une ligne perpendiculaire de la tête
à la queue, de manière qu'en se plaçant vis-à-vis de la
troupe qui est à la tête de la marche, celles qui sont derrière soient complètement masquées par elle.

Les colonnes varient dans leur front et dans leur profondeur,
suivant l'objet qu'on se propose. Plus le front est petit, plus
elles ont de profondeur , et s'éloignent de l'ordre de bataille.

Plus il est étendu, moins elles ont de profondeur, et plus elles sont voisines de cet ordre, sur la tête de la colonne notamment.

II.

Avantages qu'on peut retirer de cet ordre.

'ORDRE de colonne est en usage, comme on l'a vu, pour l'instruction du cavalier et du jeune cheval, parce qu'ainsi qu'il a été démontré, moins les fronts sont étendus et plus les mouvemens sont faciles, ce qui fait une impérieuse obligation de commencer par le plus petit front possible, celui de l'homme seul, et de ne l'augmenter que graduellement, à mesure qu'ils sont libres dans leurs mouvemens, et qu'ils acquièrent l'habitude de l'instruction.

2° Pour régler les allures : ce n'est en effet que dans les marches en colonne, qu'on peut régler les allures de la cavalerie, sur tous les fronts et dans tous les degrés de vitesse, parce qu'il suffit de suivre et de se régler sur la tête de la colonne, en conservant la distance prescrite.

3° Pour faire route, se mouvoir avec plus d'aisance et de promptitude, proportionner son front à la largeur des défilés qu'on est obligé de passer ; pour éviter la fatigue, la difficulté et même l'impossibilité de marcher de front trop long-temps de suite ; enfin pour masquer ses forces et attendre le moment favorable de se former en bataille.

4° Pour se procurer, ainsi que l'a prévu l'ordonnance n° 975 pour une attaque de résistance, une succession d'efforts, au moyen desquels on fatigue l'ennemi, on le lasse, on l'épuise, on le porte à se dégarnir de son feu et on finit par l'entamer.

Toutefois cette manière d'employer la cavalerie est tellement destruc-tive, et cette arme est si nécessaire dans une armée, que ces considéra-tions ajoutent plus de poids encore aux vœux du *maréchal Saint-Cyr*, exprimés dans ses mémoires sur la campagne de 1813, pour modérer l'emploi de la cavalerie : « c'est à coups de canon et de baïonnettes, qu'il m'a toujours semblé qu'il fallait enfoncer les carrés et les lignes ennemies. De cette manière, on n'a pas besoin d'une cavalerie nombreuse, et celle qu'on a est bonne, parce qu'en la ménageant on conserve des cavaliers instruits. La méthode contraire, en changeant le but primitif de son institution, occasionne une destruction tellement prompte, qu'elle paralyse ensuite l'armée qu'on a accoutumée à cette coopération mal entendue. »

III.

Inconvéniens inhérens à cet ordre.

L y en a un premier sous le rapport tactique ; c'est que toutes les fractions, qui sont derrière la **première**, sont dans sa dépendance, et prennent part forcément à ses variations d'allure et de direction ; comme lorsque les mouvemens de la tête sont réguliers, ils le sont aussi derrière elle.

Autre inconvénient : c'est que si la tête de la colonne communique aux troupes, qui sont derrière, son impétuosité, si elle leur fait partager son élan et ses succès, il est rare quand elle échoue, qu'elle ne leur fasse pas prendre part à ses revers; parce qu'entre troupes placées les unes derrière les autres, à des distances très rapprochées, les mouvemens se communiquent avec la plus grande promptitude et les refoulemens sont inévitables.

IV.

Pour que les contre-temps inséparables de la marche, ne se communiquent pas à toute une colonne, on la fractionne, ou, pour mieux dire, on laisse subsister entre les escadrons en colonne, les séparations qu'ils avaient en bataille.

I un régiment, et mieux encore un corps de troupe plus nombreux, ne formait qu'une seule et même colonne, sans autre séparation que la distance de deux pieds, dans les colonnes par quatre, deux et un, et la distance de front dans les colonnes avec distance, les fautes qui se commettraient à la tête, au centre et dans toutes les parties de cette colonne, seraient bientôt ressenties par tout ce qui suit, et plus la colonne serait considérable, plus il y aurait d'à-coups, d'irrégularités, plus il y aurait de cavaliers qui y prendraient part, et plus il y aurait de fatigue et de lenteur dans la marche.

Mais en laissant subsister en colonne les mêmes séparations qu'en bataille, un régiment, par exemple, au lieu de former une seule colonne, en formera autant qu'il y aura d'escadrons, et les fautes qui se commettront dans chacune de ces colonnes, s'y répareront à la faveur de la distance d'escadron, et ne s'étendront pas à celles qui suivent.

C'est une chose sensible encore, que l'aisance et la facilité que donnent ces distances d'escadron, pour la formation dans tous les sens de la colonne avec distance. Chaque escadron est séparé, il forme sa colonne partielle, aux ordres du capitaine qui le commande ; s'il se trompe, il se trompe seul, et son mouvement irrégulier peut n'être pas suivi des autres ; si l'on se trompe devant lui, il n'en arrive pas moins à la place qu'il doit occuper en bataille. Qu'on juge maintenant si une seule et même colonne, soit pour la marche, soit pour la facilité de la manœuvre et la rectification des fautes, est susceptible d'une telle régularité.

Du reste, si tous les pelotons dont le régiment se compose, étaient à une seule et même distance, les formations sur les flancs, à gauche et à droite en bataille, au lieu de nous rendre dans ces directions, l'ordre fondamental et primitif, nous donneraient une ligne en muraille, que nous ne reconnaissons pas.

Si donc, comme l'a dit M. le général de La Roche-Aymon, page 333, le principe fondamental est d'éviter à une colonne un éloignement inutile, les réflexions qui précèdent, prouvent qu'ici, les distances provenant des intervalles, ne sauraient être considérées comme telles.

Le principe qui a dicté notre formation est donc excellent en théorie et en pratique. Est-on en bataille, chaque escadron se meut pour son compte au commandement de son chef, en se conformant à la direction donnée ; est-on en colonne, chaque escadron est encore séparé des autres et forme sa colonne. Il en résulte, ainsi qu'il a été dit, aisance et promptitude dans la marche, moins de fautes et de fatigue, tout s'isolant dans les escadrons ; plus de surveillance, chaque capitaine ayant son commandement distinct et séparé ; moins de faux mouvemens en manœuvre, parce que des colonnes partielles éviteront des fautes qui ne pourraient rester étrangères à des colonnes compactes ; enfin l'escadron en bataille ou en colonne, est toujours escadron et forme sa troupe séparée, comme il le fait pour l'administration et en toute circonstance.

V.

Comme les distances entre les escadrons formés en colonne en augmentent la profondeur, qu'elles divisent davantage les troupes et ralentissent leur formation, il ne faut conserver d'un escadron à l'autre, dans les marches, que la distance qui a été prescrite.

OMME NT les formations ont-elles lieu ? C'est par le rapprochement, c'est par la réunion des fractions de la troupe, qui avait été fractionnée pour la facilité de la marche; or, plus les colonnes seront profondes, plus il y aura de terrain à parcourir pour chacune d'elles; aussi les colonnes serrées et les colonnes avec distance, se forment-elles bien plus promptement que les colonnes par quatre, celles-ci que celles par deux et ces dernières que celles par un : que serait-ce encore, si l'on augmentait les distances entre les escadrons sans y être obligé, par l'impérieuse raison exprimée dans la proposition qui suit ?

VI.

Afin que , dans les attaques en colonne , la tête ne mette pas le désordre et la confusion , en cas de revers , dans la colonne qui la suit , on rentre alors dans le pouvoir discrétionnaire , qui résulte de la nécessité des circonstances , et on augmente les distances prescrites par l'ordonnance , évitant de trop éloigner les fractions les unes des autres , parce qu'elles ne pourraient plus se soutenir , et de les tenir trop rapprochées , parce qu'en cas de revers , le désordre serait inévitable.

ous avons parlé dans l'énoncé de notre proposition, d'un pouvoir discrétionnaire, résultant de la nécessité des circonstances, et nous espérons être compris de tout officier intelligent et capable, qui est bien convaincu, tout en respectant beaucoup l'ordonnance et ses préceptes, qu'à la guerre où tout est imprévu, il faut savoir en modifier les principes, pour en retirer tous les avantages possibles. Il y a mieux, celui qui dans une position pareille voudrait en être le rigide observateur, ferait à contre-sens et passerait pour un esprit étroit, sans aucun coup-d'œil militaire.

Il me sera permis dans cette circonstance, de m'appuyer d'un fait dont j'ai été moi-même le témoin, pour démontrer combien l'on agit à contre-sens, en voulant dans les circonstances de la guerre agir aveuglément, d'après la lettre de l'ordonnance. Un détachement assez considérable de cavalerie et d'infanterie avait été formé dans le but de reconnaître et de tâter une ville de guerre importante ; il s'agissait donc de faire un grand déploiement de ses forces, et c'est dans cet esprit, que l'officier-général, qui le commandait, avait prescrit aux capitaines de la cavalerie, qui appartenaient à divers régimens, de former leurs escadrons en avant en bataille sur un seul rang (1). Ainsi l'on donnait le change à l'ennemi, on lui faisait croire à une cavalerie deux fois plus nombreuse, et la formation elle-même voilait cet intelligent stratagème ; mais il n'en fut pas ainsi : l'officier supérieur qui était absent étant accouru, saisit mal l'ordre qui lui fut rendu, et avec ces éclats de voix qui sont toujours funestes à la tête des troupes, mais surtout quand il faut mesurer ses actions, parce qu'il est difficile de revenir sur ce qu'on a dit, il exigea qu'on se formât d'abord sur deux rangs, puis qu'on fît le mouvement à gauche sur un rang, ce qui était se dévoiler soi-même. On céda par esprit de discipline, mais bien à contre cœur, et en trouvant fort à leur place les reproches du général, accouru à ce contre-sens, pour blâmer énergiquement une aussi méthodique maladresse.

Du reste, il en est toujours ainsi ; les gens d'intelligence vont droit à l'esprit des choses, tandis que les autres se perdent dans la forme : et pendant que les officiers distingués, regardent nos mouvemens comme des cas généraux, *modifiables* suivant les circonstances, et s'empressent de résoudre les difficultés du moment, d'autres, au contraire, se renferment dans une application rigoureuse quand il ne faut pas, et semblent se lier les mains à plaisir.

---

(1) Seydlitz ne se montra pas si rigide observateur de la forme à Gotha, quand il déploya sur un seul rang ses 1500 chevaux, mais aussi son stratagème réussit au-delà de ses espérances. (Voir la page 76.)

VII.

Les colonnes par quatre, par deux et par un, ne servent, quand on a franchi les détails de l'instruction élémentaire, que pour faire route avec plus d'aisance et moins de fatigue, et pour passer les défilés; car on est beaucoup trop divisé dans ces diverses colonnes pour en faire usage en manœuvre et à portée de l'ennemi.

 UOIQUE la troupe soit plus ramassée, quoiqu'elle soit plus ensemble, quoiqu'elle soit mieux dans la main du chef en colonne avec distance, on sentira aisément, malgré tous ces avantages, qu'on ne peut toujours prendre cet ordre pour faire route, parce que le front aurait trop de largeur, qu'on serait obligé de dédoubler incessamment, parce que la pression est plus forte, et la marche par suite; plus fatigante et plus pénible; parce qu'enfin chacun est obligé de passer où sa direction le conduit, et qu'il devient impossible de choisir le terrain le plus facile pour les chevaux, quand on marche par pelotons.

Mais si les colonnes par quatre et par deux n'ont pas ces inconvéniens, elles en ont d'autres, et le principal, c'est de tenir la troupe trop divisée et trop éloignée de l'ordre de bataille; en effet un escadron en colonne par quatre occupe, comme nous l'avons démontré, deux fois plus de terrain qu'un escadron en bataille; une colonne par deux, quatre fois plus de terrain : les formations sont donc fort ralenties dans ces divers ordres de colonne, puisqu'il s'agit de réunir toutes ces fractions multipliées.

Quant à la colonne par un, elle est mauvaise et pour la marche et pour la formation; nous avons vu que, dans l'ordre de colonne, la tête communique ses impressions à tout ce qui est derrière : ici l'escadron étant dans sa plus grande profondeur possible, les hommes occupant une grande étendue et étant moins surveillés, la marche ne peut manquer d'être entre-coupée, d'à-coups, d'arrêts et de départs brusques : finalement, hommes et chevaux se fatiguent beaucoup, de manière que, quoiqu'on marche sur le front le plus petit, ce qui paraîtrait au premier aspect rendre la marche plus aisée, elle est, au contraire, plus difficile, plus fatigante, et la formation moitié plus lente que par deux.

VIII.

Ainsi les colonnes peu profondes se meuvent avec plus d'aisance, de prompti-
tude, et se forment avec plus de rapidité sur leur tête et leurs derrières,
que celles qui ont une grande profondeur.

ANS la démonstration qui précède, on a vu que pour la
route, les colonnes par quatre et par deux, marchaient
avec plus d'aisance et de commodité, et la chose a été
rendue sensible; mais en manœuvre, elles n'auraient
pas la même aisance, la même promptitude, ni la même
mobilité que les colonnes avec distance, à cause de la grande étendue
de terrain qu'elles occupent et de leur immense profondeur. Les colonnes
avec distance, au contraire, ne sont point aussi effilées, elles sont plus ensemble, elles sont mieux dans la main du chef, et comme elles occupent environ
le même terrain qu'en bataille, elles sont aussi voisines de cet ordre que
possible. Sur leurs flancs, il leur suffit de faire un à gauche ou un à
droite par fraction; en avant, la fraction la plus éloignée n'a qu'à parcourir la distance qui la sépare de la tête; et pour se former en arrière,
le demi-tour par peloton étant exécuté, la formation rentre dans le cas
qui précède.

IX.

Conséquemment la colonne avec distance, qui conserve entre ses fractions
des distances égales au front, peut être nommée colonne de manœuvre.
On peut aussi l'employer au besoin, pour la marche à proximité de
l'ennemi.

N peut appeler la colonne avec distance colonne de
manœuvre; et quelle colonne en effet mérite mieux ce
nom, puisqu'elle peut se former en bataille immédiatement et dans tous les sens? mais en parlant de la colonne
avec distance, nous entendons désigner de la colonne par
pelotons, car la colonne par divisions, bien qu'elle puisse porter également
ce nom, puisqu'elle conserve aussi d'une division à l'autre des distances

égales au front, n'a pas, il s'en faut bien, la même mobilité et présente plusieurs inconvéniens que l'autre n'a pas.

Le front de cette colonne étant deux fois plus étendu, sa marche est plus lente et plus difficile ; elle est plus sujette à dédoubler, ce qui entraîne toujours des longueurs ; ses arcs de cercle pour converser, sont doubles en étendue et demandent deux fois plus de temps : ses distances sont plus difficiles à maintenir que par peloton, où les guides sont plus rapprochés, et où le commandant du peloton n'a qu'à serrer à un pas environ du peloton qui précède (1). Enfin cette colonne, dont la marche et les formations sont plus lentes, et qui est sujette aux dédoublemens, a la même profondeur, à quelque pas près, que la colonne par pelotons.

On ne voit donc aucun cas en manœuvre où l'on puisse employer cette colonne, sinon, pour vaincre une difficulté de plus dans l'instruction, ou pour renforcer le plus possible une tête de colonne, quand le terrain ne permet pas un plus grand front.

La colonne avec distance par pelotons peut être employée dans certains cas pour la marche ; et en effet, quand on veut diminuer la profondeur des colonnes, quand on veut en être maître, lorsqu'on veut les avoir dans la main, et qu'on veut être prêt à faire face à l'ennemi dont on connaît le voisinage, on tient alors les colonnes le plus près possible de l'ordre de bataille, toutefois en permettant que les files s'ouvrent, qu'elles prennent de l'aisance, et que les distances s'augmentent un peu, afin de rendre la marche plus facile et plus aisée.

C'est à la faveur de cet ordre de colonne que le grand Frédéric, ainsi que Jomini l'a démontré, transportait ses forces quelquefois bien faibles sur les flancs de ses adversaires; c'est ainsi qu'il opéra, aidé par les accidens du terrain, et par son avant-garde, qui donnait le change sur ses intentions, à Rosbach, à Kollin et à Leuthen ; rien de plus simple que sa manœuvre : chaque ligne rompait à droite ou à gauche par pelotons, et se mettait en bataille, par le mouvement contraire, après avoir atteint le but indiqué (2).

---

(1) La mesure conventionnelle de l'ordonnance n'est point en rapport avec le résultat sur le terrain, qui ne donne pas tout-à-fait les 6 pas de distance, mais qu'il faut admettre cependant, pour éviter les fractions, sauf à les prendre en marchant, ce qui rendra la marche plus facile, sans donner d'ouverture trop sensible entre les pelotons, quand ils se reformeront en bataille par un quart de conversion.

(2) Voir le *Traité des grandes opérations militaires*, tom. 1, chap. V, pag. 216, et les planches 7, 9, et 13 de l'Atlas de cet ouvrage.

X.

Si la colonne avec distance par peloton doit être préférée à celle par divisions, on pourait tirer un grand parti de cette dernière colonne, en la formant sur le centre du régiment, ce qui la rendrait intermédiaire, entre la colonne avec distance par pelotons et la colonne serrée par escadron, en la tenant plus voisine de l'ordre de bataille sur sa tête que la première, et plus propre à la marche que la seconde.

N veut avoir des colonnes de cavalerie en réserve pour les employer, au besoin, un jour de combat ; on les tient pour cet effet à une certaine distance, on les masque par des accidens du terrain, on les couvre par des obstacles naturels, et sans les engager encore, puisqu'on ignore quelle destination on leur donnera, on les tient prêtes à l'être ; pour cet effet, il faut abréger le plus possible leur profondeur, afin de les rendre plus voisines de l'ordre de bataille : cependant, il faut que les colonnes qui sont maintes fois éloignées du lieu où il est avantageux de les engager, aient un ordre propre à la marche pour s'y transporter.

La colonne serrée par divisions nous paraît réunir ces deux avantages, et, sans la conseiller exclusivement, nous pensons qu'elle pourrait être utile dans nombre de cas ; M. de Melfort lui avait sans doute reconnu quelque mérite, puisqu'on la trouve dans son excellent traité, se ployant et se déployant de la même manière que la colonne par escadrons : du reste, le mouvement que nous allons indiquer, et qui nous semble préférable, ne surcharge pas l'ordonnance de nouveaux détails ; on se borne seulement à tirer parti des moyens qu'elle prescrit, en les appliquant aux circonstances où ils peuvent être employés avec avantage.

On se formerait en colonne avec distance sur le centre du régiment, ce qui rentrerait dans le passage du défilé en avant par divisions. Toutefois, si le nombre des escadrons était pair, on commanderait : *sur les pelotons du centre en avant en colonne* ; et s'il était impair : *sur le quatrième peloton du deuxième escadron, et le premier du troisième en avant en colonne* ; et quand on voudra se réformer, *en avant en bataille*, si l'on veut arrêter ; ou *formez la ligne*, si l'on veut continuer de marcher.

Dans tous les cas, ce serait par le mécanisme de l'*en avant en bataille*, et par la ligne la plus courte, qu'on se formerait quand le moment serait venu, et non par les mouvemens sur la droite et sur la gauche en bataille.

Ainsi le temps de la formation est réduit de moitié; la colonne se forme en avant, sous la protection de la tête; la ligne se développe successive_ment à droite et à gauche, et cet ordre présente des ressources telles, que, s'il devenait nécessaire de se former sur son flanc droit, on ferait *à droite et sur la droite en bataille*, et s'il fallait faire face à gauche, *à gauche et sur la gauche en bataille*, suivant les principes du numéro 956.

Ces deux colonnes juxta-posées, auraient même la faculté de se former en arrière en bataille, les trois premiers escadrons faisant *pelotons demi-tour à droite = et en avant en bataille*, et les trois derniers escadrons le mouvement contraire, ce qui mettrait, il est vrai, les escadrons des ailes au centre de la ligne, et ceux du centre aux extrémités; mais ce qui n'est pas cependant une difficulté sérieuse, dans un cas infiniment rare et avec la juste extension qui semble devoir être donnée à l'ordre inverse.

Dans cette application des colonnes, le centre en tête, on remarquera que l'ordre des escadrons n'est nullement dérangé, que les commande-mens des chefs d'escadrons sont ce qu'ils doivent être, parfaitement distincts, et qu'enfin aucune objection sérieuse ne saurait être faite contre des avantages patens, dont on est appelé à profiter sans sacrifier aucun principe.

Voir la 8ᵐᵉ section, prop. III.

XI.

La colonne serrée par escadron, absolument impropre à une longue marche, appartient à une troupe qui veut diminuer son front, sa profondeur, cacher le nombre de troupes dont elle se compose, pour mieux surprendre, se rap-procher du déploiement, et qui est voisine du lieu où elle doit être engagée; car si elle en était éloignée, il serait bien plus avantageux pour elle de pren-dre un front moins étendu, qui l'y conduirait avec moins de fatigue et plus de rapidité.

TEL était le texte de notre proposition, dès le principe; car nous n'avons jamais compris, qu'il fût possible de con-sidérer, comme colonne propre à une marche d'une cer-taine durée, une colonne serrée par escadrons, dont le front n'est pas moindre de 42 mètres, et qui, d'après la mesure conventionnelle de l'ordonnance, dont nous n'entendons nullement nous prévaloir, le serait de 50 mètres.

Un front de cette étendue ne sera-t-il pas incessamment obligé à des dédoublemens, si la marche se prolonge au-delà d'un certain temps ? d'où il suit que cet ordre ne saurait être considéré que comme une préparation au déploiement, qui est l'objet principal et peut-être unique de cette colonne à grand front.

Ainsi l'a considérée aussi M. de La Roche-Aymon ; mais cependant il porte les distances entre les escadrons à un demi-front, ce qui augmente, sans nécessité, la profondeur de la colonne, puisque nous démontrerons qu'en les portant à 15 mètres seulement, elle peut se former immédiatement en bataille, sur ses flancs et ses derrières.

Nous ferons remarquer, à ce sujet, que, dans le langage des évolutions, il serait bon, pour prévenir les erreurs de calcul, de renoncer tout-à-fait aux expressions de front de peloton, demi-front et front d'escadron, et de compter toujours par mètres, l'erreur devenant impossible de la sorte ; tandis qu'elle est très facile avec les expressions précédentes, suivant qu'on part du calcul réel sur le terrain, ou du calcul conventionnel, le seul qu'ait adopté l'ordonnance du 6 décembre.

Le général de La Roche-Aymon, au surplus, nous en donne lui-même l'explication ; les distances de demi-front rendront la marche plus facile, et faciliteront, de plus, la formation de la ligne manœuvre dans toutes les directions : car la force du dispositif de la colonne serrée n'étant que sur sa tête, l'ennemi, décidé à attaquer cette colonne, dit M. de La Roche-Aymon, se gardera bien de le faire par cet endroit ; c'est sur ses flancs et ses derrières qu'il dirigera ses attaques.

Ces cas ne sont pas impossibles, sans doute, quoique moins fréquens qu'on ne pourrait le présumer ; il suffit cependant qu'ils puissent se présenter, pour qu'on s'y arrête, et, du reste, pourquoi la colonne serrée ne se formerait-elle pas sur toutes ses faces, si elle en a la possibilité ? et pourquoi le ferait-elle en deux temps, dans ce moment extrême, si elle peut former immédiatement sa ligne d'action ?

M. de La Roche-Aymon lui-même a donné deux mécanismes pour former la colonne serrée sur ses flancs, figures 13 et 14 ; mais à ces mouvemens longs et successifs, ne devrait-on pas préférer un mode plus rapide, plus général et plus offensif ?

On y parviendrait en divisant les escadrons en impairs et pairs, et les escadrons impairs se formeraient immédiatement sur le flanc menacé par le mouvement *pelotons à gauche* (ou *à droite*) = *et en avant en bataille*, ou *formez les escadrons* = *au trot*, ou *au galop.*

Le troisième escadron qui serait base, se formerait en bataille perpendiculairement; mais comme il n'a pour se former que 42 mètres de terrain, et qu'il les lui faut pour son front, plus douze pour l'intervalle, les premier et cinquième escadrons gagneraient chacun en dehors 12 mètres, et les escadrons pairs formeraient une réserve, pouvant rester en arrière comme deuxième ligne, ou renforcer la ligne au besoin.

On conçoit encore que, dans un moment de presse, on se bornât à se former sans prendre rigoureusement son intervalle, remettant à les rétablir quand on le pourrait sans danger; alors les escadrons 1 et 5 n'auraient point à obliquer, car en se reportant à la planche 4 de l'ordonnance, on trouve, du premier au troisième escadron, une distance de 36 mètres, les distances étant comptées à 15 mètres, plus la profondeur des deux rangs, qui se retrouvent dans la conversion, et donnent le total de 42 mètres, qui a été énoncé.

Les fig. 15 et 16 du général de La Roche-Aymon donnent deux moyens pour former en arrière la ligne manœuvre; le premier par les deux ailes à la fois, le deuxième par l'une ou l'autre aile. Le deuxième cas paraît préférable au premier en raison de sa simplicité, mais il demande du temps; et puisque le 1er escadron, après son mouvement de pelotons à gauche, doit parcourir sur le côté le front de tous les escadrons qui sont en ligne, plus les intervalles de demi-front moins un, nous disons que dans le même temps on peut déployer ses escadrons, soit sur celui de la queue, soit sur un escadron du centre.

Exemple : 1er cas. Dernier escadron contre-marche, et les autres escadrons pelotons à gauche en avant et successivement sur la gauche en bataille; ou bien, si l'on veut étendre sa ligne du côté opposé, c'est-à-dire en arrière du flanc droit de la colonne, dernier escadron contre-marche et les autres escadrons pelotons à droite en avant et successivement sur la droite en bataille, ce qui met les escadrons dans l'ordre inverse entr'eux, mais chacun dans l'ordre naturel.

2me Cas. 3me escadron contre-marche, les deux premiers escadrons pelotons à gauche en avant et sur la gauche en bataille; et les derniers escadrons pelotons à droite, et sur la gauche ordre inverse en bataille, immédiatement pour le 4me escadron, et successivement pour les autres, chaque escadron se remettant face en tête par le mouvement, pelotons demi-tour à droite, au moyen duquel il retrouve son intervalle.

Ces mouvemens, joints à ceux du général Richepance, 8me section, compléteraient les moyens de déploiement pour les colonnes serrées sur toutes les faces, et si l'on peut résoudre de la sorte ce problème, quel besoin a-t-on de créér un nouvel ordre de colonne par escadron à demi-distance? quel besoin a-t-on encore de se lancer dans de nouveaux mécanismes, quand on ne peut éviter, quelque réserve qu'on y mette, d'augmenter la somme des évolutions? et les retranchemens ne doivent-ils pas porter alors sur ce qui n'est pas indispensable?

Ajoutons cependant que, pour la régularité de ces mouvemens, les 15 mètres de distance entre les escadrons de tête à croupe sont indispensables; ainsi chaque distance n'est augmentée que de 3 mètres, ce qui est peu sensible. C'est dans cet esprit que le colonel de Chalendar avait demandé que les distances fussent comptées à raison de 15 mètres; il a donné aussi un mécanisme où, comme dans le nôtre, la contre-marche et le déploiement sont réunis, ce qui est infiniment plus rapide que de le faire en deux mouvemens, suivant le n° 911; toutefois, nous préférons que l'escadron base ne bouge après la contre-marche. Il nous paraît qu'il y a plus d'ensemble et de promptitude dans les moyens que nous indiquons, que de tracer, à 30 mètres en arrière de la colonne, une ligne qui ne semble pas nécessaire et qui retarde sans motif.

M. le général de La Roche-Aymon termine ses aperçus sur la colonne d'escadron par des observations générales, qui s'écartent quelque peu de l'ordonnance du 6 décembre, dont les planches 121, 122 et 124 représentent 24 escadrons en colonne serrée, donnant une profondeur totale de 420 mètres; tandis que M. de La Roche-Aymon, accusant ces grosses masses d'être peu mobiles et pesantes à la guerre, quand elles dépassent 10 à 12 escadrons, ne veut pas aller au-delà de ce nombre. Il ajoute que, « un officier de cavalerie qui en aurait davantage aurait le soin de les former sur deux colonnes, celle de gauche la droite en tête et celle de droite la gauche en tête, ce qui permet de déployer sa ligne sur deux têtes à la fois. »

Il n'y a qu'à lire avec attention M. de La Roche-Aymon, et les explications de l'ordonnance, pag. 37 et 38, du rapport au ministre, pour voir que le cas n'étant pas posé de la même manière, le dissentiment n'est pas aussi grave qu'on pourrait d'abord le supposer.

D'une part, M. de La Roche-Aymon voulant abréger un déploiement probable dans la situation où il se trouve, se forme sur deux colonnes, le centre en tête, et l'on ne peut contester qu'il n'y ait avantage et grand avantage.

D'autre part, l'ordonnance, prévoyant le cas où l'on sera dans l'obligation de céder le terrain aux masses de l'infanterie, ou de se porter d'une extrémité du champ de bataille à l'autre, ploie plusieurs régimens sous les ordres d'un officier-général en une colonne unique, sauf à aviser plus tard. Elle se résume enfin à dire : « Que les mouvemens en colonne serrée ne doivent être considérés que comme un moyen de porter un nombre déterminé d'escadrons, avec ordre et rapidité, d'un point sur un autre; » et elle est si peu exclusive que, dans le détail de ses évolutions de ligne, ses ploiemens et déploiemens se font par brigade et par régiment; qu'ainsi la colonne unique des planches précitées n'est et ne saurait être considérée que comme accidentelle, et non comme la base d'un système de masses, qui n'a jamais été posé comme tel, et qui, seulement dans ce cas, eût été justement attaqué.

Ajoutons que ce qui a pu occasionner ce reproche, c'est qu'il n'est pas facile de commander à la voix 24 escadrons et moins encore. Ainsi le commandant d'une division, fût-il doué d'un organe sonore et étendu, se fera bien mieux entendre, dans toutes les parties d'une colonne par escadron, de 489 mètres de profondeur, les distances comptées à 15 mètres, et prendra bien moins de peine, que sur le prolongement d'une ligne déployée, qui d'après nos calculs, à 42 mètres par escadron, embrasse encore 1284 mètres; ce qui dispose dans la pratique à employer, plus qu'il ne conviendrait peut-être, la colonne par escadron, qu'on a mieux dans la main, et que l'œil peut mieux embrasser.

C'est ici le cas de rappeler que le général Richepance, qui peut être considéré comme l'expression de l'époque guerrière française, va plus rapidement encore dans son déploiement, puisqu'il met dans cette vue un escadron du centre du régiment en tête de la colonne serrée, pour se déployer par les deux ailes à la fois, ce que nous n'avons trouvé nulle autre part.

XII.

Sur le mécanisme de l'en avant en bataille, étant en colonne avec distance par pelotons, et tous les cas qui en dérivent.

OMME nous croyons avoir suffisamment démontré pr. IV, tous les avantages qui résultent, soit pour la marche, soit pour l'ordre en général, du maintien dans l'ordre de colonne, des distances résultant des intervalles, nous nous croyons dispensés d'y revenir.

Quant à la formation en avant en bataille, il a été proposé, renonçant aux demi-quarts de conversion prescrits dans l'ordonnance pour les trois derniers pelotons, de les remplacer par la marche oblique individuelle.

Nous répondrons que la distance étant de 6 mètres au plus, et le terrain à gagner sur le côté pour se démasquer étant de 10 mètres pour le deuxième peloton, de 20 pour le troisième et de 30 pour le quatrième, l'oblique individuel ne pourra plus être du quart d'à droite; qu'il faudra le forcer beaucoup, pour que les pelotons puissent se redresser, avant d'arriver à hauteur de la base, et qu'il en résultera beaucoup d'ouvertures dans les files, ce qui est une considération, quand on arrive sur une ligne de bataille, et surtout aux allures vives où l'on s'ouvre toujours davantage.

Nous avons souvent entendu parler de la difficulté du mouvement du deuxième peloton, qui n'a pas plutôt fait son demi-quart de conversion à gauche, qu'il doit faire le mouvement contraire pour se remettre parallèlement; mais cette difficulté n'est pas si grande pour le troisième peloton qui a 20 mètres à regagner sur le côté, elle est moindre encore pour le quatrième, qui en a 30 à parcourir; et de bonne foi, croit-on qu'un oblique individuel aussi forcé, et dont il est très facile de faire le calcul, n'ait pas aussi ses inconvéniens aux allures vives, dans la dépendance où se trouveront tous les cavaliers du côté vers lequel on oblique? tandis qu'au moins le premier demi-quart de conversion exécuté, on rentre dans la marche directe, qui est plus facile et qui comporte plus d'ordre, que tout ce qu'on pourrait proposer à sa place.

On a proposé encore pour faire cesser la marche oblique de faire le commandement FRONT.

Nous ne pouvons encore partager cet avis, et sans disputer sur les mots, sans soutenir que le front n'a pas changé, ce qui est vrai, ou ce qui est généralement admis, nous préférons le commandement de l'ordonnance *en=avant*, qui dans trois syllabes qu'on ne peut accuser de longueur extrême, ni de fatiguer les poitrines en pure perte, renferme un commandement préparatoire qui prévient les à-coups, et un commandement d'exécution, avantages qui ne se rencontrent pas dans le monosyllabe, FRONT.

Nous voyons aussi sur des planches d'ouvrages recommandables du reste, tous les pelotons de la colonne, obliquant chacun pour son compte dans l'en avant en bataille; mais nous dirons avec sincérité que nous préférons de beaucoup le système de l'ordonnance, c'est-à-dire celui des colonnes partielles, toujours dans la main de leurs chefs, toujours dans la marche directe, se dirigeant chacune en arrière du terrain qu'elle doit occuper dans la formation, que cet essaim de pelotons, opérant chacun pour son compte, durant une marche oblique long-temps prolongée, et pouvant sûrement moins bien mesurer leur terrain, que des têtes de colonnes, cheminant avec plus de facilité, et conduites par leurs capitaines.

On objectera que les pelotons ont des lignes plus courtes à parcourir que les colonnes partielles ; si c'est au papier seulement qu'il faut s'en rapporter, nous en convenons : mais nous demanderons à notre tour, si sur le terrain, ces quelques mètres ne seront pas rachetés par la marche plus simple et plus rapide desdites colonnes, qui passeraient encore plus aisément dans un terrain difficile, que tous ces pelotons couvrant en entier une surface aussi étendue.

XIII.

Il y a deux sortes de guides : 1° les guides de marche; 2° les guides de formation.

Les guides de marche sont à gauche, dans toutes les colonnes qui marchent la droite en tête, et à droite dans celles qui marchent la gauche en tête.

Dans les formations à pivot fixe sur les flancs, (à gauche et à droite en bataille) les guides de marche deviennent aussi guides de formation ; car c'est sur eux qu'on se règle, qu'on se forme et qu'on s'aligne.

Mais quand une ligne de bataille se rompt en colonne par un, par deux, par quatre, par pelotons, divisions ou escadrons ; le guide est du côté où l'on se rompt pour les fractions qui n'ont pas encore rompu, ou qui l'ayant fait ne sont point encore derrière la première, qui est la base du mouvement ; car, dès l'instant qu'elles y sont, elles reprennent leurs guides de marche.

Et de même, lorsqu'une colonne se forme en bataille, ou qu'elle se déploie, les guides de marche cessent d'être guides, dès le commencement du mouvement ; et le point sur lequel on se règle, est celui sur lequel on doit venir se former, s'arrêter et s'aligner.

L est bien essentiel d'établir cette distinction entre les guides, afin de les employer sciemment, utilement, d'en retirer tous les avantages qu'on peut en attendre, et surtout afin de ne pas faire de contre-sens.

Cette proposition dont toutes les parties ont une liaison

intime étant trop longue , on la divisera dans la démonstration comme
elle l'est dans son énoncé.

Occupons-nous d'abord des guides de marche, et puisque nous avons
déjà prouvé leur utilité générale, sous le double rapport de la direction
et de l'alignement, examinons pourquoi ils ont été placés à gauche,
quand la droite est en tête, et à droite, quand la colonne a la gauche
en tête.

Pour les colonnes par deux et par quatre, c'est moins évident que pour
les colonnes avec distance où la cause est saillante.

Les colonnes avec distance, a-t-on dit, ont pour but de mettre une
troupe dans la possibilité de se former en bataille, sur le champ et dans
tous les sens; mais pour que ces formations puissent avoir lieu sur les
flancs particulièrement, des distances égales d'un pivot à un autre
sont indispensables, et on a chargé les guides de marche, sur lesquels
les pelotons se règlent, de veiller particulièrement à leur conservation.

Ces guides ont été placés à gauche lorsque la droite est en tête, et à
droite quand la gauche est en tête, parce que cette place a mille avantages sans avoir un seul inconvénient.

Si la formation a lieu en avant, comme nous le verrons plus tard, on
cesse de se régler sur eux, mais bien sur la fraction qui marche en
tête, par conséquent du côté opposé ; mais si la formation a lieu sur les
flancs, à droite ou à gauche, les guides sont du côté de la ligne de
bataille qu'on a rompu ; ils conservent du même côté les distances qui
rendent la formation possible, les directions qui la rendent régulière, en
les établissant comme des jalons pour l'alignement ; enfin les guides sont
du côté vers lequel la colonne doit se former , puisqu'à moins de nécessité
absolue, l'ordre naturel (excepté dans l'instruction des troupes pour les y
préparer) doit toujours être préféré à l'ordre inverse.

Les guides de marche deviennent donc dans les formations à pivot fixe ,
sur les flancs, guides de formation, puisque c'est sur eux qu'on se règle,
qu'on se forme et qu'on s'aligne, chaque peloton s'alignant sur le pivot
ou guide du peloton qui précède, et le premier peloton, qui n'en a point
devant lui, s'alignant sur le guide particulier de l'aile droite ou de l'aile
gauche, suivant qu'on a fait à gauche ou à droite en bataille , lequel s'est
placé au commandement préparatoire , dans la direction des guides de la
colonne.

Mais lorsqu'une troupe en bataille, quel que soit son front, se forme en
colonne en avant de la direction de la marche, sur l'une de ses extrémités,
c'est la première fraction qui est en tête de la colonne , qui marche droit

devant elle ; c'est de son côté, qu'en se mettant en colonne par un, par deux et par quatre, on doit se régler pour rompre ; c'est encore de son côté, qu'après avoir rompu on doit obliquer, c'est derrière elle que toutes les autres fractions doivent se placer, c'est elle enfin qui, pour toutes ces raisons, est la base, le point directeur et régulateur du mouvement ; c'est par conséquent sur cette fraction que toutes les autres doivent se régler jusqu'à ce qu'elles soient arrivées derrière elle ; car, dès ce moment, chacune rentre dans les principes de l'ordre de colonne, et reprend immédiatement ses guides de marche, qui sont à gauche, lorsque la droite est en tête, et à droite, lorsque la gauche est en tête, ainsi que l'ordonnance l'a déterminé et comme nous l'avons démontré.

Ainsi donc il n'est pas juste, il est même contraire au mécanisme du mouvement, de dire, quand on rompt par quatre, *les nombres quatre entament la marche, et les nombres un, quand on rompt par la gauche*; le vrai principe c'est que les rangs de quatre doivent rompre si carrément, qu'ils ne forment qu'un seul et même corps, à l'instant où la tête de leurs chevaux se trouve à la hauteur des hanches des chevaux des hommes du second rang qui les précèdent ; mais de quel côté ces hommes et ces chevaux sont-ils par rapport à eux ? à droite. De quel côté doivent-ils obliquer après leurs six pas en avant ? à droite. De quel côté est le guide dans l'oblique individuel ? du côté vers lequel on oblique, c'est-à-dire à droite. De quel côté est placée la fraction qui sert de base au mouvement, puisque c'est sur elle qu'on doit se régler et prendre rang dans la colonne ? à droite et toujours à droite. Il est donc juste de dire, que le guide se trouve à droite pour chacune des fractions dont la colonne se compose, jusqu'au moment où ces fractions sont en file, car, dès ce moment, elles reprennent leurs guides de marche naturels.

Dans la formation de la colonne serrée, l'ordonnance du 6 décembre, a eu à résoudre un cas difficile : fallait-il mettre le guide à gauche pour les deux premiers escadrons, après leur mouvement de pelotons à gauche, c'est-à-dire du côté du troisième escadron, sur lequel ils viennent s'établir et se former en colonne ? fallait-il le mettre à droite du côté vers lequel l'escadron avait à se reformer ? c'est ce dernier parti qu'elle a pris, ce qui nous paraît très rationnel : car si les guides eussent été à gauche pour les deux premiers escadrons, comme ils se reforment par un mouvement de pelotons à droite, les pivots ne se seraient pas trouvés dans la même direction ; les distances eussent été moins bien observées du côté de la formation qui n'eut pas été si régulière : mais, malgré cette exception, on peut dire, en thèse générale, que les guides dans l'exécution de tous les mouvemens, doivent être du côté de la troupe qui sert de base à ces mêmes mouvemens, mais seulement, pendant qu'ils s'exécutent, car, dès l'instant qu'ils sont terminés, on rentre dans le cas général.

Il en est de même pour quitter l'ordre de colonne et se former en bataille, ou se déployer; jusqu'au commandement d'exécution, on se règle sur les guides de marche, mais immédiatement après, le guide passe du côté de la troupe qui sert de base à la formation ou déploiement, et il ne peut être autre part; prenons pour exemple une troupe, quelle qu'elle soit, qui se forme en avant en bataille.

La première fraction marche droit devant elle; celles qui suivent gagnent du terrain vers leur gauche, il est vrai, mais en se réglant toujours à droite, afin de n'en pas gagner plus qu'il ne faut; arrivées vis-à-vis de la place qu'elles doivent occuper, elles se redressent, marchent droit devant elles en se réglant à droite; enfin elles s'arrêtent à la hauteur de la troupe déjà formée, ou des serre-files, si le mouvement a lieu par peloton et au-dessus, après quoi elles s'alignent encore à droite.

Dans le déploiement, le mécanisme étant le même, nous n'ajoutons rien pour éviter les répétitions.

Ainsi donc, lorsqu'on rompt une troupe en bataille pour la former en colonne, le premier objet est l'exécution du mouvement, et il faut se régler de ce côté; tout comme lorsqu'on se forme, le premier objet est de se former, ce qui oblige de se régler du côté de la formation.

Du reste, tout ce qui vient d'être dit n'est que le développemement du principe de l'ordonnance provisoire, qui reconnaissait les guides de formation, dès l'école de l'escadron, et que l'ordonnance du 6 décembre a maintenus, en leur donnant une juste extension (1).

(1) En effet, c'est le commandant d'escadron lui-même qui indique le nouveau guide dans la formation sur la droite en bataille n° 654, immédiatement après le commandement **MARCHE**.

Il en est de même pour la formation en avant en bataille n° 660, et les cas qui en dérivent, tant à l'école de l'escadron qu'aux évolutions de régiment.

XIV.

Il est bien plus facile de changer la direction d'une colonne, que de faire faire
un changement de front à une ligne de bataille; il ne faut donc former ou
déployer les colonnes, que lorsqu'on a gagné le côté faible de l'ennemi, ou
bien encore, lorsqu'on y est forcé par les circonstances, comme par exemple
de lui en imposer, en lui présentant tout son front.

uoi de plus facile, en effet, que les changemens de direction en colonne? quels mouvemens plus simples et
plus prompts, que de se former en avant en bataille,
sous la protection de la première fraction de la colonne,
renforcée successivement par celles qui suivent? ce mouvement se protége lui-même. Il ne faut donc, quand les colonnes agissent
isolément, les former ou les déployer, que lorsqu'on est parvenu à gagner
les flancs ou les derrières de l'ennemi; car si l'on se formait de trop bonne
heure, on se mettrait dans l'impossibilité d'exécuter un tel mouvement,
on perdrait la mobilité de l'ordre de colonne, et s'il fallait changer de
front soi-même, on ne le ferait, ni avec la même promptitude, ni la même
sûreté.

Mais les corps n'agissent pas toujours seuls; ils ne sont pas toujours
destinés à l'attaque, ils doivent maintes fois occuper des positions, les couvrir, en imposer à l'ennemi, en lui présentant un grand front; alors on
se forme en bataille, et, comme on le voit, ce sont les circonstances du
moment qui en décident.

Il résulte de la démonstration qui précède, que l'ordre de colonne étant
l'ordre préparatoire, l'ordre le plus mobile, et celui qui est le plus avantageux pour marcher et se former dans tous les sens, doit être conservé,
à moins que les circonstances n'exigent le contraire, jusqu'au moment
où l'on est arrivé au but qu'on se propose; que c'est alors seulement qu'il
faut prendre l'ordre de bataille, qui est l'ordre définitif, et marcher sans
hésiter sur l'ennemi et le charger. Tandis que, si l'on se formait de trop
bonne heure, au lieu de prévenir les desseins de l'ennemi et de le tenir

dans l'incertitude de ses projets, on lui laisserait tous ces avantages, on se mettrait même à sa merci (1).

XV.

Ainsi, le but que doit se proposer tout commandant de troupe, dans la direction de ses colonnes, est de chercher à gagner le côté faible de son adversaire, c'est-à-dire ses flancs et ses derrières, par un mouvement rapide, caché par les accidens du terrain, et de se déployer à l'improviste, l'attaquant aussitôt, et le poursuivant à outrance, sans lui laisser le temps de se reconnaître.

ı tous les côtés d'une troupe étaient également forts, on pourrait l'attaquer également de tous les côtés; mais, comme il n'en est pas ainsi, et que, si le front a de la force, les deux flancs et les derrières en sont privés, le but de l'attaquant doit être toujours d'aborder de front les flancs et les derrières de son adversaire, comme le but de celui-ci doit être de le prévenir et de le surprendre lui-même, quand il fait de faux mouvemens pour y parvenir.

Ainsi manœuvrèrent toujours les plus habiles généraux ; ce fut par un mouvement rapide de sa cavalerie, que le brave Luxembourg tourna le prince de Waldeck à Fleurus; ainsi opéra, dans plusieurs rencontres, le grand Frédéric, et notamment à Leuthen, où son avant-garde et les accidens du terrain donnèrent complètement le change à l'ennemi; ainsi dans ses admirables campagnes d'Italie de 1796 et 1797, le général Bonaparte, âgé de 26 ans, remportait des succès inouïs, par la concentration rapide et inattendue de ses forces, sur le point faible de son adversaire, et triomphait des meilleurs généraux de l'Autriche, et de ses armées cinq fois renouvelées; mais ses *batailles de marche* d'Italie, comme les caractérise si bien le général Lamarque, devaient être dépassées par les concep-

(1) Dans la situation toute particulière où nous nous trouvions, privés de conseil et des lumières qui jaillissent de la discussion, nous eussions peut-être reculé devant les difficultés du travail que nous donnons aujourd'hui, si nous n'eussions été encouragés par l'accord soutenu de nos principes, rédigés depuis long-temps, avec les théories des notabilités de la cavalerie. C'est alors que l'on ne songe plus aux difficultés d'un travail ingrat, et qu'on est tout entier au bonheur d'avoir pensé et d'avoir écrit, comme ces généraux écrivains qui marchent à la tête de la cavalerie.

tions gigantesques et stratégiques de l'empereur Napoléon à la levée du camp de Boulogne. On vit alors cette grande armée, sur le point d'opérer une descente en Angleterre, faire demi-tour comme un seul homme, se transporter comme par enchantement au-delà du Rhin; et bientôt, au moyen d'une vaste conversion dont Ulm forme le pivot, Mack coupé de ses communications avec Vienne, est réduit à capituler avec son armée. C'est par 60,000 prisonniers, 200 pièces de canon, et la reddition d'Ulm que s'ouvrait cette campagne merveilleuse, qui devait se terminer deux mois plus tard en Moravie, à une distance énorme du point de départ, par la grande journée d'Austerlitz, campagne qui fut suivie par celle d'Iéna, non moins prodigieuse et plus décisive encore. (Voir la page 78.)

C'est dans les mémorables campagnes de ces grands capitaines, que nos jeunes lecteurs doivent chercher des inspirations et des modèles, qui parleront plus éloquemment, que toutes les règles de la théorie la mieux combinée.

XVI.

Une colonne ayant quatre côtés, sa tête ou son front, son flanc droit, son flanc gauche et ses derrières, et l'ennemi pouvant se présenter à elle sur chacun de ces points, elle doit pouvoir se former sur ces quatre directions principales, et sur tous les rayons intermédiaires, puisque l'ennemi peut également se présenter à elle sur tous ces rayons.

OIR la démonstration fondamentale, 1re section, VII.

Si l'on objectait que les troupes réunies en corps considérables, n'ont pas besoin de tous les mouvemens qui sont la conséquence de cette proposition, parce que toutes les dispositions sont faites alors pour se former en avant de son front et dans la direction de l'ennemi, et que l'ordre de marche a été combiné dans ce but, il ne serait pas mal aisé de répondre; mais pourquoi s'arrêter à démontrer une chose de la dernière évidence? chacun sait aujourd'hui, que le problême de la tactique ne serait pas résolu, pour des troupes qui ne sauraient rompre, marcher et se former dans tous les sens, et que c'est au moyen de cette faculté, que leur donne une instruction bien entendue, qu'il n'y a jamais d'embarras pour elles, qu'elles agissent en corps considérables ou en petits, qu'elles marchent par division ou par régiment, et même par détachemens moins nombreux.

XVII.

Pour former une colonne sur tous les rayons du cercle, celui qui la com-
mande doit se placer à la tête, pour en changer la direction comme il sera
convenable.

'ORDONNANCE, ainsi que nous l'avons vu, n'a prévu que
quatre formations principales; en avant, en arrière, à
droite et à gauche; mais, ainsi qu'on l'a prouvé dans la
démonstration fondamentale, une colonne peut être
obligée de se former dans une direction oblique, par
rapport à sa marche : alors, au moyen des changemens de direction, la
colonne peut se placer vis-à-vis du point où elle doit marcher et se
former, après quoi sa formation rentre dans les en avant en bataille,
et toutes les fractions qui suivent viennent se former et s'aligner sur elle.

S'il s'agissait de se former diagonalement en arrière, on commencerait un demi-tour par peloton ; le commandant de la colonne ferait cesser
le mouvement de conversion quand le dernier peloton devenu le premier,
serait dans l'obliquité convenable, et tous les autres viendraient s'aligner
sur lui.

Ainsi, une colonne avec distance, peut, par ce moyen, se former sur
toutes les lignes obliques, comprises entre les quatre directions cardinales;
il suffit que le chef se tienne à la tête pour prescrire et mesurer le degré
d'obliquité.

XVIII.

Dans les formations comme dans les marches, la tête de la colonne est le point
directeur ; dans les marches, elle règle l'allure et la direction, et dans les
formations successives, elle est la base de formation et d'alignement de toutes
les fractions qui sont derrière elle.

ANS les principes de l'instruction élémentaire, on a vu
toute l'influence des conducteurs ou têtes de colonne sur
la marche en général, soit pour l'égalité de l'allure, soit
pour la direction. Cette influence est tout aussi sensible,
dans les formations successives, puisqu'elle est base de

la formation et conséquemment de l'alignement; elle est la première troupe qui arrive sur la ligne, qui s'y établit, et qui; par cela même, sert de base à la formation et à l'alignement de celles qui suivent, lesquelles ont la même influence sur celles qui sont derrière elles; car si elles n'obliquent pas assez dans les en avant en bataille pour se démasquer, il faut pour arriver en ligne, que cette fraction et celles qui suivent, se jettent brusquement du côté opposé : si, au contraire, elles obliquent trop, comme il en résulte des intervalles, il faut que la fraction qui a commis la faute et celles qui suivent, appuient sur la formation pour la couvrir, ce qui occasionne du flottement sur tout le reste de la ligne.

D'un autre côté, si elles forcent, restent en arrière, ou se mettent de travers dans l'alignement, elles obligent les fractions qui suivent à commettre les mêmes fautes, et les mêmes causes produisent les mêmes effets dans les marches, les déploiemens et formations successives des colonnes serrées.

Cette influence dans les marches comme dans les formations, ne pouvant être révoquée en doute, la tête est obligée à une régularité dont elle ne s'écarterait pas sans inconvénient.

XIX.

La tête de la colonne doit être réputée infaillible par tout ce qui marche derrière elle, et il faut se conformer à ses mouvemens, soit qu'elle augmente l'allure ou qu'elle la diminue, qu'elle marche droit ou qu'elle change de direction, soit qu'elle double ou dédouble.

ous disons que la tête de la colonne doit être réputée infaillible par tout ce qui marche derrière elle, non qu'elle le soit réellement, mais parce qu'elle conduit, parce qu'elle est guide, et qu'il est infiniment préférable de partager les fautes de la tête, et d'avoir une base certaine et un point directeur, que de laisser les cavaliers livrés à eux-mêmes, sans savoir où se régler. La tête de la colonne est donc, en quelque sorte, semblable au chef qui réunit les volontés diverses, et qui les fait tendre au même but. Il faut donc habituer les cavaliers à la suivre, car,

si nous quittons les détails pour nous élever à de plus grands résultats, nous y verrons bien une autre importance.

En effet, qu'un défilé oblige d'opérer plusieurs dédoublemens ou doublemens successifs, la tête commence le mouvement, et comme à mesure qu'on dédouble, la profondeur devient plus considérable, que l'espace manque à droite et à gauche, et que la meilleure voie ne saurait être entendue, au delà d'une certaine étendue de terrain, on n'a qu'à se conformer aux mouvemens de la tête.

Dans cette situation, nous avons employé avec succès des signaux conventionnels pour doubler et dédoubler, lesquels partis de la tête de la colonne, étaient répétés jusqu'à la queue, par un trompette marchant en tête de chaque escadron.

Il en est de même, pour arrêter, pour marcher, pour doubler l'allure, et l'on se conforme toujours aux mouvemens de la tête.

Maintenant, transportons-nous sur le théâtre de la guerre, exécutant des marches avec un but déterminé; de même que le général en chef marche avec l'avant-garde, pour découvrir le terrain, pour se tenir dans le voisinage de l'ennemi, épier ses mouvemens, diriger ses troupes, et prendre ses dispositons en conséquence, de même, chaque commandant de troupe au dessous de lui, se tient à la tête de sa colonne, faisant pour les troupes qui sont sous son commandement, ce que le général fait pour son armée, toutefois en se conformant aux ordres qu'il reçoit et au plan général.

Il n'est pas possible, en effet, de trouver une place plus avantageuse, et indépendamment de ce qui a été dit, n'est-il pas naturel, que celui qui commande, ouvre la marche? peut-il même se trouver autre part? de cette place il dirige sa troupe, il la fait changer de direction, il l'a fait doubler et dédoubler, arrêter, marcher, doubler l'allure quand il faut; enfin, il est placé aussi avantageusement que possible, pour la faire mouvoir suivant le terrain, la position de l'ennemi, l'endroit où il se montre, celui par lequel on veut attaquer, et pour prendre enfin un ordre de bataille, dans telle direction qu'il juge convenable.

Dans les colonnes profondes, il est impossible aux troupes de la queue d'entendre le commandement qui se fait à la tête, mais la chose n'est pas indispensable, car on y supplée en se réglant sur ses mouvemens; peut-on même faire autrement lorsqu'on est en route, engagé dans un défilé, avec des obstacles à droite et à gauche de la colonne, qui empêchent de marcher sur les flancs? c'est alors la tête seule qui peut et qui doit régler tout ce qui suit.

Le commandant d'une troupe, qui, dans un moment semblable, ne marcherait pas à la tête de la colonne, indépendamment de tous les avantages qu'offre cette place, et qu'il ne trouverait point ailleurs, courrait le risque de laisser sa troupe s'engouffrer dans quelque mauvais pas, dans une embuscade, et d'avoir l'ennemi sur les bras sans en avoir connaissance.

Comme aussi le commandant d'une troupe, qui, dans un mouvement de retraite, ne marcherait pas derrière, pour épier les mouvemens de l'ennemi et en tirer le parti convenable, se mettrait dans le même embarras.

XX.

L'apparition subite de l'ennemi sur les flancs d'une colonne, ou bien des obstacles naturels, rendent quelquefois l'inversion inévitable; il faut y préparer les troupes, en se formant et marchant, autant qu'il sera nécessaire, dans l'ordre interverti. Récit du combat de Hoff à l'appui.

EL était le texte de notre proposition dans notre travail de 1824; mais une discussion passée (1) a prouvé qu'aujourd'hui le principe de l'inversion n'était plus contesté, qu'il fallait plutôt l'étendre que le restreindre, mais sans sortir des principes de l'ordonnance, quant à l'ordre de bataille naturel et fondamental, lesquels donnent toute la latitude désirable, sans rien compromettre.

C'est ce qu'a très bien exprimé le *lieutenant-général comte Dejean*, dans le paragraphe suivant, qu'il propose de joindre à l'ordonnance: « Le régiment doit être exercé à toutes les évolutions, étant en ordre inverse ou interverti, comme s'il était en ordre naturel; mais à la guerre, près de l'ennemi, on ne doit le mettre en ordre inverse ou interverti, qu'autant que les circonstances l'exigent. »

Rien ne justifie mieux la sagesse de ces réserves, rien aussi ne démontre mieux combien il est important d'exercer les meilleures troupes à se former dans l'ordre inverse, que ce qui arriva à notre cavalerie, en 1796, au combat qui suivit la bataille de *Mondovi*, et au célèbre combat de *Hoff*, le 6 février 1807.

(1) Voir la *Sentinelle de l'armée* des 8 octobre, 24 novembre, 24 décembre 1838 et 14 février 1839.

Dans le premier, le général de cavalerie *Stengel*, qui avait les qualités les plus brillantes, éprouva un échec, dans lequel il trouva la mort, pour avoir voulu former une colonne serrée sur la gauche ordre inverse en bataille, mouvement simple s'il en fût, mais qui étonna ses escadrons lancés à la poursuite de l'ennemi, et qui n'en avaient pas l'habitude (1).

Dans le second, deux attaques successives sur la partie la plus faible et la plus accessible de la ligne russe échouent, parce qu'on n'a pas l'habitude de se former sur la gauche ordre inverse en bataille ; et une troisième attaque, dirigée contre l'extrémité opposée, qui occupait une meilleure position réussit, parce qu'elle a lieu dans l'ordre naturel (2).

M. le *lieutenant-général baron de Marbot*, à qui nous devons ce double récit, nous permettra d'en user dans l'intérêt de nos jeunes lecteurs, et nous reproduirons le combat de Hoff, plus concluant que le premier, par le résultat comparatif des deux attaques, et par la qualité des cavaliers de 1807, qui étaient d'élite, s'il en fût, sous le double rapport de l'instruction et de l'habitude de la guerre.

« L'armée russe, en retraite sur Eylau, craignant d'être attaquée en queue au défilé de *Landsberg*, avait laissé, pour couvrir ce défilé, huit bataillons de sa meilleure infanterie, postés près du village de Hoff. Le général qui commandait cette troupe, la mit en bataille sur une ondulation de terrain ; deux marais, situés à 150 toises en avant de cette position, ne laissaient entr'eux qu'un défilé peu large, par où passait la grande route.

» L'empereur NAPOLÉON, arrivé sur ce point, y trouva la cavalerie de l'avant-garde arrêtée ; l'infanterie était encore très loin, cependant il était important de continuer la poursuite. L'Empereur ordonna donc à la cavalerie d'attaquer l'arrière-garde ennemie, qui, voyant qu'on ne pouvait venir à elle que par pelotons, restait en ligne déployée, malgré la présence de nos escadrons nombreux.

» Une de nos brigades de cavalerie légère, formée en *colonne par pelotons*, la droite en tête, passa lestement le défilé ; mais comme c'eût été prendre le taureau par les cornes, que de charger sur le centre de la ligne russe, placée sur un terrain un peu élevé, que la neige et le verglas rendaient glissant et d'un abord difficile, tandis que les côtés allaient en s'abaissant, surtout vers la gauche de l'ennemi, notre colonne se dirigea au galop pour prendre cette gauche en flanc et à revers.

_____

(1) Voir *le Spectateur militaire*, tom. 3, pag. 238 et suivantes.
(2) Voir *le Spectateur militaire*, tom. 3, pag. 68 et suivantes.

» C'était là le cas d'opérer un *sur la gauche ordre inverse en bataille*, aussitôt que le premier peloton arriverait à la hauteur des files de l'extrême gauche des ennemis. Mais ce mouvement n'étant pas dans l'ordonnance, ne fut pas commandé, ou fut mal compris des subalternes, car la colonne se prolongea trop loin en voulant se redresser par un *à gauche en bataille* en ordre naturel. L'ennemi profita du temps qu'on lui laissait, pour former en potence les deux bataillons de sa gauche, qui tirèrent à petite portée sur les escadrons français qu'on faisait défiler devant eux. Quelques-uns de nos chefs de pelotons voulurent faire sur la *gauche ordre inverse* en bataille; d'autres continuèrent à marcher dans l'ordre naturel. Le désordre se mit ainsi dans la colonne, qui, ne pouvant se rétablir sous une grêle de balles, se jeta en partie dans le marais qui se trouvait derrière elle, où elle perdit un grand nombre de chevaux. Cette attaque ainsi manquée, une brigade de dragons reçut ordre d'en faire une nouvelle, qui, étant exécutée sur le même point et dans le même ordre, eut, par les mêmes causes, un résultat semblable.

» Le *général d'Hautpoult* arrivait en ce moment avec ses cuirassiers; l'Empereur lui ordonna de les faire charger sur la ligne ennemie, en l'attaquant encore par son flanc gauche, qui était évidemment le plus accessible. Mais le général demanda la permission d'attaquer plutôt *la droite de la ligne*; ce qu'il n'obtint qu'après avoir eu, à voix basse, un entretien particulier avec l'Empereur.

» Les cuirassiers, formés en colonnes par pelotons, *la droite en tête*, passent alors le défilé; deux de leurs escadrons simulent une charge sur le front de l'ennemi, tandis que les autres faisant *tête de colonne demi à gauche*, se dirigent au galop vers l'extrême droite de la ligne russe, et se mettant sur *la droite en bataille*, dès qu'ils sont à sa hauteur, ils la prennent en flanc, puis à revers, l'enfoncent et roulent sous leurs pieds les huit bataillons!!... Pas un homme n'échappa, tout fut tué ou pris, et le général d'Hautpoult présenta huit drapeaux à Napoléon, qui l'embrassa à la tête de ses troupes en disant que c'était la plus belle charge de cavalerie qu'il eût vue de sa vie (1).

» Témoin oculaire des charges que je viens de décrire, je cherchai à me rendre compte des motifs qui avaient pu engager le général d'Hautpoult à préférer l'attaque sur *la droite* des ennemis, et je restai convaincu qu'il y avait été déterminé par l'idée que ses troupes, arrivant par ce côté,

---

(1) Voir pour le complément de cette affaire la page 163.

se redresseraient avec plus d'ensemble sur la ligne russe, par un sur *la droite en bataille*, mouvement prévu par l'ordonnance et pratiqué habituellement par les cavaliers.

» Je crus découvrir aussi que, dans son entretien à voix basse avec l'Empereur, le général d'Haupoult lui avait expliqué le désavantage qu'avaient eu les brigades de cavalerie légère et de dragons, en se trouvant dans une position qui nécessitait une manœuvre *non prévue par l'ordonnance*, et qu'il était fort difficile de faire exécuter pour la première fois sous le feu de l'ennemi. »

Cependant comme le pis de tout serait d'être surpris, étant en colonne, et d'être attaqué dans cette situation dangereuse ; nous verrons, plus tard, dans la 8ᵐᵉ section, n° 1, que le général Richepance ne reculait même pas alors devant l'inversion poussée jusques dans ses dernières limites, mais sans abandonner le principe de la formation fondamentale, que personne à notre connaissance n'a mieux défini que Guibert (1).

« Pour aller pied à pied, commençons par définir. Il est des questions où les définitions posent des principes, et deviennent par conséquent des bases.

» L'ordre *habituel* et *primitif* d'une troupe est l'ordre dans lequel une troupe se forme habituellement et primitivement, abstraction faite de toutes circonstances locales et accidentelles.

» Cet ordre doit être celui dans lequel une troupe, par la nature de ses armes ou des circonstances, est le plus fréquemment dans le cas de se ranger.

» Il doit être calculé d'abord sur l'espace des armes qui lui seront opposées, et ensuite sur les diverses circonstances auxquelles elle pourra se trouver forcée de faire face.

» Il doit dériver de l'organisation primitive de cette troupe, et la conserver dans toute son intégrité.

» Il doit être le plus simple et le moins compliqué qu'il est possible, afin qu'il puisse se prendre avec la plus grande promptitude, et que le soldat de jour et de nuit, dans le tumulte d'une action, et même dans *l'effarement* d'une défaite, y puisse facilement retrouver son rang et sa file.

» Il ne doit jamais ni contrarier ni gêner les évolutions et manœuvres de la tactique élémentaire, qui doivent toutes partir de lui et revenir à lui.

» Il doit, à plus forte raison, remplir les vues de la grande tactique sous

____

(1) Œuvres complètes. 3ᵐᵉ vol. *Défense du système de guerre moderne*, page 226.

tous les rappports; enfin des grandes parties de la guerre en apparence étrangères à la tactique, telles que les campemens, les positions, les subsistances, tiennent essentiellement à lui, et il influe directement sur elles.

» On dira que je vois tout dans cet ordre primitif et habituel; mais c'est que tout y est en effet, ou, pour parler plus juste, tout en dérive; il est le premier anneau de la chaîne et la base de toute la tactique. »

XXI.

Sur les passages de défilés.

ᴇs passages de défilés de l'ordonnance ayant été l'objet d'attaques vives, quoique contradictoires, il importe de donner quelqu'attention à un sujet de cette importance.

Qu'a fait l'ordonnance du 6 décembre? elle a conservé le passage du défilé en avant, étant en bataille, par les pelotons du centre, et elle a également maintenu le passage du défilé en arrière, par les pelotons des ailes, en cherchant à résoudre toutes les difficultés que ces deux suppositions pouvaient présenter.

L'ordonnance n'a fait en cela que conserver ce qui existait, et ses mécanismes correspondent tout à fait, quant à l'ensemble de l'évolution, avec ce qui se pratique dans l'infanterie, avec laquelle l'analogie n'est ici nullement à craindre.

Elle n'a donc rien innové quant à l'ensemble; elle a seulement complété quant'aux détails.

Et si quelques auteurs, recommandables du reste, ont attaqué les moyens qu'elle prescrit, comme ils sont reconnus généralement, comme l'ordonnance d'infanterie est encore une autorité en leur faveur, et comme les opinions des contradicteurs ne semblent pas encore bien affermies sur ce point, il sera permis en les maintenant de leur conserver quelque considération.

Mais un reproche qui pourrait être adressé à l'ordonnance, c'est en maintenant les passages de défilés dans l'ordre en bataille, qui se présenteront probablement le plus rarement, c'est en leur consacrant la onzième évolution qui les rend plus saillans encore, d'avoir réduit le passage du défilé en colonne, qui est celui qui a le plus de chances d'application, et qui n'occupait pas déjà une place fort apparente ; c'est de l'avoir réduit à un simple numéro (831); c'est de ne lui avoir laissé qu'une place imperceptible, qui diminue beaucoup de son importance.

L'ordonnance du 6 décembre a fait encore une suppression qui ne nous paraît pas heureuse, c'est d'avoir retranché les observations fort importantes de l'ordonnance provisoire à l'école de l'escadron, et d'avoir borné ses dédoublemens et doublemens n° 622 et suivans, à un mécanisme sec, qui est peu propre à faire ressortir, ce qu'un passage de défilé a de délicat dans son exécution, ce qu'il demande de précautions, d'ordre et de célérité.

Nous n'ignorons pas, il est vrai, que l'ordonnance s'est interdit les suppositions de guerre, dans la crainte de ne pas être d'une exactitude complète dans la manière de les définir ; nous n'ignorons pas que, se retranchant dans les mécanismes adoptés, et les livrant à l'intelligence de celui qui commande, elle n'a voulu le gêner nullement dans l'application ; mais nous savons aussi que l'ordonnance d'infanterie, qui a adopté un autre système, et qui a une juste et ancienne réputation, ne manque pas de s'adresser au raisonnement et à l'intelligence ; aussi, ses prescriptions sont-elles bien comprises et bien suivies.

Ainsi, c'est sous l'article *colonne en route*, de l'école de bataillon, que sont réunies les diverses observations pour les passages de défilés, et c'était ainsi que nous avions opéré nous-même, dans un projet qui fut communiqué à la commission, mais qui ne fut pas suivi, projet qui rentrait tout à fait dans les prescriptions de l'ordonnance provisoire à l'école de l'escadron et aux évolutions, et qui se bornait à compléter la matière.

Jusques-là, nous n'étions pas sortis des règles ordinaires pour les colonnes en route ; mais si le passage du défilé en avant, prenait un caractère offensif, comme il importe avant tout de déboucher et de donner à la troupe qui suit la possibilité de se former, il faudrait renforcer la tête de la colonne, mettre au premier rang les cavaliers les plus éprouvés, et les électrisant par des paroles en harmonie avec la difficulté de la situation, enlever sa troupe au trot ou au galop, ne négligeant aucun moyen d'exalter sa force morale.

Il faudrait surtout que la tête de la colonne se portât suffisamment en avant, pour ne pas empêcher les fractions qui suivent de déboucher, mais sans trop avancer cependant, afin de couvrir toujours le défilé, et de ne pas se compromettre.

Tout comme s'il s'agissait de se retirer, il faudrait passer le défilé en arrière avec célérité, d'abord par les escadrons les plus voisins du défilé, et successivement par les autres, se faisant soutenir par une arrière-garde dévouée, qui perdrait du terrain successivement, et qui passerait à son tour en fourrageurs, quand le défilé serait libre et la ligne réformée en arrière.

En faisant quelques retranchemens aux observations de M. de La Roche-Aymon, on trouve pages 305 et 347, des détails précieux, pour l'emploi de ces mouvemens à la guerre, et cette partie de son livre peut être considérée comme une ordonnance raisonnée, où l'application, au cas de guerre, est présentée d'une manière heureuse.

XXII.

Sur les marches militaires.

 N vient de nous assurer que les marches militaires ont été récemment prescrites dans l'intérêt des chevaux, et pour les entretenir dans l'habitude d'un exercice modéré ; toutefois, on fera bien de les envisager sous toutes les faces, afin d'en tirer tout le parti possible : du reste, en s'y prenant ainsi, elles seront plus variées et moins monotones.

Nous disions à la formation de l'escadron, qu'il était utile que le front du peloton fût toujours de douze files, dût-on laisser des files creuses aux seconds rangs pour conserver le front habituel, les distances ordinaires, en un mot pour ne pas changer l'économie des évolutions ; et nous disions aussi à ce sujet, qu'on pourrait renvoyer les doublemens et les dédoublemens avec les mouvemens par quatre, à d'autres jours d'exercices. Or, il n'en est pas de plus convenable pour les mouvemens, qui demandent la formation au complet, que les marches militaires ; du reste, c'est surtout dans la colonne en route, dont les marches militaires sont l'image, qu'on se trouve le plus à même de dédoubler et de doubler.

Il y avait beaucoup à revoir, sans doute, dans l'ordonnance provisoire, mais il y avait aussi d'excellentes choses, qui méritaient de trouver place dans une révision, et nous citerons, entr'autres, les marches militaires.

Cette ordonnance avait eu le tort, ce n'est pas douteux, d'amalgamer l'école de l'escadron et les évolutions; mais c'était à restituer à chacune d'elles ce qui lui revenait, qu'il fallait s'arrêter; et, de même qu'en tête de l'école de l'escadron actuelle, on avait pris ce qui était convenable pour la marche directe en colonne par quatre, et pour régler la vitesse des allures, de même il eut fallu, ce nous semble, marquer la transition de l'école de l'escadron aux évolutions, par les marches militaires proprement dites, c'est-à-dire avec tous les escadrons, travail qui eut été le point de départ, et comme l'introduction des évolutions de régiment.

Si c'est une chose parfaitement entendue, que de régler la vitesse des allures en passant à l'école de l'escadron, c'est une chose non moins essentielle, quand on réunit tous les escadrons d'un régiment; les marches devenant toujours plus difficiles, à mesure que le nombre devient plus considérable, et ce travail méritant une attention toute spéciale, dont on peut retirer les plus grands avantages.

Si la vitesse et l'égalité des allures parviennent à être bien réglées dans les divers ordres de colonne, les évolutions ressentiront les bons effets de ces exercices préparatoires; mais il est un autre résultat non moins important pour un chef de corps, pour ceux qui sont appelés à le devenir, pour tous les officiers enfin, qui veulent se rendre compte des motions de la cavalerie, c'est de savoir le temps nécessaire pour se porter en colonne sur un point déterminé, et y arriver en temps utile pour les opérations de la guerre.

Si beaucoup d'évolutions sont contestées et contestables (1), en est-il de même des marches en colonne, exécutées sur les divers fronts, qui se représentent successivement dans toutes les situations de la guerre?

On trouve dans le traité de Melfort d'excellentes choses sur ce sujet capital. En véritable officier de guerre, il ne se borne pas à une théorie sans application; bien au contraire, il donne pour exemple à suivre, le journal des essais de marche, qui fut fait sous sa direction, par un régiment de cavalerie légère, fort de tant de chevaux, dans un temps limité, sur différens terrains et dans les divers ordres de colonne, après avoir fait mesurer les distances.

---

(1) Ne pourrait-on pas mettre en première ligne, au nombre de ces derniers, les formations en bataille par la réunion des 3ᵐᵉ et 4ᵐᵉ, ou 5ᵐᵉ évolutions, qui, de conséquence en conséquence, vous mettent dans l'obligation d'admettre tous les cas analogues, dans l'ordre inverse comme dans l'ordre naturel.

Sans proscrire de ces essais de marche l'allure du galop, nous persistons à la considérer comme allure d'exception, qui devra être employée avec beaucoup de mesure, nous renfermant dans le pas de route et dans le trot franc et soutenu, n'admettant même pas le trot allongé, qui ne saurait être conservé au-delà de quelques instans, dans une colonne considérable, sans un désordre prochain, et sans rompre les allures.

SEPTIÈME SECTION.

SUR

LES ÉVOLUTIONS DE RÉGIMENT.

Au lieutenant=général, pair de France,

Comte Dejean.

La cavalerie étant l'arme du moment et de l'offensive, ses évolutions de guerre doivent être simples et avoir un caractère offensif, qui permette de marcher immédiatement à l'ennemi et de le combattre.

I.

'APRÈS les principes généraux, *les évolutions* sont les mouvemens réguliers par lesquels un régiment passe d'un ordre à un autre.

Vers la fin de 1838, dans la discussion des évolutions sans inversions, nous rendîmes aux évolutions actuelles, telles qu'elles ont été conçues et rédigées, la justice qui appartenait à un travail dont nous avons été à même d'apprécier le soin et la conscience; toutefois nous exprimâmes le regret, que dans le classement des évolutions, la commission de cavalerie se fût écartée de la progression des fronts, suivie jusqu'alors, et qui convient aussi bien à la théorie qu'à la pratique sur le terrain, les mouvemens découlant naturellement les uns des autres sans transposition aucune; les mouvemens préparatoires ouvrant d'abord la marche, après eux les ruptures, marches, mouvemens et formations de la colonne avec distance, puis la colonne serrée, et finalement la marche en bataille, avec tous les mouvemens qui s'y rattachent.

Nous ignorions aussi à cette époque, que le comte de Bismark, dont l'opinion sera toujours très imposante, auprès des officiers de cavalerie qui auront lu ses ouvrages, avait appelé cette partie de l'instruction de la cavalerie : *école du régiment*, ou *évolutions d'un régiment*.

C'est qu'en effet toute l'instruction n'est pas épuisée; après l'école de l'escadron, il y a encore école pour les officiers supérieurs, il y a école pour les commandans d'escadron, il y a école pour les chefs de pelotons, pour les sous-officiers, pour les serre-files, pour les cavaliers même, pour les escadrons qu'il faut raccorder entr'eux (1), pour les évolutions qu'il faut que tous apprennent, chacun en ce qui les concerne, et c'est en ce sens que la dénomination du général comte de Bismark nous paraît parfaitement juste.

Notre opinion a été sanctionnée depuis par le général Dejean, qui s'exprime en ces termes dans l'ouvrage dont nous donnons la citation qui suit :

« Les officiers-généraux chargés de la rédaction de l'ordonnance, se basant sur la division établie dans celle de 1788, rattachent toutes les évolutions à l'une des quatre dispositions principales :

» 1° Passer de l'ordre en bataille à l'ordre en colonne ;

» 2° Marcher en colonne;

» 3° Passer de l'ordre en colonne à l'ordre en bataille ;

» 4° Marcher en bataille.

» Quelque séduisante que paraisse d'abord cette division, je ne la crois pas très méthodique, et tous les officiers de cavalerie doivent s'être aperçus qu'il était presque impossible dans l'instruction de suivre l'ordre des évolutions.

» Les rédacteurs de l'ordonnance ont confondu deux choses qui me paraissent très différentes : les colonnes avec distances et les colonnes serrées. Je crois qu'il serait plus convenable de s'occuper d'abord de tout ce qui se rapporte à la colonne avec distances, avant de s'occuper des colonnes serrées.

» Je proposerai donc de réduire à trois les dispositions principales, qui seraient :

____

(1) Voir la 6me section prop. **XXII**, *sur les marches militaires.*

» 1° Les colonnes avec distance ;

» 2° Les colonnes serrées ;

» 3° Les marches en bataille.

» Cette division me paraît beaucoup plus naturelle, et plus méthodique que la division actuelle ; elle permet dans l'instruction de suivre l'ordre des évolutions, *et elle s'appuie sur le principe si vrai de la progression des fronts,* car les colonnes avec distance par divisions et par escadrons ne doivent être considérées que comme de rares exceptions. »

Nous ajouterons à des raisons si puissamment déduites, que pour entrer dans une régularité absolue, notre sentiment serait de supprimer définitivement le nombre 12 pour les évolutions, qui n'est pas plus exact que le nombre 18 qu'avait adopté l'ordonnance provisoire. L'instruction de Magimel, 1801, qui précédait cette dernière, avait été plus rationnelle, ce nous semble, car elle en avait compté 48, consacrant un numéro à chaque mouvement en particulier. Sans attacher à cela plus d'importance qu'il n'est nécessaire, il suffit de rapprocher ces trois nombres, pour conclure qu'aucun d'eux n'est rigoureusement exact, qu'il y a ainsi avantage à supprimer cette superfétation, ainsi qu'à adopter le classement que le lieutenant-général comte Dejean prend sous son égide, et dont nous donnons ici l'aperçu dans la table analytique des évolutions, que nous nous sommes toujours proposé de joindre à notre travail.

II.

De la révision des évolutions de régiment. Systèmes de divers auteurs.

Dans la discussion des évolutions sans inversions, dont nous avons déjà parlé, cédant à un sentiment qui sera aisément compris, nous repoussions toute modification prochaine de l'ordonnance.

Si nous persistons dans nos idées, quant au système général de l'instruction, un examen plus complet et plus approfondi de ce qui a été fait sur les évolutions avant et depuis, nous fait tenir aujourd'hui un langage moins positif.

On concevra aisément qu'un officier en non activité, quel que soit son goût pour un métier qu'il ne pratique plus, se laisse aller à la pensée que l'art est resté stationnaire ; mais après le qui-vive, qui s'est fait entendre à ses oreilles, il s'entoure des diverses pièces de ce débat, il les étudie les unes après les autres, il les compare entr'elles, et finit par modifier ses conclusions.

Ce n'est point que nous revenions sur notre sentiment, sur le système des évolutions sans inversions. Présenté comme exception, nous l'eussions admis tout d'abord ; nous sommes même d'avis que, dans une révision des évolutions, on pourrait l'indiquer pour les circonstances favorables à son emploi, et y préparer les troupes dans les exercices. L'admettre, au contraire, comme système, comme règle générale, c'est ce que nous ne pouvons pas faire. Précieux comme exception, le ralliement, opération si délicate, après un échec surtout, serait compromis, en repoussant en définitive toute espèce d'ordre et de règle, qui empêcherait même le moindre contrôle, chacun venant se retrancher derrière cette liberté illimitée, pour justifier des écarts qui ne seraient pas toujours ceux du génie.

Ainsi nous disions dans la Sentinelle du 24 novembre 1838, et nous disons encore aujourd'hui : « Nous croyons qu'il est utile dans les exercices de paix, d'intervertir l'ordre des escadrons, de mêler même les numéros, afin d'habituer chacun d'eux successivement à marcher et manœuvrer dans toutes les positions où ils puissent être ; mais nous contestons, qu'on puisse de ces exercices exceptionnels, pratiqués avec mesure et bornés au Champ-de-Mars, ou à des circonstances extraordinaires à la guerre, faire une règle générale. »

Mais ce qui a bien modifié nos idées, c'est la copie de la note autographe du *général Richepance*, qui, égarée par nous, est tombée dans nos mains, et a dû nous préoccuper d'autant plus, qu'indépendamment de l'importance du nom de ce général de cavalerie, nous avons trouvé ses colonnes partielles d'escadrons en avant et en retraite, formant le point de départ, et la base de la ligne manœuvre du *général de La Roche-Aymon*, dont nous ne connaissions pas le système, son ouvrage ayant paru en 1829, au moment où la commission de cavalerie rendait, le 12 mai, l'ordonnance refondue au ministre de la guerre.

Ce n'est pas, que nous entendions dans ce moment, diminuer en rien, le mérite de ce général auteur, car les bons esprits se rencontrent souvent dans les mêmes idées, dans cette partie positive de la science, et nous en avons fait l'épreuve personnelle plus d'une fois ; mais de même que nous disons en son lieu et place, qu'il est probable, que le héros d'Hohenlinden trouva la première pensée de cet ordre, et des colonnes le centre en tête dans Bohan, de même nous disons, et l'impartialité nous oblige de dire, que les colonnes d'escadrons, point de départ du nouveau système de M. de La Roche-Aymon, étaient connues et pratiquées par ce jeune général, classé à la tête de nos généraux de cavalerie, par le général Foy. Nous devons d'autant plus y regarder, que dans son travail de 1839, le lieutenant-général comte Dejean, a formulé le mécanisme de la marche en ligne, par colonnes d'escadron, suivant le système de notre ordonnance.

Le général de La Roche-Aymon en adoptant cet ordre, en a étudié les ressources, et il en a fait un système dont bien des parties pourraient être adoptées et le seraient même avec avantage; non que nous pensions qu'il ne faut plus faire usage que de ce dispositif, et arriver toujours de la ligne manœuvre à la ligne d'action en deux fois; mais nous disons que toutes les formations de la colonne avec distance seraient praticables pour la ligne manœuvre, qu'il n'y aurait qu'un commandement spécial à adopter, tel que : *en avant,* = *formez la ligne manœuvre;* (*à gauche* et *à droite*) = *formez la ligne manœuvre,* etc., etc.; que passé cela, tous les mécanismes restent les mêmes, et qu'ainsi, les évolutions de la cavalerie dans cet ordre, en présentant plus de variété et d'intérêt dans la pratique, auraient l'immense avantage de former le coup d'œil des officiers à l'évaluation des espaces, des intervalles à conserver, avec la facilité, chaque formation de la ligne manœuvre exécutée, de former la ligne d'action en un clin-d'œil, au moyen d'une simple formation d'escadron.

Quant à la formation de la ligne manœuvre, en partant de la colonne d'escadron, à distance de demi-escadron, comme l'entend M. de La Roche-Aymon, nous ne savons pas en pénétrer l'avantage, et nous y trouvons, au contraire, l'inconvénient de nous jeter, sans une nécessité bien démontrée, dans de nouveaux mécanismes, qui ne font qu'ajouter à la somme des évolutions, qui, quels que soient les efforts qu'on fasse, pour se concentrer dans les éventualités et les nécessités de la guerre, vont toujours en augmentant.

M. le général de La Roche-Aymon, qui trouve avec raison que les passages en avant des défilés, ponts, chemins creux, appartiennent exclusivement à la colonne par pelotons, et qui cite le passage du défilé en arrière de Seydlitz, en colonne simple, ce qui mérite considération, se laisse tellement entraîner par son abondante verve, qu'il fait plus que l'ordonnance, planche 119, sa colonne se composant non plus des deux fractions de ligne, rompues par le centre, mais des quatre escadrons de sa ligne manœuvre.

D'après cela, le défilé étant du front d'un escadron, les colonnes d'escadron se resserrent sur celle qui est en face du défilé, de telle manière, qu'il en résulte une colonne dont le premier escadron est formé de tous les premiers pelotons; le second de tous les deuxièmes; le troisième de tous les troisièmes, et le quatrième de tous les quatrièmes.

M. de La Roche-Aymon va plus loin, car si le défilé n'est que du front d'un demi-escadron, les colonnes partielles rompent par sections pour le passer de la même manière.

Enfin, poussant la chose à l'extrême, si le défilé n'offre de passage que pour seize files, chaque colonne ayant rompu par quatre, se resserre de la même manière, pour passer le défilé sur seize hommes de front, formés des premiers rangs de quatre, de ses quatre escadrons supposés.

Nous sommes, comme le général de La Roche-Aymon, de l'avis qu'un bon officier de cavalerie évitera toujours de passer un défilé de l'ordre déployé ou mince, soit en avant par le centre, soit en arrière par les ailes, et qu'il devra préférer dans l'un et dans l'autre cas, la colonne simple; mais n'est-ce pas pousser l'application d'un système bien loin, que de renoncer aux avantages de la formation ordinaire, à l'homogénéité des escadrons, et à la confiance réciproque des officiers et de leurs hommes, pour se jeter dans un amalgame, qui prive de tous ces avantages, qui prête beaucoup au désordre, à la confusion, et qui est même contre l'ensemble du système du général de La Roche-Aymon, résumé dans ces mots? « Le meilleur dispositif pour la cavalerie sera toujours celui où les escadrons seront indépendans les uns des autres, et feront des touts séparés, propres à agir par eux-mêmes, selon toutes les occurrences. C'est le seul moyen de les rendre souvent plus avantageuses, et toujours moins périlleuses. »

Quant à la marche en bataille, et aux évolutions qui se rattachent à cet ordre, la ligne manœuvre nous paraît devoir être étendue aux échelons en avant et en retraite; car si l'on admet les mouvemens du général Richepance, en avant et en arrière, parce que des obstacles seront supposés en avant et en arrière de l'espace qu'on occupe sur un front étendu, ces obstacles se rencontreront tout aussi bien dans l'ordre en échelons; ainsi, on a le même avantage à les former par colonnes partielles, sauf à former les escadrons quand il sera convenable, et à reformer la ligne quand il en sera temps.

Quant à la retraite en échiquier, qui a été attaquée par Bohan, à cause de sa lenteur, de la faiblesse qui résulte du dédoublement d'une ligne déjà plus faible, puisqu'elle est forcée de se retirer, et que l'ordonnance du 6 décembre a supprimé, cette retraite ne deviendrait-elle pas plus prompte et plus sûre par colonnes partielles, qui, après avoir parcouru l'espace indiqué, exécuteraient alternativement le mouvement *en arrière en bataille*, ou *formez l'escadron = au trot* ou *au galop*.

Ceci vaut la peine d'être pesé, ainsi que la retraite par escadrons déployés, pairs ou impairs, bien préférable à celle de l'ordonnance provisoire, l'escadron étant toujours réuni et dans la main de son chef; on insiste à ce sujet, car si dans une retraite qui n'est point sérieusement inquiétée, on peut se retirer en même temps sur toute la ligne, se faisant soutenir seulement de quelques flanqueurs; dans une retraite harcelée, au contraire, il semble que chaque moitié de ligne doit faciliter, à son tour, la retraite de l'autre moitié, et la soutenir.

C'est en portant ses escadrons impairs trois cents pas en avant, que Seydlitz en imposa à l'ennemi après la bataille d'Hochkirch, et qu'il effectua sa retraite en échiquier, devant une armée supérieure en nombre et victorieuse, à qui il sut en imposer.

On trouve des détails intéressans sur ce sujet, dans *l'emploi de la cavalerie à la guerre*, du *général baron de Schauenburg;* nous reviendrons, plus tard, sur les colonnes d'attaque qui forment la base de son système.

Les mouvemens de retraite nous paraissent plus complets, et mieux classés dans le général de La Roche-Aymon, qu'ils ne le sont dans l'ordonnance.

On trouve dans Melfort l'indication du carré, même chose se rencontre dans la note du général Richepance. Nous savons, du général Marbot, que l'Empereur ne faisait jamais manœuvrer de régimens de cavalerie, qu'il ne fît former le carré, et cependant l'ordonnance ne donne aucun mécanisme après de telles autorités, qu'appuient encore nos retraites de Russie et de Leipsick, harcelées par des nuées de troupes irrégulières, qui furent souvent arrêtées par ce moyen.

Nous pensons aussi que, dans l'intérêt de tous, au lieu de mettre le lieutenant-colonel dans les charges, et dans tous les mouvemens offensifs à côté du colonel, c'est à la même distance en arrière du centre du régiment qu'il devrait se trouver, afin de le remplacer dans un moment malheureux, et de prendre, le cas y échéant, le commandement dans tous les mouvemens rétrogrades. C'est même parce que cette place sera pénible pour un officier d'élan, qu'il devient plus urgent de la prescrire dans l'intérêt commun.

Par suite de ce principe, le lieutenant-colonel ne devrait-il pas avoir dans l'ordre de colonne la même place que le colonel, mais sur le flanc opposé aux guides? le lieutenant-colonel étant au colonel, ce qu'est le capitaine en second au capitaine commandant. De la sorte, la ligne des serre-files serait surveillée comme il convient, et par qui il convient dans les marches en bataille, ainsi que le flanc opposé aux guides dans l'ordre en colonne.

De graves changemens quant à la place des officiers supérieurs et autres dans l'ordre de bataille, ont été proposés par M. le général de Schauenburg. Le colonel est cent pas en avant, les chefs d'escadron quarante-cinq, et les capitaines-commandans vingt pas en avant du centre de leur troupe ; ce sont choses à mûrir et à ne pas adopter légèrement, même dans les évolutions de régiment, pour ces derniers grades surtout.

Quant aux adjudans-majors, ils nous paraissent infiniment mieux placés à la droite et à la gauche du régiment, où ils peuvent surveiller la direction, qu'à vingt-cinq pas en arrière du centre de chaque escadron des ailes, où ils sont trop éloignés et ne peuvent rien faire d'utile.

Nous ne comprenons pas aussi dans quel but les chirurgiens et les vétérinaires sont espacés en arrière du régiment. Quelle nécessité de se donner l'embarras de gens inemployés, et ennuyés de ne rien faire ; ne suffit-il pas qu'ils soient à portée, pour accourir en cas d'accident, comme les a placés l'ordonnance ?

Voici en quels termes M. de Schauenburg expose son système des colonnes d'attaque :

« Je propose deux espèces de colonnes d'attaque, dit cet auteur :

» 1° par régiment ;

» 2° par division formée de deux escadrons. Ces colonnes d'attaque présenteront, j'ose l'espérer, l'avantage d'occuper peu de terrain, et de traverser promptement les intervalles que laissent entr'eux les carrés, les masses, ou bien les bataillons déployés d'infanterie combattant en première ligne, ou bien ceux disposés en seconde et troisième ligne, ainsi que les batteries d'artillerie. »

La colonne d'attaque étant formée par régiment, l'on se trouve dans la même position que si l'on eût passé le défilé par division, dans chaque escadron, en avant du centre du régiment, d'après le mécanisme du n° 954 ; de telle sorte que l'escadron, tête de colonne, se compose du demi-escadron de gauche, du troisième escadron, et du demi-escadron de droite du quatrième.

Le deuxième escadron du demi-escadron de droite, du troisième escadron et du demi-escadron de gauche du quatrième, et ainsi de suite pour les autres escadrons, les capitaines-commandans prenant le commandement de ces escadrons métis, les capitaines en second se mettant en serre-file, et ces escadrons marchant à 24 mètres de distance les uns des autres.

Nous commencerons par demander si cette dénomination de colonne d'attaque est d'une application juste pour la cavalerie, dans l'espèce indiquée par l'auteur? non sans doute. Il s'agit de rendre la marche plus facile à une ligne de plusieurs régimens au milieu des obstacles du terrain, ou résultant d'un champ de bataille; il n'est donc pas question d'attaquer en cet ordre, mais de se porter en avant, et d'abréger sa formation de moitié, quand le moment sera venu de se former.

Nous avons, en effet, dans la cavalerie une sorte de colonne d'attaque sous le n° 975; mais, dans cette hypothèse, les escadrons prennent une distance double de leur front : tandis que M. de Schauenburg n'admet que 24 mètres, qui ne sont pas suffisans pour une colonne d'attaque. Evitons alors de mettre de la confusion dans les idées.

Du reste, en place du mécanisme de la planche 34, qui donne la formation des colonnes d'attaque par régimens, chaque colonne ayant un front d'escadron, nous préférerions nous former en colonne par escadron, sur un escadron du centre de chaque régiment, et nous aurions, de la sorte, la même facilité pour nous mouvoir, avec l'avantage de tenir chaque escadron réuni, et dans la main de ses chefs.

Passons aux colonnes d'attaque, formées par divisions de deux escadrons.

Même observation d'abord, quant à la dénomination, qui n'est pas plus juste. Précédemment, c'était une colonne par escadron métis, le centre du régiment en tête; maintenant, c'est une colonne du front d'un demi-escadron métis, le centre de chaque division en tête; il n'est donc nullement question d'attaque, mais de marcher et de se former avec rapidité.

Alors ces colonnes de demi-escadron de front, le centre de chaque division en tête, ne présentent-elles pas quelque ressemblance avec les colonnes d'escadrons du général Richepance, ou la ligne manœuvre du général de La Roche-Aymon, ce qui est une même chose? et s'il en était ainsi, lequel de ces dispositifs aurait l'avantage sur l'autre? serait-il nécessaire de les conserver tous les deux?

Quant à cette dernière question, nous ne le pensons pas; des espaces de 43 mètres entre nos colonnes d'escadrons, nous paraissent suffisans pour obvier aux diverses éventualités : cependant si des espaces plus considérables étaient nécessaires, nous ne verrions pas d'inconvénient à un moyen, auquel nous aurions recours par exception et non comme règle.

Dans cette situation, les colonnes jumelles auraient entr'elles un espace vide égal au front de six pelotons, plus un intervalle, donnant 72 mè-tres.

Passé cela, les deux dispositifs ne sont pas à comparer.

Dans celui de M. de Schauenburg, il faut un nombre d'escadrons pair; dans le nôtre, peu nous importe.

Dans celui de M. de Schauenburg, c'est deux escadrons en colonne par pelotons, adossés l'un à l'autre; dans le nôtre, chaque escadron forme son unité.

Dans celui de M. de Schauenburg, des mécanismes particuliers sont nécessaires pour reformer ces colonnes partielles dans tous les sens, sur leurs flancs et en arrière; dans le nôtre, au contraire, chaque escadron ne sort pas des formations ordinaires, lesquelles sont simples et instanta-nées.

Dans celui de M. de Schauenburg, ces colonnes partielles ont 20 mètres de front; les nôtres, au contraire, n'en ont que dix, aussi leur marche est-elle plus facile, plus rapide, et moins sujette aux dédoublemens.

Dans celui de M. de Schauenburg, les intervalles, comme nous l'avons vu, sont de 72 mètres; les nôtres, au contraire, ne sont que de 43; aussi se conservent-ils mieux dans les marches de front, l'œil ayant plus de fa-cilité pour les mesurer et pour ne pas faire d'erreur.

En définitive, si le système des colonnes d'attaque de M. Schauenburg ne nous paraît pas devoir être accueilli, son ouvrage, fruit de l'étude et de la pratique, ne saurait passer inaperçu.

Nous réunissons nos vœux aux siens pour la suppression du tracé des lignes.

Nous remarquerons que, si M. de Schauenburg tombe dans des con-tradictions, quant à l'ordre inverse, qu'il cherche à restreindre et auquel il revient forcément, il se prononce, page 87, contre les mouvemens par inversion, dans les formations en bataille par la réunion des troisième et quatrième, ou cinquième évolutions de notre ordonnance, ce qui est une autre question, qui mérite un mûr examen.

Dans une révision des évolutions, la brochure de M. le colonel de Cha-lendar devrait être consultée; elle renferme des mécanismes et bien des améliorations de détail, qui annoncent, avec le goût de la manœuvre, une appréciation éclairée, judicieuse, et basée sur la pratique des évolutions.

Nous porterons le même jugement sur les deux brochures du général Dejean; la dernière surtout, qui donne un projet de texte pour les évo-lutions, pourrait servir de base à un travail de cette nature; et nous nous réunissons à ses vœux, pour que les commandemens, toutes les fois

qu'il faudra porter le régiment en avant, après une conversion, soient
modifiés ainsi qu'il en fait la proposition. Nul doute, par exemple, que le
commandement *pelotons à droite* = *et en avant* précédant le commandement MARCHE, ne prévienne bien des incertitudes et des fautes, chacun sachant si l'on doit arrêter, ou se porter en avant après la conversion, tandis
que le commandement, ainsi qu'il se fait aujourd'hui, arrive tard et n'est
pas toujours entendu.

III.

Sans les évolutions, une troupe serait embarrassée à chaque pas, dans l'im-
possibilité où elle serait de modifier son ordre de marche ou de bataille,
suivant la circonstance.

TEL était, dit Bohan, le peu d'instruction de la cavalerie
française avant la paix de 1763, qu'on ne manœuvrait
point, qu'on ne connaissait, ni la légèreté, ni la force
de la cavalerie, que les officiers étaient hors d'état de
faire exécuter à leur troupe les mouvemens les plus sim-
ples, et que lorsqu'il fallait, à la guerre, transporter une ligne de cavalerie, ou même un régiment d'un point à un autre, c'était toujours avec
tant de peine, de parlementage et de lenteur, que l'on préférait souvent
la laisser dans une position fâcheuse ou inutile, à l'embarras de la mouvoir, et au risque de la désordonner.

On a vu, dans notre Revue hisorique, comment M. de Choiseul entendit
cette grande réforme, et les progrès sensibles que fit bientôt notre cavalerie; plus on va, plus on acquiert, et si nous étions d'une extrême
pauvreté avant 1763, ne sommes-nous pas aujourd'hui d'une extrême richesse, et ne tendons-nous pas, par la force des choses, à faire incessamment quelque nouvelle addition ? d'un autre côté, nos manœuvres ne
deviendraient-elles pas bien monotones, si l'on se bornait strictement aux
cas généraux qui se présentent à la guerre, et n'est-il pas nécessaire, vis-
à-vis du français surtout, de piquer sa curiosité et d'intéresser son intelligence ? toutefois, il n'est pas oiseux de prévenir contre la manie des évolutions, et contre les tours de force en ce genre, quand on apprend, d'une
source certaine, que Seydlitz lui-même se laissa déborder.

« A la mort de Seydlitz, arrivée en 1774, dit M. le lieutenant-général
comte de La Roche-Aymon (article *cavalerie*, *Dictionnaire de la Conver-*

sation), la cavalerie prussienne était parvenue à son apogée; on accourait de toutes les parties de l'Europe pour assister à ses manœuvres, mais ces pèlerinages militaires ne tournaient pas toujours au profit des visiteurs. Bien plus, Seydlitz lui-même, dans la préoccupation toute naturelle que de si grands succès devaient avoir laissé dans son esprit, ne sut pas toujours éviter de tomber dans l'inconvénient trop réel des mouvemens compliqués : la simplicité des manœuvres de guerre fait le principal mérite de la tactique, mais elle ne frappe pas assez l'œil des militaires de parade, elle ne fait point spectacle. Le grand homme de guerre se laissa donc aller, pendant la paix, à la petite vanité de séduire ses hôtes; il tourna tout-à-fait son esprit vers l'*impossible*, et l'on peut dire que ce qui frappait le plus ces pèlerins militaires, et ce qu'ils s'empressaient de rapporter dans leur pays, n'était guères capable d'enlever à la cavalerie prussienne le secret de sa force. »

Ainsi, maintes fois, il arrive qu'on s'écarte des principes auxquels l'on doit célébrité, fortune, succès militaire et honneur; et l'étude du cœur humain peut seule expliquer des aberrations qui sont plus fréquentes, qu'on ne le pense.

IV.

D'après cela, une évolution pour être bonne, doit être nécessaire à la guerre, et ses moyens d'exécution doivent être prompts et faciles.

N effet, si une évolution ne se pratique pas à la guerre, ce n'est plus une évolution utile, ce n'est qu'un mouvement susceptible de flatter le coup d'œil, qui fait perdre un temps précieux, qui n'est jamais trop considérable, pour les exercices variés et indispensables, dans lesquels la cavalerie doit être entretenue. Du reste, le superflu s'apprend toujours aux dépens du nécessaire; c'est ainsi qu'on divise l'attention des troupes, et qu'on rend moins saillant à leurs yeux ce qui est d'une utilité première.

Quant à la promptitude de l'exécution, plus une évolution sera prompte et plutôt on sera arrivé à la nouvelle disposition qu'on voudra prendre, plutôt on aura pris un ordre en rapport avec les nécessités du moment, plutôt on se sera mis à même d'attaquer l'ennemi et de se défendre contre lui.

Plus une évolution sera simple, et plus son exécution sera facile, plus il y aura d'ordre, d'ensemble, d'union, et d'accord dans les mouvemens des troupes qui y concourent, et moins on aura à craindre le désordre et la confusion toujours à redouter, quand il s'agit de rompre l'ordre de bataille, pour en reprendre un nouveau.

V.

C'est une chose remarquable, que les mouvemens qui se pratiquent, le plus à la guerre, soient aussi les plus simples et les plus faciles ; et que les mouvemens qui s'y font le moins, soient aussi les plus compliqués.

U dire des militaires les plus expérimentés et qui ont le plus fait la guerre, quels sont les mouvemens qui s'y pratiquent, plus que les ruptures par pelotons, qui se terminent après la marche, par les formations en avant, à gauche, à droite, sur la droite, sur la gauche, et face en arrière en bataille ; et quels sont les mouvemens plus simples et plus faciles que ceux-ci ?

Dans l'en avant en bataille, ce sont des escadrons dont le premier se forme comme s'il était seul, tandis que les autres prennent des diagonales pour se démasquer, gagner chacun son intervalle, se redresser et se former de la même manière. Sur les flancs, chaque peloton n'a qu'un quart de conversion à exécuter. Dans les formations sur la droite et sur la gauche, c'est sur la première fraction qui a tourné à droite ou à gauche, que chaque fraction qui suit, vient successivement tourner, s'arrêter et s'aligner ; enfin, le face en arrière en bataille, précédé du demi-tour par peloton, rentre tout à fait dans l'en avant en bataille, tandis que celui sur la tête de la colonne n'est autre chose, que l'en avant ordre inverse suivi du demi-tour.

Le ploiement en colonne serrée, et le déploiement qui en est la conséquence rentrent tout à fait dans les principes précédens, et l'on ne saurait trop aviser au moyen, de rendre simples et rapides, les déploiemens de cette colonne sur toutes ses directions.

Les mouvemens sur les quatre directions cardinales, dont nous venons de parler, ont tous les caractères offensifs, qui conviennent si bien à la cavalerie, et de plus, ils sont tellement sûrs, qu'ils se protégent eux-mêmes, et que, si la troupe est formée dans un clin-d'œil sur les flancs, par un mouvement général, elle est pour ainsi dire, échelonnée, quand elle se forme sur sa tête; tellement que dans l'en avant en bataille, ou le déploiement en avant, cette tête masque les fractions placées derrière elle, protége leur mouvement, leur arrivée, se renforce successivement de chacune d'elles, et peut, dans un cas urgent, engager l'action sans que le mouvement soit terminé. Cette tête de colonne enfin, semblable à un ouvrage avancé, est réellement une troupe de soutien, qui protége la colonne, et assure sa formation en cas de besoin. Une partie de ces avantages, se rencontrent dans le mécanisme du sur la droite et sur la gauche en bataille.

<h1 style="text-align:center">VI.</h1>

Toutes les évolutions consistent à rompre, marcher et se. former; et quant aux moyens d'exécution, la marche directe et la conversion combinées ensemble mènent à toute espèce de rupture, de ploiement, de marche, de changement de direction, de formation, de déploiement et d'évolution.

A profusion de mouvemens est une chose vicieuse, dans toutes les armes, mais plus encore dans la cavalerie, où les mouvemens habituels étant offensifs, sont simples et peu nombreux.

La première chose qui se présente, en partant de l'ordre de bataille, est la rupture sur un front toujours proportionné au but de la marche, au terrain qu'on doit parcourir, au chemin que l'on doit suivre.

Après la rupture, c'est la colonne, c'est la marche qui vous transporte sur le point indiqué, ou sur celui qu'il deviendrait essentiel d'occuper postérieurement; la faculté de pouvoir changer de direction, et de prendre telle ligne oblique, qui serait convenable, donne toute espèce de latitude à ce sujet : et au moyen du demi-tour, on peut même revenir sur ses pas.

Durant la marche, il peut arriver qu'on soit obligé de diminuer son front ; alors on dédouble, sauf à reprendre son front primitif avec rapidité, quand on le pourra, au moyen du doublement.

Lors enfin que le but de la marche sera rempli, que ce soit pour occuper une position, que ce soit dans le but de surprendre l'ennemi et de le charger, il faudra, dans l'un et l'autre cas, se former en bataille.

Tel est l'enchaînement des diverses situations où l'on peut se trouver placé, et la démonstration fondamentale, Ire section n° VII, à laquelle nous renvoyons, explique suffisamment que le but des évolutions passées, présentes et futures n'a pu être autre que de rompre, marcher et faire front en avant, en arrière, à droite et à gauche, carrément et obliquement, que les mouvemens de l'ordonnance actuelle nous paraissent donner ces moyens, et qu'ils suffisent dans les cas généraux.

C'est ici le cas d'entretenir nos jeunes lecteurs, d'un système avec lequel nous sommes heureux de nous trouver en harmonie parfaite, et qui doit être pris en sérieuse considération, par l'officier de cavalerie, qui aura pris la guerre pour objectif.

Le système de la surprise n'est pas nouveau, sans doute, puisqu'il donna la victoire à Annibal, aux journées du Tésin et de la Trébie ; qu'il la valut à Condé, à Rocroy, contre les vieilles bandes espagnoles ; à Seydlitz, dans les champs accidentés de Rosbach ; à Kellermann, dans les plaines de Marengo ; à Richepance, à Hohenlinden ; à Excelmans, à Versailles.

Il est nouveau en France moins qu'ailleurs, car, durant la période qui commence à 1796 et finit en 1815, et tant que les armées françaises eurent le général Bonaparte, et Napoléon pour guide, ce n'était pas la surprise seulement, qui était la base de la stratégie grandiose de cette époque unique, c'était la foudre, dont les effets inattendus et destructeurs, se traduisent d'une manière qui étonnera la postérité comme les contemporains, dans les souvenirs des guerres d'Italie, d'Ulm et d'Iéna ; et ce n'est pas s'avancer beaucoup que d'affirmer, que le *quo jubet iratus Jupiter*, ne reçut jamais de plus éloquent commentaire.

C'était aussi dans cet esprit, que procédaient les bons généraux de Napoléon, qui s'efforçaient d'opérer à l'exemple de ce grand modèle ; aussi ne faut il pas s'étonner de trouver dans le *commandant de la cavalerie*, de MM. les généraux de la Ferrière et Thiébault, les paroles suivantes :

« La manière de disposer la cavalerie, avant de la faire agir, mérite une remarque : le désir d'en faire parade porte souvent à la déployer : plusieurs inconvéniens se rattachent à cette méthode ; elle ôte parfois les moyens de masquer la cavalerie ; elle ralentit nécessairement les manœuvres, qu'on aurait à lui faire exécuter; enfin elle l'affaiblit en proportion du prolongement de sa ligne. On peut donc donner pour règle, que tant que la cavalerie ne doit pas agir, elle doit être maintenue en colonne, et placée de manière à ne présenter au plus que sa tête. »

Adoptant cette tactique en usage dans les rangs français, dont il sortait lui-même, le général de Bismark l'accompagne de développemens que l'on suit avec beaucoup d'intérêt, et dont nous donnerons quelques fragmens :

« La formation et le déploiement des colonnes, sont les instrumens principaux de la tactique de la cavalerie; sans eux, le génie de la composition est dans l'impuissance de produire aucune disposition de combat; car l'art de ployer les lignes en colonne, et de les déployer de nouveau, quel que soit le côté, en un seul acte, sans mouvemens intermédiaires, tel est le problême à résoudre; au moyen de cet art, créer ou composer des dispositions de combat inattendues, qui conduisent à la victoire, là est le talent du général.

» Selon la tactique suivie jusqu'à présent dans la cavalerie, la colonne n'avait pas la préférence. Bien au contraire, l'attaque en ligne était ou est encore en honneur dans la plupart des armées européennes. C'est un axiome qu'il faut se former en bataille, en lignes étendues, afin de s'offrir bien distinctement aux regards de l'ennemi, qui peut ainsi compter les forces qui lui sont opposées. La conséquence naturelle, le complément de cette tactique, c'est de se mouvoir avec une extrême difficulté. Là, il n'est pas question de ces mouvemens inattendus au moment décisif, et qui conduisent la cavalerie à la victoire. Une marche de flanc, une conversion pour former un crochet, c'est tout ce que l'ordonnance en ligne peut essayer d'imposant. Le temps a fait justice de pareilles manœuvres. La toute-puissance du temps proscrit les anciens erremens, pour lui en substituer de nouveaux.

» L'EMPEREUR NICOLAS est né général de cavalerie; son génie militaire sait apprécier l'importance du moment décisif, c'est-à-dire, le principe de la tactique de la cavalerie (1).

(1) Nous ne croyons pas manquer aux exigences de la nationalité la plus susceptible, en maintenant un passage qui honore un souverain étranger, dont l'exemple doit stimuler le zèle de ceux qui se sont voués à l'arme de la cavalerie; comme aussi nous ne craignons pas d'être accusés de flatterie, dans la situation indépendante où nous sommes, en reconnaissant que l'armée est fière de voir dans toutes les occasions, dans les camps comme dans les périls, les princes français à la tête de ses rangs et dans ses flottes, et

» Le moment décisif est celui de la formation de la colonne ; la colonne peut seule procurer le moyen de cacher ses forces, ainsi que le but qu'on se propose, et donne la facilité, par un mouvement prompt, de surprendre l'ennemi.

» On élève, à la vérité, contre la colonne cette objection, que, lorsqu'on est exposé au feu de l'artillerie ennemie, on peut éprouver de grandes pertes.

» A la bataille de Bautzen, trois régimens, dont je commandais le second, celui du centre, étaient formés en *une* colonne profonde et très serrée de 12 escadrons, qui resta pendant six heures sous le feu de l'artillerie de la réserve de la cavalerie russe : cette artillerie, n'étant exposée à aucun feu de notre part, nous foudroyait en toute sécurité.

» Une ligne déployée, *dit le général Briche, qui nous commandait,* offre, par l'étendue de son front, plus de prise à l'artillerie, et éprouve ordinairement plus de pertes qu'une colonne qui n'est qu'*un point,* lequel est rarement atteint ; il paraît cependant qu'en théorie il en est autrement : mais une longue expérience, *ajoute le général français,* me confirme dans l'opinion que la colonne est préférable, même sous le feu du canon, en ayant toutefois égard aux circonstances.

» Nous éprouvâmes cependant des pertes, reprend le général de Bismark, mais les régimens n'en conservèrent pas moins leur bonne humeur, en considérant qu'ils avaient évité beaucoup de boulets tombés sur leur droite et sur leur gauche.

» On pourrait citer bien des exemples pareils, et en matière de guerre, ce sont les faits et non les théories qui ont le plus de poids ; mais qu'ils aient plus ou moins de valeur, la colonne n'en reste pas moins l'ordre normal tactique, dans lequel la cavalerie se rassemble (1), et duquel elle peut passer à tout autre ordre, comme aussi marcher au combat, et de

qu'elle trouve dans de tels exemples la source d'une nouvelle émulation. C'est de la camaraderie, autant que les temps le permettent, à la façon d'Henri IV, dont des esprits prévenus peuvent seuls méconnaître les avantages pour les destinées des peuples. C'est ainsi que les habitudes se maintiennent viriles, en échappant à l'atmosphère enivrante des cours, et que les entours des princes se composent, de ceux qui furent les compagnons de leurs travaux et leurs véritables soutiens.

(1) Nous ferons remarquer que c'est toujours en bataille que la cavalerie se rassemble, que c'est seulement quand le terrain ne lui permet pas de faire autrement qu'elle se rassemble en colonne ; et que le verbe rassembler, employé par le traducteur, semble plutôt se rapporter à la marche, qu'au rassemblement proprement dit.

plus, quand elle est habilement conduite, surprendre l'ennemi ; car *surprendre, c'est vaincre.*

» Tout consiste à former ces colonnes avec facilité et promptitude, à les mouvoir et à les déployer de même ; les *idées de tactique* donnent à cet égard des directions, et enseignent comment on se rassemble dans un ordre normal, et comment la solution des problêmes tactiques en résulte. »

Nous ignorons si les idées de tactique, qui sont destinées à développer cette théorie, ont été traduites ; si elles ne l'ont pas été, on désirerait contracter cette nouvelle obligation envers l'officier-général à qui nous devons la traduction des forces militaires de la Russie : mais en appelant l'attention du jeune officier sur des aperçus séduisans, que nous n'avons pu qu'entrevoir, nous devons aussi l'avertir de se tenir en garde contre un système qui serait trop exclusif ; l'expérience ne prouve que trop, en matière militaire surtout, qu'il n'y a rien d'absolu, et que l'esprit de système peut quelquefois égarer, en partant cependant d'un excellent principe.

Cela est si vrai, que si Seydlitz usa de la colonne à Rosbach, pour surprendre ses adversaires, il avait surpris Soubise, à Gotha, quelque temps avant, et lui avait fait évacuer son quartier-général, en déployant toute sa cavalerie et la formant sur un seul rang, pour la faire paraître deux fois plus nombreuse.

Quant à la seconde partie de notre proposition, voir la 1re section, prop. VII, page 143.

VII.

L'intervalle qui existe entre une disposition qu'on change pour en prendre une nouvelle, est un instant de faiblesse dont il faut se hâter de sortir.

UELQU'ÉVOLUTION qu'on exécute, il y a dérogation à l'ordre de bataille pour en reprendre un nouveau ; il y a rupture en premier lieu, pour que chaque escadron rompu en colonne s'achemine vers la place qu'il doit occuper ; et il y a réunion, quand toutes ces fractions, parvenues chacune à sa place, se retrouvent au terme de l'évolution les unes à côté des autres.

Il est facile de juger que ceci regarde tout-à-fait l'ordre de bataille, et non la formation ou le déploiement des colonnes, dont le mécanisme est complètement différent; que la colonne, en effet, se forme ou se déploie en avant de son front, elle s'accroît successivement à mesure que les divers escadrons arrivent, et elle acquiert d'autant plus de force : mais dans les changemens des fronts centraux, il n'en est point ainsi. Les pelotons déboîtent dans chaque escadron, et suivent la ligne qui leur est propre avant de se réunir; c'est l'instant du déboîtement et de la marche qui en est la suite, pour se porter sur le point où il faut se former de nouveau, qui est celui de la plus grande faiblesse, celui où l'on risque le plus, et celui, par conséquent, où l'on a le plus d'avantage pour attaquer la troupe qui s'y serait exposée.

Ceci s'applique également à la formation de la colonne sur le centre n° 888, et notamment aux escadrons qui sont en avant de la ligne de bataille, lesquels sont obligés de faire demi-tour, et de revenir sur leurs pas pour s'y replacer ensuite.

VIII.

On ne doit, en raison de cela, manœuvrer en présence de l'ennemi, qu'autant qu'il est assez éloigné pour ne pouvoir pas troubler la manœuvre; ou bien lorsqu'on a des troupes en avant et déjà formées, pour protéger son exécution.

 la démonstration que nous avions faite depuis long-temps pour soutenir cette proposition, M. le *lieutenant-général comte Dejean* voudra bien nous autoriser à substituer ses propres paroles, qui résument admirablement les principes d'après lesquels l'officier de cavalerie doit se conduire dans les diverses circonstances de la guerre. Bornons-nous à dire qu'audacieux avec de vieilles troupes et des cavaliers d'élite, on sera prudent et réservé avec des régimens de nouvelle levée; c'est ainsi que, dans les beaux jours de la cavalerie française, sous l'Empire, on vit des régimens charger l'ennemi, le culbuter sans sortir le sabre du fourreau, et que plusieurs de ses principaux chefs, dédaignant aussi de mettre le sabre à la main, s'aventuraient sur l'ennemi avec une canne au poing

ou une simple cravache; aussi jamais l'on ne rendit un plus éclatant hommage à ce principe, que la force de la cavalerie, dans les charges, réside moins dans la trempe de ses armes, que dans la vitesse et l'ensemble de ses escadrons.

Tandis qu'en 1814, avec des cavaliers improvisés, ayant peu d'équitation et d'instruction militaire, le mouvement le plus simple devenait un véritable embarras. Bien pénétré de son sujet, mon ancien maître, M. *le capitaine Véron*, m'a bien des fois répété, que très embarrassé de rompre et de se former, à cette époque, il avait employé avec succès les mouvemens *par file à droite* ou *à gauche* et FRONT, dans lesquels ses cavaliers se retrouvaient avec plus de facilité.

« A la guerre, dit M. le général Dejean, les positions peuvent beaucoup varier, mais on peut cependant les réduire à trois principales, qu'il faut bien se garder de confondre :

» 1º Celle où l'on se trouve éloigné de l'ennemi, et où il s'agit seulement de prendre telle ou telle ligne de bataille, ou tel ordre particulier, c'est la position la plus ordinaire ; elle rentre tout-à-fait dans le cas de paix, et comme sur un champ de manœuvre, on peut alors faire tout ce que l'on veut, l'essentiel est d'arriver le plus promptement sur la ligne indiquée, ou dans l'ordre déterminé.

» 2º Celle où, se trouvant en face de l'ennemi, exposé à son feu, on se trouve encore assez éloigné de sa cavalerie pour être certain d'avoir bien le temps d'exécuter tous les mouvemens que l'on veut faire, avant d'en venir aux mains avec elle; alors on peut faire à peu près tout ce que l'on veut, sauf toutefois la formation des colonnes serrées, qu'il ne faut jamais exposer au canon, et, comme dans le cas précédent, l'essentiel est d'arriver le plus promptement possible au but qu'on se propose.

» 3º Enfin, celle où l'on se trouve en présence de la cavalerie ennemie, et au moment de croiser le sabre avec elle ; oh! alors il ne doit plus être question de manœuvrer, et si l'on est dans la nécessité de le faire, il faut employer les mouvemens les plus simples, et surtout ceux qui ne peuvent présenter aucune ambiguité, car un mouvement mal compris est la cause d'une perte certaine.

» Il n'y a pas un officier de cavalerie, qui ne comprenne de suite, la différence de ces positions, et qui ne sente, que si, en présence de la cavalerie ennemie, on doit manœuvrer le moins possible, ce serait une grande faute, que de retarder une formation, dans la crainte de tourner le dos à l'ennemi, lorsqu'on se trouve encore loin de lui.

» Les évolutions ne sont pas faites pour combattre, mais pour se préparer à combattre, et pour donner les moyens de se placer le plus promptement possible, soit en bataille, soit en colonne, sur une ligne donnée, faisant face dans telle ou telle direction; il importe très peu, qu'on fasse d'abord face en arrière, mais l'essentiel est d'arriver le plus promptement possible sur la ligne indiquée. »

IX.

Comme une évolution est une chose physique, son objet et son but s'expliquent par son résultat; c'est-à-dire en voyant la disposition qu'on quitte, et la nouvelle disposition dans laquelle se trouvent formées les troupes après le mouvement.

N effet, soit un escadron en bataille, si on le rompt par pelotons en avant de son front, c'est afin d'exécuter une marche dans cette direction; si l'on a fait *pelotons à droite*, c'est pour marcher vers le flanc droit : si c'est *pelotons à gauche*, c'est pour se porter vers le flanc gauche de sa direction première; si enfin l'on a fait *pelotons à droite* ou *à gauche* et immédiatement *tête de colonne à droite* ou *à gauche*, c'est pour se mettre en marche immédiatement en arrière, sauf ensuite à se former, lorsqu'on aura atteint son but, de la manière la plus prompte et la plus analogue à la circonstance.

On voit donc que c'est le projet, ou le besoin de se porter sur tel ou tel point, qui détermine la direction première de la marche, qu'on peut encore changer à volonté, suivant l'exigence du cas, pour se porter à l'aide du changement de direction, sur toutes les lignes obliques comprises entre ces quatre directions cardinales.

Maintenant, que cette colonne dédouble par quatre; comme elle marche après le mouvement, sur le tiers de son premier front, il est évident que ce ne peut être que pour marcher avec plus de facilité, ou parce que le terrain ne permet pas de marcher sur un front plus étendu; que cette colonne dédouble par deux, il est clair que le défilé ne donne passage qu'à deux hommes de front, car ce n'est que lorsqu'on ne peut faire autrement, qu'on augmente ainsi la profondeur d'une colonne; que cette colonne dédouble par un, c'est encore parce que le terrain ne permet de passer qu'à un homme seul, et il n'est pas permis de supposer, à moins d'avoir perdu le sens, que ce soit pour un autre motif; car en se divisant ainsi, on s'affaiblit outre mesure, en s'éloignant de l'ordre de bataille, autant qu'il se peut (1).

Que cette colonne marche ensuite par deux, il est clair que le terrain s'étant élargi, on s'est rapproché sitôt qu'on l'a pu de l'ordre de bataille; que la colonne marche par quatre, c'est encore parce que le terrain s'est élargi, qu'on en profite pour s'en rapprocher plus encore : qu'enfin, on forme les pelotons comme auparavant, c'est afin d'être plus près encore de l'ordre de bataille, et d'avoir la facilité de se former sur le champ et dans tous les sens.

Qu'une colonne avec distance se forme en avant en bataille, ce mouvement suppose l'intention de prendre un ordre d'attaque et de défense sur ce point; il en est de même, pour les formations à gauche, à droite et face en arrière en bataille, dont le résultat est toujours un ordre de force pris sur chacune de ces directions.

Ainsi, pour nous résumer, une ligne de bataille est rompue en avant, à droite, à gauche, et en arrière, afin de marcher avec facilité en avant, à droite, à gauche, et en arrière.

Une colonne change de direction dans tous les sens, pour marcher dans tous les sens.

Une troupe se dédouble jusqu'à l'homme seul, pour proportionner son front au terrain par où elle doit exécuter son passage, et elle exécute les divers doublemens pour rapprocher ses forces divisées et se mettre en mesure de se former.

Une colonne se forme en bataille, ou se déploie en avant, à droite, à gauche, en arrière, et dans tous les sens enfin, pour présenter un ordre de force sur ces quatre directions principales, et sur toutes les lignes obliques qu'on peut tirer entr'elles.

Enfin, une ligne de bataille change de front sur tous les points, afin de faire front sur tous les points où il est avantageux de le faire.

---

(1) L'escadron en colonne par un, occupant huit fois plus de terrain qu'en bataille, c'est-à-dire 320 mètres, 5 escadrons occuperaient dans cet ordre 1600 mètres, plus 60 mètres pour 4 distances d'escadron provenant des intervalles à 15 mètres l'une. Cette profondeur s'augmenterait de 40 mètres par escadron, chaque officier ou sous-officier venant à être obligé de prendre rang dans la colonne, ce qui ferait 1860 mètres. (*Voir la page* 308); non compris les officiers supérieurs, les officiers et sous-officiers de l'état-major du régiment, ainsi que les trompettes.

X.

Les évolutions d'autrefois, par troupes entières, ont été avantageusement remplacées par les mouvemens par pelotons, qui rendent les ruptures, la marche, la conversion, l'alignement, et par conséquent la formation plus prompte et plus facile.

UAND les régimens avaient peu ou point d'instruction, lorsqu'on exerçait à peine la cavalerie, quand les compagnies au compte de leurs capitaines, ne se réunissaient que suivant leur bon plaisir, il en résultait que l'instruction était presque nulle, que les corps étaient peu faits aux évolutions, qu'ils étaient peu mobiles, et qu'une fois formés, on ne se hasardait guères à quitter la formation primitive, à cause du grand embarras qu'on aurait éprouvé à y revenir.

C'est ce dont il est facile de se convaincre, en lisant l'excellent chapitre de Bohan, sur la tactique de la cavalerie, dont nous avons donné déjà un extrait, et l'on n'a qu'à feuilleter les planches de l'ordonnnance de 1766, pour voir le nombre de mouvemens, qui se faisaient encore par escadrons.

Mais lorsqu'on devint plus manœuvrier, on se hasarda à quitter l'ordre primitif, sûr d'y revenir avec facilité; l'escadron fut divisé d'abord en deux moitiés, nommées divisions, chacune d'elles le fut en deux pelotons, et successivement l'on est arrivé, à quelques exceptions près, à exécuter toutes les évolutions par pelotons.

Qu'arrivait-il avant ces améliorations importantes? c'étaient toujours des marches en bataille, c'étaient des arcs de cercle immenses à parcourir, c'étaient de conversions très difficiles à cause de l'étendue du rayon, c'étaient de longues distances à conserver, des marches lourdes, pesantes et pénibles à cause de la pression, qui est plus grande quand les fronts sont grands; c'était beaucoup de temps, pour converser, pour se former et pour s'aligner: on peut enfin juger, combien l'on était loin de tirer tout le parti possible de la cavalerie en la fractionnant, puisque M. de Melfort lui-même, malgré ses grandes connaissances théoriques et pratiques en cavalerie, faisait faire un quart de conversion régulier à une ligne de dix escadrons, que nous faisons d'une manière aussi prompte que facile, par le changement de front perpendiculaire, n° 931.

Tous ces inconvéniens furent évités en adoptant la colonne par pelotons, comme colonne de manœuvre. Les conversions des pelotons se faisant sur un petit rayon, on est formé presqu'immédiatement en colonne ou en bataille ; la marche des pelotons est aisée, facile, prompte, point fatigante ; les distances lorsqu'on est en colonne, ne demandent presque aucune attention, tellement elles sont faciles à conserver ; les pelotons dans les formations successives se portent rapidement sur le terrain qu'ils doivent occuper, et lorsqu'ils y sont arrivés, leur front rend leur alignement facile ; ainsi ruptures, marches, conversions et formations, tout est plus prompt, plus facile et plus régulier qu'avec une colonne sur un plus grand front.

XI.

On n'emploie les mouvemens par quatre, dit l'ordonnance, que pour reprendre un intervalle, ou une distance perdue ; ou pour gagner du terrain vers l'un de ses flancs, étant en colonne par pelotons.

 ES mouvemens par quatre, d'après cela, ont bien perdu de l'ancienne faveur dont ils ont joui, il y a déjà longues années ; car ils étaient fort à la mode du temps du *maréchal de Saxe*, qui en faisait un cas particulier, et qui les faisait exécuter dans son régiment.

Avec sa bonhomie habituelle, *M. de Melfort* raconte qu'il les essaya pour la première fois en présence de l'ennemi, et dans un mouvement de retraite, après avoir remarqué qu'un régiment voisin était plutôt rompu et plutôt reformé que le sien, qui exécutait le demi-tour pour se retirer, et pour se remettre face en tête, par troupes entières.

L'essai lui réussit si bien, qu'il n'en fit pas d'autres durant toute la campagne.

On conçoit qu'à une époque où la cavalerie ne faisait guères demi-tour que par troupes entières, et, par conséquent, en décrivant des arcs de cercle immenses, avec perte de temps et beaucoup de fatigue, ou bien le demi-tour individuel, après avoir formé les quatre rangs comme pour mettre pied à terre, ce qui intervertissait les rangs avec de nombreux accidens et un grand désordre, on conçoit aisément, disons-nous, que le rapide demi-tour par quatre ait été accueilli avec grande faveur.

Mais on comprend aussi, depuis que l'escadron a été subdivisé en quatre pelotons, et depuis qu'on a fait un fréquent usage de cette fraction, qui évolue toujours avec la même sûreté, complète ou non, qu'on ait fini par lui donner la préférence, sur des mouvemens dont la régularité repose sur une attention générale, et un complet difficile à conserver, au milieu des pertes et des chances diverses de la guerre.

Le Cours d'art militaire de *Jacquinot*, porte que les mouvemens par quatre ménagent davantage les chevaux que les mouvemens par pelotons ; nous ne pouvons partager cet avis. Dans les mouvemens par pelotons, il n'y a par escadron que quatre pivots et quatre ailes marchantes, qui conversent d'habitude à la même allure ; tandis qu'avec le mouvement par quatre, il y a 24 pivots, qui, si l'on n'y prend garde, arrêtent brusquement, rangent les hanches de la même manière, et aussi 24 ailes marchantes, qui entraînent fréquemment les pivots par un déboîtement brusque, et qui les culbutent par un emboîtement précipité ; d'où l'on peut conclure que, s'il y a plus d'à-coups dans les mouvemens par quatre, il y a aussi mouvement pour mouvement, ainsi que nous avons posé ce cas, plus de fatigue et moins d'ordre.

Toutefois, nous admettrons, avec cet estimable auteur, que, tout en donnant la préférence au demi-tour par peloton pour faire retraite, on pourra, à l'exemple de l'ordonnance, qui en fait usage pour la division qui couvre le défilé, l'employer dans les circonstances, où la présence imprévue de l'ennemi sur ses derrières le rendrait nécessaire.

Les mouvemens par quatre ont été employés et rejetés tour-à-tour, comme moyens de ployer les escadrons en colonne serrée et de les déployer.

C'est ce dernier parti qu'a pris l'ordonnance, et l'on ne saurait blâmer sa prudence ; mais, sans cesser de regarder les mouvemens par pelotons comme préférables, nous ajouterons que l'instruction est aujourd'hui trop répandue, pour admettre que les mouvemens par quatre sont trop difficiles, et nous dirons qu'ils pourraient encore trouver leur application, sans sortir du système par pelotons, que l'ordonnance a suivi, si, comme nous le jugeons convenable, on adoptait comme ordre de marche la colonne par huit, que nous trouvons dans les mouvemens du *général Richepance*.

Nous nous étonnons que les mouvemens par trois aient pu être mis en parallèle avec les mouvemens par quatre, qui représentent dans la cavalerie un carré parfait, qui a la même faculté que le fantassin de tourner sur lui-même et de se placer par un à droite, ou un à gauche, en colonne sur l'un et l'autre flanc, et comme lui aussi de faire face en arrière par le demi-tour.

Il n'en est pas de même du mouvement par trois, qui ne saurait être fait avec la même facilité en quittant l'ordre de bataille, puisque les côtés du carré ne sont pas égaux, la longueur d'un cheval et sa distance dépassant de beaucoup le front de trois hommes montés; ainsi, pendant qu'au moyen du mouvement par quatre, on tourne sur place, sans difficulté, sans perte de distances, et qu'on occupe toujours le même terrain en colonne ou en bataille, c'est-à-dire 40 mètres; se met-on en colonne par le mouvement par trois, au contraire, on le fait difficilement, il y a manque de distances, les rangs de trois trouvent à peine leur longueur, la colonne formée sur seize rangs de six, occupe plus du quart en étendue, environ 53 mètres, et quand on se retrouve en bataille, il y a des ouvertures qu'il faut refermer.

Le seul avantage qui soit attaché aux mouvemens par trois, qui, du reste, ne sont pas reconnus dans notre ordonnance, est donc de doner un ordre de marche sur six hommes de front, qui pourrait être utile quand la largeur du chemin à suivre ne permet pas un plus grand front; mais la colonne par quatre ne compte que 27 mètres de plus par escadron, et ne faut-il pas enfin se limiter, car les promesses de simplifier et de se renfermer dans l'indispensable, arrivent de tous côtés, et cependant toujours l'on ajoute.

Nous ferons la même observation, quant à la marche oblique par quatre, proposée également par M. le général de La Roche-Aymon; sa nécessité est-elle bien démontrée? ne forme-t-elle pas double emploi, et ces fractions si multipliées ne sont-elles pas plutôt l'abus du système de fractionner les troupes, qui se concilie mal avec l'ordre qu'il faut assurer?

M. le général de La Roche-Aymon met sur la même ligne l'oblique individuel et le tête à botte, qui n'est plus reçu dans la cavalerie française, et qui est toute autre chose.

L'oblique individuel, qui est dû à M. de Melfort, et qui est le moyen que nous employons pour dédoubler et doubler, jusques et comprise la formation des pelotons, est le quart de l'à-droite ou de l'à-gauche, c'est-à-dire la seizième partie de la circonférence.

Le tête à botte, dont on retrouve le dessin dans l'atlas de M. de Melfort, est l'oblique individuel poussé au dernier terme possible, de telle sorte qu'en pareil cas la marche de flanc, plus prompte et plus facile, est préférable.

L'ordonnance française a élagué également, le changement de direction de pied ferme de la colonne avec distance par peloton (*colonne par la droite* (ou *par la gauche*) = *prenez la direction de la tête*), aucun de ses rédacteurs ne se souvenant de l'avoir vu employer, dans une série de guerres où tous les cas praticables ont dû se reproduire ; et dans le même moment qu'elle faisait cette suppression utile, M. le général de La Roche-Aymon ajoutait à ce mouvement un changement de direction sur le centre de la colonne, dont il donne le tracé, figure 10.

XII.

Les analogies entre la cavalerie et l'infanterie sont constantes, quant au résultat de se mettre en ordre de marche et en bataille sur les quatre directions principales et les lignes obliques comprises entr'elles ; mais elles ne vont pas plus loin, et comme chacune de ces armes a des élémens primitifs différens, et des propriétés différentes, chacune d'elles ayant ses moyens particuliers, chacune aussi doit avoir ses chefs spéciaux.

ETTE assimilation, rêvée par des militaires trop insoucieux des détails, se présentait naturellement à l'esprit ; cependant elle est impraticable et funeste.

Elle était naturelle, parce que l'infanterie, à l'époque de la restauration de l'art, dût devancer la cavalerie, qui a des élémens de deux natures à réunir, et, par suite, beaucoup plus de difficultés.

Ainsi l'ordre profond prévalait pour l'infanterie, il devint aussi celui de la cavalerie ; ainsi la cavalerie se mit aussi à faire le coup de feu et à se fusiller avec des troupes d'infanterie : les planches de Wallhausen sont là pour en témoigner.

Ainsi, du temps de M. de Melfort, comme le fantassin faisait demi-tour et se présentait immédiatement face en arrière, dans la cavalerie on formait les quatre rangs, comme qui veut mettre pied à terre, et chacun faisant ensuite le demi-tour individuel, on retrouvait ses rangs et l'escadron se trouvait face en arrière, le second rang en avant du premier.

Le mécanisme de la formation et du déploiement des colonnes serrées se faisait aussi, à la même époque, par file, par analogie, avec les mouvemens correspondans dans l'infanterie.

Enfin l'ordonnance provisoire, aux principes généraux, supposait des colonnes composées de cavalerie et d'infanterie, marchant ensemble et les deux armes différentes marchant en ligne, les officiers supérieurs de la cavalerie s'alignant dans la marche en bataille sur les drapeaux de l'infanterie. Cependant, à côté de ces détails, la même ordonnance évaluant qu'un cheval doit parcourir, au pas, dans une minute, 100 mètres, tandis que le fantassin ne pouvant faire plus de cent pas accélérés de deux pieds chacun, il en résultait que, sans quitter le pas, tout espèce de raccord était rompu ; que la différence était d'un tiers ; qu'ainsi la cavalerie tenant la tête de la colonne, devait prendre les devans sur l'infanterie et l'essouffler ; que si, au contraire, c'était l'infanterie qui prenait la tête, la cavalerie ne pouvait marcher à son allure ordinaire ; qu'elle devait arrêter à chaque instant et s'avancer à pas de tortue.

Le tracé des lignes de la cavalerie, que l'ordonnance du 6 décembre a rendu facultatif, et qu'elle eût pu supprimer, nous en avons la conviction, était encore un emprunt fait à l'infanterie, fort approprié à une arme dont les mouvemens sont lents, et qui manœuvre dans ses positions ; mais fort peu convenable à la cavalerie, dont les mouvemens sont si rapides, et qui tendent tous à l'offensive et à la surprise.

La fameuse organisation des dragons à pied, en 1804, qui provenait d'une idée par trop générale d'assimilation, fit pâlir momentanément l'étoile de cette arme, qui reprit tout son éclat quand les dragons redevinrent cavaliers ; il me semble encore voir ces beaux régimens, aguerris par les nombreux combats d'Espagne, accourir au secours de l'Empire ébranlé ; il n'y avait certes pas de différence entre eux, et les vieux corps de cavalerie de la garde impériale.

De tout cela il résulte qu'il y a des différences graves et constitutives dans l'organisation des deux armes, dans la manière de conduire de l'infanterie, dans le gouvernement de la cavalerie surtout, et que, si l'infanterie doit avoir ses chefs particuliers, la cavalerie ne saurait être confiée à des officiers d'une arme différente.

Quelque rapide que soit la marche de l'infanterie, elle ne saurait dépasser le pas de charge de cent-trente à la minute ; mais comme une troupe ne saurait marcher long-temps à une allure aussi accélérée, sans se désunir, dit l'ordonnance, les troupes ne seront exercées habituellement qu'au pas accéléré de cent par minute. Ecole du peloton, n° 116 (1).

(1) Ceci était écrit avant l'organisation des chasseurs d'Orléans, mais nous le laissons subsister quant à l'infanterie de ligne, dans la conviction où nous sommes, que le pas

Voilà donc la cavalerie qui prend les devants sans sortir du pas; elle fait mieux que cela, elle trotte, galope et charge, les chevaux s'animent, ils sont difficiles à contenir et à conduire, le bruit de leurs foulées, celui des armes qui s'entrechoquent, la poussière qui s'élève, sont autant de difficultés de plus pour celui qui commande, lesquelles ne sauraient être surmontées que par une aptitude équestre naturelle, cultivée dès le jeune âge et long-temps exercée.

Autre dissemblance bien plus grave encore; l'amour de la patrie, l'ambition des grades et des honneurs, le désir bien arrêté de se créer une position militaire et un nom dans l'avenir, peuvent faire triompher le fantassin des fatigues et des privations, lors surtout qu'il a des chefs habiles à l'émouvoir et à l'électriser : du reste, le fantassin peut prendre sa nourriture sans discontinuer de marcher, et il répare ses forces à mesure qu'il les dépense.

Mais, si toutes ces choses sont communes au cavalier, elles ne sauraient l'être au cheval, dans la dépendance duquel l'homme se trouve sans cesse; ici plus de moral auquel on puisse s'adresser pour dépasser la mesure des forces physiques; impossibilité de repaître sans débrider, sans arrêter ; et de cette situation il résulte, que pour conserver la cavalerie en temps de guerre, on doit avoir les soins les plus particuliers, non-seulement pour tout ce qui tient à la nourriture, qui est sous un volume trop considérable pour qu'on puisse la porter habituellement avec soi, et qu'il faut souvent aller chercher au loin, mais encore pour tout ce qui a trait au harnachement et à la ferrure : c'est en mettant en pratique ces soins de tous les instans, que les chevaux se conserveront, du moins autant qu'il sera possible ; et comme cet animal présente une grande surface au froid, à l'humidité et à la pluie, que les effets du bivouac sont désastreux pour lui, et que sa nourriture même s'avarie sur un sol détrempé par la pluie et boueux, nous désirerions qu'il fût bien reconnu, bien établi, que toutes les ressources fussent épuisées, avant de faire passer les nuits à la cavalerie en rase campagne.

Sans doute, on se trouve réduit dans les diverses circonstances de la guerre à de cruelles nécessités, et l'on manquerait des occasions qui ne se représenteraient pas, si l'on voulait s'arrêter, dans de pareils momens, à des soins qui feraient manquer de grands résultats; mais on se résume à dire que, si celui qui a l'honneur de commander de la cavalerie doit

gymnastique, dont nous reconnaissons tous les avantages pour une troupe d'élite, ne saurait être appliqué à l'infanterie en général.

savoir l'employer à propos, il doit aussi avoir l'amour-propre de savoir la conserver, évitant surtout de ressembler à ces chefs insoucieux de toute précaution, qui, se couvrant du manteau de la bravoure, se font un jeu de la consommer en l'employant à tout propos et sans mesure.

Il y a d'autant plus sujet d'insister sur ce point, que si l'emploi de la cavalerie est toujours si brillant et si séduisant, il n'en est pas de même des soins dont nous parlons, qui imposent une prévoyance habituelle, avec du travail et de la fatigue, dans des momens surtout où l'on aurait besoin de repos; mais tout officier de cavalerie qui aura mûrement réfléchi sur cet important sujet, comprendra qu'on ne saurait attendre un choc vigoureux, ni même un service de quelque durée, de chevaux mal soignés, mal nourris, et qui ne seraient point l'objet d'une sollicitude de tous les instans.

Du reste, il faut considérer encore que l'espèce est rare, que le cheval perdu ne se remplace pas toujours, qu'on se trouve alors dans l'impuissance de compléter ses succès, ce qui arrive quand on a peu ou point de cavalerie; et dans un moment où l'on parle beaucoup économie et budget, on terminera en disant que s'il en coûtait à l'Etat 224 fr. pour armer et équiper un fantassin de nouvelle levée, cette somme s'élèvera à 1,000, à 1,100 fr. et plus encore pour le cavalier, à raison de l'élévation du prix des chevaux (1); aussi ne devrait-on admettre, dans cette arme, que des hommes qui donneraient pour garantie une bonne conduite, une santé forte et robuste, et qui seraient dès long-temps habitués à soigner ce précieux animal.

C'est en cela que les jeunes officiers et sous-officiers d'instruction, qui sortent de l'école de cavalerie, rivalisent avec les anciens cavaliers; ce que de longs services, ce que l'habitude de la guerre, ce que les services quotidiens que rend le cheval à ceux-ci, leur donnent d'amour et de sollicitude, pour le compagnon de leurs périls et de leurs travaux, ces jeunes élèves s'en pénètrent par les cours qui sont suivis à l'école, par la manière dont le travail y est entendu, par les précautions hygiéniques, sans cesse prises et toujours recommandées; aussi peut-on affirmer en connaissance de cause, que les dépenses de ce bel établissement sont compensées et au-delà par tous les avantages qu'on en retire, et que ceux qui en sortent

____

(1) Ces chiffres, pris dans le cours de Jacquinot, en 1829, sont sans doute dépassés aujourd'hui, et pour la cavalerie surtout, dont les prix pour la remonte, malgré des augmentations progressives, ne semblent pas avoir atteint le taux nécessaire, pour encourager les éleveurs à produire de bons chevaux.

tiennent le premier rang parmi ces officiers, qu'il me sera permis d'appeler *conservateurs de la cavalerie.*

Nous terminerons cette section par quelques mots sur les allures, considérées relativement aux évolutions, et qui rentrent tout-à-fait dans le sujet que nous venons de traiter.

XIII.

Le pas sert à calmer les chevaux au commencement et à la fin du travail ; il sert à rétablir l'ensemble dans les escadrons et à faire route.

SE peut-il que des officiers étrangers à la cavalerie prennent tous les ménagemens, tous les soins dont nous n'avons donné que l'ébauche dans la démonstration précédente ? comment auraient-ils la prétention de la commander convenablement, lorsque, dans la cavalerie même, le nombre des officiers qui commandent bien est réduit ? lorsque beaucoup ignorent même qu'il est possible de la mener *rondement*, comme elle doit être menée, tout en ménageant les chevaux ; rien de plus possible cependant, et cette proposition servira à le démontrer.

Au sortir de l'écurie, surtout quand il y a long-temps que le cheval n'a travaillé, il a besoin d'exercice, il est gai, content, il bondit, ses naseaux se dilatent, il inspire l'air avec avidité, il s'ébroue et hennit tour-à-tour ; en somme, plus il est généreux, plus il est difficile à maintenir ; les bons officiers de cavalerie, qui comprennent les effets et les causes, se réjouissent, sans doute, de tels indices de force et de vigueur, mais ils s'attachent aussi à le calmer, et pour y parvenir plus sûrement, on quitte le quartier au pas, on recommande aux cavaliers la souplesse et l'aisance dans la pose, de conduire leurs chevaux sans y employer de force, et en évitant de les rechercher et de les étonner ; d'arrêter et rendre fréquemment, de former de moelleux demi-arrêts, et on reste à cette allure jusqu'à ce que ce but soit rempli, ce qui peut durer un quart d'heure environ, ainsi qu'il était dit dans la première marche militaire de l'ordonnance provisoire.

Cette attention de celui qui commande a le double but de conserver le cheval au moral et au physique, et de le calmer par les moyens de la douceur, pour éviter de le rendre inquiet.

En effet, si lorsque le cheval est hors de lui, si, lorsqu'il ne tend déjà trop qu'à s'animer, on le lance à des allures vives, le passage du repos absolu à un exercice actif est trop sensible, il ébranle l'animal, il étonne davantage sa constitution; d'un autre côté, comme les allures vives tendent à l'animer encore, il sera hors de lui, dépensera une plus grande quantité de forces, et finalement il sera en nage presqu'au sortir des écuries. La conséquence de tout cela sera l'inquiétude des chevaux : en effet, dans un mouvement aussi vif, ils auront été difficiles à contenir ; les cavaliers même, en voulant les ménager, n'auront pu le faire, obligés qu'ils auront été de se conformer au commandement, et les chevaux ayant été mal préparés, le travail d'ensemble sera mauvais, faute de calme et d'ensemble dans les escadrons.

Qu'on ne nous conteste pas ce que nous avançons; c'est après l'avoir observé cent et cent fois sur des terrains de manœuvre que nous le consignons ici ; c'est pour avoir vu des colonnes menées d'après ces principes ne rien faire de bon, n'exécuter aucun mouvement avec régularité, sans mettre encore en ligne de compte l'impression fâcheuse produite sur le cheval, qui doit être prise en considération : c'est aussi pour en avoir vu d'autres, menées d'après les principes opposés, marcher à merveille, manœuvrer parfaitement, et conserver aux allures vives le même ensemble et le même alignement qu'une troupe à pied, que nous avançons le fait ; au surplus, on ne pourra jamais contester qu'on gagne tout à mettre les chevaux successivement en haleine, et qu'on les éprouve beaucoup en prenant les moyens contraires.

Si le pas est nécessaire au commencement du travail, il ne l'est pas moins à la fin des reprises, et surtout avant de rentrer au quartier. En effet, si, après un exercice vif et rapide, on exposait des chevaux immobiles aux impressions d'une atmosphère froide ou humide, si les chevaux suans étaient ainsi rentrés à l'écurie, le froid et l'humidité les pénétreraient par tous les pores, on les exposerait à avoir des sueurs rentrées, des catarrhes, des affections de poitrine, des rhumatismes, etc., etc., surtout avec des écuries vastes et froides, comme il n'arrive que trop souvent.

Au contraire, en prenant le pas quelque temps avant les repos, quelques momens avant de rentrer, un quart-d'heure par exemple, plus ou moins, suivant que le travail a été vif ou modéré, le cheval se calme, la sueur tombe, le poil devient sec, le sang n'est plus en mouvement, et il est dans son état naturel, ou à peu près, pour prendre ses repos ou pour rentrer à l'écurie.

C'est pour avoir négligé ces principes, bien incontestables sans doute, qu'on a vu des maladies se fixer dans les régimens et y causer les plus grands ravages ; la morve même et le farcin n'ont pas eu souvent d'autre origine ; on ne saurait trop répéter qu'avec un casernement défectueux comme le nôtre, que surtout avec d'anciennes églises glaciales, où les courans d'air se croisent dans tous les sens, on ne saurait prendre trop de précautions.

Au pas, on apprend mieux à manœuvrer qu'à aucune autre allure ; comme cette allure est douce et facile, du moment que le cheval est déterminé en avant, il n'y a pas grande peine à le diriger, et l'attention des officiers, sous-officiers et cavaliers n'étant nullement distraite, ils ont toute facilité pour observer le mécanisme de la manœuvre, pour le saisir, pour y former leur coup-d'œil, et le graver dans leur mémoire ; tandis qu'à une allure plus vive, la nécessité de gouverner le cheval, et la vélocité des mouvemens ne laissent point la même facilité.

Le pas sert à rétablir l'ensemble dans les escadrons ; c'est encore une conséquence de sa lenteur. Ainsi une troupe est-elle au trot et au galop, souvent vous voyez du désordre ; mais la mettez-vous au pas, tout se remet, tout se calme, les différentes parties se rapprochent, se réunissent, prennent de l'union et de l'ensemble, et l'on peut recommencer sur de nouveaux frais

Le pas est encore une allure de route ; en effet, cette allure ne demande aucun effort, le cheval marche librement et sans se gêner, et comme les mouvemens qu'il fait se succèdent sans dépense de forces, il lui est possible de les prolonger long-temps de suite sans se fatiguer.

XIV.

Le trot se prend pour faire diligence dans les marches, et pour la plus prompte exécution des évolutions.

 N peut regarder le trot comme l'allure des marches qui demandent de la promptitude, et comme l'allure de manœuvre ; il est intermédiaire entre le pas et le galop, le premier trop lent, et le second trop fatigant pour être habituel. A cette allure, le cheval est plus facile à gouverner, il ne s'anime pas autant, il ne lui faut pas autant d'espace, et l'on

marche avec plus d'uniformité, d'union et d'ensemble, ce qui n'est pas à dédaigner, ni pour la précision des évolutions, ni dans l'intérêt des chevaux, que cette allure ménage davantage. Les marches et évolutions au galop ne seront donc, aux yeux de l'officier de cavalerie conservateur, qu'un moyen réservé pour les circonstances où la rapidité de cette allure deviendrait indispensable, ou comme une difficulté d'instruction à vaincre, pour se préparer à en user en pareil cas, et pour épuiser tout ce qu'une bonne cavalerie doit savoir, afin de résoudre le problème de la plus grande mobilité et de la plus grande célérité possible.

Les régimens qui manœuvrent habituellement au galop ne sont donc pas dans le vrai, et font de l'exception une application trop constante; sans doute cela dénote une grande instruction, mais il ne faut jamais perdre de vue qu'il faut avoir les plus grands ménagemens pour un animal rare et précieux; qu'il faut en user, sans doute, mais non l'excéder.

C'est après une intéressante causerie sur cet important sujet avec un vénérable chef-d'escadron de cavalerie, notre compatriote, M. le comte du Pac-Bellegarde, dont le nom figure dans notre Revue historique, que nous reçûmes de lui la note suivante, au sujet d'un colonel de cavalerie qui faisait un brillant usage du galop, mais trop fréquent peut-être : « Sans doute M. le colonel......... comme tout bon officier, a voulu avant tout que l'ensemble et l'ordre fussent dans ses manœuvres; pour y parvenir, il a dû diminuer la vitesse du galop et la rapprocher de celle du trot, d'où je conclus encore qu'ayant ainsi peu de vitesse à gagner par ce galop ainsi raccourci, il faut préférer le trot, qui donne plus de certitude pour l'ensemble, n'essouffle pas les chevaux, et ne les fatigue pas autant que le galop.

» Les circonstances ont fait que j'ai toujours commandé l'escadron de gauche du régiment où je servais, et comme les mouvemens se font généralement sur la droite, j'avais donc à parcourir l'espace le plus long, et souvent au galop ; alors j'ai pu observer que, malgré l'ascendant que me donnait l'habitude de commander à mes cavaliers, j'avais de la peine à prévenir un peu de désordre en arrivant sur la ligne, embarras que je n'aurais certainement pas éprouvé, si j'y étais arrivé avec le trot franc de l'ordonnance. »

Ces observations d'un homme judicieux, qui a long-temps pratiqué, méritent d'être prises en considération, et démontrent encore, combien les aperçus des bons officiers de cavalerie de l'époque de Bohan étaient justes, au point de vue militaire, comme au point de vue conservateur.

XV.

Ainsi le galop est une allure trop rapide et trop fatigante pour les chevaux, pour la faire prendre à une colonne de manœuvre, à moins qu'on n'y soit forcé, ou qu'on ne veuille préparer les escadrons à ce qu'ils auront à faire en pareil cas; mais il convient essentiellement à l'ordre de bataille, à la charge, au ralliement, à toutes les circonstances enfin où la plus grande vélocité est nécessaire.

ALGRÉ les puissantes raisons qui viennent d'être déduites, la matière n'est pas épuisée et nous y reviendrons encore, tellement nous avons à cœur de contribuer à la conservation de la cavalerie ! nous y sommes plus obligés encore dans notre France, si riche en élémens de tout genre, mais tellement pauvre en chevaux, que nous ne pouvons n'être pas effrayés sur l'avenir de la cavalerie, si l'on ne se hâte de donner à la production une extension qui soit en rapport avec la grande consommation de l'époque, qui dépasse toute mesure.

Il n'en est pas du cheval comme de tout autre effet d'habillement, d'armement, d'équipement ou de harnachement, qui est remplacé quand il est détérioré ou hors d'usage; il n'en est pas de même non plus que pour le matériel de l'artillerie et des équipages de l'armée, dont nos arsenaux sont abondamment pourvus; dans les rangs de la cavalerie française, au contraire, le cheval perdu est très long à remplacer, et naguère des effectifs bien au-dessous de ce qu'on pourrait supposer, ont assez témoigné que, dans bien des circonstances, la remonte est momentanément suspendue. Que doit donc faire l'officier de cavalerie prévoyant, sinon de prendre tous les soins de conservation que réclame un si précieux et si rare animal ?

Encore une fois, si l'ordonnance se prononce hautement pour l'usage modéré du galop, elle proteste autant qu'il est en elle, par les espaces qu'elle prescrit, et par les restrictions qu'elle y apporte, contre l'abus de cette allure, abus d'autant plus à craindre dans les évolutions, qu'alors la cavalerie c'est la tempête qui gronde, c'est la foudre qui éclate, et que celui qui la commande n'est pas sans quelque ressemblance avec Jupiter, la lançant du haut de l'Olympe, contre les objets de son courroux.

27

Ce rôle est beau, sans doute, c'est aussi à cause de cela qu'il est fort dangereux, et qu'il sera très difficile de se tenir dans ce terme moyen, qui emploiera cette allure avec réserve, tandis qu'il n'est arrivé que trop souvent d'en abuser, et de l'employer moins comme but d'instruction, que comme un moyen assuré de produire de l'effet.

Alors le cheval se fatigue, il s'énerve, les tares de ses extrémités annoncent l'excès du travail, les jarrets se remplissent, ils perdent la force de détente qui leur est propre, et comme il est tout suant, il est beaucoup plus exposé à être surpris par l'air froid de l'atmosphère, et par la température humide de nos grandes écuries, pour peu qu'on n'ait pas été soigneux avant les repos, et avant de le rentrer à l'écurie, de faire marcher long-temps au pas, pour qu'il puisse se calmer et se sécher.

Il sera nécessaire surtout de restreindre beaucoup cette allure et même de la prohiber, quand le cheval a le poil d'hiver, pour éviter les inconvéniens qui précèdent, encore bien plus à craindre que lorsqu'il a le poil ras et que la température est plus douce, le cheval étant tout de suite sec en été, tandis qu'en hiver le poil est si long qu'il ne sèche plus.

Sans doute il faut user du galop en temps utile, mais moins comme allure de marche et de manœuvre, que pour préparer les troupes à ce qu'elles auront à faire, dans les cas où la plus grande célérité deviendrait indispensable.

Au galop, beaucoup de causes concourent au désordre dans une colonne de manœuvre; elle disparaît bientôt dans un nuage de poussière, les atteintes sont fort à craindre et fort dangereuses, le bruit des foulées, celui des armes qui frappent les unes contre les autres, les chevaux qui s'ouvrent ou se pressent, qui s'animent ou s'emportent, la difficulté de les calmer et de les conduire, les hennissemens des uns, les autres qui s'ébrouent, la surveillance qui devient plus difficile, pour ne pas dire impossible, les commandemens enfin, qui, quelque bien articulés qu'ils soient, sont rarement entendus, et mille autres causes qui tendent à amener le désordre et la confusion, doivent faire préférer le trot plus réglé, plus uniforme, et peut-être plus prompt dans les formations, parce qu'il préviendra des fautes toujours longues à réparer.

Ainsi donc, pour les formations et déploiemens, comme pour les marches en colonne, l'allure du trot, qui concilie la surveillance avec l'ordre et la promptitude est l'allure habituelle, et celle du galop n'est et ne doit être considérée, que comme allure de préparation et d'exception.

Le galop convient mieux à l'ordre de bataille qu'à l'ordre de colonne ; les escadrons en ligne ne présentent, en effet, que deux rangs de cavaliers, qui, suffisamment distancés, peuvent donner à cette allure toute l'extension qui lui est propre, avec une large carrière ouverte devant eux.

Il convient à la charge, puisque la vitesse la plus grande produit le plus grand choc; toutefois, cette vélocité doit nuire le moins possible à l'ensemble, qui ne s'obtient que par l'accélération graduelle du mouvement, lequel doit être conduit, de manière que la vitesse la plus grande ait lieu, au moment où l'on aborde l'ennemi.

Le galop convient au ralliement; car avec quelle promptitude des cavaliers dispersés ou rompus ne doivent-ils pas se réunir pour retrouver, dans leurs rangs et dans leurs files, cette force dont ils sont privés dans une situation semblable?

Sans jamais en abuser, le galop est une allure qui doit être familière aux troupes légères. Se servir de ses armes avec adresse, et bien conduire son cheval à toutes les allures, n'est pas une chose aisée; on n'y peut parvenir qu'au moyen d'une bonne instruction, et de fréquens exercices de tirailleurs pour s'y entretenir.

HUITIÈME SECTION.

MOUVEMENS

DU

GÉNÉRAL EN CHEF DE RICHEPANCE.

———o❘◎❘o———

A son fils, lieutenant=colonel

au 1er régiment de hussards.

« Les officiers de cavalerie de la trempe des *Ney* et des *Richepance* étaient clairsemés dans les armées de la République. » Général Foy, *Guerre de la Péninsule*, tom. 1, page 116.

*Mouvemens hors de l'ordonnance, trouvés dans les papiers du général
en chef de Richepance.*

EU de temps avant sa dernière expédition (1802), le général de Richepance non moins distingué par ses talens et ses grandes qualités militaires, que par son instruction, son jugement et la pénétration de son esprit, fut engagé par le ministre de la guerre à faire un travail sur la cavalerie, qu'il ne commença qu'après s'être entouré de toutes les sources nationales et étrangères qu'il put se procurer. Le temps lui ayant manqué, puisqu'il dut prendre bientôt après le commandement en chef de l'expédition de la Guadeloupe, il n'est resté dans ses papiers, que la note autographe suivante, de quelques mouvemens hors de l'ordonnance, que nous donnons sans y rien changer. Nous dûmes ce précieux document, il y a bien des années, à l'intimité de nos relations avec l'aîné de ses fils, notre camarade de régiment, en 1818, au 22e de chasseurs. Cette noble victime de notre première expédition de Constantine, repose en Afrique près des lieux qui furent témoins de sa valeur impatiente et avide de gloire, comme son illustre père repose dans le nouveau continent, où la mort l'atteignit à 32 ans, au moment où il venait de pacifier la Guadeloupe, et où son administration prévoyante et paternelle, effaçait les malheurs de la révolte, qu'il venait de détruire dans sa source.

Nous emploierons les caractères italiques pour les indications sommaires du général ; quant aux éclaircissemens qui paraîtraient nécessaires, ils seront ajoutés après chaque mouvement et en caractères ordinaires.

I.

Une colonne de route marchant par quatre, lui faire faire demi-tour à droite ou à gauche par quatre, et faire ensuite en avant ordre inverse en bataille.

O N comprend que le général qui conduisait le mouvement décisif et dangereux d'Hohenlinden, et qui ne fit que redoubler de rapidité, quoique sa division eût été coupée, et qu'il n'eût avec lui que sa première brigade, ne s'arrête pas à la considération d'avoir après sa formation le second rang en avant du premier ; la première chose pour lui, c'est de faire face à l'ennemi, et de se mettre en devoir de le combattre, il se remettra ensuite à loisir dans l'ordre naturel.

Dans cette situation, faire volte-face immédiatement était un usage suivi dans la cavalerie française ; et du reste, avant le général Richepance, Bohan donne de justes éloges à l'ordonnance de 1777, qui dans la même position, prescrit le demi-tour immédiat, au moyen duquel la formation devient un en avant en bataille simple.

Cependant, si l'on avait le temps nécessaire, il serait peut-être préférable de former d'abord les pelotons simultanément dans chaque escadron, sans regagner les distances, pour ne pas perdre de temps, faisant immédiatement après face en arrière en bataille sur la queue de la colonne, ce qui préviendrait l'inversion des rangs, en conservant les officiers à la tête de leur troupe et dans la direction de l'ennemi.

Nous ajouterons à ce sujet, que dans l'hypothèse absolue du général de Richepance, et dans toute formation de ce genre qui deviendrait nécessaire, les officiers commandant les pelotons doivent rapidement se placer en avant du second rang devenu le premier.

Nous citons à l'appui le fait suivant, emprunté à *la tactique de la cavalerie du comte de Bismark*, page 100.

« A la bataille de Dennewitz (le 6 septembre 1813), un régiment de chevau-légers de l'armée du maréchal Ney exécuta le demi-tour à droite par quatre sous le feu de la mitraille et en présence d'une cavalerie nombreuse, qui le suivait de près. C'était un régiment éprouvé et aguerri, commandé par d'anciens officiers, et qui avait combattu glorieusement, huit jours avant, un ennemi quatre fois plus nombreux.

» Il fit sa retraite au pas et sans le moindre désordre; mais il ne s'arrêta pas. Ce ne fut qu'après que le colonel et les officiers eurent passé devant le second rang, qu'il fit halte et obéit au commandement. »

II.

La contre-marche par quatre.

 E mouvement, qui est usité depuis long-temps dans la cavalerie française, et dont l'usage s'est maintenu depuis le général de Richepance, aurait eu sans doute des chances d'adoption, dans la révision de 1829, si l'on n'avait pas cru devoir réduire beaucoup l'emploi des mouvemens par quatre.

Nous nous rappelons de l'avoir fait exécuter avec beaucoup d'ordre, sans arrêter l'escadron, et même en marchant en colonne avec distance par peloton, dans l'hypothèse d'une chaussée dont le peu de largeur rendrait impraticable le demi-tour par peloton, qui demande 20 mètres d'espace; tandis qu'au moyen de ce procédé, il suffit qu'on puisse tourner, après avoir fait à droite et à gauche par quatre.

Les mouvemens par pelotons sont, sans doute, plus simples, ils n'exigent pas une aussi grande attention, ils donnent moins de prise au désordre, et, par suite, doivent être préférés; mais ce serait agir d'une manière contraire au progrès, au moment surtout où l'instruction de la cavalerie est si complète, que de ne pas employer les mouvemens par quatre dans les circonstances où ils peuvent être nécessaires.

Voir la 7ᵐᵉ section *sur les évolutions de régiment*, prop. XI.

III.

Rompre par deux, par quatre, etc., etc., par le centre de la troupe dont on veut diminuer le front.

i l'ordonnance de 1777 supprima les colonnes le centre en tête, ce ne fut pas cependant sans une vive opposition de la part des bons officiers d'alors et de Bohan notamment, qui proposa formellement d'y revenir, non pas pour les adopter comme ordre de marche habituel, car il préfère alors les colonnes la droite ou la gauche en tête; mais lorsqu'on est en présence de la cavalerie ennemie, lorsqu'on est obligé de manœuvrer devant elle, parce qu'ajoute-t-il alors, *le développement est moitié plus court et moitié plus prompt que les autres.*

C'est par ces motifs, sans doute, que le général de Richepance avait adopté ce système, et nous trouvons ici la preuve, qu'aux applications nombreuses et brillantes qu'il savait faire de la cavalerie sur les champs de bataille, il en faisait une étude spéciale dans les anciennes ordonnances et dans les meilleurs auteurs; que nos jeunes officiers veuillent bien y faire attention.

Toutefois, nous le dirons avec notre franchise ordinaire, les colonnes le centre en tête ne nous paraissent pas sans inconvéniens, quant à la surveillance, quant à l'espèce d'amalgame momentané qui en résulte, et surtout quand on rompt par deux ou par quatre, parce qu'alors le peloton lui-même est tout interverti, ce qui n'arrive point, il est vrai, quand la rupture a lieu par pelotons.

Mais en persistant dans le système des colonnes, la droite ou la gauche en tête, en vigueur aujourd'hui, tenons compte des motifs qui sont puissans, et reconnaissons que la grande préoccupation des Richepance, comme des la Ferrière, a toujours été de se tenir en colonne et de guetter le moment de se déployer, de la manière la plus imprévue et la plus rapide possible.

Du reste, il est facile de concilier le système des escadrons marchant la droite ou la gauche en tête, avec les avantages des colonnes le centre en tête, dont nous avons donné un exemple, 6me section *sur l'ordre en colonne*, prop. X.

Bohan avait peu fait la guerre, il est vrai, mais il avait sans doute recherché beaucoup ceux qui l'avaient faite, et il avait suppléé à son manque d'expérience des camps, par leurs récits et par le tact exquis qui le distinguait. Son article XII sur les colonnes le centre en tête, qui va suivre, et les principes explicites qu'on trouvera dans l'article du commandant de la cavalerie, nous autorisent donc à revendiquer comme français, le principe de la colonne et de la surprise, qu'il expose avec une grande lucidité (tome 2, page 198).

Colonnes le centre en tête. Extrait de Bohan.

quoi sert de dérober nos colonnes, de les serrer et d'ôter à l'ennemi le moyen de nous compter, et de juger de l'espèce de troupes auxquelles il a affaire, si nous lui offrons à tous les instans des développemens et des étalages, qui lui donnent toutes les connaissances nécessaires pour faire ses contre-dispositions? L'avantage doit toujours être du côté de celui qui se démasquera le dernier, parce qu'alors il attaquera les points faibles de son adversaire, qui ne pourra lui-même se fortifier qu'en manœuvrant de nouveau; et lui sera-t-il possible de manœuvrer, lorsqu'une fois l'ennemi sera en mesure de frapper.

» L'officier qui commande une ligne de cavalerie doit donc la tenir en colonnes, afin de jeter son adversaire dans l'inquiétude et l'irrésolution, afin de lui laisser faire des mouvemens et des fautes, pour en profiter par un développement imprévu et une attaque impétueuse.

» L'expérience, enfin, doit nous avoir suffisamment démontré combien la cavalerie déployée devenait difficile à mouvoir. *Mais les colonnes,* dira-t-on, *demandent un temps considérable pour leur déploiement; l'action de ce déploiement offre un moment de faiblesse; on ne peut donc le risquer qu'à une certaine distance de l'ennemi, il faut donc déployer avant d'être en mesure d'être chargé.* Sans doute nos colonnes de marche, et principalement celles qui se déploient par l'une ou l'autre aile seulement, peuvent donner lieu à cette objection; mais elle s'évanouit lorsqu'il est question des colonnes centrales, dont le développement est moitié plus court et moitié plus prompt que les autres; celui-ci peut donc s'exécuter moitié plus près de l'ennemi, c'est-à-dire à 100 toises, lorsque les colonnes, la droite en tête, sont obligées de déployer à deux cents.

» *Nombre de circonstances,* me dira-t-on encore, *nous obligent à garnir un grand espace de terrain, et pour cela il faut nous déployer.* Non. Vous pouvez garnir ce terrain et couvrir le point que vous voulez défendre, en l'occupant et le masquant avec une ligne d'escadrons en colonne, chacun sur leur centre (voir la proposition VII, page 431), ce qui vaut beaucoup mieux que de se déployer tout de suite surdeux de hauteur. Chaque escadron restant en colonne, conserverait la liberté de se mouvoir dans tous les sens, la ligne totale serait susceptible de gagner du terrain en avant; sans s'exposer au désordre et sans se rompre, elle serait propre à exécuter les changemens de front les plus hardis, parce qu'elle serait toujours en force. Cette ligne de petites colonnes est un ordre intermédiaire, entre l'ordre de nos colonnes de marche et l'ordre déployé, il est plus près du déploiement que le premier de ces ordres, et plus mobile que le second.

» Que l'on ne me prête point ici ce que je n'ai pas le dessein de dire, je n'entends point rompre toujours la cavalerie par le centre. Toutes les fois qu'il est question d'une marche d'armée, toutes les fois que l'on ne sait où l'on doit aboutir, je préfère les colonnes qui ont la droite ou la gauche en tête, mais lorsqu'on est en présence de la cavalerie ennemie, lorsqu'on est obligé de manœuvrer devant elle, lorsqu'il faut se tenir toujours prêt à combattre, je préfère, sans doute, l'ordre qui réunit la plus grande facilité pour les mouvemens et le déploiement le plus prompt, et alors je réserve strictement le déploiement total pour la seule action de la charge contre la cavalerie. »

IV.

Ayant fait à droite ou à gauche par quatre, faire en avant, ou en avant ordre inverse en bataille.

ous avons déjà exprimé notre opinion sur les mouvemens par quatre, dont le général de Richepance fait grand usage, et il serait inutile d'y revenir, si nous n'avions pas à cœur de démontrer, qu'on n'en a peut-être pas tiré tout le parti possible.

Nous trouvons, en effet, dans la colonne sur huit de front, un ordre de marche intermédiaire, entre la colonne par pelotons et la colonne par quatre, qui présente des chances nombreuses d'application.

Dans les usages actuels, si le terrain n'a pas assez d'ouverture pour donner passage à une colonne par pelotons, vous dédoublez par quatre, lors même que vous pourriez marcher sur huit de front; chaque esca-

dron occupe ainsi deux fois plus de terrain qu'en bataille , et votre formation s'allonge d'autant.

Mettez-vous, au contraire, en colonne par huit, vous occupez juste le
même espace qu'en bataille; un simple à gauche par quatre vous remet
en bataille du côté des guides dans l'ordre naturel, et du côté opposé
aux guides dans l'ordre inverse, ce qui n'arrête pas, comme on l'a déjà
vu, le général de Richepance dans un cas pressant.

Mais il y a mieux; cette colonne par huit a l'avantage de se former
sur le champ et dans tous les sens, par les mêmes commandemens et les
mêmes moyens que la colonne par quatre; si c'est en avant en bataille,
les rangs de quatre du premier rang obliquent à gauche, à l'exception du
premier, et ceux du second rang font de même, celui qui marche à la
tête, et ceux qui suivent ayant l'attention de ralentir l'allure et d'obliquer
pour reprendre leurs chefs de file.

Si c'est en arrière, aux commandemens : 1. *demi-tour à gauche par quatre
= et en avant en bataille :* 2. MARCHE, la formation s'exécute de la même
manière; le dernier rang de quatre du premier rang, qui se trouve le
premier, achevant seul son mouvement, et les autres restant sur la ligne
oblique qui doit les conduire à la hauteur et à la droite de ceux qui précèdent. Dans ce mouvement encore, le dernier rang de quatre du second
rang, devenu le premier, devra ralentir l'allure et obliquer, ainsi que
ceux qui suivent, pour se remettre à leurs chefs de file.

On pourrait, par le *demi-tour à droite par quatre = et en avant ordre
inverse en bataille*, se former en arrière en bataille dans cette direction,
cette formation devenait nécessaire.

<h2 style="text-align:center">V.</h2>

*De même marchant par le flanc, après avoir fait à droite ou à gauche par qua-
tre, faire former les pelotons ou l'escadron, sans arrêter, aux commandemens
formez les pelotons ou formez l'escadron; — ou diminuer le front en commandant : 1 par quatre; 2 MARCHE, les seconds rangs passeraient derrière les premiers.*

L résulte de ce nouveau numéro que le général de Richepance n'a pas envisagé une seule face de cette question,
mais qu'il l'a considérée dans son ensemble comme dans
tous ses détails.

Ainsi, nous avons vu que sa colonne par huit est sus-

ceptible de se former sur le champ et dans tous les sens de pied ferme et
en marchant; maintenant nous allons la voir augmenter et diminuer son
front par les moyens déjà connus : nous nous bornerons à dire que l'indication du général est tellement précise, qu'elle nous dispense de tout
commentaire. Il en est de même du numéro qui suit, lequel complètera
les mouvemens dont cette colonne est susceptible.

Sans doute, nous préférerions à la colonne par huit celle par sections,
dont le front est le même, et qui présenterait, de plus, l'avantage de ne
jamais intervertir les rangs, avec plus de rapidité pour les ploiemens et
déploiemens de la colonne par escadron; mais il faut, pour cela, des escadrons de 64 files, et, sans avoir autant d'ambition, nos vœux se borne-
raient à ce que les 48 files fussent toujours tenues au complet dans les
escadrons français, ce qui donne à la colonne par huit de nombreuses
chances d'application.

VI.

*Marchant par quatre, doubler l'étendue du front en commandant : 1 marchez
huit. 2 MARCHE. Les seconds rangs passeront par l'oblique individuel à la
droite des premiers, si la droite est en tête, et à la gauche, si la gauche est
en tête.*

VII.

*Étant par pelotons, faire former l'escadron sur un des trois derniers pelotons
de l'escadron; si c'est sur le dernier, on conservera la même allure dans
tous les pelotons.*

A formation sur l'un ou l'autre peloton de l'escadron, est
la conséquence naturelle de la rupture par chacun d'eux;
mais en reconnaissant les avantages des colonnes le centre en tête, pour arriver à la formation, ou au déploiement rapide de plusieurs escadrons, nous pensons qu'il

faut concilier ces avantages, avec ceux des escadrons rompus toujours la droite ou la gauche en tête, qui se rompent et se forment individuellement par des moyens plus simples et avec plus de célérité.

Ainsi, la rupture et la formation par le centre ne seraient applicables qu'à une ligne de plusieurs escadrons, et jamais à un escadron seul, toujours assez tôt rompu et assez tôt fermé par les moyens ordinaires.

Nous ajouterons que c'est un sujet digne des méditations des chefs de notre cavalerie, de savoir s'il ne serait pas convenable d'admettre ce principe pour les colonnes serrées ; car si les commandemens des chefs d'escadron peuvent être intervertis, les escadrons ne le sont pas ; ils sont bien chacun dans son ordre normal, et le déploiement d'une colonne serrée, qui se fait par les deux ailes à la fois, d'une manière imprévue, abrège le déploiement de moitié, en agissant sur le moral de l'ennemi, ce qui est toujours un grand avantage.

VIII.

Former la colonne serrée, voulant avoir un escadron du centre en tête.

ANS cette hypothèse, dont les détails ne sont pas donnés, on devra déterminer dans quel ordre les escadrons devront se placer dans la colonne ; car s'ils arrivent pour se placer en arrière de celui du centre qui sert de base, par les deux ailes à la fois, il faut qu'ils prennent rang dans la colonne sans se rencontrer, afin de prévenir toute espèce de désordre.

Pour y parvenir plus sûrement et avoir la facilité de bien prendre leurs distances, l'escadron qui se mettrait en colonne le premier, se dirigerait à 15 mètres en arrière de l'escadron qui sert de base, plus 6 mètres, au moyen desquels les distances et directions seraient prises en avançant dans toute la colonne.

Le régiment étant composé de 5 escadrons et se ployant sur le 3ᵐᵉ, le 2ᵐᵉ escadron prendrait rang dans la colonne après lui, puis le 4ᵐᵉ, le 1ᵉʳ et le 5ᵐᵉ ainsi qu'il suit :

3ᵐᵉ escadron.	
2ᵐᵉ	*id.*
4ᵐᵉ	*id.*
1ᵉʳ	*id.*
5ᵐᵉ	*id.*

Dans ce système, on voit que les escadrons de droite prendraient toujours rang les premiers.

Le régiment étant composé de 6 escadrons et se formant sur le 3ᵐᵉ, ou sur le 4ᵐᵉ, ils seraient dans l'ordre suivant :

<table>
<tr><td align="center">1ᵉʳ Cas.</td><td></td><td align="center">2ᵐᵉ Cas.</td><td></td></tr>
<tr><td align="center">3ᵐᵉ escadron.</td><td></td><td align="center">4ᵐᵒ escadron.</td><td></td></tr>
<tr><td align="center">4ᵐᵉ</td><td align="center">id.</td><td align="center">3ᵐᵉ</td><td align="center">id.</td></tr>
<tr><td align="center">2ᵐᵉ</td><td align="center">id.</td><td align="center">5ᵐᵉ</td><td align="center">id.</td></tr>
<tr><td align="center">5ᵐᵉ</td><td align="center">id.</td><td align="center">2ᵐᵉ</td><td align="center">id.</td></tr>
<tr><td align="center">1ᵉʳ</td><td align="center">id.</td><td align="center">6ᵐᵉ</td><td align="center">id.</td></tr>
<tr><td align="center">6ᵐᵉ</td><td align="center">id.</td><td align="center">1ᵉʳ</td><td align="center">id.</td></tr>
</table>

Ayant un nombre pair d'escadrons et voulant avoir une tête de 2 escadrons, chaque moitié de ligne forme sa colonne dans l'ordre suivant, et se déploie par le mouvement contraire :

<table>
<tr><td align="center">4ᵐᵉ escadron.</td><td></td><td align="center">3ᵐᵉ escadron.</td><td></td></tr>
<tr><td align="center">5ᵐᵉ</td><td align="center">id.</td><td align="center">2ᵐᵉ</td><td align="center">id.</td></tr>
<tr><td align="center">6ᵐᵉ</td><td align="center">id.</td><td align="center">1ᵉʳ</td><td align="center">id.</td></tr>
</table>

IX.

Déployer une colonne serrée en avant, ayant en tête un des escadrons du centre.

ANS cette évolution qui est on ne peut plus simple, puisque ses moyens d'exécution rentrent dans nos mécanismes habituels, les escadrons de droite se déploient vers leur droite, et ceux de gauche vers leur gauche, sans éprouver le moindre obstacle.

X.

Déployer une colonne serrée sur l'un de ses flancs, en prenant pour base un escadron du centre.

N remarquera combien le général de Richepance est occupé de déployer sa colonne; c'est son affaire capitale, c'est son objet principal : il n'a d'autre pensée que de surprendre, de se mettre à l'abri d'être surpris lui-même, et de mettre, avec autant de rapidité qu'il se peut, le plus grand nombre de sabres que possible en contact avec l'ennemi. C'est qu'en effet toute la tactique de la cavalerie est plus dans la formation de la colonne et dans son déploiement, que dans des évolutions qu'on pourrait porter à l'infini, à l'aide de suppositions plus ou moins probables.

Dans la supposition actuelle, ou bien il se trouvera des obstacles sur l'un des flancs, qui empêcheront de rien déployer de ce côté, ou bien on voudra porter la totalité de ses forces vers l'un ou l'autre flanc, et c'est ce que fait le général de Richepance, sans s'embarrasser de ce que l'escadron du centre qui est en tête se trouvera à la gauche ou à la droite de la ligne, et de ce que les escadrons seront intervertis, parce que chaque escadron n'en est pas moins dans la main de son chef, et que le moment de presse passé, on aura toujours le temps de rentrer dans l'ordre naturel.

28

XI.

Porter une ligne en avant dans un terrain difficile sans la rompre; on ferait faire à toute la ligne à droite (ou à gauche) par quatre, tout de suite après le commandant de chaque escadron fera tourner sa tête, de manière à la diriger sur le terrain qu'il avait devant lui avant ce mouvement de flanc; lorsque le terrain le permettra ou qu'on approchera de l'ennemi, en avant en bataille, si l'on veut arrêter, ou le commandement formez la ligne, si l'on veut continuer la marche. Les escadrons ayant marché à la même hauteur, et avec les intervalles qu'ils se trouvaient avoir, en abandonnant l'ancienne ligne de bataile, doivent se retrouver ainsi qu'ils étaient précédemment.

E mouvement et ceux qui suivent appartiennent à l'ordre de bataille, et de même que le général de Richepance a cherché à tirer tout le parti possible de l'ordre de colonne, à utiliser la colonne par huit, et à arriver à une formation ou déploiement imprévu, prompt et facile, de même il cherche à rendre sa ligne de bataille mobile, il la fractionne en autant de colonnes qu'il y a d'escadrons, il chemine avec plus de facilité et moins de fatigue que dans l'ordre déployé, à travers tous les obstacles du terrain, et il se reforme simultanément par un simple en avant en bataille, ou en formant ses escadrons sans arrêter.

Le mouvement qui suit, et qui part du même esprit, a pour but de faire faire retraite à toute une ligne dans un terrain difficile, en lui conservant la faculté de se remettre face en tête, par un demi-tour à gauche par quatre et en arrière en bataille, ou formez l'escadron dans chaque escadron; toutefois, à moins que les difficultés du terrain ne donnassent réellement passage qu'à un front de huit hommes, nous préférerions, dans les deux cas, les mêmes mouvemens par pelotons, qui ne présentent qu'un front de quatre hommes de plus, et qui donnent plus d'aisance et de facilité pour les mouvemens qui pourraient suivre. Supposons, en effet, toutes ces colonnes d'escadron; elles ont la faculté, comme nous venons de le voir, de se former en avant et en arrière, en arrêtant ou sans arrêter; mais, dans la direction des flancs, ces colonnes ne sont pas moins mobiles: un simple mouvement de pelotons à gauche suffit pour remettre tous les escadrons en colonne avec distance, la gauche en tête, et dans l'ordre naturel. Par le mouvement contraire, on serait, il est vrai, dans l'ordre inverse, ce qui n'est pas une difficulté avec la juste extension qu'on a donné à cet ordre, et de cette manière il est démontré que cette ligne, momentanément brisée, jouit aussi de la faculté de se déployer, en arrêtant ou sans arrêter, sur l'un ou l'autre flanc.

Ce n'est pas le mécanisme par quatre ou par pelotons qu'il faut seulement considérer ici, mais la pensée de cet ordre, ses ressources, et tout le parti qu'on en peut tirer. Bohan, ainsi que le démontre son article l'avait indiqué; Richepance vient après lui pour féconder cette idée et lui assurer toute l'importance de sa grande réputation militaire. De la sorte, l'un de nos plus graves écrivains militaires, et l'un de nos plus grands généraux de cavalerie, viennent démontrer que la cavalerie était parfaitement comprise en France, dans les écrits comme sur les champs de bataille; que les principes étaient identiquement les mêmes que ceux qui marchent aujourd'hui à la tête du progrès; qu'il est donc juste de les considérer comme d'origine française; qu'enfin, si nos généraux, toujours occupés à guerroyer, et faisant la guerre en courant, ont laissé de rares écrits, c'est que le temps leur manquait; c'est que l'activité du métier des armes ne sympathise pas toujours avec le travail du cabinet; c'est que nombre d'entr'eux, et le général de Richepance notamment, périrent à la fleur de l'âge; c'est enfin que, dans cette armée glorieuse, le dévouement et l'abnégation étaient poussés si loin, pour l'organisateur de tous nos triomphes, que l'esprit d'examen était repoussé comme une chose presque criminelle, comme une sorte de défiance injurieuse pour la gloire de Napoléon.

XII.

Faire faire retraite, dans un terrain difficile, à toute une ligne en commandant à droite (ou à gauche) par quatre à toute la ligne; et chaque escadron se dirigeant ensuite en arrière, on fera face dans chaque escadron, en commandant en arrière en bataille, ou en arrière formez la ligne.

ı les colonnes d'escadron présentent de grands avantages dans les marches en avant, ils ne sont pas moins grands dans les marches en arrière et dans les retraites, qui étant habituellement inquiétées, ont plus de besoin encore d'un ordre de marche mobile, qui leur permette de se retirer librement, et sans éprouver du retard par les accidens du terrain.

XIII.

Contre-marche par régiment sur le centre.

E mouvement, sous ce numéro, dont le général de Richepance n'indique pas le mécanisme, s'est conservé dans les traditions de notre cavalerie, qui l'exécute en divisant en deux les escadrons en ligne, dont ceux de droite qui se sont portés en avant de 15 mètres, font ensuite *pelotons à gauche = en avant*, et successivement *sur la gauche en bataille*, et ceux de gauche qui sont restés en place, *pelotons à droite = en avant*, et successivement *sur la droite en bataille.*

XIV.

Formation du carré.

CI encore le général de Richepance désigne le mouvement et se tait sur le mécanisme.

Melfort, qui était très considéré par nos grands généraux de cavalerie, et notamment par le général Lasalle (1), ce type des généraux français de cavalerie légère, a consacré l'une de ses planches à la démonstration du carré.

Toutefois, son carré sur un rang, véritable redoute à 4 faces, de 24 hommes chacune, appliqué à une situation où une grand' garde, attaquée par des troupes légères, nombreuses et aguerries, aurait reçu la consigne de tenir ferme jusqu'à ce qu'elle fût secourue, paraît difficile dans sa formation, et jouir de peu de mobilité, soit pour se retirer, soit pour se re-

-----

(1) Le premier exemplaire de Melfort, que j'ai eu dans les mains, était celui du général Lasalle, tué à Wagram, qui me fut prêté par son fils, en 1816, à l'école de Saumur. L'état du livre montrait aisément qu'il avait été fréquemment consulté.

mettre face en tête, soit pour reformer l'escadron. Or, ces éventualités sont trop indiquées pour n'être pas prévues.

Nous savons aussi du général Marbot, qu'il était bien rare que Napoléon fît manœuvrer un régiment de cavalerie, sans ordonner la formation du carré ; mais il ne s'explique pas d'avantage.

Les retraites de 1812 et de 1813, inquiétées par des nuées de cosaques, viennent encore à l'appui de ces grandes autorités, pour que le carré prenne rang dans nos exercices.

C'est sous le rapport du feu qui contient ces cavaliers irréguliers, sans perdre la facilité de se retirer, de se remettre face en tête et de reformer sa ligne, que le carré a été considéré par le général de La Roche-Aymon, et sa formation ainsi que ses mouvemens nous semblent aussi simples que faciles.

M. de La Roche-Aymon ne forme pas son régiment en carré parfait, mais à 3 faces seulement ; celle du côté de l'ennemi de 2 escadrons, soutenue de chaque côté par un escadron faisant face en dehors ; c'est la 4me face du côté de la ligne de retraite qui n'existe pas, et elle ne paraît pas nécessaire dans cette supposition.

Après avoir donné le mécanisme de la formation du carré par régiment, M. de La Roche-Aymon ajoute : « Il serait peut-être encore plus avantageux de former les escadrons en carrés particuliers : les 2 pelotons du centre de chaque escadron en seraient la base, les pelotons 1 et 4 en formeraient les flancs. » On pourrait commander dans cette hypothèse :

1. *Sur les pelotons du centre = formez le carré = de chaque escadron.*

2. MARCHE.

Au premier commandement, le chef du premier peloton commande *à droite par quatre*, de suite *tête de colonne à droite*, et celui du 4me peloton, *à gauche par quatre = tête de colonne à gauche.*

Au commandement MARCHE, les 2me et 3me pelotons ne bougent, et quand les 1er et 4me pelotons ont gagné en arrière l'étendue de leur front, ils font celui du 1er peloton à droite par quatre, et celui du 4me à gauche par quatre, pour former les deux côtés extérieurs du carré, se remettant chacun dans sa direction, celui du 1er peloton par le demi-tour à droite par quatre, et celui du 4me par le demi-tour à gauche par quatre, de manière que la ligne des fontes de leurs chevaux du 1er rang, corresponde à celle des flancs des pelotons qui n'ont pas bougé, et qu'il y ait entr'eux 2 mètres de distance, pour se mettre à l'abri de la ruade.

Le carré étant formé pour commencer les feux, on commandera :

Numéros impairs du premier rang = COMMENCEZ LE FEU.

A ce commandement, les chefs des 2me et 1er pelotons se porteront à la droite de leur peloton, et les chefs des 3me et 4me à la gauche du leur.

Les numéros impairs commenceront le feu à volonté, en se réglant à droite, et s'attachant moins à tirer vite, qu'à bien ajuster, afin de contenir l'ennemi par un feu bien dirigé; après quoi ils chargeront leurs armes immédiatement, et quand ils auront fait *haut le mousqueton*, les numéros pairs feront feu à leur tour, chargeront les armes, et ces feux alternatifs par les numéros pairs et impairs du premier rang seulement, se prolongeront de la même manière jusqu'au commandement : CESSEZ LE FEU.

A ce commandement, on achèvera de charger les armes, on replacera le mousqueton, et les chefs de peloton se remettront au centre de leur troupe.

Observations.

On comprend qu'avec une arme aussi courte que le mousqueton, le feu doit se réduire aux cavaliers du premier rang seulement.

Nous préférons que les cavaliers du premier rang chargent eux-mêmes leurs armes, sans avoir recours à ceux du second; ils auront plus de confiance, étant certains de l'avoir fait avec soin, et il y aura plus d'ordre, qu'en se faisant passer d'un rang à l'autre, des armes qui sont accrochées au porte-mousqueton, qu'il faudrait décrocher, et *vice versa.*

Pour se retirer on commandera :

1. *Carré en retraite.*

2. MARCHE.

Au premier commandement, le chef du 2me peloton, qui est le plus ancien, commandera *demi-tour à gauche par quatre*, celui du 1er peloton, *à droite par quatre*, et celui du 4me peloton, *à gauche par quatre.*

Au commandement MARCHE, le mouvement s'exécutera et l'on se retirera dans cet ordre.

Pour se remettre face en tête, on commandera :

1. *Carré face en tête.*

2. MARCHE.

Au premier commandement, les chefs des 2me, 1er et 4me pelotons commanderont *demi-tour à droite par quatre.*

Au commandement MARCHE, le mouvement s'exécutera, et le carré se portera en avant dans la direction présumée de l'ennemi, autant qu'on le jugera nécessaire.

Pour faire arrêter, on commandera :

1. *Escadron carré.*

2. HALTE.

Au premier commandement, répété par le chef du 2me peloton, le chef du 1er peloton commandera *à droite par quatre*, et celui du 4me, *à gauche par quatre.*

Au commandement HALTE, répété par le chef du 2me peloton, les deux pelotons du centre arrêteront et s'aligneront à droite.

A ce même commandement, les chefs des 1er et 4me pelotons commanderont MARCHE; le mouvement presque fini HALTE, le 1er peloton s'alignant à gauche et le 4me s'alignant à droite.

Pour reformer l'escadron, on commandera :

1. *Formez l'escadron* = *au trot* (ou *au galop*.)

2. MARCHE.

Au premier commandement, le chef du 1er peloton commande *peloton à gauche* = *au trot*, et celui du 4me peloton, *peloton à droite* = *au trot.*

Au commandement MARCHE, les deux pelotons du centre ne bougent, ceux des ailes exécutent leur mouvement, et lorsqu'il est presque fini, ils commandent HALTE et s'alignent à gauche et à droite.

L'escadron étant aligné, le commandant d'escadron commande FIXE et reprend sa place de bataille.

Quand il y aura plusieurs escadrons, ils auront la faculté de se retirer simultanément, ou en échiquier, ou en échelons, aux distances qui seront indiquées, en observant que cet ordre défensif ne doit pas être conservé au delà du temps qui est nécessaire, pour remplir le but qu'on se propose.

Au surplus, nous ne donnons les mécanismes qui précédent, que comme des exemples pour mettre sur la voie d'obtenir mieux encore.

XV.

Bataille d'Hohenlinden (3 novembre 1800), d'après le général Lamarque.

ous voici arrivés à la fin des mouvemens du général de Richepance, perdu si prématurément pour la gloire et pour la patrie, non sans avoir éprouvé d'amers regrets, qui se mêlaient à une vive satisfaction de nous rencontrer en face d'une si grande réputation militaire. Nos sentimens, sous ce rapport, sont d'autant plus profonds, que s'il eût survécu à nos grandes guerres, notre intimité avec le commandant Eugène de Richepance, cette perte de Constantine, que l'armée déplore encore, nous eût donné un accès naturel auprès de son illustre père. Il nous eût accueilli, sans doute, avec la même bonté que sa noble veuve, avec la même amitié que son second fils, qui soutient dignement cette double renommée. Lui aussi a voulu suivre un noble exemple, venger un frère mort en héros sur la terre d'Afrique, et comme lui aussi il faillit à être dévoré par le feu de l'ennemi.

Mais dans un ouvrage de cette nature, il faut contenir ses sentimens, il faut que le lecteur ne vous suspecte pas d'avoir cédé à de vives sympathies; il a ses exigences, et elles sont trop fondées pour que nous cherchions à décliner son droit et à nous y soustraire. Nous dirons donc à ce lecteur, qui sera sans doute quelque jeune aspirant à la gloire, comme les Richepance : aucun général ne fut plus digne de vous servir de modèle que le chef de cette race guerrière et généreuse. Richepance était avide de gloire, de renommée et de périls, mais l'honneur le plus sévère présidait à ses actions. Dans nos discordes civiles, Richepance ne voyait que la patrie, et souvent il sauva au péril de ses jours, des Français que le malheur des temps avaient jetés sur la terre étrangère. Il était sur les bords du Rhin, et quand il lui arrivait de faire quelque funeste capture de ce genre, tout était mis en œuvre pour sauver le proscrit, et l'uniforme de son régiment servait même à le conduire en lieu de sûreté. Richepance avait le génie de la guerre et de la cavalerie; c'était l'homme du moment, du danger, l'exécuteur des opérations les plus dangereuses. Audacieux comme Condé à Rocroy, comme Kellermann à Marengo, comme eux il fixa la victoire à Hohenlinden par un de ces mouvemens uniques dans les annales militaires; toutes les voix de la renommée s'accordent à le proclamer, toutes les plumes de l'histoire s'accordent à l'écrire; et nous donnerons la préférence à celle du *général Lamarque*, qui ne le cède à aucune autre, et qui du reste, étant alors adjudant-général près de *Moreau*, a lui même écrit les ordres de marche qu'il raconte.

« La bataille de Hohenlinden, qui suivit de près celle de Marengo (1), fait plus d'honneur à Moreau, dont elle est la plus belle palme militaire.

____

(1) « L'heureuse étoile du premier consul, le courage de Victor et de Lannes, et surtout la marche rapide du général Desaix, réparèrent la faute qu'il avait commise de séparer son armée peu nombreuse sur les deux directions d'Alexandrie et d'Acqui. » Général Lamarque (article Bataille de l'*Encyclopédie moderne*, tome 4, page 255).

J'entrerai dans quelques détails qu'on ignore encore; ils sont nécessités par ce que dit, dans ses mémoires, le captif de Sainte-Hélène : *que la bataille de Hohenlinden n'a été qu'une rencontre heureuse, où le sort de la campagne fut joué sans combinaison.*

»Après l'armistice de Partsdorf, l'armée française passa l'Iser, et s'avança vers l'Inn, en suivant les trois directions de Rosenheim, de Wasserbourg et de Mulhdorf. Ce mouvement se fit avec une entière sécurité, et on était tellement convaincu que l'ennemi ne prendrait pas l'offensive, que la réserve de cavalerie était une marche en arrière. Il en arriva autrement : le prince Jean, qui commandait l'armée autrichienne, déboucha, le 1er décembre 1800, par la route de Mulhdorf, jetant sa droite dans le vallon de l'Issen, et, après un combat long et sanglant, nous nous mîmes en pleine retraite. Moreau hésita un moment si on ne la continuerait pas jusque sur les hauteurs de Partsdorf, comme le conseillait le général Lahorie, qui n'était pas sans influence sur lui, ou s'il recevrait la bataille au débouché de la forêt de Hohenlinden, comme le voulaient les généraux Dessoles et Grenier. Pendant la discussion, un ingénieur bavarois, attaché à l'état-major, indiqua une route qui conduisait de la chaussée de Wasserbourg à celle de Mulhdorf et qui aboutissait à Matempot, à l'entrée même du défilé de Hohenlinden. Cette découverte fut un trait de lumière pour Moreau : il résolut d'arrêter le prince Jean à la sortie du défilé, et de faire déboucher derrière lui les deux divisions Richepance et Decaen, qui se trouvaient à Ébersberg et à Zornoting. Ce plan paraissait d'une exécution facile, et cependant un incident tout à fait imprévu faillit à le déranger. Pendant qu'au milieu des flocons de neige qui obscurcissaient l'air, la division Richepance était engagée dans le chemin tortueux et défoncé d'Ébersberg à Matempot, une forte colonne autrichienne séparait, à Saint-Christophe, sa première brigade du reste de la colonne. Tout autre se serait arrêté pour réunir sa division; mais lui, sachant combien les momens sont précieux, combien est décisif le mouvement qu'on lui a prescrit, continue avec rapidité sa marche audacieuse, arrive à Matempot avec deux seuls régimens d'infanterie et le 1er de chasseurs, que commandait l'intrépide Montbrun : il contient, par des charges répétées, la réserve de cavalerie qui arrivait de Haag, et prompt et terrible comme la foudre, se jette en colonne serrée dans l'étroit défilé, où il porte la terreur et la mort. Cent pièces de canon, douze mille prisonniers, furent les brillans trophées de cette victoire, qu'on eût pu rendre plus complète encore en marchant sur le champ de Haag sur le vallon de l'Issen, où se trouvait engagée toute la droite de l'ennemi. Decaen,

Grenier, Ney, Grouchy, Grandjean, Walter, Dessoles, donnèrent des preuves multipliées de courage et d'un talent déjà consommé.

»Cette bataille, qui eut une si grande influence sur les négociations de Lunéville, est dans la catégorie de celles qui sont décidées par l'arrivée imprévue d'un corps qui se jette sur les derrières d'une armée. Nous en avons vu des exemples dans les campagnes d'Annibal, dans la défaite des Teutons, et récemment encore dans les batailles de Castiglione et d'Arcole; mais cette manœuvre est toujours hasardeuse, puisque mille chances peuvent compromettre un corps séparé, sans appui, et qui, par la position qu'il prend, se ferme tout chemin de retraite. »

NEUVIÈME SECTION.

SUR L'ORDRE EN BATAILLE.

Au lieutenant = général,

Vicomte Bonnemains.

Excepté dans les cas où il est indispensable de faire un déploiement de ses forces, l'ordre de bataille, qui se trahit lui-même par l'étalage de ses escadrons, et qui est bien plus long à changer, que la colonne ne met de temps à se former, ne doit être pris que lorsqu'on est parvenu à gagner le côté faible de l'ennemi.

I.

Un mot d'explication sur cette section.

UELQUE soin que nous ayions apporté, à renfermer dans chaque section les principes et les détails qui s'y rapportaient, il n'a pas été en notre pouvoir d'isoler entièrement des choses qui avaient de l'affinité entr'elles; c'est ainsi qu'il a été déjà question de l'ordre en bataille, 1re section, prop. VII, en posant les bases fondamentales : dans la section qui traite de l'alignement on a dû y revenir, ainsi que dans celles de la formation, des évolutions et dans la section Richepance. Nous avons donc peu de chose à dire, qui n'ait été dit déjà, quand l'occasion s'est présentée; toutefois nous poserons nos principes comme nous l'avons fait précédemment, en renvoyant pour la démonstration aux parties de notre travail où elle aurait été déjà faite, et partant des principes généraux de l'ordonnance nous dirons :

Un régiment en bataille se compose de ses escadrons, disposés les uns à côté des autres, sur une même ligne, dans l'ordre naturel ou inverse, et séparés par des intervalles de 12 mètres d'un guide particulier à l'autre, sans que l'un dépasse l'autre et sans qu'il soit en arrière.

II

L'ordre de bataille naturel est l'ordre primitif et fondamental, d'où l'on part et auquel on revient. Il est l'ordre de rassemblement avant le départ, l'ordre de formation à l'arrivée; l'ordre dans lequel on cantonne, on campe, on bivouaque; l'ordre de force, de combat et d'attaque; l'ordre qu'on emploie pour déployer ses forces quand il y a lieu; mais son grand front le rend impropre à une marche prolongée.

NE troupe doit avoir un ordre fondamental et primitif (1), qui soit la base de tous les autres, et dont ceux-ci ne soient qu'une dérivation. Il faut, puisque les diverses circonstances où elle sera placée, nécessiteront des diminutions et des augmentations de front, des changemens de direction et de front, en un mot toutes les évolutions praticables à la guerre; il faut, pour parvenir à prendre ces nouvelles dispositions, qu'on puisse s'y reconnaître, et que l'ordre se maintienne toujours, quelque mouvement qu'on exécute; il faut que la formation primitive et mère, si nous pouvons nous exprimer ainsi, de tous ces ordres secondaires, soit bien connue et bien déterminée.

L'ordre de départ et de rassemblement, ce qui revient au même, est l'ordre de bataille. En effet, comment les troupes se rassemblent-elles toujours? et, faisant abstraction de l'usage, comment leur est-il plus commode, plus prompt et plus avantageux de se rassembler? en bataille, sans aucun doute.

(1) Voir les *Définitions* de Guibert, page 374.

Il est plus commode qu'elles se rassemblent ainsi, parce qu'il n'y a qu'un seul et même front, parce qu'il n'y a que deux rangs à former, parce qu'au moyen des intervalles, la place de chaque escadron est saillante, que chacun retrouve aussitôt sa base, son rang et sa file, et que le rassemblement se fait ainsi avec toute la facilité possible, par la force de l'habitude, et sans désordre.

Il est indispensable qu'elles se rassemblent ainsi, pour prendre aisément l'ordre de marche qui sera convenable, et parce que ce même ordre étant susceptible, ainsi que nous l'avons vu plus haut, d'être modifié suivant les circonstances, il faut encore, pour pouvoir le faire sans compromettre l'ordre, que l'on soit parti de la formation fondamentale et primitive, au moyen de laquelle les escadrons et les pelotons sont formés, et se suivent dans l'ordre naturel de leurs numéros, ce qui fait que chacun connaissant bien sa place, n'a aucune peine à la retrouver.

L'ordre de colonne ne peut être un ordre de rassemblement, excepté quand le terrain vous y force ; on peut cependant se former en colonne serrée, parce que les escadrons bien formés, le régiment l'est pareillement : toutefois, ce rassemblement est plus difficile, plus sujet au désordre, à l'encombrement, et doit toujours être indiqué d'avance. Mais le rassemblement en colonne avec distance nous paraît impraticable ; pour que cette colonne soit formée comme elle doit l'être, il faut que les pelotons soient formés chacun sur lui-même, ceux d'un même escadron à six pas de distance, qu'il y ait autant de bases de formation que de pelotons dans la colonne ; ces pelotons étant très nombreux et très rapprochés, les cavaliers reconnaîtraient mal leurs escadrons, moins encore leurs pelotons ; ils se bousculeraient et s'encombreraient avant de parvenir à leurs places ; de telle manière que le cas d'une nécessité absolue peut seul justifier un rassemblement si difficile.

L'ordre de bataille est l'ordre de retour ; et en effet, quand la marche est terminée, soit par la rencontre de l'ennemi, soit par l'arrivée au gîte ou au cantonnement, on se forme de nouveau en bataille ; on donne l'ordre aux troupes, on fait mettre pied à terre, et on maintient dans le logement l'ordre de bataille. Est-on au bivouac ou campé, l'ordre de bataille est encore observé, autant que le terrain le permet, de manière que la troupe entière puisse se mettre sous les armes, et soit prête à attaquer ou à se défendre, dans son ordre fondamental et primitif, le plus promptement possible.

L'ordre de bataille, ainsi que son nom l'annonce, est l'ordre de combat ; en effet, toutes les forces disponibles sont en ligne et à découvert ; elles peuvent joindre l'ennemi au même instant, et faire sur lui un effort combiné de toutes leurs forces réunies.

Si l'ordre de bataille répond à toutes ces nécessités, il n'est cependant pas tellement universel qu'il suffise à tout, et il présente naturellement les inconvéniens qui sont la conséquence de ces mêmes avantages.

Ainsi nous avons déjà vu que son grand front le rend impropre à une marche prolongée, que peu de terrains, du reste, le permettent, et que, lors même qu'on rencontrerait des plaines suffisantes et sans obstacles, les troupes ne pourraient rester long-temps dans cet ordre où elles fatiguent beaucoup, et où elles ont, en raison de leur grand front, bien moins de mobilité et de célérité, que les colonnes qui filent, qui passent partout, et qui se frayent un passage au milieu de tous les accidens du terrain.

C'est pour prévenir ces inconvéniens, et ceux qui résultent de la dépendance où les cavaliers sont les uns des autres dans chaque escadron, par suite de leur juxta-position, dépendance à laquelle ne sont pas étrangers les escadrons, quoique séparés par des intervalles, que les habiles en cavalerie ont proposé l'ordre intermédiaire par colonnes partielles d'escadrons (*Voir la* 8me *section*, prop. XI et XII).

L'ordre de bataille a été également accusé de ne pas faire un étalage toujours utile de ses forces, de donner à l'ennemi les moyens de les compter, et de rendre une évolution qui deviendrait nécessaire, plus difficile que si l'on était en colonne; sans doute il y a du vrai dans ces objections, mais d'autres faits démontrent aussi qu'un déploiement de ces forces est souvent nécessaire pour occuper une position, pour en imposer par un grand front, que même la cavalerie a été formée sur un seul rang avec de grands résultats. C'est donc au génie de celui qui commande à apprécier ce qui convient le mieux à la situation particulière dans laquelle il se trouve engagé, et à y faire face suivant les exigences du moment.

III.

C'est afin que les irrégularités inséparables de la marche ne s'étendissent pas à tout le front d'une ligne continue, qu'on l'a partagée en grandes fractions nommées escadrons, division non moins avantageuse pour l'administration et la surveillance, et qu'on a séparé ces escadrons par des intervalles fixés aujourd'hui à 12 mètres.

Voir la 5me section, *sur la formation*, prop. VIII.

IV.

Des intervalles plus étendus laisseraient à découvert les flancs des escadrons.

UELLE est la partie la plus faible d'une troupe? est-ce celle où les cavaliers présentent leur front, où ils forment pour ainsi dire une haie impénétrable? non sans doute. Les endroits les plus faibles d'une troupe en bataille sont, au contraire, les portions ouvertes, dégarnies, et plus particulièrement les vides, parce qu'ils ne sont défendus par rien; toutefois, nous venons de voir que les intervalles étaient indispensables pour la facilité et la régularité de la marche : qu'ils soient donc tels qu'ils puissent remplir cet objet, mais qu'on se borne au strict nécessaire, parce qu'il faut éviter, avant tout, les lacunes, et de laisser à découvert les flancs des escadrons (1).

Les intervalles de 12 mètres suffisant pour cet effet, il serait mal de les augmenter dans l'état habituel; le front perdrait en force ce qu'il gagnerait en étendue; ce qui n'empêchera pas de les agrandir dans les exercices préparatoires, pour se préparer d'avance aux nécessités de la guerre (voir la page 328 et suiv.).

V.

Une troupe en bataille doit savoir se diviser de manière à passer du front le plus grand au plus petit front; elle doit aussi savoir se réunir pour passer du front le plus petit au front le plus grand.

A formation de l'escadron, qui permet de le dédoubler jusqu'à l'homme seul par plusieurs dédoublemens successifs, qui réduisent son front aux proportions que les circonstances exigent, permet également de l'augmenter par les moyens inverses, jusqu'à le faire marcher com-

(1) Nous sommes forcés de dire ici que la définition du mot *flanc* de l'ordonnance, ne nous semble pas pleinement satisfaisante; car il s'ensuivrait, d'après les principes géné-

plètement en ligne : et quant à former ou déployer une colonne de plusieurs escadrons, ces mouvemens rentrent dans les mêmes principes, toutefois avec quelques différences dans l'exécution, à cause de l'étendue du front.

Par un, par deux et par quatre, les doublemens et dédoublemens se font à la même allure par l'oblique individuel ; par peloton, on/a substitué à ce moyen, qui ne permettrait pas de gagner assez de terrain sur le côté, les demi-quarts de conversion par peloton : et enfin par escadron, où le front est quatre fois plus étendu, les ploiemens et déploiemens se font par les flancs, après avoir fait *pelotons à gauche* (ou *à droite.)* Dans tous ces mouvemens, sur quelque front qu'on les fasse, si l'on a obliqué à gauche, si l'on a fait un demi à gauche, ou bien *pelotons à gauche,* c'est toujours par le mouvement inverse qu'on se remet perpendiculairement en colonne ou en ligne.

Tel est le mécanisme des diminutions ou augmentations de front, qui, dans la langue générale que nous avons parlée jusqu'à présent dans ces principes, correspondent aux doublemens et dédoublemens, expressions plus particulièrement consacrées pour les fronts de la colonne par quatre, par deux et par un.

VI.

Une ligne de bataille ayant quatre côtés, son front, son flanc droit, son flanc
gauche et ses derrières, et l'ennemi pouvant se présenter à elle sur l'un de ces
quatre points, elle doit pouvoir lui opposer son front sur ces quatre points, et
sur toutes les lignes obliques intermédiaires, puisque l'ennemi peut se pré-
senter également à elle sur tous les rayons du cercle.

oir la démonstration fondamentale, première section, prop. VII.

Tous les mouvemens perpendiculaires sur les ailes et sur le centre ont été prévus par l'ordonnance ; quant aux changemens de direction obliques sur les ailes, ils

raux de l'ordonnance, qu'il n'y a que les colonnes qui aient des flancs ; sans doute ils sont plus étendus en raison de la profondeur desdites colonnes, mais une troupe en bataille grande ou petite n'en a pas moins, et c'est ainsi qu'on a toujours cherché à les protéger, soit par des troupes placées en potence derrière l'extrémité des lignes, soit par des accidens du terrain.

l'ont été pareillement, n° 929. Le changement de front oblique sur le centre ne l'a pas été, mais il rentrerait complètement pour la portion de la ligne qui doit avancer dans celui qui précède; et quant à la portion de ligne qui devrait rétrograder, chaque escadron ferait *pelotons demi-tour à gauche*, si le changement de front a eu lieu vers la gauche, et *pelotons demi-tour à droite*, dans le cas contraire, faisant ensuite un demi-quart de conversion par escadron du même côté, et gagnant du terrain en arrière suffisamment, pour se reporter ensuite sur l'alignement, et se remettre face en tête par le même mouvement.

VII.

Une troupe en bataille occupe moins de place de pied ferme qu'au pas, au pas qu'au trot, au trot qu'au galop, et au galop ordinaire qu'au galop de charge.

 N a vu à la 4ᵐᵉ section, *sur l'alignement*, prop. XVI, qu'il y a moins d'union, moins d'ensemble et moins d'alignement à mesure que l'allure augmente de vitesse; elle occupe aussi plus d'espace par suite des mêmes causes : en effet plus l'allure est vive, plus le cheval a besoin de liberté et d'aisance pour pouvoir opérer ses mouvemens, plus il finit par en avoir, ce qui amène nécessairement une légère augmentation dans le front, et c'est ce qui prouve encore combien la ligne à intervalles l'emporte sur la ligne pleine, puisque, dans la première, les chevaux prennent de l'aisance dans leurs escadrons respectifs, et diminuent sensiblement leurs intervalles, tandis que, dans la dernière, la ligne de bataille serait rompue et crevée, avant qu'ils eussent pris l'aisance indispensable sur toute l'étendue du front (1).

Le ralliement même devait être plus difficile dans l'ordre en muraille, non-seulement parce que chaque escadron ne formant pas unité distincte, devenait moins saillant pour les cavaliers, mais aussi parce que lorsqu'on s'est ouvert il faut ensuite se rapprocher; et comment ne pas prendre de l'aisance dans une telle accélération de mouvement, à moins de crever dans quelques endroits de la ligne de bataille en muraille, ce qui devait arriver fréquemment.

Dans la ligne à intervalles, au contraire, chaque escadron se présente

____

(1) Voir nos considérations sur l'ordre en muraille, de Frédéric, page 326.

comme un point saillant à tous ceux qui le composent, et quant aux ouvertures qui sont la conséquence d'une extrême vitesse, elles se referment avec bien plus de rapidité dans chacun d'eux, que s'il fallait se rapprocher sur l'ensemble d'une ligne continue.

VIII.

De même une colonne a moins de profondeur de pied ferme qu'au pas, au pas qu'au trot, et au trot qu'au galop.

'EST aussi que plus l'allure augmente de vitesse et plus les chevaux s'allongent, plus les extrémités antérieures se portent en avant, plus les extrémités postérieures s'étendent en arrière ; les chevaux sont donc obligés pour pouvoir trotter franchement et galoper, de prendre plus de 2 pieds de distance de tête à croupe, afin de prévenir les atteintes et des accidens plus graves encore. Il est facile de la sorte de se faire une idée de l'augmentation de profondeur qui en résulte, puisqu'autant il y a de chevaux, ou de rangées de chevaux les uns derrière les autres, autant il y a d'augmentations de distance.

Les colonnes particlles par escadron sont donc encore parfaitement entendues sous ce rapport, puisque chaque escadron a la facilité de prendre sur lui-même cette plus grande aisance.

IX.

De même que dans les marches directes, les cavaliers qui composent le front sont dans une dépendance mutuelle les uns des autres, de même les escadrons qui composent une ligne se trouvent dans une dépendance analogue, ce qui oblige le guide de chacun de ces escadrons, de se régler également sur un point de direction choisi en avant, et sur l'escadron voisin du côté de l'alignement, sans perdre de vue l'ensemble de la ligne.

ANS doute le comble de la perfection serait, que chaque escadron marchant à la même allure que celui d'alignement, suivît sa perpendiculaire ; et toutes ces perpendiculaires étant parallèles entr'elles, les escadrons marcheraient alignés individuellement et ensemble.

Mais si nous avons remarqué qu'une telle perfection était impossible à obtenir de la part des cavaliers dans une même troupe, elle l'est tout autant dans une ligne de plusieurs escadrons, ces escadrons étant soumis eux-mêmes aux variations des cavaliers.

Si chaque guide suivait sa perpendiculaire sans se régler du côté de l'escadron d'alignement, comme il pourrait arriver que ces lignes ne le fussent pas rigoureusement au moment du départ, ou qu'elles devinssent obliques bientôt après relativement au front, les escadrons qui auraient suivi de telles directions, se sépareraient bientôt d'un côté pour se jeter du côté opposé, et l'ensemble de la ligne serait rompu.

Il y a bien un guide pour chaque escadron, mais il dépend de l'escadron voisin, et il est subordonné à celui de l'escadron d'alignement, qui peut être considéré comme guide général de la marche.

Le guide de la marche en bataille sur lequel tous les autres se règlent, suit invariablement sa perpendiculaire à une allure égale et franche mais modérée, surtout dans les commencemens de marche, d'augmentations d'allure et de mouvement.

Les guides des escadrons subordonnés ont deux choses à faire ; marcher à la hauteur du guide général, et suivre une direction parallèle à la sienne : pour y réussir ils ne doivent pas se fier exclusivement à l'égalité d'allure de leurs chevaux, ils ne doivent pas non plus suivre invariablement un point de direction qu'ils auront pris avant ou pendant la marche puisqu'ils ne sont pas isolés, mais ils doivent de temps en temps tourner les yeux du côté de l'escadron voisin et du guide général, de manière à se conformer à son allure et à sa direction, *mais posément et sans rien brusquer.*

Les guides des escadrons doivent veiller, sans doute, au maintien des intervalles ; mais dans le cas où ils seraient augmentés ou diminués, cette rectification appartient davantage aux officiers supérieurs, et surtout au commandant de la ligne, qui peut juger plus sainement de l'ensemble des escadrons, qu'ils ne peuvent le faire en raison de leur position ; en effet, tel escadron qui aura bien marché, semblera avoir perdu son intervalle, parce que son voisin aura obliqué à gauche, par exemple ; si celui-ci oblique à son tour, il forcera les autres escadrons à faire de même, et il y aura un flottement général à partir de ce point sur toute la ligne, sans que les escadrons soient mieux à leurs intervalles, parce que l'escadron qui a occasionné la faute, en même temps qu'il a obliqué à gauche, s'est séparé de l'escadron de droite, d'où vient la direction, et a agrandi de beaucoup son intervalle de ce côté ; il faudra donc obliquer de nouveau à droite : quel tâtonnement et quelle incertitude sur un front étendu !

Mais en se réservant le droit de rectifier les intervalles, car il faut de l'unité en toute chose, le commandant de la ligne évitera tout cela, et pour suivre l'exemple précédent, il fera sentir la faute à l'escadron qui aurait pris une direction oblique relativement au front, lequel escadron remédiera à cette aberration, tandis que l'escadron qui suit, prévenu à temps, suivra invariablement sa direction qui est bonne : ainsi la faute se réparera dans l'escadron seul qui l'aura commise et restera étrangère aux autres escadrons.

X.

Dans la marche en bataille, le guide est toujours à l'une des ailes de la ligne.

 ELLES sont les expressions de l'ordonnance aux notions préliminaires des évolutions de régiment ; et quant à la démonstration, nous renvoyons le lecteur à la 4.me section *sur l'alignement*, prop. XV.

XI.

A la suite des marches en ligne, et dans les alignemens de pied ferme du régiment, le commandant de l'escadron de l'extrême droite ou gauche, sur lequel on s'aligne, fera avancer son escadron s'il est en arrière des autres, afin qu'aucune portion de la ligne ne soit obligée à reculer.

 INSI sont placés les guides généraux par l'ordonnance pour aligner le régiment, n° 785 ; mais cette même ordonnance donnant la latitude de manœuvrer avec ou sans ligne, dernier paragraphe du n° 780, c'est à ce cas que notre proposition se rapporte. Il est fréquent, en effet, dans la pratique, soit dans les rassemblemens, soit après les marches directes, que l'on commande l'alignement sur l'escadron de droite ou de gauche, pour ne pas perdre de temps. Dans ce cas, le com-

mandant de l'escadron qui sert de base, aligne son escadron de pied ferme, s'il est plus avancé que les autres, ou s'il est à la même hauteur; mais s'il est plus en arrière, il doit porter son escadron en avant, de manière qu'aucun escadron ne soit dans le cas de reculer, et que tous, au contraire, prennent leur alignement en avançant.

Ce moyen, auquel un bon commandant d'escadron de droite ou de gauche ne manque jamais, et qui rentre tout-à-fait dans les principes de l'ordonnance, prévient les longueurs et la fatigue d'un alignement en arrière; car il n'y a rien de plus prompt et de plus naturel que de se porter doucement en avant à hauteur de la base; dans le cas contraire, les cavaliers sont lents à se décider à reculer; souvent ils reculent trop fort, trop vite, trop long-temps; alors les chevaux se traversent, le flottement devient général sur tout le front, et l'alignement est mauvais et interminable.

XII.

Dans les emboîtemens et déboîtemens, l'ordre est difficile à conserver, surtout aux allures vives.

 N escadron marchant en bataille avec ensemble, si l'on commande *pelotons à droite* (ou *à gauche*) bien que les ailes marchantes doivent déboîter légèrement et converser sans augmenter l'allure, pour peu qu'on soit au trot, vous les verrez partir par à-coup et entraîner les pivots dans leur mouvement, si mal à propos précipité; dès ce moment on se retrouve en colonne, mais confusément, sans ordre dans les pelotons, sans directions et sans distances, uniquement parce que les points immobiles et régulateurs, les pivots enfin, ont été entraînés.

Qu'étant en marche en colonne avec distance, on se remette en bataille, sans arrêter, par le mouvement contraire, les ailes marchantes, pressées d'arriver, commettront encore la même faute; elles arriveront par à-coup, au lieu d'emboîter légèrement; elles froisseront les pivots, les culbuteront même, et priveront l'escadron de quatre points qui étaient dans l'alignement.

Qu'une ligne marche en bataille et qu'on commande *pelotons demi-tour à gauche* (ou *à droite*), vous pouvez être sûr, si vous n'avez pas combattu ces fautes dès l'origine, que la marche rétrograde qui suivra ce mouvement sera détestable; d'abord les ailes marchantes déboîteront brusquement et entraîneront les pivots; et vers la fin du mouvement, elles emboîteront violemment et les culbuteront de rechef, tout cela au détriment de la marche en bataille qui doit suivre.

Ces fautes, qui influent beaucoup sur les marches qui suivent, comme il est aisé de le sentir, sont si naturelles et si habituelles, qu'on ne saurait trop s'attacher à les prévenir dans l'instruction individuelle des escadrons, et qu'on ne saurait trop répéter aux ailes marchantes : 1° De déboîter légèrement ; 2° De ralentir un peu vers la fin des emboîtemens, afin qu'ils se fassent avec ordre et ensemble, et que, dans aucun cas, les pivots ne soient même froissés dans leur mouvement.

Nous regrettons que notre principe ne s'accorde pas avec celui du général de La Roche-Aymon, tome II, p. 245 : « L'allure doit augmenter de vitesse au fur et à mesure que l'escadron décrit et achève sa conversion. » Mais il nous paraît inadmissible, quel que soit le front, la conversion étant toujours suivie d'un arrêt, d'une marche directe ou d'un emboîtement.

Si l'on doit arrêter, on s'expose ainsi à dépasser l'alignement, ou à arrêter brusquement pour prévenir cette faute ;

Si c'est pour se porter en avant, on risque encore de dépasser l'alignement et de compromettre la marche directe qui suit ;

Si c'est pour emboîter, on s'expose, comme nous venons de le voir, à culbuter les pivots au lieu de se réunir à eux sans à-coup.

GRANDE TACTIQUE.

DU COMMANDANT DE LA CAVALERIE

ET DE CETTE ARME EN GÉNÉRAL.

Aux hommes d'élite de la cavalerie.

« Après les qualités nécessaires au commandant en chef, le talent de guerre
le plus sublime est celui du général de cavalerie. » Général Foy, *Guerres de la
Péninsule*, tome 1, page 117.

Voir les explications préliminaires, page 20.

Nota. Les notes qui ne sont pas signées sont celles qui appartiennent à l'article
même; celles, au contraire, qui ont dû être ajoutées, en raison des modifications
survenues depuis, sont signées F. d'A....

Du commandant de la cavalerie, et de cette arme en général.

O_N nomme *cavalerie* la totalité des troupes destinées à servir et à combattre à cheval.

La cavalerie a été chez beaucoup de peuples anciens, tels que les Tartares (1), les Arabes, les Numides, l'arme de la guerre.

Elle compose encore presque exclusivement la force des armées turques dans les trois parties du monde (2).

(1) Ils descendent des Scythes, qui peuplèrent l'est de l'Europe avec le nord de l'Asie, et qui furent célèbres dans l'antiquité par l'expédition de Darius, père de Xerxès, et celle d'Alexandre-le-Grand. F. d'A....

(2) Ceci doit être modifié depuis les changemens introduits dans la constitution des armées turques et égyptiennes, à l'exemple des Européens. F. d'A....

Chez les peuples qui, par le mélange des armes, ont perfectionné la guerre, la cavalerie est restée une arme de distinction.

Les célères, qui formèrent la moitié de la première cavalerie des Romains, furent choisis dans les familles les plus distinguées de Rome, et les cavaliers romains finirent par former un ordre dans l'état.

La noblesse de France composa long-temps toute la cavalerie française.

La masse de la cavalerie a presque toujours été proportionnée à la richesse des états (1); aussi les Juifs et les Grecs en eurent-ils peu ; les Thessaliens (2), au contraire, en eurent beaucoup; les Romains augmentèrent la leur à mesure qu'ils devinrent plus opulens.

L'ambition de quelques conquérans fut de même pour la cavalerie une une cause d'augmentation, parce qu'elle devint pour eux, avant l'invention de la poudre et l'usage des armes à feu, et surtout du canon, un moyen rapide d'envahissement. Du reste, sa proportion dans les armées est de 1 sur 6, 7, 8, 9 ou 10.

Mais, quelque changement qu'ait éprouvé l'art de la guerre, la cavalerie est restée l'arme de l'offensive, et celle qui, dans presque toutes les actions de guerre, est appelée à jouer le rôle le plus brillant.

Du reste, ce qui la concerne historiquement, ce qui a rapport aux systèmes dont elle a été et dont elle peut encore être l'objet, ne nous regarde pas : notre cercle est une armée, notre but un coup-d'œil sommaire et rapide sur ce que la cavalerie est en France, et sur le rôle que, telle qu'elle existe, la cavalerie peut jouer dans une campagne; et attentifs à ne pas dépasser l'un et à ne pas oublier l'autre, nous nous bornerons à parler de l'organisation générale de la cavalerie (3), de son armement, de

---

(1) Dans l'état actuel de l'Europe, la cavalerie est généralement en raison des ressources chevalines locales ; ainsi, pendant que la France, où le numéraire abonde, où tous les terrains sont mis successivement en culture, a toutes les difficultés possibles à entretenir en France 270 escadrons sur un pied de paix minime, habituellement incomplet, et quand son déficit annuel s'élève, en 1843, à 15,904 chevaux, la Russie, au contraire, plus riche en chevaux qu'en argent, la Russie, aux steppes immenses et le plus souvent stériles, compte d'après Bismark, en 1835, 504 escadrons de guerre donnant 80,000 chevaux de cavalerie, non compris les escadrons de dépôt. F. d'A....

(2) Dès les temps héroïques, les Centaures et leurs rivaux les Lapithes, peuples de Thessalie, prirent, comme cavaliers, cet ascendant qu'ils conservèrent toujours sur tous les autres Grecs, et qu'utilisèrent avant tant d'habileté Épaminondas, Philippe et Alexandre. F. d'A....

(3) Quel que fût notre respect pour ce travail, nous avons dû le modifier en raison des changemens survenus depuis 1813 dans l'organisation et dans l'armement de la cavalerie.

sa manière de combattre, des dispositions générales dont elle est ordinairement l'objet dans une armée, des causes qui peuvent paralyser son action, des occasions dans lesquelles elle doit être employée, et des soins nécessaires à sa conservation.

La cavalerie française, réorganisée par l'ordonnance constitutive du 19 février 1831, subit la réduction du 6me escadron dans chaque régiment, en 1834.

La composition actuelle et l'organisation de ses cadres sont reglées par l'ordonnance du 8 septembre 1841.

Elle se distingue aujourd'hui en cavalerie de France et cavalerie d'Afrique.

La cavalerie employée sur le territoire, comprend 54 régimens de 5 escadrons-compagnie sur le pied de paix, et de 6 escadrons sur le pied de guerre.

Elle se divise : en cavalerie de réserve, *formant 60 escadrons, dont 10 de grenadiers et 50 de cuirassiers.*

En cavalerie de ligne, 100 *escadrons, dont 60 de dragons* (1) *et 40 de lanciers.*

Toutefois, pour ne pas rompre l'unité de cet article, ces changemens seront mis en caractères italiques. F. d'A....

(1) Les dragons ne doivent être que de l'infanterie montée de manière à parcourir rapidement des espaces plus ou moins grands, ou de la simple cavalerie : mais vouloir en faire de l'infanterie et de la cavalerie, c'est avoir de l'infanterie médiocre qui coûte trois fois plus que ne doit coûter la meilleure, et de la cavalerie qui ne compense plus ce qu'elle coûte ; c'est exiger de la plupart des hommes dont on fait des dragons plus qu'ils ne peuvent faire et apprendre ; c'est étourdir ceux auxquels on ordonne le matin *de porter le haut du corps en avant,* et le soir *de porter le haut du corps en arrière ;* c'est démoraliser et rendre aussi faibles cavaliers que faibles fantassins des hommes auxquels on dit : à cheval, *aucune infanterie ne peut nous résister,* et à pied, *aucune cavalerie ne peut nous entamer :* enfin ce n'est avoir, malgré beaucoup de soins et de dépenses, ni infanterie ni cavalerie.

Dira-t-on qu'après quelques années de garnison, plusieurs régimens de dragons ont justifié leur formation par le degré d'instruction qu'ils avaient obtenu, je répondrais que ce n'est pas avec les troupes exercées des années entières qu'on fait, et surtout qu'on soutient une guerre, et que les meilleures formations sont celles qui exigent le moins de temps, parce que ce sont les seules qui mettent en état de réparer les pertes que souvent les corps ont faites avant même d'avoir vu l'ennemi.

En l'an **XII,** je fus chargé d'organiser à Versailles les 3e, 9e, et 15e régimens de dragons, et l'opinion des chefs de ces corps était qu'un dragon qui ne voudrait négliger aucun de ses devoirs, ne pourrait avoir, dans la journée, une heure pour se reposer et pour manger. N'est-il donc pas naturel de penser qu'on aurait obtenu plus des corps de dragons, si on leur avait moins demandé ?

En cavalerie légère, **110** *escadrons, dont* 65 *de chasseurs et* 45 *de hussards.*

La cavalerie employée en Algérie comprend 4 *régimens, dits* chasseurs d'Afrique, *chacun de* 6 *escadrons, plus un corps de cavalerie indigène sous le nom de* spahis, *fixé à* 20 *escadrons par l'ordonnance constitutive du* 7 *décembre* 1841 (1).

La cavalerie est armée d'armes blanches et d'armes à feu.

Les premières sont le sabre droit pour la cavalerie de réserve et les dragons, le sabre demi-droit pour les autres armes, et de plus pour les lanciers la lance.

Les secondes sont : le fusil court pour les dragons, le mousqueton pour la cavalerie légère, et le pistolet pour tous.

Les armes blanches sont, pour la cavalerie, les armes de l'offensive, celles avec lesquelles elle doit aborder son ennemi.

Les armes à feu sont ses armes défensives, celles avec lesquelles elle doit le tenir à distance.

Aussi la cavalerie peut-elle se servir de ses armes blanches isolément et

---

(1) L'organisation de la cavalerie française sous l'Empire, bien différente de celle de Frédéric (voir la page 94), ne fut pas définitive et ne put pas l'être au milieu des guerres incessantes et des pertes qui se succédaient. Ce n'est pas sans difficulté, qu'on peut se créer une idée approximative de sa force avec la politique de Napoléon, qui lui faisait conserver dans les états des régimens qui n'existaient plus, mais dont le numéro en imposait encore. Ainsi le général Foy compte, en 1807, garde non comprise, 78 régimens de cavalerie formés de 5 et de 4 forts escadrons en 2 compagnies ; et malgré notre cavalerie presque détruite en 1812, et quand il est constant que les succès de Lutzen et de Bautzen ne purent être complétés par la pénurie de cette arme, les cadres régimentaires de 1813 s'élèvent au chiffre énorme de 93, en y comprenant les 4 régimens de gardes d'honneur décrétés le 3 avril.

Ajoutons que quant aux 40 escadrons de gardes d'honneur (il y en avait 10 par régiment), ils ont bien réellement existé et improvisé 10,000 chevaux, qui rejoignaient successivement les escadrons de guerre (voir la page 106).

Même incertitude quant à la garde impériale, dont le complet d'organisation, qui ne doit pas être confondu avec l'effectif des présens, donne, en 1813, un chiffre bien supérieur à celui de 1807 ; savoir : 7 escadrons de grosse cavalerie, dont 5 de grenadiers et 2 de gendarmes d'élite ; 5 escadrons de dragons ; et 40 escadrons de cavalerie légère, dont 10 de chasseurs, 1 de mamelucks, 7 de lanciers polonais, 10 de lanciers rouges, et 12 escadrons d'éclaireurs à cheval en 3 régimens, ce qui ferait 52 escadrons doubles à 250 l'un, en 2 compagnies ; et cependant, le général Foy dit, en parlant de la garde impériale, que l'empereur, par des augmentations successives, n'en porta l'effectif qu'à 68 bataillons, 31 escadrons et 80 pièces d'artillerie. F. d'A....

en rangs serrés, et soit qu'elle charge des troupes de son arme, de l'infanterie ou une batterie; tandis qu'elle ne doit en général brûler de la poudre qu'en opposant des tirailleurs à ceux de l'ennemi, afin d'éviter d'être fusillée dans sa ligne; qu'en jetant des éclaireurs sur son front, ses flancs ou ses derrières, afin que leur feu fasse connaître la présence de l'ennemi et sa position; qu'en faisant fouiller un bois ou bien attaquer un pont par des hommes qui ont mis pied à terre, et qu'en défendant un cantonnement ou un poste de nuit; mais il est à observer qu'alors la cavalerie n'agit plus qu'isolément ou pour elle-même, et que ce n'est plus cette arme qui doit aller briser les masses et renverser les lignes.

Indépendamment de ces suppositions, la cavalerie a deux manières de combattre, en chargeant, et de pied ferme (1).

Cette dernière lui ôte une si grande masse de ses avantages, qu'elle ne doit être adoptée que par l'effet d'une véritable nécessité, et qu'à peine elle mérite une mention.

Observons cependant que, lorsqu'elle sera réduite à cette manière de combattre, la cavalerie devra faire précéder l'emploi du sabre par celui de ses armes à feu, afin de compenser, autant que possible, l'inconvénient de l'immobilité (2).

---

(1) « Encore qu'il ne soit pas de l'essence de la cavalerie d'attendre son ennemi, il pourra néanmoins se présenter telles circonstances où les dragons, et même la cavalerie légère, seront appelés à combattre de pied ferme. Nous tenons du général Defrance qu'à Juterbock, en 1813, sa division avait formé le carré contre les cosaques. Nous trouvons encore que les lanciers ont quelquefois adopté la même disposition en tenant leurs lances croisées. Warnery recommande à la cavalerie menacée dans sa retraite par des troupes irrégulières, de faire usage de son feu, qui en effet les arrête, parce que les troupes se hasardent rarement contre un ennemi qui se défend. » *Cours de Rocquancourt*, tome 4, page 102.

(2) Comme à la guerre l'à-propos est tout, il y a tel cas où l'on se sauve par ce qui devrait perdre dans toute autre circonstance.

A la bataille de Friedland, M. le général baron de la Ferrière, commandant la cavalerie du 9e corps, arriva sur le terrain après avoir fait, au grand trot (*Voir la page* 379), une marche de quatre lieues. Une masse de cavalerie fraîche, et en nombre bien supérieur à la sienne, lui faisait face, et s'ébranla pour le charger au moment où il se mit en bataille : dans cet état de choses, ne pouvant lutter de choc, il forma sa ligne derrière un faible obstacle, fit prendre le mousqueton, et ayant le sabre au poignet attendit l'ennemi de pied ferme, et le reçut par un feu qui le décida à se retirer sans achever sa charge.

C'est à ce général, l'un des officiers de cavalerie les plus distingués, sous les rapports de la guerre et de la science, que je dois les principaux détails relatifs à l'emploi que la cavalerie doit faire de ses armes.

La première peut donc être réputée la seule qui lui convienne, et alors le sabre et la lance sont les seules armes dont elle doit faire usage; mais la plus grande force d'une cavalerie qui charge étant dans l'effet moral qu'elle produit, et dans son choc, et cet effet moral et ce choc ne pouvant résulter que de l'ordre et de la vitesse, tout doit être sacrifié à le maintenir et à la rendre toujours croissante, sans rien perdre de la régularité dans les rangs, dans la formation, dans les mouvemens et dans l'attaque.

A-propos, *célérité*, *progression* et *choc* (1), voilà donc, relativement à l'action de la cavalerie, à quoi tout se réduit.

Du reste, toute cavalerie qui combat a sa réserve, qui, pour une division, consiste en une brigade, pour une brigade en un régiment, et pour un régiment en un escadron. Plusieurs officiers de cavalerie regardent ce système de réserve comme ne servant qu'à paralyser une partie de la cavalerie, sans un avantage proportionné : à cet égard, je me borne à faire mention du fait et à exposer l'opinion; sans avoir aucune observation à y ajouter.

Lorsqu'indépendamment des régimens attachés à l'avant-garde, ou répartis dans les différens corps d'armée (2), plusiers divisions de cavalerie se trouvent réunies dans une même armée, on les nomme *réserve de cavalerie;* on les place sous les ordres d'un général de cavalerie, et on lui organise un état-major particulier et distinct des états-majors des divisions qu'il commande : la cavalerie forme alors un corps d'armée; son chef ne reçoit d'ordres que du général en chef directement, ou par l'intermédiaire

---

(1) Qu'il y a de substance dans ces quatre mots, et que celui qui les a rapprochés connaissait bien les propriétés de la cavalerie, et la manière de la conduire! Nous le répétons encore, l'article du commandant de la cavalerie est le produit de la pratique la plus éclairée de la guerre, après une suite de campagnes prodigieuses par les marches, par les manœuvres, par des résultats fabuleux; après s'être mesuré avec les diverses cavaleries de l'Orient et de l'Europe, difficultés toutes résolues et surmontées par nos braves cavaliers, conduits par de jeunes généraux formés par une guerre soutenue, électrisés par Napoléon, qu'ils avaient pris pour modèle, et qui avait jeté sur eux le reflet de sa grandeur. F. d'A...

(2) A Austerlitz, les régimens de cavalerie placés dans les différens corps de l'armée furent réunis, pour la bataille, à la réserve de cavalerie que commandait son altesse le grand duc de Berg, aujourd'hui roi de Naples : c'est de même sous les ordres de Sa Majesté qu'a combattu la totalité de la cavalerie des grandes armées de l'Empereur, en **1806** et **1807**, en **1809** et en **1812**.

du chef de l'état-major général, comme ses généraux de division n'en reçoivent que de lui (1).

Le but de cette formation est la conservation de ces troupes, autant que leur commandement : en effet, leur conservation requiert la connaissance la plus détaillée de tous leurs besoins, la surveillance la plus active et une autorité entière (2); quant à leur commandement, il est indispensable que, dans une grande action, toute la cavalerie soit réunie sous un chef unique et sous un chef à elle. Cette formation est donc justifiée par les considérations les plus essentielles (3).

Avant de parler des occasions de faire agir les troupes à cheval, nous observerons que leur nombre peut être limité par le terrain, la saison, le temps et une foule d'obstacles accidentels : à cet égard, les haies, les

(1) Lorsque la cavalerie employée dans une armée ne forme qu'une division , et soit qu'elle puisse être rassemblée en totalité ou en partie seulement, on charge de son commandement un général de brigade ou de division de cavalerie, et il ne relève de même que les commandans de *réserve de cavalerie*, que du général en chef directement ou par l'intermédiaire du chef de l'état-major général.

(2) Même avec des soins et dans l'abondance, toute cavalerie, après trois mois de campagne *active*, a perdu la moitié de ses chevaux; dans l'abandon et la disette, elle doit être détruite.

(3) Si le général Lamarque se prononce d'une manière formelle en faveur des *divisions mixtes*, ainsi que d'autres notabilités militaires, et si le général de La Roche-Aymon les redemande à grands cris, en rappelant les glorieux souvenirs d'Arcole et de Marengo, nous nous appuierons du général de Bismark, et surtout de MM. les généraux Pelet et Foy, qui n'appartenant pas à l'arme de la cavalerie, ne pourront être soupçonnés, de s'être laissés prévenir par l'esprit d'arme. Le général Foy, notamment, dont nous donnons à la suite de cet article l'excellent aperçu, sur l'organisation de la cavalerie par Napoléon, va même jusqu'à dire qu'il faut attribuer l'essor inespéré de notre cavalerie, sous l'Empire, au système des divisions et des corps d'armée de cette arme, que ce puissant génie adopta dès la campagne de Marengo, système qui avait été celui du grand Frédéric, mais plus en petit, les moyens du héros prussien étant beaucoup moins puissans. Toutefois, nos grandes masses de cavalerie de 1812 ne sont-elles pas blâmables, quant à la difficulté de faire mouvoir et de faire subsister tant de milliers de chevaux accumulés sur le même point. Tel est le sentiment de nombre de militaires distingués, et de Rocquancourt notamment, qui en se rangeant au système de Napoléon , voudrait cependant que les corps de cavalerie ne fussent formés que de deux divisions, ou au plus de trois, et qui adopte aussi les brigades mixtes d'avant-garde d'infanterie et de cavalerie légères, dont nous avons été à même de constater l'utilité dans la campagne d'Espagne (1823). Du reste, ce principe a été consacré par l'ordonnance sur le service des armées en campagne du 3 mai 1832, qui a modifié le système napoléonien en ce qu'il avait de trop exclusif. F. d'A....

30

broussailles, les rivières, les bois, les fossés, les ravins, les eaux, les marécages, les pays rocailleux, les chemins creux et les montagnes l'embarrassent, la morcèlent, et parfois même suffisent pour l'arrêter; il en est presque de même des champs profondément labourés. Les grandes pluies de l'automne dans des terrains faciles à détremper font sur elle un effet presque semblable; les verglas de l'hiver rendent parfois tous mouvemens de sa part impossibles; d'un autre côté, les plus faibles retranchemens sont pour elle des barrières insurmontables, et un corps d'infanterie en bon ordre, bien commandé, peut annuler ses efforts. Quoi qu'il en soit, si les occasions d'employer la cavalerie sont rares, elles sont presque toujours décisives, lorsqu'elles sont habilement saisies. Tout concourt à cet effet : l'élévation des hommes placés sur des chevaux, l'espace qu'ils occupent, la rapidité avec laquelle la cavalerie franchit les distances, l'impétuosité et la force de son choc, produisent un effet moral qui contribue puissamment aux avantages qu'elle peut obtenir.

La manière de disposer la cavalerie avant de la faire agir, mérite une remarque : le désir d'en faire parade, porte souvent à la déployer : plusieurs inconvéniens se rattachent à cette méthode; elle ôte parfois les moyens de masquer la cavalerie; elle ralentit nécessairement les manœuvres qu'on aurait à lui faire exécuter; enfin elle l'affaiblit en proportion du prolongement de sa ligne. *On peut donc donner pour règle que, tant que la cavalerie ne doit pas agir, elle doit être maintenue en colonne, et placée de manière à ne présenter au plus que sa tête* (voir la page 397).

Il serait sans doute difficile de prévoir la totalité des circonstances dans lesquelles la cavalerie peut être employée avec le plus de succès : nous nous bornerons donc aux principales. A cet égard les reconnaissances lui appartiennent presque toutes, ainsi que l'escorte des officiers-généraux. Les partis sont exclusivement de son ressort : les mouvemens dont le but serait de traverser les lignes de l'ennemi, pour porter un avis ou un ordre important sur un point couvert par lui; de se porter sur les derrières de l'ennemi, pour détruire ses magasins, pour enlever ou détruire un convoi d'un grand intérêt, pour surprendre un cantonnement, pour s'emparer rapidement d'un pont ou d'un passage important, pour forcer l'ennemi à quitter sa position, pour se jeter dans une province qu'il serait intéressé à conserver, et cela dans le dessein de l'y attirer, ou de s'approprier ses ressources, ainsi que les mouvemens qui, dans une bataille, ont pour objet de tourner rapidement la position de l'ennemi et de le prendre à revers, sont également réservés à la cavalerie; enfin elle est chargée de garder les approches d'un camp ou d'une place, d'éclairer la marche d'une armée ou d'une colonne, et elle peut l'être de donner contre un corps de son arme, de couper une ligne d'infanterie, d'enlever une batterie de canons, d'enfoncer un bataillon carré, de poursuivre un corps en retraite, ou de favoriser un ralliement.

Des articles particuliers ont été consacrés aux partis, aux reconnaissances; nous n'avons donc plus rien à en dire. L'escorte des généraux dans des trajets ordinaires, ou dans des reconnaissances, se borne à éclairer leur marche et à défendre au besoin leurs personnes, et cela d'après les dispositions qu'ils ordonnent.

Les précautions nécessaires pour assurer la marche d'une colonne de troupes se trouvent détaillées dans les articles des marches, des reconnaissances, de la conduite des colonnes, des convois, etc. Quant aux dispositions qui ont pour objet d'éclairer la marche d'une armée (qui jamais ne doit s'engager dans un pays qui n'ait pas été reconnu par sa cavalerie), elles consistent à porter des corps de troupes à cheval dans toutes les directions que l'ennemi peut avoir suivies, et à la plus grande distance possible, afin de se mettre à même de ne faire aucun faux mouvement, et de faire à temps tous ceux qui peuvent être nécessaires ou même utiles.

La manière d'éclairer les approches d'un camp, d'un cantonnement, ou d'une place, consiste à couvrir les postes d'infanterie par des postes de cavalerie établis sur des points d'où l'on découvre à une plus grande distance, tout ce qui peut approcher, et spécialement chargés de prévenir rapidement de l'arrivée de l'ennemi, et de se replier dès qu'il avance (1). En effet, il y a des postes d'infanterie qui, placés dans des redoutes, ou autres lieux retranchés, peuvent avoir des ordres pour résister, tandis que les grandes-gardes de cavalerie ne doivent qu'avertir : toutefois il importe que les grandes-gardes de cavalerie tiennent ferme le plus longtemps possible, pour donner aux troupes de soutien le temps de prendre les armes et de se disposer au combat.

L'ordre de traverser les lignes ou un camp de l'ennemi, pour porter des ordres ou un avis important sur un point couvert par lui, requiert autant de vigueur que de secret; on ne composera donc un détachement chargé d'une mission semblable que d'hommes choisis, bien montés, et connaissant tous la route qu'ils doivent faire (2), et on le mettra sous les

____

(1) La nuit atténue tellement l'action de la cavalerie, que souvent on fait couvrir, pendant la nuit, la cavalerie par de l'infanterie.

(2) A défaut de cet avantage, on aurait de bons guides, mais ils ne suppléeraient pas à cette connaissance individuelle, précieuse surtout si le détachement était obligé de

ordres d'officiers sûrs et d'un chef éprouvé. On n'aura aucun confident pour une expédition de cette nature; on ne la fera même connaître à ceux qui doivent la faire qu'à l'instant de leur départ, et lorsqu'ils ne pourront plus communiquer avec personne; on les fera partir immédiatement après leur rassemblement; on choisira pour leur départ la nuit, et, si on le peut, une nuit obscure, et même pluvieuse; on fera plusieurs copies de la dépêche, qui toujours sera chiffrée, et on les confiera aux militaires du détachement, les plus braves, les plus intelligens et les mieux montés, et en leur prescrivant de s'éparpiller, s'ils étaient suivis de manière à pouvoir être atteints; on ordonnerait la plus grande diligence, de même que l'on défendrait les moindres haltes avant d'être entièrement hors de la portée de l'ennemi.

Les mouvemens dont le but serait de se porter sur les derrières de l'ennemi pour détruire ses magasins, enlever un convoi, surprendre quelques cantonnemens, s'emparer d'un point ou d'un passage important, se jeter inopinément dans un canton ou dans une province que l'ennemi serait intéressé à conserver, etc., demandent tant de rapidité qu'à peu d'exception près, la cavalerie seule peut en être chargée; mais, pour de telles opérations, il faudrait donner une attention égale aux dispositions, aux ordres relatifs, à l'exécution, et au choix de ceux que l'on en chargerait.

Relativement aux dispositions, il ne faudrait employer à de telles expéditions que les troupes indispensables, il faudrait donner le plus long-temps possible, le change sur le motif de leur rassemblement, ne l'effectuer qu'au dernier moment, et le faire faire sur le point le plus avancé (1), et cela après avoir prescrit la conduite du chef de l'expédition dans toutes les hypothèses, et s'être mis en mesure de le seconder où de le secourir, soit en le faisant suivre par un second corps destiné à l'appuyer, soit en tenant les renforts ou secours dont il pourrait avoir besoin, prêts à agir.

Par rapport à ceux que l'on en chargerait, il est évident qu'il ne faudrait confier de telles missions qu'à des hommes assez forts non-seulement pour bien exécuter de pareils ordres, pour suppléer, au besoin, à ce qui aurait pu y être omis, mais même pour retrouver en eux-mêmes les moyens de

---

se diviser : une mauvaise direction suivie fit perdre les trois quarts d'un détachement semblable que, pendant le blocus de Maubeuge, en septembre **1793**, nous fîmes partir du camp, pour rendre compte de notre détresse et demander à être promptement secourus.

(1) Il y a tels cas où il faudrait faire prendre à la cavalerie de l'avoine ou de l'orge pour plusieurs jours.

se tirer honorablement d'une position critique et qui n'aurait pu être prévue.

En ce qui tient à l'exécution, le point essentiel serait qu'elle fût brusque,
vigoureuse et rapide.

Si l'on avait à détruire les magasins de l'ennemi, il faudrait bien savoir
où ils sont situés, arriver à tous en même temps, les brûler (le feu étant,
en pareil cas, le seul moyen dont on puisse faire usage), se réunir immédiatement après avoir rempli sa mission, et rejoindre l'armée, sans perdre
un seul instant.

Si l'on avait à enlever un convoi, opération presque certaine quand elle
est bien dirigée, et que le terrain la favorise, il faudrait arriver sur lui
en tâchant de n'être pas vu, l'attendre dans le terrain le plus propre à son
attaque (c'est-à-dire, près d'un rideau, dans le voisinage d'un bois favorable à une embuscade, ou à la montée d'une côte rapide), calculer son
attaque sur la composition de son escorte, et surtout sur la manière dont
elle serait commandée, et dont le convoi serait conduit ; ne paraître qu'au
moment d'agir, arriver sur le convoi par l'un de ses flancs ou par la tête,
si on avait pu le mettre entre deux feux ; chercher à ôter à l'escorte le
temps de se réunir et surtout de se retrancher derrière les voitures ; se
précipiter sur tout ce qui voudrait faire résistance, emmener tout ce
qu'on pourrait espérer de conserver, et briser, dénaturer ou brûler le
reste.

Si l'on voulait surprendre quelque cantonnement, la cavalerie, qui alors
ne pourrait agir sans infanterie, aurait pour instruction spéciale de tenir la
plaine, d'empêcher les corps de se réunir, et de charger à toute outrance
toutes les troupes qui tenteraient de le faire, pendant que l'infanterie (qui
même pourrait être secondée par de l'artillerie) forcerait les cantonnemens contre lesquels la cavalerie ne pourrait rien.

S'il s'agissait de s'emparer d'un passage ou d'un point important, tels
qu'un pont, une chaussée, un défilé, et de prévenir à cet égard l'ennemi,
le point essentiel serait la promptitude du mouvement, et sous ce rapport,
ces opérations appartiendraient encore à la cavalerie ; mais comme il faudrait pouvoir y forcer l'ennemi, s'il y était arrivé le premier, et que,
maître du point, il faudrait pouvoir s'y défendre avec la plus grande opi-
niâtreté, pour donner à l'armée le temps d'arriver, on mettrait des voltigeurs en croupe sur les chevaux de la cavalerie, si l'on ne pouvait employer
des dragons à une telle opération, et s'il était impossible qu'au moyen
d'une marche forcée, l'infanterie arrivât à temps, ou qu'en totalité, ou
du moins en partie, elle fût conduite sur des chariots.

Enfin, s'il était question de détruire les ressources d'une province d'où l'ennemi tirerait ses vivres ou fourrages, qu'il voudrait occuper, ou qu'il serait intéressé à conserver, et que le but d'une telle entreprise fût d'affamer l'ennemi, de le forcer à quitter une position importante, de lui faire faire des mouvemens dont on se serait ménagé les moyens de profiter, c'est presque toujours encore la cavalerie qu'on en chargerait. Quant aux détails d'opérations de cette nature, ils sont trop nombreux pour pouvoir même être indiqués, et ils résulteraient exclusivement des circonstances, ainsi que des talens de celui qui ordonnerait une telle expédition et de celui qui l'exécuterait.

Les mouvemens que la cavalerie peut faire sur les flancs et sur les derrières d'un corps ennemi en marche ou en bataille, entrent dans la classe des manœuvres préparatoires, et ne sont destinés qu'à la mettre à même d'exécuter des charges décisives. Quant à l'enlèvement d'une batterie, il se fait suivant sa position, sa force et les troupes qui la soutiennent, en l'attaquant de front ou de revers, et en colonne ou en bataille (1).

Il nous reste à parler des charges de la cavalerie contre des troupes de son arme, de l'attaque d'un bataillon carré, de la poursuite d'un corps en retraite, du soin de couvrir une retraite, ou enfin de celui de protéger un ralliement.

Sous le premier rapport, tout commandant de cavalerie marchant contre un corps de son arme, se souviendra que celui qui reste en ordre le plus long-temps, et celui qui, après la charge, se remet le premier en ordre, est sûr de la victoire. En conséquence, après avoir fait ce qui sera possible pour attaquer son ennemi de flanc ou de revers, et même pour arriver sur lui lorsqu'il s'ébranle, il observera de partir au pas, de maintenir ses alignemens, de suivre invariablement la direction donnée, d'empêcher tout flottement, de faire serrer ses hommes, et de leur faire observer la plus absolu silence. Arrivé à cinq cents pas de son ennemi, il prendra le trot, observant de commencer par le petit trot, et d'allonger son trot successivement, et de cette manière arrivé à quatre-vingts pas (2)

---

(1) Il y a des occasions où cette charge peut s'exécuter en fourrageurs, mais elles sont rares, et ne réussissent qu'avec de bonnes troupes; c'est cependant au moyen d'une charge semblable qu'en l'an VII, dans l'attaque de Naples, j'enlevai onze pièces de canon à la tête du 7e régiment de chasseurs à cheval.

(2) Les espaces à parcourir d'après l'ordonnance sont : au trot, 150 mètres; au galop, 100 mètres, et à 60 mètres de l'ennemi, CHARGEZ. F. d'A....

de l'ennemi (1), d'après les règles de l'ordonnance, et avec les précautions ci-dessus prescrites, il prendra le galop, l'accélèrera successivement, et arrivé à trente pas, il fournira sa charge avec toute la rapidité et la vigueur possibles (2).

Si la charge n'avait pas le succès attendu, et si le corps de cavalerie qui l'exécute n'était pas habitué à se rallier là ou les sonneries se font, et en état de retourner brusquement à l'ennemi, lorsque ce dernier ne croit plus avoir à en rien craindre (3), il se retirerait sous la protection des troupes destinées à le soutenir (4), et en observant de se porter dans leurs intervalles, pour ne pas annuler leur action, et risquer de leur faire partager son désordre; mais s'il parvenait à traverser la ligne de l'ennemi, le ralliement serait de suite sonné, et aussitôt que les pelotons ou escadrons seraient reformés, l'officier qui aurait conduit la charge se porterait sur tout ce que l'ennemi aurait réuni, et le disperserait de nouveau, ou bien chargerait la seconde ligne. Ici les suppositions pourraient être infinies; nous nous bornerons donc à observer que les ordres qu'il aura reçus seront son guide; que des circonstances particulières peuvent seules le déterminer à les modifier; que sa première attention consistera toujours

(1) Si l'ennemi s'avançait et marchait également pour charger, il faudrait régler son mouvement sur le sien, de manière à rendre le choc au moins égal à celui dont on serait menacé. Si pendant le mouvement, on était exposé à un feu meurtrier, on l'accélèrerait autant qu'on le pourrait, sans se désunir.

(2) J'ai vu des officiers de cavalerie qui pensaient que ce n'était qu'à soixante et même à trente pas de l'ennemi que les cavaliers devaient mettre le sabre à la main (*) : quant à la distance à laquelle le galop doit être pris, j'observerai que dans les manœuvres de paix, où les marches en bataille sont la clôture de l'instruction du jour, presque toutes les lignes de cavalerie sont désunies avant d'avoir fait deux cents pas au galop.

(3) Ces mouvemens de retour, les plus brillans que l'on puisse imaginer, et qui ont tout à fait ce caractère chevaleresque qui convient si bien aux troupes à cheval, sont toujours décisifs quand ils sont bien exécutés et quand ils le sont à propos. C'est par de tels mouvemens qu'à la bataille d'Alba de Tormès, en 1809, et au combat d'Alcointre, en 1810, M. le général de la Ferrière, alors colonel du 3ᵉ de hussards, défit une cavalerie supérieure à lui, pendant qu'elle s'abandonnait à une poursuite imprudente.

(4) Il faut des lignes de soutien à toute cavalerie qui charge des troupes de son arme, ou qui peut être chargée par elles : mais lorsque la cavalerie charge sur de l'infanterie seulement, elle peut s'abandonner en totalité.

(*) Avec la cavalerie aguerrie d'Austerlitz, d'Iéna et d'Eylau, de telles difficultés se conçoivent, et encore avec un corps d'élite de cette grande époque, mais nous doutons qu'on ait rien fait de si hardi depuis nos pertes irréparables de 1812. F. d'A....

à ne pas s'aventurer, en se livrant à une poursuite imprudente ; à ne pas
s'isoler des troupes qui pourraient appuyer son mouvement, ou qui pourraient faciliter sa retraite. Du reste, si une cavalerie se trouvait engagée
dans un défilé, ou coupée par un corps ennemi ; si elle avait un passage de
rivière à forcer, il faudrait qu'elle attendît tout de l'audace, et que, sans
perdre de temps à manœuvrer, elle se précipitât sur l'ennemi, se fit jour,
et forçât le passage, à quelque prix que ce fût. Enfin, si une cavalerie
était obligée d'agir contre une cavalerie supérieure en nombre, elle n'aurait que deux partis à prendre ; le premier, de chercher à réunir successivement ses efforts contre ceux des différens corps de l'ennemi, et de le
battre ainsi en détail, si elle en avait le temps, et si une partie des forces
de l'ennemi se trouvait seulement déployée, disposée pour le combat, ou
à portée : le second, d'éviter de manœuvrer de près et de se porter rapidement sur un terrain qui la mît à même de combattre à front égal, parce
qu'alors, libre de ses mouvemens, elle cesserait d'être compromise ; tandis
que, sans cet avantage, débordée par ses ailes, en même temps qu'elle
serait assaillie sur son front, elle n'aurait plus ni liberté, ni sûreté dans
ses mouvemens, et que le premier qu'elle voudrait faire l'emporterait dans
sa retraite et la changerait en déroute ; mais là surtout, observe M. le général baron de la Ferrière, est le résultat de l'étude à saisir au premier
coup-d'œil les espaces, et à évaluer le temps nécessaire pour franchir les
distances.

Il existe un fait qui, selon moi, est propre à faire bien évaluer ce que
l'on peut attendre en général d'un corps de cavalerie, et combien de bons
officiers de cavalerie sont précieux : sur cent hommes pris au hasard, il
n'y en a en général que vingt-cinq ou trente qui, maîtres de leurs chevaux (1), maniant bien leurs armes, électrisés, par les circonstances,
ayant pris leur parti sur les chances de la guerre, et animés de l'ardeur
des braves, chargent franchement, et ne s'amusent pas à parer, mais ne
sont occupés qu'à frapper ; ces hommes sont ceux qui décident les affaires.
Après eux, on trouve à peu près dans un nombre égal une seconde classe
d'hommes qui, lorsqu'ils le peuvent sans risque, donnent de même quelques coups de sabre ; mais qui, avant tout, cherchent à parer ceux qui
les menacent : enfin le restant, embarrassés d'eux et de leurs chevaux, et

(1) L'embarras qu'un mauvais cavalier éprouve à conduire son cheval, ou l'effet qu'un
mauvais cheval fait sur celui qui le monte, paralysent le zèle et le courage de beaucoup
de cavaliers.

toujours disposés à la retraite, ne songe qu'à son salut, est à peine en état de parer quelques coups, et ne guette que le moment d'échapper à tous les risques que leur faiblesse leur exagère.

On voit, d'après cela, combien le choix des hommes à admettre dans la cavalerie, et combien le placement des hommes doit influer sur le résultat d'une action de cavalerie, combien il est important que les officiers de cette arme connaissent tous leurs hommes ; combien de considérations se réunissent pour que la cavalerie ne soit commandée et conduite que par des chefs habiles et des chefs à elle, et combien les plus légères circonstances peuvent décider de ses succès et de sa perte ; mais on doit sentir de même combien il est indispensable que tout général de cavalerie ait tellement l'habitude de commander ses troupes, qu'il n'ait jamais besoin de faire faire ses commandemens d'exécution par un autre ; qu'il les fasse toujours lui-même, et que sans cesse il soit prêt à prévenir ou à rectifier tout ce qui pourrait ralentir ses mouvemens, ou les rendre défectueux ; nésessité que prouvent également la rapidité, la régularité et la précision inhérentes à tout mouvement de cavalerie.

Quant à l'enfoncement d'un bataillon carré (l'opération la plus difficile, comme la plus brillante pour la cavalerie), il demande des précautions proportionnées à son importance et à ses risques. Nous nous bornerons à présenter les plus essentielles, qui sont de commencer à battre le carré par un feu croisé d'artillerie, que l'on fera continuer sur le carré (1), jusqu'au moment de la charge, et pendant la charge sur tous les feux que l'ennemi dirigerait sur les troupes qui l'exécuteraient.

Arrivé à ce point, deux manières se présentent :

La première consiste à former en échelons le corps qui doit charger, et de le diriger sur l'un des angles du carré : ce moyen offre en effet cinq avantages ; le premier, de ne recevoir que des feux obliques ; le second, d'agir sur un angle saillant toujours faible de sa nature ; le troisième, d'éviter les lignes un peu longues, et qu'une allure vive empêche de maintenir régulière ; le quatrième, en cas de succès, de se renforcer continuel-

_____

(1) Nous ne parlons ici que d'un carré isolé et formé d'un bataillon ou d'un régiment : si l'infanterie formait une ligne de carrés, la difficulté de leur attaque augmenterait naturellement en proportion des secours qu'ils pourraient se prêter mutuellement, et si l'infanterie formait deux lignes de carrés, dont la première composée de bataillons carrés en losange et ayant leurs angles saillans couverts par leurs grenadiers, et la seconde de carrés parallélogrammes placés vis-à-vis les intervalles des premiers, et soutenus par de l'artillerie légère, je ne conçois pas ce qu'une cavalerie pourrait entreprendre contre eux.

lement par l'arrivée successive des échelons, et le cinquième, en cas d'insuccès, de trouver dans les derniers échelons des réserves toutes formées pour contenir et protéger, au besoin, la retraite des premiers, s'ils étaient suivis par quelques troupes de leur arme.

La seconde, que nous croyons devoir indiquer, consiste à séparer la réserve du corps de cavalerie destiné à charger un carré, à disposer ce dernier en trois échelons, ayant le front d'une des faces du carré, à rapprocher les échelons, suivant les circonstances et au besoin, à vingt-deux pas (front d'une division); à les faire charger sur une des faces du carré, mais diagonalement, afin d'éviter les feux directs, et de laisser aux premiers échelons qui pourraient être repoussés, une ligne de retraite plus courte que celle par laquelle ils se seraient portés sur le carré; à faire donner chacun de ces échelons sur le même point, et à faire précéder la charge par un grand nombre de tirailleurs destinés à envelopper le carré, pour diviser l'attention des hommes qui le composent : du reste, pour peu qu'il y ait de poussière, ces tirailleurs, ainsi que les petits pelotons de cavalerie dont on pourrait les entremêler, pourraient donner le change à l'ennemi, en lui faisant croire qu'ils sont destinés à la véritable attaque; mais du moins ils empêcheraient de distinguer sur quel point la charge est dirigée, ce qui est toujours un grand avantage (1).

Dans cette situation, le premier échelon se dirigeant sur l'un des côtés du carré, fournira sa charge, et je suppose qu'il la fournira de manière à arriver sur les baïonnettes de l'ennemi. Cependant, quelque vigoureuse que soit cette charge, il n'est pas à croire qu'elle réussira (2); mais elle ébranlera l'infanterie qui l'aura reçue, et la forcera à se dégarnir de son feu (3). D'après l'ordre donné, les troupes du premier échelon n'ayant pas

---

(1) Ces dispositions sont en général suffisantes : elles cesseraient de l'être cependant, si l'on avait à faire charger un corps d'infanterie russe ; les peuples de cette nation ont une ténacité proportionnée à leur superstition et à leurs préjugés : renversée par la cavalerie, il est habituel de voir l'infanterie russe reprendre ses armes, reformer sa ligne, et mettre la cavalerie qui l'a traversée entre deux feux : il faudrait donc que le corps de cavalerie qui aurait à charger une ligne ou un carré russe, fut suivi d'un second uniquement destiné à sabrer tout ce qui voudrait faire résistance.

(2) Dans les grandes charges de cavalerie, le premier corps qui donne est toujours, par le fait, condamné à être ramené; au dernier est toujours la gloire de l'opération : faire alterner les corps en pareil cas est donc une obligation pour tous les commandans de cavalerie.

(3) Le premier échelon de cavalerie arrivant sur l'infanterie, trouvera les deux premiers

enfoncé le carré, devront se retirer par la ligne directe, pour faire place au second échelon, arrivera sur le carré lorsque les troupes qui le composent en seront encore aux mains avec les derniers cavaliers du premier ; et comme les troupes qui recevront cette seconde charge n'auront pas eu le temps de se reformer, ni de recharger leurs armes, le second échelon tâchera de profiter de leur dérangement, et fera les plus grands efforts pour les traverser. Si cependant il n'y réussissait pas, il augmenterait au moins le désordre que le premier échelon aurait commencé, se retirerait comme lui, et serait immédiatement suivi par le troisième échelon, qui, bien conduit, devra enfoncer le carré. Nous ajouterons que les troupes du premier échelon ayant dû de suite se reformer derrière le troisième, et celles du deuxième derrière le premier, toutes ces troupes devront suivre le troisième pour appuyer sa charge, et contribuer à en tirer le plus grand parti. L'ennemi, après avoir soutenu l'effort successif des deux premiers échelons, se trouvera donc à la fois accablé par la réunion des trois, et cela sans avoir eu le temps de se reconnaître et de se reformer, et alors il est indubitable qu'il doit être enfoncé ; mais tout dépendra de l'ordre et de la succession rapide des charges, ainsi que du choix des hommes dont on aura composé le premier rang des échelons (1).

rangs réduits à croiser la baïonnette, dégarnis de la moitié de leur feu au moins, et recevra le feu du troisième. L'infanterie déchargera donc ses dernières armes sur le second corps de la cavalerie, de sorte que le troisième n'aura plus de feu à craindre : du reste, la cavalerie aura perdu également de monde depuis le moment où elle sera arrivée à la portée de la balle, jusqu'au moment où elle aura abordé l'infanterie, attendu que l'effet de la crainte aura succédé à l'effet de la distance.

(1) J'ai vu un officier de cavalerie très distingué, M. le colonel Duchâtel, qui pensait qu'un corps d'infanterie, traversé par un corps de cavalerie, pourrait encore ressaisir l'avantage : son opinion était que, dans ce cas, les soldats d'infanterie, au lieu de céder à une terreur qui anéantit tous les moyens, devraient se serrer les uns contre les autres ; former, entre chacun des cavaliers qui les auraient rompus, de petits groupes qui les mettraient à même de faire face de tous côtés ; continuer à employer contre eux et leurs feux et leurs baïonnettes, et les forcer ainsi à substituer un combat d'homme à homme à un choc de masses. De cette manière, disait-il, il n'y a pas de corps de cavalerie qui ne trouverait une destruction entière au but même auquel tout semblait lui garantir la victoire.

Certainement, ce moyen de rétablir une espèce d'ordre au milieu du plus grand désordre, est le résultat d'une idée très ingénieuse ; mais il reste à savoir si la rapidité du mouvement de la cavalerie, et la confusion que son succès met dans une troupe d'infanterie, rendrait toujours cette nouvelle résistance possible : il n'est pas douteux cependant qu'elle ne dût l'être souvent, et notamment toutes les fois que peu de cavaliers auraient

Au surplus, et pour rendre, en pareil cas, la destruction des troupes formées en carré plus rapide et plus complète, il faudra que, du moment où le troisième échelon aura enfoncé un des fronts du carré, et se précipitera sur le front qui lui fera encore face, le second échelon appuyant à droite, charge la gauche du carré, et que le premier appuyant à gauche, charge sa droite; mais il est à observer que les premiers rangs d'une cavalerie qui ont rompu une ligne d'infanterie ou un carré, sont en général ceux qui ont donné le moins de coups de sabre : le choc des chevaux doit produire l'ébranlement, et ce n'est que lorsque l'infanterie est rompue que la cavalerie peut sabrer avec aisance, ou avec une intention particulière à chaque homme.

La nécessité de l'ensemble pour toute cavalerie abordant de l'infanterie, prouve cette vérité; nous l'appuierons par un exemple frappant : les Mamelucks, de tous les cavaliers du monde les plus braves, les plus agiles, ceux qui manient le mieux leurs armes blanches et à feu, et qui en tirent le plus de parti, faute d'ordre, n'opposant jamais qu'un effort individuel et successif à une résistance collective et d'ensemble, ont échoué devant tous nos carrés, alors même qu'ils n'avaient que deux hommes de profondeur (voir la note de la page 48).

Pour ce qui tient à la poursuite d'un corps en retraite, il est évident que la cavalerie qui y sera employée devra la rendre aussi meurtrière qu'elle le pourra; elle chargera donc, avec la plus grande vigueur, tous les corps qu'elle trouvera en désordre, et profitera de la terreur qui les précédera, pour empêcher l'ennemi de se reformer, pour couper des colonnes, envelopper des corps, faire des prisonniers, enlever des pièces, des caissons, et forcer, ainsi que nous l'avons déjà dit, l'ennemi à suspendre sa retraite, à s'arrêter, à combattre malgré lui, et à donner par là le temps à l'infanterie d'arriver; le tout cependant sans se compromettre.

Nous n'avons plus à parler que du rôle que la cavalerie a à jouer pour favoriser un ralliement et couvrir une retraite. Or, dans l'un et l'autre de ces cas, toutes les considérations secondaires doivent être mises de côté. En effet, les moyens ordinaires ont été épuisés, les lignes ont été rompues; l'infanterie a cédé au nombre, à un feu accablant, ou à d'habiles manœuvres, et ne cherche plus à opposer à l'ennemi que des distances,

---

pénétré dans une ligne ou dans un bataillon carré. Du reste, il est certain que préparer l'infanterie à cette manœuvre, serait ajouter à sa confiance en elle-même, augmenter pour elle les chances de succès, diminuer l'effet moral de la cavalerie, et surtout intimider cette arme, de manière à en avoir moins à craindre.

ou à gagner une position avantageuse ; l'artillerie, en grande partie du moins, n'agit plus ; les troupes légères de l'ennemi se pressent sur tous les points, pour suspendre ou ralentir la retraite, pour empêcher les corps de se reformer, ou pour s'emparer les premiers d'un défilé ou d'une position importante. Or, dans toutes ces suppositions, la cavalerie doit se dévouer. Elle n'a pas de résultats décisifs à espérer ; mais elle a l'armée à sauver, et tout ce que la valeur, le dévouement peuvent rendre possible, devient pour elle un honorable devoir ; elle se précipitera donc sur les corps de l'ennemi les plus avancés, elle les renversera et répétera ses efforts jusqu'à ce que les corps d'infanterie soient assez reformés pour résister à ceux de l'ennemi, jusqu'à ce qu'ils soient arrivés à la position dans laquelle l'armée doit s'arrêter, ou jusqu'à ce qu'elle soit à une distance suffisante. Sans doute on fera, en pareil cas, soutenir ou seconder la cavalerie par toute l'artillerie légère qui pourra agir, et par les corps d'infanterie qui seront disponibles ; mais la cavalerie qui profitera de ces secours ou de ces appuis, saura, au besoin, s'en passer, lorsque la situation des choses l'ordonnera, suppléera, par le dévouement, à tous les secours qui lui manqueront, et, digne d'elle-même, suffira à tout ce que les circonstances exigeront.

Mais nous avons, relativement à la cavalerie, une observation très importante à faire.

La force de cette arme consiste, en majeure partie, dans sa confiance en elle-même, et dans l'effet moral qu'elle produit.

On la détruit, quand on se trompe sur la manière de l'employer, ou sur le moment où elle peut l'être avec un véritable avantage.

L'erreur qui lui est la plus fatale est de la considérer autrement que comme un accessoire de la force des armées.

La disposition qui la compromet le plus est de la disséminer pour la montrer sur plus de points.

A peu d'exceptions près, elle doit servir à compléter la victoire, parfois à la décider, et non à l'obtenir.

L'artillerie doit ébranler et entamer les masses et les lignes, l'infanterie doit les culbuter et les rompre, la cavalerie doit les disperser et faire des prisonniers.

Ses charges doivent être peu fréquentes ; mais quand elle en exécute, elle doit le faire à toute outrance ; et comme elle ne peut combattre que corps à corps, elle ne doit paraître que pour frapper.

Le soin de la dérober à la vue de l'ennemi le plus long-temps possible, aura même plusieurs autres avantages : d'un côté, vue nulle part, elle sera crainte partout ; de l'autre, si l'ennemi portait brusquement un gros corps de cavalerie sur un des flancs de l'armée, la cavalerie rassemblée derrière les troupes qui combattent, mettrait à même de s'opposer à ses efforts, de les annuler et de les faire tourner à sa propre perte. Quant aux points d'où elle devra partir pour exécuter ses charges, hors quelques cas extraordinaires, ils seront toujours près des ailes, parce que si elle était ramenée sur le front des troupes d'infanterie, elle gênerait leurs feux et pourrait même renverser quelques bataillons.

Ce qui précède établit comme conséquence que l'on doit tout faire pour éviter d'ébranler le moral de la cavalerie, pour fortifier son énergie, pour ajouter à son audace, pour lui conserver son enthousiasme, et pour augmenter l'effet qu'elle doit faire sur l'ennemi, but que l'on n'atteindra qu'en ne l'exposant à des pertes qu'au moment où elle pourra agir utilement, c'est-à-dire, les rendre au moins réciproques, et qu'en ne la montrant à l'ennemi que lorsqu'il sera prêt à en être accablé.

En effet, par cette manière seule, on pourra toujours compter de sa part sur un grand élan et sur des preuves d'un entier dévouement ; on lui assurera les résultats brillans qu'elle doit avoir, on sera en mesure de remporter des victoires mémorables et complètes, et on ne commettra pas l'inconséquence de lui demander l'emploi des moyens qu'on lui aura ôtés ; on ne la sacrifiera pas *sans compensations*, et on la conservera intacte pour un moment décisif, et pour des occasions dans lesquelles elle pourra déployer toutes ses ressources et se couvrir de gloire.

Cet article n'étant destiné qu'à des idées générales, nous nous bornerons à cet aperçu, et nous terminerons par quelques considérations relatives à la conservation de la cavalerie en campagne.

Nous débuterons à cet égard par une observation que l'expérience justifie ; c'est que le feu et le fer de l'ennemi ne détruisent pas plus la cavalerie à la guerre, que les maladies proprement dites ne détruisent les hommes dans les hôpitaux ; et nous en concluerons que c'est le manque de soins qui occasionne, sous ces deux rapports, les plus grandes pertes. En effet, il est constaté qu'un corps de cavalerie, placé dans une division d'infanterie, y perd plus de chevaux, même loin de l'ennemi, qu'un corps de cavalerie en faisant la guerre dans une division de son arme bien commandée ; il est prouvé de même qu'un corps de cavalerie, disséminé dans plusieurs divisions d'infanterie ou sur une ligne d'étape ou de communication, est un corps de suite détruit.

Or, ces fâcheux résultats proviennent entièrement de ce que la surveillance et les secours qui sont continuellement nécessaires à la cavalerie, sont impossibles lorsque les corps ne sont pas réunis : par exemple, le manque de ferrage est ce qui détruit le plus rapidement les chevaux, et il est rare que pour des hommes disséminés on puisse proportionner ce soin au besoin (1). Il est reconnu qu'un homme d'une force ordinaire peut, en marchant, supporter plus de fatigue que le meilleur cheval ; ainsi les marches qui ne font que fatiguer l'infanterie, ruineront la cavalerie. Sous un autre rapport, on oublie que c'est moins la longueur du chemin qui ruine les chevaux, que le temps qu'ils sont dehors, et on fait toujours marcher les deux armes réunies, et le pas d'un fantassin n'est pas celui d'un cheval : outre qu'il gêne et ralentit ses mouvemens, il prolonge sa marche, également fatigante par sa longueur, le poids du cavalier, celui de ses effets, de ses armes et de l'équipage. D'un autre côté, on comprend trop souvent les corps de cavalerie dans les ordres généraux des bivouacs, et sans considérer combien les bivouacs les anéantissent par les crevasses que l'humidité de la terre occasionne aux pieds des chevaux ; par la quantité d'orge ou d'avoine qui se perd en la donnant autrement que dans une auge ; par le sable qui s'y mêle, lorsque les chevaux les mangent à terre ; par les tranchées que le fourrage humide ou mouillé donne aux chevaux ; par les maladies que les fraîcheurs des nuits et l'intempérie des saisons multiplient parmi eux, et par l'impossibilité où cela met les cavaliers de bien panser leurs chevaux, de soigner leur fourniment et leurs effets de harnachement (qui se détruisent promptement à la guerre), d'entretenir leurs armes et leurs effets, et même de se reposer. Enfin, dans les divisions d'infanterie on assujettit ordinairement la cavalerie à un service trop actif : les courses des ordonnances ôtent beaucoup trop les cavaliers à la surveillance de leurs chefs, ce qui, joint aux fatigues de la campagne, au manque de fourrage parfois inévitable, à l'inconvénient d'en varier les espèces, les quantités et les qualités, et de changer chaque jour les heures auxquelles on le donne, ne tarde pas à ruiner tous les chevaux.

La conséquence de tout ce qui précède est donc :

1° De tenir la cavalerie d'une armée rassemblée, et de n'en détacher

____

(1) Tout manque à cet égard est tellement destructif, qu'aucun corps de cavalerie ne devrait faire un mouvement sans que chaque homme n'ait avec lui soixante clous et quatre fers : la même précaution devrait être prise pour les chevaux d'artillerie des transports militaires, etc. Faute de ferrage, deux mille dragons et chasseurs, partis de Bayonne le 1er novembre 1807, arrivèrent le 1er décembre suivant à Lisbonne, réduits à six cents hommes en état de servir.

aucun corps que par l'effet de la plus grande nécessité et pour le moins de temps possible;

2° De faire relever de temps en temps les corps de cavalerie qu'il serait inévitable d'envoyer sur les derrières, d'attacher à des divisions d'infanterie, ou de placer sur une ligne de communication;

3° De multiplier, autant qu'on le pourra, les inspections et les revues de corps de cette arme, et de ne jamais craindre de les rendre trop minutieuses;

4° De tout faire pour y resserrer toujours plus la discipline, et en hâter ou en augmenter l'instruction;

5° De donner la plus grande attention à tout ce qui peut contribuer au bon entretien des chevaux, des effets, des armes et des hommes;

6° D'affecter à la cavalerie les meilleurs cantonnemens, ceux à portée desquels il se trouve de l'eau, et dans lesquels le fourrage est le meilleur et le plus abondant;

7° D'éviter, dans les mouvemens, de faire partir la cavalerie avant le jour, parce que les chevaux ne reposent bien que la nuit, et parce qu'en partant trop matin, il est impossible qu'ils aient bu et mangé, et surtout qu'ils aient été pansés comme ils doivent l'être;

8° D'éviter également, dans les marches, que des corps ou détachemens de cavalerie se trouvent derrière des colonnes d'infanterie qu'ils ne puissent dépasser;

9° D'alléger le service de la cavalerie de manière à lui épargner le plus de fatigue possible, et de la conserver ainsi pour les occasions décisives;

10° Et de ne la faire combattre qu'à propos.

Sans doute tout chef de cette arme pénétré de la nécessité de suivre ces préceptes, certain que leur stricte observation donne seule le moyen de compenser ce que la cavalerie coûte à l'état, et de justifier la confiance de son Prince; convaincu que sa propre gloire est attachée à la conservation et au bon emploi de ses troupes; assuré, d'ailleurs, qu'au bout de quelques mois il ne reste guère d'autre cavalerie dans les armées que celle qu'on y a conservée par les soins les plus grands, il se dévouera à tout ce qui pourra la mettre et la maintenir dans le meilleur état possible; mais comme ses efforts seraient inutiles si leur résultat n'était pas facilité par les dispositions du général en chef, le commandant de la cavalerie fera à cet égard, auprès de lui, les démarches et les instances qu'il jugera nécessaires.

Organisation de la cavalerie, par Napoléon.

(Extrait de la guerre de la Péninsule du général Foy, tome 1, page 111.)

APOLÉON ne voulait qu'une seule infanterie (1), parce que la même est bonne à tout : c'est l'opposé pour la cavalerie. On a besoin d'armes, d'équipemens, de chevaux différens, suivant les différens usages qu'on veut en faire. Il s'appliqua à rendre plus distinctes les nuances de ce service. La grosse cavalerie fut réduite à la quantité indispensable pour son emploi, borné aux batailles rangées. Elle eut des cuirasses. On s'étonne depuis long-temps de ce que les souverains ne donnent pas quelques pièces de l'armure défensive à tous les soldats qui combattent à cheval.

Les dragons, production amphibie d'un siècle où le feu n'était pas encore perfectionné, furent presque désorganisés pour l'expédition d'Angleterre : on en démonta une partie ; ce qui procura, au lieu de bons cavaliers, une légère augmentation d'infanterie médiocre et coûteuse. Remis à cheval, ils ont fourni à eux seuls presque tout le service de la cavalerie dans la guerre de Portugal et d'Espagne. Dans les dernières années du gouvernement impérial, plusieurs régimens de dragons furent convertis en lanciers. Montécuculli appelle la lance la reine des armes blanches ; elle est en effet la plus meurtrière entre les mains du cavalier, parce que c'est celle qui atteint le plus loin.

Les chasseurs à cheval et les hussards, qui n'en diffèrent que par quelques modifications dans l'uniforme, ont été les plus faciles à monter, à recruter et à dresser. Ils ont aussi rendu le plus de service à la guerre.

---

(1) « Napoléon augmenta le bataillon d'infanterie d'une seconde compagnie d'élite, *les voltigeurs*. Ils constituèrent la véritable infanterie légère de France, en ce sens qu'on leur fit faire habituellement le service de tirailleurs. Les régimens dits d'infanterie légère n'en avaient que le nom, car ils étaient composés, armés et exercés comme le reste de l'infanterie. » *Guerre de la Péninsule*, tome 1, page 96.

Napoléon en augmenta le nombre. L'armée de ligne avait en 1807 deux régimens de carabiniers, douze de cuirassiers, trente de dragons, vingt-quatre de chasseurs, dix de hussards, en tout soixante-dix-huit cadres de cavalerie.

Les troupes à cheval conservèrent plus long-temps que les troupes à pied la physionomie monarchique. La révolution leur fit moins de bien. Pendant les premières campagnes, nous avions peine à lutter contre les cuirassiers allemands, les dragons wallons et les hussards hongrois. Nous présentions rarement de gros corps de cavalerie sur le terrain, et quand nous le faisions, c'était le plus souvent à notre désavantage.

Napoléon fit peu de changemens au régime intérieur des troupes à cheval. Les vicissitudes de la guerre le contraignirent souvent à former à la hâte, avec des hommes et des chevaux neufs, des escadrons et des régimens provisoires. Cependant la cavalerie n'est pas si facile à improviser que l'infanterie. Comme on cultive avec des bœufs la plus grande partie de notre sol, les Français ne naissent pas cavaliers, et ils ont peine, à cause de leur vivacité inquiète, de s'identifier avec le cheval.

D'après ces vices organiques, on devait craindre que la cavalerie n'allât en déclinant. Le contraire est arrivé. Voici pourquoi : La conquête avait rendu les remontes plus faciles, et procurait de plus belles races de chevaux. Les troupes à cheval éprouvaient moins de pertes que les troupes à pied, et les anciens cadres auxquels on ramenait toujours les organisations provisoires restaient plus riches en vieux soldats. Les jeunes gens de famille, qui ont tant de peine à se faire à la vie austère du fantassin, fournirent en peu de temps des hommes de cheval lestes, ardens et bien montés. Mais ceci est insuffisant pour expliquer l'essor inespéré de notre cavalerie. La cause principale fut dans le système adopté par Napoléon pour la conduite de cette arme à la guerre.

Avant son règne, quelques régimens de cavalerie pesante servaient de réserve à chaque armée. Le reste était éparpillé dans les divisions d'infanterie. L'Empereur constitua en brigades et en divisions non-seulement les cuirassiers et les dragons, mais encore les chasseurs et les hussards. Bien plus, il a réuni plusieurs divisions ensemble pour en composer des masses plus fortes, qui ont reçu le nom bizarre de *corps d'armée de cavalerie*. Cet arrangement a fait perdre des à-propos audacieux et décisifs. Il est même arrivé que trois mille chevaux réunis n'ont pas fait ce qu'on aurait obtenu avec trois cents, parce que le chef a voulu garder ses trois mille chevaux ensemble pour le moment et le terrain qui permettraient de les mettre en action tous à la fois. La rivalité des deux armes les a quelquefois empêchées de s'entr'aider. Les bataillons dépourvus d'éclaireurs ont marché à l'aveugle, et des efforts ont été sans résultat, faute de quelques pelotons d'hommes à cheval à lancer sur l'ennemi en déroute.

En compensation de ces inconvéniens, dont la plupart disparaîtraient devant l'application moins exclusive de ce système, se sont présentés des avantages considérables. La cavalerie a été mieux conservée, parce que dans les marches et les cantonnemens on ne l'a plus asservie au pas, aux haltes, aux habitudes de l'infanterie. Plus instruite et plus florissante, elle a été plus terrible à nos adversaires. On ne s'est pas contenté, comme autrefois, de l'employer à compléter la victoire. Elle est entrée en lice contre les masses non entamées d'infanterie et de cavalerie, et son élan a quelquefois décidé le gain des batailles (1).

(1) Les trois quarts des chevaux de France ont été gelés en Russie. Rétablie après ce désastre, notre cavalerie s'est surpassée elle-même; et plus tard, dans une campagne de trois jours tristement mémorable, elle a maltraité la cavalerie des Prussiens et écrasé celle des Anglais.

DES REMONTES ACTUELLES

DE LA CAVALERIE,

RELATIVEMENT A L'ÉLÈVE DES CHEVAUX ET A L'AGRICULTURE.

————◦|◉|◦————

A la société d'Agriculture

de la

Haute - Garonne.

Il serait à désirer qu'une même impulsion imprimée aux haras et aux dépôts de remonte, en ce qui concerne le cheval de guerre, fissent converger vers un même but toutes les ressources du pays.

La Société royale d'Agriculture de Toulouse, après avoir consacré les séances des 3, 10 et 17 mai 1842 à la lecture et à la discussion du Mémoire de M. *Flavien d'Aldéguier*, ayant pour titre : *Des Remontes actuelles de la Cavalerie, relativement à l'Elève des Chevaux et à l'Agriculture*, a pensé qu'elle ne devait pas se borner à témoigner à son auteur l'expression de sa reconnaissance. Frappée de l'utilité des vues exposées par M. d'Aldéguier avec la force que donnent la conscience et la spécialité, elle a voulu aussi s'associer à son œuvre, et se charger de la porter à la connaissance de ceux qui sont en position de l'apprécier et d'en tirer parti dans l'intérêt public.

La Société d'Agriculture ne pouvait méconnaître les avantages qu'offrent au midi de la France le système actuel des remontes de l'armée et la création des dépôts de poulains. Étrangère à la question du prix de revient du cheval de l'État, ne voyant dans l'éducation des poulains aux frais du Gouvernement qu'un moyen plus actif de reproduction et un intérêt agricole de plus, elle a cru devoir appuyer le système particulier de M. d'Aldéguier, qui se réaliserait plus utilement pour l'État comme pour le propriétaire, dans un pays où la division des terres fait chaque jour des progrès. C'est dans ce but qu'elle a décidé que le Mémoire de M. Flavien d'Aldéguier serait adressé à M. le Ministre de la guerre, Président du Conseil, à M. le Ministre de l'Agriculture et du Commerce, ainsi qu'à M. le Préfet du département de la Haute-Garonne, avec l'expression d'un vœu unanime pour le maintien des dépôts de remonte, et l'essai du système de M. d'Aldéguier pour les dépôts de poulains.

Le Secrétaire de la Société royale d'Agriculture,

Edmond DE LIMAIRAC.

Cette approbation, à laquelle nous attachons le plus grand prix, nous a imposé l'obligation de ne rien changer à l'ensemble de notre travail; aussi nous sommes-nous bornés à le revoir, à dire quelques mots sur les *irrigations* en ce qui concerne les prairies naturelles, et à distinguer les nouvelles notes des anciennes par le millésime de l'année 1843.

'AVAIS formé le projet d'acquitter ma contribution annuelle, en vous entretenant du système actuel des remontes de l'armée, et de l'esprit dans lequel il avait été conçu, car jamais la question ne fut posée plus à l'avantage de l'État et de l'éleveur ; je pensais que si quelques parties du département, seulement, peuvent se livrer avec un certain développement à l'élève des chevaux, il en était, dans nos contrées méridionales, dans des conditions plus favorables, et que dès lors il pouvait y avoir quelque avantage à traiter une matière qui ne l'a pas été, du moins que je sache, dans notre Recueil.

Toutefois, un grave conflit s'est élevé depuis lors entre le département de l'Agriculture et du Commerce, dont dépend aujourd'hui l'Administration des haras, et le département de la Guerre ; des Commissions ont été nommées de part et d'autre ; il y a eu des écrits pour et contre : enfin, le Conseil général d'Agriculture a adopté récemment les conclusions du Rapporteur d'une Commission prise dans son sein, sur cette importante question.

Je l'avouerai avec sincérité, Messieurs, en voyant s'agrandir le sujet, il ne m'en paraissait que plus important à traiter ; cependant mon zèle s'était ralenti. En paraissant à mon tour dans ce débat, ne devais-je pas craindre de passer pour être influencé par d'anciens souvenirs ? N'avais-je pas à redouter moi-même la puissance d'anciennes sympathies ? Mais sur la représentation obligeante qui m'a été faite, que la Société d'Agriculture entendrait la lecture de mon travail avec intérêt ; fort de ma conscience et ne me proposant aujourd'hui d'autre résultat que de contribuer au bien de la chose, puisque je suis complètement désintéressé en cause, j'aborde la question, en suppliant qu'on veuille bien se rappeler, que sur ce terrain difficile, où tant d'intérêts privés et tant d'amours-propres sont en jeu, je ne m'occuperai que des faits non des personnes, des intérêts généraux et non des intérêts particuliers, suivant mon usage de tous les temps.

Il y a ici, en effet, deux Administrations centrales en présence, et celui qui n'a pas connaissance des précédens, pourrait penser que le département de la Guerre, procédant d'après un esprit d'envahissement blamâble, voudrait absorber, sans raison suffisante, une branche importante d'un autre département. J'espère démontrer, Messieurs, que le désir de remédier à un malaise constant est le seul but qu'on se propose, et je crois pouvoir affirmer qu'en assurant les remontes de l'armée, le système suivi aujourd'hui par le département de la Guerre, c'est-à-dire, celui des dépôts de remonte, dont on vient de demander la suppression, est celui qui mérite toute la sympathie de l'agriculture et des éleveurs, puisque c'est dans leur intérêt, non moins que dans celui de l'Etat, qu'il est conçu :

Tandis que l'achat direct par les corps, demandé par le Conseil général d'Agriculture n'est qu'illusoire, et n'a d'autre conséquence que de faire retomber les remontes, par son impuissance de fonctionner, entre les mains des marchands de chevaux, qui s'enrichissent aux dépens du producteur, à qui ils font la loi, et de faire prévaloir le cheval étranger sur le cheval indigène, quand ils y trouvent leur intérêt, ce que l'institution actuelle veut prévenir avant toute chose.

Il ne faut pas s'étonner si la question des haras a toujours été le point de départ des guerriers et des militaires de marque, depuis le grand feudataire du moyen-âge, occupé de se préparer les moyens de guerroyer avec honneur, jusqu'au simple officier de cavalerie, qui s'identifie tous les jours à son compagon de périls et de gloire. Il ne faut pas être surpris, si les écrivains militaires équestres les plus distingués, depuis le *Comte de Melfort*, en 1748, jusqu'à nos jours, ont commencé par ce sujet et s'en sont occupés d'une manière capitale ; c'est que pour les uns et pour les autres, cette question était toute d'existence pour la cavalerie, je pourrais même dire d'existence politique en certaines circonstances. C'est ainsi que Napoléon, privé de cavalerie, en 1813, ne put profiter des succès de Lutzen et de Bautzen. « Si j'avais eu de la cavalerie, disait-il, j'aurais reconquis l'Europe. » Il en avait à peine, dès lors il ne put profiter de ce retour de fortune.

Cette question fut aussi le sujet de mes méditations à ce même titre, car les haras, la reproduction en un mot, c'est la pierre angulaire de l'agriculture et du commerce, comme des forces militaires équestres ; c'est enfin le moyen de pourvoir à bien des besoins et des jouissances de la vie ; toutefois, dans l'habitude où nous sommes de ne vouloir rien hasarder, nous aurions résisté au désir de la traiter, si nous n'avions constamment trouvé nos aperçus généraux en rapport, avec ceux des personnes qui ont le plus laborieusement et le plus consciencieusement étudié la matière, et si nous n'avions été aidés tout récemment par les chiffres authentiques, de l'importation et de l'exportation des dernières années, que nous devons au travail du *lieutenant-général marquis Oudinot, sur les remontes de l'armée* (1842), et qui résument admirablement la question chevaline française.

Mais, avant de pénétrer dans le cœur de la question, avant de la prendre au point où nous sommes, jetons un coup-d'œil rapide et rétrospectif sur l'état de l'espèce chevaline en France : 1° sous l'ancien régime ; 2° sous la république et sous l'empire ; 3° sous la restauration et depuis l'organisation du service général de la remonte, créé par l'ordonnance du 11 avril 1831.

1ʳᵉ ÉPOQUE. — *Ancien régime.*

ous le savez, Messieurs, vers la fin de la seconde race de nos rois, et au commencement de la troisième, la cavalerie prit une extension telle par suite de la constitution de l'Etat, qu'elle forma presque les armées françaises. A la chevalerie, qui promena son héroïsme en Orient, jusqu'au Saint-Sépulcre et aux rives du Nil, succéda la gendarmerie sous Charles VII, première force militaire permanente composée des compagnies d'ordonnance, qui furent levées par ce prince, à la suite de nos luttes avec les Anglais. Dans cet état de choses, le cheval était l'élément nécessaire, indispensable. Le manque de communications et de services organisés comme de nos jours, les mœurs chevaleresques, les exercices équestres, les joûtes et les tournois, qui remplissaient les intervalles de nos guerres, le rendaient encore plus précieux.

Eh bien, Messieurs, les soins de la reproduction étaient tellement en rapport avec la consommation, que dans des recherches historiques très consciencieuses, auxquelles je viens de me livrer, je n'ai jamais trouvé que le cheval ait manqué en France; nous savions alors nous suffire à nous-mêmes; bien au contraire, on trouve que la lance fournie, qui se composait d'abord, c'est-à-dire sous Charles VII, de l'homme d'armes et de cinq hommes montés à sa suite, six en tout, fut portée par Louis XII à sept hommes, et par François Ier à huit. C'est qu'alors l'émulation chevaleresque se réunissait aux grandes existences, aux grandes propriétés, aux vastes prairies, aux grands espaces, toutes conditions favorables à la reproduction et au développement du cheval.

Mais en sortant des guerres de religion, on trouve que les destriers, ces grands chevaux que nos chevaliers bardés de fer montaient au jour du combat, commencent à manquer, et que cette cause ne fut pas sans influence sur l'abandon de la lance, et la révolution qui substitua à la formation en haie, celle en ordre profond.

On remarquera que cette révolution qui se fit sentir dans la lutte de François Ier et de Charles-Quint, fut consommée sous le règne d'Henri II, et coïncide tout-à-fait avec l'anéantissement progressif des grandes existences féodales.

On observera aussi que dans une époque agitée, très peu commerçante et encore moins industrielle, avec un très petit nombre de communications et une agriculture fort retardée, ce fut toujours une pensée de guerre qui vint stimuler la reproduction, en proportion des pertes que l'on avait éprouvées.

Au moment où l'espèce chevaline décroissait en France, quant à la qualité et quant au nombre, par la double influence des pertes de la guerre et de la transformation morale et politique, la grande propriété la relevait au contraire en Angleterre, d'une manière bien propre à stimuler nos efforts, quoique nous soyons les premiers à reconnaître que nous sommes bien loin d'être, sur ce point, dans des conditions aussi favorables que nos voisins d'outre-mer.

Nous trouvons dans *David Hume*, historien des plus graves de ce pays, mention d'un mémoire de sir *Edward Harvood*, qui établit qu'au commencement du règne de Charles 1er, qui date de 1625 : « L'Angleterre était si dépourvue de chevaux propres à la guerre, que dans tout l'Etat on n'aurait pas trouvé de quoi monter deux mille hommes. » Or, cet état était tellement changé en 1754, époque à laquelle Hume publiait son histoire des deux premiers Stuarts, qu'il ajoute : « Aujourd'hui l'éducation des chevaux est tellement supérieure, que presque tous ceux qu'on emploie pour le labourage, les chariots et les carrosses pourraient servir à monter la cavalerie. » Cette révolution chevaline se serait opérée de la sorte, depuis les premières années du règne de Charles II, qui date de 1660, jusqu'en 1754, c'est-à-dire dans moins de cent ans ; car ce fut seulement à l'époque de ce prince, que les courses de *New-Market*, fondées par Jacques 1er, en 1603, prirent de l'importance, et que la pompe de ces luttes équestres, jointe aux encouragemens qui furent alors plus largement prodigués, donnèrent naissance à cette émulation qui alla toujours en croissant, et dont nous admirons aujourd'hui les grands résultats.

Mais revenons à la France. Ce fut un devoir de la royauté et un besoin pour elle, de suppléer par des institutions à l'action féodale qui s'était éteinte, et à l'éloignement des gentilshommes qui avaient abandonné leurs terres et manoirs, pour venir se presser dans les palais d'un jeune et brillant souverain.

Les débouchés ne manquaient pas alors, et l'on remarquera que tout poussait à encourager la production du cheval de selle. Usage habituel du cheval, à une époque où il n'y avait guère d'autre moyen de voyager, cavalcades nombreuses, exercices équestres perfectionnés, carrousels brillans, cour galante, maison militaire considérable, équipages de chasse magnifiques, grandes guerres enfin, tout concourait, en un mot, à appeler l'attention sur ce noble quadrupède, qui était l'élément indispensable de toutes les fêtes, de tous les travaux et de tous les périls.

Aussi ne faut-il pas s'étonner si les haras éveillèrent toute la sollicitude de *Colbert*. Avant ce grand ministre, les haras du royaume étaient totalement perdus, et il ne négligea rien pour les rétablir ; mais quelque sujet qu'ait Colbert de compter sur ses moyens personnels, il lui faut un homme habile dans cette partie toute spéciale, et c'est M. *de Garsault* qui est nommé par le Roi inspecteur-général des haras du royaume. Plusieurs commissaires furent également désignés pour veiller dans les provinces à leur administration. Colbert fit venir des étalons des pays étrangers,

et les distribua dans toute l'étendue du royaume. Il accordait des gratifi-
cations aux commissaires les plus actifs et les plus intelligens.

Toutefois, il n'imposait pas à l'Etat les charges d'une grande administration ; mais il stimulait les propriétaires résidant sur leurs terres, par
tous les encouragemens possibles, à élever des chevaux. Il s'adressait
tour à tour aux intérêts des uns et aux amours propres des autres ; il faisait accorder des grâces à ceux qui montraient le plus de zèle, et faisait
même écrire le roi aux personnes les plus distinguées. *Garsault* (1) dans
son *Parfait maréchal*, nous a conservé quelques-unes de ces lettres, qui
démontrent combien ce ministre était ardent à contribuer au bien de
l'Etat, et notamment à l'établissement des haras, qu'il regardait avec raison comme une source de prospérité pour le royaume.

Aussi la France aurait-elle obtenu une race belle et nombreuse, malgré
la mort de Colbert arrivée en 1683, si vingt années de guerre, dont les
dernières ne furent pas sans revers, n'eussent dévoré les ressources qu'il
avait si habilement préparées. Le recours à l'étranger devint indispensable, et l'on évalue à plus de cent millions d'alors, l'argent qui fut exporté
pour se procurer les chevaux nécessaires.

Ainsi les ressources chevalines de la France étaient épuisées à la mort
de Louis XIV, ce qui détermina le Conseil de régence à réorganiser les
haras en 1717.

Ce fut aussi pour suppléer à l'action des grands propriétaires qui avaient
quitté leurs terres, que Louis XV confia à M. *de Garsault*, l'un de ses
écuyers, la création du Haras du Pin. L'établissement d'un haras à Pom-
padour fut postérieur. « Telle fut, dit M. *le vicomte d'Aure*, l'origine de
l'intervention du Gouvernement dans la surveillance et la direction de
l'élève du cheval. »

L'effet de ces sages dispositions fut de cicatriser successivement les
blessures de la guerre ; mais une race de chevaux ne s'improvise pas, il
faut des soins constans et des années ; aussi fallut-il recourir à l'étranger,
notamment pour nos chevaux de grosse cavalerie, surchargés alors d'un
bagage très considérable, comme le prouvent les planches du grand
traité de Melfort. Nous les prenions de la taille de 5 pieds 2 pouces, autant que possible ; ainsi s'explique la préférence du *maréchal de Saxe*,
pour les chevaux allemands, qu'il dit être les meilleurs pour ce service,
tandis qu'au contraire nos dernières campagnes et nos désastres de Russie

____

(1) Descendant de l'Inspecteur-général des haras

nous ont prouvé que le cheval français avait plus de fond et de résistance.

Je trouve encore dans cet illustre guerrier, élève des grands capitaines du règne précédent, et qui nous est doublement cher par sa victoire de Fontenoy sur les Anglais, et par ses succès soutenus, au moment surtout où nous touchons à la malheureuse guerre de sept ans, une preuve de la sympathie de l'homme de guerre pour le noble coursier qui le complète pour l'exercice du commandement, aujourd'hui surtout que les armées s'étendent sur une aussi grande surface. Ce Turenne du siècle de Louis XV, ainsi que l'appelait le grand Frédéric, avait établi un haras à Chambord, où il faisait d'excellens chevaux de troupes légères. *Huzard père* nous apprend également que cet exemple avait été suivi par des personnes considérables, et qu'il y avait plusieurs autres haras de cette sorte, qui tombèrent à l'époque de la révolution.

En réorganisant l'armée après la guerre de sept ans, le *duc de Choiseul* retira aux capitaines la remonte de leurs compagnies, qu'il mit à la charge de l'État; aussi sa sollicitude pour tout ce qui tient au cheval ne peut-elle être mise en question, surtout en voyant la première école vétérinaire de l'Europe, sortir d'une administration dont il était à la fois la tête et la pensée.

On ne se contentait pas non plus de créer une institution, mais on lui donnait *Bourgelat* pour fondateur; Bourgelat, ancien mousquetaire, Bourgelat, ancien homme de cheval, Bourgelat, ancien écuyer hippiatre. On faisait plus, on nommait cet homme, éminemment utile, commissaire général des haras, place qu'il conserva jusqu'à sa mort, arrivée en 1779.

Ce fut aussi sous le ministère de M. *Bertin*, en 1776, que nous eûmes en France des courses à l'imitation de celles qui se pratiquaient en Angleterre; elles furent peu comprises alors, elles ne sont même pas adoptées par tous aujourd'hui; nous y reviendrons en temps et lieu : nous nous bornerons seulement à dire pour le moment, que quand on est dans les conditions les meilleures, quant à la nature du sol, pour se créer une race, et qu'on ne l'a point encore, il est naturel de se préoccuper de ce qui se fait chez ses voisins, surtout chez un peuple positif, qui est parvenu à en créer une dans moins de cent ans, ainsi que nous l'avons déjà démontré, et qui, au temps où nous sommes, possède une population chevaline immense, dont il exporte les produits dans toutes les contrées de l'Europe.

Du reste, on avait bien compris en France, même avant la révolution, qu'il y avait beaucoup à faire, et de bons écrits l'attestent; c'est ainsi que

Bohan, organe des officiers de cavalerie distingués, qui étaient nombreux en 1781, posait la question à peu près dans les mêmes termes qu'aujourd'hui. Il se plaignait amèrement qu'il n'y eut presque point d'encouragement pour préparer des ressources chevalines suffisantes, ce qui mettait la France dans la nécessité d'importer son nécessaire en Angleterre et en Allemagne surtout, ressource qui lui serait enlevée en cas de guerre, ce qui s'est vérifié de nos jours.

En 1788, *Préseau de Dompierre* publiait un excellent traité *sur l'éducation du cheval en Europe, et les moyens de perfectionner les individus en améliorant les espèces, avec un plan d'exécution spécial pour la France*; mais pendant que ce livre restait ignoré dans les tablettes des librairies françaises et n'arrivait pas à son adresse, un exemplaire de cet ouvrage parvenait en Prusse, et le plan de l'auteur, adopté par FRÉDÉRIC-GUIL-LAUME II, donnait à ce royaume les moyens de se former avec ses propres ressources une des meilleures cavaleries de l'Europe.

Quant aux expériences tentées, *le prince de Lambesc*, grand écuyer de Louis XVI, auquel on donna la haute main sur les haras, méditait de grandes améliorations. « Il avait visité l'Angleterre, dit M. *le vicomte d'Aure*, dans son excellent ouvrage *sur l'industrie chevaline*, et reconnu dans les chevaux de ce pays une supériorité de force, d'énergie et de vitesse dont il voulut doter la race normande, que son affinité avec les producteurs anglais rend éminemment propre à recevoir cet étalon.

» Toutefois, le temps manqua à M. de Lambesc, et le mouvement que son administration précieuse promettait d'imprimer à l'industrie chevaline, se réduisit au bienfait de laisser au haras du Pin vingt-quatre étalons de demi-sang, dont les résultats étaient encore sensibles à l'avènement de Napoléon. »

Si l'Administration des haras n'était pas irréprochable, si ses bases constitutives, comme on vient de le voir, pouvaient être sensiblement améliorées, elle se présentait du moins au recensement qui fut fait au commencement de 1789, avec 3,300 producteurs reconnus, répartis ou approuvés; elle avait à sa tête des hommes amis du cheval et haut placés, qui auraient sûrement obtenu de plus grand résultats; mais en désaccord avec les idées qui prévalaient, son existence allait cesser, comme si l'on pouvait supprimer les chevaux par des décrets. Pour faire connaître son organisation, nous donnerons textuellement un passage du professeur *Grognier*, sur cette institution qui appartient aujourd'hui à l'histoire, en faisant observer qu'elle n'avait pas si mal opéré, si l'on s'en rapporte aux grands besoins auxquels elle faisait face, et aux grandes ressources qu'elle laissa;

nous renvoyons au passage remarquable de l'ouvrage de M. le *lieutenant-général comte de La Roche-Aymon*, page 121, en regrettant qu'il dépasse les bornes d'une citation (1).

« Cette administration, dit Grognier, achetait des étalons, jamais des jumens; elle plaçait chez les particuliers nommés *gardes-étalons*, qui les nourrissaient, les soignaient, et qui, à titre d'indemnité, jouissaient de certains priviléges importans, tels qu'exemptions de taxe, de corvées, de la milice, du logement des gens de guerre, etc., etc.

» Dans le pays d'état, les provinces avaient des étalons achetés de leurs deniers; ces animaux formaient des haras provinciaux, et leur gouvernement était soumis à l'Administration générale.

» En quelques endroits les reproducteurs avaient été achetés de moitié par l'Etat, et les gardes-étalons, qui, en outre des priviléges ci-dessus, percevaient un droit de saillie de 3 livres et un boisseau d'avoine. Chaque étalon ne devait saillir, dans chaque monte, que 25 à 30 jumens; ce qui était trop peu.

» Les propriétaires de jumens ne pouvaient les faire saillir que par des étalons qui, s'ils n'appartenaient pas à l'Administration des haras, devaient être approuvés par elle.

» D'après ce système, l'Etat n'avait pas besoin de bâtimens, de pâturages, de frais d'entretien, de l'emploi d'un personnel très dispendieux, et les gardes-étalons étaient en général aisés, intelligens, intéressés à l'amélioration; ils étaient toujours disposés à demander des reproducteurs appropriés aux besoins de leurs localités respectives, et ils en réclamaient eux-mêmes la réforme, quand ils cessaient d'être utiles; ce système ne pouvait pas résister à la révolution.

» Après cet événement, aucun privilége ne put être accordé ni concédé à qui que ce fût. Il eût fallu dès lors payer à grands frais et avec moins d'avantages les gardes-étalons; surtout, tout régime prohibitif devint impossible; on ne put pas forcer le propriétaire d'une jument à la faire couvrir par l'étalon officiel, encore moins obliger le possesseur d'un cheval entier à le faire hongrer, s'il n'était agréé comme étalon par l'Administration des haras.

» Il fallait changer le système des haras; on trouva plus simple de les

____

(1) *De la Cavalerie*, 1re partie, chez Anselin, 1828.

Notre adhésion à l'ensemble des aperçus sur les remontes, ne s'étend pas, comme on a pu en juger par divers passages de notre ouvrage, à ceux du même auteur, sur l'école royale de Saumur, tome 2. 2e partie, 1829.

supprimer. Un décret du 12 novembre 1790 renversa les institutions créées en 1718, pour réparer les pertes en chevaux qu'avait éprouvées la France, à la suite de guerres longues et malheureuses (1). »

Je terminerai cette première partie, trop étendue peut-être, en rappelant qu'aux remontes des compagnies par les capitaines, qui se maintinrent jusqu'à la réorganisation de M. de Choiseul, succédèrent les marchés généraux, que nous verrons se reproduire plus tard et dont nous examinerons la nature et les effets. C'étaient les grands chevaux de grosse cavalerie surtout, qu'on se procurait à l'étranger, dans le Danemarck, le Holstein et les petits états de l'Allemagne qui avoisinaient la France, sur lesquels elle avait beaucoup d'influence, chose tout à fait changée aujourd'hui par la nouvelle constitution de l'empire germanique; c'était le pays qui fournissait à l'autre partie (2) de ses remontes; et j'ajouterai, au moment où l'achat de poulains confiés à des particuliers est l'objet de vives attaques, que ce mode était également employé avec grand succès par les corps de cavalerie, sans pouvoir préciser cependant dans quelles limites; que ce moyen soit trouvé inopportun et onéreux, c'est une chose à examiner; mais il ne peut être trouvé étrange, ayant été déjà pratiqué, que par une critique peu approfondie : nous reviendrons du reste sur cette question, en abordant l'époque actuelle.

2me ÉPOQUE. — République et Empire.

OUR faire face aux besoins de la France, au moment où elle eut à mettre quatorze armées sur pied pour défendre ses frontières, ce n'était pas assez des marchés généraux qui furent passés, en 92 et 93, pour l'achat de chevaux allemands; du reste, cette ressource fut bientôt tarie, car notre patrie ne tarda pas à être assaillie, comme une vaste citadelle, sur tous les points de la circonférence : il fallait dans cet état de choses d'immenses ressources chevalines, et ces richesses, c'était l'ancien état de choses qui les avait créées. Mais ce qui fut bien déplorable et dont les funestes conséquences ne sont point encore effacées, c'est que les pou-

_____

(1) Cours de multiplication, 1839, page 151.
(2) En 1781, la cavalerie française comptait 16,000 chevaux environ, suivant l'auteur de l'Examen critique du militaire français, dont la moitié au moins étaient allemands.

lains de quelque distinction, les jumens, les mères elles-mêmes disparurent, ainsi que les étalons, et avec eux le principe de la reproduction. Alors encore presque tous les chevaux de luxe, ainsi qu'une grande partie de ceux de l'agriculture et du commerce, furent dévorés par les réquisitions; il y eut un moment où toute production fut arrêtée, et quand on commença à se reconnaître, on s'attacha à produire des mulets, ou des chevaux de petite espèce, incapables de servir aux remontes militaires, afin de se soustraire à un fléau qui pouvait encore se représenter.

Cet aperçu, qui trouve ici sa place, n'est que la pâle esquisse du tableau qu'on peut voir en grand, dans les Remontes militaires de M. le lieutenant général Comte de La Roche-Aymon, page 125, travail auquel nous revenons, et dont on a reconnu généralement la supériorité.

Telle était la position de la France en 1795, et il est probable qu'elle eût été dans l'impossibilité de pourvoir aux remontes de ses armées, si la victoire n'eût étendu avec son territoire le cercle de ses ressources.

« Depuis 1795 jusqu'en 1812, dit M. de La Roche-Aymon, toute l'Allemagne, envahie plusieurs fois, l'Italie constamment occupée, assurèrent aux armées françaises tout ce qui était nécessaire à leur consommation. Si l'on calcule que dans ce laps de temps, la cavalerie autrichienne fut démontée trois fois; que la cavalerie prussienne le fut une fois; que les cavaleries espagnole, hessoise, saxonne et hanovrienne, livrèrent également leurs chevaux; si l'on y ajoute tous ceux que les pays occupés durent livrer à titre de contributions, on sera effrayé de la masse de chevaux consommés jusqu'en 1812. » Cette année se termina par le grand désastre de Russie, dont se sauvèrent environ 5000 chevaux, appartenant presqu'en entier aux remontes de la Bretagne, des Ardennes et de la Creuse, comme pour attester la supériorité de leur race, au milieu de ce grand rassemblement de chevaux de presque toutes les parties de l'Europe.

Mais revenons sur nos pas : peu de temps après son avènement à l'empire, NAPOLÉON sentant le besoin de se préparer à l'intérieur des remontes suffisantes, avait décrété le rétablissement des haras, le 4 juillet 1806; il avait institué des primes annuelles, qui devaient être décernées, dans les principales foires de l'empire, aux chevaux entiers, jumens et poulains d'espèce supérieure; il avait primé également les étalons approuvés; il avait fondé les courses.

La constitution des haras donnait en définitif six établissemens généraux, comprenant des étalons, des jumens et des poulains, c'est-à-dire, des haras proprement dits : trente rassemblemens d'étalons seuls nommés dépôts, et deux écoles d'expériences placées, l'une à Alfort, l'autre à Lyon, qui furent supprimées dans la suite.

Il fallait aussi à Napoléon des hommes spéciaux pour lui venir en aide dans ces projets; c'est ainsi que les termes du décret disent expressément, que les fonctionnaires de l'Administration des haras devaient être choisis de préférence parmi les militaires retirés qui, ayant servi dans les troupes à cheval, se trouveraient avoir les connaissances requises. Ainsi Napoléon voulait, avant tout, un personnel équestre, des habitudes et des mœurs équestres, et il les voulait si bien, qu'il fit nombre de choix parmi les officiers de l'ancien régime, qui lui furent désignés avec raison comme habiles dans cette partie.

Cependant il n'y avait pas alors *d'école de cavalerie* comparable à celle *de Saumur*, où les études hippiques sont poussées aujourd'hui aussi loin qu'il est nécessaire pour des officiers de cavalerie; et quand on voit cette école, la plus complète de l'Europe, où fut placé, en 1827, un haras d'étude et d'expérience, pour compléter l'instruction équestre, sous le rapport de la production, n'est-on pas étonné d'entendre parler d'une école de haras? Il est vrai que le personnel de cette administration n'étant pas cavalier, sauf quelques exceptions, il faut bien lui en inculper quelque chose.

Mais Napoléon, préoccupé incessamment de ses vastes projets, ne fit pas pour la régénération de nos races, tout ce que sa puissance lui permettait d'entreprendre. Si, d'une part, les ports de l'Angleterre lui étaient fermés, et s'il se trouvait dans l'impossibilité de poursuivre le projet heureusement commencé de régénérer la race normande par le pur sang anglais, les croisemens par les reproducteurs danois, à tête busquée, furent si peu heureux, qu'ils effacèrent presque le type de l'espèce normande, et infectèrent la Normandie du cornage, maladie héréditaire, que vingt-cinq ans de croisemens mieux entendus, dit M. d'Aure en 1840, n'ont point encore extirpée.

On a dit aussi aussi qu'il eût été facile à l'Empereur de choisir sept à huit mille jumens dans les cavaleries démontées, et de les répandre sur la surface de la France, ce qui eût donné les plus grands résultats, si les croisemens eussent été bien entendus; mais cet excellent projet d'économie politique, pouvait-il entrer dans la pensée de l'homme extraordinaire qui dominait l'Europe, et qui y croyait son empire à jamais affermi?

Cependant, à travers les impressions pénibles qui résultent de la grande destruction chevaline de cette époque, on éprouve un vif sentiment de fierté, quand on voit les immenses ressources de la France, et ce qu'elle pourrait faire encore pour maintenir ses droits et sa dignité, en donnant à ses forces actives une bonne direction. Ce fut elle, en effet, qui, presque livrée à ses propres ressources, fit face aux événemens des années 1813, 1814 et 1815; on peut en voir le détail dans M. de La Roche-Aymon. Pourrait-on, après de tels exemples, dont nous avons été les témoins, remettre encore en doute la possibilité de trouver sur notre sol le nombre de chevaux nécessaires à tous nos besoins?

Ce n'est pas, Messieurs, durant les guerres de la république, quand les administrations se succédaient rapidement, quand les généraux eux-mêmes étaient fréquemment déplacés, menacés et frappés dans leur existence; ce n'était pas quand le sol de la France était incessamment bouleversé, qu'on pouvait espérer rien d'uniforme et de soutenu dans le mode des remontes, comme dans toute autre chose. Aussi changea-t-on souvent de système. Des marchés généraux qui étaient en usage et des dépôts qui furent créés pour la réception des chevaux présentés par les fournisseurs, on passa en 1800 aux masses des remontes, à l'aide desquelles les Conseils d'administration des corps devaient se procurer des chevaux par achats directs ou par marchés. Le Premier Consul fit plus encore : « afin d'échapper aux piéges des fournisseurs, il envoya dans les écoles vétérinaires, pour en suivre les études, dit M. d'Aure, des officiers dont la mission devait être ensuite de se répandre dans le pays, pour faire les achats de chevaux nécessaires à l'armée. Garanties de savoir et de probité, tout se réunissait pour promettre des remontes avantageuses; cependant, de 1802 à 1808, on n'obtint par ce moyen que des résultats médiocres. Une Commission, composée d'hommes spéciaux, fut chargée d'en découvrir les causes : elle déclara à l'unanimité qu'on ne pouvait s'en prendre qu'au vice du système de remonte lui-même. L'Empereur y renonça.

» Repris, par cette raison peut-être, en 1816, ajoute M. d'Aure, soumis de nouveau à l'examen d'une Commission en 1818, ce système fut encore une fois déclaré plus onéreux que tout autre et incapable d'assurer le service de la remonte. »

Et c'est au marché direct que les conclusions récentes du Conseil général d'Agriculture nous renvoient!!!! C'est vraiment inexplicable.

On concevrait le marché direct, si chaque régiment avait sa garnison dans le cœur d'un pays de production; il serait peut-être possible, dans de telles conditions, que les corps pussent se remonter directement : mais il n'en est point ainsi. Pendant que certains régimens regorgeraient de chevaux de toute espèce, quand il ne leur en faut que d'une seule, ou qu'ils auraient plus que leur nécessaire, d'autres n'auraient pas leur suffisance, d'autres encore rien du tout; dans cet état de choses, il faudrait non-seulement distraire des officiers, sous-officiers et cavaliers de leurs devoirs actifs, pour les envoyer au loin se procurer des chevaux, ce qui ne se ferait pas sans frais; ils arriveraient dans des localités qu'ils ne connaîtraient pas, mal renseignés par les uns, trompés par les autres, se faisant la concurrence entre eux, ne sachant où déposer les chevaux achetés, n'ayant rien de disposé pour cela, etc., etc. Enfin, plus on veut approfondir ce mode, plus on y trouve des inconvéniens. ils sont tels, en effet, que les marchés généraux redevinrent un besoin en 1809, malgré les officiers envoyés aux écoles vétérinaires; au moins arrivait-on à un résultat, d'une manière très onéreuse, il est vrai, pour l'État et pour l'éleveur; mais enfin l'on arrivait.

Dans ces marchés, l'État est à la discrétion des marchands avec lesquels il a traité; les agens parcourent les pays d'élèves, et les éleveurs aussi subissent la loi qui leur est imposée : leurs chevaux leur sont achetés au plus bas prix possible, et on leur préfère le cheval étranger s'il y a plus d'avantage. Avec ce système, plus de remonte indigène; les chevaux de toute provenance sont admis forcément; on présente des chevaux inférieurs, tant que l'on peut, afin de réaliser de plus grands bénéfices. Il y a une inégalité très grande dans les sujets; au cheval qui remplit à peu près les conditions, on a bien soin d'en faire succéder un autre qui ne les réunit pas, pour que l'un fasse passer l'autre.

On fait suivre à ces animaux un régime excitant, qui trompe dans leur réception les personnes les plus habiles. Les chevaux, au lieu d'être achetés un par un et vus dans leur état de nature, comme dans les achats des officiers de nos dépôts, sont présentés que l'un n'attend pas l'autre, et avec toutes les finesses du maquignonage. Il s'opère alors de véritables prodiges : les mauvaises vues y voient, les boiteux marchent et prennent des allures relevées, les vieux deviennent jeunes, les oreilles pendantes se redressent et présentent leurs pointes en avant, les queues les plus basses se détachent, les natures les plus apathiques enfin semblent douées d'une grande énergie; mais que ces miracles sont de courte durée! Ils attestent seulement l'habileté du vendeur, et pas toujours les bons services du cheval. Il est certain encore que la réunion, dans de grands dépôts, des chevaux achetés par marchés, entraine beaucoup de désordres et de dilapidations qu'il est impossible de prévenir; comme aussi cette grande agglomération occasionne des pertes nombreuses.

Ces assertions ne sont point théoriques; c'est l'expression des faits, tels qu'ils se présentent et doivent se présenter dans ce cercle de choses; et

l'on dirait aux agriculteurs, classe si intéressante par son travail, par sa
moralité : C'est le marché direct par les corps qu'il faut soutenir! c'est le
marché direct par les corps qui vous convient! Non, ce langage ne peut
être tenu que lorsqu'on n'a pas approfondi le sujet, quand on a laissé de
côté les précédens, quand on a réduit une question arrivée à maturité
aux proportions minimes de quelques intérêts individuels, qui veulent les
uns un monopole exclusif, les autres la suppression d'un contrôle inces-
sant qui les fatigue, et qui s'alarment de voir la guerre prendre la remonte
de sa cavalerie au sérieux, et les dépôts de remonte placés en sentinelles
vigilantes, se plaindre incessamment du délaissement du cheval de guerre.

3me ÉPOQUE. — *Restauration.*

A Restauration, dit M. le vicomte d'Aure, était dans des
conditions excellentes pour travailler à la régénération
de nos races indigènes. La cour et les princes, long-
temps exilés en Angleterre, avaient pu apprécier la supériorité des moyens de production et d'éducation en
usage dans ce pays : rien n'était plus simple que d'importer ces moyens,
et de les appliquer à nos provinces chevalines; il eût été d'une bonne
politique d'en agir ainsi; mais on aima mieux importer des chevaux tout
prêts. Les princes donnèrent l'exemple, et la mode des chevaux anglais
se répandit avec plus de force que jamais, au détriment de nos espèces de
luxe, du Limousin et de la Normandie. Le discrédit dont ce nouvel excès
d'anglomanie frappa les chevaux français, servit de prétexte aux agioteurs
pour établir de larges spéculations sur les remontes de l'armée, au moyen
de chevaux allemands. Non-seulement nos provinces françaises furent
déshéritées des remontes royales, mais aussi de toutes les remontes des
corps d'élite.

» On reconnut seulement en 1824, ajoute plus bas M. d'Aure, après
dix ans d'une funeste expérience, que le système suivi pour nos remontes
était pour quelque chose dans le malaise de l'industrie chevaline. Ce système, attaqué avec violence, succomba enfin; une ordonnance du roi
décida qu'à l'avenir les chevaux achetés par le Gouvernement seraient
achetés en France. Les compagnies des gardes-du-corps se remontèrent
en Normandie; les remontes des maisons royales se firent moitié en

France et moitié à l'étranger; ces mesures relevèrent le zèle des éleveurs. »

Toutefois, si des fautes furent faites dans ces temps difficiles, on profite
aujourd'hui des études approfondies qui furent commencées à cette époque. Des essais heureux furent également tentés. C'est ainsi que les organes de la Société d'encouragement, fondée à Paris en 1833, en rendant
un hommage mérité au haras de Meudon, qui marchait sous la direction
habile et puissante de S. A. R. LE DUC D'ORLÉANS, dans la voie du progrès, à la tête des éleveurs français du pur sang, n'oublient pas M. le *duc
de Guiche*, qui en fut le fondateur, et qui trois ans après remportait des
couronnes dans nos courses.

Nous ajouterons aussi qu'on sentit le besoin de revenir aux hommes
spéciaux, dont on n'aurait jamais dû s'éloigner, et à un système d'organisation plus concentré; mais à peine la Commission des haras, qui fut
instituée en 1829, déclarait-elle que 4,000 étalons de choix étaient indispensables pour agir avec efficacité sur la production, que les événemens
politiques ajournèrent encore les améliorations constitutives projetées.

Ce fut encore un très grand malheur, car la consommation cette fois
dépassait toutes les bornes, non plus par le fait des guerres et des armées,
dont l'action s'était restreinte dans ces temps de luttes parlementaires,
mais par la prospérité de la France même. Si, d'une part, le grand nombre
de voitures publiques et privées, avait limité l'usage du cheval de selle
aux besoins de l'armée, et de quelques amateurs trop clair-semés, de
l'autre, la consommation s'était accrue dans des proportions effrayantes.
Que de nouvelles lignes de poste et de messageries générales depuis la
cessation de nos guerres! quelle accélération dans ces services! Un vétérinaire de distinction, chargé de l'une des plus grandes exploitations du
Midi, m'assurait naguère que le cheval de poste ne peut continuer de
servir au-delà de deux années, et que celui de diligence ne dépasse pas
quatre ans. Si vous joignez à cela cette immensité de voitures locales,
qui, tous les jours, arrivent et partent du chef-lieu du département, pour
si peu importante que soit la commune; ces voitures de place qui encom-
brent nos grandes villes, et ce grand nombre d'équipages privés plus ou
moins brillans, qui se montrent dans nos courses : si l'on s'arrête aux
besoins de l'agriculture, de l'industrie, d'un roulage organisé sur de
vastes proportions, et si les chemins de grande communication, en
construction aujourd'hui sur plusieurs points, présentent encore de nouveaux débouchés, on trouvera combien étaient opportunes, à notre dernière séance, les observations de notre collègue, M. *le vicomte de Com-*

bettes-Caumon, et combien il importe de se préparer enfin des ressources pour l'avenir, sous peine d'être écrasé sous le poids d'un immense déficit.

Mais après ces aperçus généraux, reprenons les remontes de l'armée dans cette période; il nous sera facile de démontrer que c'est encore la guerre, sentinelle avancée, qui, en approfondissant la question et rétablissant les principes, est venue elle aussi comme les *Huzard fils*, comme les *Grognier* et comme les *d'Aure*, en aide au pays comme aux éleveurs.

Après les événemens de 1815, on dut songer sérieusement à la réorganisation de l'armée, qui avait été licenciée. La cavalerie surtout éprouvait de grands embarras à se monter, et on en peut juger par le résultat minime du marché passé par le département de la guerre, avec une compagnie de marchands, qui ne purent fournir plus de 3,903 chevaux, de 1816 à 1818 inclus.

D'une part, l'insuffisance de ce chiffre, de l'autre, les plaintes des éleveurs contre les agens de cette compagnie, qui, disaient-ils, les abreuvaient de dégoût, décidèrent le *maréchal Saint-Cyr*, ministre de la guerre, à faire le premier essai du système qui nous régit aujourd'hui, c'est-à-dire, l'achat direct, non plus par les corps, mais par des *dépôts de remonte permanens*, afin que les éleveurs pussent livrer leurs chevaux, sans intermédiaire, à des officiers de cavalerie préposés à cet effet.

Le premier dépôt commença ses opérations en 1819, à *Caen*, et un second fut créé bientôt après à *Clermont-Ferrand*; l'on put alors comparer les avantages et les inconvéniens des trois systèmes mis en présence; et dans lesquels on est obligé forcément de se mouvoir, quoi qu'on ait pu conclure des dix-neuf distinctions de M. *le marquis de Torcy*, 1re édit., p. 4.

Ces motifs aussi ne furent pas sans influence sur la décision ministérielle, qui créa en 1824 une Commission d'officiers généraux de cavalerie près le ministère de la guerre, où les haras furent représentés, ainsi que la propriété, et dont M. le lieutenant-général comte de La Roche-Aymon, dont nous nous sommes étayés, fut à la fois membre et rapporteur.

Jamais la question des remontes n'avait été étudiée d'une manière plus approfondie et plus consciencieuse; on proclama la nécessité politique de se remonter exclusivement en France; on reconnut la possibilité de faire face à tous les besoins en donnant une bonne direction à l'Administration chargée de produire; enfin une étude sérieuse des divers systèmes d'achat, consolida la voie définitive dans laquelle on était entré récemment, et dont on n'a plus varié depuis, les marchés généraux n'étant plus considérés que comme exceptionnels et bornés aux circonstances urgentes, comme il arriva en 1841.

Toutefois, il fut reconnu que, pour pouvoir explorer les ressources chevalines locales, il ne fallait pas que les circonscriptions des dépôts fussent trop étendues, qu'alors l'action des officiers de remonte était moins directe et même annihilée; d'après cela on émit le vœu que quinze arrondissemens et dépôts de remonte fussent formés, sauf à en étendre le nombre, quand l'industrie chevaline aurait fait des progrès suffisans sur les autres points du royaume.

Cependant sept nouveaux dépôts seulement furent créés en 1825; mais pour agir avec efficacité, l'institution naissante devait s'élargir et se constituer définitivement, ce qui ne pouvait échapper au génie organisateur du *maréchal Soult*. Aussi, sous ce ministère, le service général de la remonte fut-il arrêté par ordonnance du 11 avril 1831, et le nombre des dépôts fixé provisoirement à quinze.

En 1840, son cercle d'action s'étendait à cinquante-trois départemens, disent les organes officiels; soixante-trois départemens sont explorés aujourd'hui, et les ressources sont si bornées dans ceux qui ne sont pas compris dans cette circonscription, et où il eût été trop dispendieux de placer des dépôts, que treize régimens qui y tiennent garnison, autorisés à acheter leurs chevaux directement, n'ont pu se procurer que deux chevaux depuis six mois, chose qui étonne, lorsqu'on sait que plusieurs dépôts d'étalons et le haras de Rozières sont placés au milieu de ces départemens.

On peut de la sorte se créer une idée de l'impuissance de ce marché direct par les corps, que le Conseil général d'agriculture et M. de Torcy réclament tant aujourd'hui, pendant que les conseils généraux et d'arrondissement, ainsi que les Conseils municipaux des pays d'élèves, applaudissent aux mesures qui ont été prises, et réclament le maintien des dépôts de remonte, tels qu'ils sont constitués aujourd'hui, sauf les améliorations de détail dont ils sont susceptibles.

En effet, ces dépôts sont permanens au centre des populations chevalines; le personnel de ces dépôts se compose d'officiers spéciaux ayant la connaissance et l'amour du cheval; ils sont en rapport avec les autorités qui peuvent les éclairer dans leur marche, avec les éleveurs qui savent où les trouver et dont ils doivent connaître les ressources; ces officiers doivent être en exploration continuelle, soit pour suivre les progrès des élèves, soit pour leurs achats qui se font directement dans tous les temps et sans intermédiaire.

On dit que l'achat est rarement direct, cela se peut ; mais quand on a fait humainement tout ce qu'il était possible de faire en faveur de l'éleveur, et pour assurer la moralité de l'achat, on a rempli sa tâche.

Plus rarement encore il est continu, a ajouté M. de Torcy. Cette fois le reproche s'adresse aux administrations précédentes, qui ont laissé manquer trop souvent les officiers de remonte des fonds nécessaires. L'Administration actuelle, au contraire, voulant que les bénéfices arrivent réellement à l'éleveur, s'est empressée d'y porter remède ; c'est elle qui a proclamé la première la nécessité des marchés annuels et réguliers ; c'est elle qui a élevé progressivement les prix ; il est à désirer qu'elle soit imitée par celles qui se succéderont ; il est essentiel surtout que les chambres lui donnent les moyens de persévérer dans cette voie ; mais ces bonnes mesures d'administration, quelqu'essentielles qu'elles soient, ne sauraient infirmer le système dans son principe constitutif.

Les officiers ont une statistique précise de chacune des écuries de leur circonscription ; cependant, quel que soit leur zèle, ils ne sauraient y pénétrer que de gré à gré, et il est aisé de concevoir qu'avec des dépôts à proximité, rien de plus facile que la séparation des chevaux des diverses espèces, la répartition et l'envoi dans les corps suivant les besoins de chacun ; de telle sorte qu'une balance égale peut se maintenir entre les divers régimens de cavalerie, résultat impossible à obtenir avec des corps achetant chacun pour son compte.

Quant à la conservation, les mêmes avantages se rencontrent dans ce système : « Les chevaux, suivant les termes de l'ordonnance, admis dans les dépôts, sont séparés par arme, par âge, par tempérament, et soumis à un traitement hygiénique propre à les amener progressivement et avec méthode au régime habituel des chevaux de troupe. »

Quant à la fixation du départ pour se rendre au corps, elle est déterminée suivant les diverses saisons de l'année, en prenant en considération l'âge, l'état de santé, et la guérison plus ou moins prompte après la castration.

Nos dépôts de remonte sont donc éminemment utiles, et ils ne sont pas dispendieux, comme on l'a dit. On n'a qu'à ouvrir l'Annuaire militaire pour se convaincre, qu'hormis quelques commandans de dépôt, les autres officiers sont simplement détachés de leurs corps.

Du reste, on ne saurait insister sur cette dépense, car les officiers détachés pour la remonte de leurs corps, dans la supposition de l'achat direct, ne seraient-ils pas également éloignés de leurs devoirs militaires ? n'occasionneraient-ils pas des frais plus grands encore et bien moins productifs, car ils auraient moins de pratique et d'habitude? Au surplus, il y aurait toujours en faveur des dépôts de remonte, les avantages d'un service monté et organisé, sur des désignations et des excursions individuelles qui ne présentent pas les mêmes garanties.

Enfin, le système de nos remontes est aujourd'hui si peu exclusif, que l'achat direct par les corps a été conservé, comme on l'a déjà vu, pour les régimens en garnison hors des circonscriptions des dépôts. Seulement nous désirerions que pour les régimens hors de ces circonscriptions, il fût non seulement reconnu, mais encouragé, car il y aurait ainsi avantage pour les corps, sans conflit à craindre et sans frais considérables de déplacement.

Qu'avons-nous à faire maintenant, sinon de persister dans ce système, qui est à sa vingt-troisième année d'exercice continu, et de le perfectionner dans ses détails. Sans doute nous ne sommes pas à même, dans nos contrées, de juger, comme dans la Normandie, de sa facilité à fonctionner et à satisfaire toutes les garanties sur une vaste échelle; cependant nous avons vu des officiers de remonte opérer, et notamment un de nos compatriotes, M. *le commandant Daunassans* (1), faire d'excellens achats dans nos foires, et obtenir tellement la confiance de nos éleveurs, que le cheval qu'il ne pouvait prendre à l'instant parce qu'il n'était pas assez développé, lui était représenté exactement à quelque temps de là, quand il réunissait les conditions nécessaires pour son admission.

Du reste, si les dépôts de remonte ont des détracteurs intéressés, qui abusent d'autres personnes, ils comptent aussi des suffrages imposans et bien motivés. Au milieu de leurs partisans, il est juste de mettre en première ligne M. *Huzard fils*, qui porte un nom suffisamment connu, et qui, au milieu du nombre d'écrits distingués, a fait un excellent article sur cette matière, auquel nous faisons l'emprunt suivant (2):

« Le particulier qui a besoin d'un ou de deux chevaux seulement, n'en ayant besoin qu'à des époques indéterminées, non fixées, ne peut se soustraire, il est vrai, à l'agence intermédiaire qui est entre lui et le nourrisseur ; elle lui est encore utile en ce qu'elle met à sa disposition l'animal dont il a besoin. S'il voulait acheter autrement, il paierait souvent les animaux plus chèrement; mais un consommateur aussi grand que l'armée, dont les besoins sont annuels et peuvent être évalués d'une

---

(1) Commandant actuel du dépôt de Saint-Maixent, et lieutenant-colonel.
(2) *Encyclopédie moderne*, article REMONTE.

manière approximative, en temps de paix comme en temps de guerre, doit tenter de se soustraire à cette agence intermédiaire. Il le devra même bien davantage par les raisons déjà avancées, si cette agence se procure les chevaux dans un pays étranger. L'institution des *dépôts permanens de remonte* est si avantageuse sous ce rapport, qu'il est à désirer qu'elle se consolide chez nous.

» Ces dépôts sont placés dans les localités qu'on sait produire des chevaux, afin que l'armée aille, pour ainsi dire, prendre ses chevaux chez le nourrisseur, de manière à supprimer l'agence intermédiaire, agence qui, pour l'armée, est souvent double, puisqu'elle est le plus ordinairement composée, d'une part, des marchands qui achètent les chevaux chez les éleveurs, et d'autre part, des fournisseurs qui les achètent de ces marchands pour les revendre à l'armée. Ces dépôts vont donc, qu'on me pardonne les expressions, faire la guerre aux marchands jusqu'à *l'endroit de la fabrication*; et ils reçoivent la marchandise *de la fabrique* même avec diminution, par moitié pour eux, et par moitié pour le fabricant ou l'éleveur, de tout le gain que faisaient ces marchands.

» L'armée prenant les chevaux français à un prix qui augmente le bénéfice des éleveurs, ceux-ci se trouvent intéressés à en élever davantage, et si le bénéfice est assez grand, à en élever assez pour que l'approvisionnement de l'armée soit assuré, même en temps de guerre.

» Toutefois, ajoute plus bas M. Huzard fils, que l'administration de la guerre continue donc à penser qu'en établissant des dépôts de remonte, elle ne travaille pas pour le moment seulement, mais bien pour l'avenir ! » Et en effet, c'est que l'industrie chevaline, non moins que les remontes de l'armée, et tous les besoins du pays, sont liés à leur existence. Permis à des marchands de chevaux de soutenir le contraire ; mais à des propriétaires, on ne saurait trop s'en étonner !

Achats des Poulains.

UOIQUE le service général de la remonte comprenne aussi, d'après l'article 2 de l'ordonnance constitutive, « l'achat des poulains présumés propres au service militaire et leur éducation dans les dépôts de remonte, jusqu'à l'âge où ils peuvent être mis à la disposition des corps ; » les termes de l'article 21 ainsi conçus : « Les dispositions relatives

à l'achat, à la nourriture et à l'éducation des poulains, seront ultérieurement prescrites par notre Secrétaire d'Etat de la guerre, » démontrent assez que ce n'est que subsidiairement, qu'on devait avoir recours à ce mode, qui fut en usage dans la cavalerie française avant 1789.

On cite encore, à ce sujet, l'exemple du régiment de Berchiny, qui réunissait ainsi des poulains de l'âge de deux à trois ans, dans une ferme voisine de *Saint-Léonard* (1), non loin de Limoges, où ils étaient amenés progressivement au régime de la cavalerie. Ce régiment qui se recrutait dans les provinces du Limousin, de la Marche et de l'Auvergne, était admirablement monté; en 1802 encore, tous les chevaux, excepté ceux restés sur le champ de bataille, étaient réputés les meilleurs : toutefois, les exemples favorables à ce système, n'ont pas empêché le département de la guerre d'agir avec une prudente circonspection. Le principe est

---

(1) Chef-lieu de canton, traversé par la Vienne, à 22 kilomètres nord-est de Limoges, sur la route de poste de cette ville à Clermont-Ferrand, est dans une position des plus heureuses quant à l'élève du cheval. Cette localité, privilégiée sous ce rapport, contient 200 hectares de prairies naturelles où l'on récolte annuellement une grande quantité de foin, et des prairies artificielles donnant des plantes fourragères en abondance. Dans le rayon d'une lieue formant le reste de la commune, 800 hectares de prairies produisent en foin 1,260,000 kilo., et 650 hect. de pâturages fournissent 260,000 kilo.

La vie n'est pas chère à St.-Léonard; le bois de chauffage, le pain, la viande de boucherie, les légumes, le vin et les autres denrées accessoires s'y maintiennent à des prix très modérés. Les habitans sont industrieux et se contentent de petits bénéfices dans tous les genres de commerce.

On trouverait immédiatement à placer de nombreux dépôts de poulains dans de belles écuries d'auberge, et chez des propriétaires considérables, qui ont fait des offres à 40 cent. par jour et par poulain, mais en prenant un bail pour un certain nombre d'années.

Le lieutenant-général vicomte Wathiez, qui s'est occupé si utilement des remontes militaires, et à la bienveillance duquel nous devons ces détails, visita cette contrée en 1839, et insista sur la nécessité d'un essai sous la surveillance du sous-intendant militaire de Limoges, qui devrait être choisi parmi ceux qui ont été bons officiers de cavalerie, pour le diriger convenablement, s'il venait à être pratiqué.

On se demande alors s'il convient d'abandonner de tels avantages, et de se tenir, quand la pénurie est manifeste, dans un système exclusif, qui se conçoit seulement dans un état normal. On a fait beaucoup de bruit de ce prix de revient, comme s'il était définitif, comme si cet argent devait tomber dans des mains étrangères ! Et quel inconvénient y aurait-il à porter de l'aisance dans des localités éloignées des grands centres de population, qui appartiennent aussi à la grande famille, et qui lui rendraient avec usure ce qu'on ferait pour elles ? N'est-ce pas aussi de la production par le pays, à qui l'on vient en aide, quand les moyens de l'industrie particulière ne sont pas assez puissans ? 1843.

posé en 1831 ; ce n'est qu'en 1841 qu'il est appliqué ; il ne l'est qu'en désespoir de cause, quand on voit que nous sommes dans l'obligation de demander tous les ans à l'étranger plus de 15,000 chevaux ; il n'est essayé qu'en petit ; il l'est surtout pour donner aux éleveurs des contrées Pyrénéennes et de la Bretagne les moyens de renouveler leurs écuries, en leur donnant la facilité de vendre leurs chevaux à dix-huit mois ou deux ans, et de combattre dans sa source la progression toujours croissante de l'élève du mulet, et une exportation funeste.

Qu'on vienne en aide à la production, qu'au lieu de suivre une marche décroissante, elle s'augmente progressivement, alors de justes inquiétudes se calmeront, et l'on verra l'Etat demander à l'éleveur seul, les chevaux nécessaires pour les services de ses armées ; lui seul profitera des bénéfices ; jamais l'Etat n'a entendu lui faire concurrence ; il suffit de se reporter à la constitution du service général de la remonte pour en avoir la conviction, et c'est parce que nous y trouvons garantie pour l'Etat et garantie pour l'éleveur, que le système actuel a nos profondes sympathies.

A cette occasion, on a employé un grand moyen. Le département de la guerre, a dit M. *de Torcy*, veut faire concurrence à l'agriculture !

Ce reproche est grave ; il mérite d'être approfondi, et d'autant plus qu'il serait sorti de la bouche d'un éleveur normand, qui, à travers cette accusation, pourrait bien vouloir conserver à sa province un monopole exclusif. Dans tous les cas, ce ne sont pas les éleveurs méridionaux, qui peuvent trouver mauvais, que le département de la guerre ait fait porter *ses essais* sur des chevaux des Landes et des Pyrénées.

Ce ne serait pas eux non plus qui pourraient être mécontens qu'on dotât leurs contrées d'une industrie nouvelle ; ainsi le département de l'Ariége, qui a été désigné tout récemment comme pouvant se livrer avec succès à l'élève des chevaux de cavalerie légère (1), ne pourrait qu'être satisfait d'être aidé par l'administration dans ces tentatives, qui pourraient réagir d'une manière si heureuse sur sa prospérité matérielle.

Mais voyons s'il y a en effet concurrence ? quant à nous, nous pensons qu'elle ne saurait exister, qu'autant qu'il y aurait balance entre l'importation et l'exportation ; dans cet état de choses, le ministère de la guerre

____

(1) M. *Bergasse de Laziroules*, propriétaire et éleveur à Saurat (Ariége), a publié depuis un travail *sur la production et l'élève du cheval de montagne*, qui nous paraît mériter l'attention et l'appui du gouvernement. 1843.

ferait en effet concurrence à la production, s'il se mettait à produire
de son côté, pendant qu'on produit suffisamment d'un autre. Mais il n'en
est rien; les chiffres de l'importation et de l'exportation durant dix-huit
années, à partir du 1er janvier 1823 jusqu'à la fin de 1840, donnent une
différence énorme pour les achats à l'étranger.

Importation du 1er janvier 1823 au 31 décembre 1840. . .   346,181
Exportation durant ce même temps.   71,973

Différence.   274,208

D'où il résulte que nous avons demandé à l'étranger, année moyenne,
durant ces dix-huit années, 15,233 chevaux, non compris un reste de
14 chevaux (1).

Or, nous le demandons aux hommes de bonne foi : à qui fait-on la
concurrence, si ce n'est à l'étranger, en utilisant toutes les ressources
du sol avant d'avoir recours aux siennes?

Et s'il est évident que d'ici à long-temps, vous ne pourrez satisfaire aux
besoins d'une consommation qui va toujours croissant, pourquoi vous
opposeriez-vous à ce que le département de la guerre se pourvût, par ses
propres moyens, de ce que vous ne pouvez lui donner vous-même?

Reste l'objection du prix de revient.

Ici, Messieurs, deux moyens se présentent : 1° réunir dans de grands
dépôts un certain nombre de poulains, qui seront confiés à un propriétaire qui les recevra dans ses domaines, dans ses pâturages, moyennant
une somme annuelle de 150 fr. durant trois années environ, avec tous
les frais de surveillance à la charge du département de la guerre; 2°
confier lesdits poulains à des particuliers placés convenablement pour
se livrer à l'élève des chevaux en petit, qui recevraient annuellement
une prime, et qui seraient surveillés par les autorités locales, les gardes
champêtres, et notamment par la gendarmerie, qui parcourt incessamment le pays, et qui est spéciale dans les soins à donner au cheval.

Quant au premier moyen, qui vient d'être livré à la discussion dans
la commission du budget, s'il présente de grandes garanties quant à la
surveillance, le prix de revient est plus considérable; les animaux sont

______

(1) Le même calcul étendu aux années 1841 et 1842, dans le rapport du comice hippi-
que, ce qui fait 20 ans, a donné une différence plus grande encore, qui s'élève en moyenne
par année à 15,904 chevaux; ainsi le mal va toujours en s'aggravant. 1843.

plus agglomérés, avec toutes les pertes et inconvéniens qui en dérivent : les bénéfices enfin sont pour le petit nombre de grands propriétaires qui peuvent entreprendre une telle opération.

Avec les poulains livrés aux particuliers des communes, les bénéfices sont plus divisés ; chacun d'eux ne prend de chevaux que ce qu'il peut en avoir ; ces animaux ne sont pas sujets à ces pertes qui les menaceraient dans de grands rassemblemens ; on n'est pas obligé non plus à de vastes constructions ; enfin le prix de revient est beaucoup moins considérable.

En remerciant M. *le vicomte de Roquette* des documens positifs qu'il a bien voulu nous faire connaître à notre dernière séance, ne pourrait-on pas dire que si des poulains de 15 à 18 mois ont été payés 230 et 250 fr., quand on a procédé aux essais de Saint-Maurice et d'Argelés, ce qui a dû nécessairement amener une hausse ; dans des temps ordinaires, des poulains de cet âge, présentant les garanties suffisantes pour le service de la guerre, pourraient n'être payés que 200 francs l'un dans l'autre.

Le prix d'achat devra s'augmenter de trois années et demie, à 150 fr. l'une = 525 fr. ; ainsi le cheval sera livré au corps à cinq ans faits.

Jusqu'à présent nous trouvons une dépense de 725 fr. par cheval, qui doit s'augmenter des pertes et non-valeurs que nous portons au 5me, d'autant plus, que nos chevaux étant plus divisés, ils ont moins de chances contraires. Dix chevaux, à 725 fr. l'un, nous reviendraient, d'après ces bases, à 7250 fr. ; mais comme sur ce nombre nous n'en conservons que huit, le prix de chacun s'augmentera d'autant : toutefois, il est juste de prendre la moyenne quant à l'entretien, durant les trois années et demie, c'est-à-dire, 525 fr., au lieu de 1050 fr., ce qui réduit le chiffre de 7250 à 6725 fr. dont le 8me est 840 fr. 62 cent. ; plus 20 fr. de gratification donnés à la brigade de gendarmerie par tête de cheval livré à l'armée, ce qui met le prix de revient à 860 fr. 62 centimes (1).

Mais l'Etat doit avoir ses garanties ; il faut que ces chevaux soient soignés, qu'ils ne soient jamais employés aux charrois, ni à transporter des fardeaux comme les mulets ; ils ne doivent pas non plus être mis au rouleau pour battre le blé ; ils ne doivent enfin être soumis à aucun travail exagéré qui tendrait à les énerver. Pour y parvenir, il faudrait ne placer ces animaux que chez des gens bien famés, et connus pour avoir les moyens

_____

(1) Ce prix se réduirait à 776 fr. 25 cent., si le cheval était livré au corps à 4 ans et demi. 1843.

de les bien nourrir, qui trouveraient un bénéfice à leur faire consommer leurs fourrages, à profiter de leurs fumiers, et qui les monteraient à 4 ans avec de grands ménagemens.

Ne m'arrêtant pas à une idée séduisante sans l'étudier, j'ai causé de ce mode avec des propriétaires intelligens et jaloux d'augmenter le bien-être des cultivateurs de leurs contrées; ils m'ont assuré qu'on trouverait à placer des poulains à ces conditions; que même les bénéfices dépasseraient ceux que nos cultivateurs retirent, en faisant venir des *brau*; et en effet, en se tenant dans les prix moyens, des jeunes bœufs valant, à l'âge de dix-huit mois, 350 fr., sont vendus, à cinq ans, 750 fr., ce qui donne un bénéfice de 400 fr. seulement pour les fourrages consommés, et les soins dont ils ont été l'objet durant trois ans et demi; tandis que deux poulains du Gouvernement, aux conditions qui précèdent, donneraient de bénéfice 1050 fr. pour sept années, à 150 fr. l'une.

D'après ce chiffre, on voit qu'on pourrait opérer une réduction dans la prime annuelle, ce qui diminuerait d'autant le prix de revient; mais enfin, pour avoir toutes les garanties possibles, voilà de quelle manière nous diviserions la prime annuelle de 150 fr., qui est celle qu'on a déjà donnée.

Nourriture à l'éleveur. . . . . 125 fr. ⎫
Prime annuelle à l'éleveur si le cheval est présenté ⎪
au jury du chef-lieu de canton ou d'arrondissement en ⎬ 135 fr.
bon état. . . . . 10 ⎭
Vétérinaire : médicamens. 10
Surveillance : garde-champêtre de la commune. 2
          gendarmerie de la brigade. 3
                                           150 fr.

Le propriétaire aurait encore, à 135 fr. l'un × 7 = 945.

A ces conditions et moins encore, il paraît démontré que nous trouverions à placer dans l'arrondissement de Saint-Gaudens, dans les arrondissemens de Castres et de Lavaur, dans les départemens de l'Ariége, du Gers et autres localités méridionales, bon nombre de poulains. Supposons 500 communes à 8 chevaux l'une, voilà les 4,000 chevaux de cavalerie légère demandés dans le sein de la Commission par le Ministre.

Nos moyens de surveillance, ainsi que nous l'avons déjà dit, consisteraient dans les autorités locales, les tournées de la gendarmerie et celles des gardes-champêtres des communes.

Il serait formé au chef-lieu de canton, ou d'arrondissement, un jury

composé du Sous-Préfet, du Lieutenant de gendarmerie, d'un propriétaire
résidant au chef-lieu de l'arrondissement et du vétérinaire. Ce jury se réu-
nirait une fois tous les ans, pour vérifier l'état des chevaux confiés aux
particuliers. Cette présentation serait à la fois un moyen d'encouragement
et de surveillance. Si le cheval est en bon état, la prime de 10 francs est
allouée au propriétaire; s'il est en mauvais état, et que cela provienne du
manque de soin et de négligence, non-seulement elle n'est point donnée,
mais il est blâmé, on lui retire même le cheval pour le confier à un autre.

Quant aux tournées de la gendarmerie pour la correspondance, elles ne
suffiraient pas évidemment pour surveiller les poulains comme il conviendrait. Mais en allant tantôt d'un côté, tantôt de l'autre, il ne se passerait
jamais un temps bien long sans que les chevaux eussent été inspectés, et
c'est à cause de ce surcroît de travail qu'on propose de donner à la gendarmerie 3 francs par cheval et par an, avec 20 francs de prime au moment où le cheval est livré à l'armée.

Nous ne pousserons pas plus loin notre examen des détails de ce système, basé sur la surveillance des autorités locales, qui auraient les signalemens des poulains du Gouvernement et tiendraient note des mutations,
mais en se bornant au strict nécessaire, sous peine de voir s'élever encore
le prix de revient. Nous ajouterons seulement que cet essai ne crée point
de nouvelles fonctions, qu'ainsi il peut être abandonné sans dommage et
sans détruire des positions basées sur des services, si la pratique démontrait qu'il n'a pas d'heureux résultats.

Ce prix est encore élevé, sans doute; mais si, par de bons choix et des
soins intelligens, un cheval développé par ce régime en durait deux autres, ce qui semblerait résulter du fait que nous avons cité, cette combinaison ne serait plus aussi onéreuse. Au surplus, ainsi que nous l'avons
déjà dit, on n'est entré dans cette voie qu'avec prudence, et les essais
d'Argelès et de Saint-Maurice, qui méritent d'être continués, témoignent
des soins que se donne le département de la guerre pour remonter sa cavalerie. En définitif, c'est en continuant de suivre cette question, c'est en
cherchant à utiliser les ressources, et même à les créer, dans les provinces éloignées qui en sont susceptibles, dût-il en coûter quelques frais,
que le problème des remontes de l'armée sera résolu, et non en s'endor-
mant sur un *statu quo* insuffisant et menaçant pour l'avenir, comme certaines personnes trouvent si commode de le faire.

Et voilà, Messieurs, en quoi le département de la guerre est admirablement placé, pour connaître, mieux qu'aucune autre administration,
les ressources chevalines du pays, et à quels sacrifices on peut se les

procurer; ce ne sont pas les petits consommateurs, obligés de se pourvoir de chevaux pour leurs besoins, pour leur agriculture, pour leur commerce, qui seront arrêtés; ils seront seulement obligés de donner quelques écus, beaucoup d'écus de plus; toutefois, ces charges, quelque pesantes qu'elles soient, ne seront même pas connues des administrations : mais il n'en est pas de même du département de la guerre. D'abord il ne saurait faire pour plusieurs milliers de chevaux les mêmes sacrifices que des particuliers pour quelques-uns; du reste, pût-il se les imposer, trouverait-il encore, après toutes les parties prenantes, la masse de chevaux qu'il lui faudrait annuellement? Et c'est ainsi que cette administration est toujours sur le qui-vive; c'est ainsi qu'elle a donné, dans toutes les circonstances, des avertissemens salutaires; c'est ainsi que, certaine du recrutement de l'infanterie, elle voudrait arriver à la même certitude, quant aux remontes de sa cavalerie. Nous croyons que sa vigilance à ce sujet n'est pas moins avantageuse, au point de vue de l'économie politique que quant aux forces militaires de l'Etat, et qu'ainsi, loin de craindre le blâme, elle mérite, au contraire, des encouragemens (1).

(1) Le département de la guerre n'a cessé de proclamer, par la voix de ses organes naturels, la nécessité politique de se recruter exclusivement en France, et la possibilité d'y parvenir.

Il a créé les dépôts de remonte dans le but d'acheter directement à l'éleveur, pour profiter avec lui des bénéfices prélevés par l'intermédiaire des marchands de chevaux.

Il a épuisé d'abord les ressources indigènes, et ce n'est qu'à la dernière extrémité qu'il a eu recours au dehors.

Il n'a procédé à des essais, que quand il lui a été démontré que nos moyens ordinaires de reproduction étaient insuffisans.

C'est ainsi qu'il eût aidé aux besoins de l'armée par l'achat des poulains, et qu'il eût répandu de l'aisance dans les contrées peu fortunées du Limousin, des Landes et des Pyrénées, s'il eût été aidé comme il avait droit de l'espérer.

Cette mesure ne devait nullement être considérée comme définitive, mais bien comme un essai essentiellement temporaire.

Dans les divers essais qu'il a tentés, il a toujours cherché à s'identifier aux besoins des diverses localités ;

C'est ainsi que des étalons appropriés à l'origine et à la conformation des bonnes jumens du pays, ont été placés dans quelques établissemens de remonte.

Il a donné la saillie gratuite, mais en n'admettant que les poulinières jugées propres à donner de bons produits.

En procédant à ces essais, il n'a placé d'étalons en station que dans les localités où les producteurs manquaient, afin d'éviter toute concurrence, soit avec les étalons de l'état soit avec ceux approuvés par lui.

Irrigations.

E territoire français, disait Bohan, dans le mémoire sur les haras qu'il fit en 1802 (1), sous le double rapport de l'étendue et de la qualité, est le plus universellement productif de tous les territoires européens. Varié dans ses expositions différentes, il contient des climats diffé-

Il ne s'est pas borné à agir sur la reproduction par les étalons, mais aussi par les jumens; c'est ainsi qu'il a concédé, à titre gratuit, à des éleveurs présentant des garanties, des jumens réformées pour boiteries ou accidens n'altérant aucunement leur constitution, et jugées préalablement aptes à la reproduction, en leur imposant la seule condition de les faire saillir tous les ans par les étalons militaires. Ajoutons que, si ces offres avantageuses ont été repoussées dans quelques localités par une rivalité ombrageuse, dans d'autres, au contraire, elles ont été accueillies avec la reconnaissance qu'elles méritaient.

C'est le département de la guerre qui a proclamé le premier la nécessité des marchés réguliers, les seuls qui puissent donner de la confiance et de la sécurité aux éleveurs. Aussi, dès le commencement du débat, le ministre annonçait-il l'intention de faire son renouvellement par septième, ce qui donne un chiffre annuel de 10,000 chevaux environ. Ajoutons qu'il ne saurait être responsable du chiffre 79 de l'année 1834, qui fut le résultat de la suppression du 6me escadron dans chaque régiment, pour se renfermer dans les lois de Finance.

Si les prix actuels ne sont point encore suffisamment remunérateurs, du moins ils ont été élevés graduellement depuis 1833 d'une manière propre à encourager les éleveurs. Ainsi les chevaux de carabiniers ont été portés de 600 fr. à 750 fr.; ceux de cuirassiers de 570 fr. à 750 fr.; ceux de dragons et lanciers de 490 fr. à 600 fr.; enfin, ceux des chasseurs et hussards de 390 fr. à 500 fr.

C'est enfin le ministre de la guerre qui a envoyé en Orient à la recherche des meilleurs producteurs qu'on pût se procurer. Nous avons vu passer dans nos murs, en janvier 1843, un convoi de chevaux arabes, provenant en majeure partie de l'Arabie centrale, et destinés à régénérer nos races légères du Limousin et des Pyrénées.

Certes, si une reproduction chevaline suffisante était assurée dans notre pays, on pourrait accuser ces mesures d'excentricité; mais comme l'espèce manque évidemment, comme le chiffre annuel du déficit qui pèse sur nous s'élève à 15,904; qu'il menace d'être plus grand encore, et comme il est non moins moins constant que les gendarmes eux-mêmes, malgré leur grande connaissance des ressources locales, ne trouvent pas à se remonter, rendons grâce alors à l'administration prévoyante qui nous a signalé cette grave situation, et qui a fait tout ce qui était en son pouvoir pour assurer les besoins du présent et ceux de l'avenir. 1843.

(1) Ce fut son dernier travail; il parut en 1804, après sa mort, par les soins de son

rens, et nous n'aurions rien à désirer quant à l'espèce de chevaux que nous envions aux pays étrangers, si nous apportions à leur éducation et à leur propagation les soins que l'art et la nature demandent. Si nous sommes, sous ce rapport, tributaires de l'étranger, de l'Angleterre par exemple, dont les chevaux se sont acquis tant de réputation, ce n'est pas que la nature, plus libérale envers ces insulaires, leur ait accordé un climat plus tempéré, un sol plus fécond, des pâturages plus étendus et meilleurs que ceux de France; c'est, au contraire, parce que l'art a surmonté chez eux les contrariétés du climat, qu'ils sont parvenus à doubler le produit ordinaire des surfaces. »

Rappelons cependant que la grande propriété territoriale est loin d'être étrangère à ces succès, tandis que nos difficultés en France se sont accrues par la division de la propriété, par le défrichement des prairies naturelles sans aucune mesure, par la vente des communaux et des vacans, qui ont été soumis à diverses cultures, et qu'un des moyens les plus puissans de remédier à cet état de choses, serait d'adopter, pour le midi de la France notamment, un système d'irrigations qui convertirait en prairies grasses et abondantes, de vastes surfaces desséchées aujourd'hui par le soleil brûlant de nos climats.

C'est ce qu'a très bien démontré notre collègue, M. *Mescur de Laspla-nes*, ancien commandant du génie, dans plusieurs mémoires qui témoignent de son amour pour la chose publique, et de sa capacité toute

intime ami, M. Jérôme de Lalande, qui prononça son éloge dans la société littéraire de Bourg, dont Bohan était l'un des membres les plus distingués. Il était né dans cette ville, le 23 juillet 1751, et il s'y retira après le licenciement de la gendarmerie, qui lui dicta les amères refléxions que nous avons reproduites p. 92. Bohan y était entré comme aide-major en 1784, sortant d'être colonel des dragons de Lorraine. Au commencement de la révolution, dont il adopta les principes avec modération, il se rendit utile à ses concitoyens en acceptant les fonctions d'administrateur des hospices, et de commandant de la garde nationale. Cependant, malgré la considération dont il jouissait, malgré ses lumières, malgré sa fortune, dont il faisait un noble usage, il fut incarcéré dix mois, et faillit être enveloppé dans la catastrophe de quinze de ses concitoyens, quand il eut la vie sauve pour avoir logé dans sa maison un représentant du peuple. Bohan possédait une bibliothèque choisie, un cabinet d'histoire naturelle, et une maison de campagne où il avait réuni beaucoup d'arbres étrangers pour les acclimater en Bresse. Il avait salué, dans son mémoire sur les haras, le jeune vainqueur de l'Italie, et le gouvernement réparateur du premier consul, qui eût utilisé sans doute ses connaissances spéciales, quand a mort l'atteignit à Bourg, le 12 mars 1804, n'étant âgé que de 53 ans. 1843.

spéciale en cette matière. Ajoutons que ses idées et que ses vœux, adoptés par notre Société d'Agriculture, et recommandés par elle à l'administration centrale, coïncident merveilleusement avec la prise en considération des conclusions récentes de M. *d'Angeville*, député à la Chambre, séance du 22 mai 1843.

« Le manque de bestiaux et de chevaux, dit M. d'Angeville en se résumant, provient du défaut des prairies, et nos surfaces en terres arables sont cinq fois et demie plus considérables que celles en prés, tandis qu'elles ne sont que le triple dans les autres états de l'Europe :

» Pour n'être pas inférieur aux états qui nous avoisinent, il nous faut avoir 7 millions d'hectares de prés, et conséquemment en créer 2,166,000 hectares.

» Nous avons sur notre sol la possibilité de les créer, et nous pouvons les arroser en utilisant les eaux que nous laissons couler à la surface du sol.

» Nous pouvons ainsi vivifier le midi du royaume et créer un revenu net annuel de plus de 200 millions, qui sont perdus actuellement pour la société. »

Haras. — Courses.

E n'est pas, Messieurs, dans la situation où je me trouve aujourd'hui, qu'il serait prudent de vouloir trancher la question des haras qui divise un grand nombre de bons esprits ; il me suffira de rappeler que tous ceux qui avaient à cœur les intérêts de l'agriculture, du commerce et de l'armée, durent se préoccuper, quand des Inspecteurs généraux envoyés sur les lieux, constatèrent que le nombre des jumens présentées à la monte décroissait, d'année en année, d'une manière sensible ; nous pourrions produire les états de certaines stations.

On dut se préoccuper, en voyant cet accroissement énorme de consommation, pendant que le nombre des étalons suivait une décroissance graduelle. En 1829, on compte 1713 étalons royaux, approuvés ou autorisés ; il est vrai que, sur ce nombre, 93 étaient désignés pour la réforme de l'année ; et, dix ans plus tard, les comptes de 1839 présentés aux Chambres ne justifient que de 800 étalons royaux, plus 177 étalons approuvés avec une prime moyenne de 183 fr. seulement ; ce chiffre minime explique l'énorme différence qu'on remarque entre le chiffre d'autrefois et celui d'aujourd'hui, et cependant l'Administration des haras ne pouvant de long-temps, sans doute, se procurer les 4,000 producteurs demandés par les hommes spéciaux de 1829, ce n'est qu'au moyen des étalons des particuliers qu'elle peut arriver en aide à la production.

Je sais bien qu'on dit aujourd'hui que l'Administration des haras compte 900 étalons royaux et 350 étalons approuvés; mais en admettant ce nombre, est-ce agir puissamment sur la production, comme l'a affirmé M. *de Torcy*, page 9, que d'avoir un étalon en moyenne pour 31 communes (1), et quand on en comptait 3,300 au recensement de 1789 ?

On dut concevoir de justes inquiétudes, en voyant la balance de l'importation et de l'exportation durant dix-huit années, donner la différence énorme de 274,208 chevaux, ce qui porte nos achats annuels à l'étranger à 15,233, chiffre qui s'élèvera encore (2), si l'on n'y porte remède, et ressource qui peut nous manquer tout-à-fait, en cas de guerre, comme nous l'avons vu récemment.

On dut être fort surpris, dans un tel état de choses, de voir l'Administration des haras faire d'énormes sacrifices pour ses écuries d'entraînement, et faire la concurrence à des éleveurs du pur sang, qui, loin de trouver des rivaux dans l'Administration, devaient être encouragés par elle. Ils ont fait entendre leurs plaintes à ce sujet, elles étaient justes; ce n'est pas, en effet, quand on ne calcule pas les sacrifices, et qu'on travaille à la régénération de nos races, sans autre mobile que celui de se faire distinguer dans les courses, qu'une administration est reçue à méconnaître ces sentimens élevés, et à entrer en lice avec des moyens plus puissans. C'est bien là que le budget des haras a été employé en grande partie d'une manière peu éclairée, contrairement à ce que dit M. *de Torcy*, page 9.

De bons croisemens, de bons producteurs, telle est la mission des haras, dont la création n'est devenue nécessaire que pour suppléer par la puissance de l'action administrative, bien dirigée, à celle de la grande propriété qui avait cessé d'être.

Nous venons de parler de nos éleveurs du pur sang, et, en effet, comment passer sous silence ces nobles efforts de quelques jeunes hommes, qui ont doté nos grandes cités, de ces spectacles en harmonie avec la civilisation actuelle, et qui ont encore une autre portée?

Car il ne faut pas s'y tromper, c'est aux courses, c'est à ces grandes

---

(1) On compte en France 38,623 communes.

(2) En effet, ce chiffre vient de s'élever à 15 904, et montera plus haut encore.

luttes des intérêts et surtout des amours-propres, qu'il faut attribuer le développement successif de cette émulation qui a donné une race précieuse à l'Angleterre dans moins de cent années. Sans doute, il en faut bannir la fraude, sans doute nous préférerions la vitesse soutenue des chevaux toujours prêts, dût-elle être moins grande, à la vitesse qui résulte d'un entraînement dont les sujets les plus énergiques peuvent seuls supporter le régime, dont ils sont fort long-temps à se remettre, et dont l'influence n'est pas avantageuse pour les produits, puisqu'il est reconnu que ceux des jumens non entraînées sont supérieurs à ceux de celles qui l'ont été.

Sans doute, il serait à désirer qu'on ne soumît à de pareilles épreuves que des chevaux faits, et qu'on vît aussi dans nos hippodromes de province des chevaux entiers, dont on retiendrait avec empressement le tour de saillie après leurs triomphes, pour des jumens distinguées, et qui répandraient dans nos contrées ces grandes qualités du cheval de race; mais toujours est-il qu'elles ne peuvent se reconnaître que dans ces épreuves décisives, où la force musculaire, la puissance des poumons, l'énergie et la docilité jouent un si grand rôle.

A travers le côté frivole de ces luttes équestres, ne poussent-elles pas à donner du goût pour le cheval, à l'étudier dans sa nature, dans ses mœurs, dans son hygiène, dans sa reproduction; à rendre par des croisemens bien entendus le cheval moins rare et plus parfait; à nous rendre enfin, *quant aux soins conservateurs*, aussi bons cavaliers que nous le sommes sur le champ de bataille.

Aussi désirerions-nous les courses du royaume plus largement dotées. En Angleterre, sur une surface si peu étendue et au milieu de conditions favorables, le chiffre des courses s'élève à 900,000 fr.; en France, au contraire, avec une aussi vaste superficie et au milieu de chances contraires, il n'est, en 1842, pour le département de l'agriculture, que de 115,000 fr.; et la ville de Toulouse, où les courses ont été reçues avec tant de faveur, et où s'est formée une Société d'encouragement, qui a voté annuellement des prix, n'est pas classée et ne figure pas dans les allocations de ce ministère (1)!

(1) Nous devons un prix de 3,000 fr. pour 1843 aux soins de M. le vicomte Napoléon Duchâtel, et probablement nous lui serons redevables de notre classement définitif, pour 1844, avec une allocation plus considérable. 1843.

Cheval Arabe Nejdi. — Cheval Anglais.

 OUTEFOIS, en nous ralliant à la pensée de régénérer la race normande par le pur sang anglais, déjà tout rendu, déjà acclimaté, dont nous ne sommes séparés que par le détroit, et à qui nous devrons des produits de taille supérieure, ne perdons pas de vue, pour la régénération de nos races de selle du centre de la France et de nos provinces méridionales, le cheval de l'Orient ; celui surtout de l'Arabie centrale, ce coursier distingué du *Nejd*, sur lequel M. *Hamont*, médecin-vétérinaire, fondateur des haras de l'Ecole vétérinaire et des bergeries en Egypte, vient de nous donner de si précieux détails. Nous nous associons comme lui au vœu de voir ce cheval *pur sang par excellence*, introduit dans les Pyrénées et le Limousin, convaincus comme lui, que c'est encore un moyen certain de réduire beaucoup, sinon de détruire chez les chevaux français, la prédisposition des espèces inférieures à la morve et au farcin.

Nous nous y associons d'autant plus, que dans nulle autre espèce ne se trouvent réunis au même degré, beauté distinguée du sujet, intelligence parfaite, douceur de caractère, souplesse de mouvemens, agréable et docile monture, vitesse soutenue, sobriété presque incroyable, santé robuste, souffrant peu du changement du climat, existence prolongée dont la durée moyenne est de trente-cinq à quarante ans, sans que l'exportation diminue cette longévité, et avec faculté de se reproduire jusqu'après trente ans, comme l'a constaté M. Hamont au Caire : toutes qualités qui font du cheval *Nejdi* le premier de tous les reproducteurs, surtout pour le cheval de guerre (1).

Tandis qu'il n'en est pas ainsi du cheval anglais, qui exige des soins particuliers, et qui a contracté l'usage de la laine, pour combattre le froid humide de son pays natal. Soit encore que sa conformation le dispose à toujours pointer en avant, soit que l'éducation générale du pays n'ait que la course pour but, qu'il ait en effet les épaules froides, ou qu'on ait négligé de l'assouplir et de le manéger suffisamment, depuis le *Duc de New-*

____

(1) *Des causes premières de la morve du farcin.* Bulletin de l'Académie royale de Médecine, tome 7.

kastle (1), d'équestre mémoire, dont le traité date de 1657 ; toujours est-il que ces chevaux d'une grande beauté, à les regarder séparément, n'ont rien fait de grand en cavalerie. Nous les avons eus plusieurs années pour adversaires dans la Péninsule, et ils ont été au-dessous de leur réputation, tout en reconnaissant que les chevaux sont bons, que les cavaliers sont braves. Leur cavalerie du Hanovre était bien supérieure. C'est à ce sujet qu'on lit dans le *général Foy* (2), qui les eut souvent en face : « On peut prédire que partout où la cavalerie anglaise sera engagée contre une cavalerie bien commandée, elle aura le dessous. » Il est probable que la direction de l'instruction britannique n'est point étrangère à ce résultat ; mais ne l'est-il pas aussi que la vocation du cheval anglais l'appelle plutôt aux luttes de l'hippodrome et des courses au clocher, qu'à faire le service si maniable et si mobile des troupes légères, pour lequel on leur a reconnu si peu d'aptitude ? n'est-il pas vrai encore, que l'exercice de la chasse lui convient mieux, que les travaux et les fatigues de la guerre ?

Conclusions.

 OUS croyons, Messieurs, avoir répondu suffisamment aux objections contre les dépôts de remonte, en vous faisant connaître les études qui les ont précédés, la pensée de leur institution, leur développement progressif, et leur manière d'opérer dans leurs circonscriptions respectives.

Nous croyons aussi avoir démontré les vices et l'impuissance de l'achat direct.

Nous avons établi, que si la fluctuation des systèmes fut un grand

(1) D'après le chapitre V, consacré au haras, il semblerait que l'étalon arabe serait postérieur en Angleterre au noble Duc, qui n'en eût certes pas méconnu le mérite, et ne lui eût pas préféré sûrement un beau barbe et un beau cheval d'Espagne, pour si beaux et si bien choisis qu'ils fussent. Quant aux jumens, il recommande surtout celles d'Espagne ou du royaume de Naples, et subsidiairement les anglaises. C'est ainsi que s'exprimait, en 1657, sur les croisemens, l'homme le plus habile et le plus amateur de l'Angleterre ; ce qui établit que la belle race anglaise est postérieure et n'a commencé à se former, comme nous l'avons déjà dit, que sous Charles II.

(2) *Histoire de la guerre de la Péninsule*, tom. 1, pag. 289.

mal, suite de nos changemens politiques, il est désirable d'y mettre un terme, en conservant une institution précieuse et éprouvée, qui établit une rivalité et un contrôle salutaires ;

Il nous reste à vous rappeler, en vous remerciant d'une bienveillance qui s'est soutenue en faveur d'une lecture dépassant toute mesure, les réflexions que nous vous soumettions au commencement de cette année sur les haras, sur les remontes militaires.

En voyant, disions-nous, les efforts soutenus du maréchal duc de Dalmatie pour étendre la reproduction, d'une part; les bonnes intentions de l'administration des haras, de l'autre, et le zèle des éleveurs du pur-sang anglais, qui mérite bien aussi quelque reconnaissance; car les générateurs de ce pays viennent en aide aux arabes, dont nous n'avons pas suffisamment, et qu'il n'est pas aisé de se procurer, malgré de grands sacrifices, cette espèce étant rare, l'Orient peu sûr à parcourir et les distances énormes, il serait désirable que ces trois intérêts principaux comprissent qu'ils n'ont pas assez de force isolément, mais qu'ils peuvent beaucoup en s'appuyant les uns les autres.

Et si les membres des sociétés d'encouragement, qui se sont formées sur les divers points de la France, ne connaissant d'autre mobile que leur zèle, et ne reculant pas devant d'énormes dépenses, ont l'allure indépendante, et ressemblent quelque peu au chevalier du moyen-âge, désireux avant tout de faire montre de sa bravoure, de son adresse individuelle, et peu disposé à laisser enchaîner sa prouesse, il n'en est pas ainsi des remontes militaires et des haras qui appartiennent à l'administration générale du pays, dont le droit et le devoir est de modifier plus ou moins la direction actuelle, s'il y a nécessité.

Ainsi, que les remontes militaires, d'une part, et les haras surtout, avec les parties intéressées des deux côtés, repoussent tout projet de réunion, c'est chose simple, c'est le cœur humain, c'est l'indépendance des idées et des intérêts au lieu d'un contrôle réciproque ; mais le pays n'a pas lieu d'être aussi satisfait de cet état de choses, et comprend que les résultats seraient différens, si, reconnaissant, de part et d'autre, les services acquis et les comprenant dans une sage réorganisation, les haras et les remontes militaires, au lieu de diviser leurs efforts et leurs ressources matérielles et intellectuelles, tendaient au même but; dès lors beaucoup d'améliorations seraient réalisables, qui sont aujourd'hui de véritables impossibilités ; on trouverait ainsi dans les rangs de l'armée des hommes à envoyer dans l'Orient et dans le désert, qui ne reculeraient devant aucune fatigue, devant aucun risque, et qui reviendraient comme *le colonel Reynau*, ramenant de superbes producteurs, après avoir ménagé l'argent du trésor; heureux d'avoir accompli dignement leur mission et d'avoir préparé des ressources pour l'avenir.

Si cette fusion paraissait impossible dans l'exécution, ne pourrait-on pas produire plusieurs exemples de corps qui fonctionnent bien, et qui relèvent de départemens différens, sans que personne se plaigne, sans que les services publics en souffrent? Notre gendarmerie, arme de sûreté et de bon ordre, recrutée, habillée et inspectée militairement, est, tous les jours en rapport, avec la guerre d'une part, et avec les administrations locales et judiciaires de l'autre : autre exemple, le corps de l'intendance militaire pour le recrutement annuel et pour beaucoup d'autres opérations, est également obligé de s'entendre et d'agir de concert avec les autorités administratives. Pourquoi n'en serait-il pas de même des haras et des re-montes de l'armée? Relevant ainsi de deux ministères, de l'agriculture d'une part, et de la guerre de l'autre, la production et la consommation s'éclaireraient réciproquement, et leurs opérations centralisées par une direction générale, toute spéciale, assureraient en même temps le présent et l'avenir.

BIOGRAPHIE

DU

Lieutenant-général comte de La Ferrière.

Plusieurs biographies du général de La Ferrière ont été faites, les unes trop abrégées, les autres incomplètes, quoique plus étendues; il en est d'inexactes, et celle de la *Biographie universelle*, publiée en 1841, 69e vol., est évidemment puisée à des sources peu bienveillantes. Cet ouvrage a été conçu sur des bases trop larges, pour qu'on puisse en accuser directement le signataire de cet article; il a été sans doute mal informé, et il s'empressera, nous en avons l'assurance, de rectifier surtout la fin de son article, dans l'édition nouvelle, en lisant notre notice, qui s'appuie sur des documens officiels, sur les souvenirs qu'a laissés le général de La Ferrière aux anciens officiers de l'empire, à l'école de Saumur, et surtout sur le témoignage écrit du lieutenant-général Thiébault (note 2, page 463), excellent juge en pareille matière, et non moins remarquable comme écrivain militaire que comme homme de guerre.

Biographie du lieutenant-général comte de La Ferrière, pair de France, grand'croix de la légion-d'honneur, grand'croix de l'ordre royal et militaire de Saint-Louis, chevalier de la Couronne de Fer, etc., etc.

ÉVESQUE DE LA FERRIÈRE (Louis-Marie, comte de), général de cavalerie français, né le 9 avril 1776, à Redon, département d'Ille-et-Vilaine, d'une ancienne et honorable famille de Bretagne, fit ses études avec succès au collége de Rennes, et entra comme sous-lieutenant au 99me régiment d'infanterie, au commencement de 1793, n'ayant encore que 16 ans. Il fit avec ce corps les campagnes de 1793 et 94 aux armées du Nord, du Rhin et Moselle, et de Sambre-et-Meuse. Ayant été nommé aide-de-camp du général Monet, en 1795, il le suivit à l'armée de l'ouest, où il devint commandant des guides du général en chef Bernadotte. Après la suppression de ce corps, il fut nommé chef-d'escadron au 1er de hussards en 1802, passa ensuite en cette qualité au 2me même arme, et se signala dans la campagne d'Austerlitz, durant laquelle il fut détaché plusieurs fois, et chargé de missions périlleuses, dont il se tira avec autant d'intelligence que d'intrépidité. Nommé major en 1806, au 3me régiment de hussards, qu'il commandait à la bataille d'Iéna, il fut grièvement blessé par un coup de biscaïen au genou gauche, et reçut plusieurs coups de sabre. Promu en 1807 au grade de colonel de ce régiment, qui acquit sous ses ordres une grande réputation, il signala sa bravoure à Tudela, ainsi que dans divers combats qui précédèrent l'évacuation du Portugal. A Alba de Tormès en 1809, et au combat d'Alcointre en 1810, il défit par un mouvement de retour des plus brillans, une cavalerie supérieure à la sienne, pendant qu'elle s'abandonnait à un poursuite imprudente. Il y fut blessé encore, ainsi qu'au passage du col de Banos, et au combat de Miranda de Corvo, où il reçut deux coups de feu, qui l'obligèrent de quitter momentanément l'armée. De tels services avaient été récompensés par le titre de baron de l'empire, le brevet de commandant de la légion-d'honneur, et par une dotation en Westphalie. Il fut fait en 1811 général de brigade, et commanda la cavalerie de l'armée du nord de l'Espagne. Deux ans après, il fut nommé général major des grenadiers à cheval de la garde impériale, et fit à la tête de cette belle troupe, la campagne de Saxe, où il se distingua encore par sa bravoure à Dresde et Leipsick, où il fut blessé de nouveau, ainsi qu'à Hanau, où de concert avec le général Nansouty, il ouvrit par une brillante charge à fond, à la tête de la cavalerie de la garde impériale, le passage, qu'un feu d'artillerie bien nourri, et habilement dirigé par le brave général Drouet, avait préparé. Ce fut à cette affaire que les gardes d'honneur firent si bonne contenance; le général de La Ferrière notamment se plaisait à rendre à ces jeunes militaires, une justice qu'ils trouvèrent alors dans tous les rangs de l'armée. Ce service signalé, qui rouvrait à notre armée en retraite la route de France, lui valut le grade de général de division dans la garde, le titre de comte, et la place de chambellan. Dans celle de France, en 1814, il soutint sa réputation aux combats de Chaumont, Bar-sur-Aube, à la bataille de Montmirail, à Château-Thierry, à Rheims, où il enleva le corps ennemi en totalité; enfin à la prise de Craonne, où après avoir été atteint d'une balle à l'épaule droite, qui lui fit une forte contusion, il eut la jambe gauche emportée par un boulet, dans la bataille qui suivit, lorsque sous les ordres et sous les yeux de l'empereur, il chargeait à la tête de ses grenadiers une batterie formidable. Nous tenons du lieutenant-colonel du génie, comte de Lamezan, l'un des officiers d'ordonnance les plus distingués de Napoléon, que passant non loin de lui, porté sur un brancart, il se mit sur son séant, mettant son chapeau à la main, et faisant entendre avec une exaltation, digne de remarque dans ce cruel moment, le cri de *Vive l'Empereur !* après quoi il subit l'amputation avec le plus grand courage, laissant dans l'armée un vide généralement senti; car il avait un noble caractère, la conception forte et énergique, et le bras aussi vigoureux que son coup-d'œil était prompt et sûr. Non moins remarquable, sous le rapport de la science, que comme général de bataille, le général de La Ferrière avait fourni au général Paul Thiébault, les principaux détails relatifs à l'emploi de la cavalerie à la guerre; ils servirent de base à ce dernier pour son excellent chapitre du commandant de la cavalerie, dans le *Manuel général du service des états-majors*, page 407. Cet article, dont nous avons enrichi notre ouvrage, qui date de 1813, résumé le plus remarquable, que nous connaissions, des vastes applications qui se succédèrent dans cette suite de campagnes mémorables, subsistera dans son ensemble, pour les guerres à venir, et l'on y trouve l'indication de la tactique de la cavalerie, fondée sur la colonne et la surprise, développée de nos jours avec un grand talent, par le lieutenant-général vurtembergeois, comte de Bismark, sorti de nos rangs. C'est ce que l'auteur de cet article démontre avec la dernière évidence dans son ouvrage, *sur les principes qui servent de base à l'instruction et à la tactique de la cavalerie*, qu'il a dédié à la mémoire de son ancien général. Le comte de la Ferrière ayant envoyé son adhésion au gouvernement des Bourbons, et remis à peine de son amputation, fut nommé inspecteur-général de cavalerie dans les 13me et 22me divisions militaires, chevalier de Saint-Louis, et le 27 décembre suivant, grand-officier de la légion d'honneur. Le 23 du même mois, l'école de cavalerie ayant été créée à Saumur, pour réparer les pertes de nos campagnes et de nos derniers désastres, ce fut le général de La Ferrière qui fut chargé par le maréchal Soult, ministre de la guerre, de l'organiser, ce qu'il fit avec la supériorité qui lui était propre. A son retour, en 1815, l'empereur, reconnaissant qu'il ne pouvait la confier à une direction plus habile, le laissa à la tête de cet établissement, et le comprit dans la nouvelle formation de la chambre des pairs, dont il cessa de faire partie au second retour de Louis XVIII. Concentré désormais dans son école, le général de La Ferrière conserva la même activité et le même zèle pendant les trois années de son commandement. L'instruction théorique et pratique, que reçurent les élèves de ces premières fournées, répondit aux besoins de cavalerie, et mit en relief sa bonne administration, ainsi que ses grandes qualités militaires comme organisateur et comme général de cavalerie consommé. Toujours le premier dans les divers exercices, toujours à cheval à la tête de l'école, malgré sa jambe de bois, de jeunes hommes avides de s'instruire et de bons exemples, ne pouvaient méconnaître un mérite aussi distingué. Le commandement du général de La Ferrière grandissait, et son allocution militaire électrisait. Sa taille était au dessous de la moyenne, mais imposante; et une superbe et forte tête, au front large et élevé, signe distinctif des hautes intelligences, avec de beaux traits, des yeux expressifs, et une parole brève et incisive, achevaient de dominer ceux qui l'approchaient. Il exerçait un immense ascendant, le plus honorable et le plus flatteur de tous, c'était celui de ses hautes qualités, de ses services de guerre, de son sang versé sur de nombreux champs de bataille, et de son membre perdu, qui n'arrêtait jamais les élans de son zèle. Excellent chef et protecteur zélé, le général de La Ferrière trouvait, à appuyer les bons serviteurs, un aliment à l'activité de son esprit et à la chaleur de son cœur; hors du service, il était d'une politesse et d'une affabilité remarquables. En 1818, les écoles devant être soumises à l'inspection, celle de Saumur dut être commandée par un maréchal-de-camp. L'école vit partir son chef avec un vif regret ; le conseil municipal de Saumur s'empressa de lui voter une épée d'honneur ; il prit sa retraite, reçut la croix de commandeur de l'ordre de Saint-Louis, et vint habiter sa terre de La Ferrière, près de Redon. C'est là que le maire de Saumur vint, au nom de ses concitoyens, et avec l'agrément du roi, lui remettre cette épée, en reconnaissance de tout le bien qu'il avait fait dans le pays, et des services éminens qu'il y avait rendus, dans des temps devenus si difficiles à passer, par suite du choc des opinions et des circonstances politiques. Il reçut, en 1821, le grand cordon de la légion d'honneur ; en 1823 la grand'croix de Saint-Louis, et venait d'être nommé membre du conseil-général du département d'Ille-et-Vilaine, lorsqu'en 1822 il acquit la terre de Vallery, près de Sens, département de l'Yonne, où il vint se fixer. Cette terre devait être la retraite des talens militaires et de la bravoure, car elle avait appartenu à la maison de Condé, dont elle était sortie long-temps avant 1789 : les mânes du vainqueur de Rocroy durent être satisfaits d'être sous la sauvegarde d'un guerrier qui n'en parlait qu'avec enthousiasme. Grand, généreux dans ses manières, le général de La Ferrière employa tous ses revenus à faire travailler et à répandre l'aisance dans la contrée. Il fit le bien-être de la population qui l'entourait et le vénérait. Il s'occupait aussi dans ses loisirs à réunir les matériaux nécessaires à un grand ouvrage sur la cavalerie, dont il a souvent entretenu l'auteur de cet article. Dévoué à la cause de la patrie, il devait venir en aide à la monarchie ébranlée par les événemens de 1830, et fut rappelé à la chambre des Pairs. Bientôt après, la garde nationale à cheval de Paris le choisit pour la commander ; on le vit toujours à sa tête dans les jours de trouble et de deuil qui affligèrent la capitale, et il fut compris, en 1831, dans le cadre de réserve de l'état-major-général. Couvert de blessures et amputé, le roi ne pouvait donner un plus digne président à la commission instituée pour répartir les souscriptions en faveur des militaires blessés au siége d'Anvers. Elu à l'unanimité par son canton (Cheroy), pour le représenter au conseil-général du département de l'Yonne, il s'y rendit en 1834, n'écoutant que le devoir, quoique sa santé donnât des inquiétudes tellement fondées, qu'il se sentit bientôt frappé sans ressources. Il vit approcher la mort avec le courage du guerrier qui l'avait tant de fois bravée, et le calme du chrétien résigné, au milieu des plus vives douleurs. Il succomba en peu de jours, le 22 novembre 1834, à l'âge de 58 ans, laissant une veuve inconsolable, dont les soins ont répandu du charme jusques dans ses der-

niers momens. Il fut inhumé dans le cimetière de Vallery, où il avait fait
tant de bien, où il avait donné l'exemple de toutes les vertus privées, non
loin des cendres du grand Condé. Les populations accourues de toutes les
parties du canton, l'accompagnèrent jusqu'à sa dernière demeure; organe
de la douleur publique, M. l'abbé Béraud, curé de Dian, prononça son
oraison funèbre, et les regrets de tous accompagnèrent ce noble guerrier,
que toute la contrée avait vu quelque temps avant, plein de force, de
santé, et au faîte des honneurs du pays et de l'armée, ne pas dédaigner
de se joindre au modeste convoi d'un pauvre et vénérable curé d'une
commune voisine. Le général de La Ferrière avait épousé, au commencement de 1815, Mlle Foullon de Doué, qui lui fut toujours tendrement
attachée. Elle a fait élever à sa mémoire, sur le caveau dans lequel sont
déposés ses restes, une chapelle bâtie en pierre de taille. On y voit, sur
un sarcophage de marbre noir, sa statue en marbre blanc, très bien
sculptée par Carles Elchoëll. Il mourut sans enfans, laissant à son neveu
et filleul, Hippolyte-Emile Lévesque de La Ferrière, la plus grande
partie de sa fortune, et la transmission d'un nom qu'il avait illustré.

TABLE DES MATIÈRES.

Ordonnance. Théorie. Sens de ces mots. Y avait-il des règlemens d'exercice chez les anciens, page 25. — Chiron, premier instructeur. Simon d'Athènes. Xénophon. Son traité d'équitation, et sur le commandement de la cavalerie. Agésilas. Polybe. Scipion instructeur de ses soldats. 26. — Arrien. Jeux troyens. Traces de voltige dans Homère. Exercices des jeux olympiques et du cirque. 27. — Numides. Les Romains ôtaient-ils les brides des chevaux? Il est probable que les Numides employaient le frein. Végèce. Décurion, chef et instructeur de la turme. 28. — Différences entre l'équitation des anciens et des modernes. Origine probable de la tétière et du frein. 29. — Les mors des anciens étaient sans branches. Housses des anciens. 30. — Ephippium. Mépris des Germains pour ces usages. Maux de jambes antérieurement à l'invention de la selle et des étriers. 31. — Bons résultats de ces inventions. 32.

Berceau de la monarchie française. Gloire militaire. Nationalité de quatorze siècles. Chefs des Francs sur le pavois. 33. — Mahomet. Les Sarrasins envahissent l'Asie, l'Afrique, l'Espagne, débordent en France. Bataille de Toulouse. 34. — Eudes, duc d'Aquitaine. Abdérame. Charles-Martel. Bataille de Tours. Emigration des Helvétiens. 35. — Résultats de la bataille de Tours. 36. — Quatre générations de grands hommes. Cavalerie gauloise. Motifs probables du silence des historiens sur la bataille de Toulouse. Hommage au duc d'Aquitaine. 37. — Champ-de-Mai. Charlemagne. Armes offensives et défensives.

Chevalerie. Exercices équestres. 38. — Instructions orales dans les castels. Tout pour la prouesse, rien pour l'ensemble. Montgommery. Haies successives. 39. — Immensité de terrain occupé par la cavalerie d'alors. Profondeur du 16ᵐᵉ siècle, envisagée sous deux rapports. Charles-Quint. 40. — Suisses. Escadrons de lances. Escadrons de Reï-

IV. La posture de l'homme sur le cheval doit être puisée dans la nature, afin que chaque partie de son corps soit dans une position aisée et qu'aucune ne fatigue. Le cavalier sera par conséquent en état d'être plus long-temps à cheval sans se lasser, point bien essentiel pour un homme de guerre. L'homme doit être aussi placé d'une manière solide, et

3me Section. — *Sur l'instruction équestro-tactique.*

1. Les instructeurs des classes doivent avoir un double but : 1° s'occuper beaucoup de

5me SECTION. — *Sur la formation.*

---

(1) Pour ne pas interrompre la table des matières, on mettra immédiatement après la table analytique des évolutions de régiment.

ILLUSTRATIONS.

	Portrait.	Pages	63.	Pages	177.	Pages	379.
	Chiffre.		64.		184.		383.
Pages	1.		68.		186.		419.
	3.		80.		201.		423.
	7.		100.		240.		442.
	21.		105.		243.		445.
	25.		108.		273.		456.
	33.		119.		277.		459.
	36.		127.		298.		483.
	42.		131.		309.		487.
	47.		144.		313.		523.
	49.		165.		341.		531.
	53.		173.		345.		

FIN DE LA TABLE DES MATIÈRES.

TABLE ANALYTIQUE

DES ÉVOLUTIONS DE RÉGIMENT.

I.

Mouvemens préparatoires.

Rassembler le régiment et le faire monter à cheval.
Faire mettre pied à terre au régiment et le faire défiler.

Alignement successif des escadrons
- à droite.
- à gauche.
- et sur le centre.

Alignement du régiment
- à droite.
- à gauche.
- et sur le centre.

Faire ouvrir les rangs et les serrer.

Ayant fait escadrons à droite (ou à gauche) ou escadrons en arrière à droite (ou à gauche), former les escadrons sur un seul rang et les remettre sur deux rangs.

II.

Colonne par quatre. Ruptures, marches, mouvemens et formations de cette colonne (1).

Le régiment *étant* en bataille le rompre
- par quatre.
- par la gauche par quatre.

----

(1) Front de cette colonne 3 mètres 1 tiers.

Profondeur, 5 escadrons à 80 mètres. 400

4 intervalles à 15 mètres. 60

460 mètres.

Marche directe par quatre (1).

Changemens de direction.

Arrêter la colonne et la porter en avant.

Changemens d'allure (2).

Dédoubler par deux à la même allure (3).

Dédoubler par un à la même allure.

Marcher deux à la même allure et porter la colonne en avant.

Marcher quatre à la même allure.　　　　*id.*

La colonne marchant au trot, répéter les mêmes mouvememens.

Répéter les mêmes mouvemens en doublant l'allure.

A gauche (ou à droite) par quatre et marcher sur un seul rang.

Demi tour à gauche (ou à droite) par quatre.

En avant en bataille.

A gauche ⎱
A droite ⎰ en bataille.

Sur la droite ⎱
Sur la gauche ⎰ en bataille.

Formez les pelotons dans chaque escadron, sans regagner les distances, et de suite face en arrière en bataille sur la queue de la colonne.

Mêmes formations en avant et en arrière en marchant (Renvoyées à la marche en ligne).

III.

Colonne par huit. Marches, mouvemens et formations de cet ordre de colonne (4).

Le régiment étant en bataille faire ⎱ à droite ⎱ par quatre.
　　　　　　　　　　　　　　　　⎰ à gauche ⎰

Marche directe par huit.

Changemens de direction.

Changemens d'allure.

Arrêter la colonne et la porter en avant.

Dédoubler par quatre à la même allure.

---

(1) On reviendra dans cette marche en colonne par 4 aux excellens principes de l'ordonnance provisoire pour calmer les chevaux, régler la vitesse des allures et en assurer l'égalité.

(2) Il y a assez de galop dans l'ordonnance pour s'en abstenir avec une colonne aussi profonde.

(3) Peut-être vaudrait-il mieux renvoyer au passage du défilé les dédoublemens par deux et par un, etc., etc., qui n'ont été mentionnés dans cette nomenclature que pour épuiser tous les mouvemens dont cet ordre de colonne est susceptible.

(4) Front de cette colonne. 6 mètres 2 tiers.

Profondeur. Même étendue que le régiment en bataille.

Marcher huit à la même allure , et porter la colonne en avant.

Former les pelotons   *id.*   *id.*

Se remettre par huit en faisant à droite par quatre, et de suite tête de colonne à gauche.

Répéter les mêmes mouvemens en doublant l'allure en marchant au pas.

Formations en arrêtant.

En avant en bataille.

A gauche (ou à droite) par quatre et arrêter.

En arrière en bataille.

Formations sans arrêter.

Former le régiment (Renvoyé à la marche en bataille).

A gauche (ou à droite) par quatre et en avant.   *id.*

En arrière formez le régiment.   *id.*

IV.

Colonne avec distance par pelotons. Ruptures , marches , mouvemens et formations de cet ordre de colonne (1).

Rompre le régiment par pelotons en avant de son front (2).

Rompre par pelotons à droite ou à gauche (3).

Rompre par la droite pour marcher vers la gauche et *vice versa*.

Rompre en arrière par la droite pour marcher vers la gauche et *vice versa*.

Pelotons à droite (ou à gauche), et de suite tête de colonne à droite (ou à gauche).

Marcher en colonne avec distance la droite ou la gauche en tête.

Changement de direction carré ou diagonal par des conversions successives.

Arrêter la colonne et la porter en avant.

Changemens d'allure.

La colonne étant en marche oblique à gauche (ou à droite).

A gauche (ou à droite) par quatre.

Demi-tour à gauche (ou à droite) par quatre.

(1) Front de cette colonne 10 mètres plus le guide particulier de droite.

Profondeur. Même étendue que le régiment en bataille moins la profondeur des 2 rangs (6 mètres).

(2) On remarquera que les ruptures, comme les mouvemens en général et comme les formations, se font : 1° En avant du front ; 2° Sur les flancs ; 3° En arrière.

(3) Les divers mouvemens se commencent toujours dans l'instruction la droite en tête et du côté des guides ; et successivement la gauche en tête et du côté opposé aux guides.

Pelotons demi-tour à gauche (ou à droite).

Former les divisions à la même allure et porter la colonne en avant.

Marche directe en colonne par divisions, etc., etc.

Rompre les divisions par pelotons à la même allure.

Répéter les mêmes mouvemens en doublant l'allure.

Passage du défilé en colonne.

Rompre par quatre = au trot, et passer au pas.

Rompre par deux   = au trot.   *id.*

Rompre par un   = au trot.   *id.*

Marcher deux   = au trot.

Marcher quatre   = au trot.

Former les pelotons = au trot.

Formations simples en arrêtant.

En avant en bataille.	Ordre naturel et inverse.
A gauche (ou à droite) en bataille.	*id.*
Sur la droite (ou sur la gauche) en bataille.	*id.*
Sur la queue de la colonne en arrière en bataille.	*id.*
Sur la tête de la colonne en arrière en bataille.	*id.*

Formations simples sans arrêter (renvoyées à la marche en bataille).

Former le régiment.	Ordre naturel et inverse.
Pelotons à gauche (ou à droite) et en avant.	*id.*
Sur la queue de la colonne former le régiment.	*id.*

Formations composées de pied ferme.

En avant en bataille sur l'un des 1er ou 4me pelotons du centre.

En arrière en bataille sur l'un des 4me ou 1er pelotons du centre.

A gauche et en avant en bataille (**1**).

A droite et en avant ordre inverse en bataille (1).

A gauche et face en arrière en bataille.

A droite et face en arrière en bataille.

Répéter les quatre mouvemens correspondant à chacun de ces cas la gauche en tête.

(1) Excepté ces deux formations composées qui s'exécutent en avant, on se demande si les deux formations suivantes qui s'exécutent en arrière ont la moindre probabilité ; et alors ne devrait-on pas en faire le sacrifice, ce qui réduirait à 4 cas au lieu de 6.

V.

Colonne par divisions le centre en tête. Marches, mouvemens et formations de cet ordre de colonne (1).

Sur les pelotons du centre en avant en colonne.

Marche directe par divisions.

Changement de direction, les pivots décrivant un arc de cercle de dix pas.

Formations en arrêtant.

Ayant le centre en tête se former en avant en bataille (2).

à gauche et sur la gauche en bataille.

à droite et sur la droite en bataille.

en arrière en bataille.

Formations sans arrêter (renvoyées à la marche en ligne).

Ayant le centre en tête former le régiment.

pelotons à gauche et sur la gauche formez les escadrons.

pelotons à droite et sur la droite formez les escadrons.

en arrière formez le régiment.

VI.

Colonne par escadron (3). *Marches, mouvemens et déploiemens de cette colonne.*

Escadrons à droite ou à gauche.

Escadrons en-arrière à droite ou à gauche.

Colonne avec distance entière par escadron, pour défiler seulement.

---

(1) Front de cette colonne, 20 mètres.

Profondeur. La moitié de la colonne avec distance par pelotons, moins encore une distance d'escadron de 15 mètres.

(2) Voir la 7me section, prop. X.

(3) La distance de tête à croupe entre les escadrons étant portée à 15 mètres, ce qui rend les ploiemens et déploiemens ordinaires plus faciles, ainsi que tous les mouvemens dont cette colonne devient ainsi susceptible, même de se déployer en arrière sans arrêter, sur le dernier escadron, il ne paraît plus convenable de l'appeler colonne serrée, dénomination juste à l'époque de M. de Melfort, où les fractions n'avaient entr'elles que la distance de marche de tête à croupe, et qui cesse de l'être aujourd'hui, les escadrons ayant entr'eux des espaces de 12 mètres, que nous avons proposés formellement de porter à 15.

Serrer les distances à 15 mètres (distance habituelle).

Marche directe en colonne par escadron.

Changement de direction , carré ou diagonal en marchant.

Changement de direction , carré ou diagonal la colonne étant arrêtée.

Changemens d'allure.

Oblique à gauche ou à droite.

Pelotons demi-tour à gauche et à droite pour se remettre.

A gauche et à droite par quatre.   *id.*

Demi-tour à gauche et à droite par quatre.   *id.*

Pelotons à gauche et à droite et en avant.   *id.*

Pelotons demi-tour à gauche et à droite.   *id.*

Contre-marche par quatre de pied ferme et en marchant (1).

Se mettre en colonne avec distance par pelotons à la même allure.

Se remettre en colonne par escadron à la même allure , et porter la colonne en avant.

Répéter ces deux mouvemens en doublant l'allure.

Formations de la colonne par escadron en partant de l'ordre de bataille.

Sur le premier (ou sixième) escadron = formez la colonne.

Sur le troisième (ou quatrième) escadron — formez la colonne (2).

Sur le troisième (ou quatrième) escadron = le centre en tête — formez la colonne 2).

Escadrons à droite (ou à gauche) — formez la colonne.

Répéter les mêmes formations sur les ailes en marchant.

Déploiemens et formations de la colonne par escadron.

Sur le premier (ou sixième) escadron = déployez la colonne.

Sur le troisième (ou quatrième) escadron = déployez la colonne (3).

Par la queue de la colonne = à gauche (ou à droite) en bataille, ordre naturel et inverse.

Sur la droite (ou sur la gauche) = en bataille ordre naturel et inverse.

Pelotons à gauche (ou à droite) = et en avant en bataille ou formez les escadrons = au trot (ou au galop) sur deux lignes (4).

Déploiement en arrière sur l'un des escadrons du centre (2).

Déploiement en arrière sur l'un des escadrons des ailes (1).

Répéter les mêmes déploiemens en avant et en arrière sur les ailes en marchant.

---

(1) Dans le déploiement en arrière du côté des guides ; le dernier escadron faisant la contre-marche par quatre en marchant , et les autres escadrons pelotons à gauche en avant et sur la gauche formez l'escadron (la droite en tête), la ligne se trouve formée rapidement en arrière dans l'ordre naturel , et dans l'ordre inverse par escadron si le déploiement a eu lieu du côté opposé aux guides.

(2) Ce mouvement se fera toujours de pied ferme.

(3) Le même commandement convient aussi , quand la colonne est formée l'un des escadrons du centre étant en tête.

(4) Voir l'ordre en colonne , 7me section , prop. XI.

VII.

Marche en bataille. Marches, mouvemens et évolutions qui se rattachent à cet ordre.

Marche en bataille par colonnes partielles d'escadrons.

Rompre par pelotons en avant de son front dans chaque escadron (1).

Pelotons à droite (ou à gauche) et tête de colonne à droite (ou à gauche) dans chaque escadron (2).

Marche directe dans cet ordre avec le guide à droite (ou à gauche).

Changemens d'allure.

Pelotons demi-tour à gauche (ou à droite), marcher en arrière et se remettre face en tête.

Former les escadrons simultanément à la même allure et en doublant l'allure.

Le régiment marchant en colonnes partielles, se mettre en colonne avec distance sur l'un de ses flancs (3).

Le régiment marchant en colonne avec distance, se remettre en colonnes partielles sur l'un de ses flancs.

Le régiment marchant en colonnes partielles, se mettre en colonne par escadron sur l'un de ses flancs (4).

Le régiment marchant en colonne par escadron, se remettre en colonnes partielles sur l'un ou l'autre flanc, en se réglant sur l'un des escadrons du centre (5).

Marche en bataille en ligne déployée.

Comme dans l'ordonnance.

---

(1) On commandera : *Dans chaque escadron — par pelotons — rompez l'escadron.*

(2) On commandera : *Dans chaque escadron — pelotons à droite — (ou à gauche) — et tête de colonne à droite (ou à gauche),*

(3) On commandera : *Dans chaque escadron — tête de colonne à droite (ou à gauche.)* Ainsi que pour se remettre.

Dans le premier cas la colonne sera formée la droite en tête ; dans le deuxième elle sera la gauche en tête, chaque escadron ayant la droite en tête.

(4) On commandera : *Sur l'escadron de droite* (ou de gauche) — *en colonne par escadron.* Les escadrons feront pelotons à droite (ou à gauche) au trot, et regagneront leurs distances de 15 mètres.

Dans le premier cas la colonne se trouvera formée la droite en tête et chaque escadron en ordre inverse ; dans le deuxième elle sera la gauche en tête et chaque escadron dans l'ordre naturel.

(5) On commandera : *Sur le troisième escadron — à gauche* (ou à droite) *—formez les colonnes partielles.* L'escadron désigné se porte perpendiculairement en avant après son mouvement de pelotons à gauche ou à droite, pendant que les autres regagnent leurs intervalles à droite et à gauche par la diagonale.

Changer le front de la ligne de bataille.

Comme dans l'ordonnance, en observant d'intercaller, après le changement de front oblique sur les ailes, le changement de front oblique sur le centre.

Marcher en avant et en retraite par échelons.

Comme dans l'ordonnance, en observant de faire précéder le mouvement en avant et en arrière des escadrons déployés par les mouvemens correspondant en colonnes partielles.

Retraite en échiquier.

1° Par colonnes partielles d'escadrons pairs et impairs.
2° Par escadrons déployés.   *id.*   *id.*

Retraite en formant le carré.

1° Sur les deux escadrons du centre du régiment.
2° Sur les deux pelotons du centre de chaque escadron.

Passer le défilé en avant et en arrière.

Comme dans l'ordonnance.

Passage de la ligne en avant et en arrière.

Comme dans l'ordonnance.

De la charge.

Comme dans l'ordonnance.

FIN DE LA TABLE ANALYTIQUE DES ÉVOLUTIONS DE RÉGIMENT.

ERRATA DU PRÉSENT OUVRAGE.

Page   8. Illustration, au licou d'écurie, *substituez* : le bridon d'abreuvoir.

13. Ligne 10 , Duguesclin, *lisez* : du Guesclin.

19. Ligne 14 , nous n'avons, *lisez* : nous n'avions.

21. Illustration , au licou d'écurie , *substituez* : le bridon d'abreuvoir.

34. Ligne 13 , une à l'Orient, *lisez* : l'une.

40. Ligne 2 de la note, dont nous donnons la figure en tête, *lisez* : à la fin.

50. Ligne 27 , fermez les guillemets à la fin de la ligne.

60. Ligne 2 de la note, *ajoutez* : celles de Bonaparte en Italie batailles de marche; et celles de Napoléon , etc. , etc.

63. Illustration , *mettez* : la bandoulière de gauche à droite.

78. Dernière ligne, au prince héréditaire des Brunswick, *lisez* : de Brunswick.

85. Ligne 13, sans amertumes, *lisez* : sans amertume.

Id. Ligne 20, témoin de leurs manœuvres, *lisez* : de ses manœuvres.

86. Note, voir la 8me section , *lisez* : la 7me.

89. Ligne 8 , en 1842, *ajoutez* : et en 1843.

105. *Mettez* l'illustration à la fin du 1er alinéa de la page 106.

124. Ligne 2 , sur le système en général de l'instruction, *lisez* : sur le système général.

130. Epigraphe. Ligne 4, la recrue, *lisez* : le.

136. Ligne 25, c'est qu'elle ne pouvait, *lisez* : procédait.

154. Ligne 4, pour mesurer sa marche, *lisez* : pour assurer.

214. Ligne 6 , du trop au pas , *lisez* : du trot.

260. Ligne 1re de la note, le général de Schanenburg, *lisez* : de Schauenburg.

261. Ligne 15 , deviendraient, *lisez* : deviendrait.

263. VII , *lisez* : XVII.

276. Epigraphe. Ligne 1re, quelques, *lisez* : quelque.

320. Ligne 10 , tournois, *lisez* : tournoi.

323. Ligne 2 de la note, avec deux javelots, *lisez* : de deux.

325. Ligne 24 , ligne à intervalles actuelle, *lisez* : ligne actuelle à intervalles.

Page 335 Ligne 28, à devenir eux aussi, *lisez :* à devenir aussi.

352. Ligne 27, nous entendons désigner de, *lisez :* désigner la.

378. Ligne 1re de la note, au nombre de ces derniers, *lisez :* de ces dernières.

384. Lignes 31 et 33, colonnes avec distances, *lisez :* avec distance.

396. Ligne 13, se rencontrent, *lisez :* se rencontre.

429. Ligne 25, cette formation, *lisez :* si cette formation.

437. Ligne 24, lisez : *sur les pelotons du centre = de chaque escadron = formez le carré.*

438. Lignes 24 et 32, après les commandemens *demi-tour à gauche* et *à droite par quatre*, etc., etc., *ajoutez : = et en avant* d'après la méthode du général Dejean.

462. Les renseignemens de la note sur la garde impériale ont été extraits de l'histoire de l'ex-garde. 1821.

470. Ligne 29, la plus absolu silence, *lisez :* le plus.

475. Ligne 2, au second échelon, arrivera, *lisez :* qui arrivera.

494. Ligne 5, d'importer son nécessaire, *lisez :* de porter son numéraire.

498. Ligne 19, il faut bien lui en inculper, *lisez :* inculquer.

506. Ligne 27, au milieu du nombre, *lisez :* au milieu de.

516. Ligne 16 de la note, quand à mort, *lisez :* quand la.

528. Ligne 9, général Drouet, *lisez :* Drouot.

529. Ligne 2, Vurtembergeois, *lisez :* Wurtembergeois.

Id. Ligne 21, aux besoins de cavalerie, *lisez :* de la cavalerie.

540 XXXIII. Les chevaux tendant, *lisez :* tendent.

FIN DE L'ERRATA DU PRÉSENT OUVRAGE.

ERRATA

DU LIVRET DE COMMANDEMENS

DE L'ORDONNANCE DU 6 DÉCEMBRE 1829.

Nota. Une amélioration à introduire dans le livret de commandemens, lors de sa réimpression, serait d'indiquer la planche du mouvement dans la colonne et au dessous du n° correspondant de l'ordonnance.

Page 126. N° 790. 3me colonne, 6me ligne, *lisez :* 2. MARCHE. Le premier rang de quatre passe au pas, et aussitôt que le premier peloton est formé, 3. *Guide à gauche*, rectification qu'il faut faire également pour le 2me escadron et qui s'applique à tous les autres.

130. N° 803. 4me colonne, 1er alinéa, supprimez les mots *continuent de marcher dans la même direction*, puisque les capitaines passent au contraire sur le flanc droit.

143. 4me colonne pour rompre par deux. Le capitaine du 2me escadron commande ensuite : 1. *par quatre = au trot*, lisez · 1. *par deux = au trot.*

144. 2me et 3me colonnes, indiquer que les chefs d'escadrons et tous les capitaines commandans répètent les commandemens 1. *au trot.* 2. MARCHE du colonel, ce qui doit être également observé dans les changemens d'allure des quatre mouvemens qui suivent.

144. 4me colonne, pour marcher quatre, *lisez :* les autres escadrons continuent de marcher au trot par quatre, etc., etc.

144. Même colonne, plus bas, *lisez :* 2. MARCHE, il passe au pas.

145. 4me colonne pour former les pelotons, *lisez :* 2. MARCHE, il passe au pas.

205. 2me et 3me colonne, *lisez :* 1. *pelotons à droite.* 2. MARCHE, ils commandent de bonne heure : 1. *pelotons demi-tour à droite;* au moment où la première conversion à droite est près de finir, 2. MARCHE. Le capitaine du 3me escadron commande sans perdre de temps, 3. *en avant ordre inverse en bataille;* aux trois quarts du demi-tour, 4. MARCHE, etc., etc.

36

Ne vaudrait-il pas mieux pour les capitaines des 3 premiers escadrons de commander 1. *pelotons à droite trois fois* = et *en avant*, commandement une fois fait, qui est bien entendu, et qui évite toute surprise, quelle que soit la rapidité de l'allure.

Ne serait-il pas préférable encore pour le capitaine du 3ᵐᵉ escadron, qui doit se reformer immédiatement, de commander de suite : 1. *pelotons à droite trois fois* = et *en avant ordre inverse en bataille*, principe qui serait suivi dans les formations sur le centre de la colonne et dans les changemens de front, de manière qu'avant le commencement du mouvement, l'escadron qui doit se former immédiatement, fût bien prévenu du mouvement qu'il doit faire. Ainsi, un seul commandement MARCHE suffit, au lieu des trois de l'ordonnance, et l'exécution commencée se poursuit avec plus de sûreté et d'ordre.

FIN DE L'ERRATA DU LIVRET DE COMMANDEMENS.